王玉皞 朱晓明 谢建宇 部俊 蒋修国 罗雨桑 付世勇 冯美文◎著

硬十

电源是怎样炼成的

北京大学出版社
PEKING UNIVERSITY PRESS

内 容 简 介

本书聚焦于DC/DC电源领域，涵盖了国产化芯片的应用范例。全书分为四个部分，每个部分都深入探讨了电源领域的关键主题。首先，从电源的概念出发，介绍了稳压电源的发展历史、电源的分类及各种线性电源的基本原理；其次，详细讲解了开关电源的各种拓扑结构，深入研究了基本原理与设计；然后，通过数学基础讲解、电路分析，详细讨论了闭环稳定性评判标准和环路补偿电路的应用；最后，结合实际设计过程探讨了电源的工程问题，包含有关电源完整性、DC/DC的EMI优化及电源的测试和新技术的内容。

本书从基础知识到高级技术，不仅详细介绍了电源技术的理论知识，还结合实例分析，帮助读者深入理解电源设计的方法，为实际工程应用提供了全面而深入的指导。

通过这本书，硬件工程师可以系统地学习和理解DC/DC电源的各个方面，并能应用到实际中。本书非常适合电子工程、自动化控制等相关专业的师生及工程技术人员阅读，无论是电源技术的初学者还是专业人士，都能从中获得宝贵的知识和经验。

图书在版编目(CIP)数据

硬十：电源是怎样炼成的 / 王玉皞等著. -- 北京：
北京大学出版社, 2025. 3. -- ISBN 978-7-301-35967-9

Ⅰ. TM910.2

中国国家版本馆CIP数据核字第2025TY7291号

书　　名　**硬十:电源是怎样炼成的**
YINGSHI:DIANYUAN SHI ZENYANG LIANCHENG DE

著作责任者　王玉皞　等著

责 任 编 辑　刘　云

标 准 书 号　ISBN 978-7-301-35967-9

出 版 发 行　北京大学出版社

地　　址　北京市海淀区成府路205号　100871

网　　址　http://www.pup.cn　　新浪微博：@北京大学出版社

电 子 邮 箱　编辑部 pup7@pup.cn　总编室 zpup@pup.cn

电　　话　邮购部 010-62752015　发行部 010-62750672　编辑部 010-62570390

印 刷 者　北京市科星印刷有限责任公司

经 销 者　新华书店

787毫米×1092毫米　16开本　24.75印张　596千字

2025年3月第1版　2025年3月第1次印刷

印　　数　1-4000册

定　　价　98.00元

序1

PREFACE

The author team of this book provides thorough explanations of principles, analyses of applications, and offers a plethora of case studies and simulation data. This aids readers in comprehending the principles of power supply technology and its practical applications, mastering the core aspects of power supply application techniques. The book delves into various aspects such as the background knowledge of power sources, the non-idealities of power source components, and the importance of power integrity. It systematically introduces readers to the fundamental concepts and classification methods in the field of power sources, covering different classifications such as conversion types, linear/switching, isolated/non-isolated, and modulation types. This book helps readers review some fundamental concepts such as effective current, Fourier transform, and control theory, forming a complete learning cycle. It also enables theoretical understanding combined with practical application, which is very helpful for developers to solidify their foundational knowledge and apply it to real projects.

The book discusses the purposes and non-idealities of each type of component in power source circuits. It might be a good point to start learning about power sources. This is what sets this book apart from other power supply literature—its unique perspective from the viewpoint of circuit designers, making it highly practical.

The chapter about power integrity is a very good resource to learn about this topic. It first explains power integrity by listing the factors that would affect power integrity. Some factors such as the instantaneous load current and the choices of decoupling capacitors are explained in detail with examples and simulations. Furthermore, the concept of PDN and target impedance are explained briefly. After that, the book introduces the full procedures of setting up and running ADS simulations (DC, AC, and electro-thermal). Each step is explained in detailed instructions and illustrated by software screenshots. I particularly like that the book has deeper explanation of some of the options in simulation settings. I think it is a good way to better understand the simulations. The procedures of obtaining capacitor models are explained in detail in the AC simulation part. After all the simulations, the book shows the procedures of impedance optimization.

The book explains concepts and procedures in a detailed but not complicated way. In addition, the word choice throughout the book make me feel comfortable.

Picotest CEO　Steve Sandler

本书的作者团队对电源技术的原理进行了深入的解释，分析了具体应用，并提供了大量的研究案例和仿真数据。这有助于读者理解电源技术的原理及其实际应用，以及掌握电源应用技术的核心方法。本书深入探讨了诸如电源的背景知识、电源电路中各种元器件的非理想性及电源完整性的重要性等各个方面。它系统地向读者介绍了电源领域的基本概念和分类方法，涵盖了不同的分类，如电源转换类型、线性/开关型、隔离/非隔离型和调制类型等。本书帮助读者复习了一些基本概念，如有效电流、傅里叶变换和控制理论，形成了一个完整的学习循环。它将理论理解与实际应用相结合，能帮助开发人员巩固基础知识，并将其应用于实际项目。

本书讨论了电源电路中每种类型组件的目的和非理想性。这可能是开始学习电源的一个很好的起点。这正是本书与其他电源文献不同的地方——它以电路设计者的视角提供了独特的观点，使其具有高度的实用性。

关于电源完整性的章节是学习该主题的一个很好的资源。它首先通过列举影响电源完整性的因素来解释电源完整性。例如，瞬态负载电流和去耦合电容的选择，通过例子和仿真进行了详细解释。此外，也简要介绍了PDN和目标阻抗的概念。之后，本书介绍了设置和运行ADS仿真（DC、AC和电热）的完整步骤。每个步骤都有详细的说明和软件截图示例。我特别喜欢本书中对仿真设置中一些选项的更深层次解释。我认为这是更好地理解仿真的一种好方法。在AC仿真部分，详细介绍了获取电容模型的过程。在讲完所有的仿真之后，本书展示了阻抗优化的过程。

本书以详细但不复杂的方式解释了概念和流程。此外，整本书的用词让我感到舒适。

Picotest CEO　Steve Sandler

序2

PREFACE

The book does an excellent job of taking the readers from the basic physics of electronic power conversion to the practical design of power delivery for modern-day electronic loads. The complexity of a long list of power conversion topologies from linear to switched mode supplies and their components, are systematically covered in the beginning chapters, and extensive time is spent on the challenges of control loop stability and the use of the time domain and frequency domain for performance analysis. The final chapters address the power integrity challenges of delivering high-current, low-voltage power to electronic loads for the growing world of AI, Cloud computing, and custom ASIC applications. To address these real-world challenges, the book provides examples of modern-day EM simulation tools that can optimize the end-to-end distributed supply of power from a supply to a load using DC IR drop, electro-thermal, and target impedance in the frequency domain. Engineers will also appreciate the chapter on practical measurement test methods needed for verifying the performance of a power supply. The book is a great resource for engineers, who want to optimize the power delivery for a specific application and avoid the risk of leveraging a generic design that requires costly PCB respins and retrofits.

Power Integrity Product Owner for Keysight's EDA Department Heidi Barnes

本书在将读者从电子电源转换的基本物理学带到现代电子负载的实际电源设计方面做得非常出色。从线性到开关模式电源及其组件的众多电源转换拓扑的复杂性,在开篇章节中得到了系统的介绍,同时作者花了大量的时间在探讨控制回路稳定性的挑战及利用时域和频域进行性能分析的方法上。最后几章讨论了为日益增长的人工智能、云计算和定制ASIC应用提供高电流、低电压电源供应时所面临的电源完整性挑战。为了解决这些现实世界的挑战,本书提供了现代电磁仿真工具的示例,这些工具可以利用直流压降跌落(IR Drop)、电热和频域中的目标阻抗来优化从电源到负载的端到端分布式电源供应。工程师们将会很高兴看到本书中关于验证电源性能所需的实际测量测试方法的章节。对于想要为特定应用优化电源供电并避免PCB反复修改导致成本浪费和对于需要进行电源电路设计的工程师们来说,本书是一本很好的图书。

Keysight的EDA部门的电源完整性产品负责人　Heidi Barnes

前言1

FOREWORD

作为硬件工程师，我们常常把目光聚焦在电路的信号处理、组件选择，甚至是调试优化上，却往往忽略了一个决定系统生死的核心要素——电源。你可能听说过，约40%~50%的硬件问题源自于电源设计，这个数据揭示了电源在电子系统中的基础性和重要性。而这仅仅是冰山一角，电源设计远比你想象的要复杂和深刻。

1. 电源是整个系统的“生命线”

你可能没有意识到，每一个电路模块、每一个芯片，都依赖于电源来维持其稳定运行。如果电源设计出现问题，整个系统的健康就会受到威胁。无论是系统无故重启、模拟电路噪声干扰，还是数字电路误触发，电源问题都可能在悄无声息地影响着系统的可靠性和性能。你是否曾因为电源不稳定而无数次调试？这本书将带你深入理解电源设计的关键环节，避免陷入这些烦恼。

2. 电源设计的复杂性决定了其重要性

随着电子产品对电源需求的多样化，电源设计的难度也不断加大。从低功耗便携式设备到高性能计算平台，从严格的瞬态响应要求到严苛的热管理挑战，电源设计的每一个细节都需要细致的考量。在移动设备中，续航力的关键是电源效率；在高频、高速的应用中，纹波和噪声问题几乎决定了产品的成败。如果电源设计没有考虑到这些问题，那么产品可能会面临性能下降、过热，甚至失败的风险。

3. 电源设计是信号完整性和电磁兼容性问题的核心

在高速、高密度的电路设计中，电源不再只是一个简单的“供电源”，它还承担着确保信号完整性和电磁兼容性的重任。不稳定的电源可能导致数字信号的时序错误，造成数据丢失或误码，而电源布局不当又可能引起电磁干扰，甚至让你的产品无法通过认证。一个优秀的电源设计能够帮助你优化系统，提升信号质量，降低电磁干扰(EMI)问题，达到理想的工作状态。

4. 电源设计影响产品的成本与可靠性

你一定明白，如何设计一个既满足性能需求，又能控制成本的电源方案是每个硬件工程师必须面对的挑战。优秀的电源设计不仅能降低不必要的资源浪费，还能显著提升产品的可靠性。毕竟，电源故障依然是电子产品中最常见的失效模式之一。通过精确优化电源设计，不仅可以提升系统的稳定性，还能延长产品的使用寿命，减少客户抱怨，提升品牌口碑。

5. 电源设计是硬件工程师的核心竞争力

在快速发展的硬件行业中，电源设计能力已成为硬件工程师的核心竞争力。掌握电源设计，你将能够快速解决系统中的各种问题，从而在团队中脱颖而出。此外，你还能更好地支持项目的全局，获得更多的认可与发展机会。尤其是在信号速率日益增高、系统功耗不断要求优化的背景下，电源设计的能力将直接决定你的技术深度和职业发展。

电源设计不仅仅是硬件工程师的一项基本技能，它还关系到产品的性能、可靠性与用户体验。

如果你曾在电源设计方面遇到困惑或挑战，或者想要深入理解电源在整个系统中扮演的角色，那么这本书将是你的不二选择。从基本电路的搭建到复杂系统的设计，本书将带你逐步探索电源设计的每个环节，并通过实际案例帮助你解决在工作中常见的问题。无论你是刚刚踏入硬件领域的新人，还是已经积累了丰富经验的专家，本书都将帮助你提升电源设计的专业水平，走向更广阔的技术舞台。

在本书中，你将获得以下知识：

- 电源设计的核心技术，全面理解从基础结构到复杂系统的设计过程；
- 实战案例解析，帮助你解决实际工作中遇到的难题，让设计更加高效；
- 行业内资深专家的设计心得，助你快速突破技术瓶颈，提升设计能力。

让我们一同走进电源设计的世界，从根本上提升你的硬件设计能力，迈向硬件工程师的更高层次吧！

前言2

FOREWORD

电能可以高效地转化为热能、动能、声能和光能，也可以很方便地转化为信息（信息熵），这是当今社会应用最广泛的能量形式之一。

富兰克林的风筝让人类认识到闪电所蕴含的能量，第二次工业革命让人类真正找到利用电能的方法。以今天的视角回看，使用以工频变压器、旋转变流机和汞弧整流器为代表的电力设备对电能进行粗糙的变换，标志着人类驯服电能的开始。随着信息技术和控制理论的快速发展，电力电子技术应运而生，人类找到了通往精细电能变换的途径。第三次工业革命中，电子信息产业爆发式增长，为各类电源系统提供了广阔市场。进入21世纪后，随着AI、移动互联网、可穿戴设备、新能源等技术的蓬勃涌现，人们对电能质量的要求一再提高。例如，服务器的CPU供电系统需要在输出数百安培电流的同时保证mV级的动态稳压精度，以确保系统稳定运行；高端CMOS图像传感器依赖nV级的超低噪声供电以确保图像质量；智能手表依赖超低静态功耗的小体积电源以确保长期续航；风光电及储能系统依赖MPPT、动态均衡等控制算法以确保安全高效。

如今，对于刚入行的电子工程师来说，不论是简单的小电流稳压还是较为复杂的电池充放电及保护，在性能要求不高的情况下都可以基于现成的电源芯片快速实现。然而要设计出适配更复杂应用场景、满足更高性能指标的电源系统，需要综合考虑输入输出范围、噪声、效率、速率、精度、体积等因素，要求工程师在拓扑选择、器件选型、布局布线等环节下足功夫，而这些依赖工程师扎实的理论基础和丰富的实践经验。

“硬十”系列是为硬件工程师提供的指导，其中，《硬十：开发流程篇》是为工程师未来发展提供系统化和规范性非技术能力的理念指引；《硬十：无源器件篇》更是“从物理中来，到工程中去”，帮助电子工程师在器件认知和应用内容重构方面从理论走向实践，再从实践回归理论；《硬十：电源是怎样炼成的》则是国内外大厂的电源工程师在业内优秀电源产品中提炼出理论方法和应用案例之后编写而成的，以作为当下“新工科”教育的补充。这能帮助电气工程方向的学生快速走出课本与试题，成长为能理解需求、设计产品的电源工程师。很高兴，本书的创新知识中还有我曾经指导的本科生和研究生的贡献，他们已经快速成长为这个行业领域的中坚力量。

本书着重研究DC恒压输出的电源系统，对其他类型的电源系统也有涉及。本书第一部分介绍了电源系统的概念和历史，对电源系统进行分类，并以应用工程师的视角带领读者理解一例电源IC规格书。同时介绍了开关电源系统中常见的元器件及它们的关键参数。之后介绍了线性电源原理和基本设计方法。第二部分以开关电源三种基本拓扑为切入点，拓展出一系列不同类型的电路拓扑。第三部分着重介绍了现代开关电源的反馈控制方法，力求让没有控制论知识背景的读者理解开关电源的控制原理。第四部分介绍电源完整性理论，并聚焦开关电源系统应用中的实际工程问题，如散热、电磁兼容、性能测试细节等。

综上，本书从行业需求出发，立足于具体产品和实际应用，为在校学生提供了入门指导，也为电源工程师提供了成长阶梯。

上饶师范学院党委副书记

王玉皞

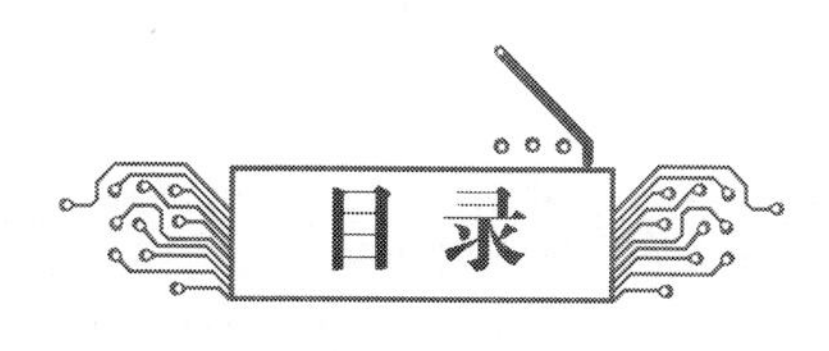

CONTENTS

第一部分　基础知识

第二部分　开关电源的拓扑结构

第三部分 开关电源的控制器和控制理论

第四部分 电源的工程问题

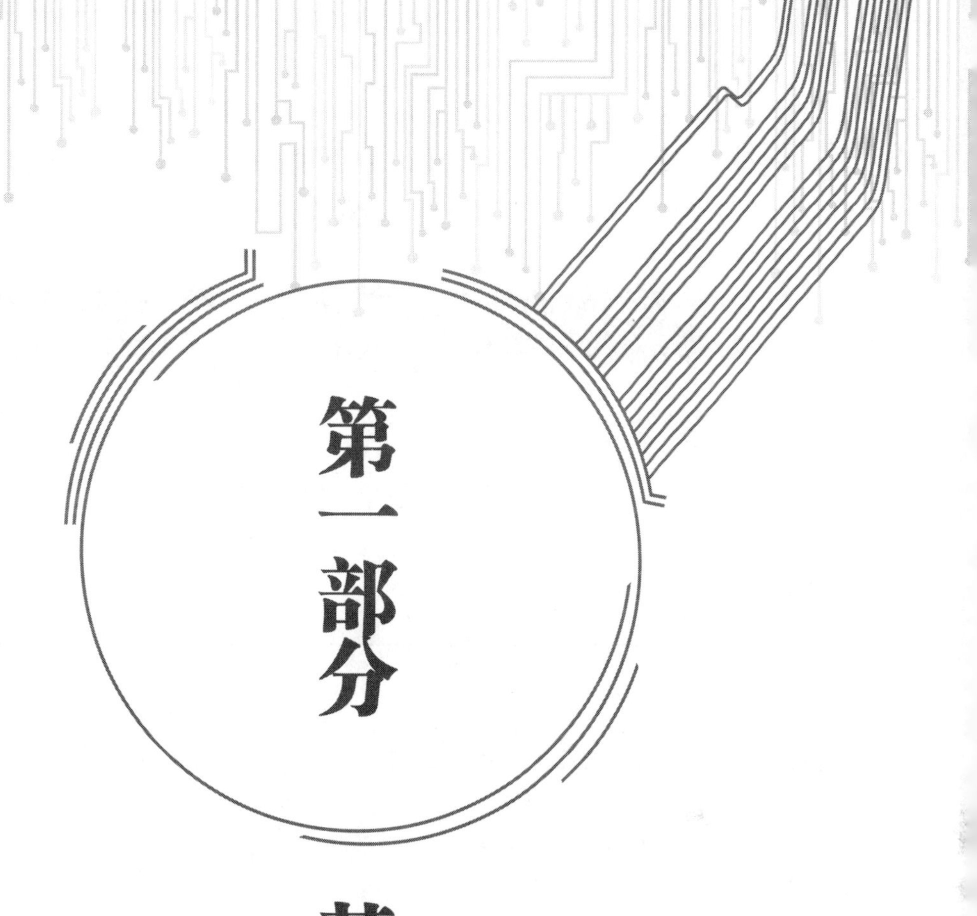

第一部分

基础知识

第1章

电源的概念

在本章中我们将深入探讨电源的基本概念，为读者揭开电子设备中能量驱动的神秘面纱。电源，作为电路设计不可或缺的一部分，扮演着为各种设备提供生命力的角色。但是由于存在术语多、一词多义、概念交叉等情况，所以本章把电源的分类、特征、基本术语等先梳理清楚，帮助读者更好地理解电源在电子系统中的关键作用。

1.1 稳压电源的发展历史

在当今的生产、生活中，电源处于不可或缺的地位，例如生活中用的空调、计算机、手机、汽车等，必须使用电源；工业中生产电子产品用的贴片机、光刻机等，也必须使用电源。

真空电子管（如图1.1所示）是电子管的一种，也简称为真空管，是电子管最主要的形式。在电子管统治电子线路的时代，大多数的电子线路并不需要供电电源十分稳定，那时的电源并不需要非常稳定及确定的电压值。通常先将交流市电（“市电”是指城市里主要供居民使用的电源）经过变压器转换到合适的电压值后，再通过电子管（可以是真空管、汞整流管、充气闸流管等）的整流变成脉动直流电，最后经过电容输入式滤波或电感输入式滤波将脉动直流电转换成为需要的平滑直流电。为了携带方便，也可以用电池供电，这时的真空管是专用于电池供电的节电型，比如以前的电池式收音机、收发报机及电台。由于真空电子管的电路不太关心供电端输出电压值是否稳定，所以在当时的背景下并没有大力发展稳压电源的电路设计。

随着晶体管技术的发展，晶体管逐渐替代了电子管，现在使用电子管的电路非常少了，仅仅在一些音箱里面还能见到，在其他场景几乎很难见到。因此关于电子管的工作原理，现在的硬件工程师可能很少有了解。

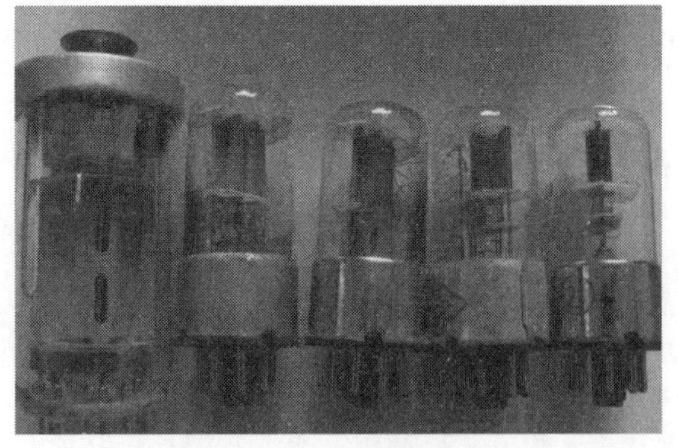

图1.1 真空电子管

现在，计算机、手机改变了我们的生活，处理着几十年前人类无法想象的事情，但几乎所有技术都基于一个划时代的发明——晶体管。最初人类历史上的计算都是用手工计算，比如算盘。后来有了最原始的计算机，它里面使用了机械部件进行计算，计算机的特点就是用特定方式表示数字，并运用系统自动化地处理数字。再后来有了电子计算机，它使用和机械计算机相同的运算方式。但是电子计算机不使用物理排列数字，而选择“电压”代表数字。大部分计算机使用布尔数学体系，只有两种可能的值——“True”和“False”，并且用二进制数值“1”和“0”表示。在计算机内部通过各种逻辑门电路执行。常见的门电路图如图1.2所示。

基于某一个输入或一些输入的计算结果是否满足某一个逻辑陈述，即我们编程时使用的“if...else...”这种逻辑判断结构，这些电路可以处理三种基本逻辑运算——与、或、非；其他运算方法都是通过组合这三种最基本的运算逻辑实现复杂运算，比如加法和减法。对于更多的数据运算，则是使用更多计算单元，计算机就需要通过程序操作“指令”和“数据”。

计算机需要用电的物理量来表示“0”和“1”，比如电压、电流。一般“有电”表示“1”，“没电”表示“0”。世界上第一台通用计算机（如图1.3所示）诞生于1946年2月，它是美国宾夕法尼亚大学物理学家莫克利（Mauchly）和工程师埃克特（Eckert）等共同开发的电子数字积分计算机（Electronic Numerical Integrator and Computer，ENIAC），其内部的逻辑单元都是用的真空管。

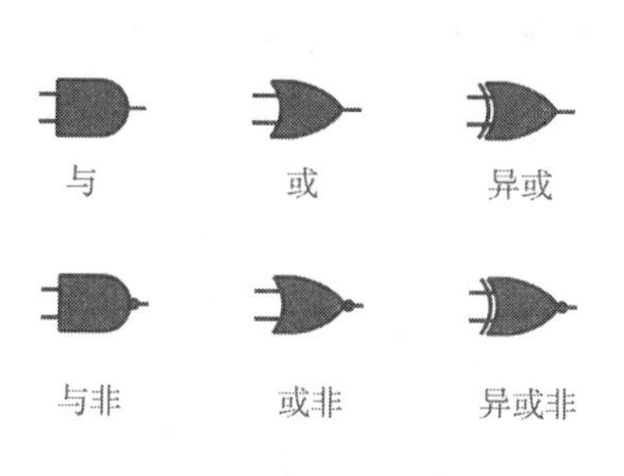

图1.2　常见的门电路图

图1.3　第一台通用计算机

ENIAC当时由1.8万个电子管组成，是一台又大又笨重的机器，重达30多吨，占地有两三间教室。它当时的运算速度为每秒5000次加法运算。

真空管是一种电子管，在电路中控制电子的流动。参与工作的电极被封装在一个真空的容器内（管壁大多为玻璃），因而得名。也有些地方称之为“胆管”。真空管示意图如图1.4所示。

在真空玻璃管内部放两个电极，并且给阴极（如同电阻丝一样）接上电压，使其温度上升，释放电子。同时，在阴极和阳极之间加一个电势差，由于阳极有正电位，阴极释放的电子就会被吸引过去。这样就形成一种类似二极管的单向导通性。真空管单向导通性示意图如图1.5所示。

为了可以控制是否导通，在真空管的中间位置增加一个电极。这是在两个电极之间增加一个网络状的电路，可以控制电子是否通过。这个网络状的电路称为栅极，通过控制栅极的电压可以控制是否允许电子通过：当栅极接一个负压，则对阴极的电子排斥，阻止电子通过；当栅极接一个正压，则对阴极的电子进行吸引，加速电子通过，从而真空管得以实现快速电流开关。通过栅极加压，可以对电子加速，所以就实现了真空管的信号放大特性。具有信号放大特性的真空管如图1.6所示。

图 1.4　真空管

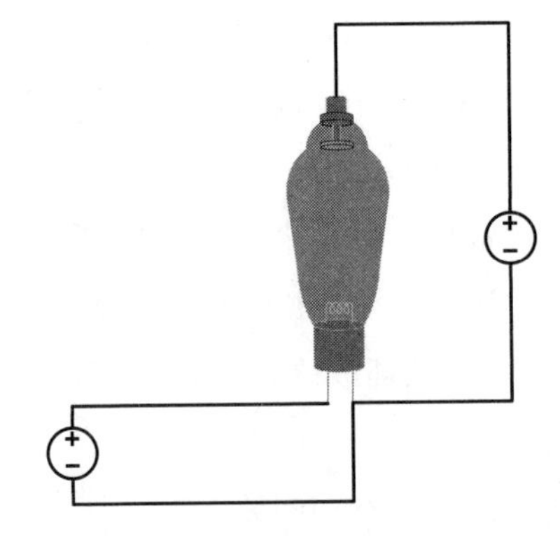

图 1.5　真空管单向导通性示意图

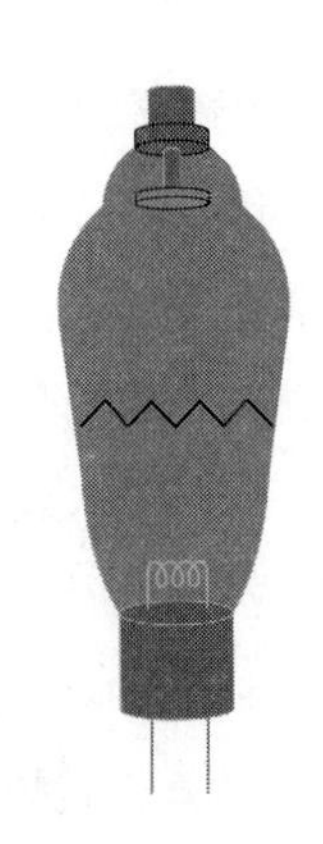

图 1.6　具有信号放大特性的真空管

虽然真空管可以实现控制通断和信号放大的特性，但是它不稳定、功耗高且笨重。

1947 年，美国物理学家肖克利(Shockley)、巴丁(Bardeen)和布拉顿(Brattain)三人合作发明了晶体管——一种有三个支点的半导体固体元件。晶体管问世后，由于其具有功耗低、体积小、价格相对便宜、连接方式灵活等特点，使很多真空管不能实现的功能在电子线路中得以实现，例如脉冲电路和数字电路。晶体管微型计算机的运算速度、可靠性、功耗等远优于真空管微型计算机。随着晶体管的应用领域越来越多，晶体管电路对电源的要求也越来越高，出现了独立存在的晶体管稳压电源，同时在很多晶体管电路中也设置了稳压电源。当时的稳压电源通常是线性稳压电源。

1955 年，美国科学家罗耶(Royer)首先研制成功了利用磁芯的饱和来进行自激振荡的晶体管直流变换器。因为它是 Royer 先发明和设计的，故又称“Royer 变换器”。Royer 结构的基本电路，也称为自激式推挽多谐振荡器，如图 1.7 所示。它是利用开关晶体管和变压器铁芯的磁通量饱和来进行自激振荡，从而实现开关管“开/关”转换的直流变换器。这种结构在早期的液晶彩电逆变器中应用较多。Royer 结构的驱动电路和驱动控制 IC 配合使用，即可组成一个具有亮度调整和保护功能的逆变器电路。

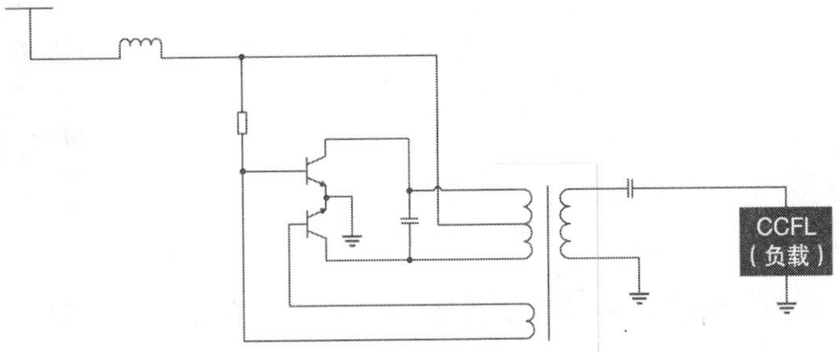

图 1.7　自激式推挽多谐振荡器示意图

注：CCFL(Cold Cathode Fluorescent Lamp)，中文译名为冷阴极荧光灯管，具有高功率、高亮度等优点，广泛应用于显示器、照明等领域。由于晶体管直流变换器中的功率晶体管工作在开关状态，所以由此而制成的稳压电源输出的组数多、极性可变、效率高、体积小、重量轻。由于那时的微电子设备及技术十分落后，不能制作出耐压高、开关速度较高、功率较大的晶体管，所以那个时期的直流变换器只能采用低电压输入。由于没有专用的控制开关电源集成电路，最初的开关电源几乎无例外地采用了 Royer 变换器电路，这种电路虽然满足了当时的需求，但其最大的缺点是效率低、可靠性低，成为日后被淘汰的最主要原因。

开关电源背后的原理早在20世纪30年代就为电气工程师所知，但这种技术在真空管时代的应用有限。当时，某些电源中使用了被称为闸流管的特殊含汞管，这些电源可被视为原始的低频开关稳压器，如20世纪40年代的REC-30电传打字机电源和1954年IBM 704计算机中使用的电源。然而，随着20世纪50年代功率晶体管的引入，开关电源的设计迅速改善。Pioneer Magnetics公司于1958年开始构建开关电源。通用电气公司于1959年发布了晶体管开关电源的早期设计。

20世纪60年代，美国国家航空航天局和航天工业为开关电源的发展提供了主要动力，因为在航天应用中，开关电源体积小、效率高的优势超过了高成本。例如，1962年的Telstar卫星（第一颗传输电视图像的卫星）和Minuteman导弹都使用了开关电源。后来随着成本的降低，开关电源被设计成销售给公众的产品。例如，1966年，Tektronix公司在便携式示波器中使用了开关电源。

随着电源制造商开始向其他公司出售开关电源，向公众销售开关电源这一趋势便加快了。日本电子工业株式会社于1970年开始在日本开发标准化开关电源。到1972年，大多数电源制造商都在销售开关电源或即将提供开关电源。

20世纪70年代以后，与这种技术有关的高频高反压的功率晶体管、高频电容、开关二极管、开关变压器的铁芯等元件也不断地被研制和生产出来，使无工频变压器开关稳压电源得到了飞速的发展，并且被广泛地应用于电子计算机、通信、航天、彩电等领域，从而使无工频变压器开关稳压电源成为各种电源的佼佼者。

1981年，史蒂夫·乔布斯展示了一台Apple II 计算机。Apple II于1977年首次推出，受益于整个行业从笨重的线性电源设计转向小型、高效的开关电源设计。Apple II计算机运用开关电源推动了整个市场对开关电源的认可。

1984年，IBM发布了一款升级版的个人计算机（Personal Computer，PC），名为IBM Personal Computer AT（简称IBM PC/AT）。它的电源采用了多种新的电路设计，完全抛弃了早期的反激拓扑结构。这种电源很快成为事实上的标准，并一直保持到1995年。当时Intel推出了ATX外形规格，其中定义了ATX电源，它直到今天仍然是标准。

尽管出现了ATX标准，但随着1995年Pentium Pro的问世，计算机电源系统变得更加复杂。Pentium Pro是一种微处理器，它的电源需要比ATX电源直接提供的电压更低，电流更大。为了提供这种电源，Intel推出了电压调节模块（Voltage Regulator Module，VRM），即安装在处理器旁边的DC/DC开关稳压器。它将电源中的5V降低为处理器使用的3V。许多计算机中的显卡也包含VRM，用于驱动它们所包含的高性能显卡芯片。

到了21世纪，随着移动设备的日新月异，充电器的发展推动了半导体进一步发展，氮化镓晶体管和碳化硅MOSFET（Metal-Oxide-Semiconductor Field-Effect Transistor，金属氧化物半导体场效应晶体管）日益引起工业界，特别是电气工程师的重视。之所以电气工程师如此重视这两种功率半导体，是因为其材料与传统的硅材料相比有诸多的优点。氮化镓和碳化硅材料具有更大的禁带宽度、更高的临界场强，使得基于这两种材料制作的功率半导体具有耐压高、导通电阻低、寄生参数小等优异特性。氮化镓晶体管和碳化硅MOSFET应用于开关电源领域，具有损耗小、工作频率高、可靠性高等优点，可以大大提升开关电源的效率、功率密度和可靠性等性能。

传统充电器的痛点在于功率有限、体积大、发热严重，特别是现在手机越做越大，手机充电器个头也越来越大。氮化镓充电器的出现，解决了这个生活难题。氮化镓是一种可以代替硅、锗的新型半导体材料，由它制成的氮化镓开关管，开关频率大幅度提高，损耗却更小。这样充电器就能够使用体积更小的变压器和其他电感元件，从而有效缩小体积、降低发热、提高效率。在氮化镓的技术支撑下，手机的快充功率也有望再创新高。

由于网络与通信的飞速发展，DC/DC变换器成为电源的一个重要分支，能否设计好一个DC/DC变换器，决定了硬件工程师的电源设计水平。在一些高功率的通信电路板中，电源功能占用PCB（Printed-Circuit Board，印制电路板）的面积高达30%。如何优化电源的电路设计和PCB设计，以及如何提升电源的效率及稳定性，成为硬件工程师重要的任务和课题。

1.2 电源的分类

电源可以按照电压转换类型分类，也可以按照转换原理分类。按照电压转换类型分类，可分为AC/DC（交流转直流电源）、DC/DC（直流转直流电源）和DC/AC（逆变电源）三种类型；按照转换原理分类，可分为线性电源与开关电源。电源的分类如图1.8所示。

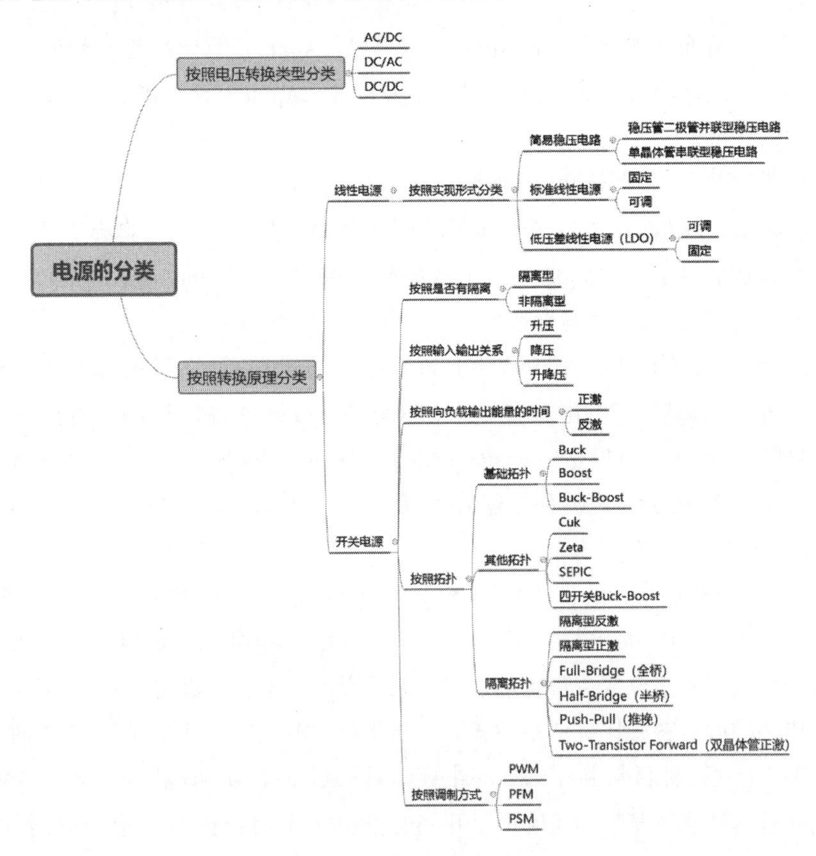

图1.8　电源的分类

因为各个分类之间会有交叉，特别是开关电源的分类，因此可以按照分类维度去区分电源。各种拓扑也可以归类到其他的分类维度进行归类，但是由于其他分类维度也有交叉，所以单独按照拓扑进行分类。其实不用纠结具体分类的方法，分类也是为了服务于我们的设计和使用。我们可以按照“电压转换类型”“转换原理”两种分类方式进行两个维度的讨论。这两种分类方式之间肯定也有交叉，例如，AC/DC可以分为线性电源和开关电源，DC/DC也可以分为线性电源和开关电源。

1.2.1 按照电压转换类型分类

按电压转换类型分类，电源可以分为AC/DC、DC/DC和DC/AC三类，不同分类电源的主要使用场景如表1.1所示。

表1.1 不同分类电源的主要使用场景

分类	主要使用场景
AC/DC	LED照明、充电器、电源适配器、无线充电接收端等
DC/DC	大部分的电子设备，芯片、传感器、电池管理、屏幕等
DC/AC	逆变器、电机控制、无线充电发射端等

1. AC/DC电源

对于布满半导体芯片的电路来说，大部分的负载为直流负载，所以AC/DC和DC/DC是使用最多的类别。因为工业用电、家庭用电都是交流电（AC），而家用电器内部有大量的集成电路，所以需要各种电压值的直流电源。

AC/DC是开关电源的一类。该类电源也被称为一次电源——AC是交流，DC是直流，交流电源经过AC/DC电源获得一个或几个稳定的直流电压，功率从几瓦到几千瓦均有，用于不同场合。

AC/DC是将交流变换为直流。AC/DC变换器输入为50/60Hz的交流电，因为必须经整流、滤波，所以体积相对较大的滤波电容器是必不可少的，同时因受到安全标准（如UL、CCEE等）及EMC（Electro Magnetic Compatibility，电磁兼容性）之类的限制（如IEC、FCC、CSA等），交流输入这一侧必须加EMC滤波及使用符合安全标准的元件，这样就限制了AC/DC电源体积的小型化。

2. DC/DC电源

DC/DC电源指直流转换为直流的电源，从这个定义上看，广义的DC/DC表示直流转直流，那么实现直流转直流的线性电源电路也应该属于DC/DC电源。但是，有很多工程师将直流变换到直流且这种转换方式是通过开关方式实现的电源简称为DC/DC电源，这种情况我们可以理解为狭义的DC/DC电源。

3. DC/AC电源

DC/AC电源是将直流转换为交流的电源，又称为逆变电源或逆变器。DC/AC电源的类型由逆变电路决定，逆变电路的分类如下。

(1)根据输入直流电源的性质，可分为电压型逆变电路(Voltage Source Type Inverter，VSTI)和电流型逆变电路(Current Source Type Inverter，CSTI)。DC/AC电源变换电路由直流电源提供能量，为了保证直流电源为恒压源或恒流源，在直流电源的输出端须配有储能元件。若采用大电容作为储能元件，能够保证电压的稳定；若采用大电感作为储能元件，则能够保证电流的稳定。

(2)根据逆变电路结构的不同，可分为半桥式、全桥式和推挽式逆变电路。

(3)根据所用的电力电子器件的换流方式不同，可分为自关断、强迫换流、交流电源电动势换流和负载谐振换流逆变电路等。换流就是电流从一条支路换向另一条支路的过程。换流是为了有效地对电能进行变换和控制，电力电子电路实质上是一种按既定时序工作的大功率开关电路。

(4)由于负载的控制要求，逆变电路的输出电压(电流)和频率往往是变化的，根据电压和频率控制方法的不同，可分为脉冲宽度调制(Pulse Width Modulation，PWM)逆变电路、脉冲幅度调制(Pulse Amplitude Modulation，PAM)逆变电路，以及用阶梯波调幅或用数台逆变器通过变压器实现串、并联的移相调压的方波或阶梯波逆变器。

1.2.2 按照转换原理进行分类

电源按照转换原理分类，可分为线性电源和开关电源。我们对电源进行线性电源和开关电源分类的时候，其实需要明确是AC/DC还是DC/DC。虽然这个分类是为了区分转换的原理，但是实现AC/DC功能的线性电源和开关电源，并不都是完整的交流转换为直流的过程，其中有些电路的一部分是由DC/DC组成的。

1. AC/DC的线性电源与开关电源

在有些书籍或在工程师日常工作中，会直接用线性电源特指“AC/DC的线性电源”，这是约定俗成及由一些历史原因造成的。什么是线性电源？线性电源是先将交流电经过变压器降低电压幅值，再经过整流电路整流得到脉冲直流电，然后经滤波得到带有微小波纹电压的直流电压。

AC/DC的线性电源和开关电源的特点区别如下。

AC/DC的线性电源先用工频变压器进行交流电降压，然后对其进行整流。通过变压器降压后电压已经比较低了，可以使用三端稳压器等电源芯片进行稳压。线性电源的调整管工作在放大状态，因而发热量大、效率低(与压降多少有关)，需要增加体积庞大的散热片。工频变压器体积也相对较大，当要制作多组电压输出时，变压器体积会更大。

AC/DC开关电源的调整管工作在饱和和截止状态，因而发热量小、效率高。AC/DC开关电源省掉了大体积的工频变压器。但AC/DC开关电源输出的直流上面会叠加较大的纹波，在输出端并接稳压二极管有可能可以改善。另外，由于开关管工作时会产生很大的尖峰脉冲干扰，因此也需要在电路中串联磁珠，对电源质量进行改善。相对开关电源而言，线性电源的纹波可以做得很小。开关电源通过不同的拓扑结构可以实现降压、升压、升降压，而线性电源只能实现降压。

早期很多电源适配器都比较重，使用的就是AC/DC线性电源，其内部是工频变压器。AC/DC线性电源是先用变压器对交流电压进行降压,这种直接在市电进行降压的变压器,称为工频变压器,如图1.9所示。工频变压器也称作低频变压器,以示与开关电源用高频变压器有区别,工频变压器在过去传统的电源中有大量使用。工频电力工业的市电标准频率,一般也称作市电频率。在我国市电频率是50Hz,其他国家市电频率有的是60Hz。可以改变工频交流电的电压的变压器,就是工频变压器。工频变压器相对于高频变压器,一般体积比较大,所以由工频变压器实现的AC/DC线性电源体积也就比较大。

图1.10是典型的线性电源电路图,能够实现交流转直流,市电交流220V经过变压器、整流器、电容滤波,通过线性稳压管实现稳压,输出需要的电压值,该实例中实现+5V和−5V两个直流的输出。

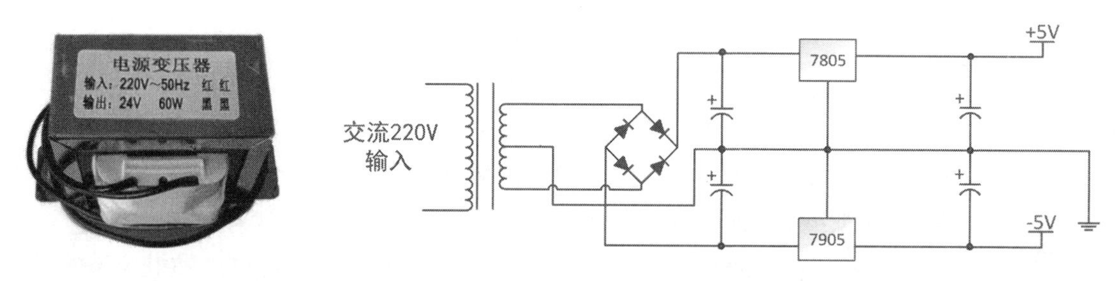

图1.9 工频变压器

图1.10 典型的线性电源电路图

从20世纪60年代开始,由于微电子技术的快速发展,出现了高反压的晶体管(可以承受高压直流的反向电压),从此直流变换器就可以直接由市电经整流、滤波后输出一个高压直流,作为电源转换电路的输入,不再需要工频变压器先降压了,从而极大地扩大了它的应用范围,并在此基础上诞生了无工频降压变压器的开关电源。省掉工频变压器后,使得开关稳压电源的体积和重量大为减小,开关稳压电源才真正做到了效率高、体积小、重量轻。图1.11是一个单端输出的反激式开关电源的功率部分原理图。

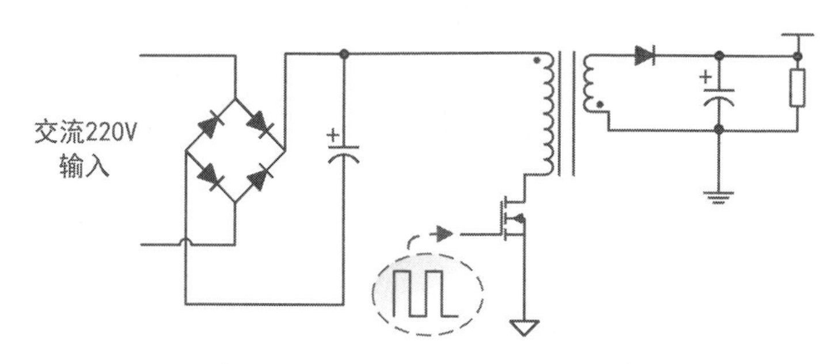

图1.11 单端输出的反激式开关电源的功率部分原理图

AC/DC开关电源是需要先对交流电源进行整流、滤波,形成一个近似的直流高压,再通过控制开关管产生高频的脉冲,然后通过变压器进行变压。AC/DC开关电源效率更高,体积更小。体积小的一个重要原因是高频变压器比工频变压器体积小很多。

为什么频率越高,变压器体积越小?

变压器铁芯材料都有饱和磁场强度限制,所以磁场强度的峰值都有限制,而交流电的电流、磁场强度、磁通量都是正弦信号。同样幅度的正弦信号,频率越高,信号的变化率的峰值也越大(正弦信号过零的瞬间是变化率的峰值，而信号在峰值时变化率是0）。同时，感生电压又是由磁通量的变化率决定的。同样的每匝电压，频率越高，需要的磁通量的峰值就可以越小。但是前面提到，磁场强度的峰值是有限制的，故磁通量要求小了，铁芯的横截面积就可以小。

假如功率小一些，电流也就小一些，允许的导线细一些，电阻稍大一些，就允许增加匝数。这样，每匝的电压也就减小了，同样可以减小磁通量的要求，进而减小变压器体积。

假定材料一定，即饱和磁场强度一定，如果采用了具有更高饱和磁场强度的材料，也可以减小体积。我们知道，现在的变压器与几十年前同样规模的变压器相比，体积要小得多，就是因为采用了新型铁芯材料。

根据麦克斯韦方程，变压器线圈内的感生电动势E为

$$E = N\iint A_{\mathrm{C}}\frac{\mathrm{d}B}{\mathrm{d}t}\mathrm{d}S$$

也就是磁通密度B随时间的变化率在N个面积为A_{C}的线匝的积分。

对于变压器，变压器原边的感生电动势E与输入侧加的电压U可以认为是线性关系。在变压器输入侧的U幅值不变的前提下，可以认为E幅值也不变。

当频率提高后，在磁通密度B峰值变化不大的前提下，每个周期内的磁通密度变化率$\mathrm{d}B/\mathrm{d}t$是大幅增加的，因此可以用更小的A_{C}或N实现相同的感生电动势E。A_{C}减小意味着磁芯截面面积减小，N减小意味着可以缩小磁芯空窗的面积，两者都有助于减小磁芯体积。高频变压器的横截面积更小，线圈的匝数变少，这样它的体积也就更小了。

2. DC/DC的线性电源与开关电源

几乎所有与电子相关的从业人员，最早接触的稳压电源都是三端稳压器，也是一种线性电源。因为只有三个管脚，所以三端稳压电源也是最简单的一种稳压电源。

常见的三端稳压集成电路有正电压输出的78××系列和负电压输出的79××系列。

三端稳压器是指可以实现稳压电压输出的集成电路，它只有三条引脚输出，分别是输入端、接地端和输出端，常用于电路实验课程中。它的样子像是三极管，一般为TO-220的标准封装，也有TO-92封装。大封装的三端稳压器，可以实现大功率。

用78/79系列三端稳压器来组成稳压电源所需的外围元件极少，电路内部还有过流、过热及调整管的保护电路，使用起来可靠、方便，而且价格便宜。该系列集成稳压器IC型号中的78或79后面的数字代表该三端集成稳压电路的输出电压，如7806表示输出电压为+6V，7909表示输出电压为-9V。

三端稳压器是线性电源的一种。线性电源的基本原理就是：电阻分压，只不过有一个动态调整的电阻。不管是线性电源还是开关电源都是输出电压负反馈，只不过线性电源通过一个三极管处于一个放大区，等效于一个可以变化阻值的电阻，对输出负载进行分压。通过输出电压分压后反馈，来控制三极管实现输出电压的稳压。

线性电源的优点：①输出电压的精度较高；②输出电压纹波低，只有几微伏，甚至更低；③没有开关电路的反复开关和电压电流跳变，EMI（Electro Magnetic Interference，电磁干扰）比较好；④结构简

单;⑤动态响应快,稳压性能好。

线性电源的缺点:①损耗大,效率低;②只能实现降压;③散热器的体积大,重量大;④输入输出电压范围适应性差。

AC/DC线性电源和开关电源都是将交流电源通过整流、滤波变成直流信号,然后再利用直流转直流的线性电源或开关电源变换成我们期望的电压输出。只不过AC/DC的开关电源会有隔离的需求,我们会选择隔离电源,利用变压器实现隔离,并且利用变压器的匝数比进行降压。

那么开关电源为什么发展越来越好,在各个领域逐步替代线性电源的比例越来越高了呢?开关电源与线性电源的区别也是经常被问及的问题。直流转直流的线性电源和开关电源的对比如表1.2所示。

表1.2　直流转直流的线性电源与开关电源的对比

对比项目	线性电源	开关电源
输入输出电压的关系	降压	降压、升压、升降压
响应时间	快	慢
效率	低	高
噪声	低	高
成本	低功率有优势	高功率有优势
是否可以隔离	不可以	可以

线性电源:采用调整管工作在线性区的方式,通过控制压差实现,后级电路进行稳压,没有开关噪声,输入与输出不能隔离。只能用于降压,同时存在损耗,功耗大时温度会逐渐升高,一般用于功耗不大的应用。

开关电源:采用开关管开关的方式,损耗一般较低,输入与输出能够隔离,可以实现升压、降压和升降压的电路。存在开关噪声,接地需要良好。电路相比于线性电源更复杂一些。

1.3 开关电源按是否隔离进行分类

在给嵌入式系统设计电源电路或选用成品电源模块时,要考虑的重要问题之一就是用隔离电源还是非隔离电源方案。在进行讨论之前,我们先了解下隔离与非隔离的概念及两者的主要特点。

1. 电源隔离与非隔离的概念

电源的隔离与非隔离,主要是针对开关电源而言。业内比较通用的定义是:隔离电源是指电源的输入回路和输出回路之间没有直接的电气连接,输入和输出之间是绝缘的高阻态,没有电流回路;非隔离电源是指输入回路和输出回路之间有直接的电流回路,例如,输入和输出之间是共地的。

2. 隔离电源与非隔离电源的优缺点

对于常用的电源拓扑而言，非隔离电源主要有Buck、Boost、Buck-Boost等，而隔离电源主要有各种带隔离变压器的反激、正激、半桥等。使用隔离电源或非隔离电源，需了解实际项目对电源的需求是怎样的，但在此之前，可了解下隔离电源和非隔离电源的主要优缺点。

(1)隔离电源的电磁抗干扰能力强，可靠性高，但成本高，效率低。

(2)非隔离电源的结构很简单，成本低，效率高，但安全性能差。

3. 隔离电源与非隔离电源的应用场合

通过了解隔离电源与非隔离电源的优缺点可知，它们各有优势，对于一些常用的嵌入式供电选择，我们可做出以下准确的判断。

(1)系统前级的电源，为提高抗干扰性能，保证可靠性，一般用隔离电源。

(2)电路板内的IC或部分电路供电，从性价比和体积出发，优先选用非隔离的方案。

(3)对安全有要求的场合，涉及可能触电的场合，如需接市电的AC/DC，或医疗用的电源，为保证人身的安全，必须用隔离电源，有些场合还必须用加强隔离的电源。

(4)对于远程工业通信的供电，为有效降低地电势差和导线耦合干扰的影响，一般用隔离电源为每个通信节点单独供电。串行通信总线通过RS-232、RS-485和控制器局域网等物理网络传送数据，这些相互连接的系统每个都配备有自己的电源，而且各系统之间往往间隔较远，因此，我们通常需要用隔离电源进行电气隔离来确保系统的物理安全，且通过隔离电源切断接地回路来保护系统免受瞬态高电压冲击，同时减少信号失真。对于外部的I/O端口，为保证系统的可靠运行，也建议对I/O端口做电源隔离。

4. 抗电强度

电源的隔离耐压在GB 4943国标中又叫抗电强度，GB 4943标准就是我们常说的信息类设备的安全标准，就是为了防止人员受到物理和电气伤害而制定的国家标准，其中包括避免人受到电击伤害、物理伤害、爆炸伤害等危害。

1.4 开关电源的调制方式

开关电源利用开关动作将直流电转换为特定频率的脉冲电流能量，这个开关动作的频率被称作“开关频率”。控制开关电源，电能即可按照预定的要求释放，电感能量和电容能量存储在电路组件中。与人类的心率可以代表健康状况类似，规律且自我调节的开关频率也代表了开关电源的质量。

1. PWM、PFM和PSM的概念

通常来说，开关电源(DC/DC)有PWM、PFM和PSM三种最常见的调制方式。三种调制方式的示意图如图1.12所示。

1)PWM方式

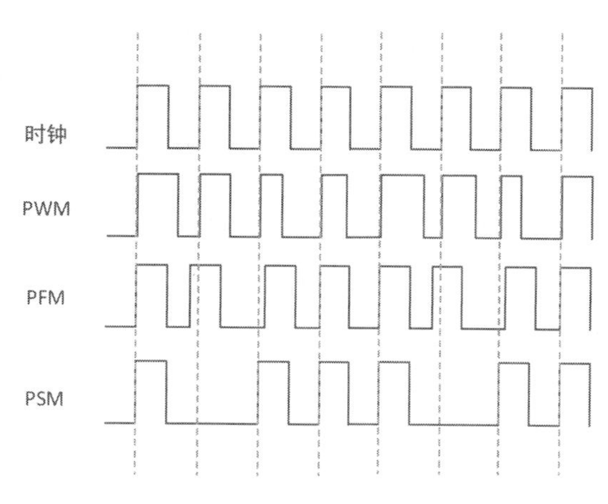

图1.12 PWM、PFM和PSM调制方式示意图

PWM(Pulse Width Modulation,脉冲宽度调制):频率不变,不断调整脉冲宽度。PWM方式是一种固定开关周期、通过调整T_{on}来改变占空比的调制方式。可称之为定频调宽,即开关频率保持恒定,而通过改变在每一个周期内的驱动信号的占空比来达到调制目的,这是最常用的一种调制方式。当输出电压发生变化时,通过环路的控制,便会使驱动信号的占空比发生改变,从而维持输出电压的恒定。

PWM方式有以下优点:控制电路简单,易于设计与实现,输出纹波电压小,频率特性好,线性度高,并且在重负载的情况下有比较高的效率;PWM从处理器到被控系统,信号都是数字形式的,进行数模转换即可;可将噪声影响降到最低。

PWM的缺点:随着负载重量变轻,其效率也下降,尤其是在轻负载的情况下,其效率很低。PWM由于误差放大器的影响,回路增益及响应速度会受到限制。

2)PFM方式

PFM(Pulse Frequency Modulation,脉冲频率调制):脉冲宽度不变,调整频率。PFM方式在正常工作时,驱动信号的脉冲宽度保持恒定,但脉冲出现的频率发生改变,即所谓的定宽调频。当输出电压发生变化时,通过环路的调整,使脉冲出现的频率发生改变,从而实现对电路的控制与调整。PFM又可以分为恒定驱动信号的高电平时间及恒定驱动信号的低电平时间两种方式。

在具有模式切换的DC/DC电路中,PFM也是很常见到的一种调制。这种调制方式的优点是:在轻负载的情况下,效率很高,并且频率特性也十分好。对于外围电路一样的PFM和PWM而言,其峰值效率相当,但在出现峰值以前,PFM的效率远远高于PWM的效率,这是PFM的主要优势,但是在重负载的情况下,PFM的效率会明显低于PWM方式,并且由于其纹波的频谱比较分散,没有多少规律,这使得滤波电路的设计变得十分复杂与困难。

3)PSM方式

PSM(Pulse Skip Modulation,脉冲跨周期调制):频率和脉冲宽度都不变,脉冲时有时无。PSM方式可称为定频定宽,其驱动信号的频率与宽度都保持恒定。只是,当负载最重时,驱动信号以最高频率工作;当负载变轻时,驱动信号就会跳过一些开关周期,在被跨过的周期内,开关功率管一直保持关断的状态。当负载发生变化时,通过改变跨周期出现的次数来实现对系统的调整与控制。

相对于前面的两种控制方式,PSM方式在工业上的应用要晚一些。相比于PWM方式,在轻负载的情况下,PSM有更高的效率,并且其开关损耗与系统的输出功率成正比,与负载的变化情况关系不大。但是这种调控方式,会使输出电压有着比较大的纹波电压,不适合用于为对电源电压精度要求很高的一些系统供电。

PSM通过控制开关管在一个周期内是否工作来调节输出功率。在达到稳定后，开关管的平均工作频率，即有效频率f_e由负载决定。如果负载足够大，开关管将在每个周期内都工作，此时有效频率将达到最大工作频率$f_{max}=\frac{1}{T}$。在一般情况下，开关管仅仅在部分周期内导通，此时有效频率f_e将小于f_{max}。调制度越大，被跳过的周期越多。

2. PWM、PFM、PSM的优缺点

PWM调制方式占主流，但是PWM在轻负载情况下的效率较低。

PFM可支持的输出电流小，因为电感的电流是线性上升的，如果T_{on}是固定的，那么每个周期电感上的峰值电流也是固定的。PWM纹波电压小，且开关频率固定，所以噪声滤波器设计比较容易，消除噪声也较简单。

一般来说，电源控制器以PWM为主，PSM和PFM主要在轻负载的场景下可以获得更高的电源效率。功率集成电路（Power Integrated Circuit，PIC）的节能模式广泛采用了PSM，可以克服PWM在轻负载情况下变换效率较低、PFM频谱分布随机的缺点。

3. PWM和PFM（或PSM）配合工作

现在有些新的电源控制器，为了提高轻负载到重负载全部工况的电源效率，通过同时支持PWM和PFM两种工作模式来提供全时效率。很多电路中通常都选择PWM与PFM（或PSM）相结合的方式，以保证系统在整个负载范围内都有比较高的效率。

若需要同时具备PFM与PWM的优点，则可选择PWM/PFM切换控制式DC/DC变换器。此功能是在重负荷时由PWM控制，在轻负荷时自动切换到PFM控制，即在一款产品中同时具备PWM的优点与PFM的优点。在备有待机模式的系统中，采用PWM/PFM切换控制的产品能得到较高效率。例如，PWM/PFM通过判断导通时间T_{on}来切换。

为什么轻负载的时候，切换成PFM的效率更高？我们知道，开关电源在开关管上的损耗主要分为开关损耗和导通损耗。在开关管相同的情况下，导通损耗相同，与控制模式无关。但是在轻负载的时候PFM的频率下降了，那么单位时间的开关次数就变少了，而PWM的单位时间的开关次数没有变化。那么PFM的开关损耗就变小了，所以它的效率更高。PSM在轻负载时效率高，本质跟PFM是相同的道理。

有些电源在进入轻负载之后，就进入了PFM方式，会导致开关频率变得非常低，甚至在20kHz以下，或者产生一些低频的分量，频率进入了人耳能够听到的频率范围，所以会导致电源电路中的电感、陶瓷电容产生啸叫。考虑到客户体验，对于桌面设备而言，是不能忍受啸叫的，开发者不得不增加一些负载，防止设备进入轻负载的PFM方式。

三种调制方式各有优缺点，我们应该根据电路的应用情况进行合理的选择，或者可以选择支持多重模式的芯片。

1.5 开关电源的CCM、DCM、BCM模式

从事过电源开发的工程师都接触过CCM、DCM、BCM这几个词，也能大致了解其含义，但是对于这几个概念的由来和为什么要搞清楚这几个概念，往往不是很清楚。

以图1.13所示的Buck电路图为例，说明电源的工作模式。为了简单地说明电源的工作模式，用仿真软件模拟一个Buck电路来展示几种工作模式的情况。

图1.13中，输入电压是12V，输入电容是33μF。控制脉冲的电压是12V，上升时间是500ns，下降时间是500ns，脉宽是4μs，周期是10μs。输出电感是10μH，输出电容是100μF。

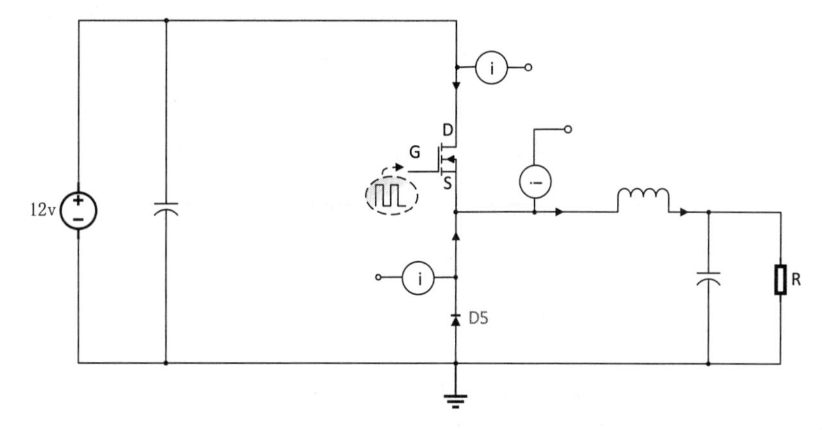

图1.13 Buck电路图

1. CCM、DCM、BCM的定义

CCM（Continuous Conduction Mode，连续导通模式）：在一个开关周期内，电感电流从不会达到0或者说电感从不“复位”，意味着在开关周期内电感磁通量从不会达到0，功率管开关闭合时，线圈中还有电流流过。CCM模式电感电流波形图如图1.14所示。

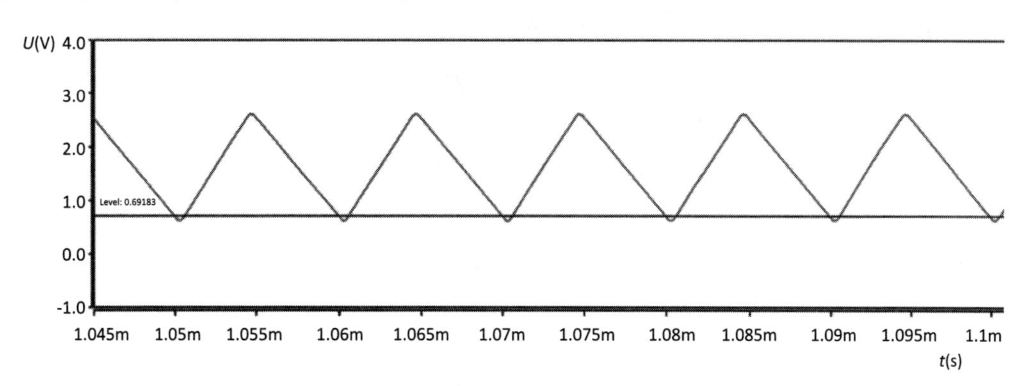

图1.14 CCM模式电感电流波形图

DCM（Discontinuous Conduction Mode，非连续导通模式）：在开关周期内，电感电流总会到0，意味着电感被适当地“复位”，即功率管开关闭合时，电感电流为0。DCM模式电感电流波形图如图1.15所示。

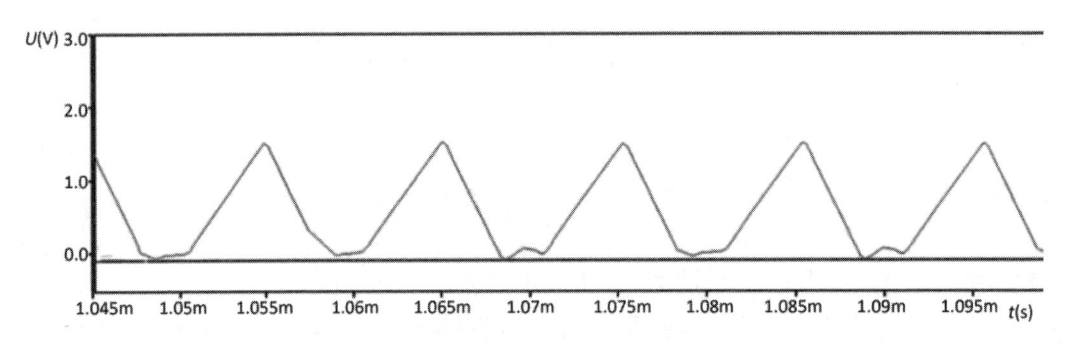

图 1.15　DCM 模式电感电流波形图

BCM（Boundary Conduction Mode，边界或边界线导通模式）：控制器监控电感电流，一旦检测到电流等于0，功率管开关立即闭合。控制器总是等电感电流“复位”来激活开关。如果电感电流高，而截止斜坡相当平，则开关周期延长，因此，BCM变换器是可变频率系统。BCM变换器可以称为临界导通模式（Critical Conduction Mode）。BCM模式电感电流波形图如图1.16所示。

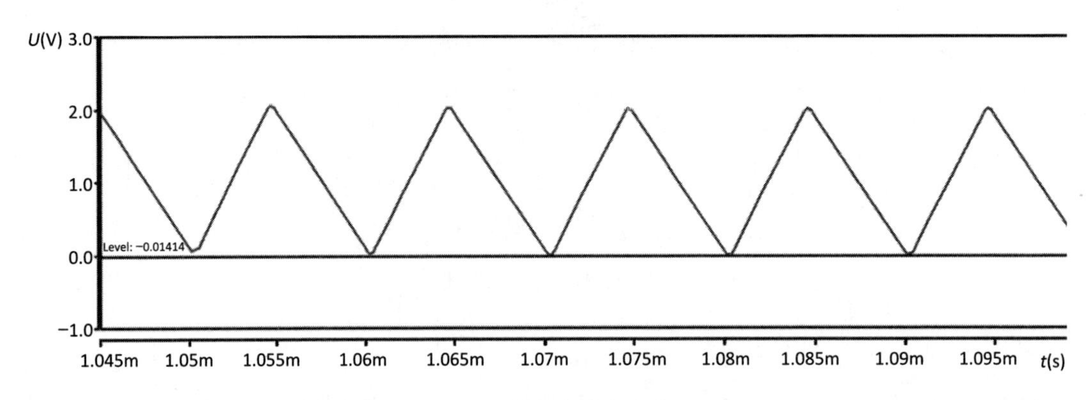

图 1.16　BCM 模式电感电流波形图

2. 三种工作模式的特点

下面以图1.17所示的非同步Buck电路图为例来说明三种工作模式的特点。非同步Buck电路仿真图如图1.18所示。

为了说明问题，我们只在仿真电路上修改了负载为2Ω，增加电流I，使其更大，这样电感电流是基于I进行变化的，纹波电流与0距离更远。

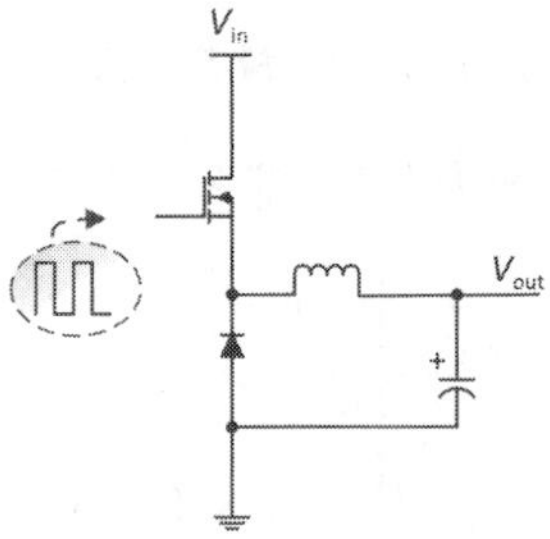

V_{in}

V_{out}

图 1.17　非同步 Buck 电路图

根据欧姆定律，图1.18中的输出电流为

$$I_{out} = \frac{V_{out}}{R}$$

输出电流和输出电压与负载有关，但是输出的纹波电流与负载的大小无关，与电感值、输入电压、输出电压、占空比相关，详细的计算公式为

$$\Delta I_{L} = \frac{V_{out}}{L}(1 - D)T_{S} = \frac{V_{in}}{L}D(1 - D)T_{S}$$

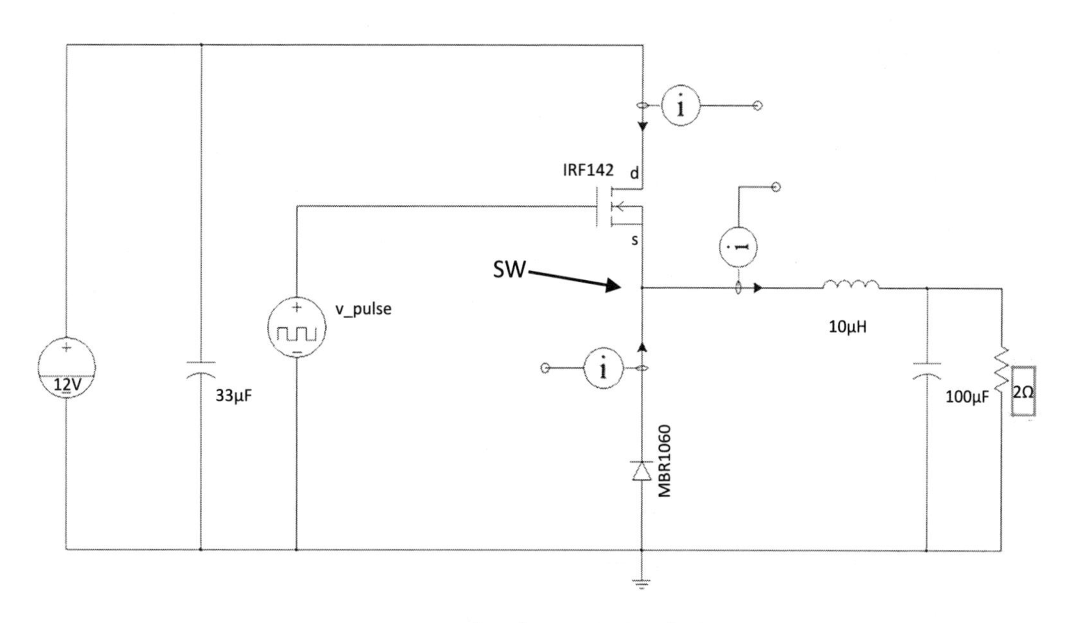

图 1.18　非同步Buck电路仿真图

开关点(SW)电感电流和电压仿真波形图如图1.19所示。图中,上方图为电感电流(I_L),下方图为开关点电压。

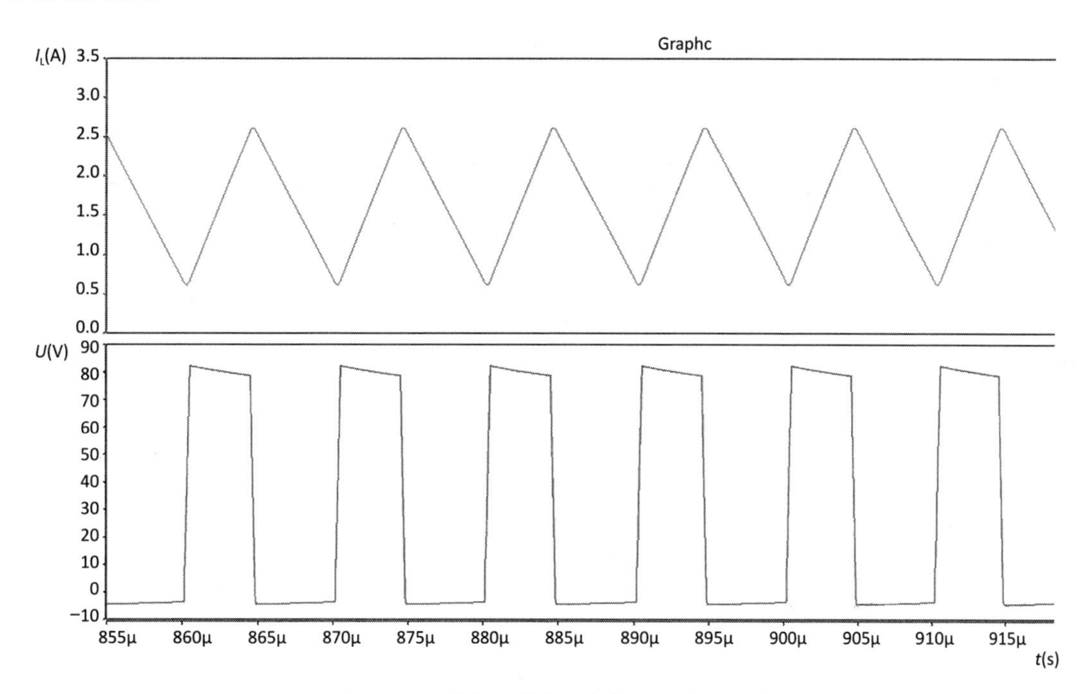

图 1.19　开关点电感电流和电压仿真波形图

非同步控制器的降压变换器Buck工作于CCM,会带来附加损耗。因为续流二极管反向恢复,需要电荷流入二极管,这个过程需要时间。同时,在二极管反向恢复的过程中,会产生损耗,这对于功率开关管而言是附加的损耗负担。

BCM是一种特殊的CCM，它的电感电流最小值为0。此时我们把负载调为3.6Ω，这样让纹波电流压着0，形成一个临界的状态。BCM模式仿真电路图如图1.20所示。

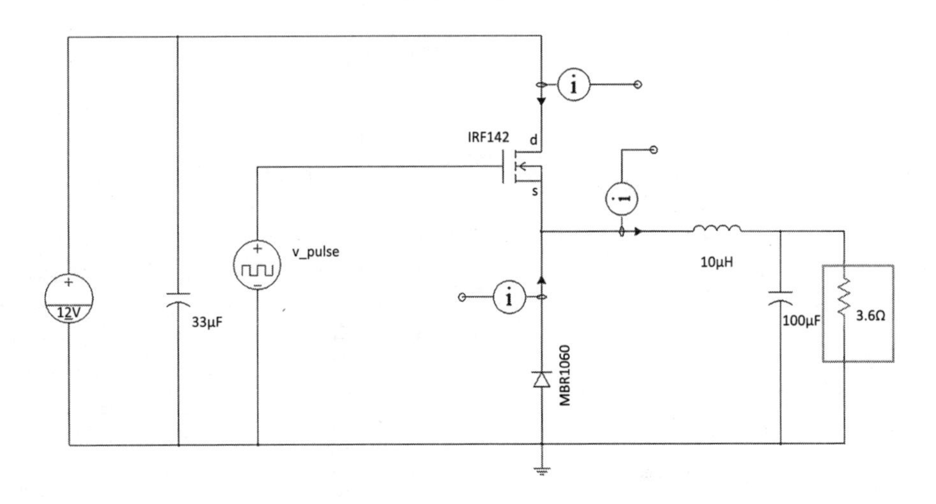

图1.20 BCM模式仿真电路图

输出电流为

$$I_{\text{out}} = \frac{V_{\text{out}}}{R}$$

输出电流由负载决定，电感纹波电流与负载无关，电感纹波电流为

$$\Delta I_{\text{L}} = \frac{V_{\text{out}}}{L}(1 - D)T_{\text{S}} = \frac{V_{\text{in}}}{L}D(1 - D)T_{\text{S}}$$

BCM模式开关点电压和电感电流仿真波形如图1.21所示，上方图表示开关点电压，下方图表示电感电流。

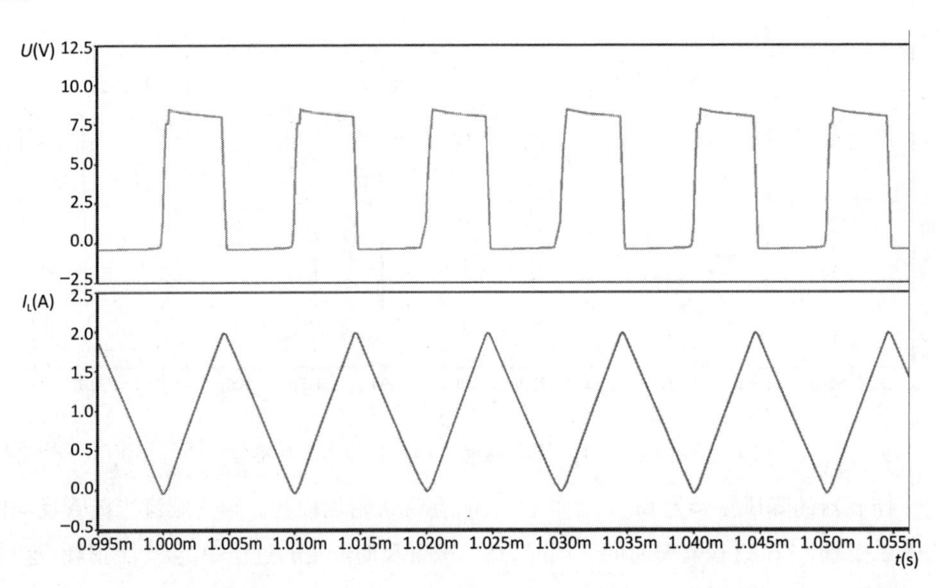

图1.21 BCM模式开关点电压和电感电流仿真波形图

以非同步Buck的DCM模式为例。如果把负载调大，也就是I_L电源的输出电流变小了。相当于上面的纹波电流波形继续往下移动，波形会与横坐标相交。由于二极管的正向导通性，上管关闭，所以电感上的电流不会出现负数(我们设定输出方向为正方向)。此时就会出现电感上电流为0。DCM模式仿真电路图如图1.22所示。

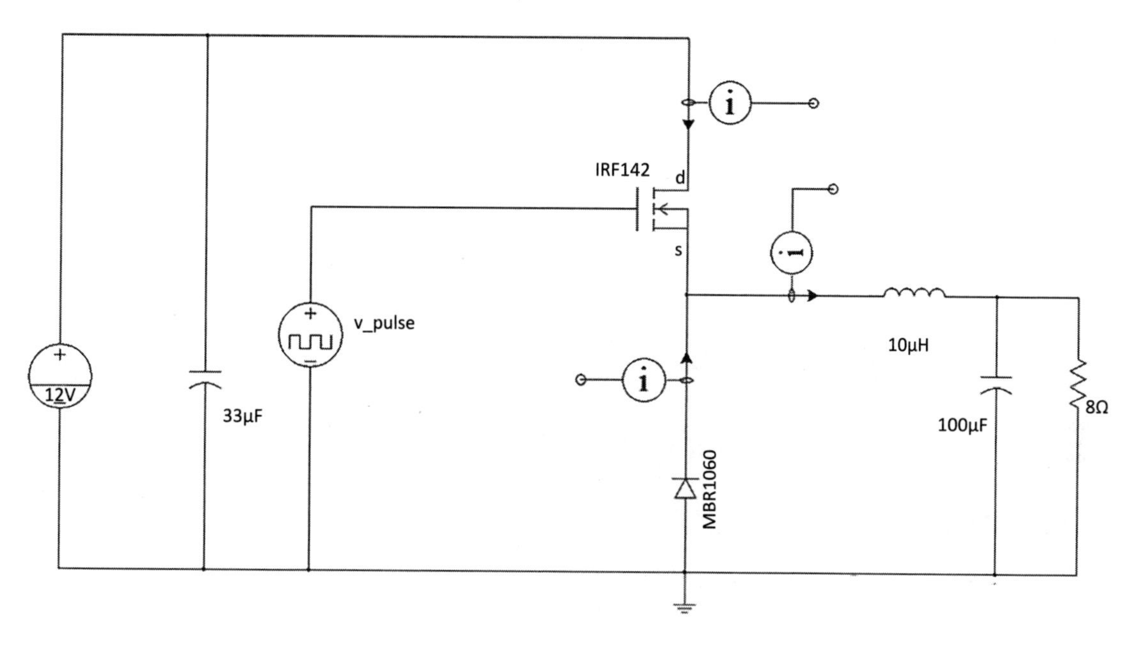

图1.22　DCM模式仿真电路图

图1.22中，输出电流为

$$I_{out} = \frac{V_{out}}{R}$$

式中R继续增大，直到

$$I_{out} < \frac{\Delta I_L}{2}$$

电感纹波电流为

$$\Delta I_L = \frac{(V_{in} - V_{out})T_S}{L} = \frac{V_{out}D(1 - M_{VDC})T_S}{LM_{VDC}}$$

其中

$$M_{VDC} = \frac{V_{out}}{V_{in}} = \frac{D}{D + D_1}$$

DCM模式开关点电压和电感电流仿真波形图如图1.23所示，上方图为电感电流，下方图为开关点电压。

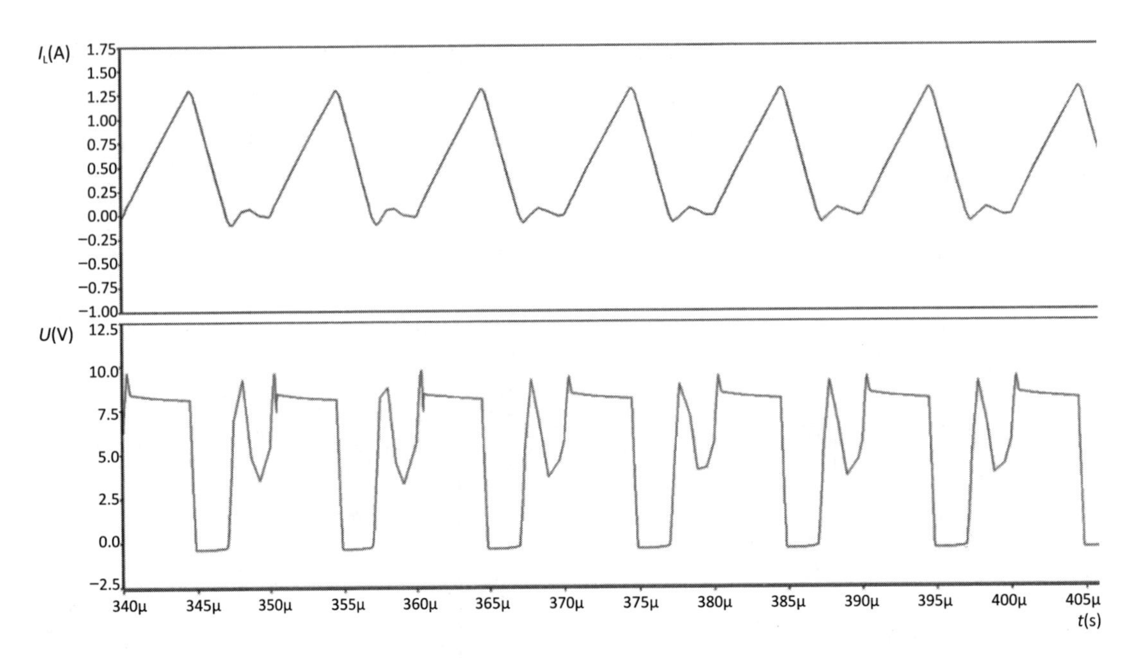

图 1.23　DCM模式开关点电压和电感电流仿真波形图

3. CCM与DCM的比较

（1）工作于DCM模式，能降低功耗，转换效率更高些。但工作于DCM模式，会产生振荡现象，其频谱更复杂。

（2）工作于CCM模式，输出电压与负载电流无关。工作于DCM模式，输出电压受负载影响，为了控制电压恒定，占空比必须随着负载电流的变化而变化。

对于上述电源，由于二极管不可能产生反向电流，所以当电流等于0之后，二极管不再进行续流。但是对于有的电源用MOSFET替代二极管，可能会继续保持CCM状态，有可能产生负电流，也可能这里增加电流检测，让电源进入DCM状态。

工作于DCM模式的时候，由于频谱更丰富，会导致难以掌控的EMI问题，并且可能由于音频信号的产生而导致电感的啸叫。

1.6 同步与非同步电源

首先，要区分同步和非同步的概念。通俗一点地说，在电路中，上管和下管都使用场效应管MOSFET的就是同步的。只有一个上管的开关而没有下管，或者是由一个二极管替代下管位置的，就是非同步的。因为在非同步电源中，下管是一个二极管，不需要控制，也就不存在控制器同步的问题。下面以图1.24和图1.25所示的Buck电路为例，来对比同步与非同步的区别。

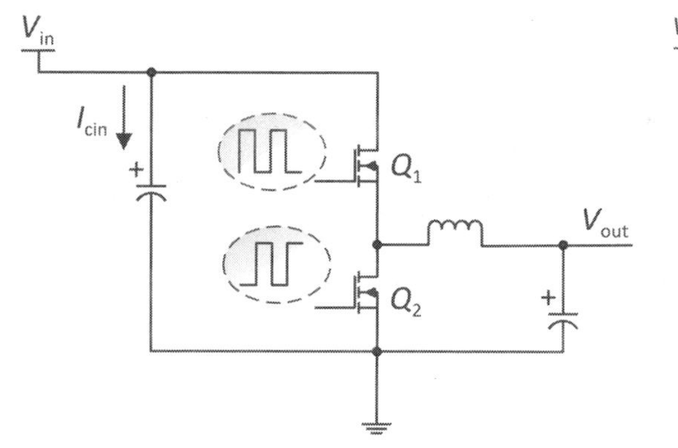

图1.24　同步Buck变换器基本电路

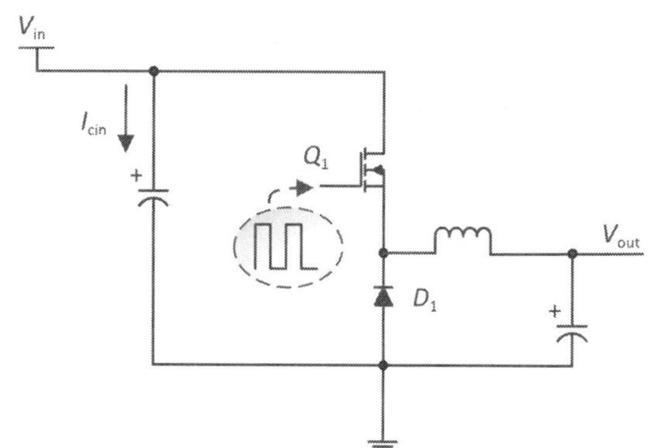

图1.25　非同步Buck变换器基本电路

对同步电源而言，MOSFET有一个很重要的参数——导通电阻$R_{DS(on)}$。一般的MOSFET的导通电阻都非常小，阻值大约几毫欧姆，所以MOSFET导通之后压降比较低。而且在同样的条件下，MOSFET的导通电压远远小于二极管的正向导通压降，在电流不变的时候，MOSFET上损耗的能量比二极管要小，所以同步电源的效率比二极管的要高。

当然，同步电路也有它的缺点。对于控制器芯片来说，对下管的控制需要额外的控制电路，使得上下管MOSFET的时序能够同步（上管打开时，下管关闭；下管打开时，上管关闭）。

对于非同步电源来说，由于输出电流在变化的时候二极管的压降是恒定的，导致在流过二极管的电流很大的时候，二极管功率等于二极管两端的电压值乘以通过它的电流值。在输出电压很低的情况下二极管的小电压占据了非常大的比重，它消耗的功率就非常大，所以在大电流的情况下，它的效率会非常低。效率低是非同步电源最大的缺点。

在早期半导体制造还不成熟的时期，二极管的价格要比MOSFET的价格低，就成本来说，非同步电源的更低一点。如果在输出电压比较高的时候，二极管正向导通的电压所占的比重很小，对效率的影响也就没那么大了。

同样，Boost及其他拓扑的电源都有同步与非同步的两种电路实现方式。随着半导体产业的进步，以及芯片的规模效应，同步电源逐步吞噬非同步的市场，占据了绝大多数市场份额。

1.7 电源芯片规格书要点

电源芯片规格书对电源芯片的参数、管脚定义和设计要点做了详细说明。在电源设计过程中，最重要的环节就是读懂电源芯片规格书，按照规格书的要求进行设计。

1. 规格书的产生过程

芯片销售和设计的第一步是制作规格书。规格书的质量直接影响品牌形象。电源芯片规格书的产生过程如图1.26所示。

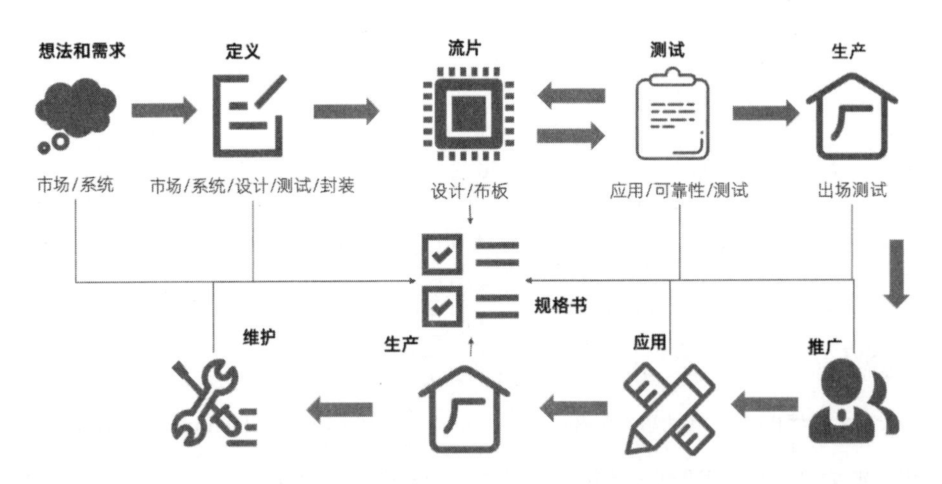

图 1.26　电源芯片规格书的产生过程

2. 如何阅读规格书

(1)查看规格书的版本和基本信息。拿到规格书，首先要注意和确认的是规格书的版本，主要有以下几点。

①是否最新的版本？可能是中间版本，最新版本已经变更。

②是否最终的版本？可能还会变更。

③是否可交付的版本？可能还有认证和可靠性环节未完成。

现在芯片开发和推广的节奏加快，很多芯片在量产前就开始进行市场推广，带来了版本的问题。需要和芯片厂家确认，了解芯片的状态，根据实际情况进行选择。

以图 1.27 中的电源芯片规格书为例，从规格书的第一页可以快速地获得基本信息。

①芯片类型和最大特点：17V 输入，10V 输出。

②具体指标和优点：输入电压范围、保护机制、温度范围、开关频率等。

③典型电路：直观了解电路的基本参数和繁易程度。

通过以上基本信息可以快速排除不合适的芯片。

另外，还需要注意规格书中的绝对最大电压、最高焊接温度、最高结温和存储温

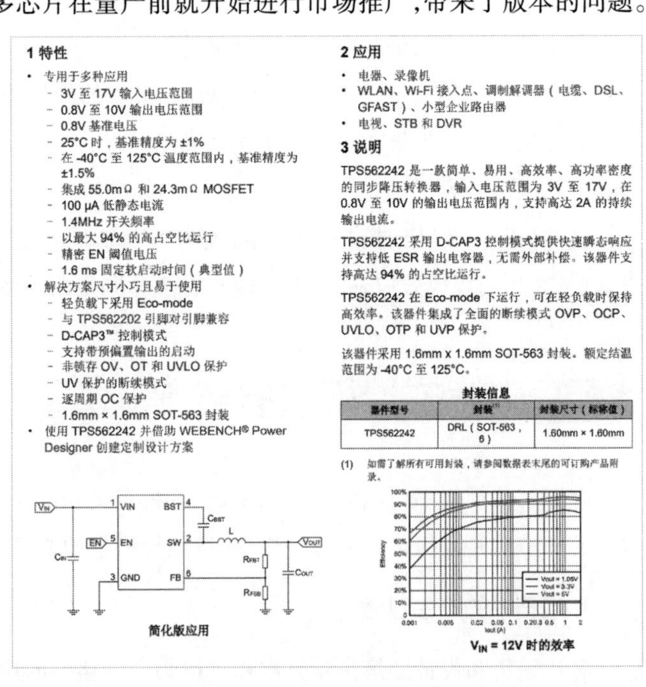

1 特性

- 专用于多种应用
  - 3V 至 17V 输入电压范围
  - 0.8V 至 10V 输出电压范围
  - 0.8V 基准电压
  - 25°C 时，基准精度为 ±1%
  - 在 -40°C 至 125°C 温度范围内，基准精度为 ±1.5%
  - 集成 55.0mΩ 和 24.3mΩ MOSFET
  - 100 μA 低静态电流
  - 1.4MHz 开关频率
  - 以最大 94% 的高占空比运行
  - 精密 EN 阈值电压
  - 1.6 ms 固定软启动时间（典型值）
- 解决方案尺寸小巧且易于使用
  - 轻负载下采用 Eco-mode
  - 与 TPS562202 引脚对引脚兼容
  - D-CAP3™ 控制模式
  - 支持带预偏置输出的启动
  - 非锁存 OV、OT 和 UVLO 保护
  - UV 保护的断续模式
  - 逐周期 OC 保护
  - 1.6mm × 1.6mm SOT-563 封装
- 使用 TPS562242 并借助 WEBENCH® Power Designer 创建定制设计方案

2 应用

- 电器、录像机
- WLAN、Wi-Fi 接入点、调制解调器（电缆、DSL、GFAST）、小型企业路由器
- 电视、STB 和 DVR

3 说明

TPS562242 是一款简单、易用、高效率、高功率密度的同步降压转换器，输入电压范围为 3V 至 17V，在 0.8V 至 10V 的输出电压范围内，支持高达 2A 的持续输出电流。

TPS562242 采用 D-CAP3 控制模式提供快速瞬态响应并支持低 ESR 输出电容器，无需外部补偿。该器件支持高达 94% 的占空比运行。

TPS562242 在 Eco-mode 下运行，可在轻负载时保持高效率。该器件集成了全面的断续模式 OVP、OCP、UVLO、OTP 和 UVP 保护。

该器件采用 1.6mm x 1.6mm SOT-563 封装。额定结温范围为 -40°C 至 125°C。

封装信息

器件型号	封装[1]	封装尺寸（标称值）
TPS562242	DRL（SOT-563，6）	1.60mm × 1.60mm

(1) 如需了解所有可用封装，请参阅数据表末尾的可订购产品附录。

简化版应用

V_{IN} = 12V 时的效率

图 1.27　某电源芯片规格书首页截图

度范围等，芯片的工作和存储条件必须满足这个范围。某国产电源芯片的范围要求如图1.28所示。

此外，还需要关注芯片的型号和封装，如图1.29所示。

ABSOLUTE MAXIMUM RATING [1)]

VIN Pin.. -0.3V to 20V
SW Pin... -0.3V (-5V for 25ns) to 20V (25V for 25ns)
VIN-SW.. -0.3V (-5V for 25ns) to 20.3V (25V for 25ns)
EN Pin.. -0.3V to 20V
BST-SW .... -0.3V to 4V (5V for 25ns)
VCC Pin .... -0.3V to 4V
PG Pin .... -0.3V to 6V
All other Pins .... -0.3V to 4V
Junction Temperature [2)] .... 150°C
Lead Temperature .... 260°C
Storage Temperature.. -65 °C to +150 °C
ESD Susceptibility (Human Body Model) .... ±2kV
Charged device model (CDM), per JEDEC specification JESD22- V C101.... ±500V

图1.28　某国产电源芯片的范围要求

ORDER INFORMATION

DEVICE[1)]	PACKAGE	TOP MARKING[2)]
JWH5084QFNZ#TRPBF	QFN3.5X3.5-18	JWH5084 YW□□□□□

Notes:

1) JW□□□ □□□# TRPBF
- PB Free
- Tape and Reel(If " TR " is not shown, it means tube)
- Package Code
- Part No.

2) Line1: JW □□□□□
- Product code
- Joulwatt LOGO

Line2: YW□□□□□
- Lot number
- Week code
- Year code

图1.29　某电源芯片的型号和封装信息

(2)查看电气特性表。电气特性不仅是产品的目标，还是检测的标准，是最重要的量化数据之一，既要重点突出，又要详尽明确，如图1.30所示。

ELECTRICAL CHARACTERISTICS

V_{IN}=12V, T_J=-40℃~125℃, Unless otherwise stated.

Item	Symbol	Conditions	Min.	Typ.	Max.	Unit
V_{IN} Under Voltage Lock-out Threshold	V_{IN_HTH}	V_{IN} rising, V_{CC}=3.3V	3.1	3.4	3.7	V
	V_{IN_LTH}	V_{IN} falling, V_{CC}=3.3V	2.95	3.25	3.55	V
Shutdown Current	I_{SD}	V_{EN}=0		8		μA
Supply Current	I_Q	V_{EN}=3.3V, V_{FB}=0.7V		580	800	μA
Enable Input Rising Threshold	V_{EN_HTH}		1.17	1.225	1.27	V
Enable Input Falling Threshold	V_{EN_LTH}		1.03	1.09	1.17	V
Enable Hysteresis	$V_{EN\_TH\_HYS}$			0.14		V
EN Pull-Up Current	I_{ENP1}	V_{EN}=1.0V	0.35	2	2.95	μA
	I_{ENP2}	V_{EN}=1.3V	3	4.3	5.5	μA
Feedback Voltage	V_{REF}		594	600	606	mV
Top Switch Resistance	$R_{DS(ON)T}$			13.3		mΩ
Bottom Switch Resistance	$R_{DS(ON)B}$			4.3		mΩ
Top Switch Leakage Current	I_{LEAK_TOP}	V_{IN}=17V, V_{SW}=0V			10	μA
Bottom Switch Leakage Current	I_{LEAK_BOT}	V_{IN}=17V, V_{SW}=17V			10	μA
Valley current limit	I_{LIM_POS1}		9.775	11.5	13.225	A
	I_{LIM_POS2}		11.73	13.9	15.87	A
Bottom Switch Negative Current Limit	I_{LIM_NEG}			-7.5		A
Minimum On Time[4)]	T_{ON_MIN}				50	ns
Minimum Off Time[4)]	T_{OFF_MIN}			100	180	ns
Switching Frequency	F_{SW}	25℃	340	400	460	kHz
		25℃	680	800	920	kHz
		25℃	1020	1200	1380	kHz
Discharge FET Ron	R_{DIS}			80	150	Ω
Soft-Start Charge Current	I_{SS_CHAR}	V_{SS}=0V	4.9	6	7.1	μA
Soft-Start Discharge FET Ron	$R_{SS\_DISCHAR}$	V_{CC}=3V	1.5	2.3	3	kΩ
Soft-Start Time[5)]	T_{SS}	Internal SS time		1		ms
VCC Under-voltage Lockout Threshold	V_{CC_HTH}	V_{CC} rising	2.65	2.8	2.95	V
	V_{CC_LTH}	V_{CC} falling	2.35	2.5	2.65	V
VCC Regulator	V_{CC}		3.1	3.2	3.35	V
VCC Output Current Limit	I_{LIM_VCC}		90	145	200	mA
VCC Load Regulation		I_{CC}=25mA		0.5		%
Power Good High Threshold	PG_{HTH}	V_{FB} from low to high	90%	93%	96%	V_{REF}
		V_{FB} from high to low	104%	107%	110%	V_{REF}
Power Good Low Threshold	PG_{LTH}	V_{FB} from low to high	113%	116%	119%	V_{REF}

图1.30　某国产电源芯片的电气特性表

电气特性测试项是在芯片设计初期就需要确定，并需要管控的重要参数。增加测试项会增大测试难度和测试时间，增加芯片的成本，但是这是对芯片质量和性能管控的重要手段。电气特性测试参数的含义如图1.31所示。

测试的温度范围
静态电流
上管及下管的DS端之间的等效导通阻抗$R_{DS(on)}$
反馈电压
EN阈值
最小输入电压
过温保护

ELECTRICAL CHARACTERISTICS

V_{IN} = 12V, T_J = -40°C to +125°C, unless otherwise noted. Typical values are at T_J=+25°C.

Parameter	Symbol	Condition	Min	Typ	Max	Units
Supply Current (Shutdown)	I_{SHDN}	V_{EN} = 0V			8	μA
Supply Current (Quiescent)	I_Q	V_{EN} = 2V, V_{FB} = 1V		0.5	0.7	mA
HS Switch-ON Resistance	R_{ON_HS}	V_{BST-SW}=5V		90	155	mΩ
LS Switch-ON Resistance	R_{ON_LS}	V_{CC} =5V		55	105	mΩ
Switch Leakage	$I_{LKG\ SW}$	V_{EN} = 0V, V_{SW} =12V			1	μA
Current Limit	I_{LIMIT}	Under 40% Duty Cycle	3	4.2	5.5	A
Oscillator Frequency	f_{SW}	V_{FB}=750mV	320	410	500	kHz
Fold-Back Frequency	f_{FB}	V_{FB}<400mV	70	100	130	kHz
Maximum Duty Cycle	D_{MAX}	V_{FB}=750mV, 410kHz	92	95		%
Minimum ON Time(5)	$t_{ON\ MIN}$			70		ns
Sync Frequency Range	f_{SYNC}		0.2		2.4	MHz
Feedback Voltage	V_{FB}	T_J=25°C	780	792	804	mV
			776		808	
Feedback Current	I_{FB}	V_{FB}=820mV		10	100	nA
EN Rising Threshold	$V_{EN\ RISING}$		1.15	1.4	1.65	V
EN Falling Threshold	$V_{EN\ FALLING}$		1.05	1.25	1.45	V
EN Threshold Hysteresis	V_{EN_HYS}			150		mV
EN Input Current	I_{EN}	V_{EN}=2V		4	6	μA
		V_{EN}=0		0	0.2	μA
VIN Under-Voltage Lockout Threshold-Rising	$INUV_{RISING}$		3.3	3.5	3.7	V
VIN Under-Voltage Lockout Threshold-Falling	$INUV_{FALLING}$		3.1	3.3	3.5	V
VIN Under-Voltage Lockout Threshold-Hysteresis	$INUV_{HYS}$			200		mV
VCC Regulator	V_{CC}	I_{CC}=0mA	4.6	4.9	5.2	V
VCC Load Regulation		I_{CC}=5mA		1.5	4	%
Soft-Start Period	t_{SS}	V_{OUT} from 10% to 90%	0.55	1.45	2.45	ms
Thermal Shutdown (5)			150	170		°C
Thermal Hysteresis (5)				30		°C
PG Rising Threshold	$PG_{Vth\ RISING}$	as percentage of V_{FB}	86.5	90	93.5	%
PG Falling Threshold	$PG_{Vth\ FALLING}$	as percentage of V_{FB}	80.5	84	87.5	%

图1.31　某国产电源芯片各电气特性参数的含义

(3)查看典型曲线和波形。对于效率、FB电压、调整率、静态电流、限流点、$R_{DS(on)}$等各种变化曲线，这些变化的曲线很难直接在电气特性表中体现。而典型曲线和波形可以用于观察工作模式，以及一些基本特性，如图1.32所示。

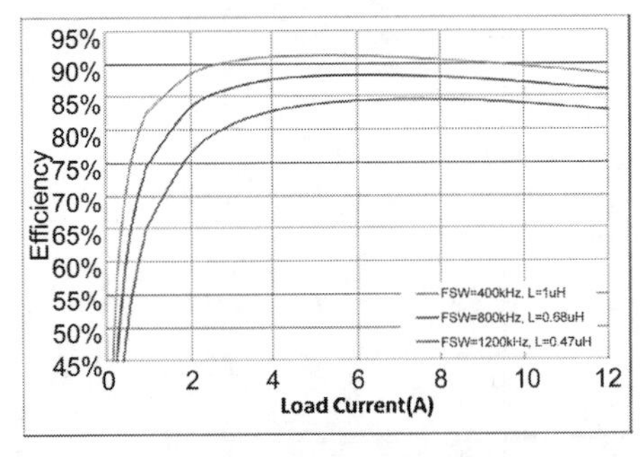

Figure 1. Efficiency vs. Load Current

(V_{IN}=12V, V_{OUT}=1.2V)

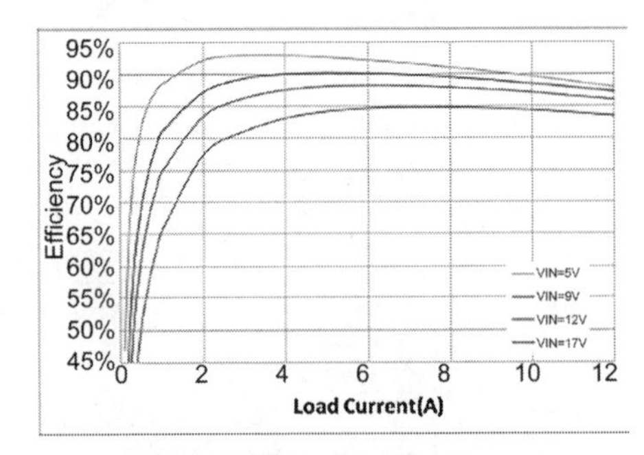

Figure 2. Efficiency vs. Load Current

(V_{OUT}=1.2V, L=0.68μH, F_{SW}=800kHz)

图1.32　某国产电源芯片的典型曲线和波形

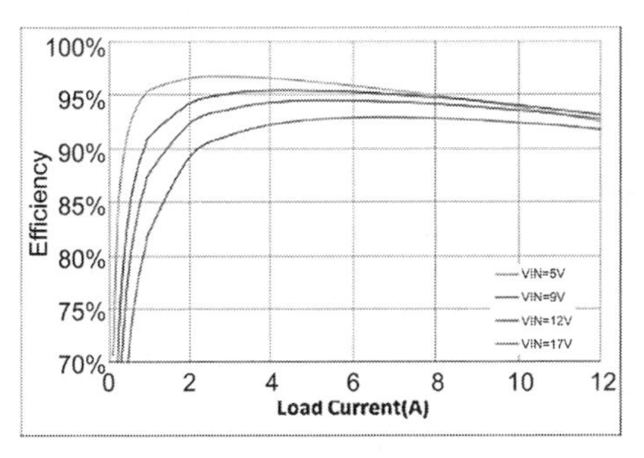

Figure 3. Efficiency vs. Load Current

(V_{OUT}=3.3V, L=1.5μH, F_{SW}=800kHz)

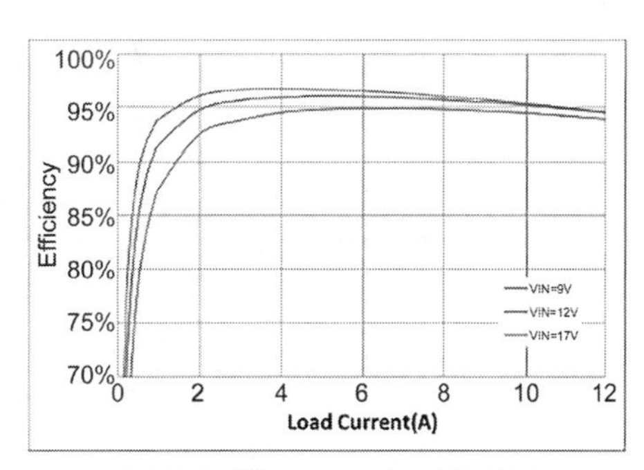

Figure 4. Efficiency vs. Load Current

(V_{OUT}=5V, L=2.2μH, F_{SW}=800kHz)

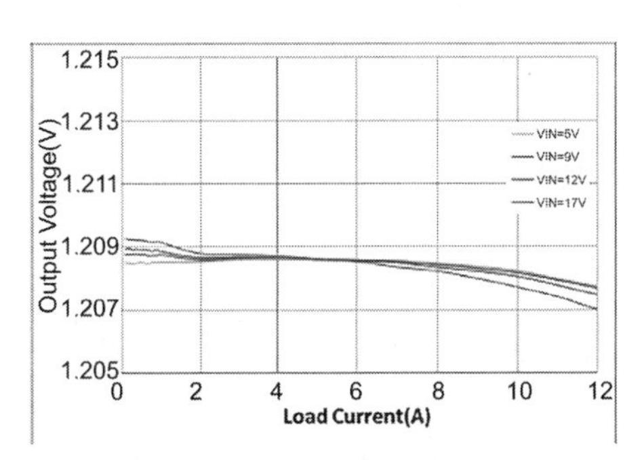

Figure 5. Load Regulation

(V_{OUT}=1.2V, L=0.68μH, F_{SW}=800kHz)

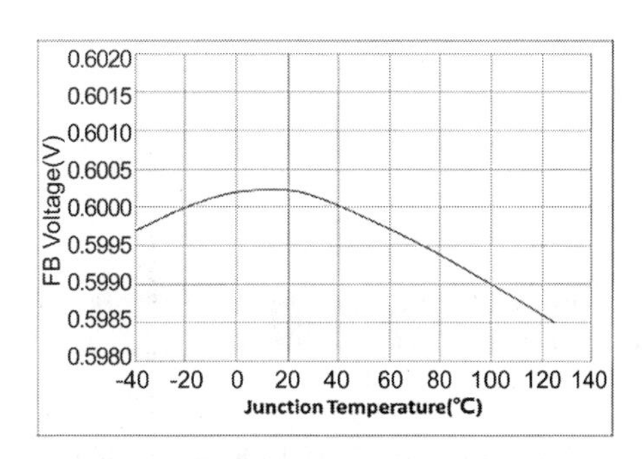

Figure 6. FB Voltage Regulaion vs. Junction Temperature

图1.32　某国产电源芯片的典型曲线和波形(续)

(4)查看功能框图和其他信息。功能框图比文字描述更直观,可以帮助理解芯片的结构和功能,如图1.33所示。

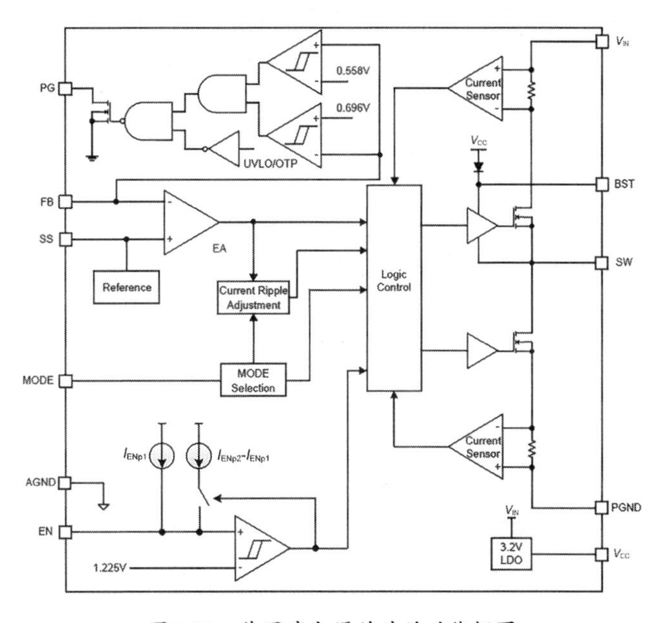

图1.33　某国产电源芯片的功能框图

(5)参考推荐原理图。最好的参考案例就是芯片规格书中的典型电路，如图1.34所示。

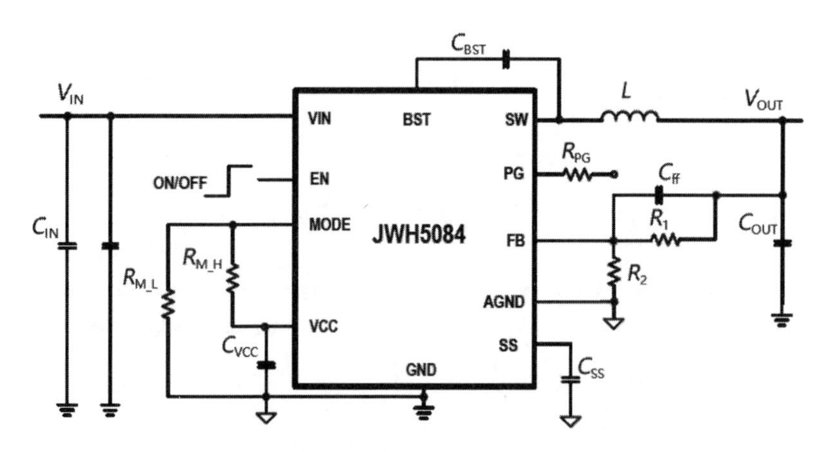

图1.34　某国产电源芯片的典型应用电路

1.8 有效电流的概念

有效电流是指把一个直流电流和一个非直流电流分别通入两个相同的电阻器件，如果在相同时间内它们产生的热量相等，那么就把直流电流的值作为非直流电流的有效值。

有效电流(也称为有效值电流或均方根电流)是电流的一种度量方式，用来描述电路中的电流能够产生功率的强度。有效电流的概念的重要性源于以下几个方面。

(1)功率计算：在交流电路中，电流和电压不断地变化方向和大小。如果仅仅通过电流的峰值或平均值来描述电流强度，将无法准确计算交流电路的功率。然而，使用有效电流可以解决这个问题。根据功率的定义，有效电流与电压的乘积可以给出交流电路中的有效功率。因此，有效电流在计算功率和能量转换时起着重要作用。

(2)比较和标准化：有效电流是一种标准化的电流度量方式，可以用于比较不同电路或不同时间段内的电流强度。通过比较有效电流，我们可以评估电流的大小，并确定合适的电气设备或电源来满足特定的电流需求。此外，有效电流还用于制定电气安全标准和规范。

(3)了解热效应和电气性能：交流电流的大小对于电气元件和电路的性能和热效应至关重要。有效电流可以提供有关电流通过电气元件时产生的热量和能量损耗的信息。通过了解有效电流，我们可以设计和选择适当的电源和散热系统，以确保电气元件的正常工作和使用寿命。

(4)安全性考虑：有效电流还与电气设备和电线的安全性有关。交流电流的有效值通常用于确定电气设备和电线的额定电流和额定容量，以确保其在正常操作范围内工作，并避免过载和热危险。

因此，有效电流的概念对于描述交流电路中的电流强度、计算功率、比较电流、评估电气性能和确保安全性都是至关重要的。它是一种标准化的电流度量方式，提供了对电流特性的有用信息。

在讨论DC/DC电源时，有效电流的概念通常是与交流电路相关的。交流电路中的有效电流是一种度量方式，用来描述交流电流的强度。然而，在DC/DC电源中，电流是直流的，没有频率变化，因此有效电流的概念似乎不适用。

然而，在某些情况下，我们仍然需要考虑有效电流，原因如下。

（1）电源效率评估：在DC/DC电源中，电源的效率是一个重要的考虑因素。有效电流可以用来计算电源输入和输出之间的功率转换效率。

（2）电源容量选择：有效电流还可以帮助我们选择适当容量的电源。尽管DC/DC电源的电流是直流的，但负载可能对电源提出高脉冲需求，导致瞬时电流的变化。通过考虑有效电流，我们可以选择具有足够容量来满足峰值负载需求的电源，确保系统的稳定性和可靠性。

（3）线路和元件的尺寸设计：有效电流可以用来评估DC/DC电源系统中线路和元件的尺寸。尽管电流是直流的，但瞬时电流变化仍会对线路和元件产生影响。通过考虑有效电流，我们可以确保线路和元件的额定容量足够处理瞬时电流的需求，以避免过载和故障。

尽管DC/DC电源中的电流是直流的，有效电流的概念可能不如在交流电路中那么直接适用，但在一些相关方面，考虑有效电流仍然是有益的。在开关电源的使用过程中，为了对MOSFET、电容、二极管等器件选型，我们都需要对器件各种工作状态的有效电流进行评估。

1.9 有效电流的计算

最早运用有效电流的概念，主要是为了度量交流电能够对电阻提供的能量。在生活中，常看到的现象是交流电压加在电阻的两端，例如白炽灯或电热丝，所以我们最常见的有效电流的计算是正弦交变电流的有效电流的计算。按照有效电流的概念，可以理解为：我们用一个直流电来代替交流电，如果这个直流电和交流电在一个周期内产生的能量相同，则这个直流电的电流可称为这个交流电的“有效电流”。在DC/DC电路设计过程中，我们需要评估功率器件的工作状态，往往需要计算其有效电流。功率器件的电流波形并不是正弦交变电流，在电感上是类似锯齿波，在输入电容及MOSFET上是梯形的波。因此，本节对典型的有效电流利用计算公式进行推导，后续章节中关于有效电流的计算大同小异。

1. 正弦交变电流有效值计算

我们知道日常家用电是220V交流电，所以当用220V交流电给电阻进行供电时，我们需要清楚其实际发热情况，并对其发热进行评估。我们所说的220V电压指的就是有效值为220V，并不是指的峰峰值。因此，我们用220V电压直接计算功耗等参数。

如图1.35所示，$u(t)$波形是正弦波，由于一半在横坐标轴上面，一半在横坐标轴下面，所以在一个周期内平均值为0。U_m是交流电压的峰值。

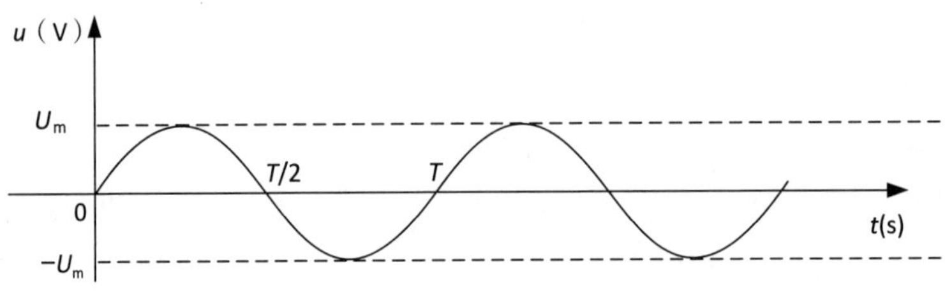

图1.35 正弦波波形

可以看到，正半波和负半波的形状是相同的，所以平均电流（平均电压/电阻）是0。但是实际做功并不是0，因为交流电对电阻进行输出的能量，我们要通过计算知道这个电流产生的功率，并等效到一个直流电流的值。

我们要对这个正弦波的曲线函数的平方，在时间上进行积分。因为正弦波是一个周期信号，所以我们只需要在一个周期内进行计算，其他周期情况一致。

电压随着时间变化，可表示为

$$u(t) = U_m \sin\omega t$$

$$\int_0^T \frac{(U_m \sin\omega t)^2}{R} dt = \frac{U_{有效}^2}{R}$$

我们在一个周期内计算其有效电流：

$$\begin{aligned}\int_0^T \frac{(U_m \sin\omega t)^2}{R} dt &= \frac{U_m^2}{R}\int_0^T \frac{1-\cos 2\omega t}{2} dt \\ &= \frac{U_m^2}{2R}\int_0^T 1\, dt - \frac{U_m^2}{2R}\int_0^T \cos 2\omega t\, dt \\ &= \frac{U_m^2}{2R}T - \frac{U_m^2}{2R}\left[\frac{\sin 2\omega t}{2\omega}\right]_0^T \\ &= \frac{U_m^2}{2R}T\end{aligned}$$

$$\frac{U_m^2}{2R}T = \frac{U_{有效}^2}{R}T$$

所以峰值电压与有效电压的关系如下：

$$U_m = \sqrt{2}\, U_{有效}$$

$$U_{有效} = \frac{\sqrt{2}}{2} U_m$$

我们日常所说的220V交流电，其峰峰值大约是311V。

根据欧姆定律，峰值电流与有效电流也是这样的关系。

$$I_m = \sqrt{2}\, I_{有效}$$

2. 三角波电流有效值计算

一个三角波的波形如图1.36所示。

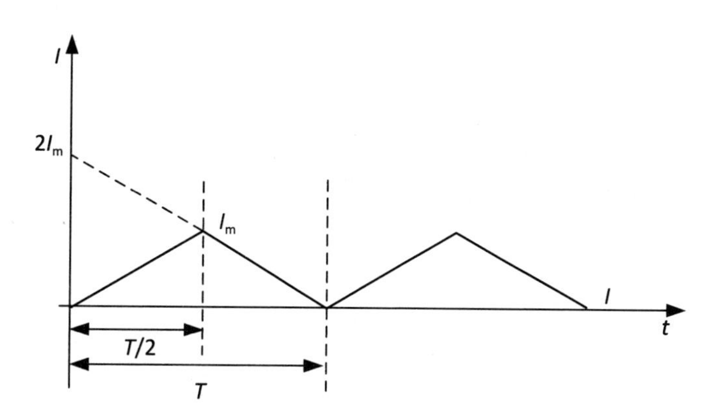

图 1.36　三角波的波形

在一个周期里面，i是一个分段函数。

在$0\sim\frac{T}{2}$时间段

$$i = t\frac{I_{\mathrm{m}}}{\frac{T}{2}} = 2t\frac{I_{\mathrm{m}}}{T}$$

在$\frac{T}{2}\sim T$时间段

$$i = 2I_{\mathrm{m}} - t\frac{2I_{\mathrm{m}}}{T}$$

根据有效电流的定义，在两个时间段对电流的平方进行积分，分别计算总的能耗，求和之后等于有效电流产生的能耗。我们将有效电流用I_{RMS}表示，其产生的能耗计算如下：

$$\begin{aligned}
I_{\mathrm{RMS}}^2 T &= \int_0^{\frac{T}{2}} i^2\,\mathrm{d}t + \int_{\frac{T}{2}}^{T} i^2\,\mathrm{d}t \\
&= \int_0^{\frac{T}{2}}\left(2t\frac{I_{\mathrm{m}}}{T}\right)^2\mathrm{d}t + \int_{\frac{T}{2}}^{T}\left(2I_{\mathrm{m}} - t\frac{2I_{\mathrm{m}}}{T}\right)^2\mathrm{d}t \\
&= \left[\frac{4}{3}\frac{I_{\mathrm{m}}^2}{T^2}t^3\right]_0^{\frac{T}{2}} + \int_{\frac{T}{2}}^{T}\left(4I_{\mathrm{m}}^2 - \frac{8tI_{\mathrm{m}}^2}{T} + \frac{t^2 4I_{\mathrm{m}}^2}{T^2}\right)\mathrm{d}t \\
&= \frac{4}{3}\frac{I_{\mathrm{m}}^2}{T^2}\left(\frac{T}{2}\right)^3 + 2TI_{\mathrm{m}}^2 - \left[\frac{1}{2}\frac{8I_{\mathrm{m}}^2}{T}t^2\right]_{\frac{T}{2}}^{T} \\
&= \frac{1}{6}TI_{\mathrm{m}}^2 + 2TI_{\mathrm{m}}^2 - (4TI_{\mathrm{m}}^2 - TI_{\mathrm{m}}^2) + \left(\frac{4}{3}TI_{\mathrm{m}}^2 - \frac{1}{6}TI_{\mathrm{m}}^2\right) \\
&= \frac{1}{3}TI_{\mathrm{m}}^2
\end{aligned}$$

$$I_{\mathrm{RMS}} = \sqrt{\frac{1}{3}}\,I_{\mathrm{m}}$$

3. 梯形波电流有效值计算

一个梯形波的波形如图 1.37 所示。

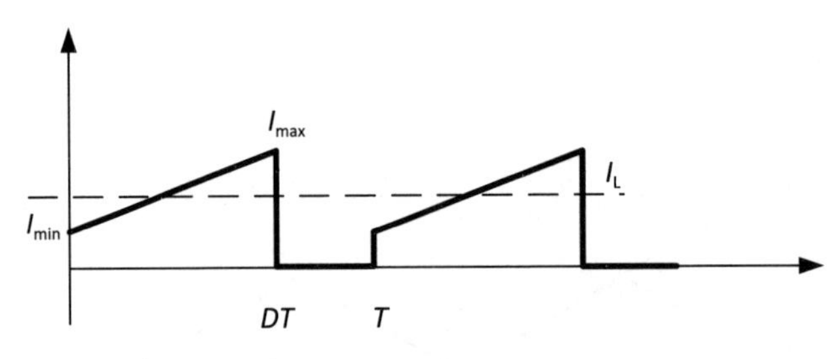

图 1.37 梯形波的波形

I_L是电感上的平均电流，即为I_{max}和I_{min}的平均值，ΔI指I_{max}和I_{min}之间的差值，D是开关电源的占空比。

$$
\begin{aligned}
I_{RMS}^2 T &= \int_0^T i^2 \mathrm{d}t \\
&= \int_0^{DT} i^2 \mathrm{d}t \\
&= \int_0^{DT} (I_{min} + \frac{t\Delta I}{DT})^2 \mathrm{d}t \\
&= \int_0^{DT} \left(I_L - \frac{1}{2}\Delta I + \frac{t\Delta I}{DT}\right)^2 \mathrm{d}t \\
&= \int_0^{DT} \left[\left(I - \frac{1}{2}\Delta I\right)^2 + 2\left(I - \frac{1}{2}\Delta I\right)\frac{t\Delta I}{DT} + \frac{\Delta I^2}{DT}t^2\right] \mathrm{d}t \\
&= \left(I - \frac{1}{2}\Delta I\right)^2 DT + \frac{\left(I - \frac{1}{2}\Delta I\right)\Delta I}{DT}(DT)^2 + \frac{1}{3}\frac{\Delta I^2 (DT)^3}{(DT)^2} \\
&= \left(I - \frac{1}{2}\Delta I\right)^2 DT + \frac{\left(I - \frac{1}{2}\Delta I\right)\Delta I}{DT}(DT)^2 + \frac{1}{3}\Delta I^2 DT \\
&= \left(I - \frac{1}{2}\Delta I\right)^2 DT + \left(I - \frac{1}{2}\Delta I\right)\Delta I DT + \frac{1}{3}\Delta I^2 DT \\
&= I^2 DT - \frac{1}{4}\Delta I^2 DT + \frac{1}{3}\Delta I^2 DT \\
&= I^2 DT + \frac{1}{12}\Delta I^2 DT
\end{aligned}
$$

所以，有效电流为

$$
\begin{aligned}
I_{RMS} &= \sqrt{\left(I^2 D + \frac{1}{12}\Delta I^2 D\right)} \\
&= I\sqrt{D\left(1 + \frac{\Delta I^2}{12 I^2}\right)}
\end{aligned}
$$

第2章

电源电路的基本元器件

在电源设计中，运用到的电子元器件非常丰富，如果想深入理解电源设计的过程，如基本元器件的特性和寄生参数、选型思路，就需要对电源设计中涉及的电子元器件熟练掌握。在电源设计的过程中，需要平衡性能、成本、效率、可靠性、复杂度等维度的要求，电子元器件的参数选择和选型决策就可能会决定电源的指标甚至项目的成败。因此，本章针对电阻、电容、电感、MOSFET、变压器等基本元器件进行介绍。

2.1 电阻在电源电路中的应用

电阻是一个物理量，在物理学中表示导体对电流阻碍作用的大小。导体的电阻越大，表示导体对电流的阻碍作用越大。电阻是导体本身的一种性质，对于不同的导体，其电阻一般不同。导体的电阻通常用字母R表示，电阻的单位是欧姆，简称欧，一般用Ω表示。

在电源中，电阻主要应用在分压反馈电阻、配置开关频率、Power Good（PG）上拉、限流点设置、环路补偿、RC缓冲电路、MOSFET驱动限流等方面，如图2.1所示。

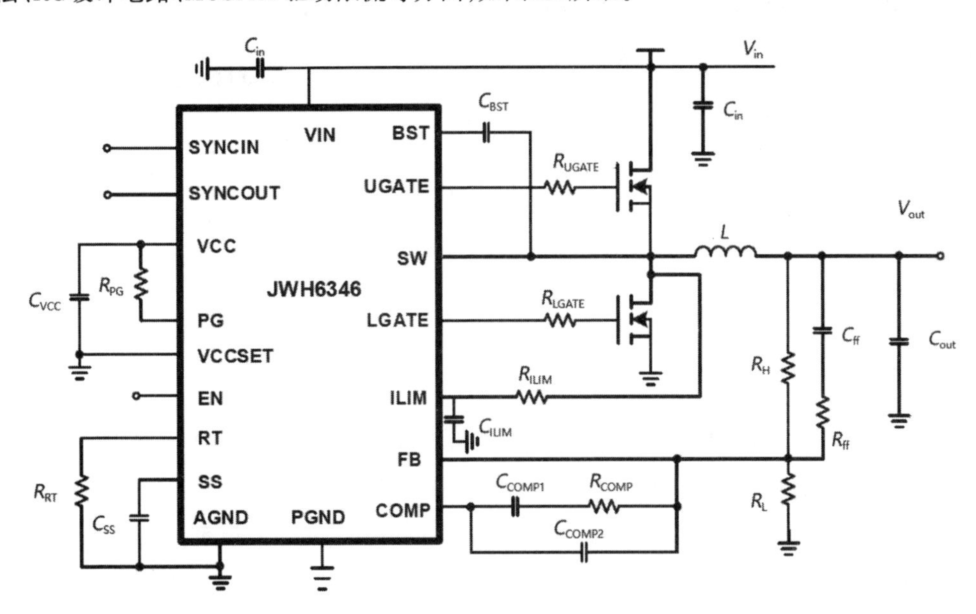

图2.1　电阻在电源电路中的应用

1. 输出电压设置

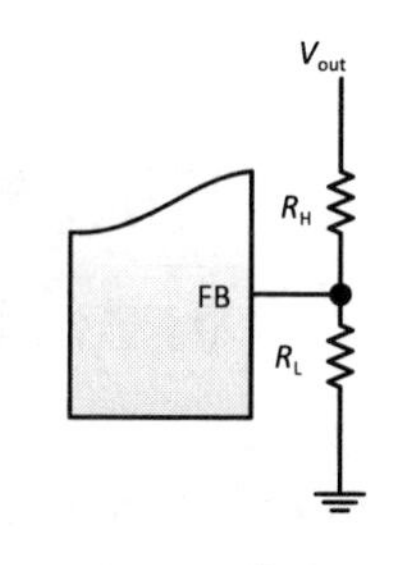

图 2.2 电阻在输出电压设置中的应用

在电压输出电路中，经常需要对输出电压进行分压处理，得到一个电阻分压值，用这个电阻分压得到的电压值与芯片内部的固定电压 V_{ref} 进行比较。一般芯片内部会自己产生一个固定电压作为参考电压 V_{ref}，我们通过电阻分压把输出电压 V_{out} 乘以一个固定的系数，与内部参考电压 V_{ref} 进行对比。这样能保证输出电压是我们期望的电压。

最常用的分压电路就是电阻分压电路，如图 2.2 所示。

通过两个电阻对输出电压进行分压，连接到电压反馈管脚，实现反馈电压，反馈电压的计算公式如下

$$V_{FB} = V_{out}\frac{R_L}{R_H + R_L}$$

这个反馈电压信号在芯片内部作为控制输出电压值 V_{out} 的依据，最终使 FB 管脚的电压 V_{FB} 稳定在基准电压值上。所以，可以通过调整 R_H 和 R_L 的值，控制输出电压 V_{out}。

2. 通过 EN 管脚控制启动

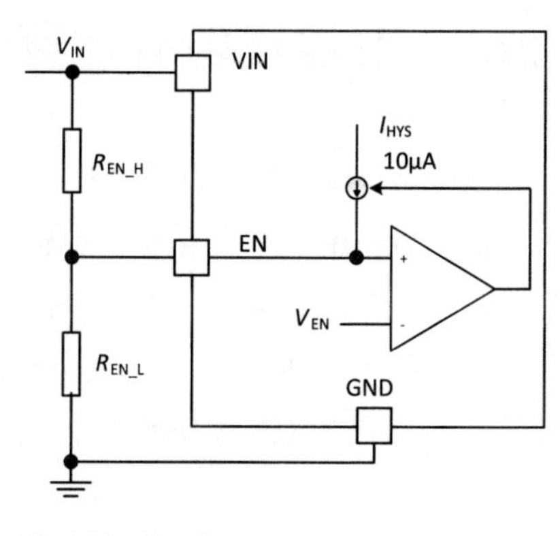

图 2.3 电阻在启动控制电路中的应用

很多芯片都有 EN 管脚，当 EN 管脚上的电压上升，超过某一个值（V_{STR}）时，芯片开始工作；当 EN 管脚上的电压低于某一个值（V_{STOP}）时，芯片停止工作。一般用电阻分压的方式控制 EN 管脚的电压。通过内部的电流源和外部的电阻 R_{EN_H}、R_{EN_L} 形成的电路，与内部的参考电压 V_{EN} 进行比较，实现电源控制器的使能功能。电阻在启动控制电路中的应用如图 2.3 所示。

我们可以使用以下等式设置输入启动电压和输入电压的外部滞后：

$$R_{EN\_H} = \frac{V_{STR} - V_{STOP}}{I_{HYS}}$$

$$R_{EN\_L} = R_{EN\_H}\frac{V_{EN}}{V_{STR} - V_{EN}}$$

这里，I_{HYS}=10μA、V_{EN} = 1.2V 是由电源控制器芯片内部决定的。

3. 设置开关频率

有些开关电源芯片的开关频率是可以调整的，一般会预留一个管脚用于开关频率的设置。开关电源是通过反复开关 MOSFET 实现输出电压控制的，开关的频率变化会影响开关电源的损耗和纹波。有些情况下，我们需要根据实际的设计场景需求，设置一个最合适的开关频率。所以，开关电源控制器有时会让用户自行设置开关频率。一般来说，会通过外接一个电阻来设置，电源控制器通过识别电阻的阻值来识别开关频率的设置值，如图 2.1 所示的 RT 管脚。

4. 电流检测和过流保护

电阻在电流检测和过流保护电路中的应用如图2.4所示，给电源控制器JW6346的ILIM引脚提供一个参考电流，该电流流入一个名为R_{ILIM}的外部电阻器，以编程设定电流限制阈值。如果ILIM引脚电压低于GND，ILIM引脚上的电流限制比较器可防止进一步的SW脉冲。

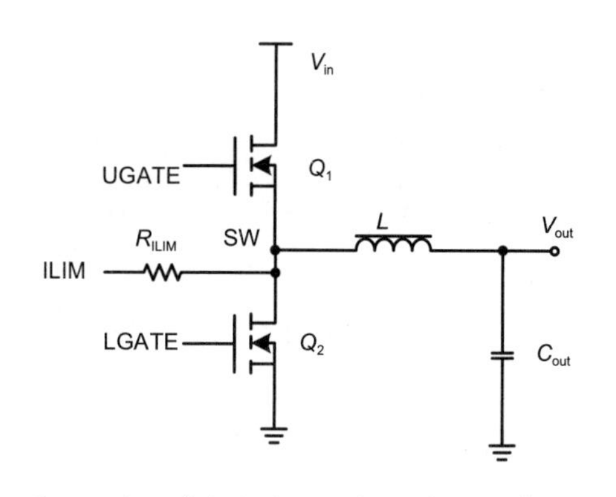

图2.4 电阻在电流检测和过流保护电路中的应用

5. 补偿网络设计

在输入电压、输出负载发生突变的情况下，如果开关电源的输出不进行调整，则输出电压会发生变化。当输出电压变化太大而超出规定的幅值范围的时候，如输出电压突然变大会导致用电器件损毁，或者如果输出电压突然变小会导致用电器件工作异常。因此，需要设计反馈环路的补偿电路，从而使得整个系统的传递函数有足够的增益裕量和相位裕量，让开关电源无论在何种模式下都能稳定工作。在环路补偿网络设计时，一般会用到电阻和电容的组合，实现若干个极点和零点，从而改变反馈环路的波特图特性。一般我们通过补偿网络的频率特性，调整整个控制环路的波特图。这时，我们就需要通过调整补偿网络中电阻和电容的值来实现期望的频率特性。

6. MOSFET驱动电路

在MOSFET驱动电路中，一般采用电阻和电容的组合来控制开启电流。以JWH6346为例，电阻在MOSFET驱动电路中的应用如图2.5所示。

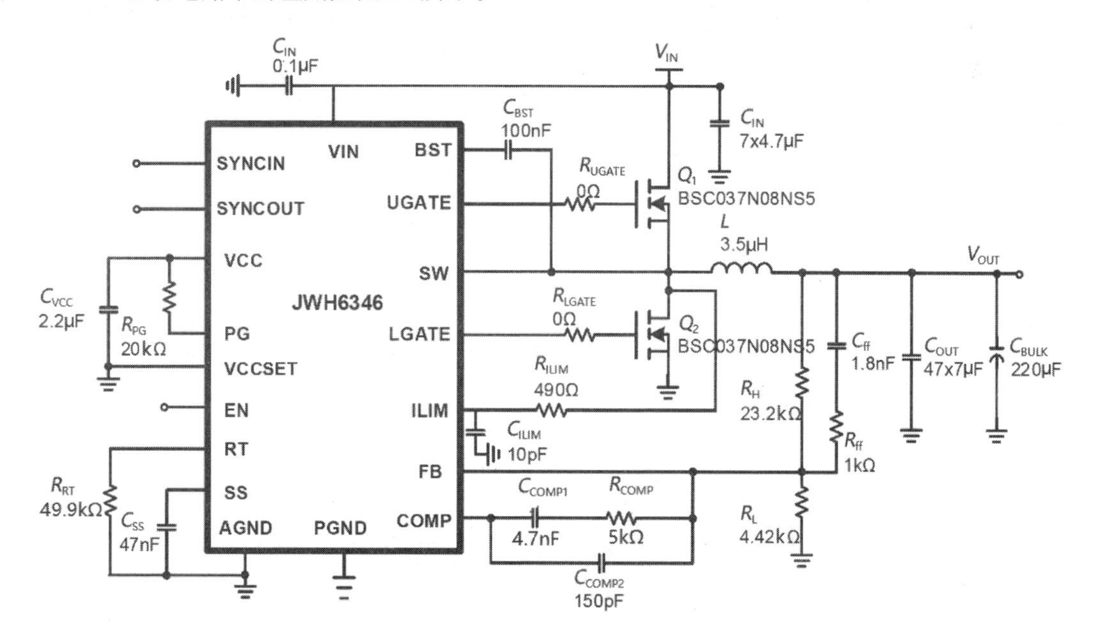

图2.5 电阻在MOSFET驱动电路中的应用

开关电源的开关一般选择MOSFET，类型一般选择N-MOSFET。

MOSFET在完全导通的状态下，体现出是一个稳定导通电阻的特性，称作$R_{DS(on)}$。高压侧驱动器的设计用于驱动MOSFET，这种MOSFET一般都是能够通大电流，并且$R_{DS(on)}$值都比较低。当配置为浮动驱动器时，VCC电源提供7.5V（或10V）的偏置电压。在V_{GS}=7.5V（或10V）时，平均驱动电流等于栅极电荷除以开关电源的开关周期T（或者等于栅极电荷乘以开关频率f）。瞬时驱动电流由BST和SW引脚之间的自举电容器提供。驱动能力由其内阻表示，BST到UGATE的内阻为1.5Ω，UGATE到SW的内阻为0.9Ω。

低压侧驱动器设计用于驱动大电流、低$R_{DS(on)}$的N-MOSFET。驱动能力由其内阻决定，VCC到LGATE的内阻为1.5Ω，LGATE到GND的内阻为0.9Ω。VCC电源提供7.5V（或10V）的偏置电压。瞬时驱动电流由连接在VCC和GND之间的输入电容器提供。平均驱动电流等于栅极电荷乘以开关频率。该栅极驱动电流及上管MOSFET的栅极驱动电流乘以7.5V（或10V），即产生需要从器件封装中耗散的驱动功率。

这里提到的1.5Ω和0.9Ω都是器件内部的电阻。由于MOSFET打开的过程中需要对MOSFET的寄生电容充电，所以这个瞬间电流比较大，有时会导致VCC或BST电压跌落，导致内部逻辑错乱，驱动逻辑错误导致丢失驱动脉冲，从而导致输出异常。所以有时会串联电阻（R_{UGATE}和R_{LGATE}），用于控制瞬间电流。但是这个电阻会因为RC充放电延时，影响MOSFET控制时序。我们电阻选型阻值也不能太大。

7. Power Good（PG）上拉电阻

开漏输出是一种输出电路结构，基于MOSFET的开关原理实现。在开漏输出模式下，输出引脚会被连接到一个开关管（通常是N沟道MOSFET）和一个上拉电阻（Pull-up Resistor）组成的网络。当开关管导通时，输出引脚与地（GND）相连，形成低电平输出；当开关管关断时，输出引脚不与任何电源相连，形成高阻抗状态，也称为浮空状态。开漏输出允许多个设备共享同一个总线或信号线，通过合理的电平控制，实现对总线或信号线的协调使用，避免冲突和干扰。

PG管脚用于指示电源输出状态，输出异常时PG管脚输出低电平，PG管脚是开漏（OD）输出的。当PG管脚有效时表现为一个高阻态，所以需要一个上拉电阻将PG管脚上拉到高电平，让接收端接收到的一个电平为高电平。如图2.5所示，R_{PG}电阻即为PG上拉电阻。

一般来说，PG管脚信号为低电平的时候，表示电源尚未正常输出。因为PG管脚是一个开漏输出，所以当电源工作正常之后，PG管脚表现为一个高阻态，通过上拉电阻表现为一个高电平。因为是开漏输出，可以将多个PG管脚输出连接在一起，形成“线与”的效果。

2.2 电容在电源电路中的应用

电容器最简单的结构可以理解为，由两个相互靠近的导体在形成的面积中间夹一层绝缘介质组成。当在电容器两个极板间加上电压时,电容器就会储存电荷,所以电容器是一个充放电荷的电子元件。在电路中,电容有通交流、阻直流和通高频、阻低频的特性。

从图2.5可以看到,在电源系统中,电容在开关电源电路中主要用于:输入电容;输出电容;自举电容;控制器自身的一些储能和稳压;开关控制器的配置;环路特性设计;去耦电容。

在电路设计过程中,电源设计往往是我们最容易忽略的环节。其实,一个优秀的系统,电源设计应当是很重要的,它很大程度影响了整个系统的性能和成本。电容在电源设计中的使用情况,又往往是电源设计中最容易被忽略的地方。虽然有很多人研究ARM、DSP、FPGA,但未必有能力为自己的系统提供一套低成本且可靠的电源方案。尤其当前进口芯片供应困难,价格高,我们需要运用一些国产芯片进行电源设计。下面就以JWH6346为例,说明电容器在开关电源设计中的运用。

1. 输入电容

由于开关管Q_1反复开关,通过它的电流如图2.6所示。这个电流除了需要从V_{in}提供,由于瞬间变化率非常大,还需要C_{in}参与提供瞬态电流。

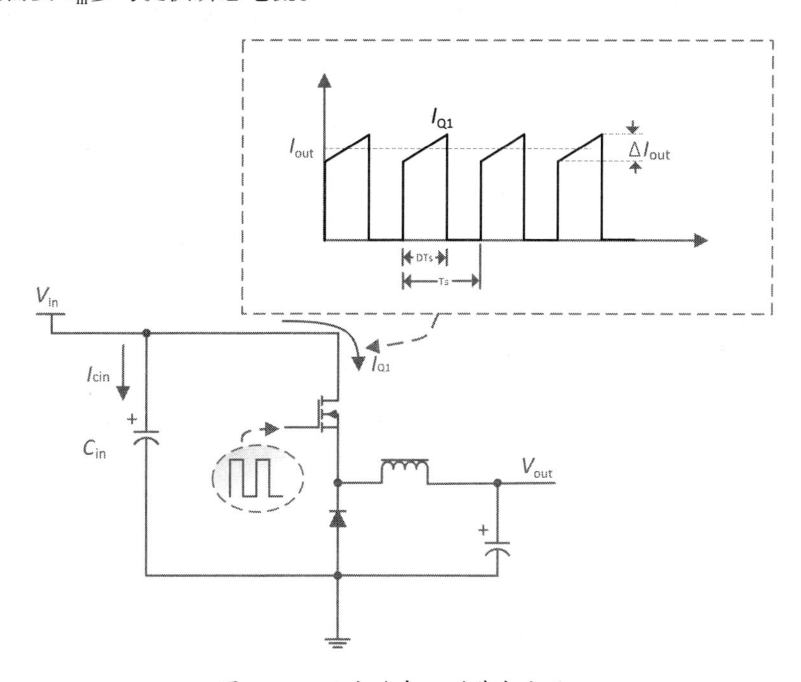

图2.6 Buck电路中Q_1的基本波形

2. 输出电容

在开关电源中,输出电容的作用是控制电源纹波、保障电源的动态负载。

3. 自举电容

当芯片内部高端MOSFET需要得到高出芯片的VCC电压时,需要通过自举电路升压得到比VCC高的电压,否则高端MOSFET无法驱动。

自举是指通过开关电源MOSFET管和电容组成的升压电路，通过电源对电容充电使其电压高于VCC。最简单的自举电路需要一个电容，为了防止升高后的电压回灌到原始的输入电压，通常会加一个二极管。自举的好处在于利用电容两端电压不能突变的特性来升高电压。举个例子来说，如果MOSFET管的漏极电压为12V，源极电压为0，GATE极驱动电压也为12V，那么在MOSFET管导通瞬间，源极电压会升高为漏极的电压减去一个很小的导通压降，那么V_{GS}电压会接近于0，MOSFET在导通瞬间后又会关断，再导通，再关断，不停地导通关断。如此下去，长时间在MOSFET管的漏极与源极之间通过的是一个数倍于工作频率的高频脉冲，这样的脉冲尖峰在MOSFET管上会产生过大的电压应力，很快MOSFET管就会损坏。如果在MOSFET管的GATE与源极间接入一个小电容，在MOSFET管未导通时给电容充电，在MOSFET管导通及源极电压升高后，自动将GATE极电压升高，便可使MOSFET管保持继续导通。

4. 控制器自身稳压电容

为了确保控制器稳定工作，控制器自身也需要一个稳定的电压，这时就需要电容来稳压。以图2.7所示的JWH6346控制器为例，控制器本身内部就是数字电路+模拟电路。为了在内部实现稳压源，需要外部接电容进行稳压，如图2.7所示的C_{VCC}。

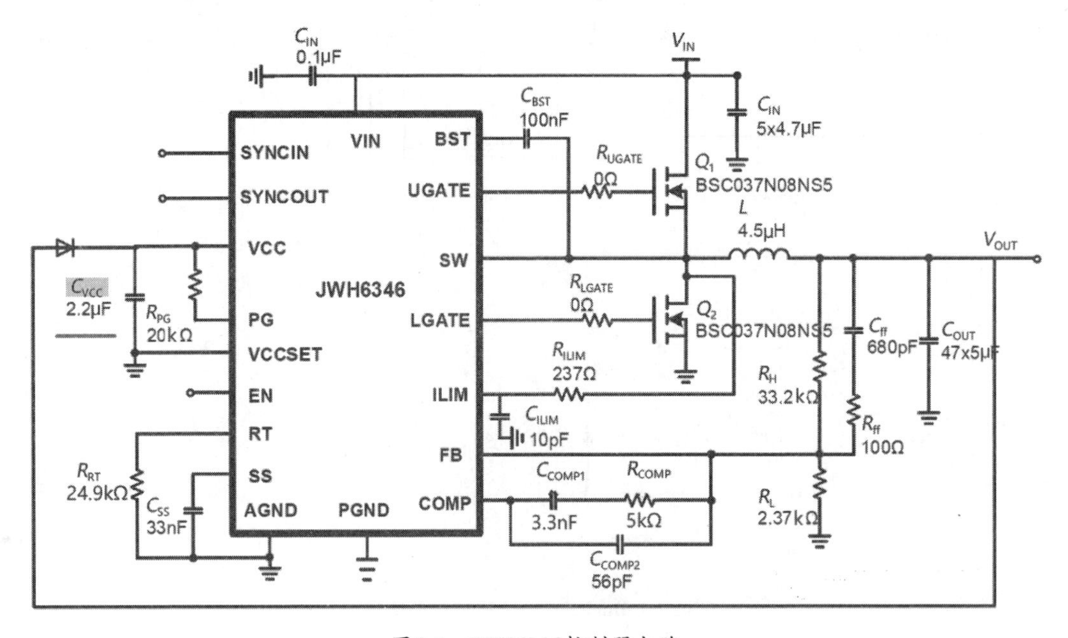

图2.7 JWH6346控制器电路

5. 缓启动时间配置

有些电源控制器电路设计了软启动功能，通过软启动，来控制启动过程中的过冲，以及设置短路保护的恢复时间。每个控制器的具体设计不一样，但是基本原理都是利用电容充放电时间控制一个时延，并不是每个控制器都有缓启动时间配置，并且每个控制器的控制方法也不一样。

例如，JWH6346软启动时间可通过连接在SS引脚和AGND之间的电容器C_{SS}进行调整。芯片启动时，有一个10μA的电流源给SS引脚的电容器充电。软启动时间t_{SS}可通过以下等式计算：

$$t_{SS}=\frac{C_{SS}V_{REF}}{I_{SS}}$$

其中，$I_{SS}=10\mu A$，$V_{REF}=0.8V$。

6. 环路补偿电路

在电源设计中，环路补偿(Loop Compensation)是用于确保电源控制回路稳定且具有良好动态响应的技术。补偿器(Compensator)是实现环路补偿的电路或组件。它的主要作用是调节控制系统的频率响应，以保证系统的稳定性和性能，一般由运放(运算放大器)及周边电路实现。

功率级和补偿器固有的极点和零点分别由图2.8中的实线和虚线环表示。通常用于电压模式控制的补偿网络是具有三个极点和两个零点的III型电路，其零极点配置用于改善电源系统的开环频率响应特性。通常，两个零点用于抵消LC双极点，以提高系统稳定性；一个极点用于抵消输出电容器ESR(等效串联电阻)产生的零点，以改善系统稳定性；其余极点位于开关频率的一半附近，用于抑制高频噪声。FB是电源控制器的电源反馈管脚，用于获取输出电压值V_{out}，V_{out}通过两个电阻(R_L和R_H)进行分压，分压后得到一个电压送到FB这个管脚，通过电源控制器来控制占空比。因此，电阻分压网络连接到FB可以确定所需要的输出电压。

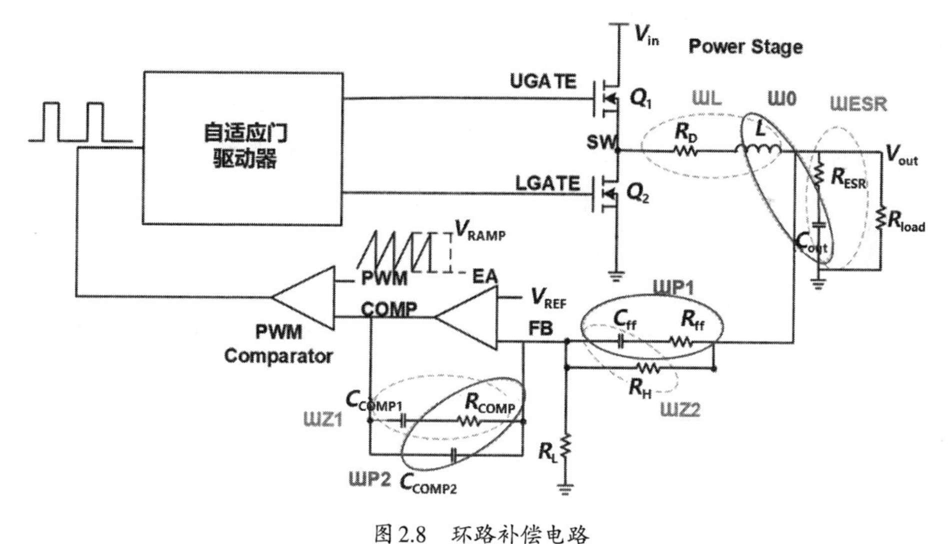

图2.8 环路补偿电路

7. 去耦电容

在高速电路中，尤其要注意元器件的去耦问题，主要是因为元器件会把一部分能量(噪声)耦合到电源、地系统之中。这些噪声会以共模或差模的形式传播到其他器件中，从而影响其他器件的正常工作。此时就需要用到去耦电容，在靠近高速器件的电源管脚放置一些电容，可以防止高速器件的噪声向外传播。由于去耦电容滤除的是高频噪声，所以一般选用陶瓷电容作为去耦电容。铝电解电容不适用于高频去耦，主要用于电源或电力系统的滤波。

去耦电容的选择并不局限于陶瓷电容，但陶瓷电容因其高频特性和良好的稳定性而常被选用。在选择陶瓷电容作为去耦电容时，需要确保电容的自谐振频率高于电路中最高频的时钟频率或信号频率。通常，可以选择一个自谐振频率在10MHz到30MHz之间的电容。

对于许多PCB电路，其内部信号的频率范围可能高达200MHz到400MHz。在这种情况下，当把PCB电路结构视为一个电容时，选择适当的去耦电容可以有效地增强对电磁干扰(EMI)的抑制能力。这些去耦电容应放置在关键电路节点附近，以便有效地滤除高频噪声，确保电路的稳定性和可靠性。

2.3 电感在电源电路中的应用

现代高频开关电源电路中常用的磁性元件有很多，如输出级的直流滤波电感、谐振电感、输入级的共模滤波电感、差模滤波电感、高频开关变压器、驱动变压器和电流互感器等。这些磁性元器件与电路元器件结合在一起协调工作，构成开关电源的电路。为了简化分析，应用安培环路定律和电磁感应定律，将磁性元器件的电磁关系简化为电路关系，主要包括自感和互感。而变压器则是利用这些电磁关系来实现电压变换的电路元件。木节我们重点讨论电感器，其物理特性为自感。

电感是闭合回路的一种属性，也是一个物理量。当电流通过线圈后，在线圈中形成磁场感应，感应磁场又会产生感应电流来抵制通过线圈中的电流。它是描述由于线圈电流变化，在本线圈中或在另一线圈中引起感应电动势效应的电路参数。电感是自感和互感的总称。提供电感的器件称为电感器。

电感是导体的一种性质，用导体中感生的电动势或电压与产生此电压的电流变化率之比来量度。稳恒电流产生稳定的磁场，不断变化的电流(交流)或涨落的直流产生变化的磁场，变化的磁场反过来使处于此磁场的导体感生电动势。感生电动势的大小与电流的变化率成正比。比例因数称为电感，用符号L表示，单位为亨利(H)。

电感是闭合回路的一种属性，即当通过闭合回路的电流改变时，会出现电动势来抵抗电流的改变。这种电感称为自感，是闭合回路自己本身的属性。假设一个闭合回路的电流改变，由于感应作用而产生电动势于另外一个闭合回路，这种电感称为互感。

当线圈中有电流通过时，线圈的周围就会产生磁场。当线圈中电流发生变化时，其周围的磁场也产生相应的变化，此变化的磁场可使线圈自身产生感应电动势(感生电动势)(电动势用以表示有源元器件理想电源的端电压)，这就是自感。

两个电感线圈相互靠近时，一个电感线圈的磁场变化将影响另一个电感线圈，这种影响就是互感。互感的大小取决于电感线圈的自感与两个电感线圈耦合的程度，利用此原理制成的元件叫作互感器。

开关电源设计的一个关键要素是在功率开关管导通时，要找到一种方式将能量储存起来，当开关管关断时将储存能量提供给负载而维持电流连续。除了在负载电流需求极小的情况下，电感都是交流/直流转换过程中必不可少的元件，用于维持电流的连续。

虽然现在绝大多数电感可以从供应商那里买到现成的,但电源设计者仍需要有基本的磁性材料知识。电感中的能量储存在磁场中,该磁场是由导体上线圈(与磁芯耦合在一起)通过一定的电流产生的。磁场随着电流的增加而建立,然后使电流在磁场消失时继续流动。

自感现象,顾名思义就是自身的电磁感应现象。它的详细定义是:当回路中导体的电流发生变化时,它周围的磁场就随着变化,即由此电流所产生的穿过回路本身所围面积的磁通量也随着变化,因而在导体中就产生感应电动势,这个电动势总是阻碍导体中原来电流的变化,这种现象就叫作自感现象。由自感应所产生的电动势称为自感电动势,如图2.9所示。

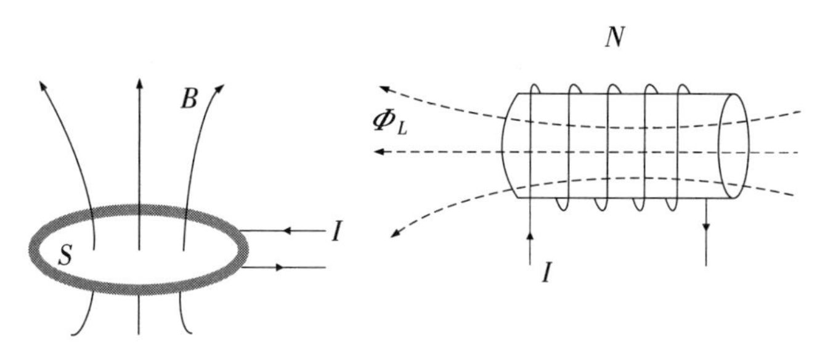

图2.9 自感电动势示意图

在图2.9中,考虑一个闭合回路,设其中电流为I。根据毕奥–萨伐尔定律(恒定电流元激发磁场的基本规律,提出者是毕奥、萨伐尔),此电流在空间任一点产生的磁感应强度B与I成正比,推理得磁通量Φ_L也与回路中的电流I成正比,即$\Phi_L \propto I$。

若回路中有N匝线圈,且穿过每一匝线圈的磁通量Φ_L基本相同,则这个N匝线圈中的自感磁链$\Psi_L = N\Phi_L$,且该自感磁链Ψ_L也与电流I成正比,即$\Psi_L \propto I$。

为了表明各个线圈产生自感磁链的能力,将线圈的自感磁链与电流的比值叫作线圈(或回路)的自感系数(或自感量),简称自感,用符号L表示。

$$L = \frac{\Psi_L}{I} = \frac{N\Phi_L}{I}$$

自感系数L是一个比例系数,它在量值上等于线圈中的电流为一个单位时通过线圈的磁链。在国际单位中,自感系数的单位为亨利(H),1H=1Wb/A。和电感一样,由于亨利的单位较大,使用中常采用毫亨(mH)或微亨(μH),它们的关系为$1H=10^3mH=10^6\mu H$。

结合我们之前所学的电感的知识,自感理解起来其实也不难,在没有互感作用的情况下,其实自感就是电感。类似于电阻和电容,自感就是表征线圈本身电磁性质的物理量,它仅由线圈的形状、大小、匝数及周围磁介质的分布所决定,在无其他磁介质的情况下,它与线圈中的电流无关,就好比导线的电阻与加在导体两端的电压、流过导体的电流无关一样。

自感现象也必定伴随着感应电动势的产生,这个感应电动势就是自感电动势,由法拉第电磁感应定律可知,线圈中的自感电动势为

$$e = -N\frac{\Delta\Phi}{\Delta t} = -\frac{\Delta\Psi}{\Delta t} = -L\frac{\Delta I}{\Delta t}$$

自感电动势总是阻碍原回路原电流的变化,常称为“电磁惯性”。对于相同的电流变化率$\Delta I/\Delta t$,L越大,自感电动势也就越大,回路中原有电流越难改变。

电感元器件是开关电源输出端中的LC滤波电路中的“L”。在如图2.10所示的降压转换电路中,

电感的一端是连接到DC输出电压，另一端通过开关频率切换连接到输入电压或GND。

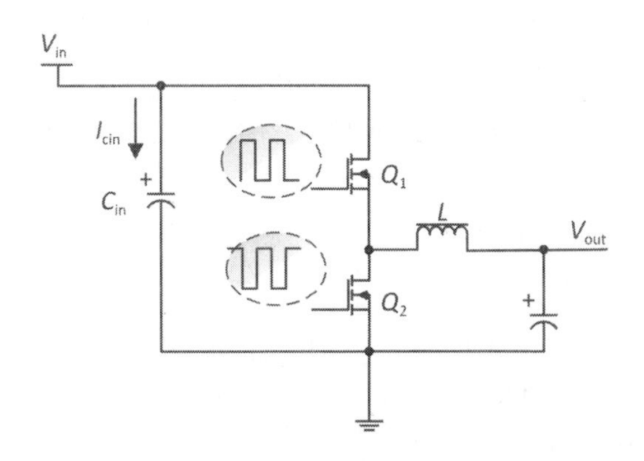

图2.10 降压转换电路

对于Buck电路来说，在MOSFET上管导通的时候，电感会通过MOSFET连接到输入电压。在MOSFET下管导通的时候，电感连接到GND。

由于使用Buck控制器，可以采用两种方式实现电感接地：通过二极管接地或通过MOSFET接地，如图2.11所示。如果是前一种方式，转换器称为异步方式，如果是后一种方式，转换器就称为同步方式。

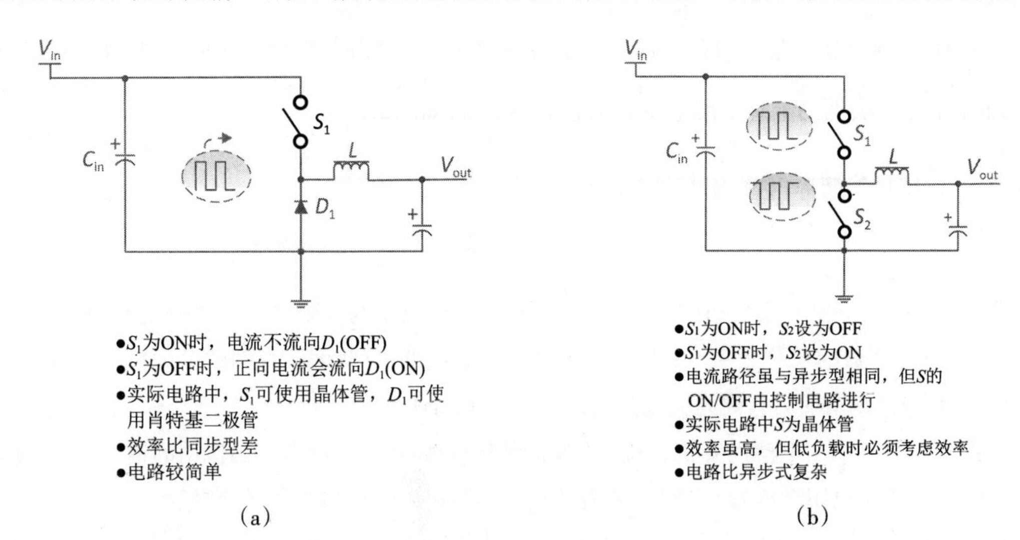

图2.11 电感的两种接地方式

当脉冲电压施加给电感时，电压电流特性如图2.12所示。

在状态1过程中，电感的一端连接到输入电压，另一端连接到输出电压。对于一个降压转换器，输入电压必须比输出电压高，因此会在电感上形成正向压降。

在状态2过程中，原来连接到输入电压的电感一端被连接到地。对于一个降压转换器，输出电压必然为正端，因此会在电感上形成负向的压降。

电感电压计算公式：$V = L(\mathrm{d}I/\mathrm{d}t)$。因此，当电感上的电压为正时（状态1），电感上的电流就会增加；当电感上的电压为负时（状态2），电感上的电流就会减小。

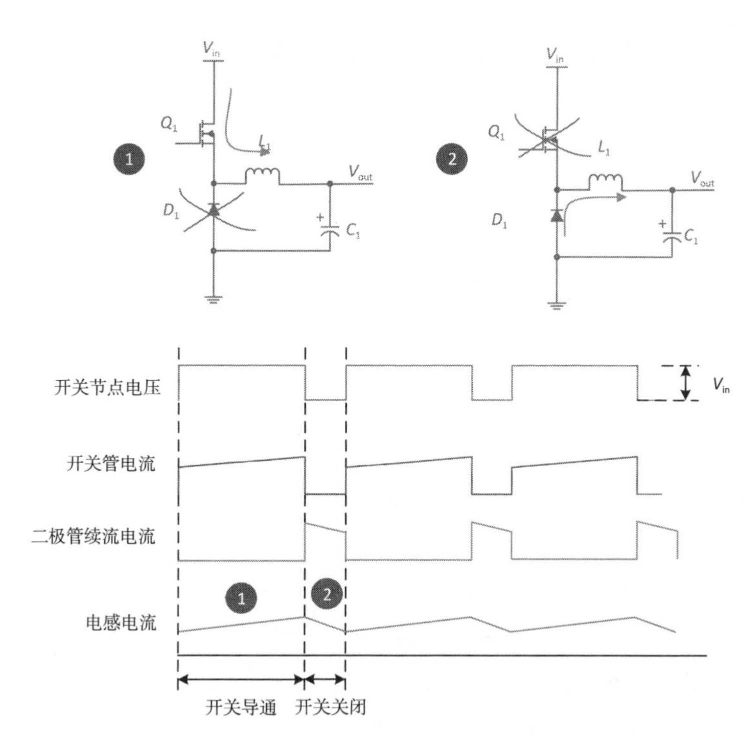

图 2.12 脉冲电压下电感电流的特性

在Buck电路上实测的电感上的电压和电感上的电流，如图2.13所示。

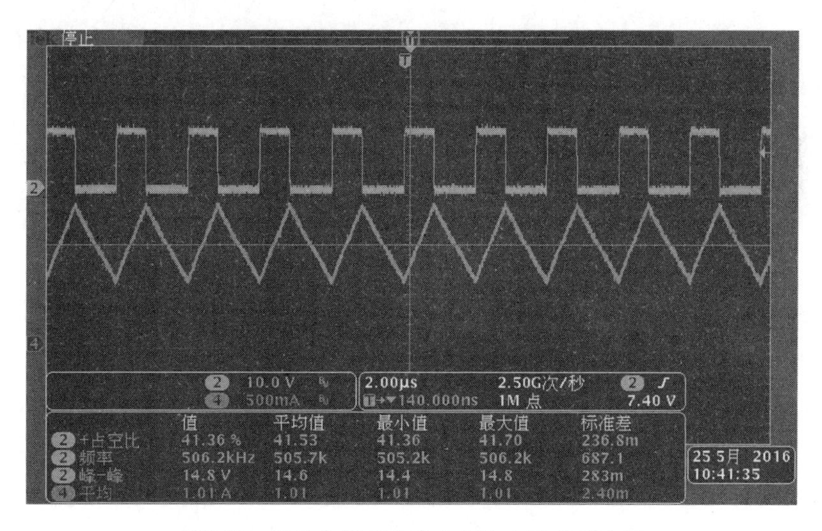

图 2.13 脉冲电压下电感电压和电流实测波形

通过图2.13我们可以看到，流过电感的最大电流为DC电流加开关峰-峰电流的一半。图2.13也称为纹波电流。

在同步转换电路中，电流峰值的计算公式如下：

$$I_{PK} = I_{DC} + \frac{(V_{in} - V_{out} - IR)(V_{out} + IR)}{2LV_{in}}T$$

在异步转换电路中，R_S为感应电阻阻抗加电感绕线电阻的阻值，V_f是肖特基二极管的正向压降，R是R_S加MOSFET导通电阻。

$$R = R_S + R_M$$

$$I_{PK} = I_{DC} + \frac{(V_{in} - V_{out} - IR)(V_{out} + IR_S + V_f)}{2L(V_{in} - IR_M + V_f)}T$$

通过已经计算的电感峰值电流，我们会知道，随着通过电感的电流增加，电感的电感量会衰减。这是由磁芯材料的物理特性决定的。电感量会衰减多少非常关键。如果电感量衰减过大，转换器就不会正常工作了。当通过电感的电流大到电感失效的程度，此时的电流称为“饱和电流”。这也是电感的基本参数。

转换电路中的功率电感会有一个饱和曲线，这非常关键，值得注意。要了解这个概念可以观察实际测量的电感与电流的关系曲线，如图2.14所示。

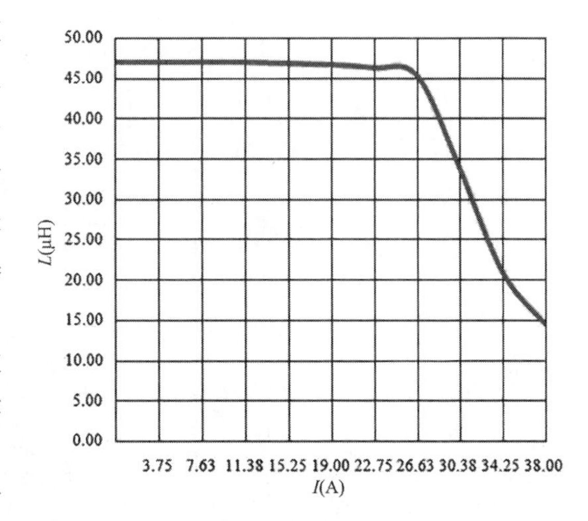

图2.14 电感与电流的关系曲线

当电流增加到一定程度后，电感量就会急剧下降，这就是饱和特性。如果电流再增加，电感就会失效了。

由于这个饱和特性的存在，我们就可以知道，在所有的转换器中为什么都会规定在DC输出电流下的电感值变化范围（$\Delta L \leq 20\%$或30%），以及电感规格书上为什么会有I_{sat}这个参数了。在所有的应用中都希望纹波电流尽量小，因为它会影响输出电压的纹波。这也就是大家为什么总是很关心DC输出电流下的电感量的衰减程度，而往往会在规格书中忽略纹波电流对电感量的影响。

电感是开关电源中常用的元器件，由于它的电流、电压相位不同，所以理论上损耗为0。电感常为储能元件，具有“来拒去留”的特点，常与电容一起用在输入滤波和输出滤波电路上，用来平滑电流。

电感为磁性元件，自然有磁饱和的问题。有的应用允许电感饱和，有的应用允许电感从一定电流值开始进入饱和，也有的应用不允许电感出现饱和，这要求在具体线路中进行区分。大多数情况下，电感工作在“线性区”，此时电感值为一常数，不随着端电压与电流而变化。但是，开关电源存在一个不可忽视的问题，即电感的绕线将导致出现两个分布参数（或寄生参数），一个是不可避免的绕线电阻，另一个是与绕制工艺、材料有关的分布式杂散电容。杂散电容在低频时影响不大，但随频率的提高会渐显出来，当频率高到某个值以上时，电感也许变成电容特性了。如果将杂散电容“集中”为一个电容，则从电感的等效电路可以看出在某一频率后所呈现的电容特性。

在分析电感在线路中的工作状况时，一定要考虑下面几个特点。

①当电感L中有电流I流过时，电感储存的能量为

$$E = 0.5LI^2$$

②在一个开关周期中，电感电流的变化（纹波电流峰峰值）与电感两端电压的关系为

$$V = L\frac{\mathrm{d}i}{\mathrm{d}t}$$

由此可看出，纹波电流的大小跟电感值有关。

③电感器也有充、放电的过程。电感上的电流与电压的积分(伏·秒)成正比。只要电感电压变化，电流变化率 $\mathrm{d}i/\mathrm{d}t$ 也将变化；正向电压使电流线性上升，反向电压使电流线性下降。

1. 降压型开关电源的电感选择

电感在电路中会根据电流的变化产生电压，这一现象可以用电感的电压公式来描述：

$$V_L = L\frac{di}{dt}$$

$\frac{di}{dt}$是电流随时间的变化率(即电流的时间导数)，如果电流是随时间线性变化的，则有：

$$V_L = L\frac{\Delta I}{\Delta t}$$

开关管打开的时间为 $\Delta t = DT$。其中，D为占空比，T为开关电源的开关周期。

降压型开关电源选择电感器时，需要确定最大输入电压、输出电压、电源开关频率、最大纹波电流、占空比。以如图2.15所示的降压型开关电源电路图为例，来说明降压型开关电源电感值的计算，首先假设开关频率为300kHz，输入电压 V_{in} 的范围为12V±12V×10%，输出电压 V_{out} 为5V，输出电流 I_{out} 为1A，最大纹波电流 ΔI 为300mA。

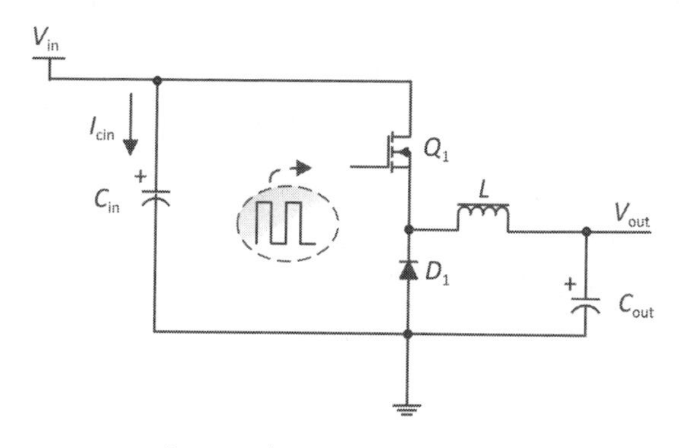

图2.15　降压型开关电源电路图

最大输入电压值为13.2V(12V加上12V的10%)，对应的占空比为

$$D = \frac{V_{out}}{V_{in}} = \frac{5}{13.2} = 0.379$$

其中，V_{out} 为输出电压，V_{in} 为输入电压。当开关管导通时，电感器上的电压为

$$V_L = V_{in} - V_{out} = 8.2V$$

当开关管关断时，电感器上的电压为

$$V_L = -V_{out} - V_d = -5.3V$$

$$\Delta t = D*T = \frac{D}{F}$$

综上，可得

$$L = V_L \frac{\Delta t}{\Delta I} = \frac{V_L D}{f\Delta I} = \frac{8.2 \times 0.379}{300 \times 10^3 \times 0.3} = 34.5(\mu\text{H})$$

2. 升压型开关电源的电感选择

升压型开关电源的电感值计算，除了占空比与电感电压的关系式有所改变，其他过程跟降压型开关电源的计算方式一样。以图 2.16 所示的升压型开关电源电路图为例，假设开关频率为 300kHz，输入电压为 5V±0.5V，输出电压为 12V，输出电流为 500mA，效率为 80%，则最大纹波电流为 450mA，对应的占空比为

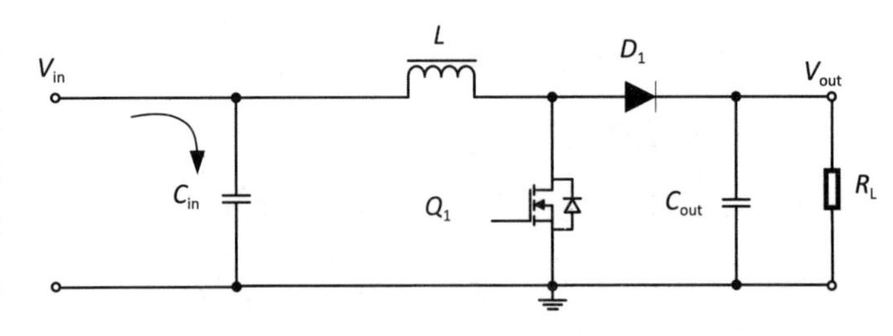

图 2.16　升压型开关电源电路图

$$D = 1 - \frac{V_{in}}{V_{out}} = 1 - \frac{5.5}{12} = 0.542$$

当开关管导通时，电感器上的电压为 $V_L = V_{in} = 5.5\text{V}$，纹流电流 ΔI 为 0.45A，频率为 300kHz。综上，可得

$$L = V_L \frac{\Delta t}{\Delta I} = \frac{V_L D}{f\Delta I} = \frac{5.5 \times 0.542}{300 \times 10^3 \times 0.45} = 22.1(\mu\text{H})$$

请注意，升压电源与降压电源不同，前者的负载电流并不是一直由电感电流提供。当开关管导通时，电感电流经过开关管流入地，而负载电流由输出电容提供，因此输出电容必须有足够大的储能容量来提供这一期间负载所需的电流。但在开关管关断期间，流经电感的电流除了提供给负载，还给输出电容充电。

一般而言，电感值变大，输出纹波会变小，但电源的动态响应也会相应变差，所以电感值的选取可以根据电路的具体应用要求来调整，以达到最理想效果。开关频率的提高可以让电感值变小，从而让电感的物理尺寸变小，节省电路板空间，因此目前的开关电源有往高频发展的趋势，以适应电子产品的体积越来越小的要求。

楞次定律相关内容：在直流供电的时候，由于线圈的自感作用，线圈将产生一个自感电动势，此电动势将阻碍线圈电流的增加，所以在通电的一瞬间，电路电流可以认为是 0，此时电路全部电压会降落在线圈上，然后电流缓慢增加，线圈端电压缓慢下降直到为 0，暂态过程结束。

在转换器的开关运行中，必须保证电感不处在饱和状态，以确保高效率的能量储存和传递。饱和电感在电路中等同于一个直通 DC 通路，故不能储存能量，也就会使开关模式转换器的整个设计初衷功亏一篑。在转换器的开关频率已经确定时，与之协同工作的电感必须足够大，并且不能饱和。

开关电源中的电感确定：开关频率低，由于开和关的时间都比较长，因此为了输出不间断，需要把电感值加大点，这样可以让电感储存更多的磁场能量。同时，由于每次开关时间比较长，能量的补充更新没有如频率高的那样及时，从而电流也就会相对小点。这个原理也可以用下面的公式来说明：

$$L = V_L \frac{\mathrm{d}t}{\mathrm{d}i} = V_L \frac{\Delta t}{\Delta I}$$

$$\Delta t = D*T = \frac{D}{F}$$

$$L = V_L \frac{\Delta t}{\Delta I} = DT\frac{V_L}{\Delta I} = \frac{DV_L}{F\Delta I}$$

所以，当开关频率F低时，就需要L大一点；同理，当L设大时，在其他不变情况下，则纹波电流ΔI就会相对减小。在高的开关频率下，加大电感会使电感的阻抗变大，增加功率损耗，使效率降低。同时，在频率不变条件下，一般而言，电感值变大，输出纹波会变小，但电源的动态响应（负载功耗有时变大有时变小，在大小变化之间电源的输出会做出调整，这个调整响应叫作动态响应）也会相应变差，所以电感值的选取可以根据电路的具体应用要求来调整，以达到最理想效果。

2.4 MOSFET在开关电源中的应用

我们知道开关电源都有一个重要的组成部分——开关，它是通过反复的断开和闭合来实现控制输出电压的。那么我们在现实中可以选择机械开关，实现一个开关的动作。为了便于大家理解，很多开关电源的示意图都选择用一个机械开关的图标，结果让很多学习者产生了误解。但是我们知道如果让开关电源正常工作，需要让其开关的频率在几千赫兹至几兆赫兹的范围，这是机械开关无法做到的。我们在实际电路的设计过程中会使用“电开关”，即MOSFET。如图2.17所示，MOSFET有两种，分别是N-MOSFET（N沟道MOSFET）和P-MOSFET（P沟道MOSFET），我们一般选择N沟道MOSFET作为开关电源的开关管。

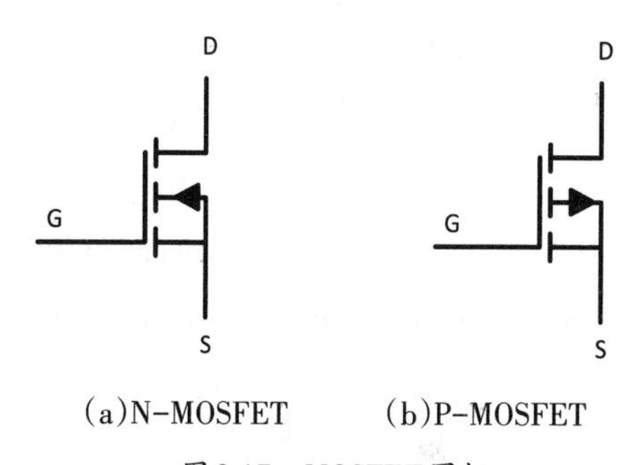

(a)N-MOSFET (b)P-MOSFET

图2.17 MOSFET图标

在图2.17中，G是GATE的缩写，中文称作栅极；S是Source的缩写，中文称作源极；D是Drain的缩写，中文称作漏极。G极是控制端，它的电压高低，决定了电流流经D极到达S极的电流大小。

2.4.1 开关管为什么选MOSFET而非三极管

晶体管和MOSFET都可以起到“电开关”的作用，两者的特性差异决定了我们选择MOSFET作为开关电源的开关管。场效应晶体管（Field Effect Transistor，FET），在很大程度上与双极性结型晶体管（Bipolar Junction Transistor，BJT，简称三极管）的很多应用场景相似。有些控制开关的应用场景中，两者甚至可以相互替代，但是两者的不同导致了应用场景的不同和使用时的特性（频率、功耗等）不同。

1. 两者的基本物理模型不相同

三极管的理想模型是电流控制电流源，场效应管的理想模型是电压控制电流源，如图2.18所示。

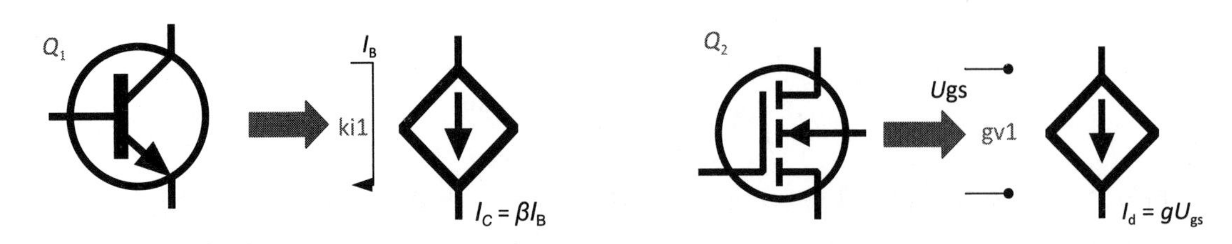

图 2.18　三极管和场效应管的理想模型

2. 输入阻抗不同

三极管是电流控制器件，通过控制基极电流达到控制输出电流的目的。因此，基极总有一定的电流，故三极管的输入电阻较低；场效应管是电压控制器件，其输出电流决定于栅源极之间的电压，栅极基本上不取电流，因此，它的输入电阻很高，可高达 10^9～$10^{14}\Omega$。高输入电阻是场效应管的突出优点。

3. 完全导通（饱和状态）的等效电阻值不同

三极管导通时等效电阻值大，场效应管导通时的等效电阻值较小，只有几十毫欧姆，甚至几毫欧姆。因此，在大功率电路中，一般都用场效应管做开关，它的效率是比较高的。

在实际工作中，常用 $I_B\beta = V/R$ 作为判断临界饱和的条件。根据 $I_B\beta = V/R$ 算出的 I_B 值，只能使晶体管进入初始饱和状态，实际上应该取该值的数倍以上，才能达到真正的饱和。倍数越大，饱和程度就越深。

三极管的集电极（C）和发射极（E）之间可以实现的最小电压差，是一个定值，所以随着电流的增大，功耗就是 $I_{CE}V_{CE}$。以三极管 9013、9012 为例，饱和时 V_{CE} 小于 0.6V，V_{BE} 小于 1.2V。图 2.19 是型号为 9013 的三极管在环境温度 25℃时的特性参数。

ELECTRICAL CHARACTERISTICS（Tamb=25℃ unless otherwise specified）
电 特 性 （环境温度 除 非 另 有 规 定）

Parameter 参数	Symbol 符号	Test conditions 测试条件	MIN 最小值	TYP 典型值	MAX 最大值	UNIT 单位
Collector-Base breakdown voltage 集电极-基极击穿电压	$V(BR)_{CBO}$	I_C = 100μA，I_E = 0	45			V
Collector-Emitter breakdown voltage 集电极-发射极击穿电压	$V(BR)_{CEO}$	I_C = 0.1mA，I_B = 0	25			V
Emitter-Base breakdown voltage 发射极-基极击穿电压	$V(BR)_{EBO}$	I_E = 100μA，I_C = 0	5			V
Collector-Base cut-off current 集电极-基极截止电流	I_{CBO}	V_{CB} = 40V，I_E = 0			0.1	μA
Collector-Emitter cut-off current 集电极-发射极截止电流	I_{CEO}	V_{CE} = 20V，I_B = 0			0.1	μA
Emitter-Base cut-off current 发射极-基极截止电流	I_{EBO}	V_{EB} = 5V，I_C = 0			0.1	μA
DC current gain(note) 直流电流增益	$H_{FE(1)}$	V_{CE} = 1V，I_C = 50mA	64		300	
	$H_{FE(2)}$	V_{CE} = 1V，I_C = 500mA	40			
Collector-Emitter saturation voltage 集电极-发射极饱和压降	$V_{CE}(sat)$	I_C = 500mA，I_B = 50mA			0.6	V
Base-Emitter saturation voltage 基极-发射极饱和压降	$V_{BE}(sat)$	I_C = 500mA，I_B = 50mA			1.2	V
Base-Emitter voltage 基极-发射极正向电压	V_{BE}	I_E = 100mA			1.4	V
Transition frequency 特征频率	f_T	V_{CE} = 6V，I_C = 20mA f = 30MHZ	150			MHz

图 2.19　型号为 9013 三极管的特性参数

饱和区的现象就是两个PN结均正偏。那么$V_{CE(sat)}$的最大值，也就是两个二极管正向导通电压的压差，这个压差可能很小，而半导体厂家保证这颗BJT的最大值是0.6V。这个值有可能非常接近于0，但是一般来说与I_C和温度相关。图2.20是某厂商MOSFET的$V_{CE(sat)}$曲线。

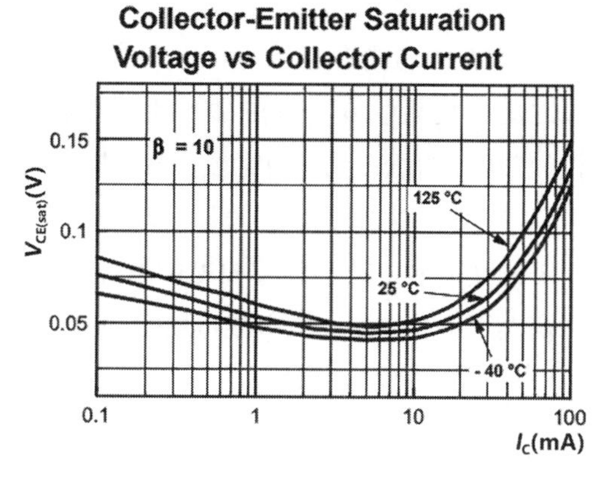

图2.20 $V_{CE(sat)}$曲线

在一些极限条件下，这个值并不能保证很小。

MOSFET和BJT不同的是，它在完全导通的状态下，体现出是一个稳定的导通电阻（称作$R_{DS(on)}$），而不是一个不稳定的压差。导通电阻$R_{DS(on)}$是场效应管（MOSFET）的一项重要参数。

$R_{DS(on)}$是MOSFET工作（启动）时，漏极D和源极S之间的电阻值，单位是欧姆。对于同类MOSFET器件，$R_{DS(on)}$数值越小，工作时的损耗（功率损耗）就越小。

对于一般晶体管，消耗功率用集电极饱和电压（$V_{CE(sat)}$）乘以集电极电流（I_C）表示：

$$P_D = V_{CE(sat)} I_C$$

对于MOSFET，消耗功率用漏极源极间导通电阻（$R_{DS(on)}$）计算。MOSFET消耗的功率P_D用MOSFET自身具有的$R_{DS(on)}$乘以漏极电流（I_D）的平方表示：

$$P_D = R_{DS(on)} I_D^2$$

由于消耗功率将变成热量散发出去，这对设备会产生负面影响，所以电路设计都会采取一定的对策来减少发热，即降低消耗功率。

MOSFET的发热原因是导通电阻$R_{DS(on)}$，所以很多高性能的MOSFET的$R_{DS(on)}$在1mΩ级以下。

与一般晶体管相比，MOSFET的消耗功率较小，发热也小，所以也更适合做开关电源的开关管。

2.4.2 MOSFET的关键参数

本小节我们从应用的角度，来选择一个开关的器件，然而选择了一个MOSFET之后，它并不是一个完全理想的开关器件。通过其不理想的地方，来理解它的一些关键参数。

在开关电源中选择增强型N-MOSFET时，希望它是一个理想的开关，如图2.21所示。理想开关要么完全打开（打开时，电阻值为∞），要么完全闭合（闭合时，电阻值为0），而且打开和闭合的过程是瞬间完成的，不需要过程时间。

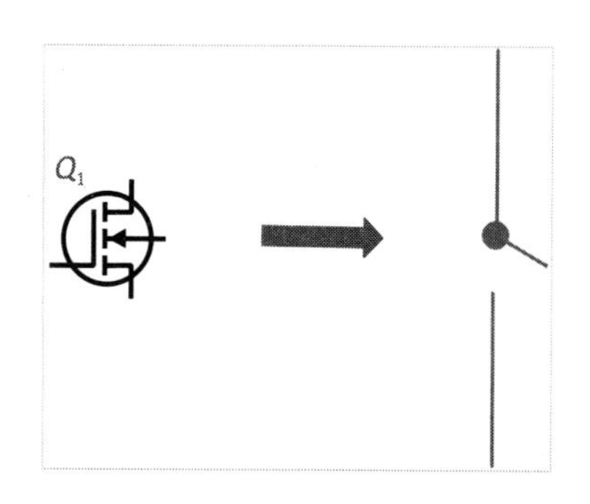

图2.21 MOSFET理想开关模型

首先在完全“开”和完全“关”的状态，MOSFET就是不理想的，这里涉及MOSFET的几个参数。

1. I_{DSS}（零栅压漏极电流）

I_{DSS}是指当栅源电压为0时，在特定的漏源电压下漏极到源极之间的泄漏电流。即在MOSFET完全“截止”的状态，栅极（G极）和源极的压差为0的时候，有漏电流通过MOSFET。也就是说，MOSFET在截止的时候没那么理想，会“漏电”，如图2.22所示。

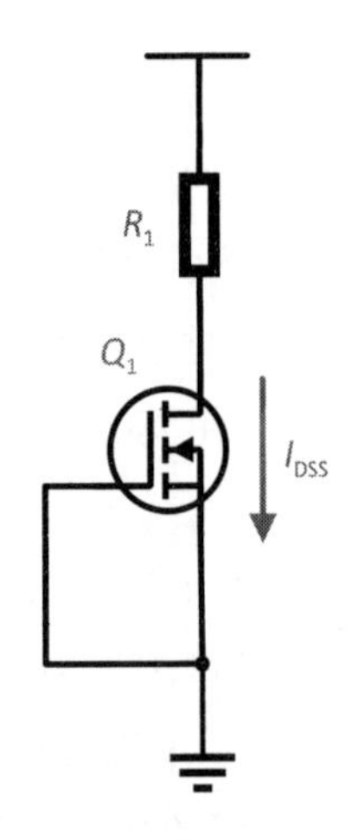

图2.22 MOSFET漏电示意图

既然泄漏电流会随着温度的增加而增大，所以I_{DSS}对在室温和高温下都有规定。漏电流造成的功耗可以用I_{DSS}乘以漏源之间的电压计算，通常这部分功耗可以忽略不计。特别是对于大功率开关电源，这点功耗在总功耗中的比例非常小。

2. $R_{DS(on)}$（导通电阻）

$R_{DS(on)}$是MOSFET充分导通时漏极–源极之间的等效电阻。

我们刚刚说的在开关完全闭合时，电阻不为0，有一个小电阻就是这个$R_{DS(on)}$。在非饱和状态，DS之间的电压是随着栅极偏置电压V_{GS}的提高而降低的，到饱和导通状态时达到最低值。在饱和导通状态，如果忽略温度的变化，$R_{DS(on)}$几乎不受漏极电流的影响。换言之，一定温度条件下，饱和导通的MOSFET的$R_{DS(on)}$几乎是一个定值。

根据欧姆定律不难明白，$R_{DS(on)}$是MOSFET导通功耗的决定性因素。低电压规格的MOSFET的$R_{DS(on)}$很低，这就意味着在开关状态下，低电压规格的MOSFET的自身功耗很低，这也是MOSFET近年来发展迅速的主要原因之一。

$R_{DS(on)}$越大，开启状态时的损耗越大。因此，要尽量减小MOSFET的导通阻抗：

$$R_{DS(on)} = \frac{V_{DS}}{I_D}$$

导通时的损耗为：

$$P_T = I_D V_{DS(on)} = I_D^2 R_{DS(on)}$$

$R_{DS(on)}$是一个非常重要的参数，决定了MOSFET导通时的消耗功率。此参数一般会随结温的上升而有所增大。故应以此参数在高工作结温条件（最恶劣条件）下的值作为损耗及压降计算。$R_{DS(on)}$随壳温变化的曲线如图2.23所示。

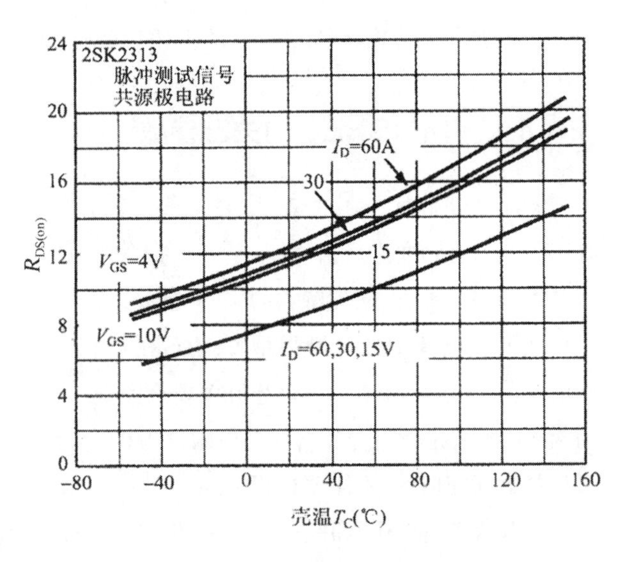

图2.23 $R_{DS(on)}$随壳温变化的曲线

在MOSFET的制造工艺中，为了获得更低的$R_{DS(on)}$，会牺牲其他的性能，如DS之间的击穿电压$V_{(BR)DSS}$。$R_{DS(on)}$与击穿电压$V_{(BR)DSS}$之间的关系如图2.24所示。

在其他参数相同的情况下，$R_{DS(on)}$越小，开关电源的效率越高。但耐压高的MOSFET，其$R_{DS(on)}$也大，所以限制了低$R_{DS(on)}$的MOSFET在高电压开关电源中的应用。另外，漏极电流I_D增加，$R_{DS(on)}$也略有增加；栅压V_{GS}升高，$R_{DS(on)}$有所降低。一般MOSFET在器件资料的显著位置给出的$R_{DS(on)}$值，均是指在特定的测试条件下的值。对于器件资料中标定的$R_{DS(on)}$，一般是在特定条件下测试的结果：一般V_{GS}（一般为10V）、结温及漏极电流在特定条件下，MOSFET导通时漏源间的最大阻抗。

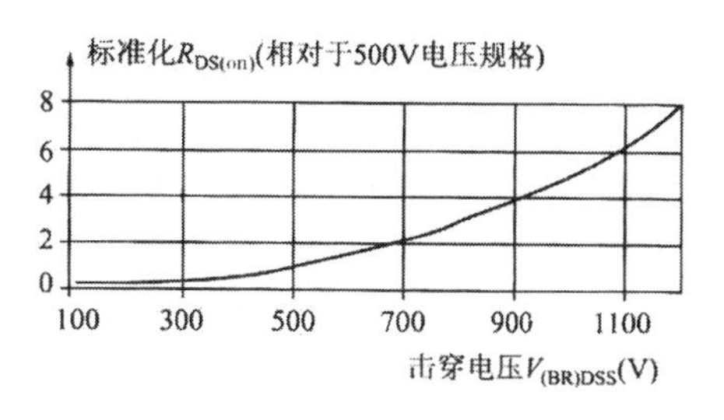

图2.24 $R_{DS(on)}$与$V_{(BR)DSS}$之间的关系

3. $V_{GS(th)}$或$V_{GS(off)}$（阈值电压）

如果我们把MOSFET看成是一个开关，则控制这个开关的打开或闭合，也是需要一定的条件的，并不是一点能量都不需要就可以对MOSFET进行控制。这个控制的条件就是$V_{GS(th)}$或$V_{GS(off)}$：阈值电压。

$V_{GS(th)}$是能使漏极开始有电流的栅源电压，或关断MOSFET时电流消失时的电压。当外加控制栅极-源极之间的电压差V_{GS}超过某一电压值，使得这个开关开始打开时，该值表示为$V_{GS(th)}$。器件厂家通常将漏极上的负载短接条件下漏极电流I_D等于1mA时的栅极电压定义为阈值电压。MOSFET的V_{DS}=10V、I_D=1mA时的栅极电压如图2.25所示。

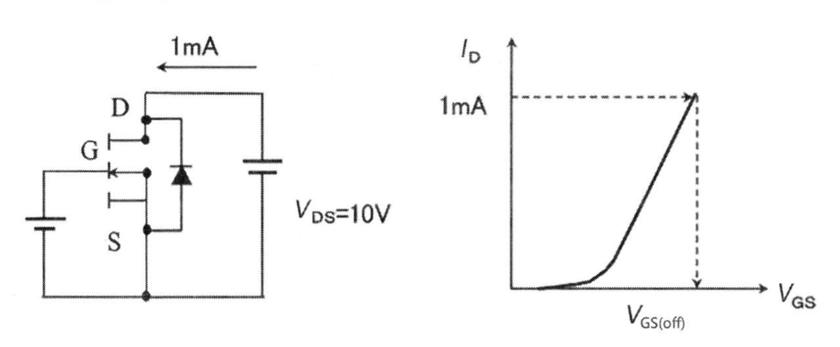

图2.25 V_{DS}=10V、I_D=1mA时的V_{GS}电压曲线

一般来讲，短沟道MOSFET的漏极和源极空间电荷区对阈值电压的影响较大，即随着电压增加，空间电荷区伸展，有效沟道长度缩短，阈值电压会降低。因为工艺过程可影响$V_{GS(th)}$，故$V_{GS(th)}$是可以通过改动工艺而调整的。当环境噪声较低时，可以选用阈值电压较低的开关管，以降低所需的输入驱动信号电压。当环境噪声较高时，可以选用阈值电压较高的开关管，以提高抗干扰能力。阈值电压一般为1.5～5V。

结温对阈值电压有影响，大约结温每升高45℃，阈值电压会下降10%，$V_{GS(th)}$的变化范围是规定好的。$V_{GS(th)}$是负温度系，当温度上升时，MOSFET将会在比较低的栅源电压下开启，如图2.26所示。

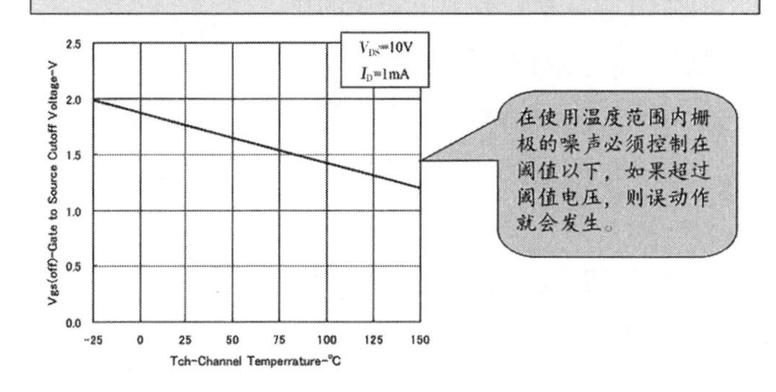

图 2.26 V_{GS}随温度变化的曲线

早期几乎没有低$V_{GS(th)}$的MOSFET，一般用单片机控制电源通断的电路都需要先通过一个三极管转成高压控制信号再控制MOSFET。但是随着低$V_{GS(th)}$的MOSFET的普及，现在可以直接对MOSFET进行控制。

4. 结电容

因为是半导体，所以就有PN结；有PN结，就有结电容。从宏观上看，结电容可以等效到MOSFET三个电极之间的电容，如图2.27所示。

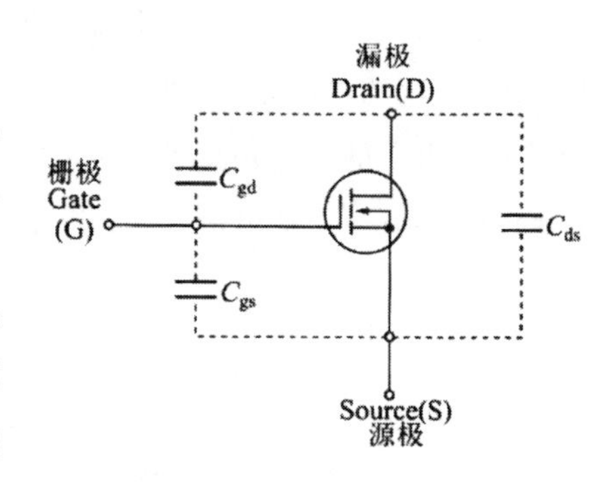

图 2.27 MOSFET结电容等效电路

尽管结电容的电容量非常小，但对电路稳定性的影响却是不容忽视的，如果处理不当往往会引起高频自激振荡。更为不利的是，栅控器件的驱动本来只需要一个控制电压而不需要控制功率，但是工作频率比较高的时候，结电容的存在会消耗很大的驱动功率，频率越高，消耗的功率越大。

考虑到MOSFET极间等效电容的存在，在设计开关电源的时候，我们通常需要加粗Gate极的PCB走线。确保在开关的过程中，即使驱动MOSFET的瞬间电流比较大，也有足够的通流能力。

MOSFET的数据手册中常见的电容参数包括输入电容（C_{iss}）、输出电容（C_{oss}）和反向传输电容（C_{rss}）。这些参数与MOSFET的栅-漏电容（C_{GD}）、漏-源电容（C_{DS}）和栅-源电容（C_{GS}）有关，但没有直接列出C_{GD}和C_{GS}的值。

● C_{iss}：输入电容是从栅极到源极的总电容（我们一般通过控制G极和S极之间的电压V_{GS}作为输入，所以对于这个输入电压的电容来说，交流模型我们记为V_{GS}），包含了C_{GS}和C_{GD}的一部分，定义为

$$C_{iss} = C_{GS} + C_{GD}$$

● C_{oss}：输出电容是从漏极到源极的总电容，包含了C_{DS}和C_{GD}的一部分，定义为

$$C_{oss} = C_{DS} + C_{GD}$$

● Crss：反向传输电容也被称作米勒电容，这个电容影响米勒平台的时间。反向传输电容是从栅

极到漏极的电容，定义为

$$C_{rss} = C_{GD}$$

2.4.3 MOSFET打开的过程

由于寄生电容的存在，所以MOSFET作为一个开关管在工作的时候，其打开的过程并不顺利。为了能够观察到一些瞬态现象，我们用Saber软件搭建了一个仿真电路，如图2.28所示。

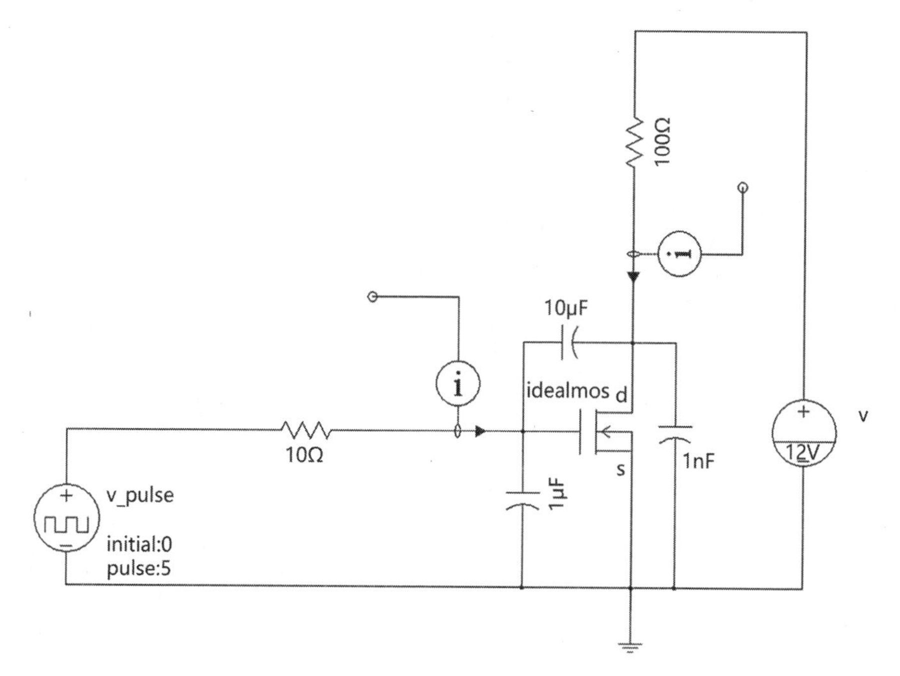

图2.28 MOSFET寄生电容仿真电路

将驱动信号设置为一个接近理想的脉冲信号，如图2.29所示。

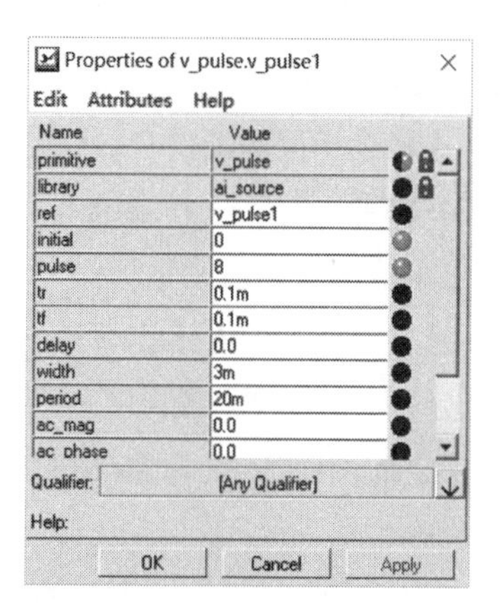

图2.29 设置驱动信号为一个接近理想的脉冲信号

在仿真软件中，我们把这个脉冲信号源设置为高电平8V，上升时间为0.1ms，下降时间为0.1ms，为了便于观察，把脉冲宽度设置为3ms，周期为20ms。从时域上可以看到，这个脉冲驱动信号基本上是一个理想的方波形状。

为了加大MOSFET寄生电容对打开过程的影响，我们在理想的MOSFET模型的三个极之间增加了三个电容。我们选择比较大的容值，以便在波形上更明显地体现出其特性。特别是C_{GD}的选值比较大，这样V_{GS}的特性从时域上观察更加明显，就是上升的过程中有个台阶，如图2.30所示。

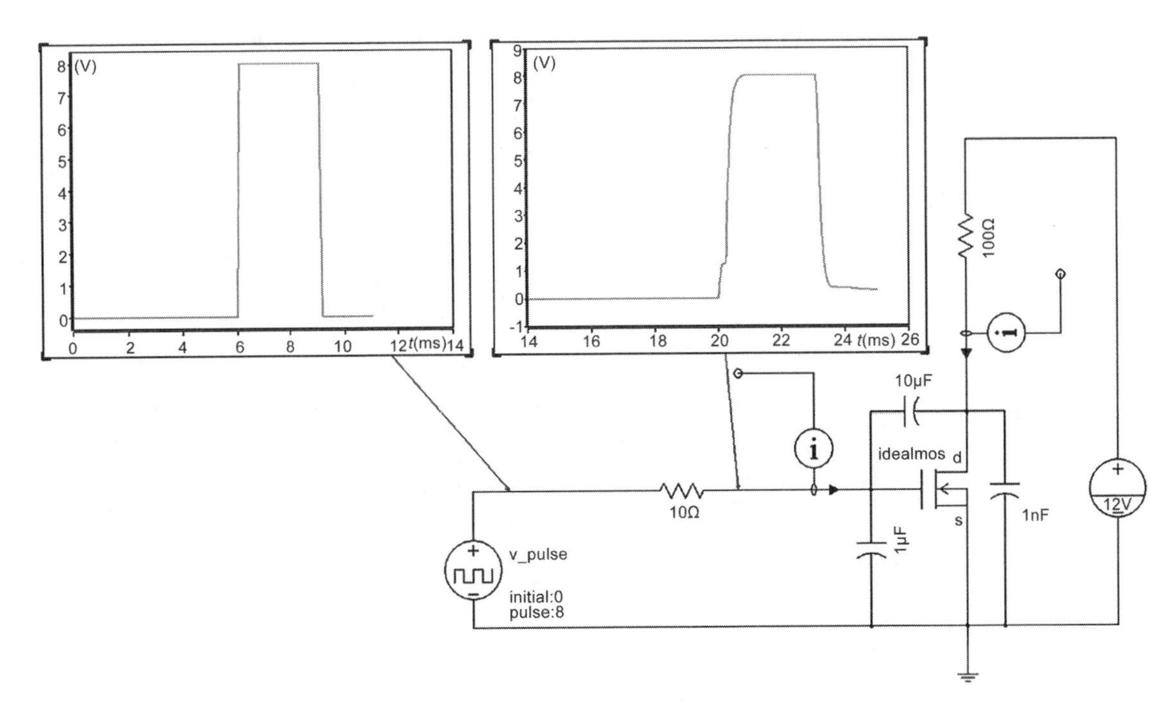

图2.30　V_{GS}时域波形

在MOSFET打开和关闭的过程中，将会涉及以下几个变量。

V_{th}——MOSFET的G极和S极之间开启的阈值电压（Gate-Source Threshold Voltage），这个阈值电压，完整的标记为$V_{GS(th)}$，是MOSFET的重要参数之一，一般简单标记为V_{th}，定义为可以在源极和漏极之间形成导电沟道的最小栅极偏压。在描述不同的器件时，它具有不同的参数。

V_{GP}——米勒台阶电压，是指在MOSFET开关过程中，栅极电压在一定时间内保持稳定的电压值。在这个时间段内，栅极电压不随着栅极电流的变化而变化。

V_{DD}——MOSFET关断时D极和S极之间施加的电压。

MOSFET从闭合到完全导通可以分为下面几个阶段。

（1）第一阶段（t_1）：在V_{GS}还没到来之前的阶段，此时MOSFET完全没有导通，电路本质就是一个RC充放电电路，如图2.31所示。

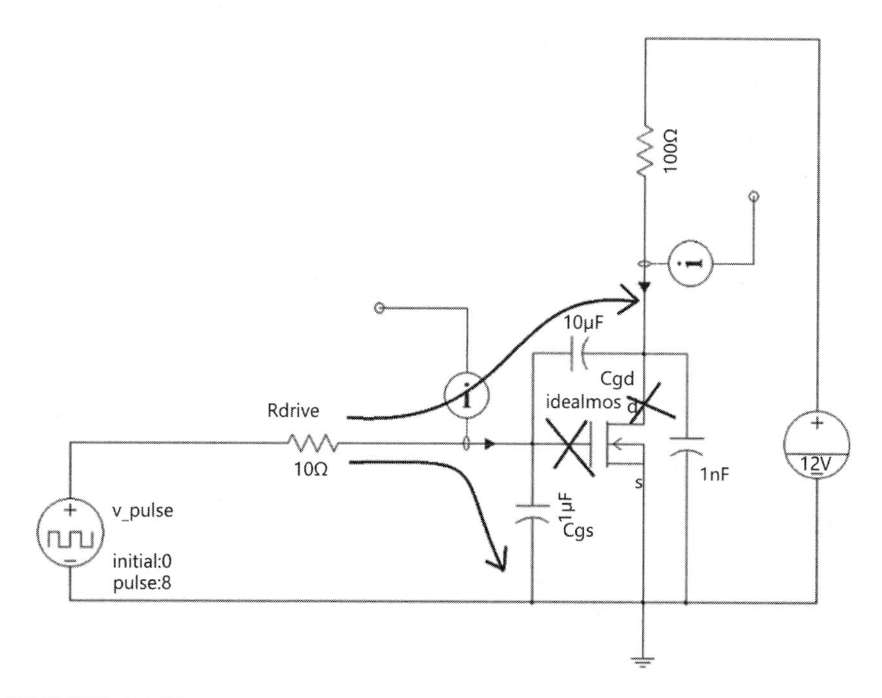

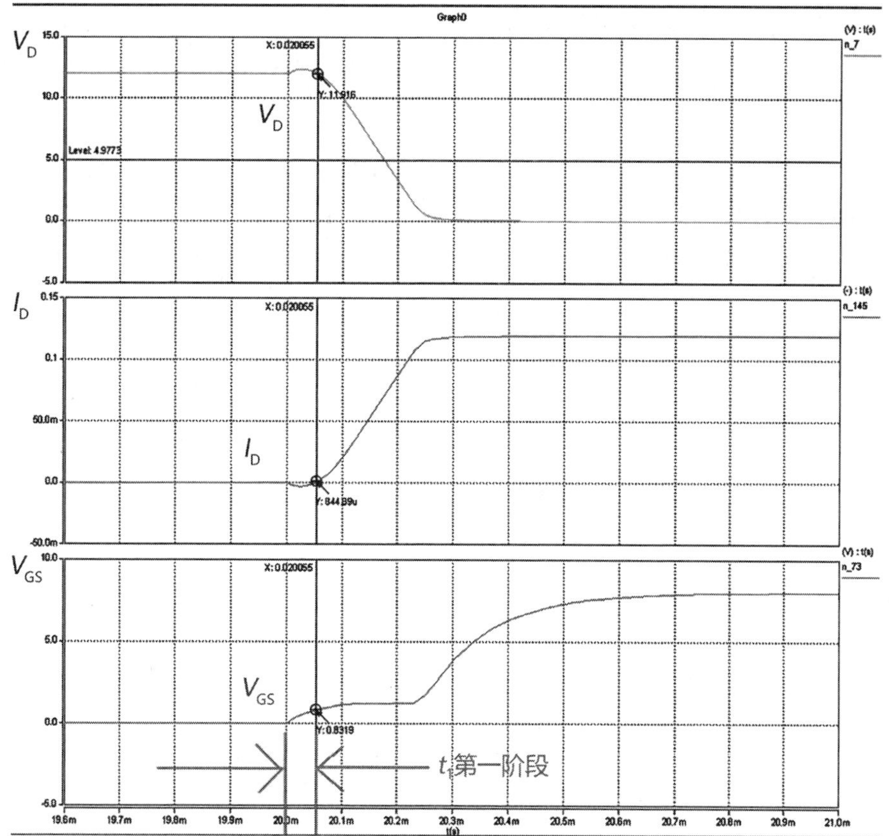

图 2.31　第一阶段波形图

这个阶段I_D（D极电流）还等于0，也就是说MOSFET一点也没打开，处于截止状态。V_{GS}的上升曲线就是一个RC充放电的上升曲线。

（2）第二阶段（t_2）：这时MOSFET开始"松动"了，也就是I_D开始增加，大于0。I_D开始按照一个压控电流源的形式和一定的斜率线性增加。第二阶段V_{GS}正常上升，I_D的增加对它没有大的影响。I_D的增加由MOSFET的一个放大区的特性决定，就是这个压控电流源的跨导。MOSFET在这个阶段有漏极电流开始流过，V_{DS}仍然保持V_{DD}。

此上升斜坡持续直至第二阶段的结束时刻，电流I_D达到饱和或达到负载最大电流，故V_{GS}会一直上升到达米勒平台电压V_{GP}，此时已经是第二阶段结束时刻，之后就会进入第三阶段。在MOSFET选定的情况下，具体米勒平台电压值V_{GP}跟I_D的值相关。第二阶段示意图和波形图如图2.32和图2.33所示。

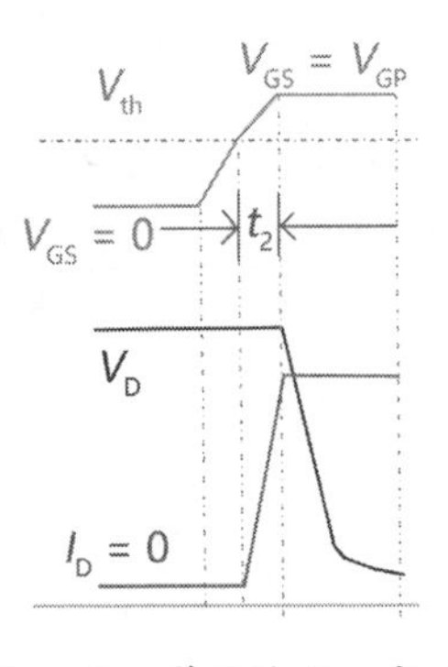

图2.32　第二阶段示意图

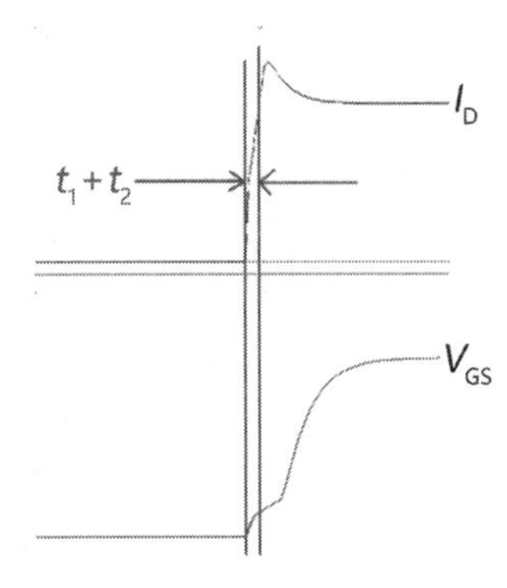

图2.33　第二阶段波形图

（3）第三阶段（t_3）：该阶段MOSFET工作于饱和区，V_{GS}被限制于固定值（MOSFET的传输特性）。故在此期间C_{GS}不再消耗电荷，驱动电流转而流向C_{GD}并给其充电。V_{DS}由几乎高压变成0，这个过程C_{GD}的两端极性反转，所以I_G给C_{GD}充电所需要的电荷比较大。在此区间由于V_{DS}变化很大，虽然相对于C_{GS}而言C_{GD}很小，但I_G在C_{rss}上消耗的电荷却是一个不可忽略的数量。随着V_{DS}下降，MOSFET逐渐进入于可变电阻区。开关控制的电压越大，则V_{DS}的电压越大，第二阶段至第三阶段的时间越长。第三阶段的波形图如图2.34所示。

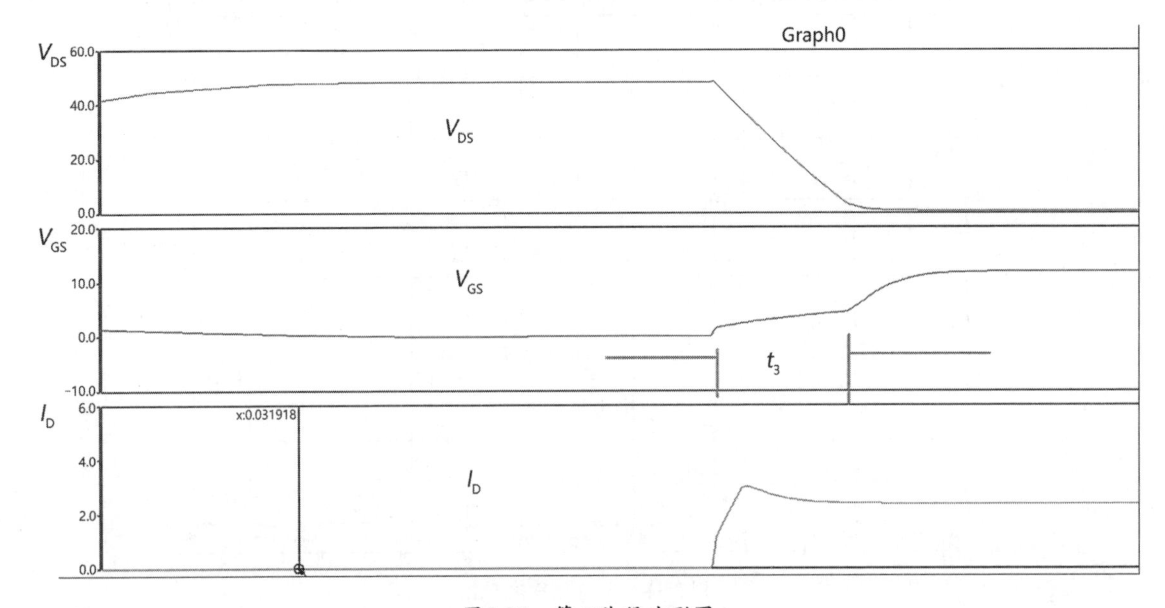

图2.34　第三阶段波形图

(4)第四阶段(t_4):在I_G的继续充电下,V_{GS}又进入线性上升阶段。这时候漏极电压下降至$V_{DS}=I_D R_{DS(on)}$,此时MOSFET的工作状态进入了电阻区,栅极电压不再受漏极电流影响自由上升。V_{GS}平台的结束及第二次上升斜坡的开始表明器件在此时已完全开通。第四阶段时栅极电压等于驱动电路提供的电压。第四阶段的波形图如图2.35所示。

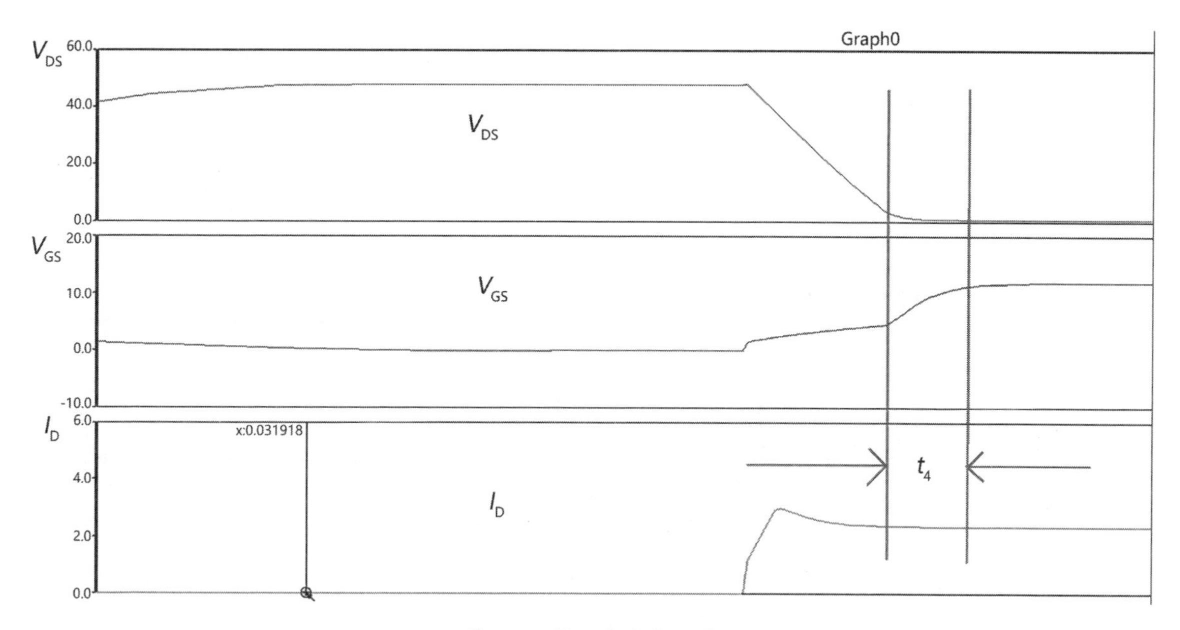

图2.35 第四阶段波形图

实际上,对一个功率MOSFET而言,很高的开关频率是难以达到的,因为存在寄生电容。寄生电容导致一个决定有限频率的时间常数,即

$$f_{co}=\frac{1}{2\pi C_{iss}R_G}$$

式中:$C_{iss}=C_{GS}+C_{GD}$; $R_G=R_{Gint}+R_{Gext}$。

R_{Gext}是指在外部电路中与MOSFET栅极串联的电阻,是由设计者在驱动电路中添加的电阻。

R_{Gint}是指MOSFET内部的栅极电阻。它包括了MOSFET结构中的寄生电阻,例如半导体材料的电阻、接触电阻等。

因为在实际应用中总是存在感性负载,所以现在讨论在感性负载条件下的开关特性。图2.36为感性负载下MOSFET的导通波形图。要估算MOSFET打开的三个时段(开通延时时间t_d、上升时间t_{ri}和t_{fv}),需要详细了解MOSFET的栅极驱动和开关行为。以下是每个时段的定义和估算方法。

(1)开通延时时间$t_d(t_1)$:从施加栅极驱动信号到漏极电流开始显著上升的时间。这段时间内,栅极电压从0上升到阈值电压V_{th}。

$$t_d\approx\frac{V_{th}(C_{GS}+C_{GD})}{I_{G(on)}}$$

V_{th}是MOSFET的阈值电压。

C_{GS}是栅极G和源极S之间的电容。

C_{GD}是栅极G和漏极D之间的电容。

$I_{G(on)}$是栅极驱动电流。

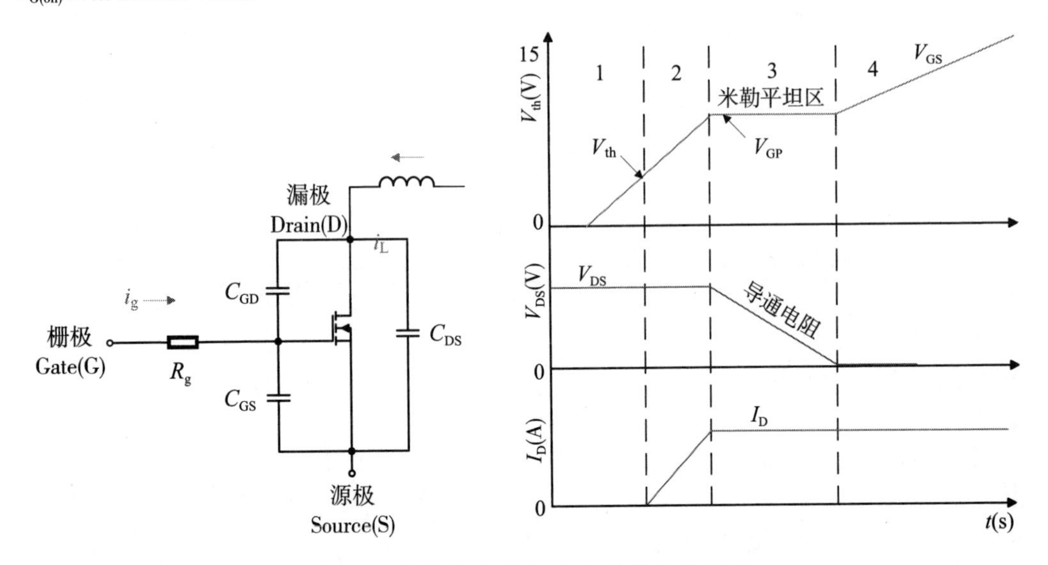

图2.36　感性负载下MOSFET的导通波形图

(2)上升时间$t_{ri}(t_2)$:从漏极电流开始上升到达稳定状态(通常为最大电流的90%)的时间。这段时间栅极电压从阈值电压V_{th}上升到接近驱动电压。

$$t_{ri} \approx \frac{(V_{GG} - V_{th})(C_{GS} + C_{GD})}{I_{G(on)}}$$

其中,V_{GG}是驱动栅极的电压。

(3)$t_{fv}(t_3)$:V_{DS}电压下降时间,即漏源电压下降的时间。当续流二极管开始承受电压时,MOSFET上的电压下降,米勒电容(C_{GD})开始充电。

$$t_{fv} \approx \frac{\Delta V_{DS} C_{GD}}{I_{G(on)}}$$

综合上述时间,可以得到MOSFET打开的总时间:

$$t_{on(total)} = t_d + t_{ri} + t_{fv}$$

这些公式只是近似估算,实际情况中可能会受到寄生参数、电路布线、电感等其他因素影响,因此实际测量数据和仿真是精确估算的必要手段。

2.4.4 为什么选择增强型MOSFET做开关管

前文介绍的场效应管,是众多场效应管中的一种。它是一种在开关电源或控制电路中使用最多的MOSFET,它的名称是增强型MOSFET(即N沟道MOSFET),其图标如图2.37所示。

实际上，几乎所有的模拟电路的书籍在写到“场效应管”的时候，都会从JFET开始讲起，然后讲耗尽型场效应管，最后再讲增强型场效应管。有的还会讲一些发展历史，重点分析的也是“小信号”放大模型。

但是到实际的工作岗位中会发现，可能有十几年工作经验的硬件工程师在电路设计中只使用过增强型MOSFET。这是为什么呢？

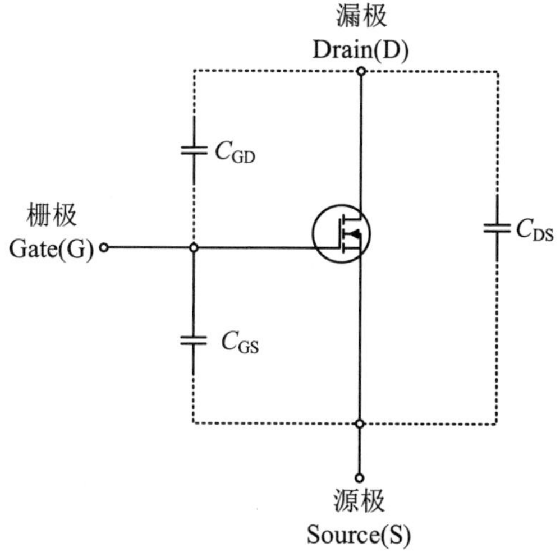

图2.37　增强型MOSFET图标

1. 为什么选择MOSFET而非JFET作为开关电源的开关管

JFET和MOSFET是两种常见的场效应晶体管类型。它们在一些方面相似，但也有一些重要的区别。

（1）结构：JFET和MOSFET在结构上有所不同。JFET有一个由P型或N型半导体材料形成的单个PN结，而MOSFET则是由一个嵌入在绝缘层上的金属栅极和两个或多个掺杂的半导体区域组成。

（2）构造材料：JFET通常使用硅（Si）或砷化镓（GaAs）等半导体材料制造，而MOSFET主要使用硅（Si）作为基础材料。

（3）控制方式：JFET的导电性能通过调节沟道的厚度来控制，而MOSFET的导电性能则通过调节栅极电压来控制。MOSFET的控制电压在正常操作条件下非常低，因此具有较低的功耗。

（4）输入电阻：JFET的输入电阻非常高，JFET的输入阻抗可以达到几千兆欧姆级别或更高。相比之下，MOSFET在直流和低频的情况下，输入阻抗也很高。但是在高频应用中，MOSFET的阻抗会因为输入电容的影响而急剧下降。

（5）噪声性能：由于JFET具有较高的输入电阻，因此在低频应用中表现出较低的噪声性能。MOSFET在某些方面（如在特定电压下）可能会表现出更好的噪声特性。

（6）温度稳定性：JFET在高温下的温度稳定性较好，而MOSFET在高温下可能表现出一些变化。

从二者的特性来说，JFET常用于低噪声放大器、开关和模拟开关等应用，MOSFET则广泛应用于数字电路、功率放大器、集成电路和开关电源等领域。

数字电路的设计比例越来越高，模拟电路的设计比例越来越少。JFET的主要应用场景是低噪声放大电路，例如，一些“传感器的前置放大电路”中就会选用JFET。

当需要在高输入阻抗、低噪声等特定场景设计放大电路的时候，需要选用JFET。现在很多场景，也可以直接选择低噪声运算放大器去设计电路。随着运放的高速发展，用运放电路完成的放大电路在噪声特性、稳定度、温度特性方面都比用JFET等分立器件去搭建一个电路要好。分立器件搭建的放大电路图如图2.38所示。

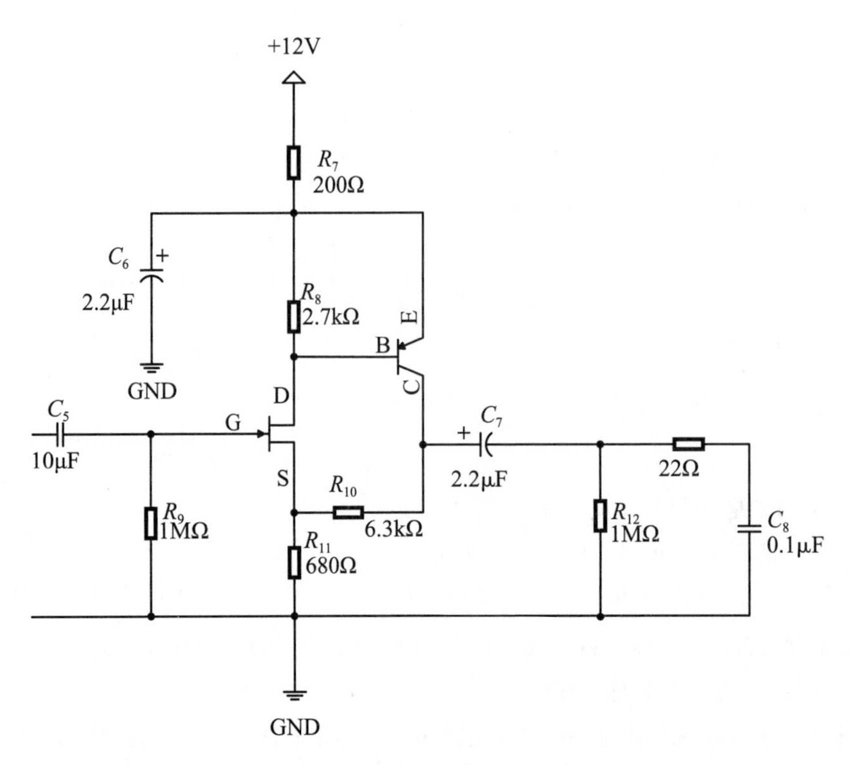

图2.38　分立器件搭建的放大电路图

MOSFET相对于JFET在开关电源应用中有一些优势,这些优势使其成为更常见的选择。

(1)低导通电阻:MOSFET具有较低的导通电阻,即在导通状态下的电阻非常小。这意味着MOSFET可以在低电压下实现较低的功耗和能量损失。

(2)高开关速度:MOSFET具有快速的开关速度,能够迅速地从导通状态切换到截止状态和从截止状态切换到导通状态。这使得MOSFET适用于高频开关应用,能够处理高频率的电源开关操作。

(3)较高的工作电压:MOSFET通常可以承受更高的工作电压,这使其在高电压应用中更具优势。对于开关电源而言,它们通常需要处理较高的电压范围。

(4)较低的温度依赖性:MOSFET的电流特性对温度的依赖性相对较小,具有较好的温度稳定性。这使得MOSFET在高温环境下能够提供更可靠的性能。

(5)集成度和可靠性:由于MOSFET广泛用于集成电路中,因此在大规模集成电路中使用MOSFET可以实现高度集成的功能。此外,MOSFET的制造工艺已经非常成熟,并且具有较高的可靠性和稳定性。

综上所述,MOSFET在开关电源应用中的低导通电阻、高开关速度、较高的工作电压、较低的温度依赖性及集成度和可靠性等方面的优势,使其成为较为理想的选择。然而,具体选择还要根据应用的要求和性能需求来确定。

2. 为什么选择增强型而非耗尽型MOSFET作为开关电源的开关管

数字电路都是单电源工作,即供电范围是0～V_{CC}。也就是说,在整个电路板上面都是大于0V的信号。

我们一般使用单片机或控制器来控制MOSFET，因为单片机或FPGA等芯片的输出管脚都是正电压。但是MOSFET分为耗尽型、增强型。耗尽型MOSFET是用负压到0V控制的，V_{GS}曲线如图2.39(a)所示。因此在实际选型的时候，我们很少选择。增强型MOSFET的V_{GS}曲线如图2.39(b)所示。

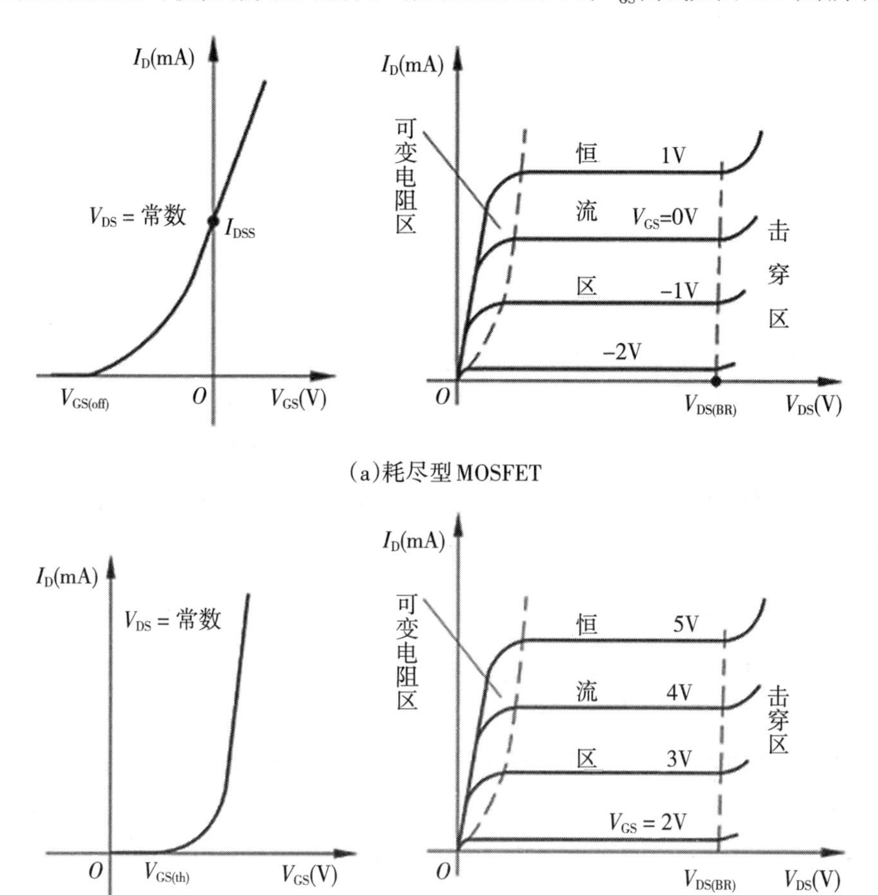

(a)耗尽型MOSFET

(b)增强型MOSFET

图2.39 MOSFET的V_{GS}曲线

图2.39中，V_{GS}需要到−6V才能把I_D关断为0。如果用这个来控制电流通断的话，就需要V_{GS}达到负压，对于当前电路来说，整板都以数字电路为主，没有负电压电源的需求。如果为了控制MOSFET专门提供一个负电压电源，对于电路设计的实现来说，非常不方便。因此，耗尽型MOSFET的应用场景更少。

大多数的应用场景是用来控制一个电流通路的开关，所以大家应该深入分析这种应用场景。

电流通路开关控制示意图如图2.40所示。

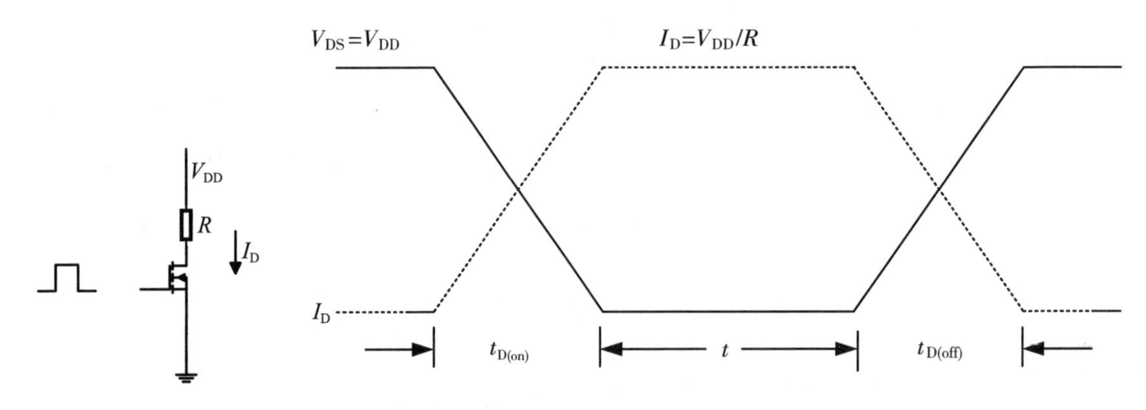

图2.40 电流通路开关控制示意图

对于开关电源来说，MOSFET的主要功能也就是一个“开关”。利用开关、电容、电感、二极管可以组成不同的拓扑网络，来实现各种开关形态和我们所期望的升压、降压、升降压等电路。

当然，我们不能只懂增强型MOSFET，耗尽型MOSFET和JFET的基本概念也是需要理解的，不然你无法理解“增强型MOSFET”是怎么来的。正是根据我们的应用场景需求，发明家不断地优化半导体结构，优化出能够适应我们需求的场效应管，让我们能够选择的场效应管更接近于一个“正电压可以控制的低阻抗开关管”。

3. 为什么选择N型MOSFET而非P型MOSFET作为开关电源的开关管

在大多数情况下，N型MOSFET通常被优先选择作为开关电源的开关管，而不是P型MOSFET，原因如下。

（1）较低的导通电阻：N型MOSFET通常具有较低的导通电阻，因此能够在导通状态下提供更低的功耗和能量损失。这对于高效的开关电源非常重要。

（2）高电流承受能力：N型MOSFET通常具有更高的电流承受能力，这使得它们适用于高功率的开关电源应用。P型MOSFET的电流承受能力相对较低。

（3）兼容性：在大多数情况下，电源系统中的控制电路通常使用正电压，而不是负电压。因此，N型MOSFET更适合与这些控制电路兼容，因为它们在正电压下工作。

（4）集成电路兼容性：N型MOSFET在集成电路中的使用更为广泛，具有更高的集成度和可靠性。这使得它们在大规模集成电路中更容易实现。

需要注意的是，对于特定的应用和电源系统要求，P型MOSFET也可以作为开关管使用。如果特定应用对P型MOSFET的特性有更好的匹配，那么P型MOSFET可能会成为更合适的选择。因此，在选择开关电源的开关管时，应根据具体应用的要求和设计约束进行评估和选择。

2.4.5 MOSFET的寄生体二极管

在计算开关电源时，同步控制器的MOSFET下管的体二极管在死区时间会起作用，实现死区时间的续流。在计算开关电源的下管的损耗时,需要计算这个体二极管的损耗。非同步Buck和同步Buck电路中的体二极管如图2.41所示。

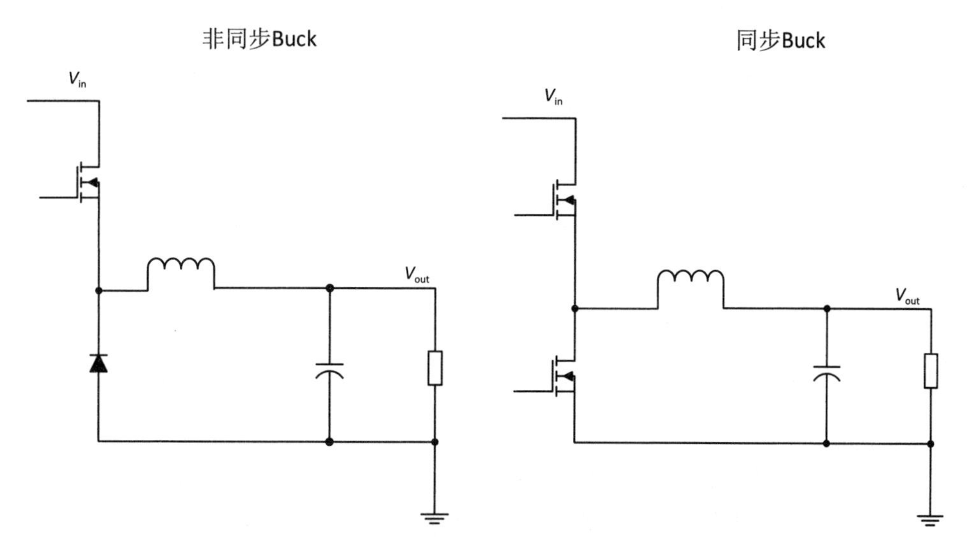

图2.41　非同步Buck和同步Buck电路中的体二极管

如果是同步控制器,我们需要计算下管的体二极管在死区时间的导通损耗。如果是非同步控制器,我们则需要计算体二极管在续流时间的所有损耗。表2.1是某器件手册中的体二极管损耗。

表2.1　某器件手册中的体二极管损耗

参数	数值	单位	说明
I_{avg}	10	A	输出的平均电流
$I_{Lo.ripple}$	1	A	输出的纹波电流
$R_{ds(on)}$	2.2	mΩ	MOSFET导通之后D极与S极之间的导通阻抗
$V_{d,on}$	0.82	V	MOSFET的寄生体二极管的正向导通电压
Q_{rr}	48	nC	MOSFET的寄生体二极管反向恢复的充电电量
T_{d1}	10.00	ns	PWM打开的死区时间
T_{d2}	10.00	ns	PWM关闭的死区时间
$P_{diode.lower}$	0.09	W	体二极管损耗 = $V_{d,on} \times F_{sw} \times [(I_{avg} + I_{Lo.ripple}/2) \times T_{d1} + (I_{avg} - I_{Lo.ripple}/2) \times T_{d2}]$
$P_{diode.rr}$	0.18	W	下管的寄生体二极管的恢复功率(这个损耗发生在上管)= $V_{in} \times F_{sw} \times Q_{rr}$

二极管的功耗与正向导通电压、开关频率、死区时间、平均电流、相数有关,所以在选择MOSFET时,为了更小的功耗,我们期望MOSFET的寄生体二极管的正向导通电压越小越好。例如,选择体二极管的导通电压更小的MOSFET,选择死区时间更小的控制器MOSFET组合,也可以适当选择开关频率。图2.42是互补PWM的死区时间。

死区时间是指在PWM输出的这个时间，上下管都不会有输出，当然会使波形输出中断，死区时间一般只占周期的百分之几。但是当PWM波本身占空比小时，空出的部分要比死区还大，所以死区会影响输出的纹波，但应该不是起到决定性作用的。

根据导电沟道的不同，MOSFET可以细分为N-MOSFET和P-MOSFET两种。

图2.43是N-MOSFET的示意图，从图中的圆内可以看到，MOSFET在D、S极之间并联了一个二极管。

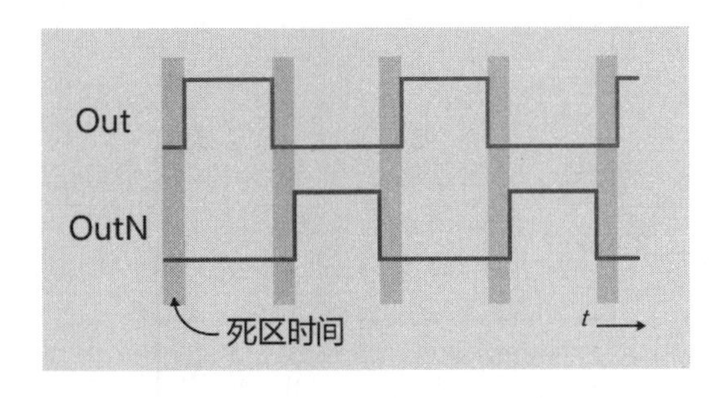

图2.42　互补PWM的死区时间

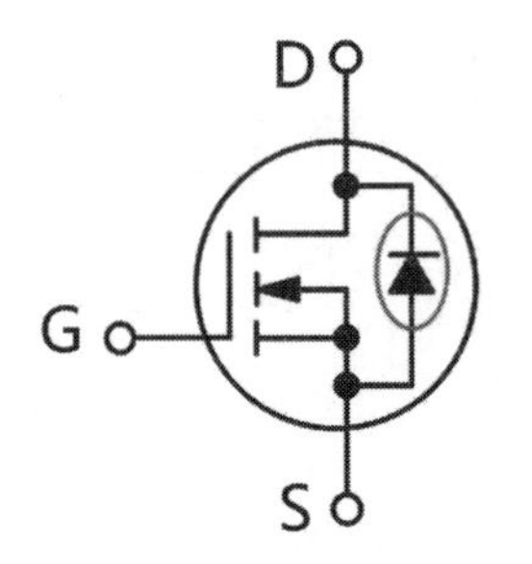

图2.43　N-MOSFET示意图

如图2.44所示，MOSFET除了D、G、S三个极，还有一个Substrate（基底），基底和S极有连接关系，因此MOSFET的电路符号中，会将MOSFET内部指向N沟道的箭头和S极连接在一起。S极与基底短接，导致S极到D极会有一个PN结。很容易看出N-MOSFET里寄生二极管的来源了，S极和D极之间存在一个PN结，等效为寄生体二极管。

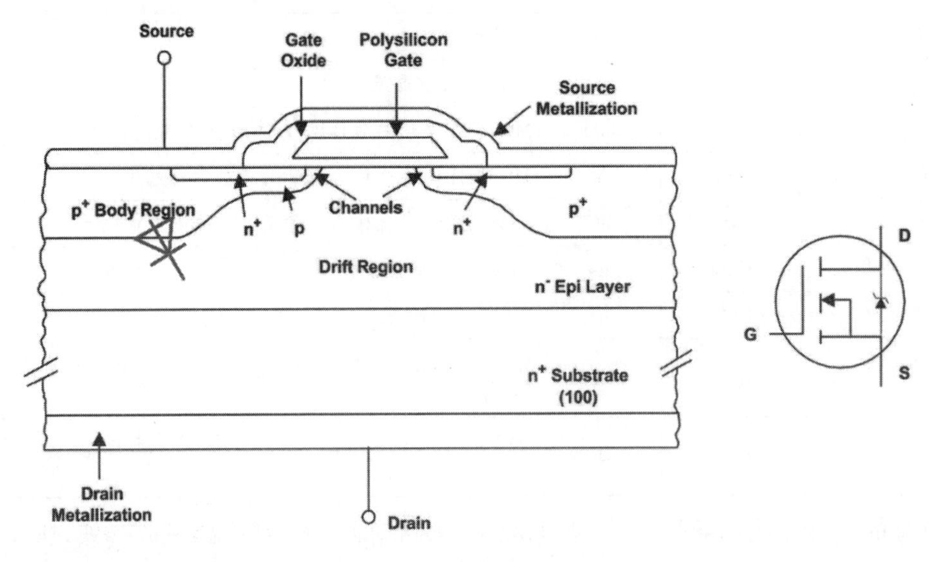

图2.44　N-MOSFET体二极管来源

非同步的开关电源电路中，上管还是MOSFET，下管是一个二极管。如果上管关闭，就依靠下面那个二极管进行续流。

2.4.6 MOSFET的SOA的具体分析

我们知道开关电源中MOSFET、IGBT(绝缘栅双极型晶体管)是最核心也是最容易烧坏的器件。开关器件长期工作于高电压、大电流状态,承受着很大的功耗,一旦过压或过流就会导致功耗大增,晶圆结温急剧上升,如果散热不及时,就会导致器件损坏,甚至可能会爆炸,非常危险。熟悉和正确使用MOSFET管的SOA分析情况,可以极大限度地提高开关器件的稳定性,并延长开关器件的使用寿命。

什么是SOA? SOA是Safe Operating Area的缩写,有的厂家称之为“Area of Safe Operation (ASO)”,即安全工作区。

安全工作区是由一系列(电压,电流)坐标点形成的一个二维区域,开关器件正常工作时的电压和电流都不会超过该区域。简单地讲,只要器件工作在SOA区域内就是安全的,超过这个区域就存在危险。

1. SOA区域分类

如图2.45所示,MOSFET的SOA区域分为以下5个区域。

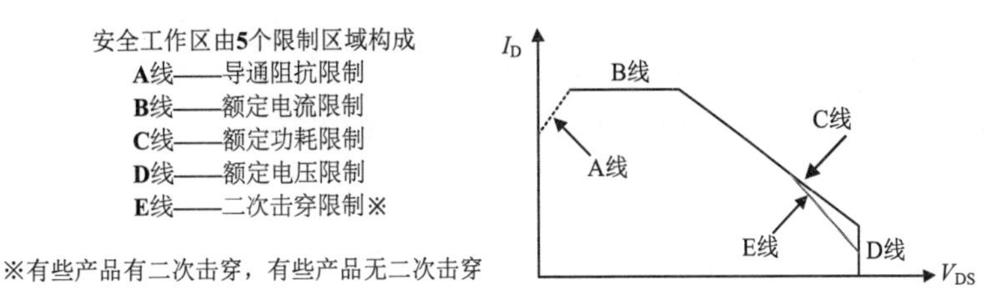

图2.45 MOSFET正偏压时的安全工作区

(1)A线是由导通电阻$R_{DS(on)max}$限制的区域。该区域一般与SOA区域分开讨论。图2.46是某MOSFET器件手册中的$R_{DS(on)}$参数。

项目	符号	规格值			测定条件	单位	温度依存	设计上的注意点
		Min	Typ	Max				
漏源击穿电压	$V_{(BR)DSS}$	60	—	—	$I_D=10mA$、$V_{GS}=0$	V	●	和通态电阻相关
漏极截止电流	I_{DSS}	—	—	10	$V_{DS}=60V$、$V_{GS}=0$	μA	●	温度依存性大，但是损耗小
栅极截止电流	I_{GSS}	—	—	±0.1	$V_{GS}=\pm20V$、$V_{DS}=0$	μA	—	内置保护二极管的产品为几十nA至几μA，规格值为±10μA
栅源截止电压	$V_{GS(off)}$	1.0	—	2.5	$V_{GS}=10V$、$I_D=1mA$	V	○	影响开关运行时的噪声和开关时间tr、tf
漏源通态电阻1	$R_{DS(on)1}$	—	4.3	5.5	$I_D=45A$、$V_{GS}=10V$	mΩ	●	决定通态损耗最重要的参数。注意：随着温度的上升而上升
漏源通态电阻2	$R_{DS(on)2}$	—	6.0	9.0	$I_D=45A$、$V_{GS}=4V$	mΩ	●	
【注】●：具有正的温度系数；○：具有负的温度系数								

图2.46 MOSFET的$R_{DS(on)}$参数

因为在固定的 V_{GS} 电压和环境条件下，功率MOSFET的 $R_{DS(on)}$ 是固定的，由于 $I_D = \frac{V_{DS}}{R_{DS(on)}}$，所以这条斜线的斜率为 $\frac{1}{R_{DS(on)}}$。

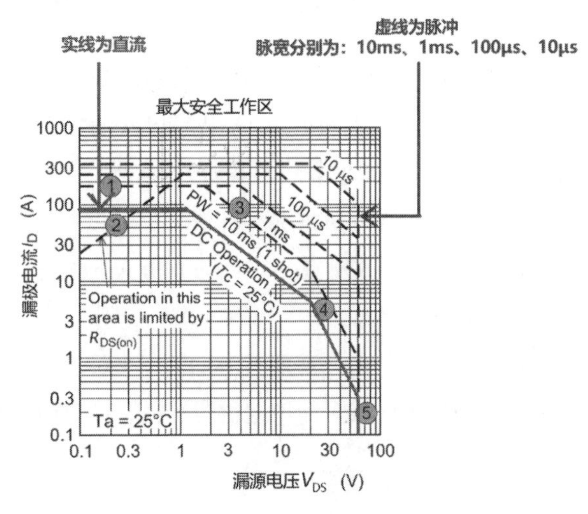

图 2.47　B线区域

(2)B线是受最大额定电流 I_D（稳态直流）、$I_{D(pulse)max}$（脉冲）限制的区域，即 I_{DS} 能够承载最大电流限制的线。B线区域如图2.47所示。

需要注意的是，$I_{D(pulse)}$ 是脉冲工作状态的最大电流，通常最大漏极脉冲电流 I_{DM} 为连续漏极电流 I_D 的3～4倍，因此脉冲电流要远高于连续的直流电流。图2.48是2SK3418的 I_D 和 $I_{D(pulse)}$ 参数。

(3)C线是受通道损耗（Channel dissipation或Channel loss，I_D 流经DS，这是主要功率产生的功耗）限制的区域，电流和电压的乘积的最大值，即额定功耗限制的线路。

Ta=25℃时的绝对最大额定值

项目	符号	条件	额定值	单位
漏-源极电压	V_{DSS}		60	V
栅-源极电压	V_{GSS}		±20	V
漏极电流（DC）	I_D		74	A
漏极电流（脉冲）	I_{DP}	PW≤10μs，占空比≤1%	296	A
允许功率损耗	P_D		1.65	W
		T_c=25℃	75	W
通道温度	T_{ch}		15	℃
储存温度	T_{STG}		-55～150	℃
单脉雪崩能量①	E_{AS}		410	mJ
雪崩电流②	I_{AV}		74	A

注：①V_{DD}=20V，L=100μH，I_{AV}=74A；
②L≤100μH，单脉冲。

图 2.48　I_D 和 $I_{D(pulse)}$ 参数

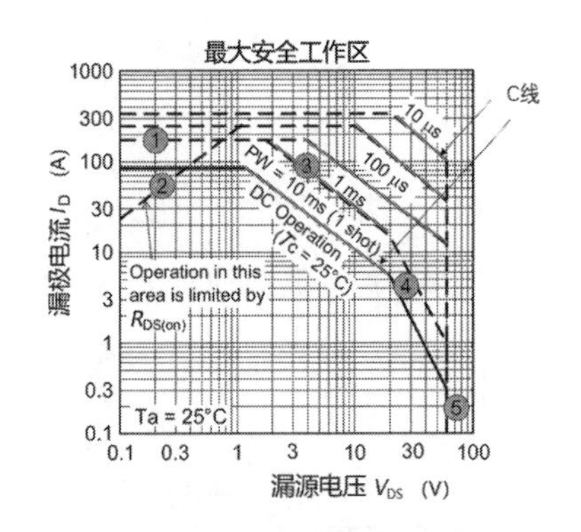

图 2.49　C线区域

正如我们注意到的那样，这条线带有一个恒定的斜率，但却是一个负斜率。斜率是恒定的，是因为这条SOA功率限制线上的每个点都承载相同的恒定功率，由公式 $P = IV$ 表示，如图2.49所示。

因此，在这个SOA对数曲线中会产生 -1 的斜率。负号是因为流过MOSFET的电流随着漏源电压的增加而减少。这种现象主要是由于MOSFET的负系数特性在结温升高时会限制通过器件的电流。

(4)D线是与 V_{DSS} 的额定电压相关，受耐压 $V_{DSS\,MAX}$ 限制的区域。

$V_{(BR)DSS}$，即漏源击穿电压（破坏电压，有时候叫作 BV_{DSS}），是指在特定的温度和栅源短接情况下，流过漏极电流达到一个特定值时的漏源电压。这种情况下的漏源电压为雪崩击穿电压。$V_{(BR)DSS}$ 是正温度系数，温度低时 $V_{(BR)DSS}$ 小于25℃时的漏源电压的最大额定值。在-50℃时，$V_{(BR)DSS}$ 大约是25℃时的漏源电压的最大额定值的90%。

漏源击穿电压$V_{(BR)DSS}$限制了器件工作的最大电压范围，在功率MOSFET正常工作中，若漏极和源极之间的电压过度增高，PN结反偏会发生雪崩击穿，为保障器件安全，在MOSFET关断过程及其稳态下必须承受的漏极和源极之间最高电压应低于漏源击穿电压$V_{(BR)DSS}$。某器件手册中的$V_{(BR)DSS}$参数如图2.46所示。

(5)E线是二次击穿限制，与双极晶体管中的二次击穿区域类型相同，该区域在连续运行或以相对较长的脉冲宽度(几毫秒或更长)打开的条件下出现。这是因为，当工作电压在相同的外加电源线上升高时，工作电流自然降低，但在这个小电流区域，输出传输特性(V_{GS}、I_D特性)是负温度特性。当该区域变为大电流区域，需要改变正温度特性时，该现象消失。

如图2.50所示，2SK3418的器件资料中，A、B、C、D、E线对应的标注分别是②、①、③、⑤、④。由于功率MOSFET通常用于开关，在正常操作中，它们用于有限区域②。在电路设计中，需要注意控制系统顺序。图2.51显示了当系统的源电源被切断时，电子设备的电源电压和门驱动电压序列的示例。

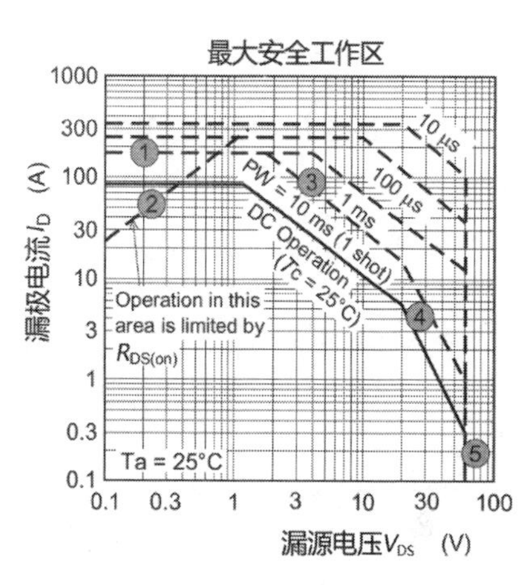

图2.50　器件资料中的A、B、C、D、E线

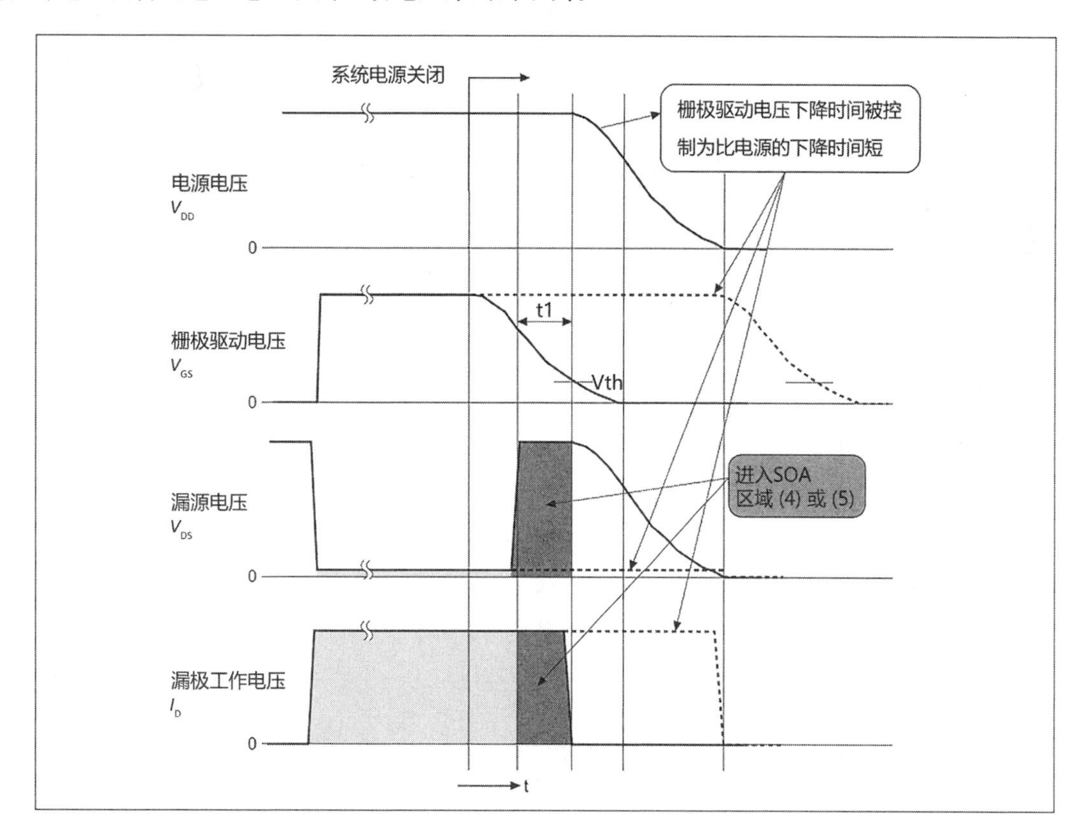

图2.51　电源电压和门驱动电压时序图

如图2.51中的实线所示，如果直到电源电压V_{DD}关闭的下降时间长于栅极驱动电压V_{GS}的下降时间，则V_{GS}在图中的周期t_1处于欠驱动状态，并进入SOA限制区域(4)或(5)，因此有必要确认其是否处于安全操作区域。

避免此类操作区域的有效方法是执行顺序控制，以便栅极驱动电压V_{GS}的下降时间延迟到电源电压V_{DD}完成下降之后，如图2.51中V_{GS}的虚线所示。

2. SOA注意事项

当测试的I_{DSS}值越大，所得到的BV_{DSS}电压值越高。因此使用不同的测试标准时，实际的性能会有较大的差异。

其中，$\Delta BV_{DSS}/\Delta T_J$参数表明了$BV_{DSS}$的正温度系数，如图2.52所示。

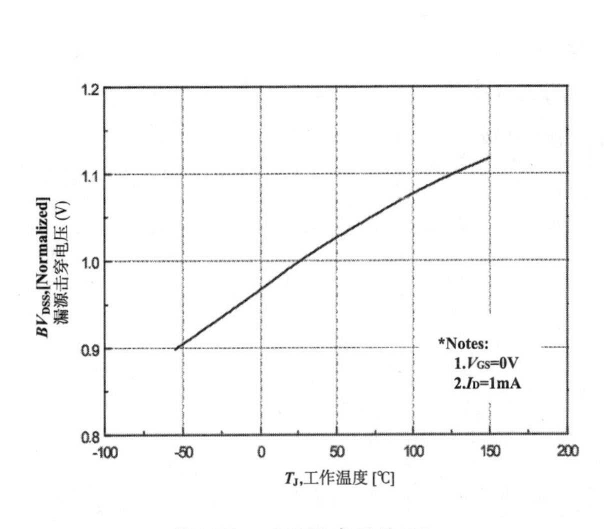

图2.52　不同温度下的BV_{DSS}

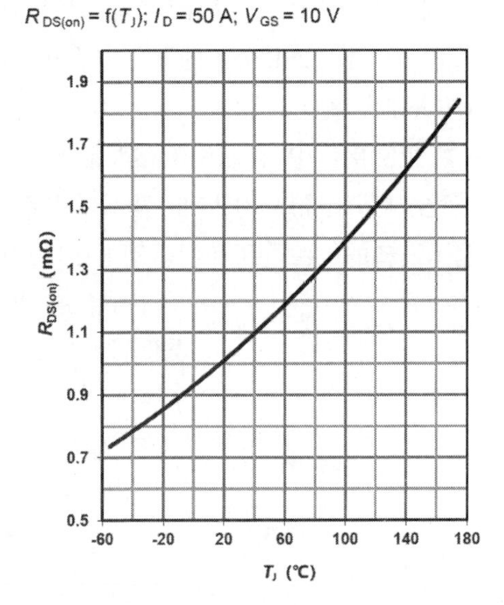

图2.53　温度与$R_{DS(on)}$的特征曲线图

例如，在不同的工作温度、不同的脉冲电流或脉冲宽度条件下，$R_{DS(on)}$的值都会不同。在功率MOSFET的数据手册中通常都提供了温度与$R_{DS(on)}$的特征曲线图，如图2.53所示。

从$R_{DS(on)}$与温度的关系曲线可见，当结温从25℃升高到110℃时，导通电阻提高了约50%。由于电阻越大，相同电流情况下功耗越大，而额定功耗一定，所以温度越高，$R_{DS(on)}$所限制的安全工作区越小。因此，在实际应用中，需要用特定工作环境下的导通电阻限定安全工作区。

同样，$I_{D(max)}$、$V_{D(max)}$和$P_{D(max)}$都需要根据实际工作的环境条件进行降额和修正。

3. SOA实测

MOSFET管的SOA分析及示波器的SOA测试应用非常简单，使用电压、电流探头正常测试开关管的V_{DS}和I_{DM}，打开SOA分析功能，对照数据手册的SOA数据设置好示波器的SOA参数即可。

以FCP22N60N这款MOSFET为例，查看数据手册，连续工作模式的相关参数如图2.54所示。

变量	参数名称		FCP22N60N	FCPF22N60NT	单位
V_{DSS}	漏源极电压		600		V
V_{GSS}	栅源极电压		±30		V
I_D	漏极电流	Continuous (T_C = 25°C)	22	22*	A
		Continuous (T_C = 100°C)	13.8	13.8*	
I_{DM}	漏极电流	Pulsed (Note 1)	66	66*	A
E_{AS}	单脉冲雪崩能量	(Note 2)	672		mJ
I_{AR}	雪崩电流		7.3		A
E_{AR}	重复雪崩能量		2.75		mJ
dv/dt	峰值二级管的dv/dt	(Note 3)	20		V/ns
	MOSFET的dv/dt		100		
P_D	功耗	25℃	205	39	W
		25℃以上	1.64	0.31	W/°C
T_J, T_{STG}	操作和储存温度范围		-55~+150		°C
T_L	用于焊接的最高引线温度		300		°C

*接受最高结温限制的漏极电流。

热特征

变量	参数名称	FCP22N60N	FCPF22N60NT	单位
$R_{\theta JC}$	连接到外壳的热阻	0.61	3.2	°C/W
$R_{\theta JS}$	外壳到散热器的热阻	0.5	0.5	
$R_{\theta JA}$	连接到环境的热阻	62.5	62.5	

图 2.54 FCP22N60N连续工作模式的参数

2.5 变压器在电源电路中的应用

变压器(Transformer)是利用电磁感应的原理来改变交流电压的装置,主要构件是初级线圈、次级线圈和铁芯(磁芯)。主要功能有:电压变换、电流变换、阻抗变换、隔离、稳压(磁饱和变压器)等。

隔离变压器用来把电力从交流电源转移到一个特定的设备。在这里,电源设备与电源分离,同时还要考虑到安全措施。此外,它还可以阻隔电容,使一次绕组和二次绕组联动。变压器通过感应从一个绕组到另一个绕组的电能,基本上增加了从一个绕组到另一个绕组的能量电压水平。隔离变压器促进电流隔离,防止电路之间的电力传输及抑制电噪声。隔离变压器被设计用来抵抗来自接地回路的干扰,并减少电容耦合的绕组。变压器在线圈绕组上使用未连接的线轴。在所有情况下,它们都受到静电屏蔽的保护,静电屏蔽位于绕组之间,用于为敏感设备(如实验室设备、计算机和其他电子设备)供电。

(1)变压和调整电压:变压器的主要功能是通过电磁感应将交流电压从一个电平转换到另一个电平。它们可以将高电压转换为低电压,或将低电压转换为高电压,以适应不同设备的需求。例如,将220V市电转换为适合电子设备使用的12V、24V等低电压。

(2)电气隔离:变压器在电路中提供了电气隔离,确保一次绕组和二次绕组之间没有直接的电流路径。这种隔离有助于保护人和设备,防止电击和短路等危险情况。

(3)安全保障:通过提供电气隔离,变压器减少了触电的风险。特别是在电力变压器中,它们被设计用于确保人与设备的安全隔离,避免直接接触高压电源。例如,在船舶电力系统中,变压器可以隔离电源线和电动设备,从而提高安全性。

(4)噪声抑制:变压器还能减少电路中的噪声和其他不需要的声音干扰。它们防止将音频放大器信号直接连接到扬声器输出,从而减少了由于信号直接耦合带来的噪声问题。

(5)信号隔离和直流隔离:在某些应用中,变压器用于隔离直流电源,防止直流成分影响信号传输。例如,在电话线路中,变压器常用于隔离直流电源和信号,确保信号传输的清晰和稳定,同时保护放大器等设备免受直流电流的干扰。

第3章

线性电源的原理与设计

在电源分类的章节中，我们已经对线性电源进行了描述，并且与开关电源进行了对比。本章我们专门针对线性电源进行详细的讲解。

虽然开关电源有诸多优势，但是在一些场景下，线性电源仍然是开关电源无法替代的。例如，低纹波的电源需求，低功耗且低成本的电源系统，微弱电流稳压供电等。因为线性电源输出纹波低、外围器件简单、效率随着电流大小变化不大，所以线性电源特别是LDO（Low Dropout Regulator，低压差线性稳压器），在单板上的使用率仍然很高。

3.1 线性调整器的工作原理

根据欧姆定律，通过电阻进行分压，可以得到一个更低的电压，如图3.1所示。

但是对于所得到的这个电压，不能有新的电路参与原来的这个电路，也就是说外接到V_{out}的负载会影响到输出电压。一旦参与分压的阻抗变化了，则输出电压就会发生变化，导致不能起到稳压的作用，如图3.2所示。

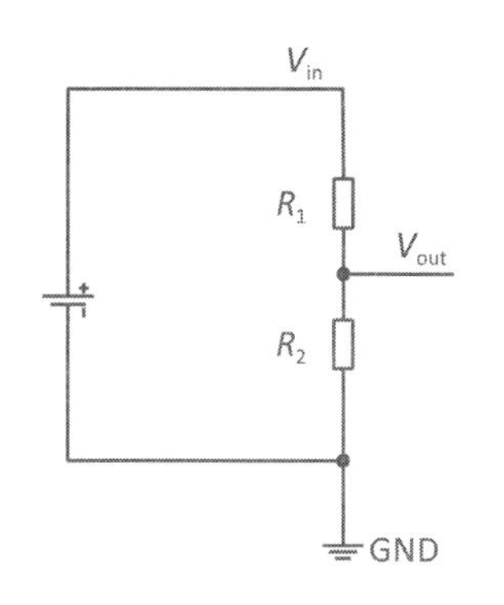

图3.1　通过电阻分压可以得到一个电压

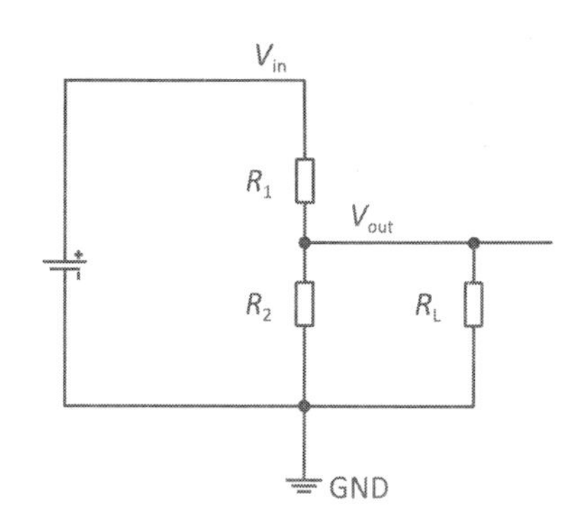

图3.2　接入负载之后电阻分压情况发生变化

当把负载接在V_{out}和GND之间之后，V_{out}和GND之间的电阻值就发生了变化。如果想得到原来的电压值，需要调整R_1的阻值，保持原来的分压比例关系。如果我们设计一个电路，把R_1变成一个可以动态调增阻值的可变电阻，通过检测V_{out}的变化情况，对R_1的值进行调整，来实现V_{out}稳定在某个区间，则可以实现稳压的目的。

线性电源的基本原理就是：通过电阻分压得到一个需要的电压输出。但是负载如果发生变化，将会影响输出电压。线性电源内部有一个动态调整的电阻，通过调整这个动态的电阻的阻值，可以满足电压变化的要求。对于这个可以动态调整的电阻，我们通过半导体器件将其设置为可控阻抗，从而实现稳定的电压输出。

线性电源的工作原理图如图3.3所示。不管是线性电源还是开关电源，都是输出电压负反馈，只不过线性电源通过一个三极管处于一个放大区，等效于一个可以变化阻值的电阻，对输出负载进行分压。通过输出电压分压后的反馈，来控制三极管实现输出的稳压。

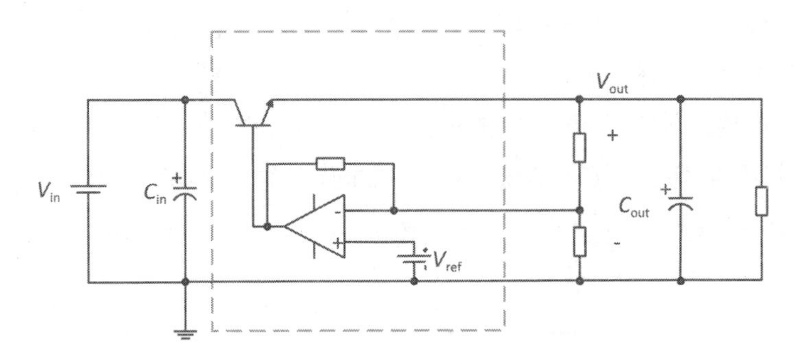

图3.3　线性电源工作原理图

我们称这个电路为“线性稳压器”，因为半导体器件(图3.3中为晶体管)处于其线性区。通过对输出电压的监控，我们可以线性调整半导体器件来得到任意的串联阻抗，通过分压实现需要的输出电压V_{out}。此时当负载电路变化，或者输入电压变化，都不会影响输出电压值。

3.2 线性电源的实现方式

我们把通过电阻分压来实现稳压的方式都称为线性电源。除了我们非常熟悉的三端稳压器，符合这种形式的线性电源电路有以下几种实现方式。

1. 稳压二极管并联调整电压实现线性电源

这种稳压器典型地用在负载小于200mW的局部电压调节中，串联电阻置于输入电压和稳压二极管之间，用来限制流向负载和二极管的电流，稳压二极管补偿负载电流的变化。稳压电压值会随着温度漂移，漂移特性在很多稳压二极管参数手册中会给出。它的负载调整能力对于大多数集成电路电源来说已经够用，但它的损耗比串联型的线性电源更大，这是因为它设置在最大负载电流状态，而负载往往没有这么大。稳压二极管稳压电源电路如图3.4所示。

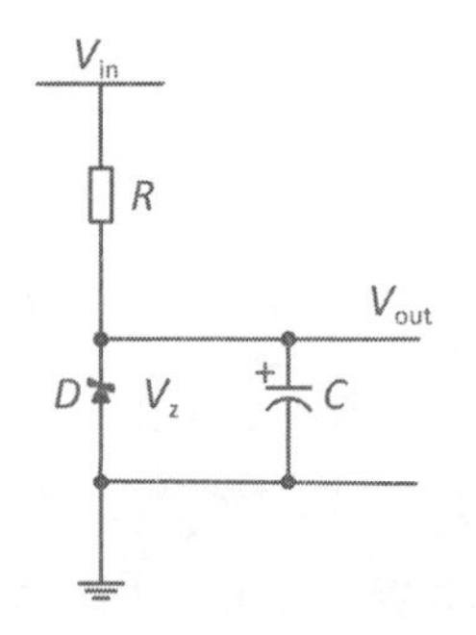

图3.4　稳压二极管稳压电源电路

图3.4中，D是一个稳压二极管(又叫齐纳二极管)，是一种硅材料制成的面接触型晶体二极管，简称稳压管。此二极管是一种直到临界反向击穿电压前都具有很高电阻值的半导体器件。稳压管在反向击穿时，在一定的电流范围内(或说在一定功率损耗范围内)，端电压几乎不变，表现出稳压

特性，因而广泛应用于稳压电源与限幅电路之中。稳压二极管是根据击穿电压来分挡的，因为这种特性，稳压管主要被作为稳压器或电压基准元件使用。

V_z是稳压管D的半导体特性，即稳定电压，指稳压管通过额定电流时两端产生的稳定电压值。该值随工作电流和温度的不同而略有改变。由于制造工艺的差别，同一型号稳压管的稳压值也不完全一致。例如，2CW51型稳压管的V_{zmin}为3.0V，V_{zmax}则为3.6V。

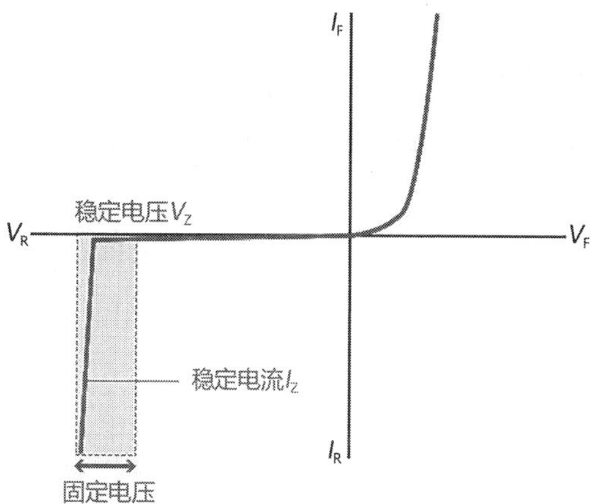

图3.5　齐纳二极管（稳压管）伏安特性曲线

如图3.5所示，需要给二极管施加一个反向的电压。电压需要比稳定电压大足够的值，例如$V_{in(min)} > V_z + 3V$。

电压输出值，即为稳定电压值，$V_{out} = V_z$。

串联的电阻上承受的功率为

$$P_{D(R)} = \frac{(V_{in(max)} - V_{out})^2}{R}$$

这个方案产生的电压值完全依赖稳压二极管的半导体特性，输出的电压完全依赖器件选型，非常不方便。另外，V_z的值是一个不稳定的数据，会随输入电压、负载电流、温度等参数的影响而变化。

如果稳压管的温度发生变化，它的稳定电压也会发生微小变化，温度变化1℃所引起的管子两端电压的相对变化量即是温度系数（单位：%/℃）。一般来说，稳压值低于6V属于齐纳击穿，温度系数是负的；稳压值高于6V属于雪崩击穿，温度系数是正的。温度升高时，耗尽层减小，耗尽层中原子的价电子上升到较高的能量，较小的电场强度就可以把价电子从原子中激发出来产生齐纳击穿，因此它的温度系数是负的。雪崩击穿发生在耗尽层较宽、电场强度较低时，温度增加使晶格原子振动幅度加大，阻碍了载流子的运动。这种情况下，只有增加反向电压，才能发生雪崩击穿，因此雪崩击穿的电压温度系数是正的。这就是稳压值为15V的稳压管的稳压值随温度增加而逐渐增大，而稳压值为5V的稳压管的稳压值随温度增加而逐渐减小的原因。例如，2CW58稳压管的温度系数是+0.07%/°C，即温度每升高1°C，其稳压值将升高0.07%。

2. 单晶体管串联电路实现线性电源

由于稳压二极管并联调整电压的电路有诸多问题，仅在对电压精度要求不高、负载电路也不能太大、对电路面积和成本极其苛刻的场景才会使用，所以一般会在一些场景使用稍微复杂一点的低成本稳压电路——单晶体管串联电路。

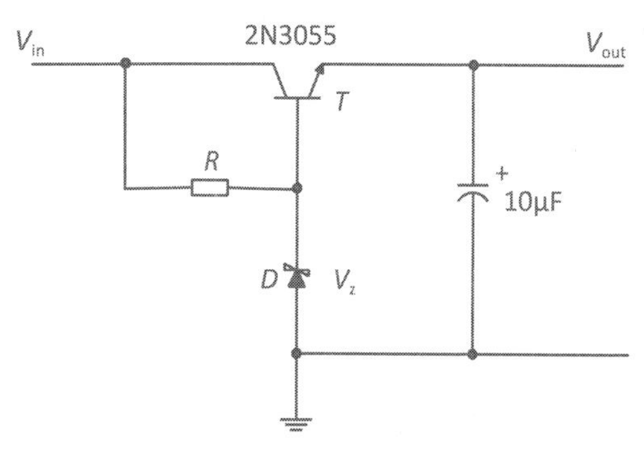

图3.6　单晶体管串联型线性电源

单晶体管串联型线性电源如图3.6所示。将一个晶体管加到基本二极管的稳压电路，可以利用双极型晶体管具有增益的优势。晶体管接成射极跟随器，可以在稳压二极管的电流比较小的情况下，向负载提供很大的电流。此时，晶体管基本上是作为一个误差放大器。当负载电流增加时，基极的电压提高，晶体管的导通程度也增加，从而使电压恢复到原来的值。因此，可以通过选择晶体管的容量来满足负载和调整电压损耗的要求。

在电路中，三极管T的基极被稳压二极管D稳定在13V，那么其发射极就输出恒定的13V − 0.7V = 12.3V电压。在一定范围内，无论输入电压升高还是降低，无论负载电阻大小如何变化，输出电压都保持不变。这个电路在有些场合下有应用，比如三端稳压器也是采用这样的原理来实现的。但是这个电路一样是依赖稳压二极管D的稳定电压V_z，所以仍然有一定的离散性和不稳定性。

3. 三端稳压器

第一种方式和第二种方式都采用开环控制，也就是说，都是没有反馈机制的，所以其能够产生的电压必然没有那么理想，也没有自我调整的机制和能力。

在电路设计中，经常选型的线性电源的形式是选择一个三端稳压器的芯片为核心设计一个线性电源的电路。三端稳压集成电路是一种只有三个管脚，并将线性电源的功能封装在一个集成电路中的电源设计方式。三端稳压器是指这种稳压用的集成电路可以实现线性电源，只有三个管脚。三端稳压器的三条引脚输出分别是输入端、接地端和输出端，通过三个管脚的芯片能够实现稳压器的功能。常见的三端稳压器有正电压输出的78××系列和负电压输出的79××系列。

用78/79系列三端稳压器来组成稳压电源所需的外围元件极少，电路内部还有过流、过热及调整管的保护电路，使用起来可靠、方便，而且价格便宜。因为三端固定集成稳压电路的使用方便，所以在电子制作中经常采用。三端稳压器7812的电路原理图如图3.7所示。三端固定正稳压器是一种能够输出正电压的集成稳压器，可以输出正压12V的稳定电压，它具有内部过热保护、输出端电流短路保护和输出半导体管保护等保护功能。三端稳压器的电路基本一致，都是一个输入、一个输出和一个GND。

三端稳压器的实物图如图3.8所示。

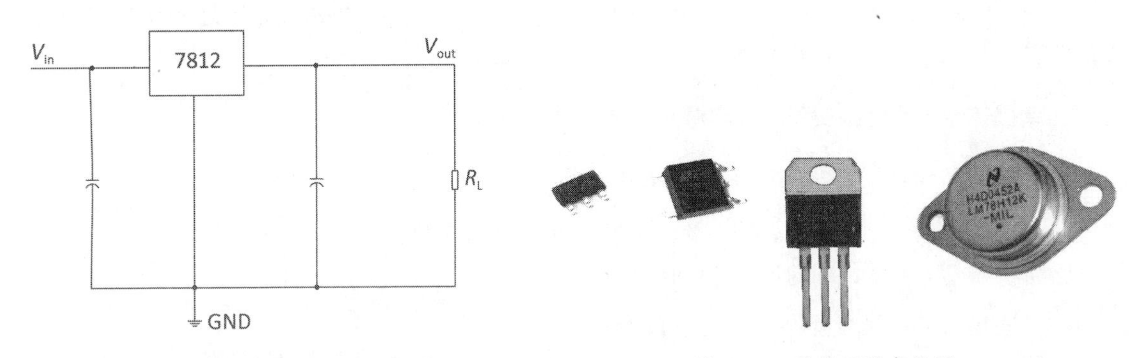

图3.7　三端稳压器7812电路原理图

图3.8　三端稳压器实物图

虽然三端集成稳压器的应用电路简单，外围元件很少，但若使用不当，同样会出现稳压器被击穿或稳压效果不良的现象，所以在使用中必须注意以下几个问题。

(1) 要防止产生自激振荡。三端集成稳压器内部电路放大级数多，开环增益高，工作于闭环深度负反馈状态，若不采取适当补偿移相措施，则在分布电容、电感的作用下，电路可能产生高频寄生振荡，从而影响稳压器的正常工作。

（2）要防止稳压器损坏。虽然三端稳压器内部电路有过流、过热及调整管安全工作区等保护功能，但在使用中应注意以下几个问题以防稳压器损坏。① 防止输入端对地短路；②防止输入端和输出端接反；③防止输入端滤波电路断路；④防止输出端与其他高电压电路连接；⑤稳压器接地端不得开路。

（3）当集成稳压器输出端加装防自激电容时，万一输入端发生短路，该电流的放电电流将使稳压器内的调整管损坏。为防止这种现象的发生，可在输出、输入端之间接一大电流二极管。

（4）在使用可调式稳压器时，为减小输出电压纹波，应在稳压器调整端与地之间接入多个10μF电容器。

（5）为了提高稳压性能，应注意电路的连接布局。一般稳压电路不要离滤波电路太远，输入线、输出线和地线应分开布设，采用较粗的导线且要焊牢。

（6）三端集成稳压器是一个功率器件，它的最大功耗取决于内部调整管的最大结温。因此，要保证集成稳压器能够在额定输出电流下正常工作，就必须为集成稳压器采取适当的散热措施。稳压器的散热能力越强，它所承受的功率也就越大。

（7）选用三端集成稳压器时，先要考虑的是输出电压是否要求可以调整。若不需调整输出电压，则可选用输出固定电压的稳压器；若要调整输出电压，则应选用可调式稳压器。稳压器的类型选定后，就要进行参数的选择，其中最重要的参数就是需要输出的最大电流值，这样大致便可确定出集成电路的型号。然后再审查一下所选稳压器的其他参数能否满足使用的要求。

4. 输出可调式线性稳压器

输出可调式线性稳压器使用在其线性区域内运行的晶体管或MOSFET，从应用的输入电压中减去超额的电压，产生经过调节的输出电压。其产品均采用小型封装，具有出色的性能，并且提供热过载保护、安全限流等增值特性，关断模式还能大幅降低功耗。

输出可调式线性稳压器与前面几种电路最大的区别，是输出电压可以配置。通过电阻分压得到输出电压的一个线性关系，与内部的参考电压进行比对，实现对“可变串联阻抗”进行控制。如图3.9所示，为一款2A的可调式线性稳压器的规格书典型电路，其输出电压V_{out}由R_1、R_2的比例关系进行配置。

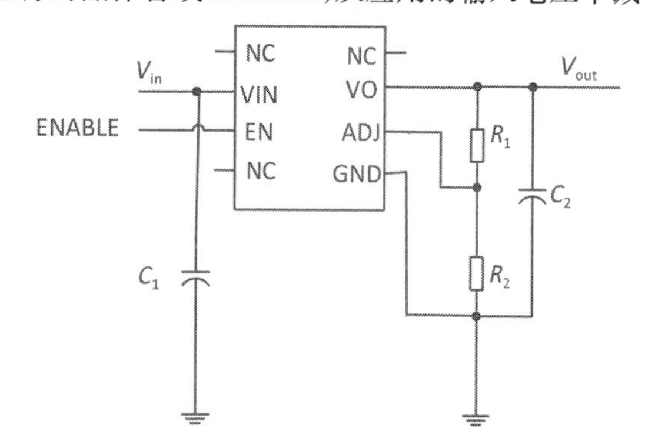

图3.9 输出可调式线性稳压器外围电路

如图3.10所示，输出可调式线性稳压器由内部参考电压、误差放大器、反馈电压分压器和功率管构成。导通元件通过误差放大器的控制，传递输出电流。误差放大器比较参考电压和输出反馈电压。

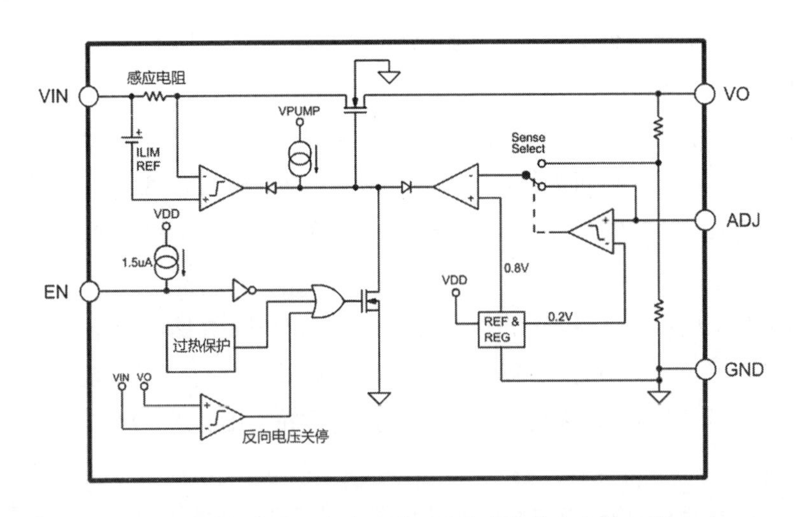

图 3.10　输出可调式线性稳压器集成电路内部原理图

如果反馈电压低于参考电压，误差放大器使更多电流流过功率晶体管，以提高输出电压。相反地，如果反馈电压高于参考电压，误差放大器使流过功率晶体管的电流变小，这样输出电压就下降了。

随着晶体管及MOSFET的快速发展，可变串阻的类型也出现很多形式。

（1）NPN晶体管。标准NPN稳压器的优点是具有约等于PNP晶体管基极电流的稳定接地电流，即使没有输出电容也相当稳定。这种稳压器比较适合电压差较高的设备使用，但较高的电压差使得这种稳压器不适合许多嵌入式设备使用。NPN旁路晶体管稳压器是一种不错的选择，因为它的电压差小，而且非常容易使用。不过这种稳压器仍不适合具有很低电压差要求的电池供电设备使用，因为它的电压差不够低。它的高增益NPN可使接地电流稳定在几毫安，而且它的公共发射极结构具有很低的输出阻抗。

早期的一些线性稳压器电路是利用NPN晶体管构成达灵顿结构，如图3.11所示。

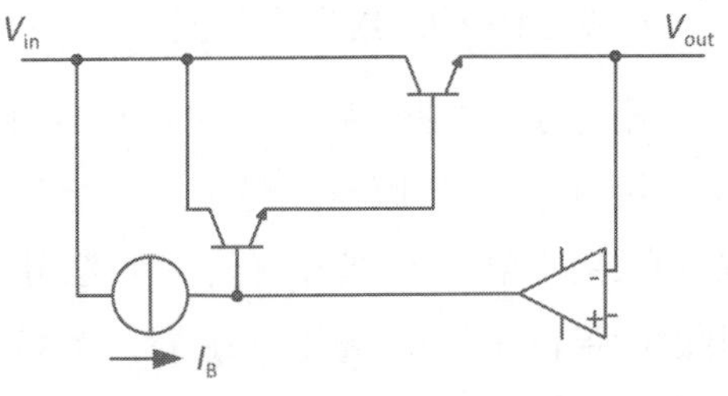

图 3.11　达灵顿结构NPN晶体管的线性稳压电路

（2）PNP晶体管。PNP旁路晶体管是一种低电压差稳压器，其中的旁路元件就是PNP晶体管。它的输入输出电压差一般为0.3～0.7V。因为电压差低，所以这种PNP旁路晶体管稳压器非常适合电池供电的嵌入式设备使用。不过它的大接地电流会缩短电池的寿命。另外，PNP晶体管增益较低，会形成数毫安的不稳定接地电流。由于采用公共发射极结构，因此它的输出阻抗比较高，这意味着需要外接特定范围容量和等效串联电阻（Equivalent Series Resistance，ESR）的电容才能够稳定工作。

PNP器件作为导通晶体管的稳压电路如图3.12所示。

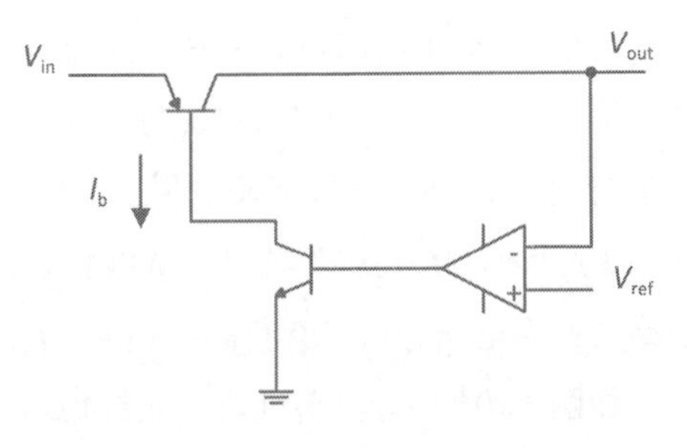

图 3.12　PNP晶体管的线性稳压电路

(3)N型MOSFET。N型MOSFET稳压器非常适合那些要求低电压差、低接地电流和高负载电流的设备使用,如图3.13所示。功率管采用的是N型MOSFET,因此这种稳压器的电压差和接地电流都很低。虽然它也需要外接电容才能稳定工作,但电容值不用很大,ESR也不重要。N型MOSFET稳压器需要充电泵来建立栅极偏置电压,因此电路相对复杂一些。相同负载电流下,N型MOSFET的尺寸最多可比P型MOSFET的尺寸小50%。

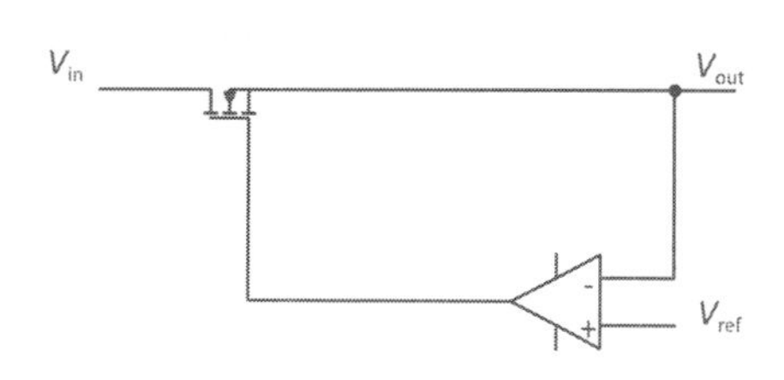

图3.13 N型MOSFET实现的线性稳压电路

(4)P型MOSFET。由于P型MOSFET稳压器具有较低的电压差和接地电流,因此被广泛用于许多电池供电的设备,如图3.14所示。该类型稳压器将P型MOSFET用作它的旁路元件。这种稳压器的一个特性是电压差可以很低,因为很容易通过调整MOSFET尺寸将漏-源阻抗调整到较低值。另一个特性是低的接地电流,因为P型MOSFET的栅极电流很低。然而,由于P型MOSFET具有相对大的栅极电容,因此它需要外接具有特定范围容量与ESR的电容才能稳定工作。P型MOSFET线性稳压器提供极低的电压差和极小的静态电流。P型MOSFET导通元件不需要使用内部电荷泵。

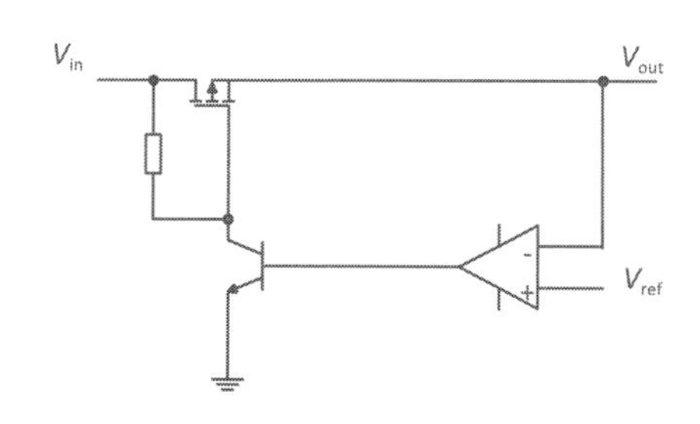

图3.14 P型MOSFET实现的线性稳压电路

3.3 线性电源输出电容与输入电容

在各种线性电源的电路中,可以观察到输入端和输出端都放置了电容。输出电容的容值大小和耐压等参数都需要按照设计要求进行选型。

1. 线性电源的输出电容

线性稳压器必须接入一个输出电容以保持其稳定性。如果将线性稳压器描述为一个简单的控制系统,那么输出电容就是该控制系统的一部分。像所有的控制系统一样,线性稳压器也有一些不稳定的区域。这些区域的稳定性很大程度上取决于该系统的两个参数:输出电容的电容值及其等效串联电阻(ESR)。

对输出电容的要求,会在每个线性稳压器的数据手册中注明。例如,规格书中会有一个典型的电路,也可以要求输出电容的最小值为22μF,并且电容的误差小于30%(需要考虑电容的压偏及温偏)。

也有一些较旧的线性稳压器为了保持稳定性,要求输出电容有一定的ESR,但不能太大也不能太小。这种对ESR要求不能太大也不能太小的线性稳压器的输出电容在使用陶瓷电容时,建议额外连接一个串联电阻到电容器上。如果特定的要求无法被满足,稳压器可能不稳定并导致输出电压振荡。

输出电容还会影响调节器对负载电流变化的响应。控制环路的大信号带宽有限,因此输出电容必须提供瞬变所需的大多数负载电流。当负载电流以500mA/μs的速率从1mA变为200mA时,1μF电容无法提供足够的电流,因而产生大约100mV以上的输出电压跳变,如图3.15所示瞬态响应 C_{out} = 1μF。

当电容增加到10μF时,负载瞬态会降至约70mV,如图3.16所示,瞬态响应 C_{out}= 10μF。

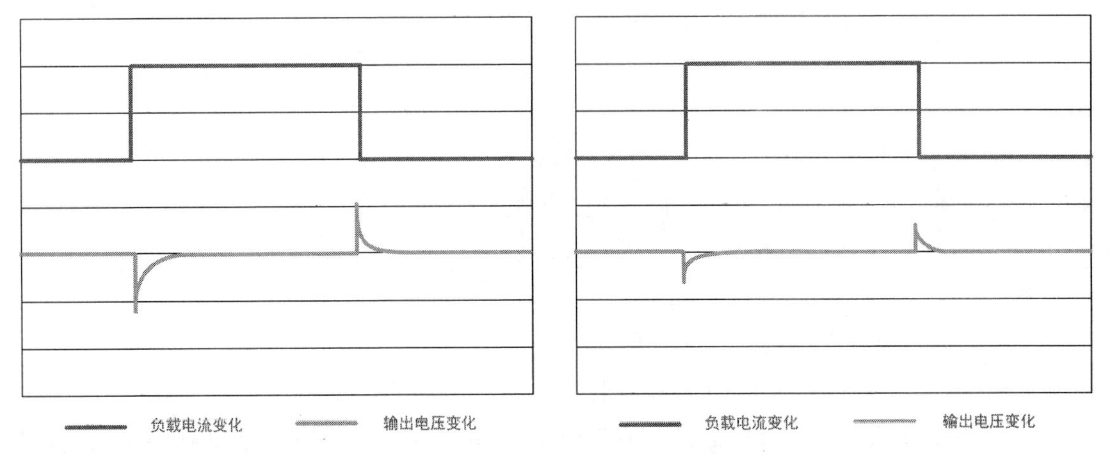

图3.15 负载变化导致的输出电压跳变(C_{out} = 1μF)　图3.16 负载变化导致的输出电压跳变(C_{out} = 10μF)

2. 线性电源输入电容

线性电源的输入电容一般有以下两个作用。

(1)保障供电电压的稳定,当供电端的电压跳变的时候,仍然能够保障为线性电源供电的电压是相对稳定的,这样能够减少线性电源因为输入电压不稳定而带来的反复调整。

(2)线性电源的负载变化会导致输入电流的变化,减小线性电源本身的变化会影响使用同一个输入端的电源的其他电路。

这个电容的容值一般没有计算公式,是由厂家根据实测情况推荐一个参数。输入电容需要靠近线性电源的输入管脚放置 。

3.4 线性电源的关键参数

线性电源不论是三端稳压源还是可调型稳压源,都需要关注关键参数,以保证设计的正确性。

1. 调整电压

调整电压即输出和输入的电压差,指工作时输入电压到输出电压的压降。它会影响后续的设计,所以必须首先考虑这个调整电压,以确定次线性电源能否满足系统的要求。

(1)最大值:若这个电压太大,将会导致损耗太大。线性电源95%以上的功率损耗是在这个电压降上。损耗公式为:

$$P_{HR} = (V_{in(max)} - V_{out})I_{load(rated)}$$

线性稳压器的电压差可以理解为，维持功率调整管处在线性放大区，若器件能正常工作，则输入与输出之间的电压降必须满足：

$$V_{in} - V_{out} > V_{dropout}$$

(2)最小值：低于最小调整电压，线性电源就超过了调整范围。它与调整管取得驱动电流和电压方式有关。

为什么调整电压最小值不是0？这是由NPN双极型功率调整晶体管实现线性电源的内部电路原理决定的，如图3.17所示。

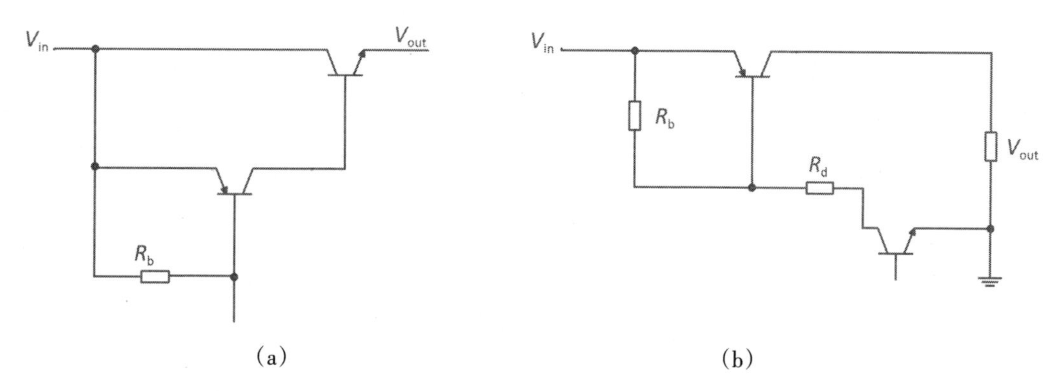

图3.17　NPN双极型功率调整晶体管实现线性电源的内部图

使用NPN双极型功率调整晶体管[如图3.17(a)所示]，所需要的基极和射极的电压差，是从它自身的集射极电压获得的。对于NPN调整管而言，这就是实际的最小调整电压。这个决定了调整电压不能低于NPN调整管的基射极电压(0.7V)加上基极驱动器件(晶体管和电阻)压降，这个电压至少大于1.4V。

如果输入电压与输出电压的压差小于2.5V，建议使用低电压差调整电源(LDO)。这种电路采用PNP调整晶体管，从输出电压取得基射极电压，而不是从调整电压或输入电压取得基射极电压[如图3.17(b)所示]，这使得调整管最小有0.7V电压差。

2. 线性调整率(Line Regulation)

线性调整率是指满载时，输出电压随输入电压的线性变化的波动。也就是说，输入电压在额定范围内变化(输入电压在变化)，但是仍然满足设计要求，此时输出电压受到输入电压变化的影响而产生的变化，用以下公式表达对应的变化率：

$$\text{Line Regulation}(+) = \frac{V_{out(max)} - V_{nor}}{V_{nor}}$$

$$\text{Line Regulation}(-) = \frac{V_{nor} - V_{out(min)}}{V_{nor}}$$

$$\text{Line Regulation} = \frac{V_{out(max)} - V_{out(min)}}{V_{nor}}$$

式中：V_{nor}——输入电压为常态值、输出为满载时的输出电压；

$V_{out(max)}$——输入电压变化时的最高输出电压（输入电压最大时的输出电压）；

$V_{out(min)}$——输入电压变化时的最低输出电压（输入电压最小时的输出电压）。

V_{nor}可用输出电压标称值。

检验方法：输出全满载，在输入电压全范围内测量输出电压，观察示波器及万用表，记下输入电压全范围变化时的输出电压最大值和最小值，利用上述公式求得线性调整率。

线性调整率越小，输入电压对输出电压的影响越小，线性稳压器的性能越优越，即输入电压的波动对输出电压的影响要足够小。

3. 负载调节率 (Load Regulation)

负载调节率又称负载效应，是指输出电压随负载变化的波动，条件是输入为额定电压。电源负载的变化会引起电源输出的变化，负载增加则输出电压降低，负载减少则输出电压升高。好的电源负载变化引起的输出变化会减到最低，通常指标为3%～5%。

$$\text{Load Regulation(max)} = \frac{|V_{ml} - V_{hl}|}{V_{hl}} \times 100\%$$

$$\text{Load Regulation(min)} = \frac{|V_{hl} - V_{fl}|}{V_{hl}} \times 100\%$$

$$\text{Load Regulation(50\%)} = \frac{|V_{ml} - V_{fl}|}{V_{hl}} \times 100\%$$

式中：V_{ml}——最小负载时的输出电压；

V_{fl}——满载时的输出电压；

V_{hl}——半载时的输出电压。

说明：如只是简单计算Load Regulation，V_{hl}可用V_{rated}（即标称电压）来代替。

检验方法：输入为额定电压，分别在负载为空载、全满载两种输出的情况下，负载进行反复切换。观察示波器及万用表，测量输出电压幅值和波形，记下切换过程中的输出电压的最大值和最小值，利用上述公式求得负载调整率。

4. PSRR 电源纹波抑制比

低压差线性稳压器的输入源往往存在许多干扰信号。PSRR（Power Supply Rejection Ratio，电源纹波抑制比）反映了低压差线性稳压器对于这些干扰信号的抑制能力。PSRR越大，表明输出电压越不受输入电压波动的影响。

PSRR可以衡量一个电路的电源抑制能力，表示为输出噪声与输入噪声的对数之比，定义如图3.18所示。PSRR也反映了电路对纹波或噪声的抑制能力，这个纹波有可能是50Hz的交流干扰，也可能是DC/DC转换器的开关噪声。

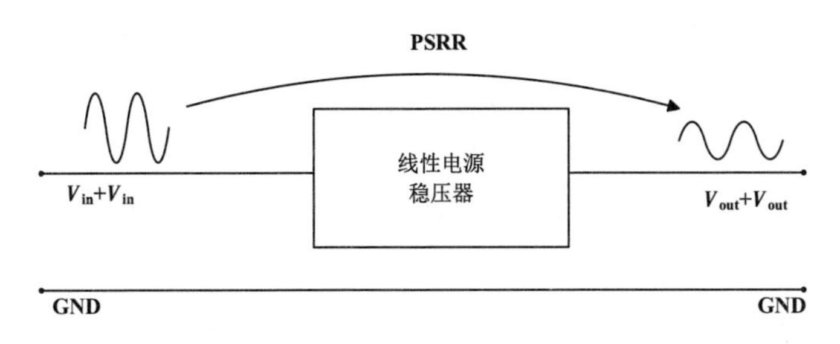

图 3.18　PSRR 测试原理图

LDO 及运算放大器产品比较关注 PSRR 的指标。

PSRR 的计算公式是

$$\mathrm{PSRR}=20\log\frac{\mathrm{Ripple}_{\mathrm{input}}}{\mathrm{Ripple}_{\mathrm{output}}}$$

式中：$\mathrm{Ripple}_{\mathrm{input}}$——输入电压中纹波峰峰值；

$\mathrm{Ripple}_{\mathrm{output}}$——输出电压中纹波峰峰值。

举例：如果一个电路输入叠加的电压纹波峰峰值是 500mV，输出电压纹波峰峰值是 0.1mV，那么它对应的 PSRR 为

$$\mathrm{PSRR}=20\lg\frac{500}{0.1}=73.68(\mathrm{dB})$$

5. 静态电流

静态电流表示当负载无穷大的时候，其自身产生的电流。这个静态电流产生的功耗就是电路的静态功耗。静态功耗越大，电源效率越低。

6. 静态电流变化量

当负载变化之后，线性电源的静态电流会随之而变。负载发生变化时，静态电流变化量的多少，我们就称之为静态电流的变化量，表示的是静态电流的变化范围。

7. 输出噪声电压

这个参数表示的是线性电源在没有外部干扰，以及输入电源也非常稳定的情况下，其自身电路特性造成的噪声电压。这个噪声电压值越大，会导致输出的特性越差。线性电源这个参数一般都比较小，通常为 μV 级别，相对来讲，所用电芯片的要求非常小，设计时往往可以忽略不计。

3.5 低压差线性稳压器(LDO)

1. 什么是LDO

LDO 是 Low Dropout Regulator，意为低压差线性稳压器，是相对于传统的线性稳压器来说的，是可调式线性稳压器的一种，特指在低压差的场景下可以工作的线性稳压器。

“低压差”：可以支持输出电压与输入电压的压差比较小，例如，输入3.3V，输出可以达到3.2V。

“线性”：LDO内部的MOSFET管工作于线性区。

“稳压器”：说明了LDO的用途是给电源稳压。

传统的线性稳压器，如78××系列的芯片都要求输入电压要比输出电压高出2V以上，否则就不能正常工作。但是在一些情况下，这样的条件显然是太苛刻了，如5V转3.3V，输入与输出的电压差只有1.7V，显然是不满足条件的。针对这种情况，才有了LDO类的电源转换芯片。

由于一般的LDO封装都比DC/DC小得多，并且成本也低得多，因此在很多场所中，我们会使用到LDO来转换所需要的电压，当然在选择使用LDO的前提下，是需要满足对噪声的反应和耗电等基本要求的。

2. LDO 是线性电源的一种

上一节我们讲过线性电源的参数“调整电压”。调整电压，即输出与输入的电压差，工作时输入电压到输出电压的压降。必须首先考虑这个调整电压，以确定此线性电源能否满足系统的要求。

有时我们会发现，有的线性电源的这个参数的最小值“并不小”，但是LDO的这个参数非常小。如果要求输入电压与输出电压的电压差小于2.5V，建议使用低压差调整电源（LDO）。

3. LDO为什么能实现低压差

LDO的性能之所以能够达到低压差这个水平，主要原因在于其中的调整管是用P沟道MOSFET，而普通的线性稳压器是使用PNP晶体管。P沟道MOSFET是电压驱动的，不需要电流，所以大大降低了器件本身消耗的电流。另外，采用PNP晶体管的电路中，为了防止PNP晶体管进入饱和状态而降低输出能力，输入和输出之间的压降不可以太低；而P沟道MOSFET上的压降大致等于输出电流与导通电阻的乘积。由于MOSFET的导通电阻可以很小，因此它上面的压降非常低。

LDO需要选用MOSFET，能支持非常低的压降、低静态电流、改善的噪声性能和低电源抑制。

在LDO数据表中，只规定了最大输出电流条件下的压降。在其他的工作条件下，压降可以通过计算求出。

4. LDO的优点

（1）低压降LDO的成本低、噪声低、静态电流小，这些是它的突出优点。

（2）LDO需要的外接元件也很少。

（3）LDO的静态电流小、噪声电压小、电压调整值低、电源纹波抑制比高等。LDO线性稳压器可达到以下指标：输出噪声为30μV，PSRR为60dB，静态电流为6μA（有的芯片可以达到0.5μA），压降只有100mV（有芯片厂家推出0.1mV的LDO）。

第二部分

开关电源的拓扑结构

第4章

各类电源拓扑的基本原理

本章我们将探讨电源领域中各类电源拓扑的基本原理，深入了解电源系统中三个关键的基本拓扑结构。我们将揭示这些拓扑之间的关系，以及它们在不同应用场景下的特性对比。

本章的目的是帮助读者理解电源拓扑的核心原理，并在面对不同设计挑战时，能够明智地选择最合适的拓扑结构。我们将系统性地分析各种拓扑的优势和劣势，使读者能够根据具体需求权衡取舍，为其电源设计提供最佳解决方案。让我们一起了解电源拓扑的基本结构和拓扑之间的关系，为电源设计打下坚实基础。

4.1 开关电源的三个基本拓扑

我们可以把一个电源电路抽象成一个黑盒电路模型，它包含一个电源输入、一个电源输出和一个接地端口。对于非隔离电源，输入输出电路是共“地”的，所以非隔离电源可以简化为如图4.1所示的模型。

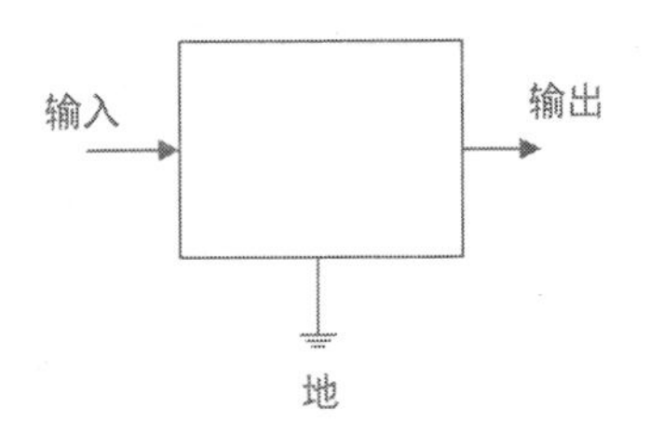

图4.1　非隔离电源简化模型

在所有的拓扑中，我们通过排列组合排除掉一些没有意义的结构，可以发现可用的电源拓扑有以下特点：电感的一端需要连接到三个可用直流端之一，电感的另一端通过开关与直流端的另外一端相连接。开关和电感的连接点，通过一个续流二极管与最后剩下的一个直流端的端点连接。

图4.2　开关电源基本拓扑的三个元器件

电源的基本拓扑里面会有三个元器件：电感、开关管(MOSFET)、二极管，如图4.2所示。如此，电源拓扑结构可以形成图4.3所示的三个基本拓扑：Buck、Boost和Buck-Boost。

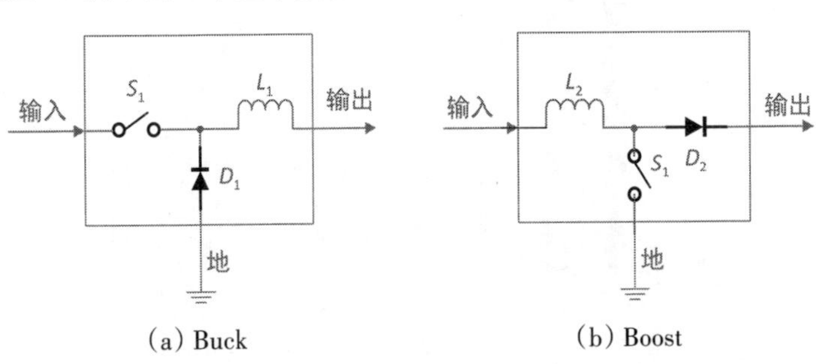

(a) Buck　　(b) Boost

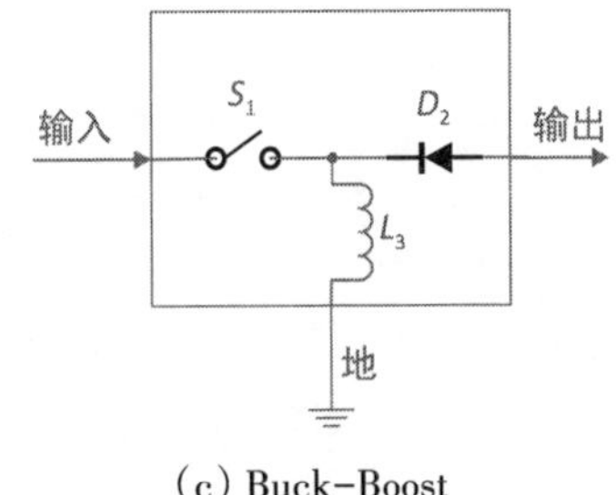

(c) Buck-Boost

图4.3　开关电源的三个基本拓扑

如果电感连接到地，就构成了升降压变换器。如果电感连接到输入端，就构成了升压变换器。如果电感连接到输出端，就构成了降压变换器。

1. 无用拓扑类型1

“输入-”和“输出-”其实是同一个网络，是等电位的，都是GND。当器件接在“输入-”和“输出-”之间的时候，就相当于被短路了。比如二极管、开关串联在输入GND和输出GND的连接通路上。这种情况是不实用的，可以直接排除了。

由于“输出-”和“输入-”是短路在一起的，所以两个GND之间接一个元器件是不起作用的，相当于元器件被导线并联了，如图4.4所示是一种二极管被短路的情况。在此就不一一列举了。

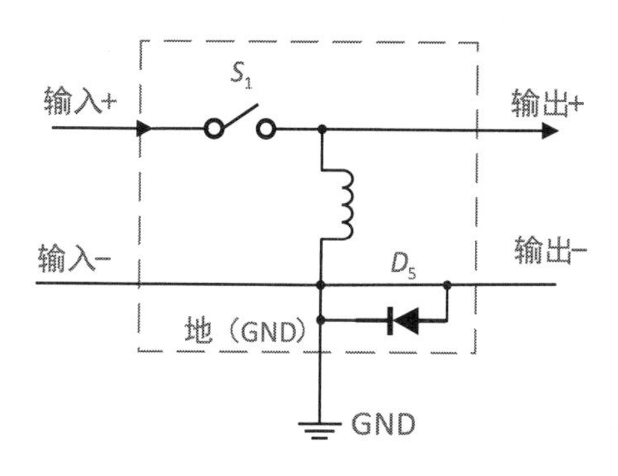

图4.4　无用拓扑类型1

2. 无用拓扑类型2

因为电感、导通的开关管的直流特性就是短路，二极管也是一个有正向导通压降的器件，其直流特性等效于短路，所以开关管、二极管、电感连接在输入或输出的正负极之间，只会产生短路。例如，我们把二极管接到“输出+”与GND之间，如图4.5所示。我们知道二极管的正向导通电压大约为0.7V，此时输出电压被钳位在0.7V，不会按照需求进行电压的输出。当我们把电感接在“输出+”与GND之间时，对于直流来说就是短路到GND，也不能按照需求进行电压的输出。

我们熟悉的电路一般是正电压进行降压、升压操作，或者正电压产生一个负电压。负电压降压、升压和反极性的拓扑也是有的，但是这个拓扑本质与正压拓扑本质是一样的。

有些场景“输入-”和“输出-”是不能短路的，需要断路，以保障用电安全。这种场景可以用变压器来实现电源“输入-”与“输出-”的断路，并且是两个不同的GND。所以，有些隔离电源拓扑就是通过基本拓扑增加变压器变化得到的，例如反激隔离电源。如图4.6所示，输入GND与输出GND用两个图标表示，在物理上两个GND是隔绝的，不是通过导体连接在一起的，与上面描述基本拓扑时所述输入GND与输出GND短路在一起是不一样的。

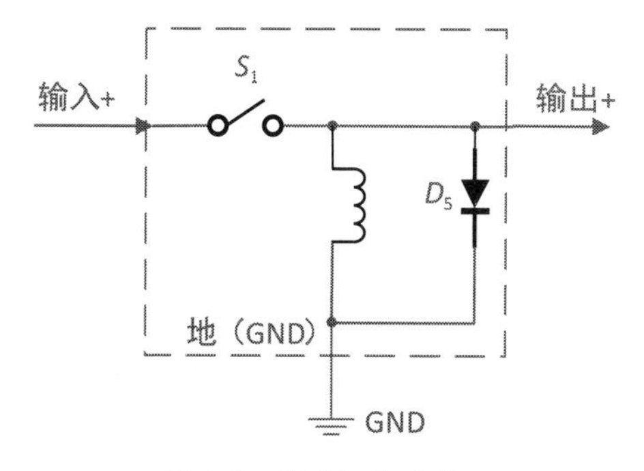

图4.5　无用拓扑类型2

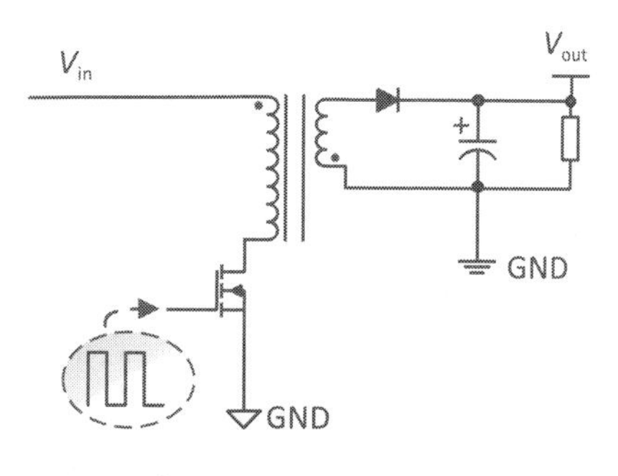

图4.6　反激隔离电源电路

其他更复杂的拓扑(如Buck+Boost拓扑、SEPIC拓扑等)都是从基本拓扑进行组合或演进得来的。

Buck+Boost拓扑:该电路将Buck电路的输入端和Boost电路的输出端进行组合,并在中间用一个共用电感结合起来。Buck电路可以进行降压,而Boost电路可以进行升压,串联之后可以根据需求调整升降压的幅度,实现升降压,如图4.7所示。本质是用一个降压“加上”一个升压,来实现升降压。

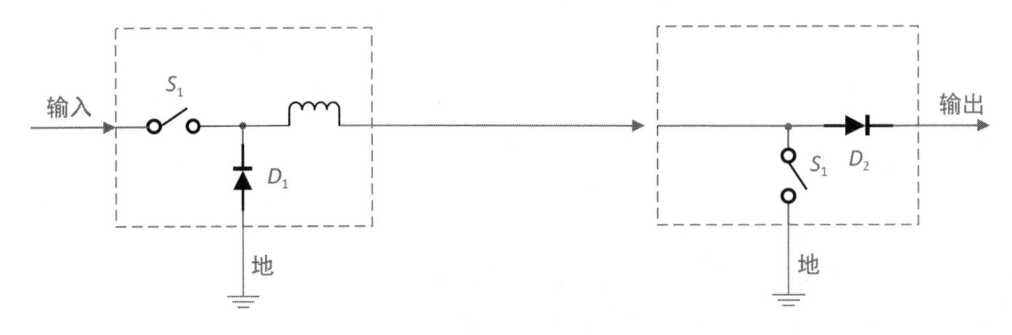

图4.7 两开关Buck+Boost拓扑

4.2 开关电源的各种拓扑结构之间的关系

根据4.1节的分析和介绍,通过三个基本组件得到三个基本拓扑结构:第一个是Buck,第二个是Boost,第三个是Buck-Boost(有的文档也称为反极性Boost),如图4.8所示。

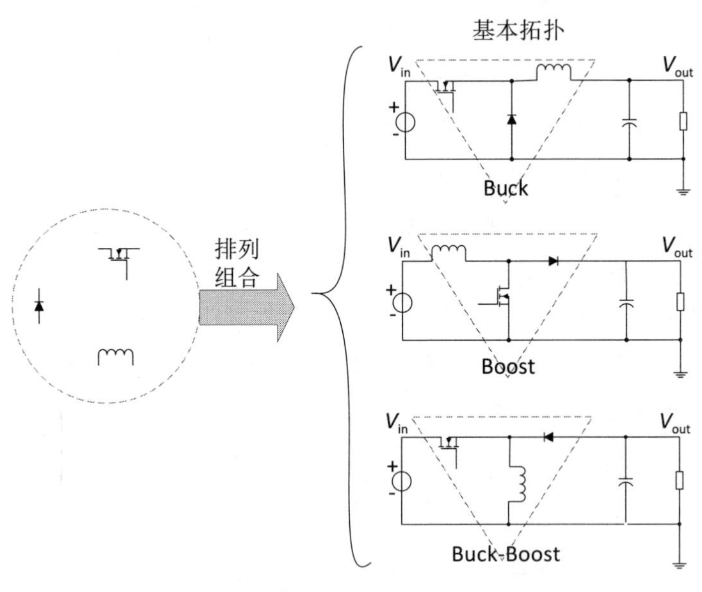

图4.8 从三个基本组件到三种基本拓扑

通过基本拓扑直接组合,又可形成三个有实用价值的新拓扑结构:Cuk、SEPIC、Zeta。Cuk的本质是Boost变换器和Buck变换器串联,SEPIC的本质是Boost和Buck-Boost串联,Zeta可以看成Buck和Buck-Boost串联。但是在演进的过程中有些细节按照电流的方向进行了调整,比如调整了二极管的方向,在两个基础拓扑之间通过电容耦合开关信号。两个串联的拓扑进行组合,有些节省了复用的器件。通过这样串联、耦合和演进,产生了新的三开关的电源拓扑,如图4.9所示。

同时,如果我们把一个同步Buck拓扑(两个开关管)与一个同步Boost(两个开关管)串联,可以形成四开关Buck-Boost拓扑,如图4.10所示。

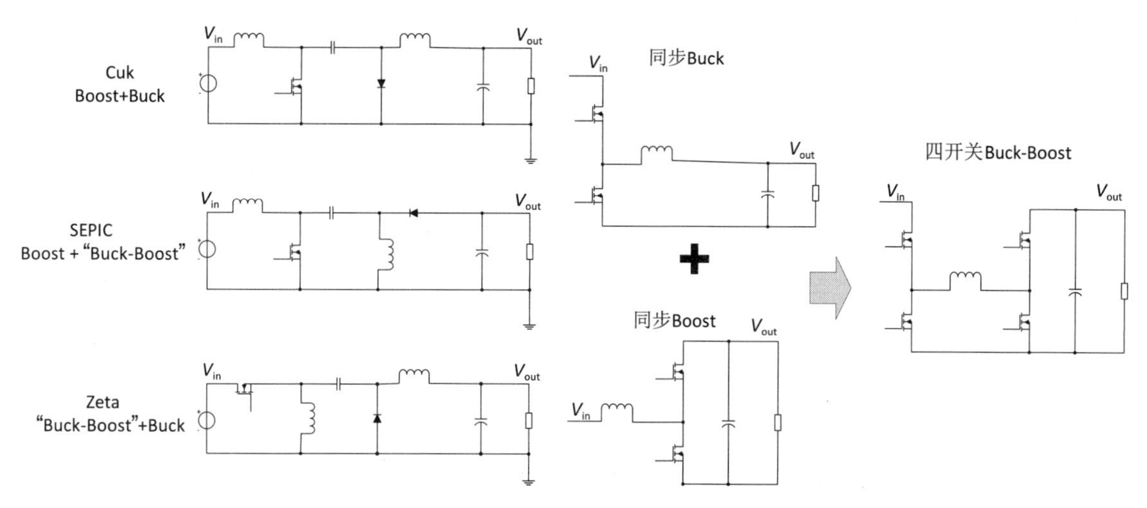

图4.9 基础拓扑演进出Cuk、Sepic、Zeta拓扑

图4.10 基础拓扑演进出四开关Buck-Boost拓扑

利用变压器代替电感，可以把Boost演进为一个新拓扑FlyBack，即反激变换器（从反激的公式来看又很像Buck-Boost，这里变压器不同于电感，也有些说法认为反激是Buck-Boost变过来的）。

我们可以把Buck电路的开关通过一个变压器进行能量传递，就形成Forword，也就是正激变换器，如图4.11所示。反激式开关电源在控制开关接通期间不向负载提供功率输出，仅在控制开关关断期间才把存储能量转化成反向电动势向负载提供输出。而正激式开关电源是在控制开关接通期间向负载提供功率输出，在控制开关关断期间存储能量向负载提供输出。正激是开关管导通时，传输能量；反激是开关管关断时，传输能量。

将两个正激变换器进行并联，可以形成推挽拓扑，如图4.12所示。

根据我们上述的分析，所有的拓扑都可以通过基本拓扑进行组合、演进而来。全景图如图4.13所示。

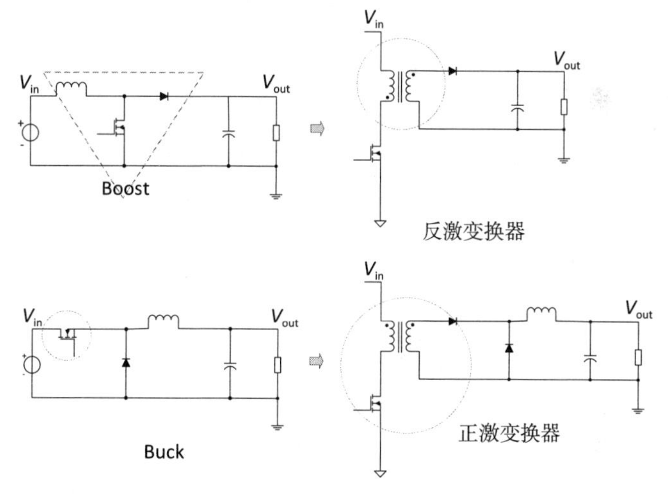

图4.11 反激、正激拓扑的演进

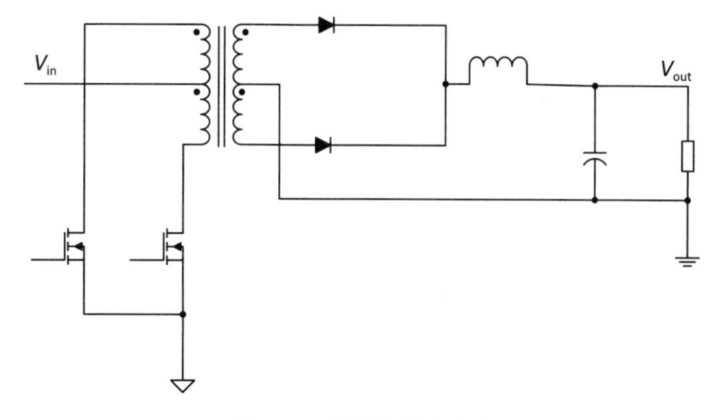

图4.12 推挽拓扑的演进

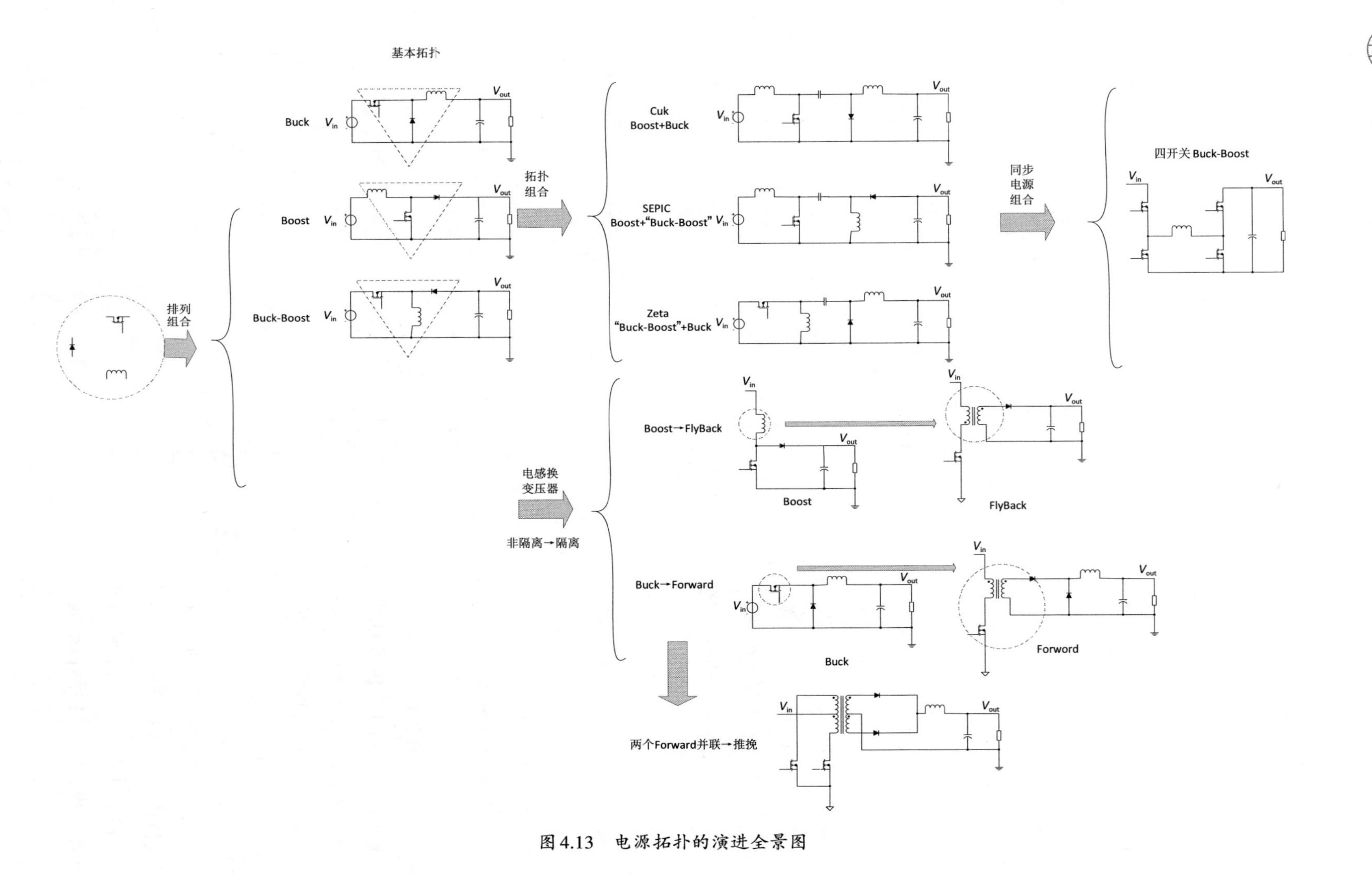

图 4.13 电源拓扑的演进全景图

4.3 开关电源的各种拓扑的特性对比及选择

虽然我们有很多开关电源的拓扑可以进行选择，但是每个拓扑的特性有比较大的差异。有的电源拓扑只可以降压，有的电源拓扑只可以升压，有的可以实现升压和降压但是输出的是反向电压。由于外围器件的数量不同，所以电源电路的整体成本也有很大的差异。我们将6个常见的非隔离电源的基本拓扑进行了整理，如表4.1所示。

表4.1　常见非隔离电源的基本拓扑对比

拓扑	升降压	输出电压与输入电压比值	电路中电感数量	开关管电压	二极管电压	成本
Buck	降压	D	1	V_{in}	V_{in}	低
Boost	升压	$1/(1-D)$	1	V_{out}	V_{out}	低
Buck-Boost	负压升降压	$-D/(1-D)$	1	$V_{in}+\|V_{out}\|$	$V_{in}+\|V_{out}\|$	低
Cuk	负压升降压	$-D/(1-D)$	2	$V_{in}+\|V_{out}\|$	$V_{in}+\|V_{out}\|$	高
SEPIC	正压升降压	$D/(1-D)$	2	$V_{in}+V_{out}$	$V_{in}+V_{out}$	高
Zeta	正压升降压	$D/(1-D)$	2	$V_{in}+V_{out}$	$V_{in}+V_{out}$	高

当拿到电源设计需求时，我们需要根据需求选择合适的拓扑。

拓扑需要考虑的问题主要包括：升压还是降压，占空比是多少，是否需要隔离，是否多路输出，EMI有什么要求，成本是多少等。

当我们对每种拓扑电路的基本工作原理和特性深入理解之后，就可以做出正确的选择。后续的章节我们将对各个电源拓扑的实战设计过程进行详解。

第5章

Buck电路的原理与设计

在电路板上的电源，主要是为了满足降压的需求，所以在设计时电路板上选择Buck电路的特别多。

对于三个基础拓扑——Buck、Boost、Buck-Boost，其中Buck是工程师最熟悉的拓扑结构，也是平时设计时最常用的电源拓扑结构。

5.1 Buck电路的工作过程

Buck电路作为开关电源的一种，其工作过程的分析一定是围绕这个开关管的开关过程进行，包括从“开”状态转换到“关”状态的切换过程的分析。

1. Buck电路原理图

Buck电路，又称降压电路，其基本特征是DC/DC转换电路，输出电压低于输入电压，输入电流为脉动的，输出电流为连续的。如图5.1所示，Buck电路使用开关管Q_1将输入的直流电源进行“斩波”，形成方波。利用一个方波控制开关管，让开关管Q_1按照控制信号的控制进行通断。调节方波的占空比，可以控制通过的能量。对通过开关管的方波进行低通滤波，让直流电压输出。其实Buck的输出电流分成两部分，一部分来自电源，一部分来自非同步电路中的二极管，如图5.1所示的D_1。图5.1为非同步Buck开关电源，图5.2为同步Buck开关电源。图5.1中的二极管D_1在图5.2中被Q_2替代，这个Q_2的开和关需要与Q_1的开和关保持一定的相位关系，大家习惯把这样的关系叫作同步模式，所以把图5.2这种有两个MOSFET的开关电源称作同步开关电源。

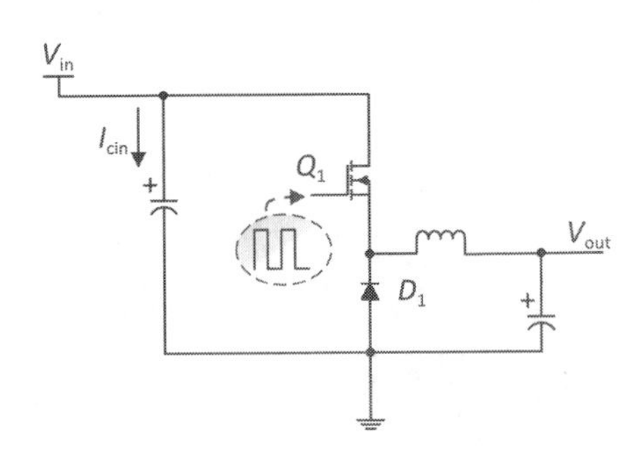

图5.1　非同步Buck变换器基本电路

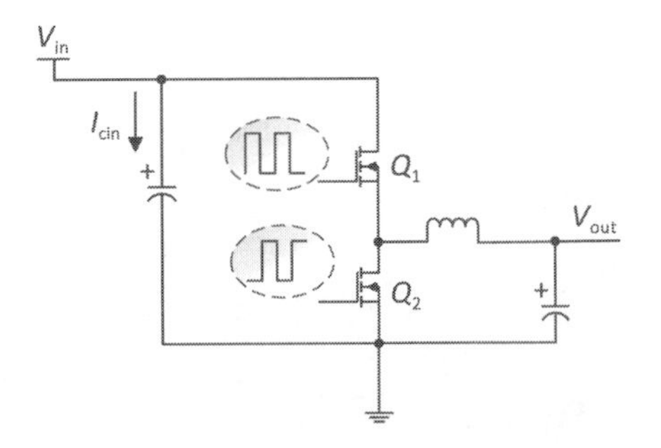

图5.2　同步Buck变换器基本电路

在同步Buck电路中，有两个MOSFET作为开关管，分别处于拓扑结构的上端和下端，所以我们一般把Q_1位置的MOSFET称为“上管”，把Q_2位置的MOSFET称为“下管”。

在实际设计过程中，图5.1所示的电路越来越少被使用。因为这种非同步Buck电路作为开关管的MOSFET只有一个，就是Q_1。Buck控制器芯片需要控制Q_1的时序，但是不需要控制二极管。在非同步Buck电路中，二极管是不需要控制的，也不存在开关管同步的问题。

从外部来看，非同步Buck电流有续流的二极管，同步Buck电路没有续流的二极管，取而代之的是一个开关管。

非同步Buck电路，二极管续流（二极管与电感形成一个通路，二极管为电感保持电流持续，电流从二极管通过）期间，二极管两端的电压相对恒定，表现为二极管的“正向导通压降”V_F。这个特性导致非同步压降电路在二极管上消耗的能量比较大，所以非同步Buck的效率比较低。因为其电路特点，不需要复杂的控制，控制器成本也比较低。

同步Buck电路，采用MOSFET，下管续流（上管关闭，下管打开，下管为电感保持电流持续，电流从下管通过）期间，MOSFET完全导通，其特性表现为D极和S极之间的导通等效阻抗$R_{DS(on)}$。由于下管的导通阻抗$R_{DS(on)}$比较小，根据欧姆定律，其两端的电压为电阻和电流的乘积，电压值也比较小。对于非同步开关电源来说，二极管的两端电压为二极管正向导通电压，大约为0.7V，功耗为电流与电压的乘积。在相同输出电流的情况下，同步Buck电路在下管上的损耗会比非同步Buck电路在二极管上的损耗小很多。虽然同步Buck电路的效率比较高，但需要额外的控制电路，所以成本也相对高一些。但是随着芯片的技术发展，同步Buck电路的优势越来越大，所以一般都选择同步Buck，规模效应带来的成本优势也逐步明显。

2. Buck电路工作原理

1）非同步Buck电路基本工作原理分析

当开关管Q_1驱动为高电平时，开关管导通，储能电感L_1被充磁，流经电感的电流线性增加，同时给电容C_1充电，给负载提供能量。非同步Buck电路的开关管导通等效为短路，二极管反向截止等效于断路，这个状态的等效电路如图5.3所示。

当开关管Q_1驱动为低电平时，开关管关断，储能电感L_1通过续流二极管放电，电感电流线性减少，输出电压靠输出滤波电容C_1放电及减小的电感电流维持，等效电路如图5.4所示。

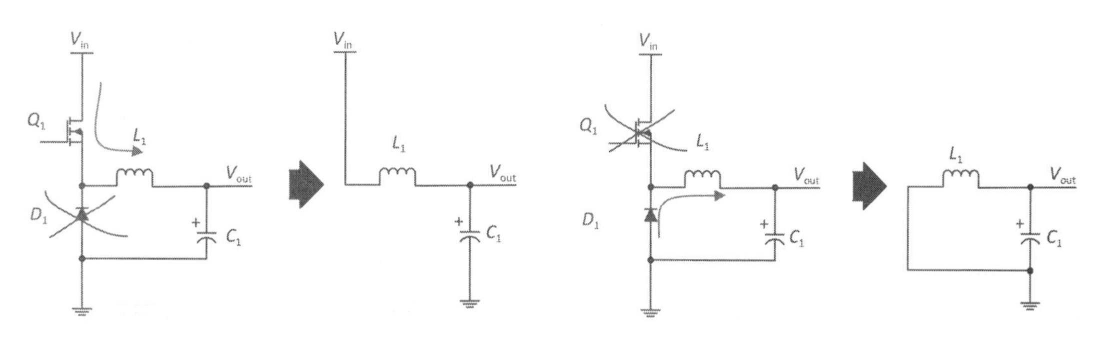

图5.3 开关管导通状态下的等效电路

图5.4 开关管关断状态下的等效电路

2)同步Buck电路基本工作原理分析

当上管导通，即开关管Q_1驱动为高电平时，此时下管关断，即开关管Q_2驱动为低电平，储能电感L_1被充磁，流经电感的电流线性增加，同时给电容C_1充电，给负载提供能量。同步Buck电路的上管导通等效为短路，下管关断等效于断路，这个状态的等效电路如图5.5所示。

当上管Q_1驱动为低电平时，上管关断，在下管Q_2还没完全导通的时候，储能电感L_1通过MOSFET的体二极管进行续流放电，在Q_2完全导通之后，通过Q_2导通后的等效电阻进行通流放电。电感电流线性减少，输出电压靠输出滤波电容C_1放电及减小的电感电流维持，等效电路如图5.6所示。

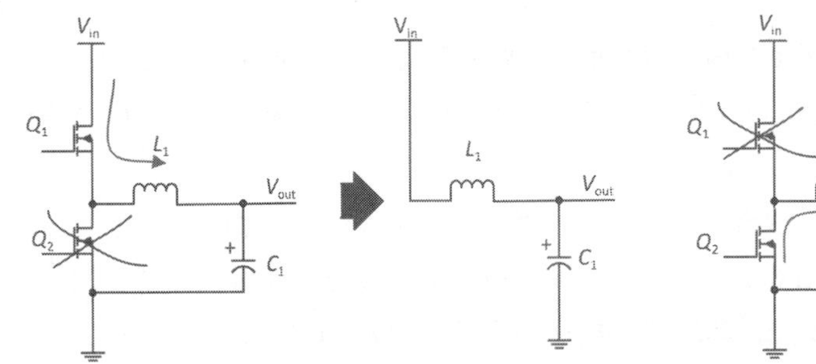

图5.5　同步Buck电路上管导通状态下的等效电路　　图5.6　同步Buck电路上管关断状态下的等效电路

5.2 Buck电路的输出电感

我们在选择Buck变换器的输出电感时，需要重点考虑的电感参数包括等效直流电阻DCR（影响效率）、电感值（影响纹波电流）和额定电流。

1. 电感值的选择

计算出正确的电感值，对选用合适的电感和输出电容以获得最小的输出电压纹波而言非常重要。

流过开关电源电感器的电流由交流和直流两种分量组成，因为交流分量具有较高的频率，所以它会通过输出电容流入地，产生相应的输出纹波电压，该电压是纹波电流与电容上等效串联电阻（ESR）的阻值的乘积。这个纹波电压应尽可能低，避免影响电源系统的正常工作，一般要求峰峰值为输出电压的2%～5%，或者是某一个绝对值（10mV～500mV）。

纹波电流的大小决定了电感值的选择，以及输出电容的选择，这样会影响电感器和输出电容的尺寸。输出纹波电流的指标是根据用电器件和电源控制器的指标要求决定的。一般来说，纹波电流设定为最大输出电流的10%～30%。对于Buck电源来说，流过电感的电流峰值比电源输出电流大5%～15%，所以在功率路径中需要按照输出电流的115%评估电流的瞬态值。

伏秒数也称为伏秒积，即电感两端的电压和开关动作时间的乘积。伏秒原则，又称伏秒平衡，是指在开关电源稳定工作状态下，加在电感两端的电压乘以导通时间等于关断时刻电感两端的电压乘以关断时间，或指在稳态工作的开关电源中，电感两端的正伏秒值等于负伏秒值。在一个周期内，电感电压对时间的积分为0,称为伏秒平衡原理。任何稳定拓扑中的电感都是传递能量而不消耗能量,都会满足伏秒平衡原理。

当开关电源电路处于稳态工作时,一个开关周期内电感的电流变化量最终为0,即开关导通时通过电感的电流增加量和开关断开时电感的电流减少量是相等的。换句话说,处于稳定工作状态的开关电路中,一个周期因开关作用被分为两段,其中开关导通时间内电感电流在增加,开关关断时间内电感电流在减少,那么在一个周期内,电流的增加量与电流的减少量是相等的。要满足伏秒平衡原理,需要保证电感不会出现偏磁、漏磁现象,不会出现饱和(或可以忽略)。分析开关电源中电容和电感的几条原则:电容两端的电压不能突变(当电容足够大时,可认为其电压不变);电感中的电流不能突变(当电感足够大时,可认为其电流恒定不变);流经电容的电流平均值在一个开关周期内为0;电感两端的伏秒积在一个开关周期内必须平衡。

在开关管开关的过程中,一个开关周期中,在输入输出电压确定的前提下,电感上电流的变化的幅度大小,是由电感值决定的,如图5.7所示。

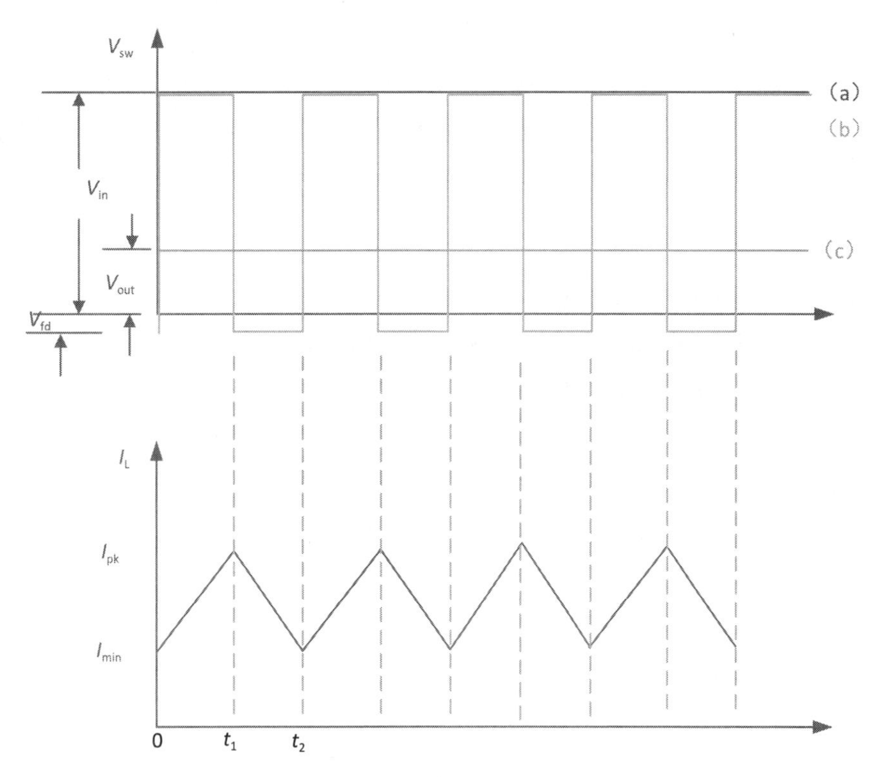

图5.7　电感电流波形图

电感的欧姆定律应用:电流的变化量,是电感两端的电压差除以电感值在时间上的积分。

在开关管开关的过程中,$0\sim t_1$时间段电流的变化量为:

$$\Delta i_{\mathrm{L1}} = \int_0^{t_1} \frac{V_{\mathrm{S}} - V_0}{L} \mathrm{d}t = \frac{V_{\mathrm{S}} - V_0}{L} t_1 = \frac{V_{\mathrm{S}} - V_0}{L} DT_{\mathrm{S}} = \frac{V_{\mathrm{S}} - V_0}{Lf_{\mathrm{SW}}} D$$

式中:Δi_{L1}——电流增量(A);

V_S——输入电源电压(V)；

L——电感(H)；

T_S——开关周期(s)；

f_{SW}——开关频率，是T_S的倒数；

D——开关导通时间占空比。

当开关关断时，同样用电感的欧姆定律，如图5.7所示，t_1到t_2的过程中，I_L电流增量为

$$\Delta i_{L2} = -\int_{t_1}^{t_2} \frac{V_0}{L} dt = -\frac{V_0}{L}\left(t_2 - t_1\right) = -\frac{V_0}{L}\left(T_S - DT_S\right)$$

根据伏秒平衡原理，稳态时这两个电流变化量相等，即$\Delta i_{L1} = \left|\Delta i_{L2}\right| = \Delta I$，被称为Buck电路的输出纹波电流。输出的电流纹波ΔI_{out}，与电感值L成反比，与开关频率f_{SW}成反比。根据前面两个公式可以推导得到：

$$L = \frac{V_{in} - V_{out}}{\Delta I_{out} \times f_{SW}} D$$

由上面公式可知，电感值越大，输出纹波电流就越小，带来的问题是动态响应变慢。在电感值较小时，如果想输出电压的纹波也小，就需要提高开关频率，这样MOSFET管上的开关损耗就增加，电路效率下降。

2. 电感的等效直流电阻的选择

电感的等效直流电阻(DCR)自身会消耗一部分功率，使开关电源的效率下降。这种消耗会通过电感升温的方式进行，这会降低电感值、增大纹波电流和纹波电压，所以对开关电源来讲，应在芯片数据手册提供的DCR典型值或最大值的基础上，尽可能选择DCR小的电感。

在输入电压、负载电流、输出电压给定的情况下，DCR越大，电感上的损耗越大，电源的效率越低。对于一般的电感器件来讲，有以下几个特点。

(1)电感直流电阻对于效率的影响，重载时比轻载时明显。

(2)在电感值给定的情况下，电感器件的外形越小，DCR越大。

(3)在电感外形大小给定的情况下，电感值越大，DCR越大。

(4)在电感值一定的情况下，有磁屏蔽的电感器件的DCR小于没有磁屏蔽的电感器件的DCR。

3. 电感额定电流的选择

功率电感器的额定电流有“基于自我温度上升的额定电流”和“基于电感值的变化率的额定电流”两种决定方法，分别具有重要的意义。“基于自我温度上升的额定电流”是以元件的发热量为指标的额定电流规定，超出该范围使用时可能会导致元件破损及组件故障，我们把这个额定电流称为热额定电流，记为I_{rms}。

与此同时，“基于电感值的变化率的额定电流”是以电感值的下降程度为指标的额定电流规定，称为磁饱和电流，记为I_{sat}。在超出I_{sat}值使用时，可能会由于纹波电流的增加而导致集成电路控制不稳

定。此外,根据电感器的磁路构造的不同,磁饱和的倾向(电感值的下降倾向)有所不同。图5.8所示是不同磁路构造电感器的电感值随电流值的变化。对于开磁路类型,随着直流电流的增加,到规定电流值为止,呈现出的是比较平坦的电感值,但是超过饱和电流之后,电感值急剧下降。对于闭磁路类型,随着直流电流的增加,透磁率的数值逐渐减少,因此电感值缓慢下降。

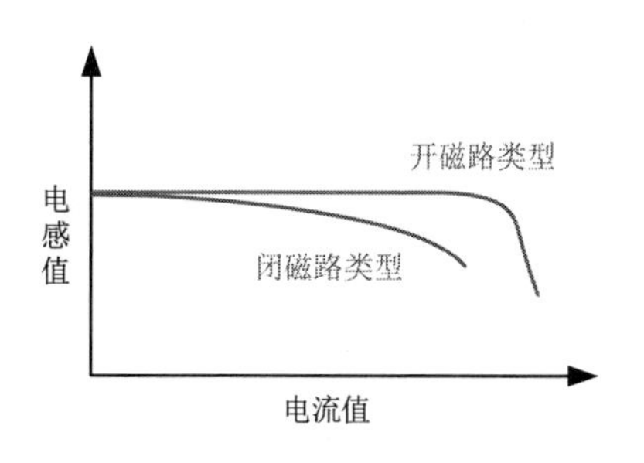

图5.8 不同磁路构造电感器的电感值随电流值的变化

功率电感规格书中对额定电流参数仅注明介质的饱和电流值。

I_{sat}与I_{rms}是工程人员常常会碰到的技术术语,但时常将两者混淆,造成工程技术上的错误。I_{sat}与I_{rms}两者分别表示什么? I_{sat}与I_{rms}两者如何定义,它们与哪些因素有关?

I_{rms}是指电感产品的应用热额定电流,也称为温升电流,即产品应用时表面达到一定温度时所对应的DC电流。

I_{sat}是指磁介质的饱和电流。磁饱和是磁性材料的一种物理特性,指的是导磁材料由于物理结构的限制,所通过的磁通量无法无限增大,从而保持在一定数量的状态。

假定有一个电感,通上一个单位电流的时候,产生的磁场感应强度是1T,电流增加到2A的时候磁感应强度会增加到2.3T,电流是5A的时候磁感应强度是7T,但是电流到6A的时候磁感应强度还是7T,如果进一步增加电流,磁感应强度还是7T,不再增加了,这时就说明电磁铁产生了磁饱和。电感作为一个绕在磁性上的线圈,其特性一定会受到磁饱和的限制,表现为电流增大到一定程度之后,电感值就会急剧下降,如图5.8所示。电感因为磁饱和而导致电感值下降,我们把电感量下降到一定值对应的电流,如标称值的20%时的电流,标记为磁饱和电流I_{sat}。

5.3 Buck电路的输入电容

我们在设计电路的时候,需要对Buck变换电路的输入电容的容值进行选择。这个电容的容值如果选大了或者用多了,是浪费;电容选小了或者用少了,将会导致两种后果:

(1)电容值不够,导致输入电源的电压跌落;

(2)输入电容能够承载的有效电流不能够满足额定要求,导致电容过热引起失效。

因为对于DC/DC电源来说,下一级的输入电容不够,可以依赖别的同源的输入电容,或者依赖上一级的输出电容来避免电源跌落,所以这个问题容易被我们忽视。

在开关电源电路中,MOSFET作为开关管是不停开关的,流过MOSFET的电流也是不连续的。也就是说,流经MOSFET的电流是一会儿很大,一会儿很小。这样高速变化的电流对于上一级供电电路来说是不友好的,对于整个电路板来说,也是一个对外辐射的辐射源。开关电源输入电流突变的情况是由开关管不停开关的状态变化造成的，如图5.9所示。所以我们希望这个电流突变的电流环路尽量小。我们可以在开关电源的输入端加一个电容，来减小上一级电源供电的电流突变的负担，同时也是将这个电流突变的电流环路面积降到最小。

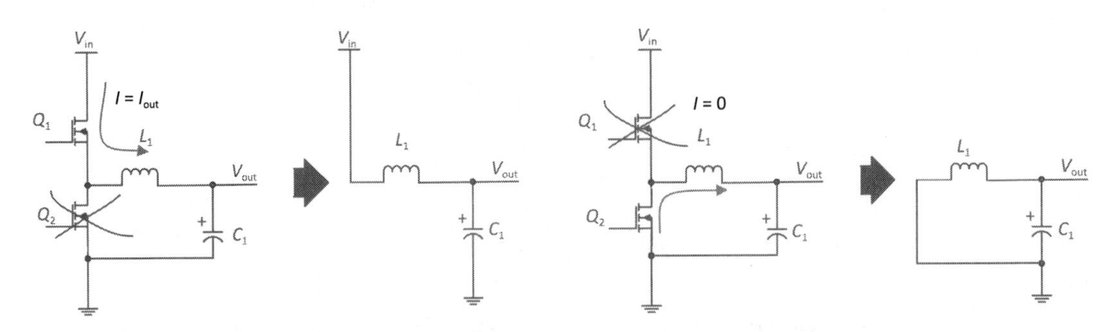

图5.9　同步Buck电路上管反复开关导致的电流变化

对于开关电源电路来说，如果输出电流不变，忽略输出电流纹波，则流入的电流是在I_{out}和0之间反复跳变的。先假设在上管打开的过程中，输出电流保持不变，大小为I_{out}。D表示开关电源的占空比，即在一个周期里，上管打开时间占周期时间的比例。因此，在TD这个时间段上管打开，在$T(1-D)$这个时间段上管关断。由于电流从输入端流入，按照基尔霍夫定律，输入电流与流经MOSFET和电感的电流保持一致，所以此时$I_{in}=I_{out}$，当上管关断的时候，电感仍然保持输出电流I_{out}，而输入电流因为上管关断，则为0，I_{out}波形如图5.10所示。

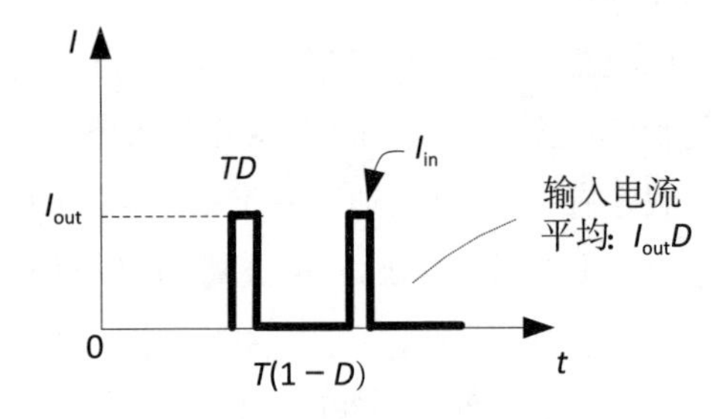

图5.10　同步Buck电路的输入电流的理想变化曲线（不考虑输出电流变化）

根据能量守恒定律，在不考虑损耗时，输入的能量等于输出的能量，所以在开关电源稳定之后，一个周期内输入的能量等于输出的能量。

$$E_{in} = V_{in}I_{out}TD\text{（输入功率，只在上管打开时提供能量，时间为}TD\text{）}$$

$$E_{out} = V_{out}I_{out}T\text{（输出功率保持稳定，整个周期都几乎保持}V_{out}I_{out}\text{）}$$

根据能量守恒定律$E_{in} = E_{out}$，可以计算出D与输入电压、输出电压之间的关系：

$$D = \frac{V_{out}}{V_{in}}$$

输入电容的作用相当于提供一个低阻抗的电流源，用来提供MOSFET电流，这样输入电流的部分电流就由电容提供。开关电源的输入电流反复流经输入的电容，这个电容上的等效串联电阻反复经过电流，此时会有电流转化为热量。为了计算在电容上产生的热量，以保障电容的工作稳定性和寿命，我们需要计算这里的有效电流满足电容的“能够承载最大有效电流”这一额定指标。对于理想电容来说，充放电并不会产生热量，但是每个电容都有一个寄生的电阻，即等效串联电阻，简称ESR，如图5.11所示。在对电容反复充放电的过程中，电流流经ESR就会产生热量。这是我们要充分讨论电源输入电流的有效值的原因。

输入电流的平均电流为电流在时间上的平均值，如图5.12所示。对于产生热量的ESR来说，是一个正负电源，为了计算ESR上产生的热量，我们需要将流经ESR的电流视为一个交流信号，计算其有效值I_{in}。

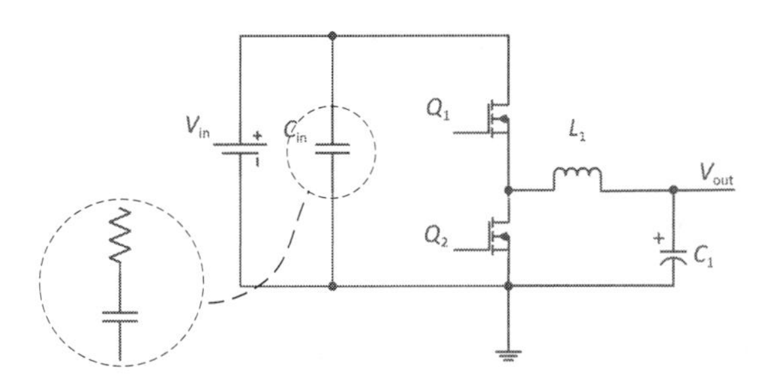

图5.11 输入电容的ESR

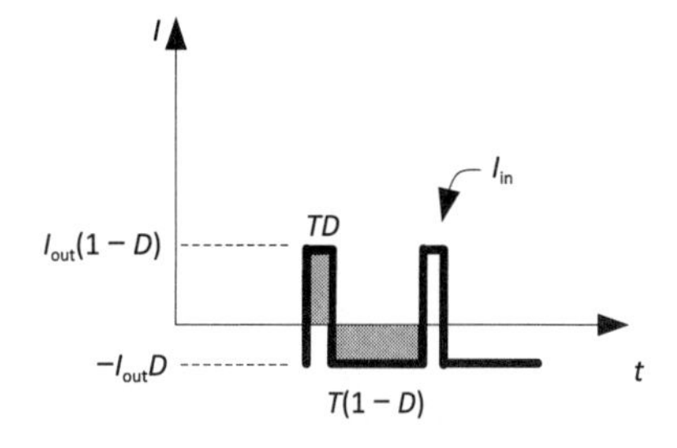

图5.12 输入电流的平均值和有效值

有效值定义：在相同的电阻上分别通以直流电流和交流电流，经过一个交流周期的时间，如果它们在电阻上所消耗的电能相等，则把该直流电流（电压）的大小作为交流电流的有效值。我们可以认为，对于流经ESR的电流，在TD这个时间段，电流大小为$I_{out}(1-D)$，在$T(1-D)$这个时间段，电流大小为$-I_{out}D$。

在交流电流中，根据热等效原理，定义电流的有效值为其瞬时值在一个周期内的方均根值。分成两个时间段分别计算，输入电容的电流的有效值$I_{cin.rms}$为

$$I_{cin.rms}=\sqrt{\frac{1}{T_S}\left[\int_0^{DT_S}I_{out}^2(1-D)^2\,dt+\int_{DT_S}^{T_S}(-DI_{out})^2dt\right]}$$

$$=\sqrt{\frac{1}{T_S}\left[{I_{out}}^2(1-D)^2DT_S-(DI_{out})^2(T_S-DT_S)\right]}$$

即

$$I_{cin.rms}=I_{out}\sqrt{(1-D)D}$$

5.4 Buck电路的输入电感

我们经常在Buck电路的电源输入端串联一个电感，特别是输入电流比较大的Buck电路。这个电感我们称为输入电感。

1. 输入电感不是必需的

在设计Buck电路的时候，我们好像很少精确地计算输入电感，甚至有的时候放置输入电感，有的时候不放置，对此并没有严格的限制。这是因为以下几点。

（1）如果增加输入电感，则开关电源的输入电源平面完全依赖电感后的电容进行稳压和瞬间供电。

如果没有电感，则相当于在电源输入的平面会有很多的电容：①上一级电源的输出电容；②其他平行的电源的输入电容，可以相互帮衬；③电源平面与地平面之间的平行耦合，形成平面电容器（容值

比较小)。

这些电容都会抑制电源输入平面的电压跳变,保障输入电源平面的电压稳定。当增加输入电感之后,则完全依赖在电感之后增加足够多的电容对输入电源进行稳定。

(2)增加输入电感,可以降低开关电源输入端的电压波动。由于开关电源对输入端的电压波动容忍度比较大。只要还在控制器容忍范围之内,输入端电压的波动不会影响电源的正常输入。如果这个纹波不是大到使输入电压达到UVLO(Under Voltage Lock Out,欠压锁定),以及不会导致电源关断的话,则输出基本正常。如果纹波特别大,导致触发UVLO,则会引起电源输出关断,但是这种情况一般很少出现。

但是即使达不到UVLO,由于电源内部的一些电路(包括模拟电路和数字电路)都是由V_{in}进行供电,这个电源也需要稳定,才能保证内部的逻辑和一些比较器正常工作。

电源芯片厂家并没有给出一个明确的指标,往往都是给一个推荐的输入电容要求。因此,大多数DC/DC电源不需要接输入电感。除非输出电流比较大(一般大于10A),则输入端产生巨大的纹波,会对前级电源进行干扰,需要用电感进行电源平面的隔离。

(3)如果输入电感的感值选择不合适,也会放大瞬态输入高压。输入电感与输入电容形成一个LC型的低通滤波器。如果电感选择不当,会导致热插拔等其他冲击电压脉冲处于LC的谐振点,会导致输入脉冲的电压被放大,一个瞬态的高压会导致后级的芯片损毁。

出于成本和PCB布局的考虑,对于一般输出电流小于10A的Buck电路不考虑放置输入电感。

2. 输入电感的工作原理

增加Buck电路或其他开关电源拓扑的输入电感,主要是起到两个作用:一是在开关电源的输入端增加一个高频的阻抗,会对高频信号产生一个阻断作用,不会让其干扰到外部电路;二是隔离输入电源平面上的干扰,防止外部瞬态干扰将V_{in}变得过高或过低。

5.5 Buck电路的输出电容

Buck变换器的输出电容是整个Buck电路重要的组成部分。输出电容的作用就是将输出电压稳定在期望的电压值,减少电压的波动。Buck电路的输出电容的容值选择是非常重要的,如果这个电容值比较大,在整个PCB布局中的比例会很大,在物料清单成本中所占的比重也比较大;如果电容值偏小,会影响电压的稳定度,增大电源纹波电压,使得电源能够承载负载变化的能力变小,因此,输出电容选型偏小会导致电路工作异常。

我们可以根据电容对输出电压波动的抑制能力来推导出一个电容的计算公式。这个公式结论明确,推导简单,情况不复杂。但是这个公式的使用场景非常有限,仅限于在负载恒定(输出电流不变的场景)条件下计算电容值。在开关电源稳定工作的时候,假设负载不变,输出电流也就不变。因为有纹波电流的存在，所以纹波电压也是一个周期信号，如图5.13所示。

一段时间(t_1～t_2)之内，电压的变化是这个时间段对电流的积分。

$$\begin{aligned}\Delta U_{\mathrm{C}} &= \frac{1}{C}\int_{t_1}^{t_2} i\mathrm{d}t = \frac{1}{C}\frac{I_{\max}-I_{\min}}{2}(t_2-t_1)\frac{1}{2} \\ &= \frac{1}{C}\frac{\Delta I_{\mathrm{L}}}{2}\frac{1}{2}\frac{T}{2} \\ &= \frac{1}{8}\frac{\Delta I_{\mathrm{L}}T}{C} \\ &= \frac{\Delta I_{\mathrm{L}}}{8Cf}\end{aligned}$$

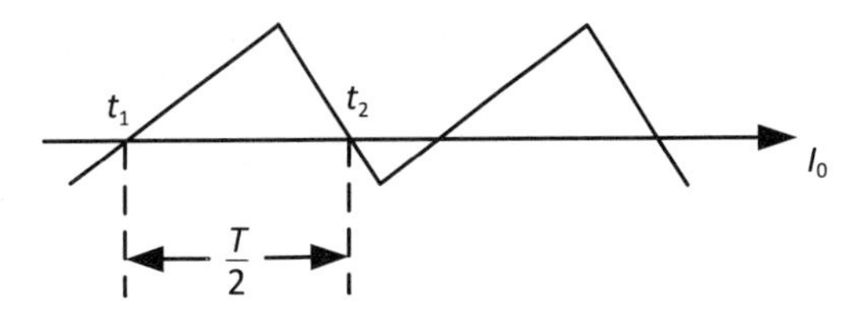

图5.13　输出纹波电流

由此求得

$$C = \frac{\Delta I_{\mathrm{L}}}{8\Delta U_{\mathrm{C}} f}$$

我们会要求Buck电路的输出电容上的电压变化的最大值ΔU_{C}小于设计需求(电源输出的电压变化的峰峰值ΔU_{P-P})，即

$$\Delta U_{\mathrm{C}} < \Delta U_{P-P}$$

则

$$C > \frac{\Delta I_{\mathrm{L}}}{8\Delta U_{P-P} f}$$

在这种情况下，需要考虑这个电压值与电容上的ESR承载电感上的纹波电流导致的纹波电压的叠加。也就是$U_{\mathrm{ESR}} = I_{\mathrm{L}}\mathrm{ESR}$，虽然这两个电压存在相位差，但是多数情况为了保险起见，会叠加考虑，如图5.14所示。

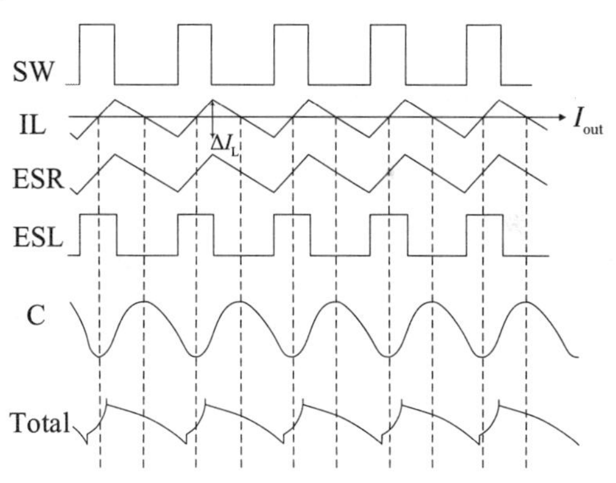

图5.14　结合ESR、ESL的影响考虑输出电容的电压波形

关于负载突变，很难统一负载电流的变化率。有些处理器规定，电源电流的变化率必须在某个范围之内，不会考虑0A跳变到$I_{\max}$(最大负载电流)这种极端情况。所以这种会给定一个电流跳变的速率范围ΔI_{step}，设定一个电流突变的值。

在很多非大电流场景中，我们直接计算最极端情况：0A电流突变到最大电流。如同有个开关，本来负载是正常接入电路的，突然把开关断开，这样原来流向负载的电流只能流向电容，导致电容进行充电，会导致电容上面电压增加，如图5.15所示。

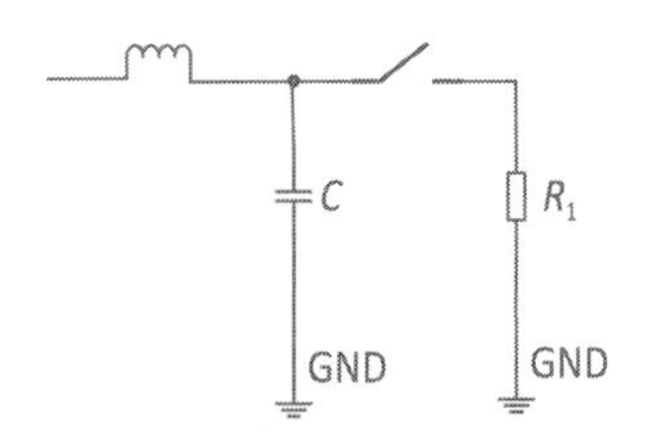

图5.15　负载变化测试电路示意图

在很多大电流场景下，我们一般会设置一个电流突变的值ΔI_{step}，这个值会小于电源可以承载的最大电

流。一般根据负载变化的实际情况进行估算，或者实测后给出这个指标。

我们期望的是，电感上所有的能量全部转移到电容上，电容的电压仍然不会超标。当输出电流产生ΔI_{step}的突变的时候，电感上面的能量计算式为：

$$E_{电感} = \frac{1}{2}L\Delta I_{step}^2$$

假定输出电容上的电压为V_{out}，电容上面原来的能量按照理论公式计算：

$$E_{电容} = \frac{1}{2}C_{out}V_{out}^2$$

后来电感上的能量都充电到电容上了，我们把电路能够容忍超出理想电压值的电压差值称为V_{over}。

实际上，当电流产生ΔI_{step}的变化的时候，电容的电压也会产生变化。当电容的电压从V_{out}变化到$V_{out} + V_{over}$，此时电容上承载的能量变化为：

$$E'_{电容} = \frac{1}{2}C_{out}(V_{out} + V_{over})^2$$

根据能量守恒，得到：

$$E'_{电容} = E_{电容} + E_{电感}$$

代入上面具体的能量公式之后，得到：

$$\frac{1}{2}C_{out}(V_{out} + V_{over})^2 = \frac{1}{2}C_{out}V_{out}^2 + \frac{1}{2}L\Delta I_{step}^2$$

此时，把公式直接移项合并同类项，得到一个公式用于计算C_{out}：

$$C_{out} = \frac{L\Delta I_{step}^2}{(V_{out} + V_{over})^2 - V_{out}^2}$$

如果我们希望电压的过冲小于V_{over}，则需要C_{out}足够大。

在有的输出电容的计算公式推导过程中，会忽略一些影响比较小的项，得到一些变种的公式，都是从上式简化得到的。

5.6 Buck电路的Boot电容(自举电容)

Buck电路需要控制上管打开，此时上管的S极为输入电压V_{in}，Buck控制器若需要得到高出V_{in}的电压，可通过自举电路升压得到比V_{in}高的电压，这种自己把自己电压举高的情况主要依赖一个电容，这个电容就称为“自举电容”。

自举是指通过开关电源MOSFET管(上管)和电容组成升压电路，再通过电源对电容充电使其电压高于V_{in}。最简单的自举电路由一个电容构成，为了防止升高后的电压回灌到原始的输入电压，会加一个二极管。自举的好处在于可以利用电容两端电压不能突变的特性来升高电压。举个例子来说，如图5.16所示，如果在MOSFET的G极与S极间接入一个小电容，在MOSFET未导通时给电容充电，在MOSFET导通，S极电压升高后，自动将上面驱动器的供电电压升高，这样驱动器的输出电压也随之升高，连接到上管的G极。这样上管的G极产生高压，G极和S极之间有足够的压差V_{GS}，便可使上管MOSFET保持继续导通。

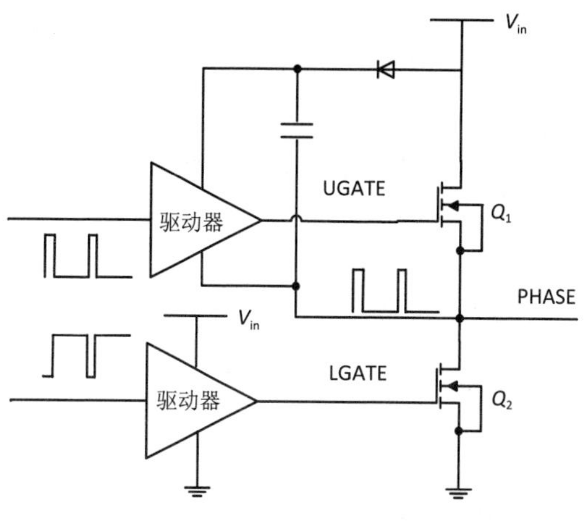

图5.16　Boot电容工作原理

对于MOSFET，导通的条件是G极和S极之间的电压（V_{GS}）大于某个阈值，当G极和S极之间电压大于这个阈值之后MOSFET就开始导通。对于下管Q_2，由于其源极接地，所以当要求Q_2导通时，只要在Q_2的栅极加一定的电压即可；但是，对于高端的管子Q_1，由于其源极的电压V_S是浮动的，则不好在其栅极上施加电压以使Q_1的V_{GS}满足导通条件。试想，理想情况下，Q_1的导通电阻为0，即导通时，Q_1的V_{DS}（MOSFET的D极和S极之间的电压）为0，则$V_S \approx V_D$（MOSFET的D极和S极的电压几乎相同），为了保证MOSFET的DS导通，需要V_G大于V_S。又由于V_D约等于V_S，V_D就是V_{in}，所以在电路中需要产生一个高于输入电压V_{in}的电压值给V_G。

如果想驱动上管，需要使用一些方法产生高压，例如增加变压器、升压电路、电感等。自举电容电路具有简单、实用的特点，目前被广泛地使用。下面简要地描述Boot电容的自举的工作过程，目的是厘清自举的工作原理，以更合理地设计电路、布局布线和进行器件选型。

1. 电路简图

如图5.17所示，是一款MOSFET驱动IC的电路图。需要注意，为了便于分析，对电路进行了简化。

如图5.17所示，这个电路并不陌生，二极管D_1和电容C_1分别被称为自举二极管和自举电容，有些集成电路把自举二极管集成到集成电路内部。

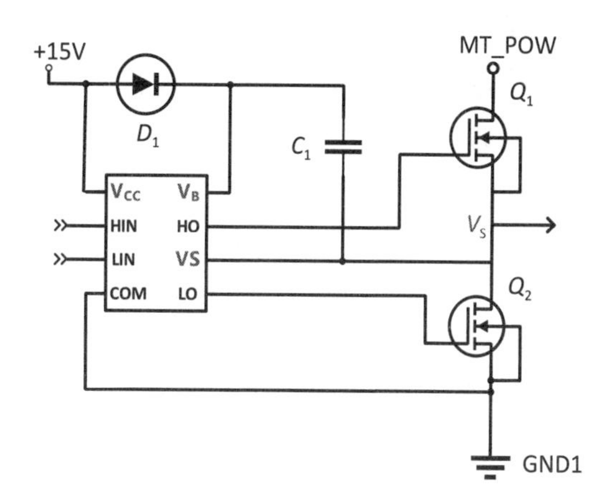

图5.17　自举电容在Buck电路中的位置

2. 充电过程

可以这样理解，集成电路为了防止直通，会禁止上下管同时导通。图5.18所示是下管导通电流流向的示意图。

如图5.18所示，上管关闭，而下管开启，这时泵二极管D_1和自举电容C_1组成充电回路。由图5.18可以得到，输入电源经过二极管、自举电容，再经过下管，然后接地（电源负极），它们组成回路，对电容进行充电，使电容两边的电压为V_{in}。

3. 放电过程

这时再分析下管关闭的情况，如图5.19所示。

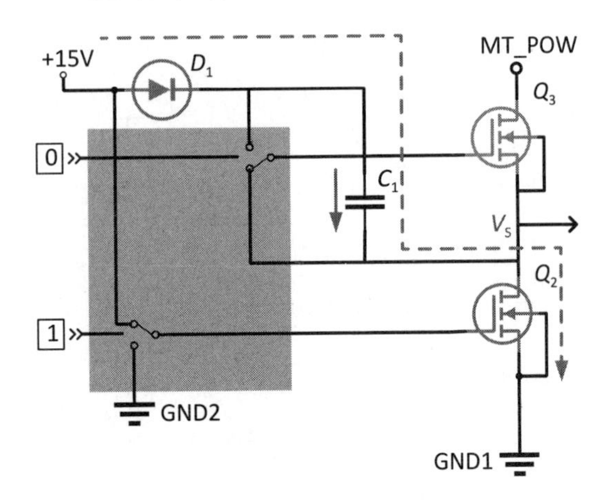

图5.18 下管导通的电流流向

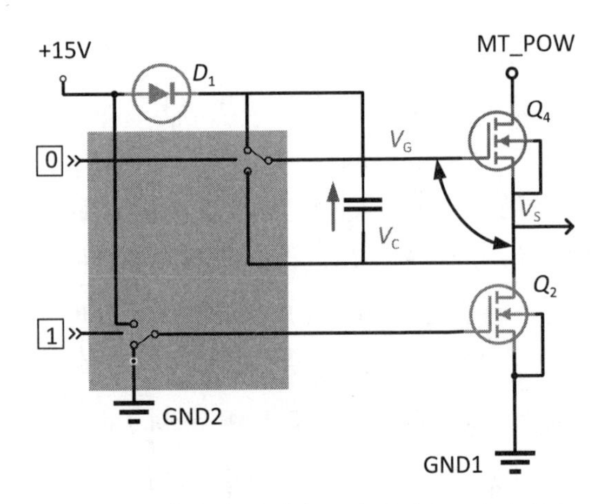

图5.19 下管关闭，上管打开过程对Boot电容充电

由于下管关闭，上文所述的回路被截断，泵二极管处于反向截止。由于上管开启，所以 $V_G = V_{CBoot} + V_S$。我们认为驱动器输出的电压值近似为其供电电压 V_{CBoot}（Boot电容两端的电压）。

电容会使电压变化保持连续，V_C 电压会随着放电慢慢变小，不会突变。由于充电过程中，电容已被充电，所以 V_C 的电压大概为 V_{in}，即上管的 V_{GS}（15V）。这个电压足够开启上管的MOSFET。

至此，已完成一个PWM周期内自举电路的工作过程，可以理解为自举电容的充放电过程。

5.7 Buck电路的输出电流检测

电流检测信号是电流模式开关电源设计的重要组成部分。电流检测主要用于以下几个方面。

（1）开关电流过流检测，实现过流保护。如果电源的输出电流过大，可能会导致器件损毁。通过配置输出电流的关断门限，可以控制Buck变换器的输出电流保持在这个阈值以下。这就需要对输出电流进行检测，然后再进行比较。所以过流保护是输出电流检测的最主要的应用场景。

对于轻负载电源设计，可以作为模式调整的门限。有些电源芯片支持多种模式，当为轻载时，可以根据实际电流大小，切换PWM为PFM等模式来提高轻载时的电源效率。

（2）多相电源做均流控制。在多相电源设计中，利用电流检测能实现精确均流。通过检测每个相的电流情况，对其进行调整。另外，当多相应用的负载较小时，电流检测可用来减少所需的相数，从而提高电路效率。

（3）稳压源切换恒流源。对于需要电流源的负载，电流检测可将电源转换为恒流源，以用于LED驱动、电池充电和驱动激光等应用。

1. 电流检测基本原理

电流采样的基本原理:通过检测已知电阻两端的电压,利用欧姆定律(电阻两端电压∝流经电阻的电流)计算获取流经电阻的电流。

实现检测电流采样的方法基本有三种:串入精密电阻、利用下管MOSFET的$R_{DS(on)}$和利用电感的DCR。

上述三种方法都可以运用欧姆定律实现,在检测出电压之后,通过欧姆定律反向计算出流经该电阻的电流。

2. 电流检测的具体方法

1)方法一:串入精密电阻

对于方法一,串入精密电阻,如图5.20所示中的R_1是为了检测电源的输出电流特地增加的电阻器。

串入的电阻的位置连同开关稳压器架构决定了要检测的电流。检测的电流包括峰值电感电流、谷值电感电流(连续导通模式下电感电流的最小值)和平均输出流。串入的电阻的位置会影响功率损耗、噪声计算及检测电阻监控电路看到的共模电压。对于降压调节器,串入的电阻有多个位置可以放置。这个电阻放置在电源输入的路径上,可以放置在电源输入处、下管电路路径、输出电感三个位置。

(1)放置在电源输入处。如图5.21所示,将电阻放置在V_{in}进入上管的电流路径中,在电流流经上管MOSFET的前端,它会在上管MOSFET导通时检测峰值输出电流,从而可用于峰值电流模式来控制电源。当顶部MOSFET关断且底部MOSFET导通时,它不测量电流。

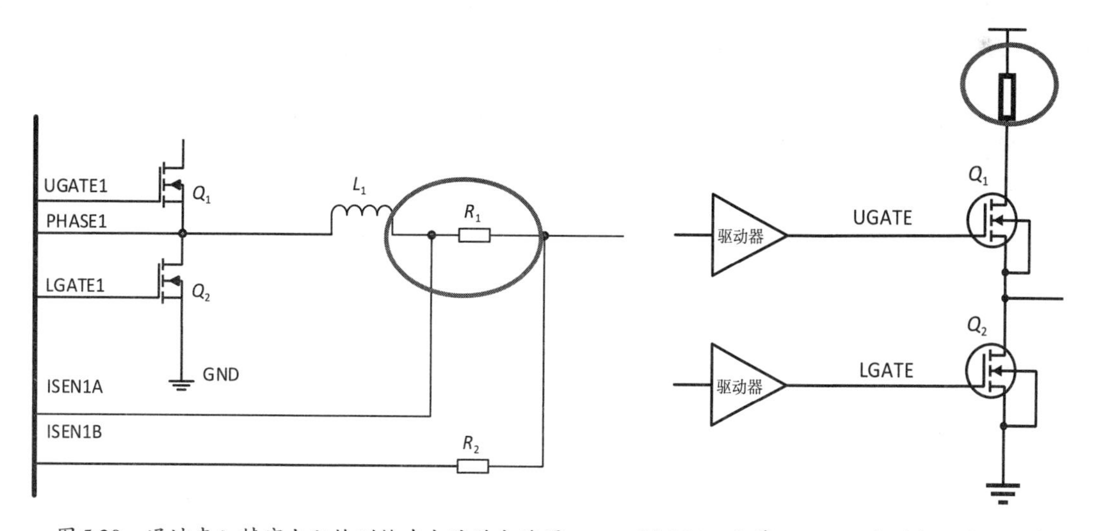

图5.20 通过串入精密电阻检测输出电流的电路图

图5.21 上管MOSFET串联电阻检测输出电流

在这种配置中,电流检测可能有很高的噪声,原因是顶部MOSFET的导通边沿具有很强的开关电压振荡。这种检测方式虽然原理可行,但是一般不会使用。

(2)放置在下管的下端电流通路上。将电阻放置在下管MOSFET的下方,如图5.22所示为下管

MOSFET串联电阻检测输出电流。在这种配置中，它检测谷值模式电流。为了进一步降低功率损耗并节省元件成本，下管Q_2的导通电阻$R_{DS(on)}$可用来检测电流。这也是下面将会讲解的“方法二”。

这种配置通常用于最小值检测模式控制的电源。开关噪声对检测结果影响比较大。在占空比较大时，可采样的时间段越短，输出电流采样结果受到噪声的影响比较大。所以，这种检测方式的最大占空比有限。

(3)串联在输出电感处。增加串联电阻可以把电阻放在很多输出电流流经的位置，最常见的是将电阻与输出电感串联，如图5.23所示。将电阻R_{SENSE}与电感串联，可以检测连续电感电流，此电流可用于检测平均电流及峰值或最小值电流。

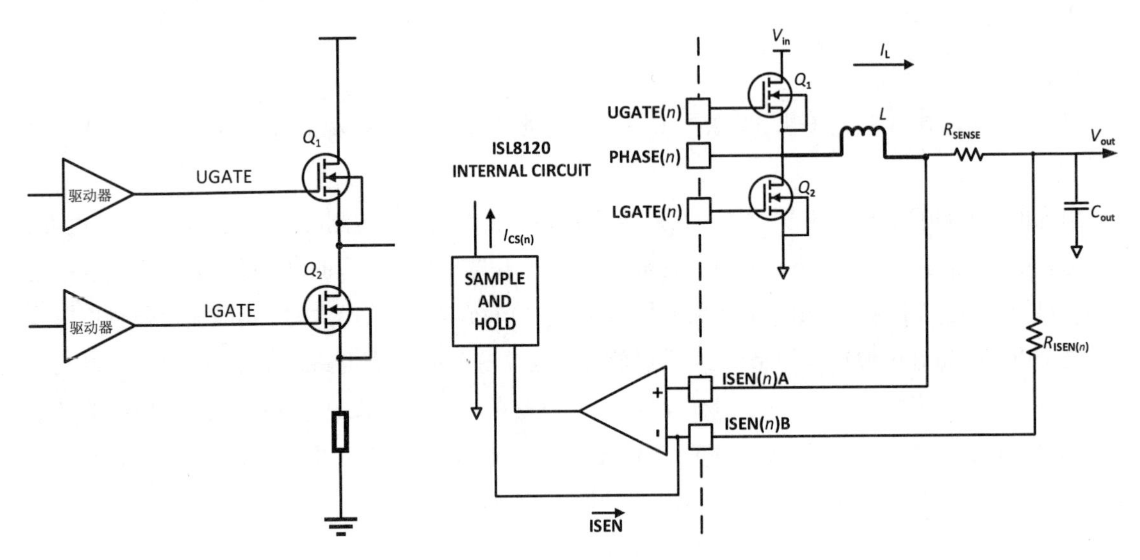

图5.22　下管MOSFET串联电阻检测输出电流

图5.23　电阻与电感串联检测输出电流

这种检测方法可提供最佳的信噪比性能。外部RSENSE通常可提供非常准确的电流检测信号，以实现精确的限流和均流。但是，RSENSE也会引起额外的功率损耗和元件成本。为了减少功率损耗和成本，可以利用电感线圈直流电阻检测电流，而不使用外部RSENSE，就是后面将会讲解的“方法三”。

串入精密电阻进行电流检测既有优点，也有缺点。其优点为：测试准确，易于调试。其缺点为：增加能够通过大电流的高精密电阻，增加成本，增加器件，降低电源效率。

2)方法二：利用下管MOSFET的$R_{DS(on)}$

利用下管MOSFET的$R_{DS(on)}$进行电流检测，可以实现简单且经济高效的电流检测。下管打开期间，下管MOSFET表现为一个D极和S极之间的导通电阻$R_{DS(on)}$，$R_{DS(on)}$两端的电压检测出来之后，我们同样可以通过欧姆定律知道流经下管的电流。将两个电压检测端分别连接到下管Q_2的两端，如图5.24所示，通过串联电阻R_{ISEN1}连接进入一个运放。

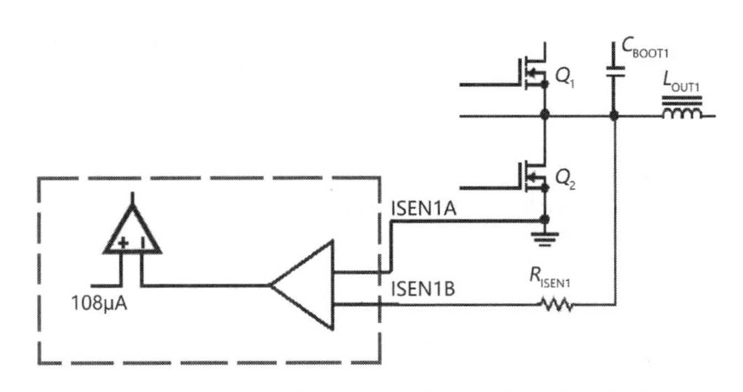

图5.24 利用下管MOSFET的$R_{DS(on)}$检测输出电流

利用下管的$R_{DS(on)}$进行电流检测，这种方法虽然价格低廉，但有不少的缺点。首先，其$R_{DS(on)}$精度不高，$R_{DS(on)}$值可能会在很大的范围内进行变化（大约33%甚至更高）。其次，其温度系数可能也非常大，在100°C以上时甚至会超过80%。另外，必须考虑MOSFET寄生电感。

这种类型的检测没法用于电流非常高的情况，特别是不适合用于多相电路，此类电路需要良好的相位均流。

利用下管的$R_{DS(on)}$的优点为：不增加额外器件、易于调试。缺点为：需要在MOSFET中分别对D极和S极两端采样电压，下管的S端连接功率，干扰较大，测试结果不准确。

3）方法三：利用电感的DCR检测输出电流

利用电感的DCR检测输出电流的电路如图5.25所示 。

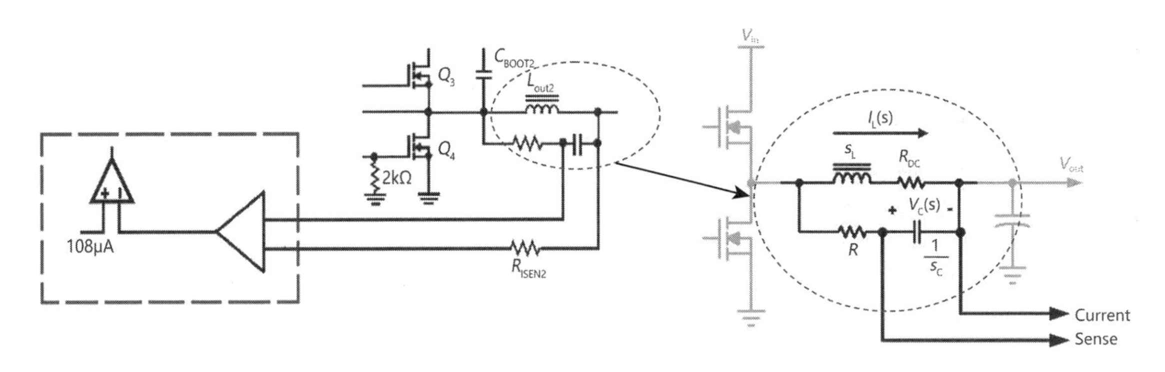

图5.25 利用电感的DCR检测输出电流

电感直流电阻的电流检测是采用铜线绕组的寄生电阻来测量电流，从而无须检测电阻。这样可降低元件成本，提高电源效率。与MOSFET的$R_{DS(on)}$相比，铜线绕组的电感直流电阻器件间的偏差通常较小，不过仍然会随温度而变化。它在低输出电压应用中受到青睐，因为检测电阻上的任何压降都代表输出电压的大部分。

这种方法通过一个阻抗网络，非常巧妙地取到了电感上寄生电阻的阻值，实现了电流检测，如图5.25所示。

基尔霍夫电压定律是确定电路中任意回路内各电压之间关系的定律，因此又称为回路电压定律。基尔霍夫电压定律表明：沿着闭合回路所有元件两端的电势差（电压）的代数和等于零。也可以描述为：沿着闭合回路的所有电动势的代数和等于所有电压降的代数和。在如图5.25所示的回路中，可以得到如下公式：

$$V_{L}+V_{DCR}=V_{R}+V_{C}\text{(电感两端电压)}$$

如果引入数学中复数的概念，就可以将电阻、电感、电容用相同形式的复阻抗来表示。即电阻仍然是实数R（复阻抗的实部），电容、电感用虚数表示，分别为

$$\mathrm{j}X_{C}=\mathrm{j}\frac{1}{\omega C};-\mathrm{j}X_{L}=\mathrm{j}\omega L$$

式中：$\omega=2\pi f$——交流信号的角频率；

X_C、X_L——容抗和感抗，容抗和感抗的大小与电路中信号的频率有关。

在具有电阻、电感和电容的电路里，对电路中的电流所起的阻碍作用叫作阻抗。阻抗常用Z表示，是一个复数，实部称为电阻，虚部称为电抗，其中，电容在电路中对交流电所起的阻碍作用称为容抗(Z_C)，电感在电路中对交流电所起的阻碍作用称为感抗(Z_L)，电容和电感在电路中对交流电引起的阻碍作用总称为阻抗。R_{DCR}表示的是电感中等效串联电阻DCR的阻值。R表示前面公式中的电阻，则有：

$$V_{DCR}\frac{Z_{L}+R_{DCR}}{R_{DCR}}=V_{C}\frac{Z_{C}+R}{Z_{C}}$$

可将一个有参数实数$t(t\geqslant 0)$的函数转换为一个变量为复数s的函数。

$$I_{C}R_{DCR}\frac{Ls+R_{DCR}}{R_{DCR}}=V_{C}\frac{\frac{1}{sC}+R}{\frac{1}{sC}}$$

$$V_{C}=I_{L}R_{DCR}\frac{s\frac{L}{R_{DCR}}+1}{sRC+1}$$

如果我们期望上式中的$\frac{s\frac{L}{R_{DCR}}+1}{sRC+1}$分式等于1，则此时$V_C=I_LR_{DCR}$，即DCR两端的电压等于电容两端的电压。满足的条件是$\frac{L}{R_{DCR}}=RC$，则分式$\frac{s\frac{L}{R_{DCR}}+1}{sRC+1}$为1，所以我们可以通过电阻和电容的选型实现。

通过配置电阻和电容的值，能够巧妙地获取电感中等效串联电阻DCR的阻值。

5.8 Buck电路的效率与损耗

Bcuk电路的损耗主要发生在功率路径上，也就是较大电流通过的器件上，如MOSFET、电感、二极管（非同步控制器）。

根据Buck电路MOSFET开关过程中的几个工作阶段，我们分别讨论MOSFET的损耗。

(1)第一阶段:上管打开的过程。

在上管打开的过程中,如图5.26中的$t_{sw(on)}$阶段所示,上管流经D极和S极的电流I_{DS}不断上升,D极和S极两端的电压V_{DS}不断下降。

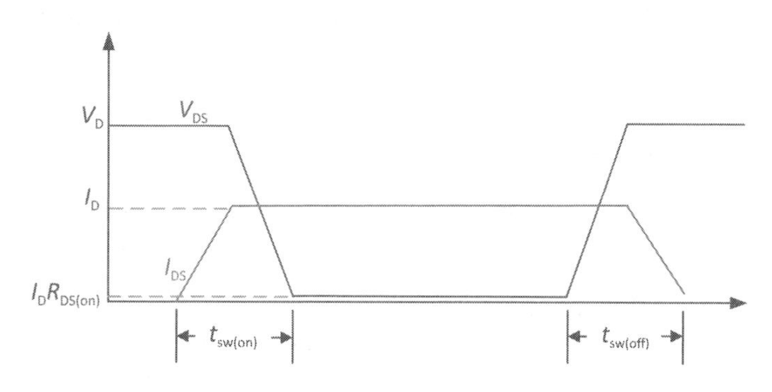

图5.26 上管开关过程中V_{DS}和I_{DS}的波形

在上管打开过程中,上管的电压V_{DS}不断减小,电流I_{DS}不断增加。为了简化计算功耗的过程,我们可以简单地认为是线性增减。在上管打开的过程中,电流I_{DS}是线性增加的,所以在上升过程中,输出电流的平均值是最高值的一半,即为输出电流I_{out}的一半,其功耗可以简单计算如下:

$$P_{上管打开} = \frac{1}{2}V_{in}I_{out}\frac{t_{sw(on)}}{T_s}$$

如果需要考虑电流纹波,则功耗计算公式如下:

$$P_{上管打开} = \frac{1}{2}V_{in}\left(I_{out} - \frac{\Delta I}{2}\right)\frac{t_{sw(on)}}{T_s}$$

(2)第二阶段:上管完全导通、下管关闭,此时电路方向如图5.27所示。

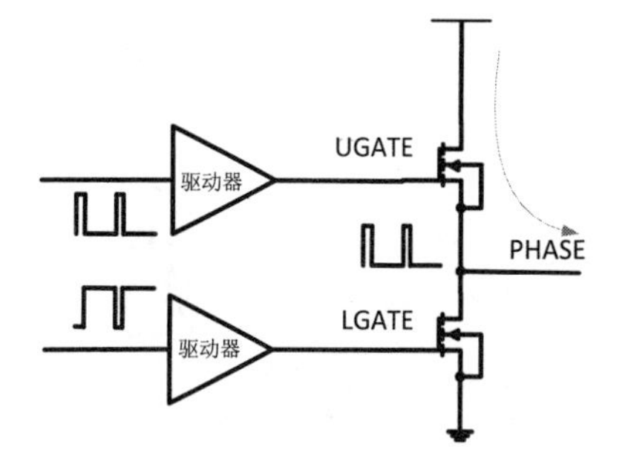

图5.27 上管完全导通、下管关闭时电路方向

上管MOSFET处于打开状态,其等效于一个电阻,即为MOSFET的导通阻抗$R_{DS(on)}$。此时,下管没有电流,功耗全部集中在上管上,即$R_{DS(on)}$上面流经电流的损耗。打开的时间是由占空比决定的,上管打开的时间约等于TD。

对电流近似计算时,可以看作Buck电源的输出电流。如果细算起来,就需要考虑在上管打开过程中电流是逐步变大的,我们需要对这个电流增大的过程进行积分计算。

如果电流纹波足够小,我们可以近似认为上管打开过程电流没变化,输出电流I_{out}约等于平均电流I_{AVG},则这个计算非常容易,直接计算可得到:

$$P_{上管导通} = I_{AVG}^2 R_{DS(on)} D$$

(3)第三阶段:上管关闭的过程。

上管打开的过程和关闭的过程是类似的计算方法,此处只是电流为整个周期的最大值,因为经历了一个充电的过程,电流此时处于峰值。另外,就是上管关闭的时间与上管打开的时间不一样。这个阶段产生的损耗计算公式如下:

$$P_{\text{上管关闭过程}}=\frac{1}{2}V_{\text{in}}\left(I_{\text{out}}+\frac{\Delta I}{2}\right)\frac{t_{\text{off}}}{T_{\text{s}}}$$

(4)第四阶段:上管已经完全关闭,下管暂时还没有打开。

我们需要理解,任何控制器都需要控制避免上下管同时打开,如果出现同时打开这个状态,则非常容易出现烧管情况,因为相当于通过上下管把输入电源和GND进行了短路。

为了避免出现这种状态,只好在上管关闭之后等待一个时间段,再对下管进行打开的操作。两个MOSFET都关闭的状态,我们称为死区时间。这个时间,主要依赖下管的寄生二极管进行续流,实现输出电流的一个回路,如图5.28所示。此时的功耗,就是下管的寄生二极管的功耗,也就是二极管的正向导通压降($V_{\text{d(on)}}$)乘以此时的电流。在开关的过程中,会有两个阶段经历死区时间(t_{d1}和t_{d2})。t_{d1}表示上管和下管都关闭,下管刚关闭,上管还没打开,在此之前电流一直下降,此时电流最小为$I_{\text{out}}-\frac{\Delta I}{2}$;经历了上管打开的过程之后,上管关闭,在此之前电流一直在增大,此时电流最大为$I_{\text{out}}+\frac{\Delta I}{2}$。上管关断之后,上管与下管都处于关闭状态,此时经历一个t_{d2},如图5.29所示。其中,t_{RU}指上管的上升沿时间,t_{FU}指上管的下降沿时间,t_{FL}指下管的下降沿时间。

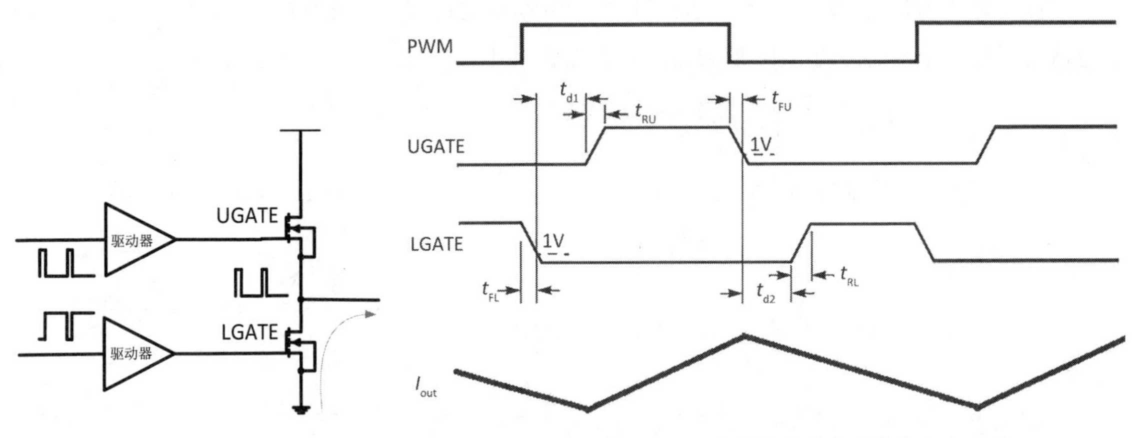

图5.28　死区时间电流方向示意图

图5.29　死区时间及对应的输出电流波形

下管的死区时间的功耗计算公式如下:

$$P_{\text{下管的死区时间}}=V_{\text{d(on)}}f_{\text{sw}}\left[\left(I_{\text{out}}-\frac{\Delta I}{2}\right)t_{\text{d1}}+\left(I_{\text{out}}+\frac{\Delta I}{2}\right)t_{\text{d2}}\right]$$

(5)第五阶段:下管导通。

这个阶段主要体现为下管的导通功耗,因为很显然下管的功耗是在电流通过MOSFET的D极与S极之间的电阻$R_{\text{DS(on)}}$时产生的。下面公式可估算MOSFET下管的导通功耗。

下管的导通功耗可以近似看作:

$$P_{\text{下管导通}}=I_{\text{out}}^{2}R_{\text{DS(on)}}(1-D)$$

如果考虑纹波,可以用以下公式进行计算:

$$P_{\text{下管导通}}=\left[I_{\text{out}}^{2}(1-D)+\frac{\Delta I^{2}(1-d)}{12}\right]R_{\text{DS(on)}}$$

对于纹波电流部分，纹波电流的有效电流推导计算过程跟输入电容计算纹波的有效电流部分相同，此处不做重复推导。

5.9 Buck电路的多相拓扑设计

原先多相Buck电路主要应用于X86服务器，但是随着信息技术的飞速发展，5G、大数据、云计算、人工智能(AI)、物联网(IoT)等新兴技术给人们的生活带来了巨大变化，多相Buck电路的应用也越来越广。这些新技术及其应用无不依赖处理器(CPU)卓越的数据处理能力及其他各方面性能的大幅提升，这对处理器的供电电源提出了更高的要求，促进了高性能电源管理芯片的不断发展。普通单相Buck变换器难以满足CPU大负荷瞬间的大电流需求，因为会有过大的应力导致器件发热严重、使用寿命缩短、效率降低。在发生大电流跳变时，单相Buck变换器受限于单电感的压摆率，导致瞬态响应较慢，而能将大电流分散的多相Buck变换器可有效解决上述问题。美国西屋制动和信号公司在1967年首次提出多相并联直流变换器的概念。研究人员对此展开了相关研究。2005年，P. Hazucha等提出了一种应用于微处理器的全集成四相Buck变换器，工作频率高达233MHz，在0.3A的负载情况下峰值效率达到83.2%。2022年，J.H.Cho等提出了一种工作频率高达400MHz的全集成六相Buck变换器，可实现高精度的电感电流间平衡和快速的动态电压调整(Dynamic Voltage Scaling，DVS)，在1.8A负载的情况下达到了83.7%的峰值效率。随着服务器等大功率设备的高速发展，处理器随着摩尔定律不断地提高性能和功耗，德州仪器(TI)、英特尔(Intel)及苹果的电源芯片供应商Dialog等公司都有自己的多相Buck变换器方案，每年都会有相应的产品发布。

1. 多相控制器的优缺点

多相控制器是一种用于电源供应系统的控制器，通过多个相位来管理电能的传输。这种设计旨在提高系统的效率、稳定性和性能。以下是多相控制器的一些优缺点。

1)优点

(1) 提高效率：多相控制器可以提高电源系统的效率。通过将电流分配到多个相位，使每个相位的电流减小，从而减小了电阻、导线和元件的损耗，提高了整体效率。

(2) 减小输出纹波：多相控制器有助于减小输出纹波。通过将电能分配到多个相位，使输出电流的纹波变小，有助于减小电源噪声，提高系统的稳定性。

(3) 降低散热需求：由于每个相位的电流减小，系统中的电子元件和导线的散热需求也相应降低。这有助于减小系统的热损耗，提高整体的能效。

(4) 提高系统动态响应：多相控制器可以提高系统的动态响应。相比于单相控制器，多相控制器能够更灵活地调整输出电压和电流，从而更好地适应系统负载的变化。

(5) 提供大功率输出：多相控制器可以在相同物理尺寸的情况下，提供更高的功率输出。

2)缺点

(1) 复杂性和成本：多相控制器的设计和实现相对较为复杂，需要更多的电子元件和控制电路。

这可能会增加系统的成本。

(2) 控制难度：多相控制器需要精确的相位控制，以确保各相之间的电流和电压同步。这要求更复杂的控制算法和更高精度的控制器。

(3) 不适用于所有应用：对于某些低功耗、低电流应用，使用多相控制器可能会显得不太经济，因为在这些情况下，多相控制带来的优势可能并不明显。

(4) 占用空间：由于多相控制器需要多个电感、电容等元件，可能会占用更多的电路板空间，对于一些有尺寸限制的应用来说可能并不理想。

综合来看，多相控制器在一些高性能和大功率密度的电源系统中表现出色。选择是否使用多相控制器取决于具体的设计需求和应用背景。大数据、云计算、人工智能等概念的兴起，通信基站、数据中心等基建设施及汽车电动智能化催生出的自动驾驶等终端应用都需要耗电更大的CPU、图形处理单元(Graphic Processing Unit，GPU)和专用集成电路(Application Specific Integrated Circuit，ASIC)来支持更为强劲的算力需求。这对供电电压调节器模块(VRM/Vcore)和负载点电源(Point of Load，PoL)提出了严峻挑战，包括更高的效率、更高的功率密度，同时满足处理器 di/dt>1000A/μs瞬态响应要求。

2. 多相控制器的拓扑结构

常说的多相Buck电源包含控制器和多个MOSFET(有些是DrMOS、集成驱动器和MOSFET的一种集成电路)，是一种多路交错并联的同步Buck拓扑，被公认为是大功率应用场景的最佳解决方案。以广泛应用的12V直流电源输入，转换到处理器核心类负载所需较低电压(0.5～2V)的场合为例，其基于多相Buck的小占空比供电架构方案如图5.30所示。

每相Buck对应的半桥MOSFET可由包含驱动和温度/电流检测的DrMOS代替，由一个控制器采集反馈的电压、电流、温度/错误等信号，并发出各PWM波实现功率的闭环控制。控制器可通过特定协议的通信接口(如PMBus、AVSBus、SVID、SVI2/3、PWM-VID等)和信号指示I/O接口，与系统上位机或负载进行信号交互。

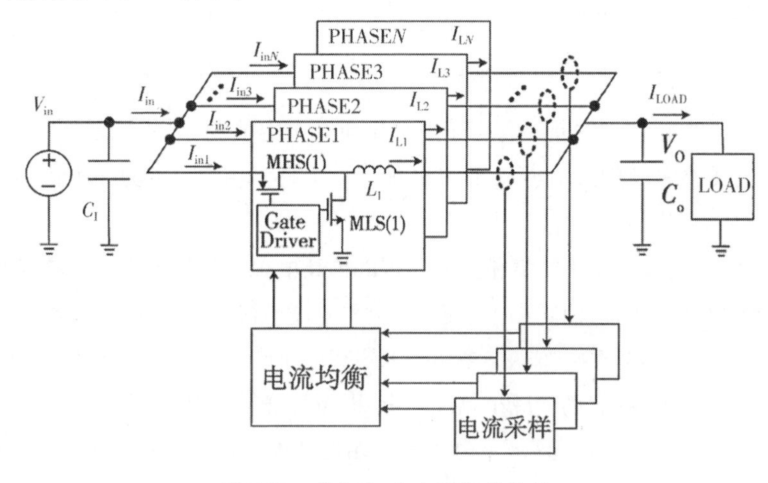

图5.30　多相Buck电路拓扑结构

多相Buck控制器通过使用多个并联的Buck相位，有效地分担了电源系统的负载，提高了整个系统的性能。

(1) 相位同步：多相Buck控制器通常包含多个Buck相位，这些相位的工作是同步的。相位同步是为了确保各个相位之间的电流和电压同步，防止产生振荡或谐波，并提高系统的稳定性。

(2) 电流均衡：在多相Buck控制器中，各个相位通过电流均衡控制来保持负载的均衡。这意味着每个相位的电流负载相对均匀,防止其中一个相位过载而导致系统效率下降。

(3) 控制器同步:多相Buck控制器的各个相位都受到一个中央控制器的控制。这个控制器负责同步各个相位的工作,并确保它们响应系统负载的变化。

(4) PWM调制:每个Buck相位中都包含一个PWM控制器。PWM控制器负责调制开关管的工作周期,以控制电感中的电流。通过调整PWM的占空比,可以调整开关管的导通时间,从而调整电感中的电流和输出电压。

(5) 反馈回路:多相Buck控制器通常包含反馈回路,用于监测输出电压并与设定值进行比较。如果输出电压偏离设定值,控制器会相应地调整PWM信号,以调整输出电压并维持稳定的输出。

(6) 电感能量存储:电感是Buck转换器中的关键元件,它能够存储电能并平滑输出电流。多相Buck控制器中的各个相位共同工作,电感的能量存储可以得到更好的平衡。

3. 多相控制器控制各相MOSFET工作时序

多相控制器通过协调各个相位的MOSFET工作时序,以确保各个相位同步运行,达到电能传输的最佳效果。以一个三相Buck电路为例,三相Buck的上管、下管交替打开,如图5.31所示。

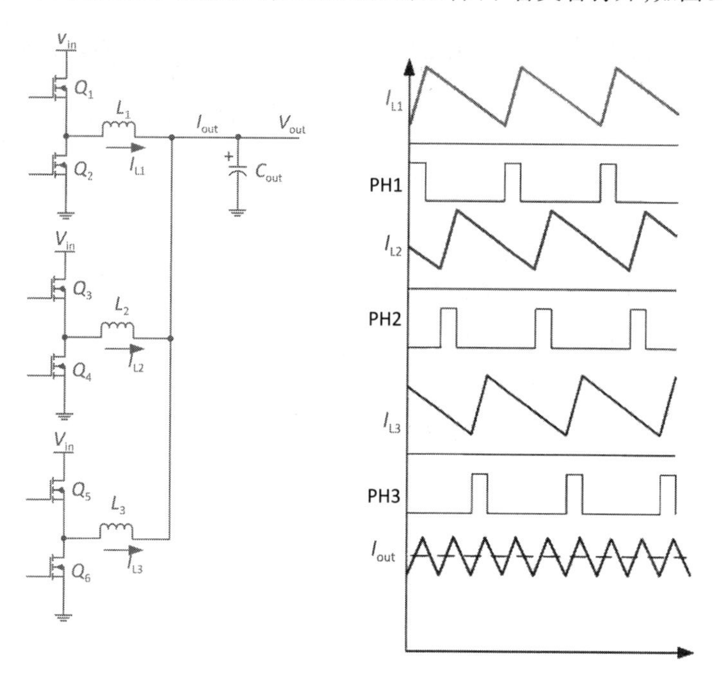

图5.31 三相Buck每个相位对应的控制时序图

(1) PHASE设计:多相控制器中的每个相位都有一个对应的MOSFET驱动器,负责控制MOSFET的开关操作。通常,每个相位包含一个高侧(High-Side)MOSFET和一个低侧(Low-Side)MOSFET,共同构成一个完整的电流路径。

(2) 启动阶段:在系统启动时,多相控制器的各个相位需要同步启动。通过控制器向MOSFET驱动器提供启动脉冲,使得MOSFET开启,建立电流路径。这个启动阶段的目标是让各个相位同步并准备好进行正常操作。

(3) 同步阶段：在正常工作阶段，各个相位的 MOSFET 需要保持同步运行，以确保电流和电压的平衡。这是通过控制器发送时序精确的脉冲信号给各个相位的 MOSFET 驱动器来实现的。通常，同步信号确保高侧和低侧 MOSFET 不会同时导通，以防止短路。

(4) 电感电流控制：在 MOSFET 导通期间，电感中会建立电流。控制器通过调整 MOSFET 的导通时间(PWM 调制)来控制电感电流的大小，这有助于确保系统的稳定性和高效性。

(5) 过渡控制：在系统负载变化或输入电压波动时，控制器需要调整各个相位的操作，以保持输出电压的稳定性。过渡控制涉及调整 PWM 信号，使得 MOSFET 的导通时间适应系统需求的变化。

(6) 关闭阶段：当 MOSFET 关闭时，电感中的电流仍然会继续流动，通过反向二极管完成电流回路。在关闭阶段，控制器确保 MOSFET 关闭的时机协调一致，以避免电流回路中断。

总体而言，多相控制器的设计考虑到各个相位之间的协同工作，以最大限度地提高系统的效率、稳定性和性能。通过精确控制 MOSFET 的时序和电流路径，多相控制器可确保电能转换的高效运行。

4. 动态响应及自适应电压定位

多相Buck电源应用中，动态响应包含动态电压识别(Dynamic Voltage Identification，DVID)和动态负载。

当DVID目标参考电压以设置的斜率动态变化时，控制器需要立即响应控制PWM输出，以使输出电压有能力紧密跟踪DVID的变化，如图5.32所示，虚线表示实际输出电压，实线表示DVID目标参考电压。

图5.32　三相Buck每个相位对应的控制时序图

动态加减负载时，负载电流从I_{o1}跳变至I_{o2}，持续一段时间后又恢复，输出电压会相应地出现波动。环路未饱和情况下，变化的电压V与电流I之比，可定义为AC Load-Line(ACLL)。从幅值的角度去看，电压波动ΔV与电流摆幅ΔI，近似满足：

$$\Delta V/\Delta I \approx \text{ACLL}$$

在CPU应用中，经常使用自适应电压定位技术(Adaptative Voltage Positioning，AVP)优化动态响应中电压波动的峰峰差值。AVP开启的情况下，多相控制器可根据当前的输出电流I_{out}的大小，将DVID目标参考电压自适应下调，下调的电压ΔDVID与输出电流I_{out}之比，定义为DC Load-Line(DCLL)。

$$\Delta \text{DVID}/I_{out} = \text{DCLL}$$

当DCLL=ACLL时，电压波动的峰峰值可降低约一半，因此在保证同样电压波动的情况下，AVP功能可节省输出滤波电容的用量。

5. 多相Buck电源的架构优势形成

(1)每一相纹波相位交错，稳态电感电流的波形峰谷在一定程度上相互抵消，提高等效开关频率，减小了输入和输出的电流纹波和电压纹波；

（2）每一相可使用更小感值和体积的电感，并联情况下通过占空比重叠，可实现更高的 di/dt 和更快的动态响应；

（3）采用耦合电感技术后可继续放大上述优势；

（4）方便的轻载高效管理，可简单通过关闭某几相来实现，即自动切相；

（5）并联更多相数可方便拓展输出电流，且实现分散的热源压力及分布式散热管理。

第6章

Boost电路的原理与设计

Boost电路在关于电池的一些使用场景中非常常见，用于给电池电压升压后再给电路进行供电的场景比较多。随着电动汽车的飞速发展，Boost电路在汽车电子的场景中的使用也越来越多。

6.1 Boost电路的工作过程

Boost电路是一种DC/DC升压电路，能够将低电压升高到较高电压。其基本原理是利用电感储能和电容储能的方式，通过开关管的开关控制，将输入电压进行短时间内的变化，从而使输出电压得到升压。通过调整开关管的开关频率和占空比，可以控制输出电压的大小和稳定性。

1. Boost电路的控制器和转换器

开关电源的主要部件包括输入源、开关管、储能电感、控制电路、二极管、负载和输出电容等。如果功率不是特别大，集成电路厂家会将开关管、控制电路、二极管集成到一个电源管理芯片中，极大地简化了外部电路。

按照是否集成MOSFET，可以将电源集成电路分为变换器、控制器。从集成度来看，Boost变换器也可以这样分类，分为集成MOSFET的Boost转换器，以及外置MOSFET的Boost控制器。低功耗升压变换器可满足对小尺寸解决方案、低成本和高功率密度的需求，不需要外接MOSFET，电路更简单，成本更低，PCB布局更紧凑，如图6.1所示。

也有些Boost变换器集成了一个MOSFET，并将二极管外置，实现一个非同步Boost电路，如图6.2所示。

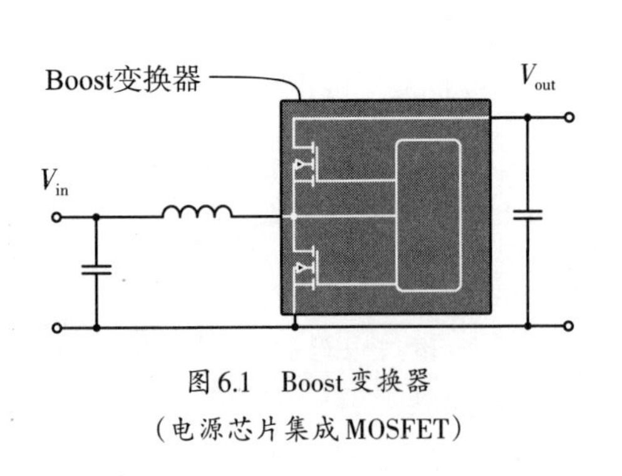

图6.1　Boost变换器
（电源芯片集成MOSFET）

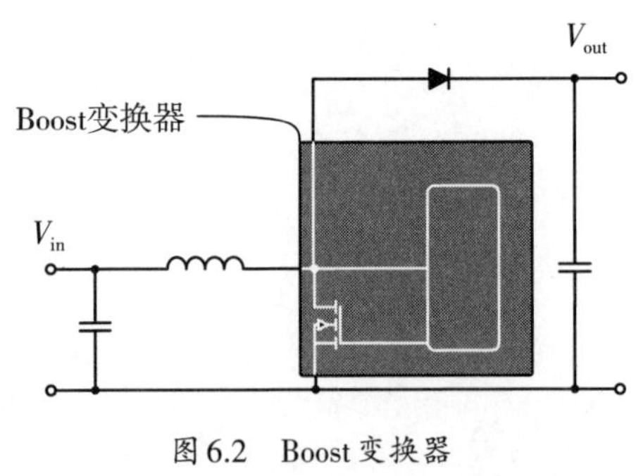

图6.2　Boost变换器
（电源芯片集成一个MOSFET，不集成二极管）

如果电源芯片不集成MOSFET，则可以通过外接MOSFET或二极管实现更高的功率级别，我们把这样的Boost电路的芯片称为Boost控制器，如图6.3所示。

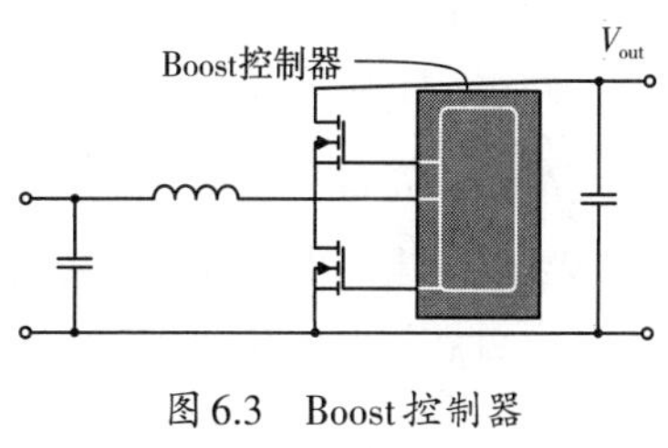

图6.3 Boost控制器
（电源芯片不集成MOSFET）

2. 同步控制器与非同步控制器

同步Boost和非同步Boost都是DC/DC升压电路，它们都能够将低电压升高到较高电压。它们之间的区别在于控制方式和效率不同。跟Buck一样，Boost也有用MOSFET替代二极管来应对更高功率场景的。

(1)控制方式。同步Boost电路在电路中添加同步开关管，与电感共同完成能量转换。非同步Boost电路只有一个开关管，它通过开关管和电感的关系来控制电能的储存和输出。

(2)效率。同步Boost电路的效率一般比非同步Boost电路的效率高，因为同步Boost电路的同步开关管可以减少开关管导通时的能量损失，从而提高转换效率。

然而，同步Boost电路的成本相对较高，而且对于高功率应用来说，同步开关管需要承受更大的电流和电压，这也会导致一定的损耗和热量产生。因此，对于一些低功率应用，非同步Boost电路可能更为经济和实用。

同步Boost和非同步Boost各有其适用场景，需要根据具体的应用场景和需求选择合适的电路。非同步Boost电路和非同步Buck一样，都有一个二极管进行续流，如图6.4所示，左图为变换器，右图为控制器。

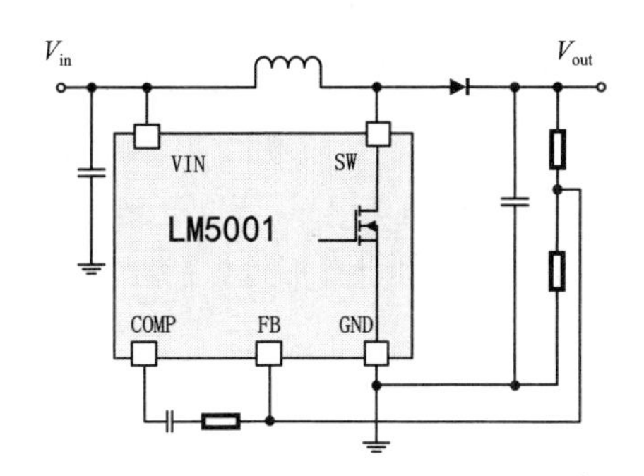

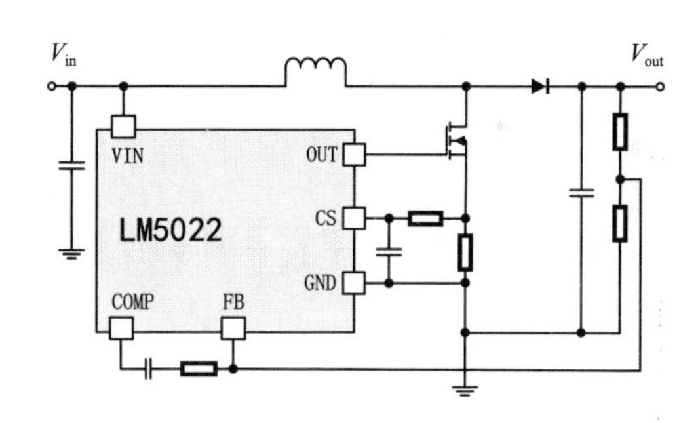

图6.4 非同步Boost电路实例

在同步Boost电路中，使用MOSFET代替二极管。因此，需要一个额外的栅极驱动器用于同步MOSFET，如图6.5所示。

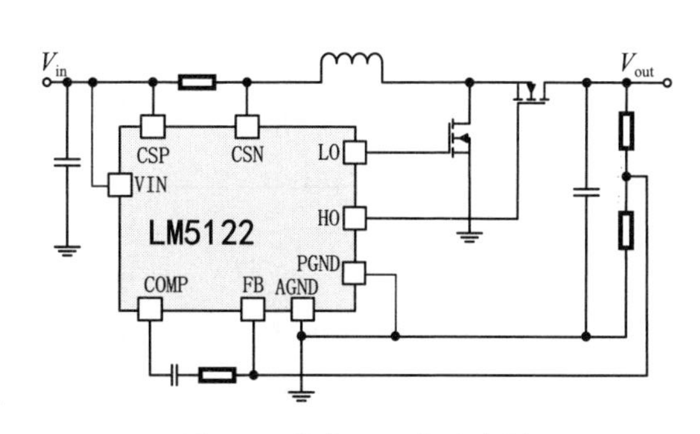

图6.5 同步Boost电路实例

3. Boost电路的工作过程

一般来说，Boost电路的电流不太大，使用过程中以非同步Boost电路为主。我们先以非同步Boost电路为例，介绍其基本工作过程。

（1）在电路的输入端（V_{in}）输入低电压直流电源。

（2）输入电压进入开关管，开始充电。同时，电感中的电流也开始增加，储存电能。

（3）当开关管关闭时，电感中的电流将继续流动，并通过二极管输出到电容上。在这个过程中，电容被充电，使输出电压逐渐升高。

（4）当输出电压升高到一定程度后，电路中的反馈控制电路将通过反馈信号控制开关管的开关频率和占空比，以使输出电压保持稳定。

（5）在电路的输出端接上负载，电路会不断检测输出电压，并通过反馈控制电路动态调整开关管的开关频率和占空比，以保证输出电压的稳定性。

在这里我们重点学习充电和放电两个部分，通过理解充电和放电的过程来理解Boost电路的工作原理和工作过程。

如果控制器把MOSFET控制导通，电源对电感进行充电，如图6.6所示。

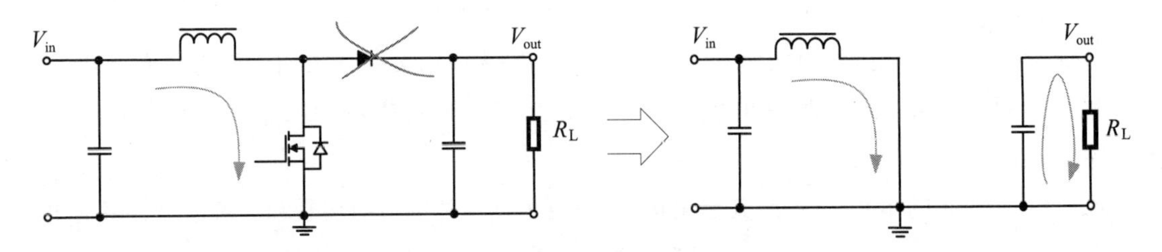

图6.6　当MOSFET导通时Boost电路的等效电路

当开关管导通（MOSFET导通）时，MOSFET等效于一根导线，电感接地，二极管截止，此时输入电源对电感进行充电，输入电压V_{in}直接在电感的两端，此时电感处于一个充电的状态。这时，输入电压对电感进行充电，电流从V_{in}通过电感流向GND。二极管的左侧为GND（0V），右侧为V_{out}，二极管反向截止，没有电流流经二极管，二极管等效于断路。由于输入电压是稳定的直流电压，所以电感上的电流以一定的比率线性增加，这个比率跟电感值大小有关。随着电感电流增加，电感里储存了一些能量。

当开关管断开（MOSFET截止）时，等效电路如图6.7所示。

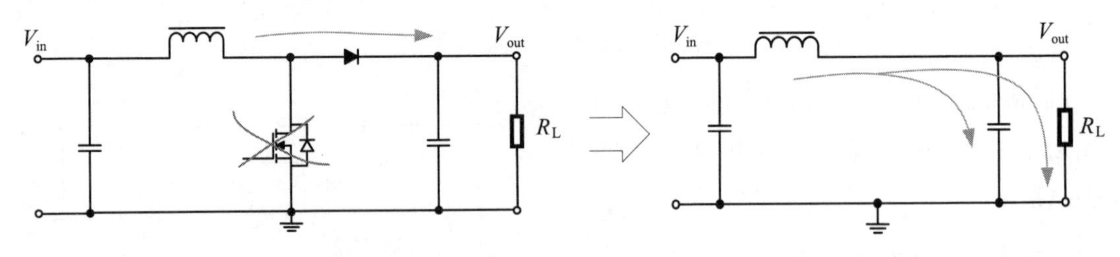

图6.7　当MOSFET关闭时Boost电路的等效电路

当开关管断开（MOSFET截止）时，由于电感的电流保持特性，流经电感的电流不会马上变为0，而是缓慢地由充电完毕时的值在放电的过程中逐步变小。原来的电路已断开，电感只能通过新电路放电，即电感开始给电容充电，电容两端电压升高。

说起来升压过程就是一个电感的能量传递过程。充电时，电感吸收能量，放电时电感放出能量。如果电容量足够大，那么在放电过程中，电容会对电源的输出端保持输出一个持续的电流。如果这个通断电的过程不断重复，就可以在电容两端得到高于输入电压的电压。

4. Boost电路升压原理

在Boost电路中，当MOSFET打开时电感电流持续增加，当MOSFET关断时电感电流持续减少，如图6.8所示。

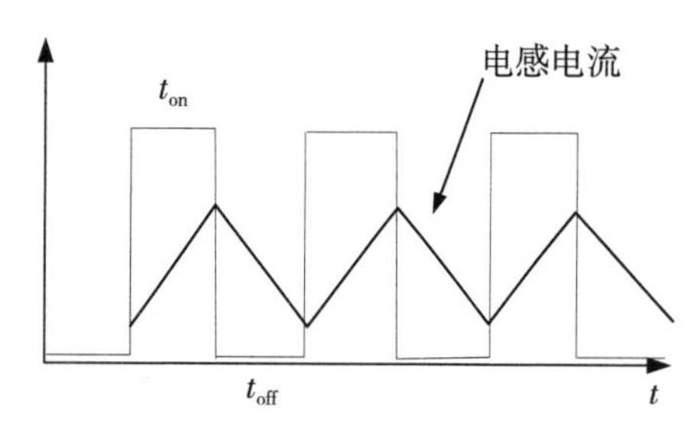

图6.8　开关过程中电感电流变化曲线

当开关管不导通的时候，电感已经被充上电，由楞次定律可知，此时电感的电流不会立即减小到0，电流的方向依然由左向右，且二极管导通，导通后就存在导通压降。电感两端存在电压，这个输出电压就是相比于V_{in}升高的电压。在开关管关断时，电感放电，给输出滤波电容和负载充电。

当开关管导通时，电源经由电感-开关管形成回路，电流在电感中转化为磁能进行能量储存；开关管关断时，电感中的磁能转化为电能，电感像一个供电的电池一样，电极为左负右正，此电压叠加在输入电压的正端，经由二极管—负载形成回路，完成升压功能。既然如此，提高转换效率就要从三个方面着手：尽可能降低开关管导通时回路的阻抗，使电能尽可能多地转化为磁能；尽可能降低负载回路的阻抗，使磁能尽可能多地转化为电能，同时使回路的损耗最低；尽可能降低控制电路的消耗，因为对于转化来说，控制电路的消耗在某种意义上是浪费的，不能转化为负载上的能量。

5. 同步Boost电路的死区时间

在同步Boost电路中，死区时间是指在同步开关管导通或关闭时，为了避免两个MOSFET同时导通而导致的瞬态过流和损耗，需要设置两个开关管的导通的时间间隔，如图6.9所示中的t_{d1}和t_{d2}。

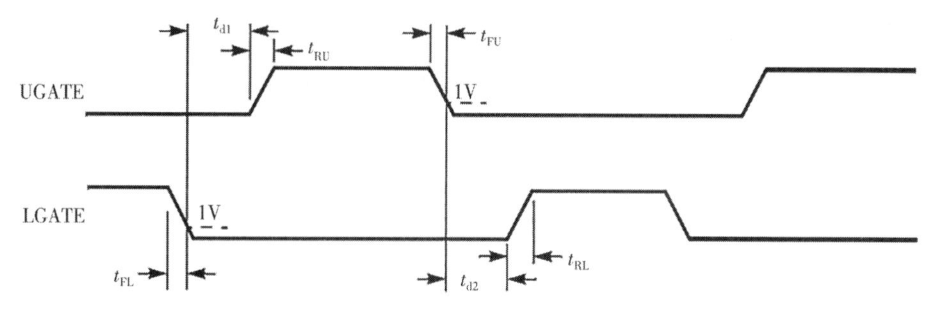

图6.9　开关过程中死区时间示意图

死区时间也可以称为交叉导通时间或交叉关闭时间。通常，同步Boost电路的死区时间设置为几十纳秒到几微秒，与输入电压和温度都有关系，如图6.10所示。可以通过实验或模拟计算的方式确定合适的死区时间，并在电路中设置对应的死区时间来控制电路，以保证电路的稳定性和效率。

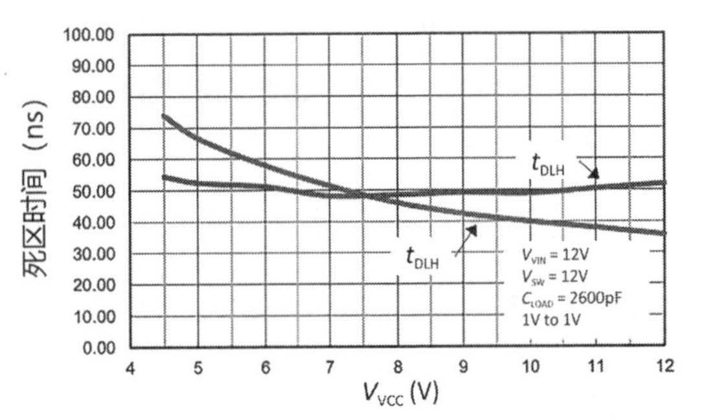

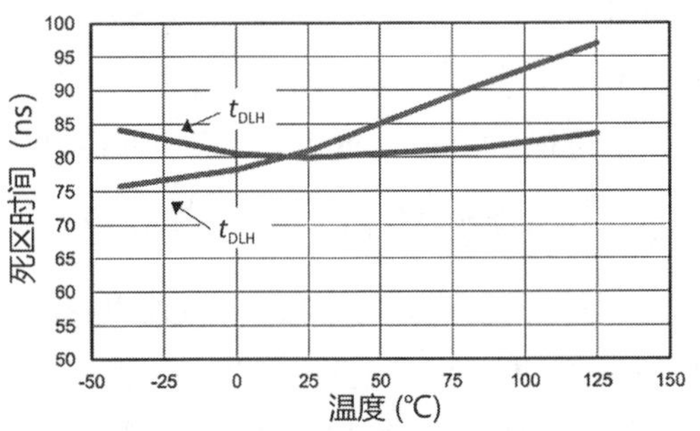

图 6.10　死区时间与输入电压 V_{VCC} 和温度的关系实例图

死区时间的设置需要考虑多方面因素，如开关管的响应时间、电感电流的变化速率、电容电压的变化速率等。死区时间过短会导致交叉导通或交叉关闭，造成开关管损坏和电路不稳定；死区时间过长则会导致电路效率降低和电磁干扰的增加。

6.2 Boost电路的电感选型

在Buck电路的输出电感的分析过程中，我们提到了电感保持电流不突变的特性。这个小节，我们先分析电感的这个特性，再深入探讨电感的选型。

1. 电感电流变化规律

假设电流流经电感，但是电感的磁场不变化，电感就不会产生阻碍电流变化的感生电动势，电感在直流电路中就相当于一根导线，导线本身的电阻值很小，因此它对电流的阻碍作用也很小。然而，当随时间而变化的电流流经电感中的导体时，电感中导体周围的磁场也会随之变化，电感为了阻止周围磁场的变化趋势，其内部就会感生出与电流变化趋势相反的感生电动势，从而阻碍电流的变化，而且阻碍的程度与电流变化的速度有关。开关刚接通的瞬间，电流从无到有，电流产生的磁场也从无到有。

为了阻碍磁场的这种变化，电感中就产生一个相反的电动势，这个反向电动势的产生使得电流不能一下子就变为最大值。反之，当已经变为最大值的电流突然被切断时，磁场也将要随之变化，贴片电感为了阻止这种变化，就会产生很高的正向电压，企图维持磁场和电流保持不变。

根据电感的特性（$V_L = L\mathrm{d}i/\mathrm{d}t$），把流过电感电流的变化率（$\mathrm{d}i/\mathrm{d}t$）看成是结果，我们可以看到这跟一个外因电感两端的电压 V_L 有关，电压越大则电流的变化率越大。电感值是阻碍电流变化率的，电感越大则电流的变化率越小：

$$\frac{\mathrm{d}i}{\mathrm{d}t} = \frac{V_L}{L}$$

如果这个过程中电压和电感都保持不变，电流随时间的增长率不变，那么此时电流是线性增加的：

$$\frac{\Delta i}{\Delta t} = \frac{V_L}{L}$$

在Boost电路中，输入电压V_{in}可以看成是稳定的直流量，不随时间的变化而变化，电感在工作过程中也可以看成是稳定值。当开关管导通时，电感两端的电压可以近似看成是输入电压V_{in}（MOSFET导通后等效于导线，所以MOSFET导通后DS两端电压V_{DS}等效于0），此时电感处于充电状态，电感上的电流处于增长状态，如图6.11所示。

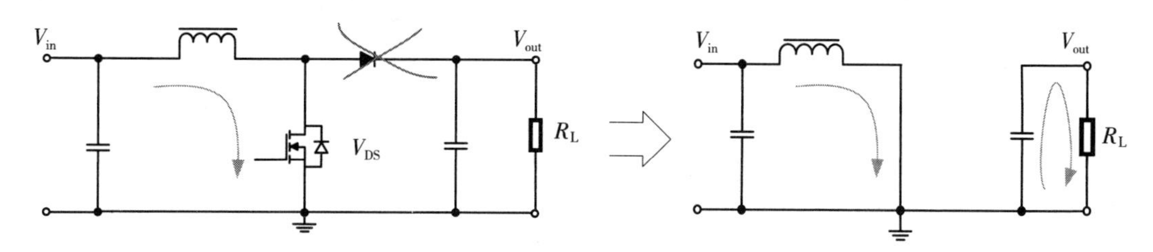

图6.11　开关管导通后电感充电的等效电路

在开关导通的时候，电感L右侧接地，二极管截止，V_{in}对电感L进行充电，如图6.11所示。二极管左侧电压为0，右侧电压为V_{out}，所以此时二极管是反向截止状态，等效于断开。开关管导通后，电感两端电压充电电流如图6.12所示。

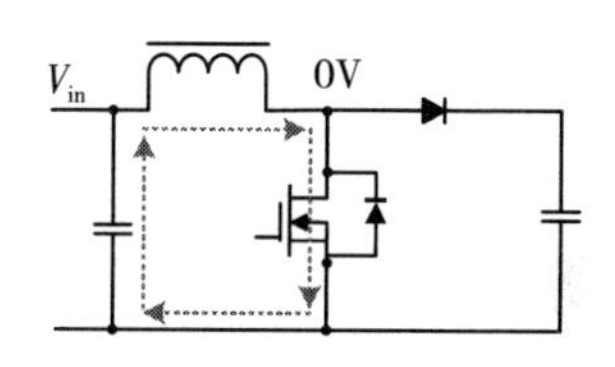

图6.12　开关管导通后电感两端电压充电电流

这个电感在充电的阶段，电感上的电流持续增加。电感值越大越抑制电流变化，电流增加的斜率越小。这个阶段一直增加到开关管关闭，才停止，如图6.13中的①标注区域所示。

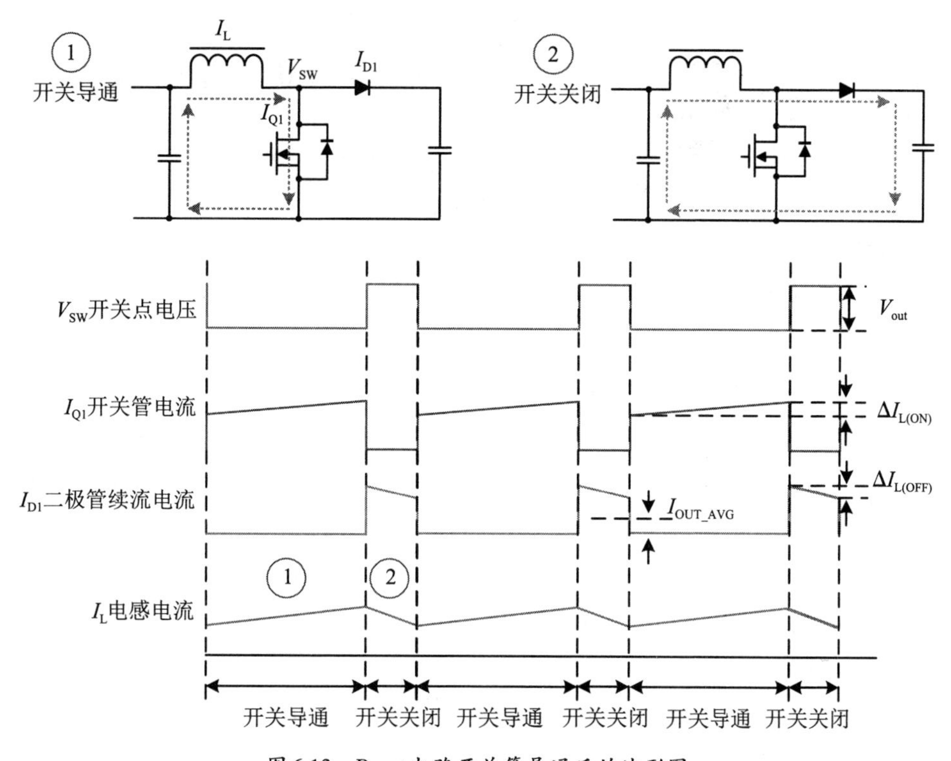

图6.13　Boost电路开关管导通后的波形图

当开关管关闭时，电感会阻碍电流变化，此时电流会保持原来的流向。当开关管关闭时，电流只能往二极管方向流动。二极管的右侧的电压为V_{out}，按照二极管正向导通的特性，二极管两端是正向导通电压的压差。电感两端的电压发生了变化。左侧电压不变仍然是V_{in}，右侧为V_{out}加上二极管正向导通电压V_d，则有$V_{in}+V_L=V_{out}+V_d$，此时电感的电流开始下降，因为电压和电感都没有变化，所以其电流变化率不变，电流是线性变化的。

$$\frac{di}{dt}=\frac{V_L}{L}=\frac{V_{out}+V_d-V_{in}}{L}$$

开关管导通，T_{on}为开关管导通时间，电感处于充电状态，电感电流线性增大；开关管截止，T_{off}为开关管截止时间，电感处于放电状态，电感电流线性减小。电感电流线性变化曲线如图6.14所示。

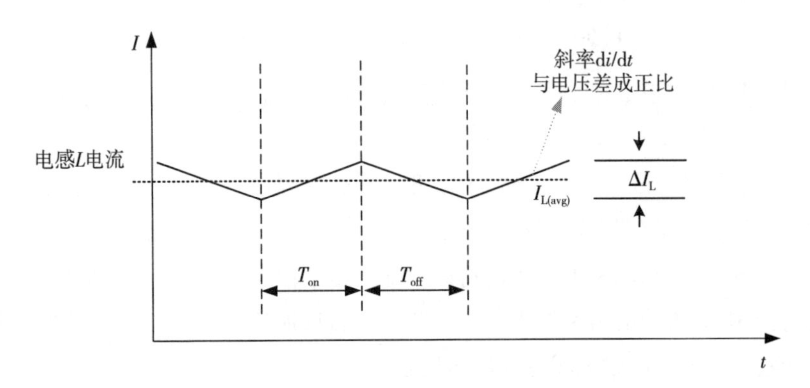

图6.14　电感电流变化曲线

电感中的电流在开关管导通时线性增大，那么在电感选择时要选一个额定电流为多少的电感呢？跟Buck电路一样，选择电感的时候，需要考虑热电流和饱和电流。

2. 电感值的选择

如果我们选型时选择的电感量过小，那么电感纹波电流会比较大，即流过电感电流的峰值会很高，电感饱和电流就要很高。纹波电流比较大，会向外辐射能量，导致一些EMI问题。如果电感量过大，那么电感纹波电流会比较小，会导致动态响应变差。电感值越大，抑制电流变化率的能力越强，一个周期内电流可以调整的幅度就越小。如果当前电源输出一直是1A的电流，此时需要从1A的电流变成5A的电流。这个时候，如果电感过大，电感电流升上来需要较长时间，那么电感电流需要很多个开关周期才能升到5A。负载所需要的5A电流主要来源于输出滤波电容的放电，我们设计的时候需要更大的输出电容。如果电容的容量也不能满足，则可能会导致输出电压跌落比较多。

根据伏秒特性：导通阶段的电感电压与其作用的时间（导通时间）的乘积必然等于关断阶段的电感电压与作用时间（关断时间）的乘积，但符号相反。

$$V_{on}T_{on}=V_{off}T_{off}$$

对于Boost电路，我们可以把前面分析的电压值代入：

$$V_{in}T_{on}=(V_{out}+V_d-V_{in})T_{off}$$

则有

$$\frac{T_{on}}{T_{off}} = \frac{V_{out} + V_d - V_{in}}{V_{in}}$$

设

$$T = T_{on} + T_{off}$$

T为开关电源的开关周期,f为开关电源的开关频率,则$T = 1/f$。

所以,占空比D为

$$D = \frac{T_{on}}{T} = \frac{T_{on}}{T_{on} + T_{off}} = \frac{V_{out} + V_d - V_{in}}{V_{out} + V_d - V_{in} + V_{in}} = \frac{V_{out} + V_d - V_{in}}{V_{out} + V_d} = 1 - \frac{V_{in}}{V_{out} + V_d} \approx 1 - \frac{V_{in}}{V_{out}}$$

式中:T_{on}——导通时间;

T_{off}——截止时间;

V_{in}——开关管导通电感电压等于输入电压;

$V_{out} + V_d - V_{in}$——开关管截止电感电压,等于输出电压加上二极管正向导通电压减去输入电压。V_d相比于输入输出电压比较小的时候,可以忽略不计。

在开关管导通期间,电感上的电流增量为T_{on}时间段电流的累计变化:

$$\begin{aligned}\Delta I_L &= \frac{V_L}{L}\Delta t = \frac{V_L}{L}T_{on} = \frac{V_L}{L}TD \\ &= \frac{V_L}{L}T\left(1 - \frac{V_{in}}{V_{out} + V_d}\right) = \frac{V_{in}}{Lf}\left(1 - \frac{V_{in}}{V_{out} + V_d}\right)\end{aligned}$$

所以,$\Delta I_L = \frac{V_{in}}{Lf}\left(1 - \frac{V_{in}}{V_{out} + V_d}\right)$。

电感纹波电流的大小与输入输出电压值、开关频率、电感量,二极管正向导通电压有关。在电感选型时要选择适当的电感值,选择电感值越大,纹波电流越小,如图6.15所示。

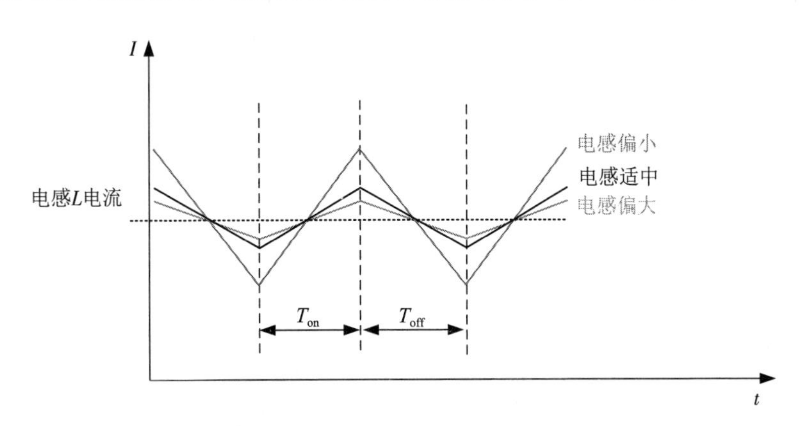

图6.15 电感值的大小对电流纹波大小的影响

一般条件下,电感量确定,电感的纹波电流ΔI_L在电感平均电流的10%～30%区间,故

$$\Delta I_L = (0.1\sim0.3)I_L$$

我们要计算一下I_L与输出电流I_{out}的关系。假设理想状态下，输出端电容几乎是不耗电的，电压也不会变化，所以其平均电流为0，也就是说，流过负载的电流全部从二极管过来。所以二极管的平均电流也是I_{out}，导通压降是V_d，那么二极管的平均功率$P_d=I_{out}V_d$。

不论是开关管导通还是关闭，电感上持续有电流通过，那么这个电源输出的平均电流也就是电感的平均电流$I_{L(avg)}$。则输入功率$P_{in} = V_{in}I_{L(avg)}$，输出功率$P_{out} = V_{out}I_{out}$。

计算输入功率和输出功率之间的关系的方法有两种，第一种是把二极管功耗作为主要功耗，第二种是按照效率的公式进行计算。我们用两种方法将效率公式代入电感的计算公式，则可以得到为了满足一定效率的电感选型要求。

方法一：如果我们把主要的损耗归于二极管的原因，二极管损耗计为P_d，其他损耗忽略不计，则有输入功耗等于输出功耗加上二极管的损耗。

$$P_{in} = P_{out} + P_d = V_{out}I_{out} + V_dI_{out}$$

于是，可以得到

$$V_{in}I_{L(avg)} = V_{out}I_{out} + V_dI_{out}$$

此时可以得到

$$I_{L(avg)} = \frac{V_{out}I_{out} + V_dI_{out}}{V_{in}} = \frac{V_{out} + V_d}{V_{in}}I_{out}$$

综合公式$\Delta I_L = \frac{V_{in}}{Lf}\left(1 - \frac{V_{in}}{V_{out} + V_d}\right)$，及$\Delta I_L = (0.1\sim0.3)I_L$，我们选择系数0.3。

可以得到

$$0.3\frac{V_{out} + V_d}{V_{in}}I_{out} = \frac{V_{in}}{Lf}\left(1 - \frac{V_{in}}{V_{out} + V_d}\right)$$

$$L = \frac{V_{in}}{0.3fI_{out}}\left(1 - \frac{V_{in}}{V_{out} + V_d}\right)\frac{V_{in}}{V_{out} + V_d}$$

方法二：电源效率我们计为η。我们用电源效率公式关联输入输出功率的关系，则

$$\eta = \frac{P_{out}}{P_{in}} = \frac{V_{out}I_{out}}{V_{in}I_{in}} = \frac{V_{out}I_{out}}{V_{in}I_{L(avg)}}$$

综合公式$\Delta I_L = \frac{V_{in}}{Lf}\left(1 - \frac{V_{in}}{V_{out} + V_d}\right)$，及$\Delta I_L = (0.1\sim0.3)I_{L(avg)}$，我们选择系数0.3。

可以得到

$$0.3\frac{V_{out}}{V_{in}\eta}I_{out} = \frac{V_{in}}{Lf}\left(1 - \frac{V_{in}}{V_{out} + V_d}\right)$$

$$L = \frac{V_{in}}{0.3fI_{out}}\left(1 - \frac{V_{in}}{V_{out} + V_d}\right)\frac{V_{in}\eta}{V_{out}}$$

电感值的选择需基于负载的轻重、纹波电流可接受的情况，同时要兼顾动态响应特性，同时电感值可选的离散度很大，精度也不是很高。计算的理论值需留有一定的裕量，适合实际电路需求才是最好的。

3. 电感额定电流的选择

当电流增加到一定程度的时候，电感值会下降，从而导致电流波形变化。在理想模型中分析，一般认为电感的固有属性电感量是固定不变的，但在实际应用中，随着流过电感的电流增大，电感量L会随着电流的增大而减小，一般不同的厂家会定义标称电感量下降20%或30%时（不同厂家定义的值有所差异）流过的电流为饱和电流，如图6.16所示。

在开关管导通的时候，电感电流线性增大，其斜率$K = \mathrm{d}i/\mathrm{d}t = V_L/L$，那么在电感进入饱和状态的过程中，电感值动态减小，意味着电流增大的斜率K也快速增大。试想一下，电流不断增大，电感值减小，变化率$\mathrm{d}i/\mathrm{d}t$变大。当电流增大，超过了电感饱和电流，可以发现流过电感电流的变化率发生了变化，如图6.17所示可以看出$\mathrm{d}i/\mathrm{d}t$逐渐变大并产生尖峰。

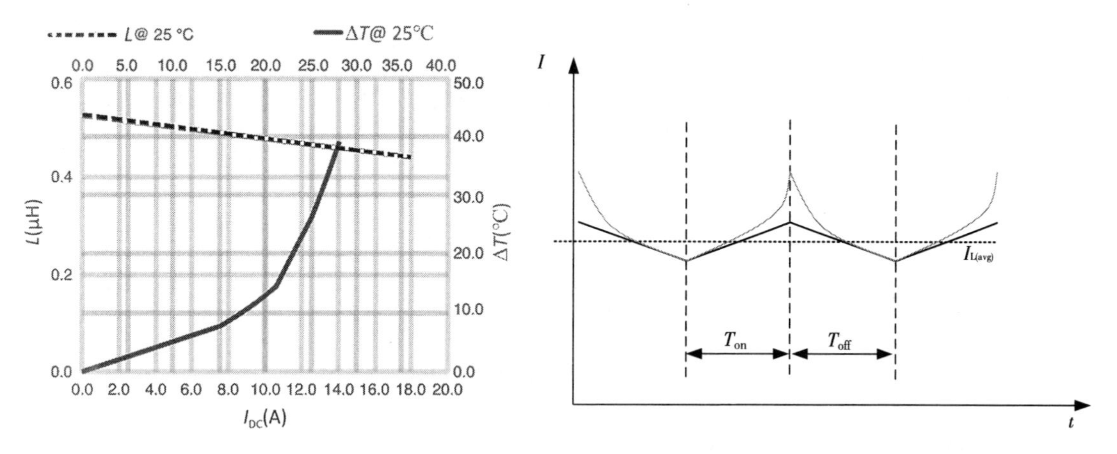

图6.16　电感值随电流增大变化曲线

图6.17　电感值变小导致纹波电流变大曲线

在Boost电路中，电感的选择需要考虑电感的饱和电流并要留一定的裕量。过大的DCR会在负载瞬态变化中引起热损，一般尽量选择较小的DCR。热电流也应该满足电感热电流的额定电流。

6.3 Boost电路的CCM模式与DCM模式

Boost升压电路，可以工作在电流断续工作模式（DCM）和电流连续工作模式（CCM）。CCM工作模式适合大功率输出电路，电感电流需保持连续状态。因此，我们按CCM工作模式来对Boost电路进行分析。不管哪种拓扑，其CCM和DCM的定义是一样的。

根据变换器在稳定状态下每个开关周期起始（结束）时电感电流的实际值，可以判断变换器的工作模式：

(1)稳定状态下若每个周期中电流都回到0,则为非连续导通模式(DCM);

(2)若电流回到大于0的值,则称为连续导通模式(CCM);

(3)若恰好在周期结束时回到0,则称为临界导通模式(BCM)。

根据前文分析可以知道,电感上的平均电流其实是由负载决定的,因为输出电压一定,负载的等效电阻越小,则电感上流经的平均电流$I_{L(avg)}$就越大;电感上的纹波电流在输入输出电压确定的情况下,跟电感值的大小有关。当平均电流足够大的时候,电感的电流处于一个稳态,持续以纹波的形式围绕平均电流变化。当负载变化时,电流会变化,这时体现到的就是电感的平均电流变化,在图6.18中,波形上下整体移动,电路纹波大小的幅度不会变化。

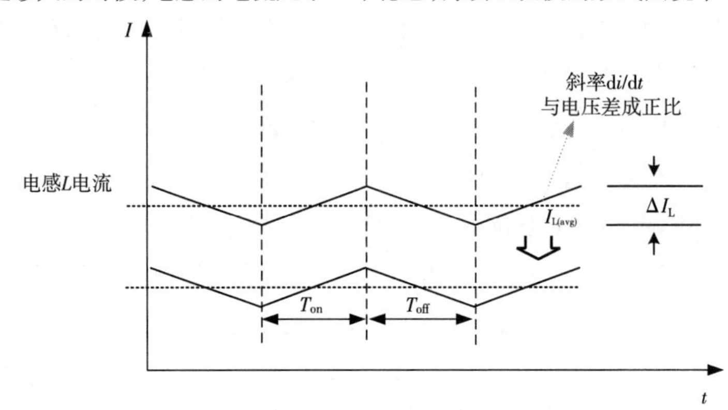

图6.18　电感值变小导致纹波电流变大曲线

在电路正常工作过程中,如果电感电流的最小值大于0,也就是电感处于一个持续输出电流的稳态,只不过有一个纹波的规律性波动,则此时就是一个CCM模式,为保证电流连续,电感电流应满足:

$$I_{L(avg)} \geqslant \frac{\Delta I_L}{2}$$

(1)当$I_{L(avg)} > \frac{\Delta I_L}{2}$时,Boost电路工作在连续导通模式(CCM)。

(2)当$I_{L(avg)} = \frac{\Delta I_L}{2}$时,Boost电路工作在临界导通模式(BCM)。

(3)当$I_{L(avg)} < \frac{\Delta I_L}{2}$时,Boost电路工作在非连续导通模式(DCM)。

1. CCM模式

CCM模式下,Boost电路的电感电流的波形如图6.19所示。

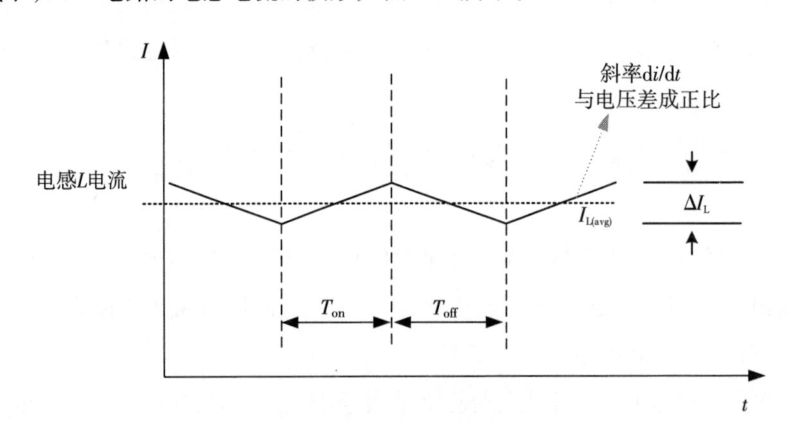

图6.19　CCM模式下Boost电路的电感电流曲线

当开关管(MOSFET)为导通状态,二极管D处于截止状态,流经电感L和开关管的电流逐渐增大,电感L两端的电压为V_{in},考虑到MOSFET的S极对公共端的导通压降Vs,即为$V_{in}-V_s$。在T_{on}时段,通过L的电流增加部分为$\Delta I_{L(on)}$。升压变换器Boost在CCM/DCM的边界情况,是指开关截止期间电感电流从最大值正好减小到0,电流值一旦为0,下一个开关周期便开始了。此时,电感电流平均值可表示为:

$$\Delta I_{L(on)}=\frac{V_{in}}{L}t_{on}=\frac{V_{in}}{L}TD$$

开关管导通时的压降$V_{DS(on)}$和线路上其他电阻或走线的压降,我们可以忽略不计。

当开关管截止,二极管D处于导通状态,储存在电感L中的能量提供给输出,流经电感L和二极管D的电流处于减小状态,设二极管D的正向电压为V_f,开关管截止时,电感L两端的电压为$V_{out}+V_f-V_{in}$,电流的减少部分$\Delta I_{L(off)}$满足下式:

$$\Delta I_{L(off)}=\frac{V_{out}+V_f-V_{in}}{L}t_{off}=\frac{V_{out}+V_f-V_{in}}{L}T(1-D)$$

V_f为整流二极管正向压降,快恢复二极管约0.8V,肖特基二极管约0.5V。

在电路稳定状态下,总的电流保持稳定,则电感在开关管开关的两个时间的变化量相同,有:

$$\Delta I_{L(off)}=\Delta I_{L(on)}$$

$$\Delta I_{L(on)}=\frac{V_{in}}{L}T_{on}$$

$$\Delta I_{L(off)}=\frac{V_{out}+V_f-V_{in}}{L}T_{off}$$

则

$$\frac{t_{off}}{t_{on}}=\frac{V_{in}}{V_{out}+V_f-V_{in}}$$

如果忽略效率,电感输入功率等于电源的输出功率:

$$V_{in}I_{L(avg)}=V_{out}I_{out}$$

可得电感的平均电流为:

$$I_{L(avg)}=\frac{V_{out}I_{out}}{V_{in}}=\frac{I_{out}}{1-D}$$

同时可得电感器电流纹波为:

$$\Delta I_L=\frac{V_{in}}{L}TD=\frac{V_{in}}{Lf}D$$

为保证电流连续,电感电流应满足:

$$I_{L(avg)}\geqslant\frac{\Delta I_L}{2}$$

因此,有:

$$\frac{I_{out}}{1-D} \geqslant \frac{V_{in}}{2Lf}D$$

综合以上，可得到满足电流连续情况下的电感值为：

$$L \geqslant \frac{V_{in}}{2LfI_{out}}D(1-\mathrm{D})$$

在电感选型的时候若满足这个值，则电源始终会保持在CCM模式。

2. BCM

跟Buck电路一样，BCM是一种临界态，相当于电感正好出现流经电流为0的情况。BCM就是CCM-DCM临界模式。本质上BCM更像CCM的一种特殊情况，波形也跟CCM一样是一个稳态，如图6.20所示。

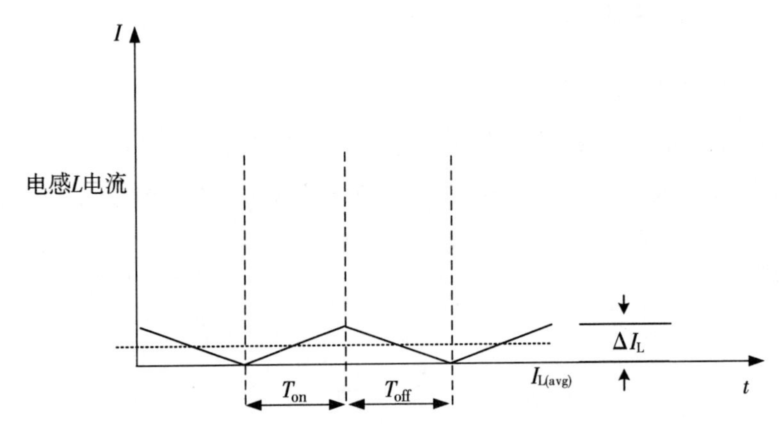

图6.20　BCM模式下Boost电路的电感电流曲线

3. DCM

在开关关闭之后，电感处于一个释放能量的状态。电感的电流在继续放电的过程中，一旦到达0之后，没有能量继续释放，会继续保持0，此时输出电流就依赖输出电容进行维持，此时电感的电流如图6.21所示。

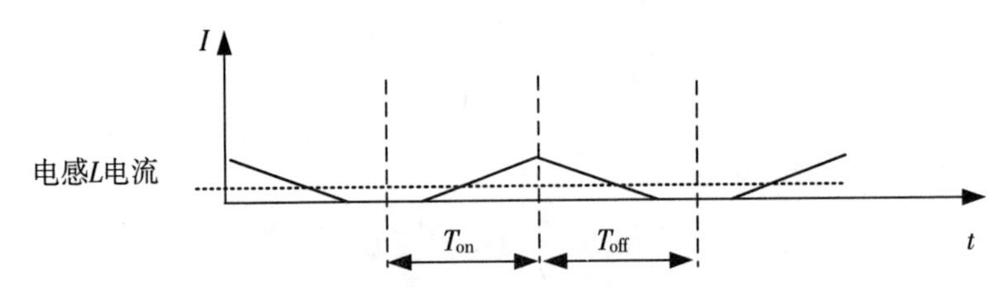

图6.21　DCM模式下Boost电路的电感电流曲线

实际测试到的波形如图6.22中的曲线所示。

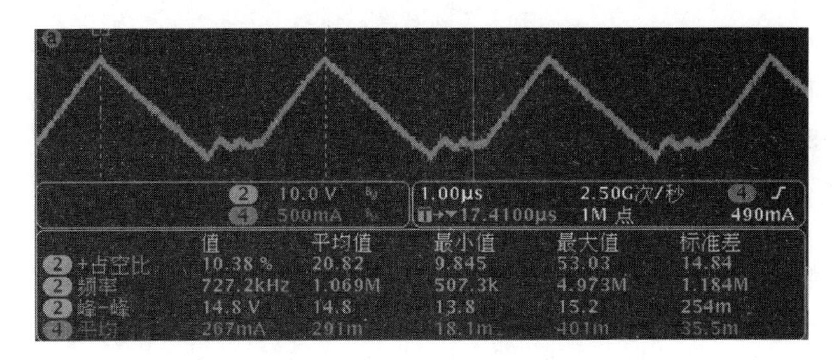

图6.22　DCM模式下Boost电路的电感的实测波形

6.4 Boost变换器的二极管

对于Boost电路，跟Buck电路一样都有同步与非同步。如图6.23所示，非同步Boost有一个开关管和一个二极管，而同步Boost有两个开关管。

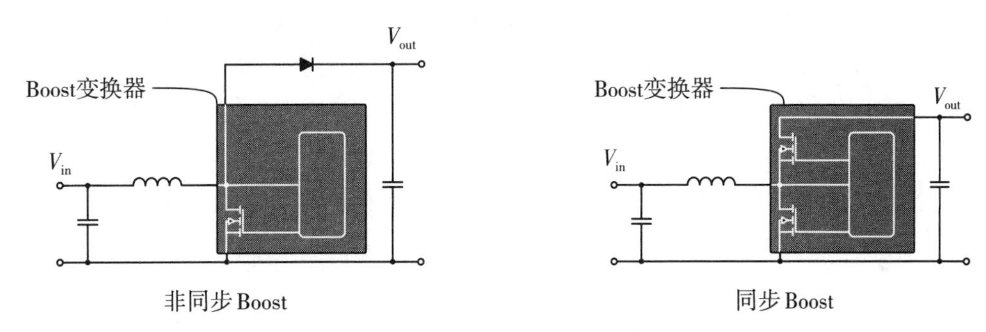

图6.23　非同步Boost电路与同步Boost电路

Boost电路在小电流场景下，有一些控制器还是非同步的Boost电路，所以会使用二极管作为电路的组成部分。

要分析二极管在Boost电路中的作用，需要先分析在开关管导通和关闭时电流的路径，如图6.24所示。开关管关闭时，电感储存的能量给输出电容和负载提供能量，电流路径为图6.24右图虚线箭头方向，此时二极管D_1导通。

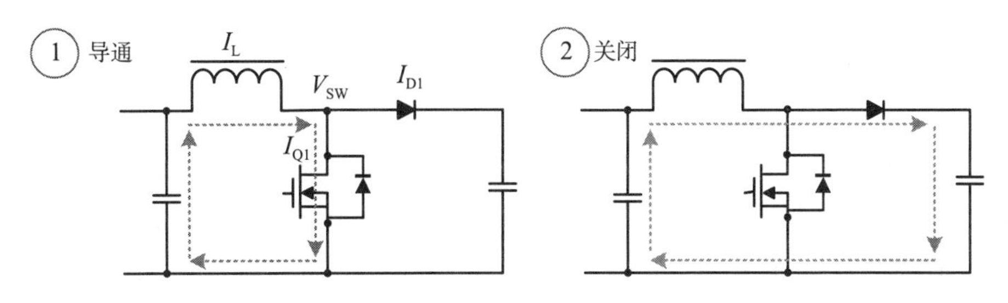

图6.24　Boost电路开关管导通和关闭时的电流路径

在开关管导通时，电感储存能量，电源的输出电容两端电压保持不变，电容维持输出电压V_{out}同时给负载供电，这时二极管的单向导通性就发挥其作用了，不允许电流反向经过，此时二极管如同断开，那么电容的放电路径只能是流向负载。此时二极管两端的电压分别为0和V_{out}，但是正好是反向截止，二极管电流为0。

在开关管关闭时，电感在放电，流过二极管的电流在线性减小。在这个过程中流过二极管的电流是变化的，存在峰值电流和平均电流，这时就需要考虑二极管的通流能力。

在开关管关闭时，流过二极管的电流约等于输出电流I_{out}，假设流过二极管的平均电流为I_D，导通压降为V_D，那么二极管的平均功率$P_D = I_D V_D$。为了提高输出效率，减小功率损耗，那么在选择二极管时尽量选择正向导通压降V_D小的二极管，让电感储存的能量尽可能多地提供给负载，不要浪费给二极管。

二极管的实际电流波形还有一个负电流尖峰，如图6.25所示。

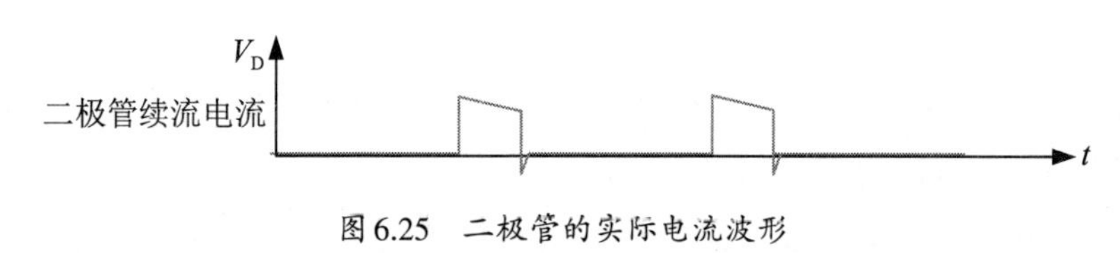

图6.25　二极管的实际电流波形

二极管还会存在一个反向恢复时间，这样流经二极管的电流就会存在一个尖峰。实际应用中的二极管，在电压突然反向时，二极管电流并不是很快减小到0，而是会有比较大的反向电流存在，这个反向电流降低到最大值的0.1倍时所需的时间，就是反向恢复时间。在这个反向恢复时间里，二极管可以通过较大的反向电流，所以在波形图中就会出现一个较大的反向电流尖峰。

二极管的反向恢复时间就是存储电荷消失所需要的时间，而这个时间也会决定二极管的最大工作频率。

（1）二极管反向电压大于Boost工作过程中最大的反向电压V_{out}，并留有一定的余量。

（2）考虑到电源的效率，二极管的正向导通压降V_f越小越好。

（3）二极管最大正向电流I_f需要大于负载最大电流（输出最大电流I_{Load}），并留有余量。正向峰值电流I_{fsm}需要大于电感峰值电流I_{L_max}，并留有余量。

（4）二极管反向恢复时间T_{rr}越小越好。

6.5 Boost变换器的输入电容

对于DC/DC电源来说，顾名思义，其上一级输入也一定是一个直流电压。在理想情况下，对于一个DC/DC来说，其输入的电压值稳定可靠，永远保持在一个稳定的状态，无论后面的电流怎么变化，其电压都恒定在设置的电压。后一级的电流变化如同一个干扰项，干扰前一级的电压稳定度，两者如同掰手腕，看谁力气大。理论上，这个V_{in}的电压就是12V，永远都是12V，不管后面电流如何变化，都会把V_{in}的电压控制在12V。因此，很多理想电源供电的场景不需要滤波电容了。对于这一点，实际电路肯定做不到，所以需要输入滤波电容来提供瞬态的电流需求。

在实际场景中，从上一级直流电源到下一级DC/DC电源之间还有PCB走线或线缆走线，如图6.26所示。在实际应用中，输入电源可能距离很远，有很长的走线，走线越长，电感就越大。由于这个电感的存在，即使上一级电源是理想电源，但电感电流不能突变，需要一个储能器件来辅助提供瞬间变化的电流。此时我们就需要一个电容接到电源输入的地方。

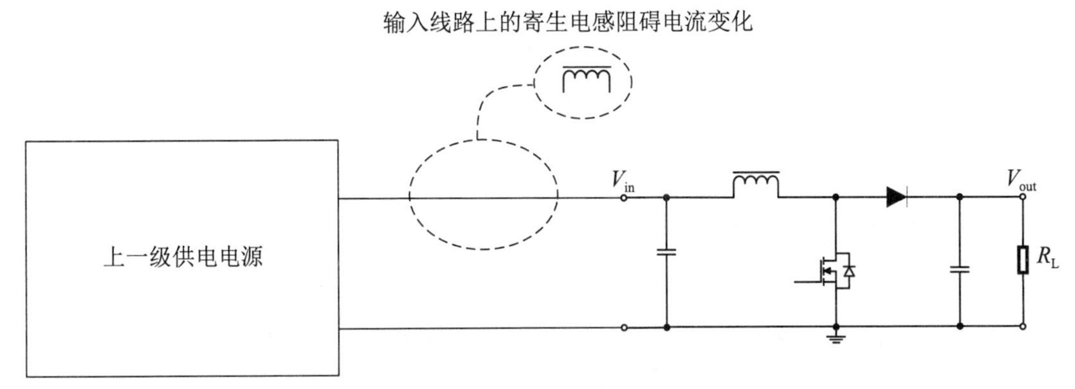

图6.26 上一级电源与Boost变换器输入的关系

如果两级电源足够的近，走线长度会变短，则这个寄生电感的感值就足够的小，小到可以忽略。此时是不是可以不需要这个输入电容？答案是否定的，原因如下：第一，没有所谓的理想电源，上一级电源也是依赖电容实现稳压；第二，在实际场景中，两级电源之间的距离不可能足够短，而可能有很长的PCB走线或线缆走线。

那么我们应该选择多大容量的电容作为输入电容呢？

与Buck电路一样，需要对Boost变换电路的输入电容进行选型，并选择合适的电容值。如果输入电容值选大了或用多了，会是一种浪费。如果电容选小了或用少了，会导致两种后果：① 电容值不够，导致输入电源的电压跌落；② 输入电容能够承载的有效电流不能够满足额定要求，导致电容过热引起失效。

输入电容会随Boost电源不断开关进行充电和放电：当开关打开时，电流突然增大，输入电容辅助提供电流，此时输入电容处于放电状态；当开关关闭时，电流突然减小为0，则输入电容处于充电状态。

根据基尔霍夫定律，所有进入某节点的电流的总和等于所有离开这个节点的电流的总和。我们来分析“电源输入节点”的电流。节点的电流有3个：一个是来自电源输入的，由于V_{in}看成理想电源，它的输出电流可以近似看作恒定的电流I_{in}；一个是流向输入电容C_{in}的电流I_{cin}；另外一个节点是电感L的电流I_L，如图6.27所示。

根据基尔霍夫电流定律，节点电流和为0，并且电源输入的电流恒定，那么电感电流的变化量必然等于电容电流的变化量。

电感上电流是一个锯齿状。那么输入电容的电流变化的波形就是功率电感的电流变化的反向波形，如图6.28所示。

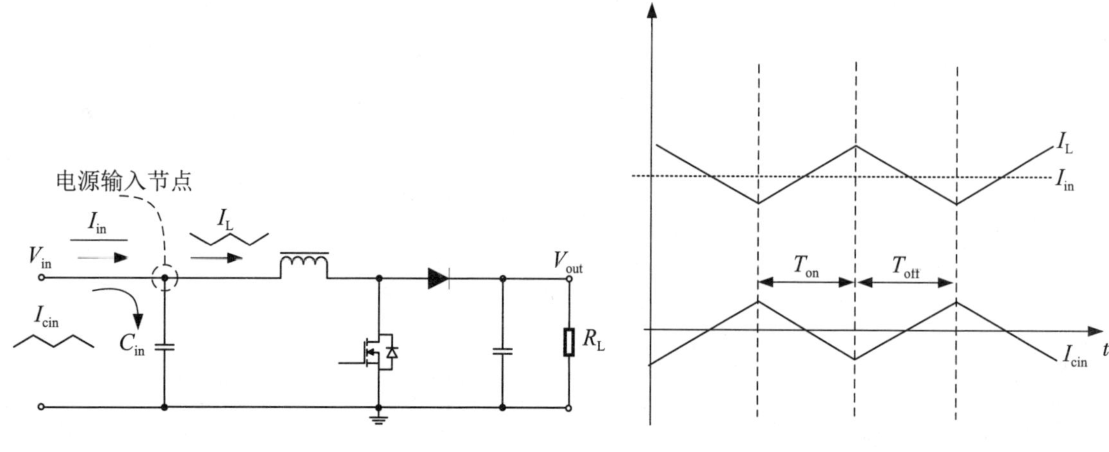

图6.27　输入电压节点电流分析

图6.28　电感与输入电容的电流波形

电容电流大于0时，电容在充电；电容电流小于0时，电容在放电。输入电容上的电流变化的幅度与电感上纹波电流相同，都是ΔI_L。

电容电流波形在整个开关周期内的平均值为0，充电和放电在一个周期中各占1/2，在图中充电部分面积和放电部分面积相等，那么在充电或放电时的电荷量$Q = It$。从图中可以看出，在一个周期内电容电流变化量是ΔI_L，那电容在充电$T/2$周期中电流的变化量是$\Delta I_L/2$。

这个过程中，电容储存的电荷量会发生变化，也是一个动态的电压。充放电的过程中就有电流的流过，而实际的电容不可能是理想的，有相应的等效模型。从电容的等效模型中看，存在等效串联电阻和电感（在实际模型中电容等效串联电阻ESR比较大，起到主要作用，我们忽略等效电感），电流流过等效串联电阻ESR会产生一个电压V_{ESR}。电容因为放电或充电使储存的电荷量发生了变化，这个变化会导致电压变化，可以用公式$Q = CV_q$来表示，V_q是电压的变化。

此时我们可以计算电容与输入电压纹波的关系。通过电源对输入纹波的要求，来确定我们需要选定的电容的容值。如图6.29所示，我们假定电源的占空比为50%，则电感的充电时间为$T/2$，即周期时间的一半。在输入电容上是交流电流，其峰峰值为ΔI_L，充电的峰值电流为$\Delta I_L/2$。

充电电荷量为电流的时间积分，即Q = 充电三角形面积，如图6.29所示。

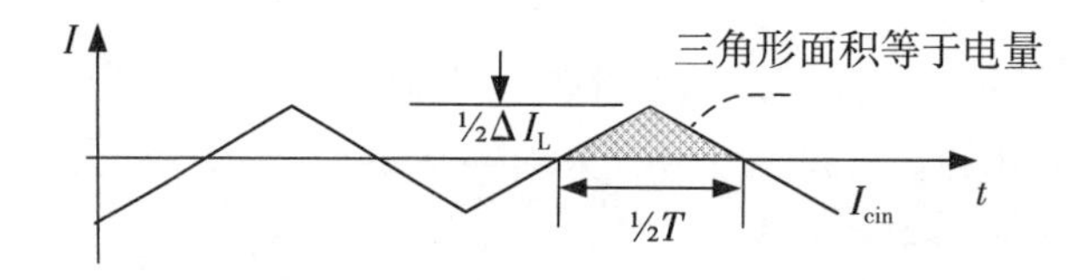

图6.29　输入电容的电流与电量的关系

我们按照三角形面积的计算替代电流的时间积分：

$$Q = \frac{1}{2}\frac{T}{2}\frac{\Delta I_L}{2} = \frac{T\Delta I_L}{8} = \frac{\Delta I_L}{8f}$$

根据电容的特性：

$$Q = CV_{\mathrm{q}}$$

根据前面的计算：

$$\Delta I_{\mathrm{L}} = \frac{V_{\mathrm{in}}}{Lf}\left(1 - \frac{V_{\mathrm{in}}}{V_{\mathrm{out}} + V_{\mathrm{d}}}\right)$$

在电容上充放电，我们可以计算电容上电量Q的变化导致的电压的变化量V_{q}：

$$V_{\mathrm{q}} = \frac{Q}{C_{\mathrm{in}}} = \frac{\Delta I_{\mathrm{L}}}{8fC_{\mathrm{in}}} = \frac{\frac{V_{\mathrm{in}}}{Lf}\left(1 - \frac{V_{\mathrm{in}}}{V_{\mathrm{out}} + V_{\mathrm{d}}}\right)}{8fC_{\mathrm{in}}} = \frac{V_{\mathrm{in}}}{Lf8fC_{\mathrm{in}}}\left(1 - \frac{V_{\mathrm{in}}}{V_{\mathrm{out}} + V_{\mathrm{d}}}\right) = \frac{V_{\mathrm{in}}}{8Lf^2C_{\mathrm{in}}}\left(1 - \frac{V_{\mathrm{in}}}{V_{\mathrm{out}} + V_{\mathrm{d}}}\right)$$

电容有等效串联电阻ESR，电容充放电时有电流流过，电流流过ESR会产生压降，这个压降用V_{ESR}表示。输入电容上的ESR也会随着电流变化，影响输入电压的变化。这个计算比较简单，就是根据电阻的欧姆定律。

所以，输入电容上的电压纹波应该是$\Delta V_{\mathrm{in}} = V_{\mathrm{Q}} + V_{\mathrm{ESR}}$。其中，$V_{\mathrm{ESR}} = \Delta I_{\mathrm{L}}\mathrm{ESR}$。流经ESR的电流就是电容上的纹波电流。

根据上面ΔI_L的公式，可以计算得到：

$$V_{\mathrm{ESR}} = \frac{V_{\mathrm{in}}}{Lf}\left(1 - \frac{V_{\mathrm{in}}}{V_{\mathrm{out}} + V_{\mathrm{d}}}\right)\mathrm{ESR}$$

电容的电压变化量要小于电路允许的输入电压变化的幅值：

$$\Delta V_{允许} > \Delta V_{\mathrm{in}}$$

$$\Delta V_{允许} > V_{\mathrm{q}} + V_{\mathrm{ESR}}$$

$$\Delta V_{允许} > V\frac{V_{\mathrm{in}}}{8Lf^2C_{\mathrm{in}}}\left(1 - \frac{V_{\mathrm{in}}}{V_{\mathrm{out}} + V_{\mathrm{d}}}\right) + \frac{V_{\mathrm{in}}}{Lf}\left(1 - \frac{V_{\mathrm{in}}}{V_{\mathrm{out}} + V_{\mathrm{d}}}\right)\mathrm{ESR}$$

从表达式可以发现纹波电流的大小与电感量、开关频率、输入电容值等相关，在选择的过程中要综合实际使用情况。对于大电流场景，我们会同时使用陶瓷电容和电解电容。根据以往的设计，我们一般认为：陶瓷电容ESR小，容量小；电解电容ESR大，容量大。现在随着陶瓷电容的工艺越来越进步，相同封装的耐压值和容值都可以做得比较大。因此，在很多场景中只使用陶瓷电容作为输入电容的选择。铝电解电容有寿命和可靠性的问题，相对来说用得越来越少。

6.6 Boost变换器的输出电容

无论是Buck电路还是Boost电路，因为输出稳定的电压是我们的需求，所以需要保障输出电压的稳定性，包括输出纹波，以及负载变化的动态响应。

与输入电容一样，输出电容的电压纹波由电容电荷量变化和ESR决定。

1. 电容电荷量变化引起的V_q

一个周期内，电容的充电电荷量和放电电荷量必然一样。输出电容在放电时段的放电电量可利用放电电流进行计算，此时就看成输出电容给负载独立供电，如图6.30所示。放电电流就是负载电流，这里我们可以认为I_{out}是恒定的，即$I_{out} = V_{out}/R_L$。

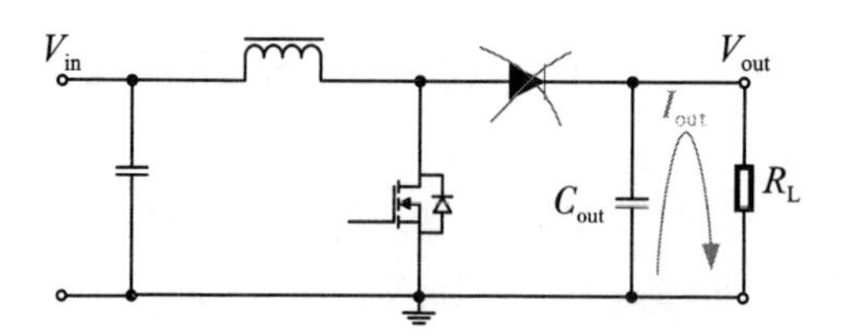

图6.30 输出电容在放电状态的电流

放电的电荷量等于电容容量乘以电容电压的变化，也等于放电电流乘以放电时间，即：

$$Q = V_q C_{out} = I_{out} T_{on} = I_{out} TD$$

上式中D表示占空比，根据Boost占空比公式$D = 1 - \frac{V_{in}}{V_{out} + V_d}$，有：

$$T_{on} = DT = \left(1 - \frac{V_{in}}{V_{out} + V_d}\right)T = \left(1 - \frac{V_{in}}{V_{out} + V_d}\right)\frac{1}{f}$$

根据这个公式，我们就可以求得V_q了：

$$V_q = \frac{Q}{C_{out}} = \frac{I_{out}T_{on}}{C_{out}} = \frac{I_{out}\left(1 - \frac{V_{in}}{V_{out} + V_d}\right)\frac{1}{f}}{C_{out}} = \frac{I_{out}\left(1 - \frac{V_{in}}{V_{out} + V_d}\right)}{C_{out} f}$$

2. ESR造成的压降V_{ESR}

在开关管导通的时候，二极管不导通，负载的电流为I_{out}，完全由输出滤波电容提供负载电流。在导通时间里面，输出电容上的电流，我们认为是不变的，如图6.31所示。

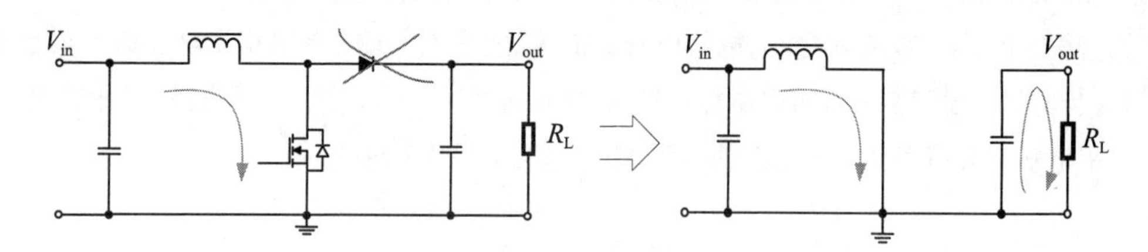

图6.31 输出电容在放电状态的电流

在开关管从导通切换到关断时，电感的电流已经是充到最大的，因为先前开关导通时电感一直在充电，所以切换时电感电流最大，且等于电感平均电流加上纹波电流的一半，即为$I_L + \Delta I_L/2$。

在切换时，这个已经充好的电流会通过二极管给负载供电，负载电流为I_{out}。同时，电感还要给电容进行充电。根据基尔霍夫定律，节点电流和为0，那么电容的充电电流就是电感最大的电流$I_L+\Delta I_L/2$

减去负载的电流I_{out},即$I_L + \Delta I_L/2 - I_{out}$。如图6.32所示为输出电容在充电状态的电流。

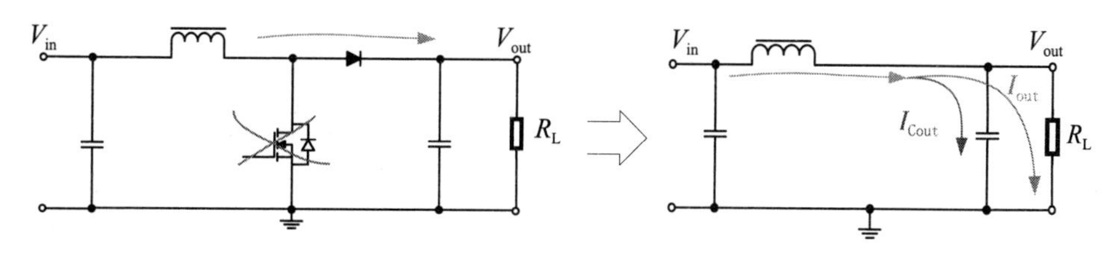

图6.32 输出电容在充电状态的电流

在开关管关断之前,电容是放电状态,此时电流为负值,电流值为$-I_{out}$。

在开关管关断之后,电容的状态瞬间变成充电状态,电流瞬间反向,为$I_L + \Delta I_L/2 - I_{out}$,并逐步降低。但是电流的峰峰值已经确定为$I_L + \Delta I_L/2 - I_{out}$。ESR的电流波形如图6.33所示。

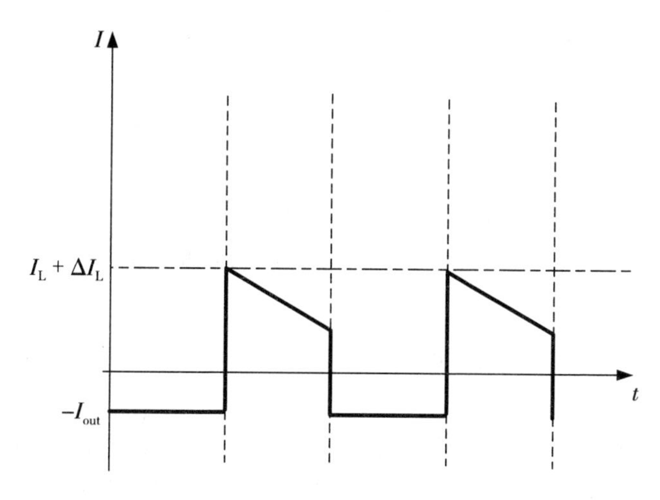

图6.33 输出电容ESR上的电流波形

那么ESR两端的电压V_{ESR}是电流与其阻值相乘(I_{ESR}ESR)。最大值($I_L + \Delta I_L/2 - I_{out}$)ESR与最小值$-I_{out}$ESR相减,就是ESR上电压变化量的峰峰值,也是ESR产生的纹波电压大小。

$$V_{ESR} = (I_L + \Delta I_L/2 - I_{out})\text{ESR} - (-I_{out}\text{ESR}) = (I_L + \Delta I_L/2)\text{ESR}$$

其中,ΔI_L前文已经计算:

$$\Delta I_L = \frac{V_{in}}{Lf}\left(1 - \frac{V_{in}}{V_{out} + V_d}\right)$$

其中,I_L为:

$$I_L = \frac{V_{out} + V_d}{V_{in}} I_{out}$$

3. 综合V_{ESR}和V_q计算纹波电压

在假定负载不变化的情况下,我们可以认为电压变化就是由ESR和电容上电量变化导致的,所以可以认为$\Delta V_{out} = V_{ESR} + V_q$,我们就可以求得$\Delta V_{out}$的表达式了。如果知道$\Delta V_{out}$的要求,我们也能确定输出滤波电容$C_{out}$的大小的要求及ESR的大小的要求：

$$\Delta V_{out} = V_{ESR} + V_q$$

$$\Delta V_{out} = V_q + V_{ESR} = \frac{I_{out}\left(1 - \frac{V_{in}}{V_{out} + V_d}\right)}{C_{out} f} + (I_L + \Delta I_L/2)\text{ESR}$$

$$\Delta V_{out} = \frac{I_{out}\left(1 - \frac{V_{in}}{V_{out} + V_d}\right)}{C_{out} f} + \left[I_L + \frac{V_{in}}{2Lf}\left(1 - \frac{V_{in}}{V_{out} + V_d}\right)\right]\text{ESR}$$

如果把I_L也用输出电流I_{out}替换，则根据输入电压V_{in}、输出电压V_{out}、二极管正向导通压降V_d、输出电流I_{out}、电感值L及开关频率f、输出电容值C_{out}和ESR，即可以计算出输出纹波电压ΔV_{out}：

$$\Delta V_{out} = \frac{I_{out}\left(1 - \frac{V_{in}}{V_{out} + V_d}\right)}{C_{out} f} + \left[\frac{V_{out} + V_d}{V_{in}} I_{out} + \frac{V_{in}}{2Lf}\left(1 - \frac{V_{in}}{V_{out} + V_d}\right)\right]\text{ESR}$$

4. 负载变化的情况

以上分析都是基于负载不会变化的理想情况，但是在实际电路中，负载是会随着用电器件的状态而始终变化的。与Buck电路一样，Boost变换器电路一样需要考虑负载变化情况下的输出电容值是否可以满足需求。

(1)当负载电流瞬时增加之后，电感电流还来不及变化，那么此时输出电容上的充电电流小于负载电流，电容电压开始下降。

(2)电容电压的下降，会导致电感电流的增加。电感电流增加之后，负载电容的充电电流开始增加，直到等于新的负载电流，但是在这个过程中电容电压还是下降的。

(3)电感电流持续增加，使得负载电容的充电电流开始大于新的负载电流，电容处于充电状态，电容电压开始上升。

(4)电容电压逐渐恢复到最初的值(负载变化前的值)，但是电感电流还是在增加。当电容电压恢复到初始值时，此时向其充电的电流大于负载电流，电感仍然在给电容充电。所以电容的电压持续增加，超过最初的值。

经过一段时间的振荡之后，Boost电路重新稳定在新的平衡点。

我们期望一个周期内，电容上因为负载电流突变导致的电压的变化值不应该超过允许的电压变化范围。因为我们在计算电容放电的过程中，已经按照最大输出负载进行计算了，在这个过程中电流的变化都是在最大输出负载电流以下变化，所以对电容值的要求只会更小。因此，我们一般不会再考虑计算Boost电路中电容负载变化对电容值的需求。

第7章

反极性Buck-Boost电路的原理与设计

在非隔离电源方案中，已对基础拓扑的Buck、Boost、Buck-Boost电路中的前两种进行了详细描述。很多工程师对Buck和Boost电路都特别熟悉，只是对Buck-Boost不熟悉，这是因为现在电路设计中以数字电路为主，不论是升压还是降压，一般都是以正压为主。虽然Buck-Boost这个拓扑可以降压也可以升压，但是产生的是一个负压，如输入电压为12V，输出电压为-5V。

我们把第三种可以生成负压的基本拓扑称为Buck-Boost。在日常工作中，我们还会把其他可以实现升降压的电路称为Buck-Boost，例如Buck电路和Boost电路级联在一起可以实现升降压的电路。有些图书会把这个拓扑结构称为“反极性Buck-Boost”，也有的图书把这个基本电路称为“反激Fly-Back”（容易与隔离的反激电路混淆），为了避免混淆，本书把第三种基本拓扑电路称为“反极性Buck-Boost”。

7.1 反极性Buck-Boost电路的工作过程

反极性Buck-Boost电路主要应用在OLED驱动、音频等领域，与Buck、Boost一样，反极性Buck-Boost电路也是由基本的开关管、二极管和电感组成，如图7.1所示。

反极性Buck-Boost变换器将输入电压V_{in}的正直流电压转换为输出端的负直流电压V_{out}。当功率管Q_1导通时，电流的流向如图7.2所示。

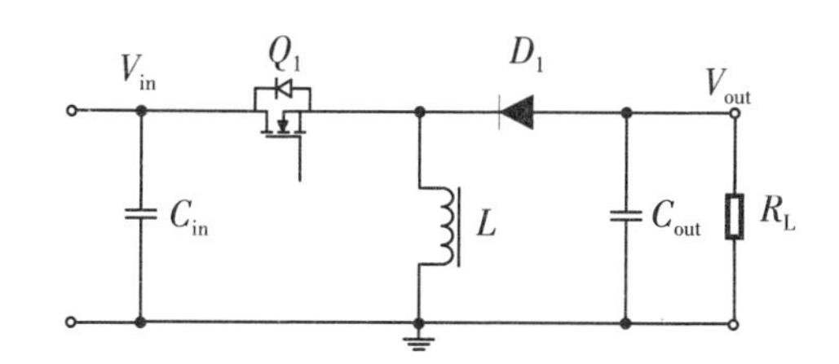

图7.1 反极性Buck-Boost基本电路

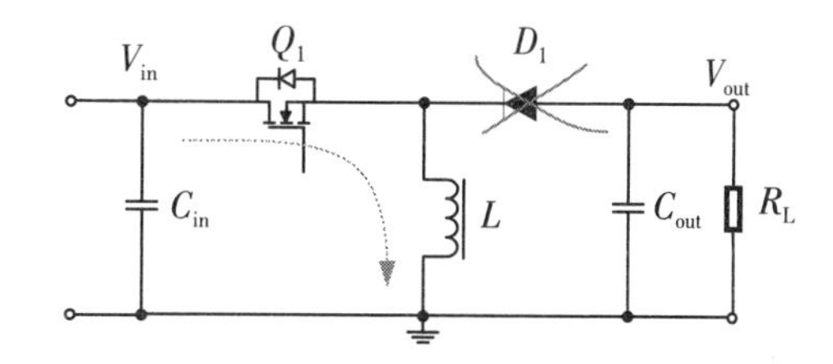

图7.2 反极性Buck-Boost开关管导通时电流流向

此时，输入电压为V_{in}，电感L直接接到电源两端。输入电压对电感直接进行充电，电感电流逐渐上升。导通瞬态di/dt很大，故此过程中主要由输入电容C_{in}供电。此时Q_1相当于短路，电感L两端的电压为V_{in}。在输出端，C_{out}依靠自身的放电为R_L提供能量。由于Q_1是导通的，所以二极管D_1的两端

电压分别是 V_{in} 和 V_{out}，由于 V_{out} 是负值，V_{in} 是正值，所以 D_1 是反向截止的，等同于断开。

当功率管 Q_1 关断时，电流的流向如图7.3所示。输入端 V_{in} 给输入电容充电。对于输出端的 V_{out}，由于电感的电流不能突变，电感通过续流管 D_1 给输出电容 C_{out} 及负载 R_L 供电。由于电感的电流流向不变，电感即给电容充电，同时也为负载 R_L 供电，电流的流向为负载电阻→肖特基二极管→L 上端。R_L 的下端是GND，也就是电压为0，R_L 的电流方向为从下往上，根据电流的流向，R_L 的上端电压 V_{out} 比其下端更低，是一个负值。

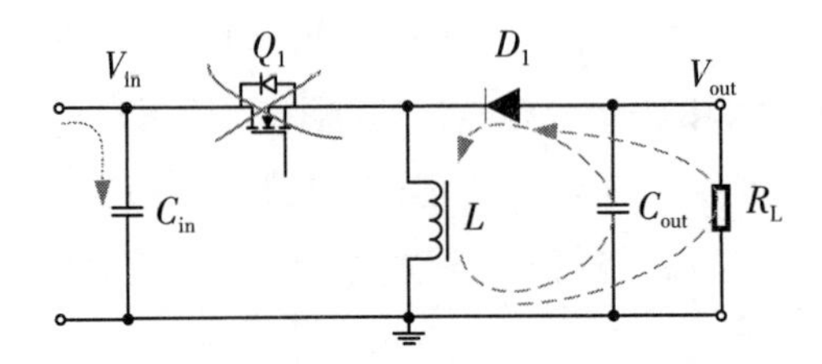

图7.3　反极性Buck-Boost开关管关断时电流流向

根据电感的秒伏定律：

$$V_{in}T_{on} = -V_{out}T_{off}$$

$$V_{in}DT = -V_{out}(1 - D)T$$

$$V_{out} = -V_{in}D/(1 - D)$$

根据上面公式就可以看出：当占空比小于50%时，输出为降压；当占空比大于50%时，输出为升压。

7.2 反极性Buck-Boost电路的电感选型

假设在每个开关周期的开关管导通状态与截止状态内，输入电压和输出电压保持不变，则可推导出电感 L 两端的电压。

在开关管导通期间，L 两端的电压为 $V_{L(on)} = V_{in} - V_Q$，如图7.4所示。

其中，V_Q 为开关管导通压降，相比于 V_{in} 非常小，可以忽略不计，则 $V_{L(on)} = V_{in}$，如图7.5所示。

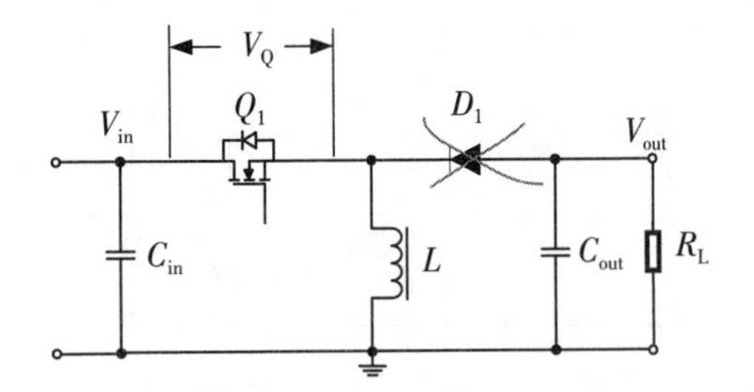

图7.4　反极性Buck-Boost开关管导通时的电感电压

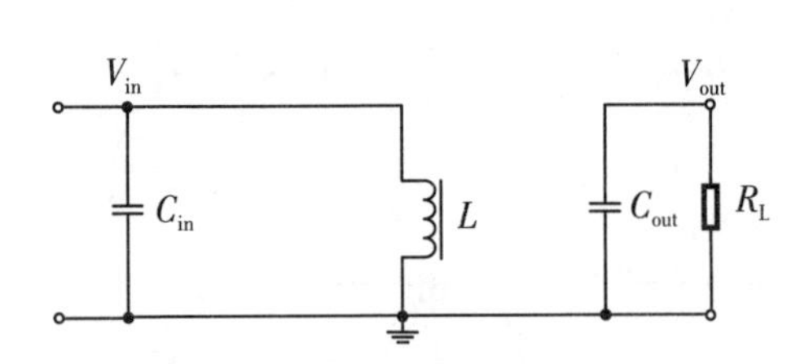

图7.5　反极性Buck-Boost开关管导通时的电感电压等效图

在开关管关断时，L 两端的电压为 $V_{L(off)} = V_{out} - V_D$，如图7.6所示。

V_D 为二极管导通压降。因为 V_D 的绝对值相对于输出电压 V_{out} 很小，所以可以忽略不计，则 $V_{L(off)}$ 的公式可改写为 $V_{L(off)} = V_{out}$，如图7.7所示。

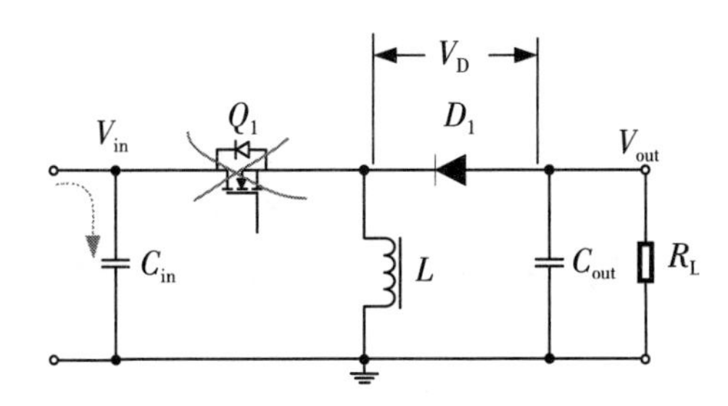

图7.6 反极性Buck-Boost开关管关断时电感电压图

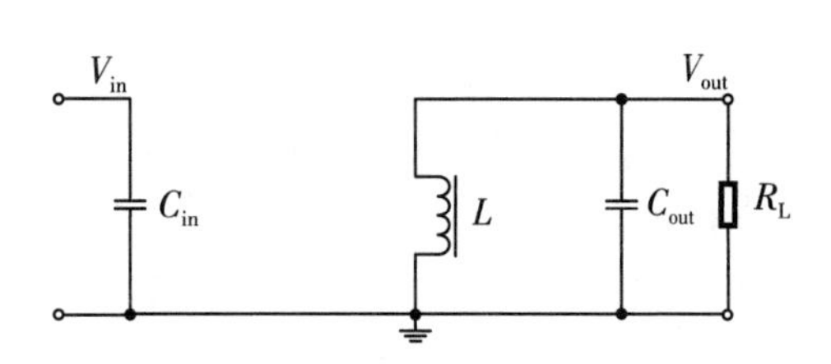

图7.7 反极性Buck-Boost开关管关断时电感电压等效图

在开关管导通状态下，电感电流线性上升量为：

$$\Delta I_{L(on)} = \frac{V_L}{L}\Delta t = \frac{V_L}{L}T_{on} = \frac{V_{in}}{L}TD$$

在开关管关断状态下，电感电流线性变化量为：

$$\Delta I_{L(off)} = -\frac{V_L}{L}\Delta t = -\frac{V_{off}}{L}T_{off} = \frac{V_{out}}{L}T(1-D)$$

$\Delta I_{L(on)}$为开关导通时电流的增量，$\Delta I_{L(off)}$为开关管关断时电流的变化，这两个变化形成了电流纹波，在电源稳定时，这两个值的绝对值相同，即

$$\left|\Delta I_{L(on)}\right| = \left|\Delta I_{L(off)}\right|$$

因为$\Delta I_{L(on)}$和$\Delta I_{L(off)}$绝对值相同，所以我们一般就使用ΔI_L来表示电流变化的幅值。用来表示由于开关变化导致的幅值ΔI_L等于$\Delta I_{L(on)}$和$\Delta I_{L(off)}$的绝对值。具体ΔI_L的大小可以用电感的欧姆定律来进行计算。电感的欧姆定律是指在电感中，电流随着电压的变化而变化，其大小与电压成正比。这个定律是由欧姆在研究电阻时发现的，但是在电感中同样适用。电感的欧姆定律是由以下公式表示的：

$$V = L\frac{dI}{dt}$$

式中：V——电压；

L——电感的感值；

$\frac{dI}{dt}$——电流的变化率。

这个公式表明，电压和电流之间的关系是线性的，而且电感值越大，电压和电流之间的关系就越强。如果电流变化率是线性的，则电流的变化量就是电压值除以电感乘以时间，即

$$\Delta I_L = \Delta I_{L(on)} = \frac{V_{in}}{L}TD = \frac{V_{in}}{Lf_s}\frac{\left|V_{out}\right|}{\left|V_{out}\right| + V_{in}}$$

上式即为纹波电流的表达式，ΔI_L为电感上纹波电流的绝对值。其中的每个变量都是影响纹波的因素，调整这些变量就是调整纹波电流的主要方法。纹波电流与以下几个参数有关：输入电压(V_{in})、输出电压(V_{out})、开关频率(f_s，T的倒数)、电感值(L)。因此，调整开关管频率和电感值，可以调整纹波电流的值。

7.3 反极性Buck-Boost电路的输出电容选型

在反极性Buck-Boost转换器中，电感的存在会导致电路产生噪声干扰，并且存在固有的开关频率，要保证输出电压稳定，选择合理的输出电容十分重要。输出电容的大小影响输出电压的纹波幅值、PCB布局的面积、成本等因素。我们需要选择的合适的电容值。

由纹波定义可知，在一个稳态的开关周期内，MOSFET开关管导通期间输出电容的两端电压波动为：

$$\Delta V_{纹波} = \frac{\Delta Q}{C_{out}}$$

这是由于，当开关管导通的时候，输出完全依赖输出电容，如图7.8所示。电感储能的同时，输出电容C_{out}与负载R_L构成回路，上一阶段电容C_{out}存储的能量释放给负载电阻R_L，提供所需的能量，输出电压为负值，输出电压的绝对值随着时间下降。

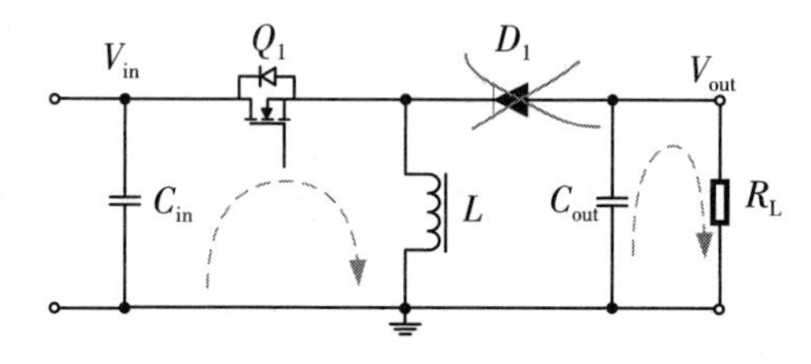

图7.8 Buck-Boost在开关管导通时输出电容供电

假设输出电流不变，则电量为输出电流乘以时间。对于输出电容上的电压变化量，根据电容的定义可以得到：

$$\Delta V_{纹波} = \frac{\Delta Q}{C_{out}} = \frac{I_{out}T_{on}}{C_{out}} = \frac{I_{out}TD}{C_{out}}$$

式中：$\Delta V_{纹波}$——纹波大小；

I_{out}——负载电流；

T_{on}——电路开时间；

C_{out}——输出电容。

所以我们根据开关频率、占空比、最大输出电流大小、纹波的要求，可以计算出输出电容的容值要求。因为反极性Buck-Boost和Boost在某个时刻完全依赖输出电容进行稳压，所以用最大输出电流进行计算，就是最恶劣的情况。

电容的选择主要考虑的是电容取值，以及电容的寄生阻抗ESR的大小：

（1）电容值的大小会影响输出电压的纹波，以及负载瞬态响应的速度。

（2）电容的寄生电阻ESR上的电压直接叠加到输出端，影响纹波大小和环路稳定。

有些电源控制器是基于电容ESR纹波电压的控制方案，所以ESR上的纹波电压还不能太小。这种控制器通过ESR引入了预测调制策略，提高了瞬态响应，增大了抗扰动能力。这种电源控制器电路需要输出电容两端的电压纹波占主导时，有$\Delta V_{ESR} > \Delta V_{纹波}$，而$\Delta V_{ESR}$是电容上ESR的纹波电压：

$$\Delta V_{ESR} = R_{ESR}\Delta I_L = R_{ESR}\frac{V_{in}}{L}TD$$

$$R_{ESR}\frac{V_{in}}{L}TD > \frac{I_{out}TD}{C_{out}}$$

可以得到等效串联电阻ESR的表达式,也就是:

$$R_{ESR} > \frac{LI_{out}}{V_{in}C_{out}}$$

7.4 反极性Buck-Boost的CCM模式和DCM模式

反极性Buck-Boost变换器主电路的元件由开关管、二极管、电感、电容等构成。输出电压的极性与输入电压相反。Buck-Boost变换器也有电感电流连续和非连续两种工作方式。

反极性Buck-Boost也可以分为同步和非同步两种控制器。如图7.9所示,左图为非同步控制器,是由开关管Q_1、二极管D_1、电感L组成拓扑;右图为同步控制器,由开关管Q_2替代二极管D_1实现。

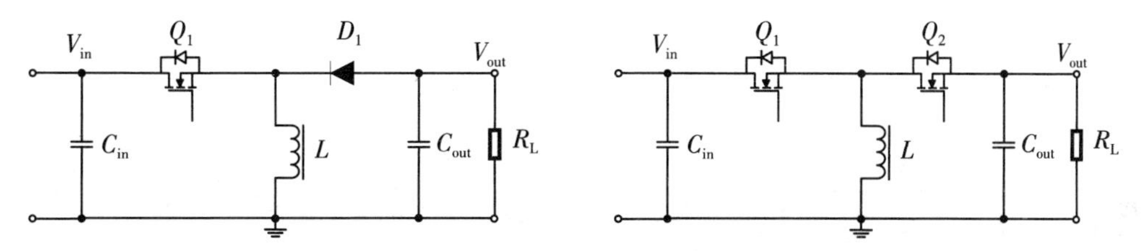

图7.9 反极性Buck-Boost的非同步控制器和同步控制器

通过控制Q_1与Q_2的导通和关断时间,对储能元件电感L与输出电容C_{out}进行充放电,产生稳定的直流输出电压V_{out}。其中V_{in}为电源输入电压,Q_1为主开关功率管,一般用MOSFET,D_1为续流二极管,也可以用一个开关管Q_2来替代。

反极性Buck-Boost的工作过程一般包含充电阶段和续流阶段。详细的工作原理为,当系统稳定时,在Q_1导通、Q_2关断(或D_1反向截止)时,输入电压V_{in}给电感L充电,电流的方向为顺时针,此时电能转化为电感磁能,能量储存于电感上,此时电感电流随着Q_1导通时间的增加而增大;电感储能的同时,输出电容C_{out}与负载R_L构成回路,上一阶段电容C_{out}储存的能量释放给负载电阻R_L,提供所需的能量,电流方向为逆时针,输出电压为负值,输出电压的绝对值随着充电阶段的时间的增加而下降,该过程称为环路的充电阶段。

在Q_1关断、Q_2导通(或D_1正向导通)时,电感电流在上一充电阶段储存的磁能,由电感L、输出电容C_{out}、负载R_L和开关管Q_2(或二极管D_1续流)构成的回路进行释放。此时,电感磁能转化成电能,电感电流随着Q_2导通时间的增加而减小,一部分用于C_{out}充电,进行储能,另一部分用于为负载R_L提供电流,由于电感上的电流不能突变,所以电流方向为逆时针,输出电压也为负值,输出电压的绝对值随着时间的增加而上升,该过程称为续流阶段。

根据反极性Buck-Boost的工作原理可知,电感电流在充电阶段是连续上升的,在续流阶段是连续下降的,而根据电感电流在续流阶段是否降为0,分为连续导通模式(CCM)与非连续导通模式(DCM)。

1. 连续导通模式(CCM)

连续导通模式是电感电流在开关的过程中不会降为零。反极性Buck-Boost的CCM模式的工作原理如图7.10所示。

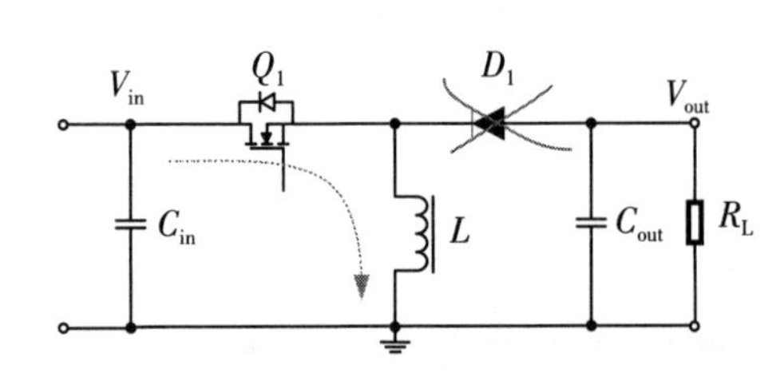

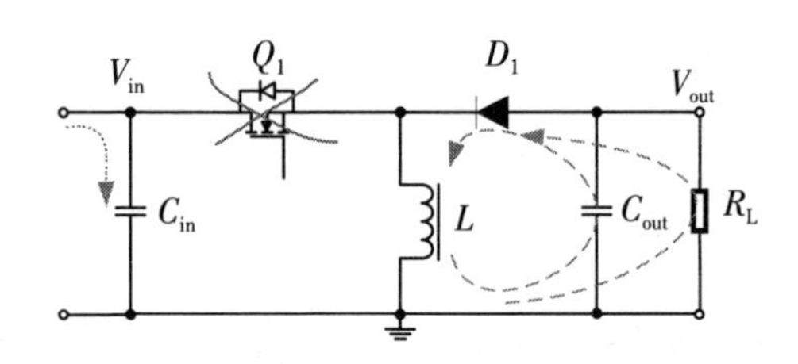

图 7.10　反极性Buck-Boost的CCM模式工作原理

由图7.10可知，在每个周期内，当主开关管 Q_1 导通、D_1 反向截止时，输入电压 V_{in} 通过 Q_1 给电感充电，电感电流持续增大，此时 L 的电压值被拉高约为 V_{in}（正值）。当开关管 Q_1 关断，由于 D_1 左侧的电压为 V_{in}，右侧为负值 V_{out}，则 D_1 为反向截止，电感电流给电容 C_{out} 与负载 R_L 提供能量，电感电流在持续减小，此时 L 的电压值为 V_{out}（负值）。所以 L 的值与电感电流的值都是在周期性变化的，信号上电的波形图如图7.11所示。

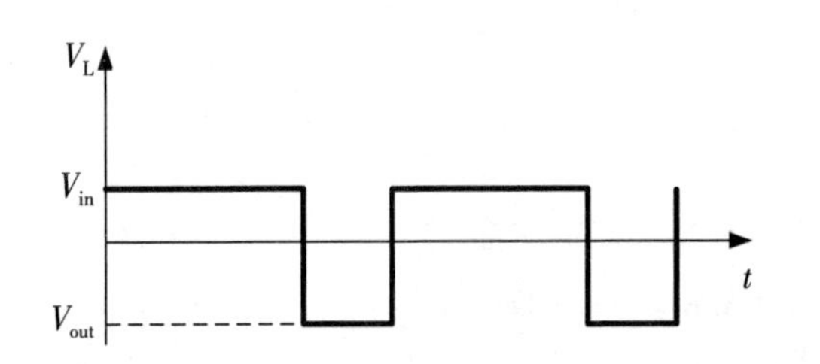

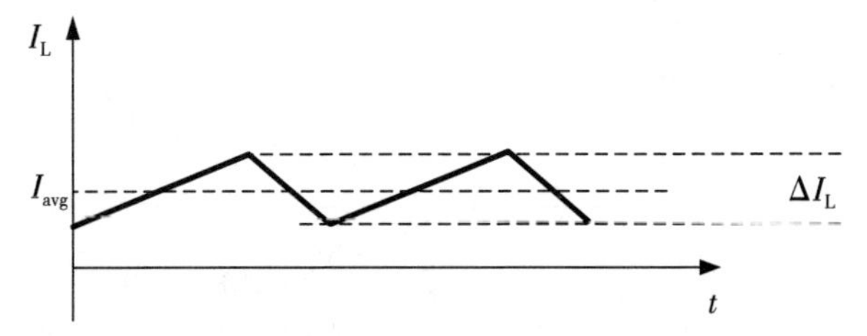

图 7.11　反极性Buck-Boost的CCM模式电感的电压和电流图

当工作在CCM模式下时，每个周期内都包含完整的充电阶段和放电阶段。ΔI_L 为电感纹波电流，I_{avg} 为电感电流平均值。

2. 非连续导通模式（DCM）

当 $I_{out}>0.5\Delta I_L$ 时，电路工作在CCM模式下；当 $I_{out}<0.5\Delta I_L$ 时，电路工作在DCM模式；当 $I_{out}=0.5\Delta I_L$ 时，电路工作在临界模式。故当负载电流过小时，电路容易工作在DCM模式下。此时有一个阶段，电感上电流为0，电压也为0，如图7.12所示。

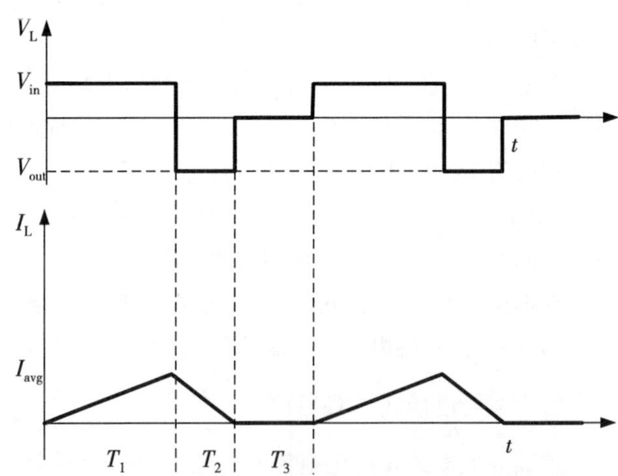

图 7.12　反极性Buck-Boost的DCM模式电感的电压和电流图

当工作在DCM模式下时，每个周期内都有三个阶段：充电阶段、放电阶段和电感电流为0阶段。假设这三个阶段在一个周期内的时间分别为 T_1、T_2、T_3，充电阶段的占空比为 D_1，放电阶段的占空比为 D_2（在 T_3 期间，Q_1 关断和 D_1 截止，电感电流为0，负载由输出滤波电容供电），则有

$$T = T_1 + T_2 + T_3$$

$$D_1 = \frac{T_1}{T}$$

$$D_2 = \frac{T_2}{T}$$

在T_1这个阶段，V_{in}给电感L充电，电流的增量为$\Delta I_{L(on)}$，可得表达式：

$$\Delta I_{L(on)} = \frac{V_{in}}{L}T_1 = \frac{V_{in}}{L}TD_1$$

在T_2这个阶段，电感进行放电，电流的减量为$\Delta I_{L(off)}$，可得表达式：

$$\Delta I_{L(off)} =- \frac{V_L}{L}T_2 =- \frac{V_{off}}{L}T_2 =- \frac{V_{out}}{L}TD_2$$

根据能量守恒定律，在不考虑电感的寄生阻抗和MOSFET管的导通压降的理想情况下，电感电流在充电阶段与放电阶段的变化量是相等的。

因为

$$\Delta I_{L(on)} = \Delta I_{L(off)}$$

所以

$$\frac{V_{in}}{L}TD_1 = -\frac{V_{out}}{L}TD_2$$

则

$$V_{out} = -\frac{D_1}{D_2}V_{in}$$

如果不考虑损耗，则输入功率等于输出功率。考虑到输出的是负压，输入电流与输入电压的乘积等于输出电流和输出电压的乘积，则有

$$-V_{out}I_{out} = V_{in}I_{in}$$

$$\frac{D_1}{D_2}V_{in}I_{out} = V_{in}I_{in}$$

$$\frac{I_{in}}{I_{out}} = \frac{D_1}{D_2}$$

此时根据输出电流I_{out}与电感电流平均值$\Delta I_L/2$的关系可得表达式为，电感放出的电量总和（电感电流变化量ΔI_L除以2得到平均电流，再乘以放电的时间TD_2）等于电源输出的电量总和（输出电流I_{out}乘以一个周期的时间T）：

$$-I_{out}T = (\Delta I_L/2)TD_2$$

所以有

$$I_{out} = -\frac{1}{T}\left(\frac{\Delta I_L}{2}D_2T\right)$$

再有，开关管在打开和关闭的两个过程中，电感电流的变化量是相同的，我们记为$I_L=\Delta I_{L(on)}=\Delta I_{L(off)}$，所以我们可以计算充电过程中电感电流变化量$\Delta I_{L(on)}$获得$\Delta I_L$：

$$\Delta I_L = \Delta I_{L(on)} = \frac{V_{in}}{L}T_1 = \frac{V_{in}}{L}TD_1$$

可得

$$I_{out} = -\frac{1}{T}\left(\frac{\Delta I_L}{2}D_2T\right) =- \frac{V_{in}D_1D_2T}{2L}$$

同时根据欧姆定律：

$$I_{out} = \frac{V_{out}}{R_L}$$

则可以计算得到：

$$V_{out} = -\frac{V_{in}D_1D_2T}{2L}R_L$$

因为我们不确定T_2的具体时间，只能知道控制器的占空比D_1，所以我们希望用更多能够确定的电路参数来计算输出电压的具体数值：

$$V_{out} = \frac{V_{in}D_1T\dfrac{V_{in}D_1}{V_{out}}}{2L}R_L = \sqrt{\frac{TR_L}{2L}}V_{in}D_1$$

在CCM模式下，输出电压与电路占空比、输入电压相关，而在DCM模式下，输出电压与输入电压、占空比、开关频率、电感值、负载相关。相比于DCM，CCM的输出电压值的影响因素更少。

7.5 反极性Buck-Boost的MOSFET和二极管选型

在反极性Buck-Boost电路中，开关管MOSFET处于一个反复开关的过程，电源控制器通过控制MOSFET的G极电压来实现开关管的通断。

我们用V_{GS}表示控制开关管的电压。I_L表示通过电感的电流，I_Q表示通过开关管Q_1的电流，I_D表示通过二极管D_1的电流，V_L表示电感两端的电压，如图7.13所示。

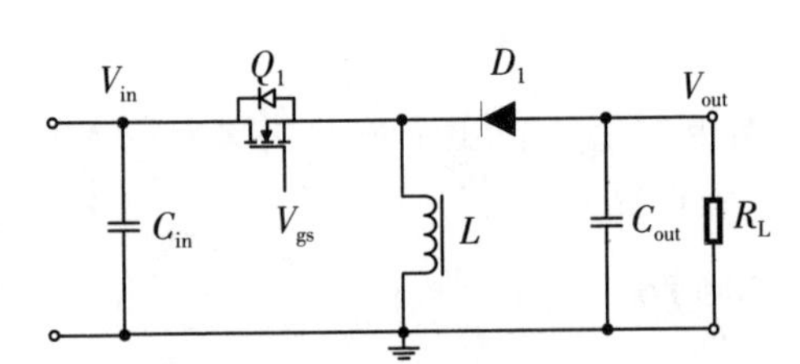

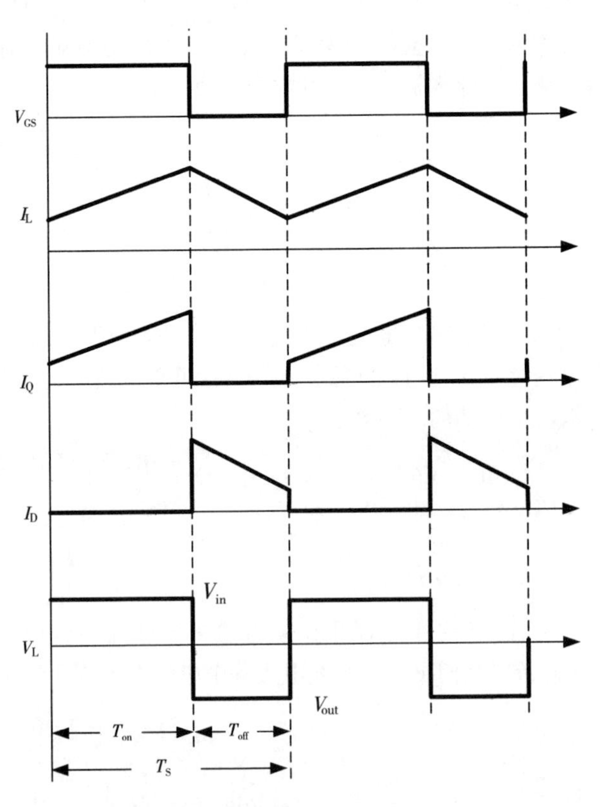

图7.13　反极性Buck-Boost的各个点位的波形图

对于电感的纹波电流，我们用ΔI表示。在稳态工作时，Q_1导通期间电感电流的增长量为$\Delta I_{L(on)}$，这个值等于Q_1截止期间电感电流的减小量$\Delta I_{L(off)}$。

当开关管导通时，电感电流在持续增加，达到最大值I_{max}，这个期间电感电流的增长量$\Delta I_{L(on)}$是由于电压V_{in}作用在电感上进行储能，持续的时间就是导通时间$T_{on}=TD$：

$$\Delta I_{L(on)}=\frac{V_{in}}{L}T_{on}=\frac{V_{in}}{L}TD$$

Q_1关断，L通过二极管D_1续流，电感L的储能向负载和电容C_{out}转移。此时加在L上的电压为V_{out}（一个负压值），电感的电流I_L线性减小：

$$\Delta I_{L(off)}=\frac{V_{out}}{L}(T-T_{on})=\frac{V_{out}}{L}T(1-D)$$

由于$\Delta I_{L(on)}=-\Delta i_{L(off)}$，所以有

$$\frac{V_{in}}{L}TD=-\frac{V_{out}}{L}T(1-D)$$

所以

$$\frac{V_{in}}{V_{out}}=\frac{D-1}{D}$$

根据$P_{in}=P_{off}$，即$V_{in}I_{in}=V_{out}I_{out}$，有

$$\frac{I_{out}}{I_{in}}=\frac{V_{in}}{V_{out}}=\frac{D-1}{D}$$

$$I_{in}=\frac{D}{1-D}I_{out}$$

开关管Q_1截止时，加在其上的电压为

$$V_Q=V_{in}-V_{out}$$

流过开关管Q_1的有效值为

$$i_{Qrms}=\sqrt{\frac{1}{T}\int_0^T i_Q^2\,dt}=I_L\sqrt{D\left(1+\frac{\Delta i^2}{3I_L^2}\right)}$$

流过二极管D_1的有效电流为

$$i_{Drms}=\sqrt{\frac{1}{T}\int_0^T i_D^2\,dt}=I_L\sqrt{(1-D)\left(1+\frac{\Delta i^2}{3I_L^2}\right)}$$

流过电感L的有效值为

$$i_{Lrms}=\sqrt{\frac{1}{T}\int_0^T i_L^2\,dt}=I_L\sqrt{\left(1+\frac{\Delta i^2}{3I_L^2}\right)}$$

第8章

其他非隔离拓扑的原理与设计

很多人对Cuk、SEPIC、Zeta这类组合拓扑也不熟悉，原因是在实际应用场景中使用的概率比较小，本章对这些拓扑的基本原理进行统一的介绍，具体设计和器件参数选择的基本原理与Buck、Boost类似。我们同时对另外两种特殊拓扑进行讲解：四开关Buck-Boost，双向Buck-Boost。如果需要拓展的话，可以参考前面章节的原理分析过程自行进行分析。

8.1 Cuk电源工作原理

1980年左右，美国加州理工学院斯洛博丹·丘克(Slobodan Čuk)提出了对Buck-Boost改进的电源，即Cuk电源，也称Cuk变换器。其他几种具有降压功能的变换器的输入或输出电流是断续的，Cuk变换器的输入与输出均有电感，即输入输出电流均连续。因此，Cuk变换器不仅是一种具有学术研究价值的DC/DC变换器，在特定领域中，Cuk变换器也是一个很具创意、应用价值很高的变换器拓扑。它在输入输出段均有电感，可以显著减小输入和输出电流的脉动，输出电压的极性和输入电压相反，输出电压既可以低于也可以高于输入电压。在某些特殊场合中，对输入输出电流噪声要求非常严格，这就必须使输入输出电流在上升和下降的过程中不会中断，大多数拓扑(正激变换器、反激变换器、Buck变换器、推挽变换器和桥式变换器等)是通过在输入和输出端加上滤波器达到这样的效果的，需要增加很多的成本和额外的器件体积。

1. Cuk电源工作原理

Cuk变换器也是具有升降压型功能的变换器，原理图如图8.1所示。Cuk变换器由开关管Q_1、二极管D_1、储能电容器C_1、电感L_1、电感L_2和输出滤波电容器C_{out}构成。Cuk电路中的D_1决定了输出的正负，一般来说Cuk用于正压输入、负压输出。

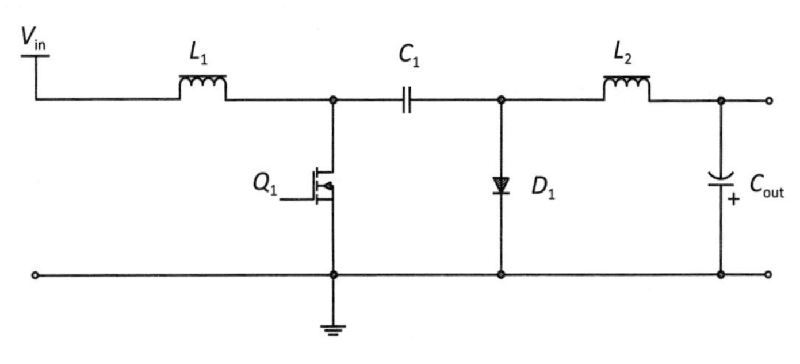

图8.1　Cuk变换器原理图

第一阶段：当开关管Q_1处于导通状态时，输入电源V_{in}经开关管Q_1给L_1充电，同时C_1经开关管形成回路，向输出提供电能，并向L_2

充电，如图8.2所示。

第二阶段：当开关管Q_1处于截止状态时，输入电源V_{in}和L_1向耦合电容器C_1充电，同时L_2经过D_1向负载传递能量，这样V_{out}持续输出负压，如图8.3所示。

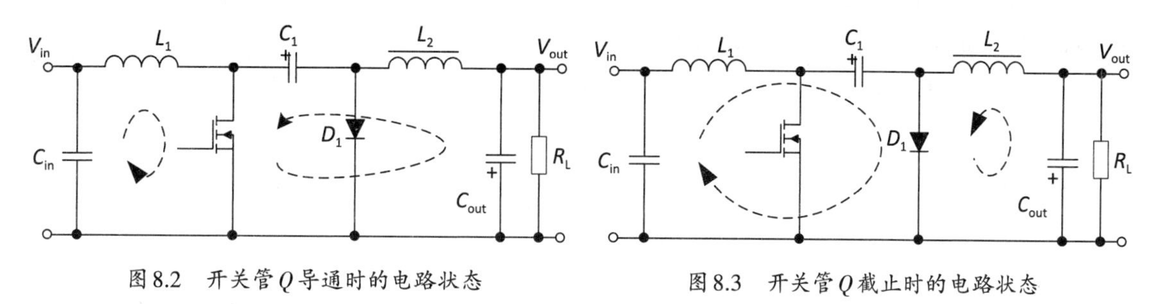

图8.2　开关管Q导通时的电路状态　　图8.3　开关管Q截止时的电路状态

Cuk 变换器可以看作升压变换器和降压变换器的组合，它保持了Boost变换器输入电流连续和Buck 变换器输出电流连续的优点，因此兼具输出电压纹波小和对输入端电压影响小的优点。Cuk 变换器各点的波形如图8.4所示。

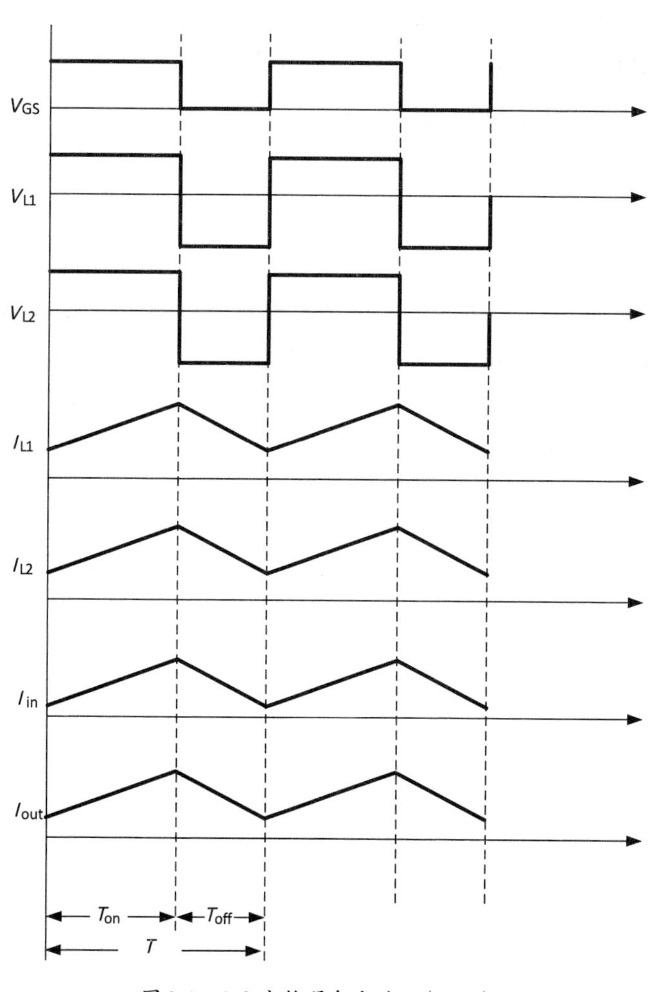

图8.4　Cuk 变换器各点波形(CCM)

2. Cuk的优缺点

Cuk 变换器拥有其他类型电路拓扑无法比拟的优势，其优点如下。

(1)Cuk 变换器的输入电流与输出电流是连续的、非脉动的，并且当增大两个电感的感量或提高变换器频率时，能够使得变换器的交流纹波任意小。

(2)Cuk 变换器的占空比从理论上讲能够在 0～100%变化，既能升压，也能降压，可以拓宽变换器的使用范围。

(3)在开关周期的整个期间，Cuk 变换器都能够从输入向输出传递功率，效率高，而其他变换器仅能在开关管开通或关断的一个时期传递功率。

(4)在开关管关断期间，二极管使其输入干扰短路。因此，电网端进入的干扰对 Cuk 变换器的输出电压影响非常小，小到可以忽略。

Cuk 变换器也有缺点，其缺点如下。

(1)Cuk电路需要两个电感和一个电容(不包括滤波电容)。

(2)Cuk电路输出的是负电压。

(3)Cuk电路使用电容作为储能元件，提供的电流比较小。

这些特点决定了它不会很常用。

8.2 Zeta电源工作原理

Zeta电源是一种新型的直流电源拓扑结构，它是由美国电气工程师亚历克斯·利多(Alex Lidow)和他的团队在2013年开发的。Zeta电源的设计旨在解决传统的开关电源中存在的一些问题，如效率低、尺寸大、成本高等。

1. Zeta电源的特点

传统的开关电源通常采用的是脉冲宽度调制(PWM)控制方式，其中用一系列的电感、电容和二极管来实现能量转换。然而，这种设计在高输入电压时效率较低，而在低输入电压时又容易出现崩溃现象。此外，传统开关电源还需要使用多个电感和电容来实现稳压和滤波，从而导致体积庞大和成本上升。

Zeta电源具有如下特点。

(1)能够实现升降压。

(2)主功率管导通的时候，能量是从输入端直接传递到输出端，所以算是一个正激拓扑；没有RHPZ(右半平面零点)。

(3)输出端有LC滤波，所以纹波比较小。

(4)当用两个耦合电感时，用1∶1匝数比的耦合电感；使用Buck控制器加上一个驱动及外围电路，就可以实现Zeta电路，开关管和整流管的数量比较少就可以实现升降压功能。

(5)EMI特性相对比较好。

(6)可以通过多个绕组,实现多路输出。

(7)可以用MOSFET替代二极管,实现大功率的Zeta同步电路。

2. Zeta电源的工作原理

基本的Zeta电路含有四个储能元件,包括2个电感(L_1、L_2)和2个电容(C_1、C_{out}),如图8.5所示。

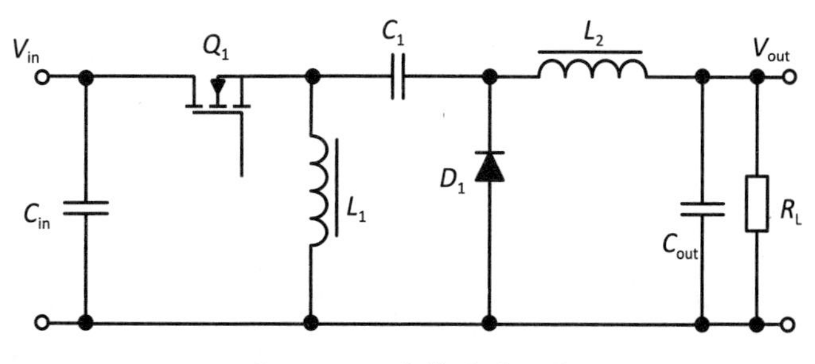

图8.5 Zeta变换器原理图

第一阶段(导通期):开关器件导通时,输入电压通过电感(L_2)和开关器件流向输出电容C_{out}和负载R_L。电源V_{in}经开关Q_1向电感L_1输送能量,L_1进行储能。同时V_{in}和C_1共同向负载R_L供电,并向C_{out}充电,如图8.6所示。

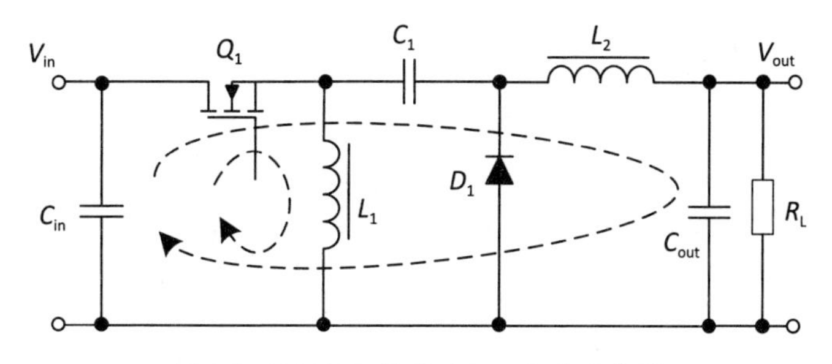

图8.6 MOSFET导通时Zeta电流示意图

第二阶段(关断期):开关器件关断时,电感(L_1)的磁场储能会产生一个反向电压,将向输出电容C_{out}和负载继续供电。L_1经D_1向C_1充电,其能量转移至C_1,L_2持续给负载供电,如图8.7所示。

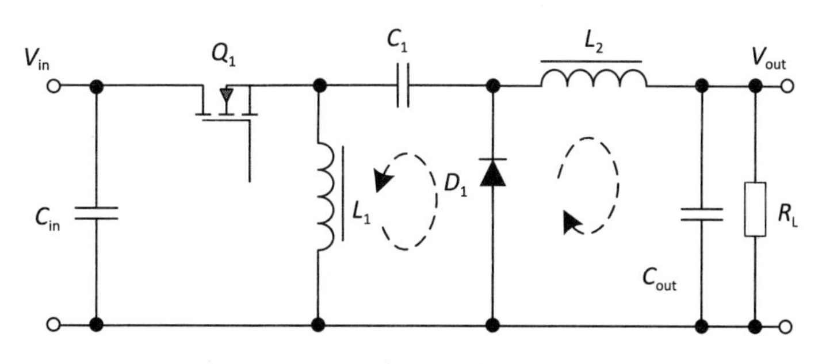

图8.7 MOSFET截止时Zeta电流示意图

在Q_1的开关过程中,Zeta电路中各个点位的波形如图8.8所示。

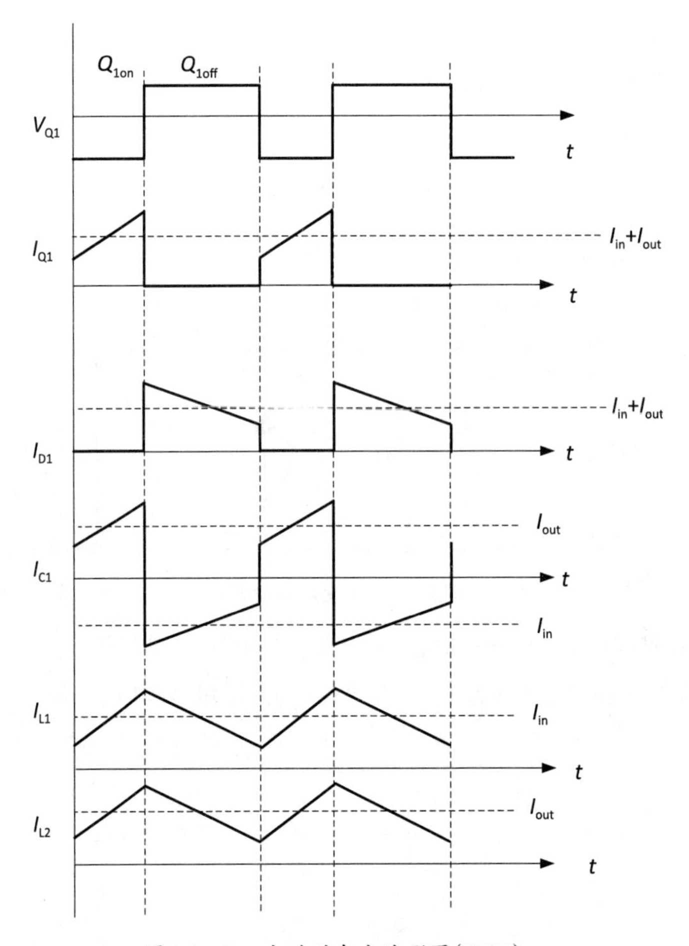

图 8.8 Zeta 电路的各点波形图(CCM)

Zeta电源使用反馈控制来调节输出电压。输出电压经过一个反馈网络(通常是一个分压电阻器)进行采样,并与一个参考电压进行比较。根据比较结果,控制电路会调整开关器件的导通时间来保持输出电压稳定。

3. Zeta电源的应用场景

Zeta电源是一种电源拓扑结构,它在一些特定的应用场景中具有一定的优势。以下是一些常见的Zeta电源的应用场景。

(1)低功耗应用:Zeta电源可以提供高效的功率转换,适用于对能耗要求较高的应用场景。它通常用于电池供电设备、便携式电子产品和低功率嵌入式系统等。

(2)LED照明:Zeta电源在LED照明系统中应用广泛。它可以提供恒流输出,以满足LED驱动器对稳定电流的需求。此外,Zeta电源还具有较高的效率和较小的尺寸,适用于需要紧凑设计的照明应用。

(3)电动车充电器:Zeta电源在电动车充电器中也有应用。它可以将交流电转换为直流电,并控制充电电流和电压,以确保电动车的安全和高效充电。

(4)太阳能和风能系统:在可再生能源系统中,Zeta电源常用于将太阳能和风能转换为可用的直流电。它可以实现高效率的能量转换,并满足不同的电压和功率需求。

8.3 SEPIC电源工作原理

SEPIC(Single Ended Primary Inductor Converter,单端初级电感式转换器),是一种能够实现升降压的非隔离DC/DC拓扑,尤其适合电池供电的应用场合。例如,车载铅酸蓄电池电压为13.8V,而9~16V均为其正常工作电压范围,在汽车启动的时候,电池电压甚至会瞬间跌落至4.5V,此时如果挂在车载电池上的用电设备仍需要保持正常工作,则不得不采用升降压DC/DC的方案。

反极性Buck-Boost是升降压拓扑,但是Buck-Boost输出反极性,产生的是负压输出,这种负压输出应用到LED驱动是很好的方案,却不能应用到普通设备进行供电;四开关Buck-Boost也是升降压拓扑,也能做到正极性输出,但它集成四颗MOSFET管,对于中小功率场合成本太高。

于是,SEPIC就有了存在的价值。

1. SEPIC电源的特点

SEPIC电源是一种常用的开关电源拓扑结构,具有以下几个特点。

(1)双向能力:SEPIC电源具有双向能力,可以实现电压升压和降压功能。通过合适的控制方式,可以将输入电压升压到输出电压或将输入电压降压到输出电压,适用于各种应用场景。

(2)输出电压与输入电压可隔离:SEPIC电源的输出电压与输入电压可以隔离,这对于需要隔离输入和输出的应用非常有用。隔离性能可以提高电路的安全性和稳定性,并减少电路间的相互干扰。

(3)输入电流连续性:SEPIC电源的输入电流具有连续性,这意味着输入电流基本上是连续的,而不会出现脉冲或间断的情况。这有助于减少电源对输入电源的干扰,并提高整体电路的稳定性。

(4)输出电压稳定性:SEPIC电源可以通过反馈机制实现对输出电压的稳定控制。通常,电压反馈回路被用于监测输出电压并与参考电压进行比较,从而调整开关器件的开关时间,以保持输出电压的稳定性。

(5)较低的输出纹波:SEPIC电源在输出电压上具有较低的纹波。这是通过在输出电压上使用电感元件实现的,电感元件有助于平滑输出电压并减少纹波的幅度。

(6)宽输入电压范围:SEPIC电源的输入电压范围通常相对较宽,可以适应不同的电源输入条件。这使得SEPIC电源在应对输入电压变化较大的应用中具有较高的灵活性。

2. SEPIC电源的工作原理

SEPIC电源主要由一个开关器件(如MOSFET)和多个电感、电容元件组成,其电路形式如图8.9所示。其中,拓扑结构非常好记,在Boost电路中间插入一个LC环节就构成了SEPIC电路。SEPIC电路通常取电感L_1和L_2相等。

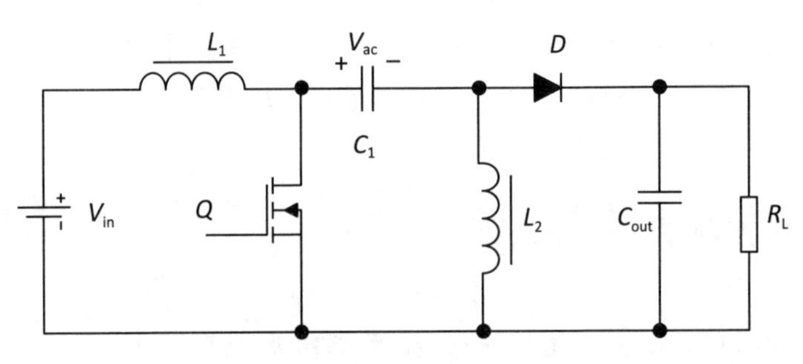

图 8.9　SEPIC 变换器电路原理图

下面以升压为例，说明SEPIC电源的工作原理。

（1）能量存储阶段（开关器件导通）：当开关器件导通时，输入电压 V_{in} 作用到电感 L_1 两端，形成第一个回路。同时，电容 C_1 与 L_2 形成第二个回路，C_1 被充电。C_{out} 给负载供电，形成第三个回路，形成的回路如图 8.10 所示。

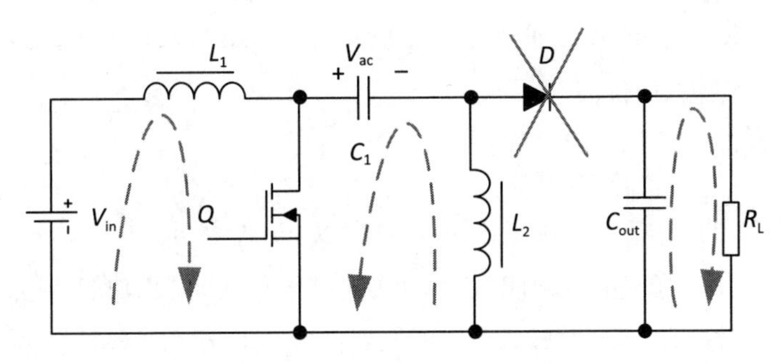

图 8.10　开关器件导通时的回路

（2）能量传递阶段（开关器件关断）：当开关器件关断时，电感 L_1 的储存能量被传递到输出电路。两个电感中的电流方向由于电感特性并不会发生突变，以便继续为电流续流。这时会在电路中形成两个电流回路。第一个回路由输入电源 V_{in} 经过 L_1 和 C_1、D，为负载供电，在此期间同时为输出电容 C_{out} 进行充电。第二个回路由储能电感 L_2 放电，经过二极管 D，对负载进行供电。开关器件关断时，电路形成的回路如图 8.11 所示。

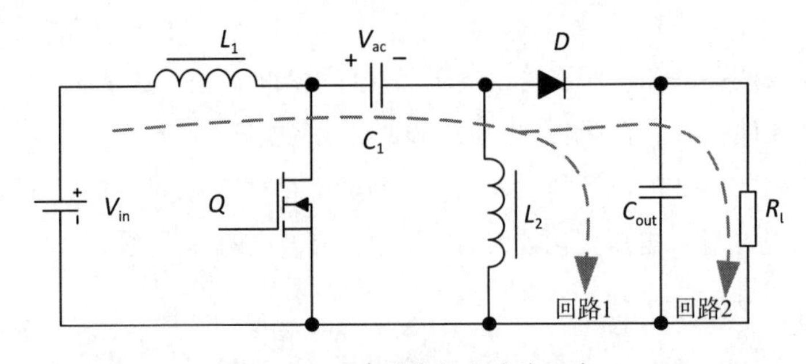

图 8.11　开关器件断开时的回路

在输出电压稳定性的控制方面，为了保持输出电压的稳定性，通常采用反馈控制机制。通过比较输出电压 V_{out} 与参考电压，得到误差信号。然后根据误差信号来控制开关器件的导通和关断时间，调整能量传递的速度，以使输出电压稳定在设定的参考电压水平。

SEPIC电源的工作原理可以总结为两个阶段的交替进行：能量储存阶段和能量传递阶段。通过不断重复这两个阶段，SEPIC电源可以实现电压的升压和降压功能。需要注意的是，在实际应用中，需要合理设计元件参数、控制策略及保护电路，以确保SEPIC电源的稳定性和可靠性。

8.4 四开关Buck-Boost电源原理及工作过程解析

在传统的DC/DC变换器中，Buck变换器和Boost变换器是两种基本的电路拓扑。将Buck变换器与Boost变换器级联起来，通过变形可得到如图8.12所示的两开关Buck-Boost变换器。

这种两开关Buck-Boost形式的变换器是真正意义上的Buck电路加Boost电路。与反极性Buck-Boost变换器相比，具有输入输出电压同极性、无源元件少及开关管电压应力较低的优点。然而二极管D_1和D_2的存在，影响了变换器效率的进一步提升。因此，一般采用同步整流技术提升变换器的效率，也就是采用MOSFET开关管替代续流二极管。将图8.12中的D_1和D_1分别用两个MOSFET进行代替，为此提出了如图8.13所示的四开关Buck-Boost变换器。

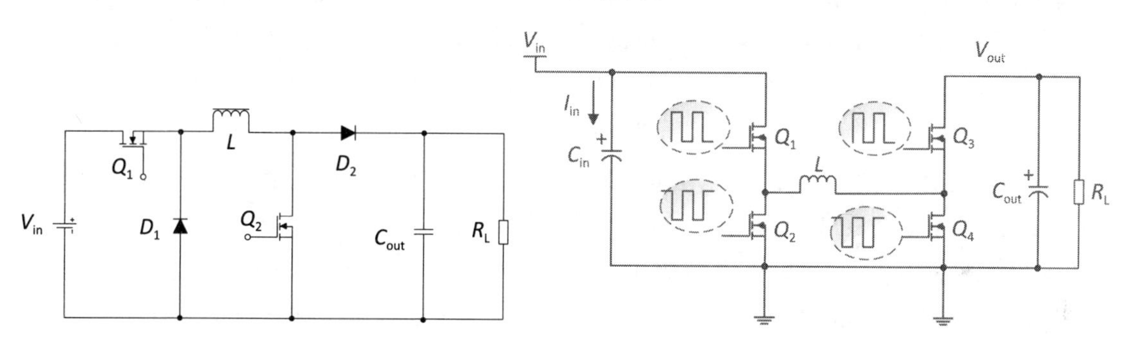

图8.12 两开关Buck-Boost变换器原理图

图8.13 四开关Buck-Boost变换器原理图

四开关Buck-Boost电源是一种常用的DC/DC转换器拓扑结构，它由四个功率开关组成，通常采用MOSFET作为开关元件。它可以实现输入电压的降压和升压功能。

1. 四开关Buck-Boost工作过程的解析

四开关Buck-Boos变换器的工作原理如下。

四开关Buck-Boost电源利用开关电路的开关，周期性地将输入电源与输出负载进行连接或断开，通过调节开关状态和开关周期，控制输出电压的大小。其基本原理是通过合理控制开关电路的导通和截止时间，实现对输入电压的有效调节，从而达到降压和升压的目的。

(1)第一阶段：开关管Q_1和Q_4导通，开关管Q_2和Q_3关断。此时，输入电源与负载之间形成一个闭合回路。输入电压经过Q_1和L并通过Q_4导通对电感进行充电，进入负载。

(2)第二阶段：当Q_1和Q_4断开，Q_2和Q_3导通时，输入电源与负载之间断开。此时，电感L的磁场能量储存在其内部，产生反向电压，此时电感L充当能量储存元件。负载从电感L和C_{out}获取能量。

通过不断重复上述步骤，Buck-Boost电源实现了对输入电压的降压和升压。通过调节开关的占空比和开关频率，可以控制输出电压的大小和稳定性。常见的控制方法包括脉冲宽度调制（PWM）和脉冲频率调制（PFM）。

需要注意的是，Buck-Boost电源中还需要使用控制电路来监测输出电压并相应地调整开关状态，以保持输出电压稳定。常见的控制方法包括反馈控制和开环控制。

总之，四开关Buck-Boost电源通过周期性地调节开关状态，可实现对输入电压的降压和升压，是一种常用的DC/DC转换器拓扑结构。

四开关 Buck-Boost 变换器不仅具有升降压功能，还具有功率器件电压应力低、无源元件少及输入输出同极性、共地等优点，适用于输入电压范围较宽的应用场合，同步整流技术的使用也使得其具有较高的变换效率。

四开关Buck-Boost变换器具有两个占空比的控制自由度，有利于变换器的优化设计和控制策略的实现，为降低变换器导通损耗和开关损耗提供了契机，也为提高变换器效率提供了可能性。

2. 四开关Buck-Boost主要应用场景

四开关Buck-Boost电源在DC/DC转换器领域有广泛的应用，主要适用于以下场景。

（1）可调电源：四开关Buck-Boost电源可以提供可调的输出电压，使其适用于需要变化输出电压的应用。例如，电动车辆的电池充电系统、太阳能和风能发电系统等。

（2）电池管理：该拓扑结构常用于电池管理系统，用于将电池的电压升压或降压到适当的水平。它可以实现电池充电、放电和维持其输出电压的稳定性，广泛应用于便携式设备、无线传感器网络等领域。最常见的就是充电宝的应用。

（3）汽车电子：四开关Buck-Boost电源在汽车电子中具有重要的应用，如车载娱乐系统、照明系统和电动车辆电力管理系统等。由于汽车电子系统中的电压需求多样化且变化范围广泛，Buck-Boost拓扑结构能够满足这些需求。

（4）太阳能和风能转换器：在可再生能源系统中，太阳能和风能转换器通常需要将非稳定的输入电压转换为稳定的输出电压。四开关Buck-Boost电源可以提供高效的能量转换和稳定的输出电压，因此被广泛用于太阳能光伏系统和风力发电系统。

（5）电动汽车充电桩：电动汽车充电桩需要将交流电网的电压转换为适当的直流电压进行电池充电。四开关Buck-Boost电源可用于充电桩的电力转换模块，实现高效、可调的直流电压输出。

总之，四开关Buck-Boost电源在需要调节输入电压的场景下具有广泛应用，包括可调电源、电池管理、汽车电子、可再生能源转换器和电动汽车充电桩等领域。

3. 四开关Buck-Boost的优缺点

四开关Buck-Boost电源作为一种DC/DC转换器拓扑结构，具有优点也具有缺点，其优点如下。

（1）宽输入电压范围：四开关Buck-Boost电源可以适应较宽范围的输入电压，包括降压和升压操作，使其适用于多种应用场景。

(2)高转换效率:该拓扑结构通常能够提供较高的转换效率,减少能量损耗,因此可以提供更高效的能量转换。

(3)可调输出电压:四开关Buck-Boost电源具有可调的输出电压,可以满足不同应用对输出电压的需求,提供更大的灵活性。

(4)电流连续性:相比于其他DC/DC拓扑结构,四开关Buck-Boost电源在大部分工作范围内可以实现电流的连续性,减少电感和负载的压降和电流纹波。

(5)较小的输入输出滤波器:由于其工作原理,四开关Buck-Boost电源相对于其他拓扑结构可以使用较小的输入输出滤波器,降低了成本和尺寸。

四开关Buck-Boost电源的缺点如下。

(1)复杂的控制电路:四开关Buck-Boost电源的控制电路相对较复杂,需要对四个开关进行准确的控制和调节,以实现稳定的输出电压。

(2)开关噪声:由于开关操作的频率较高,因此四开关Buck-Boost电源可能会引入一定的开关噪声,对一些噪声敏感的应用有一定的影响。

(3)电路复杂度:相比于其他简单的DC/DC转换器拓扑结构,四开关Buck-Boost电源的电路结构和元件数量较多,需要更复杂的布局和设计。

在实际使用中,需要根据具体应用的需求和限制来评估四开关Buck-Boost电源的优缺点,并综合考虑其性能、成本和可行性,选择适当的DC/DC转换器拓扑结构。

总体来说,四开关Buck-Boost电源应力较低,效率较高,具有单电感,但开关管较多。因此,其较多地应用于电池供电系统,适合于低压高集成度的芯片方案。

第9章

隔离DC/DC电源的原理与设计

隔离电源的主要应用场景是AC/DC，但有一些小于100W的电源，在需要防护的场景下也会选择隔离DC/DC电源。本章将主要介绍小于100W的隔离DC/DC电源，并以反激隔离式为主进行讲解。

9.1 为什么需要隔离电源

隔离电源是指在电路中使用隔离变压器或隔离模块，将输入电源与输出电路完全隔离开来。这是为了提供电气安全和保护电路。

以下是需要隔离电源的几个主要原因。

(1)电气安全：隔离电源可以防止电流的直接接触和传导，从而减少触电的风险。它可以保护人员免受触电伤害，并降低电击风险。

(2)防止地线干扰：当两个电路之间存在接地回路时，地线噪声和干扰可能会通过共享的接地线传播到其他电路中。通过使用隔离电源，可以消除这种共享地线干扰的问题，保证电路的稳定性和可靠性。

(3)电气隔离：隔离电源可以防止电路中的干扰信号或噪声传播到其他电路中。这在需要保持信号完整性和减少干扰的应用中尤为重要，如音频设备、测量仪器等。

(4)适应不同电压标准：在不同国家和地区，电力系统的电压标准可能有所不同。使用隔离电源可以将输入电源的电压转换为所需要的输出电压，以适应不同的电力系统。

总之，隔离电源提供了电气安全、信号完整性和保护电路的功能，对于许多应用来说都是必需的。它可以减少电气事故的风险，提高电路的可靠性和性能。

一个常见的变压器包括一个主绕组与一个或多个次级绕组，它们通过一个磁性铁芯相互耦合。当主绕组上有交流电流通过时，它会在铁芯中产生一个交变磁场，这个磁场又会通过铁芯的耦合作用传递到次级绕组上。

由于电磁感应的原理，变压器的次级绕组上会产生一个与主绕组相互耦合的电压，其幅值和频率与主绕组的电压和频率相同。然而，由于绕组之间通过铁芯的物理隔离，次级绕组的电路与主绕组的电路是电气隔离的。

因此，通过变压器可以实现电源的隔离，有以下几个主要原因。

(1)物理隔离:变压器的绕组通过绝缘材料和空气间隙与外界隔离开来,从而实现物理上的电气隔离。这样,输入和输出之间没有直接的电气连接,可以防止电流的直接传导和触电风险。

(2)磁性耦合:变压器的工作原理是基于磁性耦合,通过磁场的传递而不是电流的直接连接来实现能量转移。这样,输入电源和输出电路之间通过磁场的耦合,而不是电气导线的连接,即可实现电气隔离。

(3)地线隔离:在变压器中,输入和输出绕组之间的电气隔离还可以包括对地的隔离。输入绕组和输出绕组可以分别接地,彼此之间和与地之间没有直接的电气连接,从而防止地线干扰和共享地线带来的问题。

综上所述,变压器能够实现电源的隔离,主要使用物理隔离、磁性耦合和地线隔离等手段。这种隔离可以提供电气安全、减少干扰传播和适应不同电压标准等优势,广泛应用于电力系统和电子设备中。

9.2 “正激”和“反激”

正激、反激,其实是一种拓扑功能模式的区分,反激式开关电源在控制开关接通期间不向负载提供功率输出,仅在控制开关关断期间才把存储能量转化成反电动势向负载提供输出。

1. “正激”与“反激”的定义

与反激相反,正激在控制开关接通期间向负载提供功率输出,在控制开关关断期间储存能量向负载提供输出。反激和正激两种定义表述是:对于电源输入能量和输出能量的相位关系,正激表示输入能量与输出能量同相,反激表示输入能量与输出能量反相。所以我们会对所有的基本拓扑结构也进行“正激”和“反激”的判断。用正激表示电源的拓扑结构,当开关管导通时,传输能量;用反激表示电源的拓扑结构,当开关管截止时,传输能量。正激、反激一般特指隔离电源的工作模式。对于非隔离电源,例如,Buck电路一般不说正激、反激,但是也会有人将其对应到正激、反激,按照定义,Buck电源属于正激电源,Boost和反极性Buck-Boost属于反激电源。

在日常工作中,我们会把反激式变压器开关电源简称为“反激电源”,所以口语中提到“反激电源”是特指“反激式变压器开关电源”,如图9.1所示。所谓的“正激电源”,则是特指“正激式变压器开关电源”,但在输出功率小于100W的DC/DC隔离电源中应用比较少,因此下文不对其展开介绍。

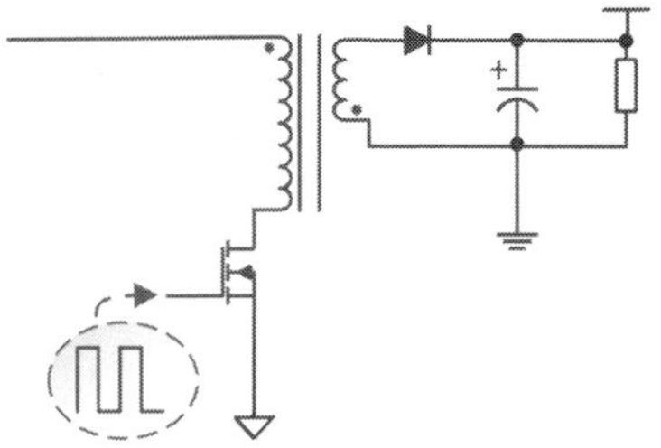

图9.1 反激式变压器开关电源原理图

2. “反激电源”是AC/DC隔离电源还是DC/DC隔离电源

一般讲述各种电源的拓扑的文章和书籍都是把反激电源归类到AC/DC。但是在一些DC/DC场景下,也会使用隔离电源,特别是反激隔离电源,比如会应用小于100W的隔离电源。

对于AC/DC的反激隔离电源来说,其也可以拆分成两部分,一部分是整流加滤波,一部分是反激拓扑结构的电源。对于AC电源来说，经过一个整流和滤波，可以近似地看成是把交流电源转换成一个直流电源，如图9.2所示的虚线框部分。

交流电经过整流和滤波之后，呈现出来的波形如图9.3所示。

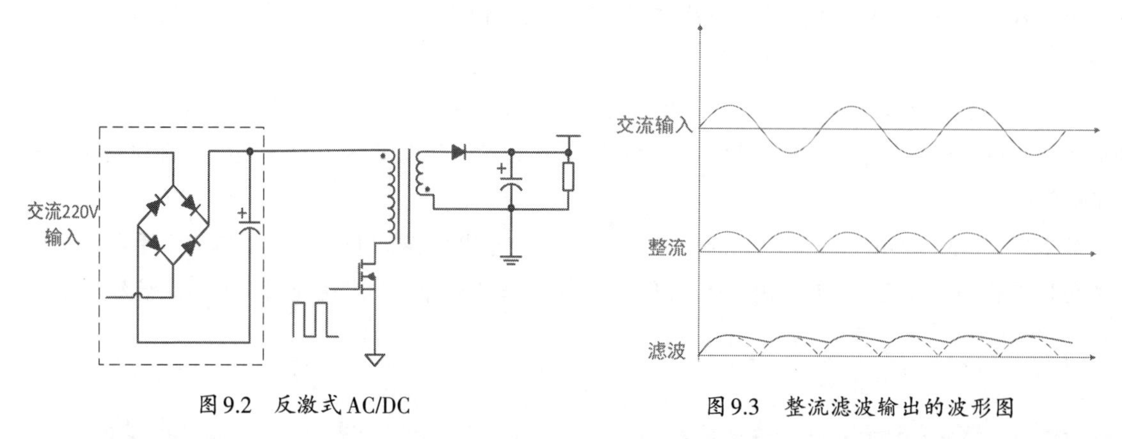

图9.2 反激式AC/DC

图9.3 整流滤波输出的波形图

在图9.3中，第三个波形是经过整流滤波后的波形，可以近似地看成一个直流电源。我们可以把反激式AC/DC分成两部分，第一部分是整流滤波，第二部分是反激式开关电源。所以此AC/DC的本质是将AC变成高压的DC之后，再用带隔离变压器的反激式开关电源产生一个隔离的、稳定的直流电压。

在有些场景中，输入电压是一个DC，但是仍然需要隔离电源，我们就会只采用如图9.2所示的右半部分。

例如，在以太网供电（Power over Ethernet，PoE）的场景中，受电侧"PD"的输入电压是直流电，范围为36～57V，输出电压稳定在5V。一个完整的PoE系统包括供电端设备（Power Sourcing Equipment，PSE）和受电端设备（Power Device，PD）两部分。PSE设备是为以太网客户端设备供电的设备，同时也是整个PoE以太网供电过程的管理者，而PD设备是接受供电的PSE负载，即PoE系统的客户端设备。由于需要对受电侧进行防护，我们一般对PoE采用隔离的反激电源设计。在这个场景下"反激电源"是DC/DC，如图9.4所示。

反激隔离变压器开关电源是指使用反激高频变压器隔离输入输出回路的开关电源，反激式隔离变压器开关电源重点表述的是开关电源包含变压器的拓扑结构。所以反激式隔离变压器开关电源，既可能是AC/DC，也可能是DC/DC。

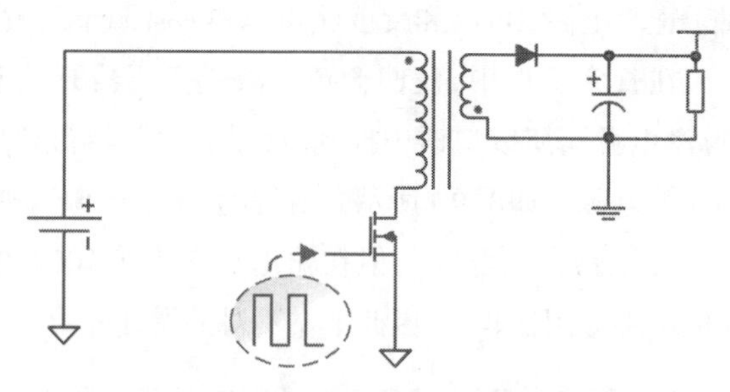

图9.4 DC/DC反激隔离变压器开关电源原理图

因为这个输出功率在100W以内的DC/DC，选择反激的场景更多，所以本章节以反激的描述为主。

9.3 反激隔离式开关电源的工作过程

对于反激隔离式变压器开关电源，首先，它需要是反激式，符合“反激”的定义，即反激是开关管截止时传输能量；其次，它需要有一个隔离式变压器，这个变压器起到隔离作用，同时会有一个匝数比，匝数比与开关管的PWM的占空比共同影响输出电压。不管是AC/DC还是DC/DC，到达变压器的电压其实是一个稳定的直流电压。我们知道只有类似于交流的变化的电压，才会通过变压器进行传递能量。我们就会利用一个开关管进行不停地开关，实现在变压器的初级两端有一个变化的电压。

以下是反激隔离式开关电源的基本工作原理。

1. 输入电源

反激式开关电源的输入可以是直流也可以是交流。如果输入电压是来自交流电源的电压，则一般为市电110V或220V的交流电；也可以是直接直流输入。

2. 整流和滤波

如果输入电压是交流电，则输入电压首先经过整流桥将交流电转换为直流电，再通过滤波电路对直流电进行滤波，以降低输入电压的脉动。如果输入是直流电，即可直接进行输入，而无须进行整流与滤波。

3. 反激式变压器

(1)变压器的构造：由闭合铁芯和绕在铁芯上的两个线圈(或多个)组成，如图9.5所示。

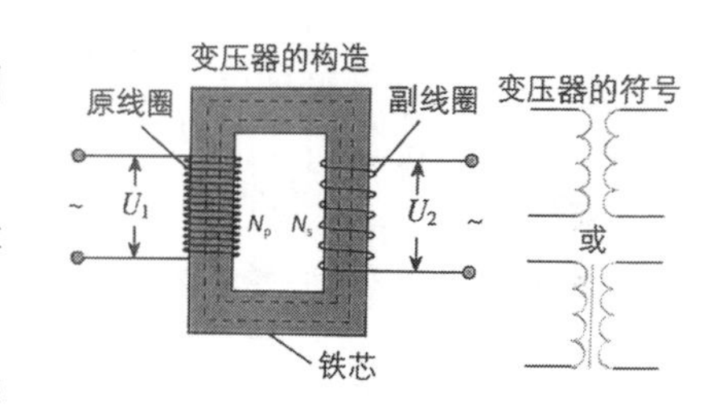

图9.5 变压器构造示意图

闭合铁芯由涂有绝缘漆的硅钢片叠合而成，线圈由绝缘导线绕制而成。

- 原线圈(又叫作初级线圈、原级侧)：与输入电源连接的线圈，其匝数用N_p表示。
- 副线圈(又叫作次级线圈、副级侧)：与负载连接的线圈，其匝数用N_s表示。

(2)变压器的工作原理如下。

- 互感现象是变压器工作的基础：原线圈中电流的大小、方向不断变化，在铁芯中激发的磁场也不断变化，变化的磁场在副线圈中产生感应电动势。
- 原、副线圈的作用：原线圈在其所处回路中充当负载，副线圈在其所处回路中充当电源。
- 能量转化过程：变压器通过闭合铁芯，利用互感现象实现了电能(U_1、I_1)到磁场能(变化的磁场)再到电能(U_2、I_2)的转化。

4. MOSFET的开关

反激隔离式开关电源的核心是变压器和开关器件(通常是MOSFET或功率二极管)。MOSFET是主要的开关器件，控制着能量传输的开始和结束。

MOSFET的工作周期分为两个主要状态：导通（ON）和截止（OFF）。

（1）导通：当MOSFET导通时，输入电压通过变压器的一侧（主绕组）流入。这会导致初级绕组中的电流增加，并在变压器的磁场中储存能量。

当PWM信号处于高电平时，Q导通，如图9.6所示。因为输入电压作用在初级绕组上，所以初级侧有电流I_p流过，又因为变压器次级侧同名端电压极性为负，故整流二极管VD反向截止，此时次级绕组没有电流泄放路径，能量无法传输到次级绕组。此时，能量存储在初级绕组中，由输出电容向负载放电。

（2）截止：在一定的时间后，MOSFET被关闭，中断了初级绕组的电流。当MOSFET关闭时，变压器的磁场崩溃，导致在次级绕组中诱导出电压。这个次级电压经过整流和滤波，最终输出为所需要的直流电压。

当PWM信号处于低电平时，Q截止，如图9.7所示，没有电流流过初级侧，次级侧将产生电流I_s。依据电磁感应原理，此时在高频变压器初级侧绕组上会产生感应电压，使次级绕组产生极性为上正下负的电压U_s，因此整流二极管VD导通，然后经过VD和C整流滤波后向输出端输出能量。通过调节开关管开通/关闭时间，即可维持输出电压恒定。

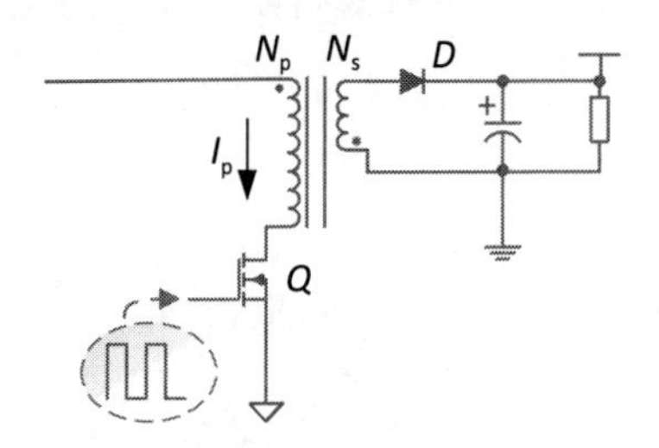

图9.6　反激式开关电源开关导通的状态图

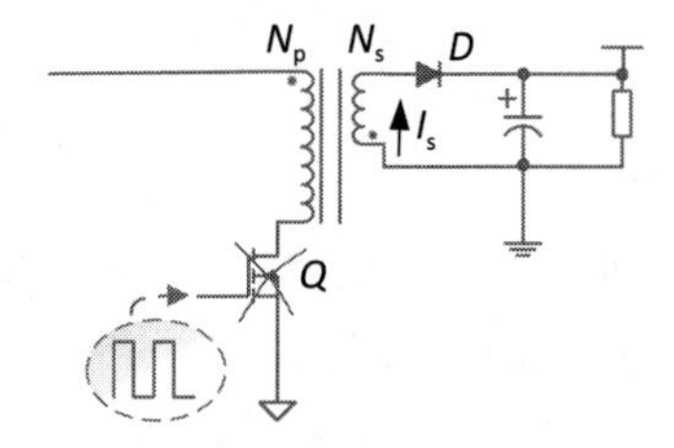

图9.7　反激式开关电源开关导通的状态图

5. 控制和反馈

反激隔离式开关电源需要一个控制电路，通常是反馈回路，以检测输出电压并对MOSFET的导通时间进行调整，以维持稳定的输出电压。当输出电压升高或降低时，反馈回路会相应地调整MOSFET的导通时间，以保持输出电压稳定。

反激式变换器具有以下主要特点。

（1）高频变压器两侧绕组的极性互为异名端，初级绕组的同名端连接输入电源的正端，而其异名端连接功率开关管的驱动端。

（2）高频变压器既能起储能作用，又能起传输能量的作用。

（3）输出电压既可高于输入电压，也可以低于输入电压。

（4）反激式变换器设计灵活多变，通过添加变压器次级绕组的输出个数就可以构成多端输出。

（5）一般情况下，反激式变换器中不需要，也不可以在输出滤波电容和整流二极管之间串接低频率的电感。反激式变换器与正激式变换器相比少一个电感元器件。

(6)可在连续模式或非连续模式下工作。

反激式变压器每路输出与初级侧相互隔离。反激式变换器普遍用于小功率开关电源场合。Buck与Boost变换器不使用变压器,是非隔离式的变换器,而且不能够实现多端输出,因此两者均不考虑。正激式变换器使用变压器且是隔离的,但正激式变压器无法达到储存能量的要求,同时正激式变换器普遍应用于要求对输出功率大的开关电源中,并且对MOSFET管的要求也更严格。反激式变换器因包括高频变压器,输出与输入可以相互隔离,还有通过增加输出绕组数,到达多端输出的要求,多用于输出功率小的开关电路中。

9.4 反激式开关电源的反馈

开关电源为了实时动态检测输出电压,需要采用高精度的采样反馈电路,这样才能实现精准的输出电压。所以,反馈电路决定了整个电源电路的稳定性。

由于电压输出在次级侧,而控制开关的控制器在原线圈,那么我们就需要把输出电压的信息反馈给控制器,需要跨过“隔离”。一般我们会通过变压器或光耦来实现隔离电源的反馈。

1. 原边反馈

(1)原边整流+分压电阻检测。原边整流是指变压器的原边绕组通过一个二极管整流之后,进行检测输出电压,然后经过电阻分压与芯片内部的基准进行比较,从而实现输出电压的控制,原边整流反馈电路原理图如图9.8所示。这种方法采样得到的是直流电压值,电压值稳定,易于电压控制,但是整流二极管的压降会影响对输出电压采样的精度;同样会因为变压器的离散性,次级阻抗还有匝数比的离散型都会影响准确性。因为采样的电压并非最终输出电压,而是一个中间量。

优点:直流电压,易于电压控制。

缺点:V_{out}会受二极管精度影响,会受到变压器离散性的影响。

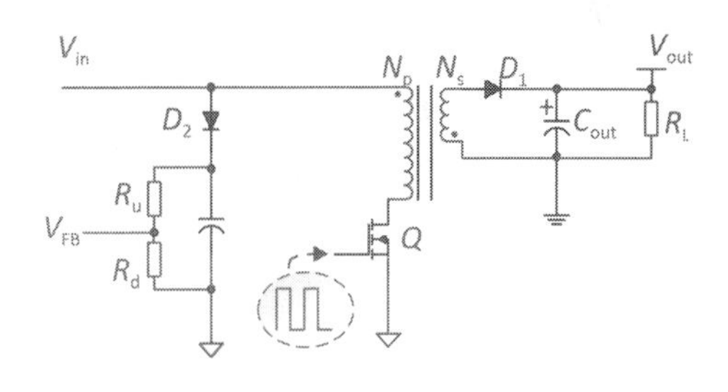

图9.8 原边整流反馈电路原理图

(2)原边采样+分压电阻检测。原边采样的方法是直接检测采样绕组两端的电压,与内部基准进行比较从而调节占空比。原边采样反馈电路原理图如图9.9所示,直接对V_{in}进行分压,用分压电阻R_u和R_d分压后生成V_{FB},送到控制器内部进行采样。这种方法采样得到的是交流信号,只有在副边进入断续状态时,采样得到的电压值才会反映真实的输出电压值,因此需要将电压值送到芯片内部进行判定。

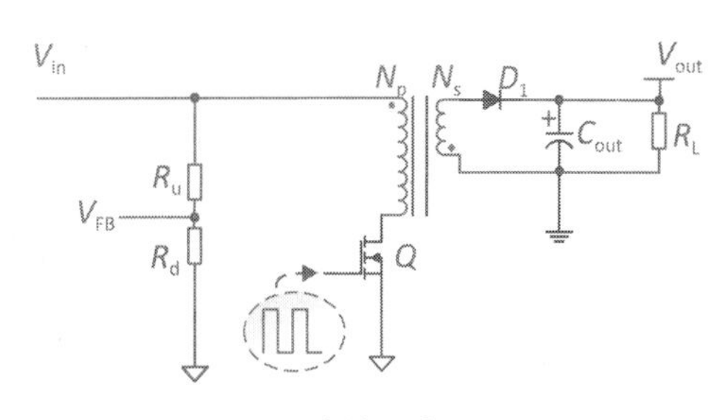

图9.9 原边采样反馈电路原理图

该反馈电路直接对变压器绕组电压进行采样,可以间接采样开关管D极与S极之间的波形,从而实现电压值处在波谷值时开通开关管，减小开通损耗，有利于提高效率。但是这种反馈电路受电路寄生参数、布板和芯片稳定性的影响较大。

优点：间接采样V_{DS}，实现波谷开通，减小损耗。

缺点：受寄生参数影响大。V_{out}受二极管精度的影响，也受到变压器离散性的影响。

2. 副边反馈

副边反馈是直接检测次级侧输出电压，通过隔离电路（常为光耦）将输出电压信号转化为电流信号，接至控制芯片侧，或者通过耦合电感反馈。还可以直接反馈，当然直接反馈就失去了隔离的意义。

我们以芯片MAX5974A为宽输入电压范围、有源钳位、电流模式PWM控制器，用于控制以太网供电（PoE）的用电设备中的反激转换器。MAX5974A适用于通用或电信系统的输入电压范围。芯片MAX5974A独特的电路设计能够在不需要光耦的前提下获得稳定的输出。既可以利用变压器，也可以利用光耦进行反馈。在芯片厂家的推荐设计上面，我们可以看到有两部分，可以选择来实现电压反馈。

如图9.10(a)所示，箭头所指示的虚线框，是利用变压器参与到输入电路作为电感，利用匝数比得到一组反馈电压，但是这个电压反馈也是依赖变压器的特性。也可以选择光耦反馈，如图9.10(b)中箭头指示的虚线框，输出电压经过光耦，隔离后，反馈给控制器的反馈输入管脚FB。两种反馈方式只需要一种，当选择一种方式后，另外一个虚线框中的电路可以去除。

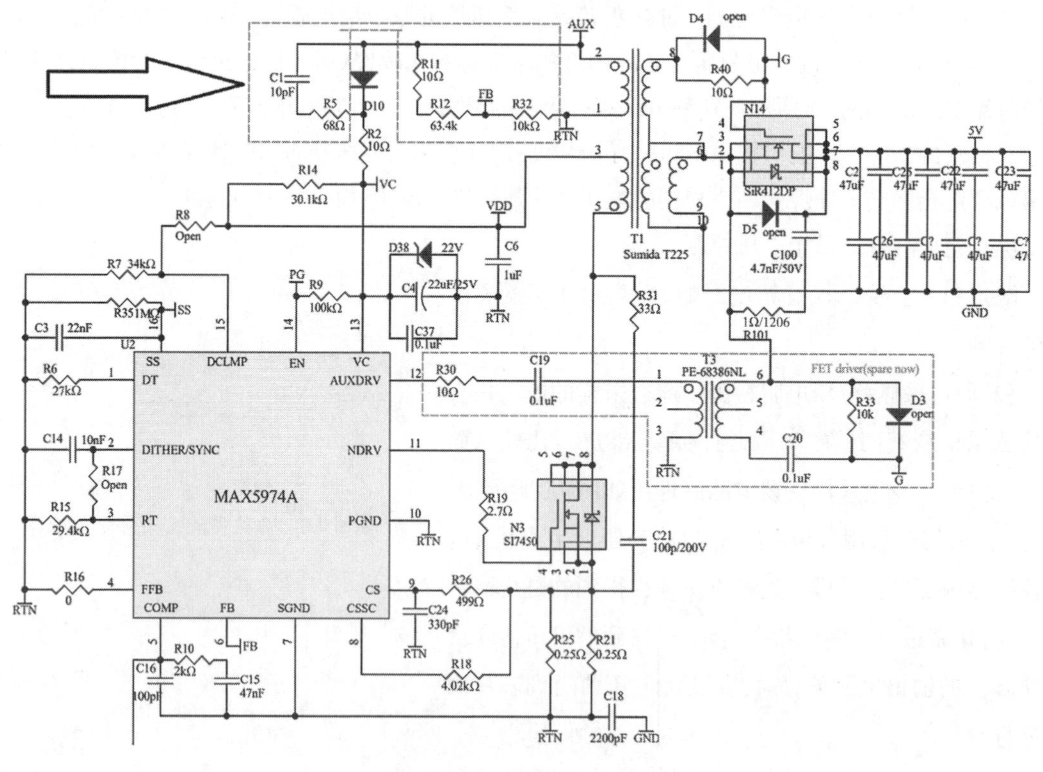

(a)利用变压器实现的电压反馈

图9.10　副边反馈电路原理图

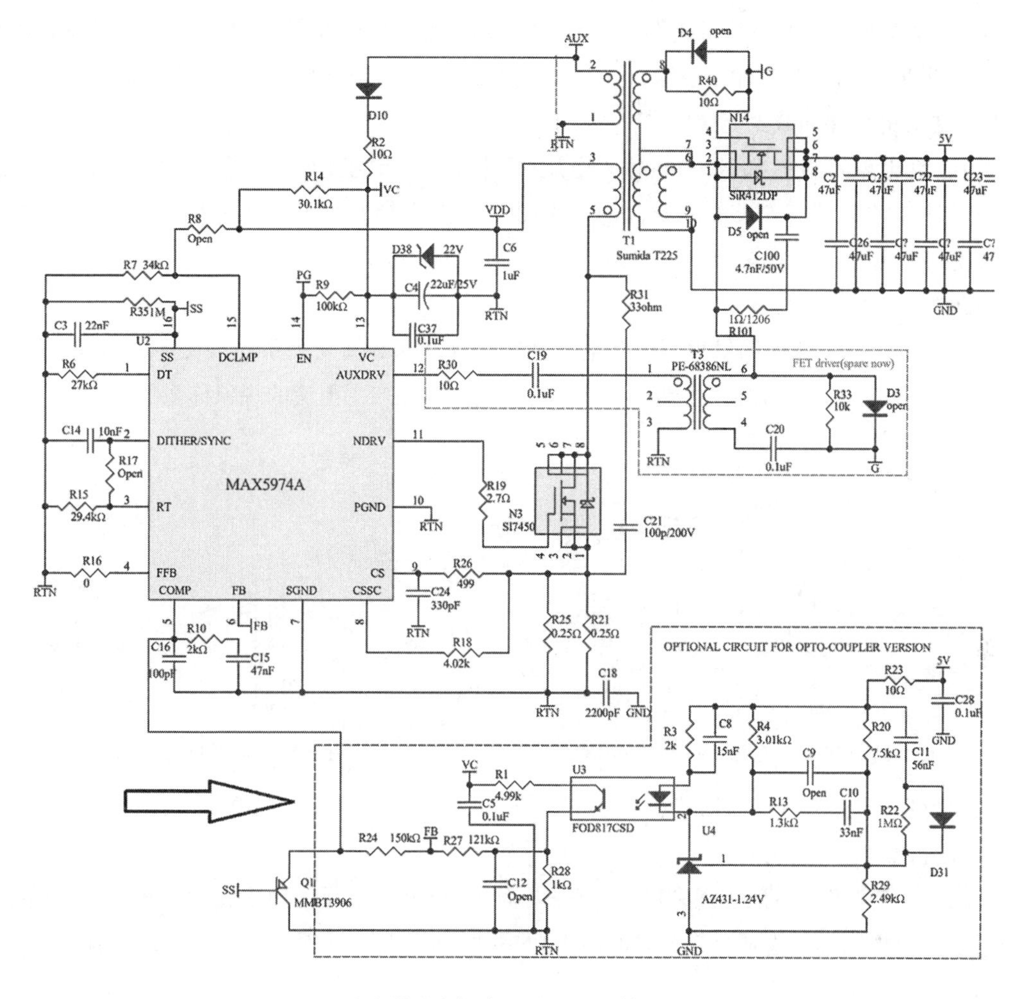

(b)利用光耦实现的电压反馈

图9.10　副边反馈电路原理图(续)

MAX5974A作为正激电源控制器时,可以利用输出电感换成一个耦合电感,利用电感耦合也可以实现电压的反馈。

不论选择哪种反馈方式,这种隔离电源的副边反馈的优缺点如下。

优点:高低压隔离,易于控制,输出电压的精度更好,离散性更小。

缺点:环路补偿设计复杂,成本高,电路设计也相对复杂。

9.5 反激式开关电源的变压器基本原理

变压器是一种基本电子元件,用于变换交流电压的大小,其工作原理基于电磁感应的原理。对于反激式开关电源,其最基础的简单工作原理图如图9.11所示。

（1）反激式变压器的主要组成部分如下：变压器通常由两个线圈（绕组）组成，一个是输入绕组，也称为初级绕组；另一个是输出绕组，也称为次级绕组。这两个绕组之间由一个铁芯连接，铁芯的作用是增强磁场的传递和减少能量损失。

（2）匝数比与绕组的电压关系：输入电压（通常是交流电压）连接到输入绕组，当输入电流通过输入绕组时，它会产生一个交变磁场，这个磁场也由铁芯引导。由于电磁感应的原理，变化的电流会在次级绕组中诱导出一个电动势（电压）。这个诱导电压的大小取决于输入电流的变化率、绕组的匝数比例和铁芯的性质。

1831年，迈克尔·法拉第发现了磁与电之间的相互联系和转化关系。只要穿过闭合电路的磁通量发生变化，闭合电路中就会产生感应电流。这种利用磁场产生电流的现象称为电磁感应，产生的电流叫作感应电流，如图9.12所示。

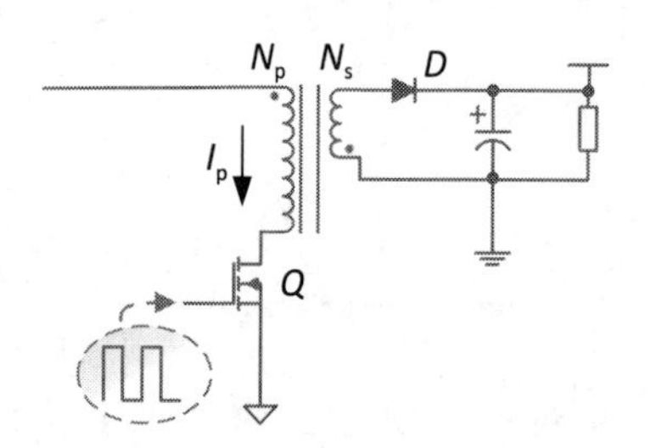

图9.11　反激式变压器开关电源的简单工作原理图

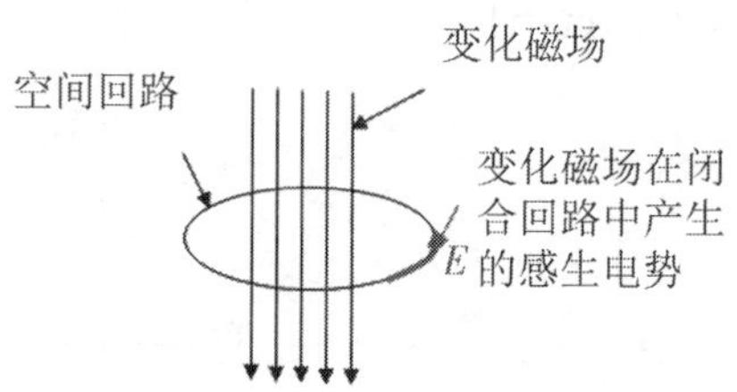

图9.12　电磁感应示意图

电磁感应产生的感应电动势标记为E，感应电动势公式为$E = n\Delta\Phi/\Delta t$，其中，n为感应线圈匝数，$\Delta\Phi/\Delta t$为磁通量的变化率。

设在磁感应强度为B的匀强磁场中，有一个面积为S且与磁场方向垂直的平面，磁感应强度B与面积S（有效面积S，即垂直通过磁场线的面积）的乘积，叫作穿过这个平面的磁通量，简称磁通。磁通量是标量，我们一般使用符号“Φ”。

磁链是导电线圈或电流回路所链环的磁通量。磁链等于导电线圈匝数N与穿过该线圈各匝的平均磁通量Φ的乘积，故又称磁通匝，一般使用符号“Ψ”。$\Psi = N\Phi$。

感应电动势存在于电磁感应现象中，既然闭合电路里有感应电流，那么这个电路中也必定有电动势，在电磁感应现象中产生的电动势叫作感应电动势。不论电路是否闭合，只要穿过电路的磁通量发生变化，电路中就产生感应电动势，产生感应电动势是电磁感应现象的本质。磁通量是否变化是电磁感应的根本原因。若磁通量变化了，电路中就会产生感应电动势，若电路又是闭合的，电路中将会有感应电流。产生感应电流只不过是一个现象，它表示电路中在输送电能；而产生感应电动势才是电磁感应现象的本质，它表示电路已经具备了随时输出电能的能力。

变压器是一个非常经典的能量传递装置，最常见的就是在电力系统中作为高低压转换的枢纽。变压器本质上也是一种电机——以电磁场为媒介传递能量的装置，但是它并不涉及机械能，输入输出侧都是电能，所以有时候划分到“静止电机”的分类中。

在初级线圈中输入均匀变化的电压u_i时，流过的电流为i_1。磁芯保证所有线圈产生的大部分磁通经过高磁导率磁路。如图9.13所示，接输入电压的线圈N_1为初级(也可称为原边、一次边、原方等)，接输出电压的线圈N_2为次级(也可称为副边、二次边、副方等)。

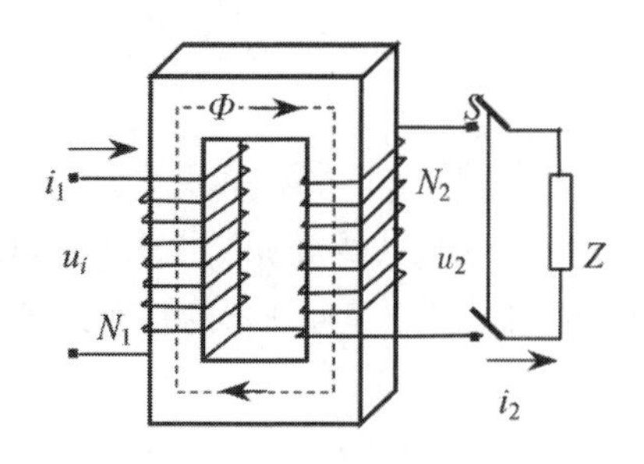

图9.13　变压器工作示意图

如图9.13所示，两个互感线圈N_1和N_2，当N_1通过电流i_1时，线圈N_1产生的磁通量，我们记为Φ_{11}。磁通的下标是两个数字，第一个下标数字表示产生磁通的线圈号，第二个下标表示磁通产生后通过的线圈号。比如，Φ_{11}表示1号线圈N_1产生的并且通过自己的磁通，而Φ_{12}表示1号线圈N_1产生的通过2号线圈N_2的磁通。

Φ_{11}产生之后，并不是百分之百通过N_2，因为磁芯不是理想的，必定会有一部分漏走，我们把这部分称为漏磁，1号线圈产生的漏磁，我们标记为Φ_{1s}。

如图9.13所示，由于i_1作用于线圈，产生磁通，线圈N_2的磁通我们称之为Φ_{12}，又由于匝数的存在，所以我们把N_2的所有匝共同作用出来的称为磁链Ψ_{12}。

因为这个磁通Φ_{12}大小与电流i_1成正比，而磁链是磁通的N_1倍，所以我们定义了一个系数叫作互感系数M_{12}，表征i_1对Ψ_{12}的影响，称为N_2对N_1的互感系数，简称互感。M_{12}的公式就是磁链与电流的比值：

$$M_{12} = \Psi_{12}/i_1$$

对于变压器来说，一定存在漏感，所以我们将互感磁通Φ_{12}与N_1产生的总磁通量Φ_{11}之比称之为耦合度，即线圈N_2对线圈N_1的耦合度，用k_1表示公式为：

$$k_1 = \Phi_{12}/\Phi_{11}$$

同理，反过来使用这个变压器，我们在N_2上施加电压，线圈N_2产生电流，此时N_2产生的互感磁通Φ_{21}（N_2产生的通过N_1的磁通），与其总磁通Φ_{22}之比称为线圈N_1对线圈N_2的耦合度，用k_2表示公式为：

$$k_2 = \Phi_{21}/\Phi_{22}$$

如果两个线圈同时都有电流通过，通过互感互相影响，为了表明耦合程度，通常采用k_1和k_2的几何平均数k（相乘后开根号的方式）：

$$k = \sqrt{k_1 k_2} = \sqrt{\frac{\Phi_{12}}{\Phi_{11}}\frac{\Phi_{21}}{\Phi_{22}}}$$

1. 变压器空载

在变压器的初级加一电压u_i，而次级不接任何负载，称为变压器空载，并假定初级与次级线圈全耦合（$k = 1$），且所有线圈电阻为0。根据电磁感应定律，N_1的端电压为u_i为：

$$u_i = N_1 \frac{d\Phi_{11}}{dt} = L_1 \frac{di_1}{dt}$$

式中L_1为次级开路时的初级电感；在时间t时刻，磁芯中初级端产生的磁通Φ_{11t}和线圈中电流i_{1t}分别为：

$$\Phi_{11t} = \int_0^t \frac{u_i}{N_1} dt$$

$$i_{1t} = \int_0^t \frac{u_i}{L} dt$$

线圈产生的感应电势等于输入电压，引起N_1中电流i_{1t}产生磁芯中磁通Φ_{11t}，所以电流i_{1t}称为激磁电流。对应的Φ_{11t}称为主磁通。因为是全耦合，在N_2中磁通变化率$d\Phi_{12}/dt$与N_1中的相同，$d\Phi_{12}/dt = d\Phi_{11}/dt$。这也是变压器的基本原理，则$N_2$的端电压为：

$$u_2 = N_2 \frac{d\Phi_{12}}{dt}$$

根据u_i和u_2的计算公式，次级输出电压与输入电压的关系为：

$$\frac{u_i}{u_2} = \frac{N_1}{N_2} = n$$

式中$n = N_1/N_2$称为变比，也就是匝数比。

2. 变压器负载状态

如果将次级与负载接通，在次级线圈中就产生电流$i_2 = u_2/Z$流经负载（负载描述为Z）。电流i_2在线圈N_2中产生的磁势i_2N_2将产生磁通Φ_2，与初级i_1N_1产生的磁通Φ_1的方向相反。为了维持与空载一样的感应电势e_1所需的磁通变化量$\Phi_{11t} = \Phi_1 - \Phi_2$，必须加大输入电流$i_1$保持激磁磁势$i_{1t}N_1$基本不变，即

$$i_{1t}N_1 = i_1N_1 - i_2N_2$$

由此可见，初级和次级电流变化量之比与其匝数成反比。因此变压器也可称为电流变换器。初级和次级电流变化量之比与其匝数成反比。因此变压器也可称为电流变换器。由图9.13可见，输入电流从初级（N_1同名端）流入，从次级（N_2）同名端流出，变压器输出功率为：

$$P_{out} = i_2u_2 = \frac{N_1i_1}{N_2}\frac{u_1N_2}{N_1} = i_1u_1$$

可见，理想状态下，输入功率等于输出功率。激磁磁场只是提供能量传输条件，不需要在磁场中储存能量，变压器作为能量传输之用。为了减小激磁电流，增大激磁电感，磁路应采用高磁导率材料。

9.6 反激式开关电源的变压器的关键参数

变压器的设计和选型是反激电路设计的关键，熟悉变压器的内部基本物理原理和关键技术参数，对理解变压器的工作过程和对变压器进行设计、选型有着非常大的帮助。

9.6.1 什么是磁畴

磁畴是固体材料中微观磁性结构的一个特定区域，其中的原子或分子的磁矩（磁性矢量）在同一方向上排列，产生一个局部的磁场。磁畴通常是微米或更小尺寸的区域，在整个材料中分布广泛。磁

畴的存在解释了许多磁性材料的宏观磁性行为。

磁畴理论是用量子理论从微观上说明铁磁质的磁化机理。所谓磁畴，是指铁磁体材料在自发磁化的过程中，为降低静磁能而产生分化的方向各异的小型磁化区域，每个区域内部包含大量原子，这些原子的磁矩都像一个个小磁铁那样整齐排列，但相邻的不同区域之间原子磁矩排列的方向不同。

1907年，铁磁理论的奠基者、法国物理学家皮埃尔-欧内斯特·外斯提出了磁畴概念，认为铁磁材料中的原子具有永磁矩，每个原子就像一条条小磁铁。物质中各原子能克服原子的热运动而使原子的磁矩在一定空间范围内沿特定的方向排列，呈现出均匀的自发磁化，这种自发磁化的小区域称为磁畴或外斯畴。铁磁物质内分成很多个磁畴，磁畴与磁畴之间由磁畴壁间隔开，如图9.14所示。

各个磁畴之间的交界面称为磁畴壁，磁畴与磁畴之间由磁畴壁间隔开，可以想象成跟植物细胞一样由细胞壁间隔开。宏观物体一般总是具有很多磁畴，这样磁畴的磁矩方向各不相同，结果相互抵消，矢量和为0，整个物体的磁矩为0，它也就不能吸引其他磁性材料。也就是说，磁性材料在正常情况下并不对外显示磁性。只有当磁性材料被磁化以后，它才能对外显示出磁性。

铁磁体(一般把具有铁磁性的物质称为铁磁体，很多材料都表现出铁磁性，如铁、钴、镍等)中每个磁畴所有原子的磁矩方向都是相同的。但是不同的磁畴之间，它们的自发磁化方向是不同的，如图9.15所示。

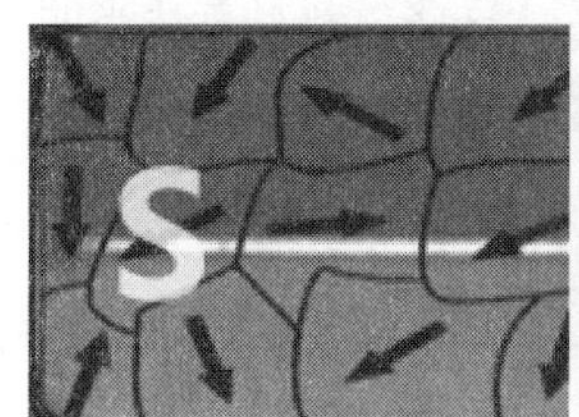

图9.14　磁畴示意图

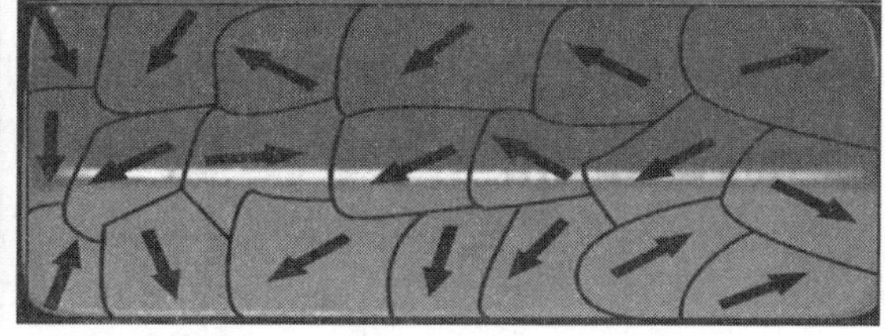

图9.15　磁畴的磁矩方向各不相同

在没有外磁场的情况下，各个磁畴的磁矩方向随机，多个磁畴之间的磁矩相互抵消。这时，铁磁体的总磁矩为0。因此在没有外磁场的情况下，铁磁体宏观上表现出总磁矩为0，也就是表现为没有磁性。但如果将一个外磁场靠近铁磁体，使其磁场作用于铁磁体，那么铁磁体内部的各个磁畴的磁矩方向将趋于一致，从而使得整个铁磁体对外显示出磁性，这就是铁磁体磁化的过程。一个磁铁作用于一个没有磁性的铁钉之后，这个铁钉被磁铁吸住时，铁钉被磁化，也呈现出磁性。

随着量子的发展，人们才认识到：原子的磁矩来自电子围绕原子核旋转形成的轨道磁矩，以及电子自转形成的自旋磁矩。磁力显微镜(Magnetic Force Microscope，MFM)是一种原子力显微镜，通过磁性探针扫描磁性样品，检测探针和磁性样品表面的相互作用以重构样品表面的磁性结构。很多种类的磁性相互作用可以通过磁力显微镜测量，包括磁偶极子相互作用。

有了磁力显微镜，可以直观地观测到磁畴。磁畴存在的主要原因是材料内部的微观磁性相互作用和磁场能量最小化的趋势。

9.6.2 磁芯的材料

反激变压器的磁芯需要具备一些特定的磁性材料特点，以满足其工作条件和性能需求。以下是适用于反激变压器磁芯的主要特点。

(1)高导磁性：反激变压器通常在高频率下工作，因此其磁芯需要具有高导磁性，以确保高效的能量传输和良好的电感性能。

(2)低涡流损耗：由于反激变压器在高频率下运行，涡流损耗是一个重要的考虑因素。因此，磁芯材料应具有低涡流损耗特性，以减小能量损失并降低材料加热。

(3)高电阻率：高电阻率材料有助于降低涡流损耗，因为较高的电阻会减小涡流电流的流动。这有助于确保磁芯在高频率下的稳定性。

(4)低磁滞：低磁滞特性表明材料可以迅速响应变化的磁场，而不会在磁场的反转过程中产生大的磁滞损耗。

(5)高温稳定性：反激变压器可能在高温环境下工作，因此磁芯材料应具有良好的高温稳定性，以防止材料的导磁性能在高温下明显下降。

(6)可调性：一些反激变压器要求磁芯具有可调性，以便调整变压器的工作参数。

基于上述要求，铁氧体材料和粉末铁芯材料通常用于反激变压器的磁芯。这些材料具有适当的导磁性能、低涡流损耗、高电阻率和低磁滞，使它们成为适用于高频率反激变压器的理想选择。选择具体的磁芯材料还取决于变压器的设计和性能要求，以及可用的预算和资源。

9.6.3 什么是气隙

变压器的气隙(Gap)是指在变压器的磁路中有意地引入的空间或间隙，其中不包含铁芯或磁性材料，如图9.16所示。

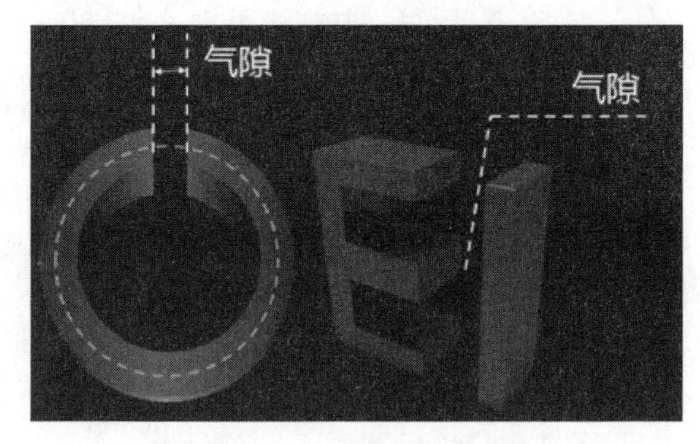

图9.16　磁芯气隙的示意图

变压器的磁路主要由两个部分组成:铁芯和气隙。其中，铁芯是一个磁性材料的环形或矩形核心，用于增强磁场的传输，铁芯通常由硅钢片或其他高导磁性的材料制成；气隙是指铁芯中的空间或缝隙，其中不包含磁性材料，而是充满了空气或其他非磁性材料；气隙可以是设计中的一个元素，也可以是由于制造过程中的不完美而产生的。

气隙在变压器中的作用包括以下几点。

(1)磁场控制：引入气隙可以改变磁场的分布和强度。通过调整气隙的大小，可以控制变压器的磁场，以满足特定的性能要求。

(2)磁滞控制：气隙可以降低铁芯的整体磁滞特性，因为气隙中不包含磁性材料，所以不容易发生磁滞损耗。

(3)电感控制：气隙的存在可以影响变压器的电感值。通过调整气隙的大小，可以调整变压器的电感，从而改变电流和电压的变换比例。

气隙是变压器设计中的一个重要因素，可用于调整和控制变压器的磁性能和性能特性，以满足不同的应用需求。在设计和制造过程中，工程师会仔细考虑气隙的大小和位置，以确保变压器在特定的工作条件下能够稳定和高效地工作。在高频变压器的设计过程中，为了尽量避免出现磁路饱和的现象，通常会故意在磁芯中柱预留一段气隙。由于该气隙的存在使得磁通无法完全经过磁芯，会在气隙边缘有部分磁通扩散进入磁芯窗口，并切割气隙附近的绕组，在高频条件下产生涡流损耗。

对一个圆形磁环绕上线圈，通上正好使磁芯饱和的电流，如图9.17所示。正好饱和说明里面所有的磁畴都已经有序排列了。

这时在磁环上开个气隙，去除掉一部分磁芯，那么这一部分磁畴也就被去掉了。原来在气隙处的磁畴是有序排列的，相当于一个小磁铁，所以对气隙旁边的磁畴的有序排列有正向的作用力，现在被去掉了，所以作用力消失。气隙旁边的磁畴原来是恰好可以全部有序排列，而现在受到的正向作用力变小了，所以就不能全部有序排列了，磁性变小，进一步导致气隙旁边的磁畴受到的作用力也变小，也没有全部有序排列，这样一个传一个，整个磁芯的磁畴没有有序排列的更多。因此，这个开了气隙的磁环是没有磁饱和的，如图9.18所示。

要想使磁畴再次全部有序排列，我们必须通上更大的电流，直到再次饱和，如图9.19所示。

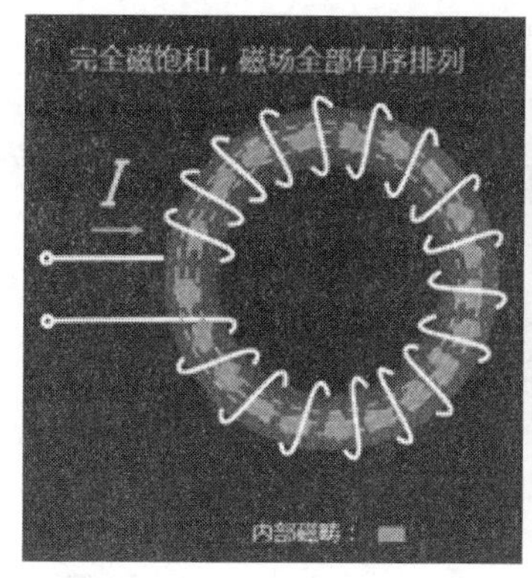

图9.17　封闭磁环磁畴意图

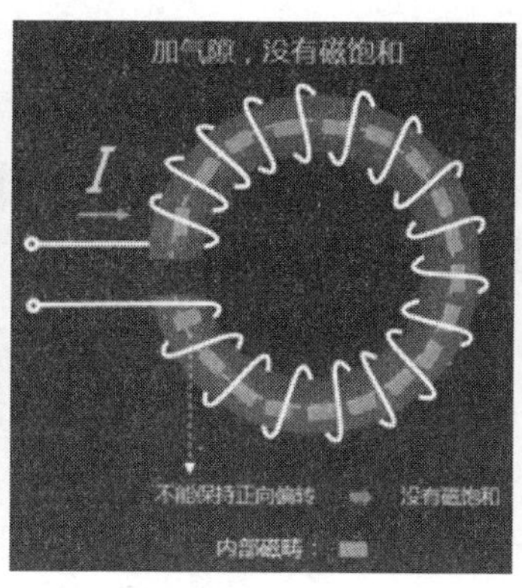

图9.18　加了气隙的磁环磁畴示意图

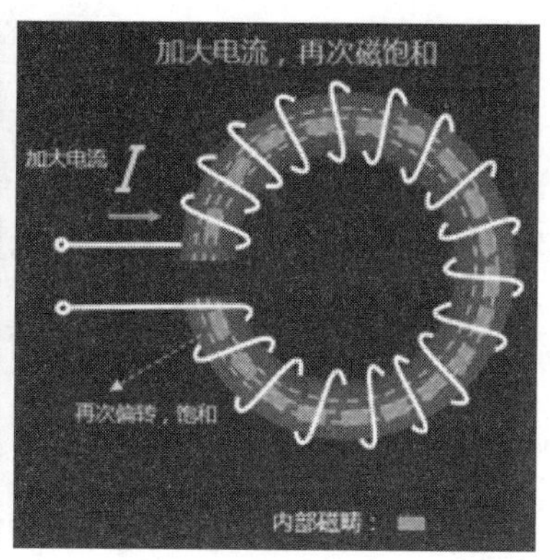

图9.19　加了气隙的磁环磁畴再次饱和示意图

因此，可以看出，增加气隙，饱和电流增大了，并且从整体上看，磁畴总的有序排列变少，那么产生的磁通也变小了，即磁导率变小了。也可以看出，气隙的增加弱化了磁畴间的正向相互作用力，因此在没有电流的时候剩磁变小了。

假定没有气隙时，完全磁饱和对应的磁场强度为Bm(最大磁感应强度)，那么加了气隙以后，增大电流，使磁环的所有磁畴再次达到饱和，这时磁场强度应该是多少呢？我们假想一下，磁环里面的所有磁畴在饱和电流时全部排列，也就是最难偏转的那个磁畴在此时正好偏转，无论我们加不加气隙，要使得那个最难发生偏转的磁畴变化到位，就需要最大磁感应强度Bm，所以最难发生偏转的磁畴所在的地方的磁场强度就是Bm。所以加了气隙之后，饱和时的磁场强度还是Bm，相对于之前没有变化。

磁场能量密度为单位体积所包含的磁场能，其公式为$B^2/2\mu$，磁芯的储能不变。而气隙处的磁导率μ变成了空气的磁导率，空气的磁导率一般只有磁环材料的几十分之一到几千分之一，因此在气隙处的储能密度提升了成百上千倍，如表9.1所示。

表9.1　磁性材料的磁导率

磁导材料	空气	铁氧体	粉末铁芯
磁导率	1	100～15000	10～550

因此，气隙增大了储存能量的能力。

那么气隙是越大越好吗？显然也不是的，因为气隙最大的时候就是没有磁环，也就是空芯电感，理论上空芯电感永不饱和，储能没有上限，只要电流够大。实际中我们的电流总是有上限的，如果太大，导线也承载不了。

事实上，我们说气隙增大了储能上限，说的是在各自都饱和情况下的储能。在都不饱和的情况下，通上相同的电流，不加气隙的储能更高。若气隙太大，会因为磁导率太低电感量增加，所以我们需要选择合适的气隙大小。

9.6.4 什么是漏感

漏感是变压器的初次级线圈在耦合的过程中漏掉的那一部分磁通。变压器的漏感应该是线圈所产生的磁力线不能都通过次级线圈，因此产生漏磁的电感称为漏感。

漏感在哪？虽然印制电路板上的印制导线及变压器的引线端也是漏感的一部分，但大部分漏感在变压器原边侧绕组中，尤其是在那些与副边侧绕组有耦合关系的原边侧绕组中，漏磁是泄漏到空气中的磁力线，没有通过磁芯传递到副边侧的那部分，如图9.20所示。

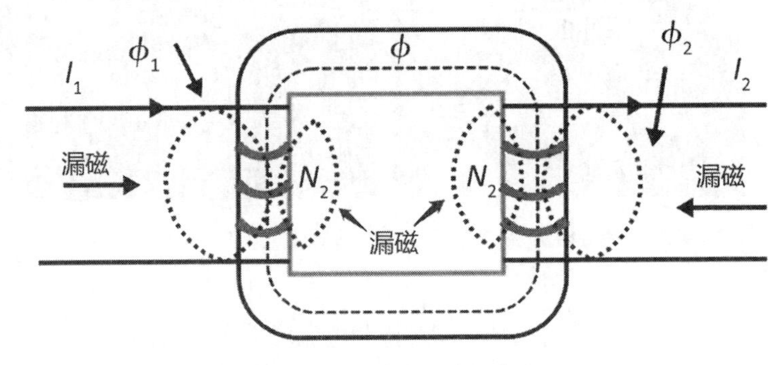

图9.20　磁芯磁力线示意图

漏感是因为变压器一组线圈到另一组线圈磁通量不完全耦合而产生的电感分量。任何初级线圈到次级线圈磁通量没有耦合的部分，会表现出一个与初级线圈串联的感性阻抗。漏磁不参与初级线圈和次级线圈的磁耦合能量传递。它们就像是电感，串联在电路里。电感作为阻抗会产生压降，所以变压器上的实际电压会更小，如图9.21所示。

在特定应用中，如开关电源和照明整流器，变压器的漏感在产品设计中会产生重要的功能影响。因此，准确的漏感测量对于变压器制造商来说通常是一项重要的步骤。

理论上的理想变压器没有损耗。电压比直接为匝数比，电流比为匝数比的倒数。在实际的变压器中，初级线圈的某些磁通量不会耦合到次级线圈。这些“漏掉”的磁通量不会参与变压器的工作，可以表示为额外的与线圈串联的感性阻抗。

在某些变压器的设计中，漏感必须在总的电感量中占更大的比例，并设定一个小的误差。漏感量比例的增加通常通过在磁芯中引入空气间隙来实现，因而降低磁芯的磁导率及初级线圈的电感。因此，初级线圈与次级线圈磁通量不耦合部分所占的比例也会增加。

那么，气隙是否跟漏感有线性关系？

下面以一个例子来说明变压器漏感与气隙大小的3种关系：不变、变大、变小。

如图9.22所示，假设气隙1、2、3使得磁阻$R_1 = R_2 = R_3$，忽略窗口的那少部分磁通，可知$\Phi = \Phi_1 + \Phi_2$。

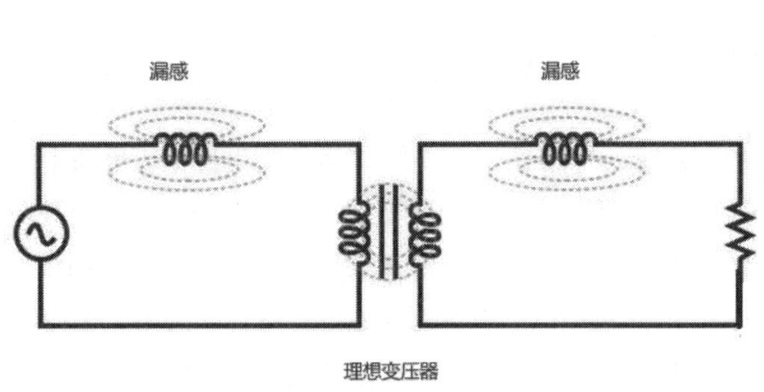

图9.21　漏感等效于电感的示意图

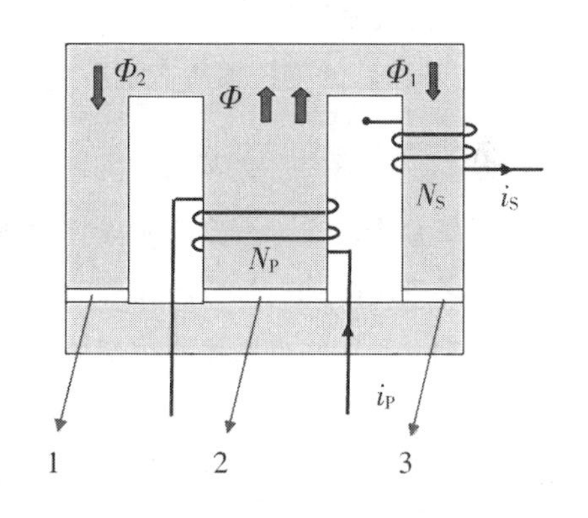

图9.22　磁芯磁力线示意图

变压器漏感与气隙大小的关系存在下面3种情况：

（1）增加气隙1，$R_1>R_3$，使得$\Phi_1>\Phi_2$，即耦合到N_S的磁通更多，漏感减小；

（2）增加气隙2，$R_1=R_3$还是成立，$\Phi_1=\Phi_2$，即耦合到N_S的磁通不变，漏感不变；

（3）增加气隙3，$R_1<R_3$，$\Phi_1<\Phi_2$，即耦合到N_S的磁通减少，漏感增大。

变压器漏感与气隙大小的关系，不能简单说增大、减小或不变，需要根据具体的绕组结构和磁芯结构来分析。

1. 决定漏感大小的因素

对于固定的已经制作好的变压器，漏感与以下几个因素有关。

K：绕组系数，变压器的绕组系数是指绕组之间的互感系数，通常用符号“K”来表示。它表示两个绕组之间的电磁耦合程度。变压器绕组系数的取值范围在0到1之间。绕组系数的大小取决于绕组之间的物理位置、磁场分布和绕组之间的绝缘性能等因素。在设计变压器时，工程师会考虑绕组系数，以满足特定的电压变换和能量传输需求，并确保变压器的性能达到预期。绕组系数（互感系数）是由绕组之间的电磁耦合程度决定的，可以通过以下方式来提高绕组系数：提高绕组之间的物理接近

度；增加磁耦合路径；改善并优化绕组设计，如选择适当的绕组形状、绕组层数、导线间距和层绕组的方式等，可以提高电磁耦合；使用屏蔽和绝缘材料，在绕组之间使用适当的屏蔽材料和绝缘材料，以减少漏磁场和电场的干扰，有助于提高绕组系数；精确控制制造过程，在变压器制造过程中，确保绕组的准确制造和安装，以避免机械误差和误差的积累，从而影响绕组系数；使用高质量和高导磁性、低损耗的材料，如硅钢片，可以提高磁耦合效率，从而提高绕组系数；考虑绕组方向性，对于多绕组变压器，可以通过合理安排绕组的方向来增加电磁耦合。例如，采用交叉或角度安排绕组，而不是平行安排；避免绕组短路，确保绕组之间没有意外的短路或接触，以防止电流绕过绕组。

L_{mt}：将整根绕线绕在骨架上，平均每匝的长度。绕组越宽，漏感就越小。把绕组的匝数控制在最少的程度，对减小漏感非常有好处。

N_x：绕组的匝数。

W：绕组宽度。

T_{ins}：绕线绝缘厚度。

b_W：制作好的变压器所有绕组的厚度。

2. 漏感的危害与防护

漏感是指没有耦合到磁芯或其他绕组的可测量的电感量，它就像一个独立的电感串入电路中，它导致开关管关断的时候D极和S极之间出现尖峰，因为它的磁通无法被二次侧绕组匝链。

漏感可看作与变压器原边侧电感串联的寄生电感。所以，在开关管关断瞬间，这两个电感中的电流都是原边侧峰值电流。但是，在开关管关断时，原边侧电感能量可以通过互感转移到副边侧（通过输出二极管）释放，但漏感能量无处可去。如果不尽力吸收这些漏感能量，尖峰会很高，将造成开关管损坏。既然这些能量不能传输到副边侧，那就只有两种选择：要么设法回馈至输入电容，要么设法消耗掉（损耗）。简单起见，通常选择后者。一般可直接采用稳压管钳位方法，即在原边侧增加一个稳压管。

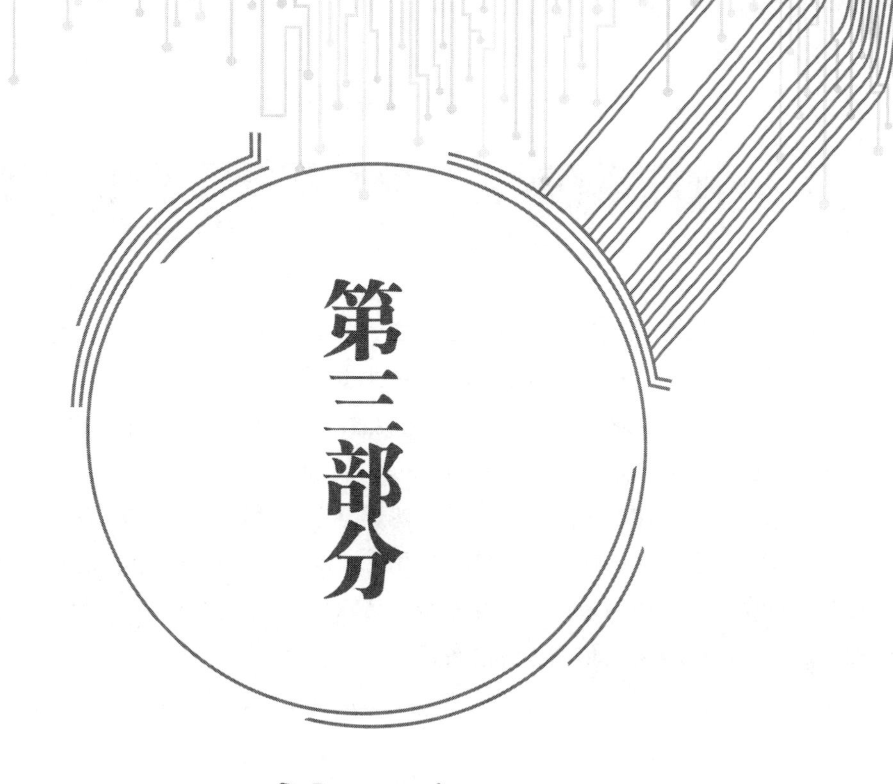

第三部分

开关电源的控制器和控制理论

第10章

环路控制的数学基础

在整个电源的知识体系中，环路控制是一个至关重要的概念。开关电源之所以在各种情况下能够保证将输入电压转换为稳定的输出电压，是因为有一种反馈机制和控制策略，而这种反馈机制和控制策略形成了环路。为了确保开关电源能够在不同负载和输入条件下保持高效且稳定，需要一种精密的控制机制，这就是开关电源的环路控制。

在本章中，我们将深入探讨开关电源的环路控制，旨在确保开关电源提供稳定、精确且高效的输出电压。我们将了解环路控制的基本原理、常用的控制策略，以及如何调整控制参数以满足不同的应用需求。通过深入研究开关电源的环路控制，我们将更好地理解电源电子学中的关键概念，从而在设计和应用中取得更好的效果。

10.1 开关电源环路的基本概念

电源的环路控制是相对复杂和难以理解的，主要有以下几个原因。

(1)多种元件和电路组件：电源环路控制涉及多种电子元件和电路组件，如开关电源、稳压器、电感、电容、电阻等。这些元件之间的相互作用和联动可以使系统变得复杂。

(2)非线性和时变性：电源环路通常是非线性和时变的系统，这意味着系统的响应不仅取决于输入信号，还取决于时间和各种非线性效应。

(3)数学和工程知识：理解电源环路控制通常需要一定的数学和工程知识，包括电路分析、控制理论、信号处理和功率电子等领域的知识。关于傅里叶变换、拉普拉斯变换、极点、零点等概念不仅要知道，还需要深刻理解，并且熟练掌握。

尽管电源环路控制可能具有一定的复杂性，但对于工程师和专业人士来说，深入了解这些概念是非常重要的，因为它们在许多电子设备和系统中都用到相同的基本概念。只要是控制系统，控制原理和基础知识都是相似的。

一个电源系统，是由一个输入产生一个输出。如果我们设置一个固定的控制机制，输出的结果并不是固定的。输出结果会受到输入的影响、器件差异性的影响，以及环境的影响，因此输出的结果未必是我们期望的。我们可以将输出的结果参与到控制机制中，与输入共同作用，以影响输出结果，这便形成一个环路，也就形成了开关电源的环路反馈系统。这种把输出结果参与到系统控制过程中，使系统能够稳定地输出我们期望的结果，同时保证输出的电压不随输入电压、输出负载和环境而变化，也不受器件个体差异的影响。这种反馈系统可以提供高精度、高稳定性和高效率的电源解决方案，因此适用于各种应用场景。开关电源环路系统各个组成部分如图10.1所示。

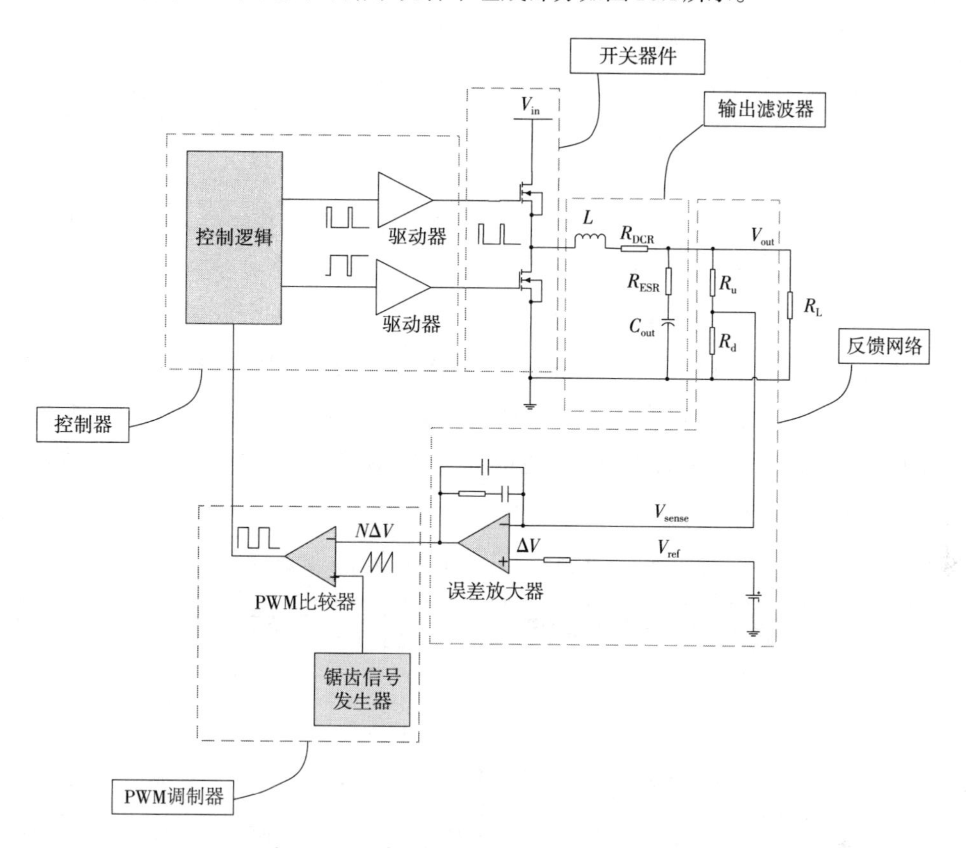

图10.1 开关电源环路系统的各个组成部分

在本章的后续小节中，我们就会从输出滤波的具体无源器件来分析各个组成部分的特性，逐步分析并构建一个完整的环路控制系统。

开关电源的所有器件都参与了环路反馈系统，我们一般将其分成以下几个部分来分别分析其频域和时域的特性，最后综合起来观察其闭环的环路控制特性。

(1)输出滤波器(Output Filter)：输出滤波器用于减小输出电压的纹波和噪声，以获得稳定和平滑的输出电压。这部分是一个LC滤波器。

(2)反馈网络(Feedback Network)：输出滤波器会输出一个稳定的电压，我们需要把这个电压送回电源控制系统进行反馈。反馈网络用于检测实际输出电压，并将这个信息反馈给比较器，形成一个闭环反馈系统。这使得系统能够持续地调整PWM信号，以使实际输出电压接近期望值。为了获得更好的反馈系统的特性，我们一般会在反馈网络中添加环路补偿网络，以达到预期的传输特性。比较器是反馈系统的起始点，它将参考信号(期望输出值)与实际输出信号进行比较，产生一个误差信号，表示实际输出与期望输出之间的差异。

(3)PWM调制器(PWM Modulator)：PWM调制器将反馈网络的信号转换为PWM信号。PWM信号的占空比将决定开关电源的输出电压。

(4)控制器(Controller)：控制器接收误差信号，并根据设定的控制算法[如比例-积分-微分(PID)控制器]产生一个控制信号，用于调整开关电源的占空比。控制器的设计和参数设置对系统的性能和稳定性至关重要。

(5)开关器件(Switching Devices)：开关器件通常是MOSFET(金属-氧化物半导体场效应晶体管)或IGBT(绝缘栅双极型晶体管)等，它们负责根据PWM信号的要求控制电源开关的状态。当PWM信号为高电平时，开关器件导通，电源工作；当PWM信号为低电平时，开关器件关断，电源停止工作。

电源的环路系统本质属于一种反馈环路控制系统。反馈环路控制是在各种工程和科学领域中广泛应用的关键技术，它用于保持系统的稳定性、精度和性能。本节将通过比较车道保持系统和开关电源系统的反馈环路控制，来深入了解如何通过精确调整反馈环路实现所需要的控制和性能。两者都是闭环控制的系统，通过将得到的结果与目标进行比较，然后调整以让系统始终趋于期望目标。表10.1是车道保持系统的反馈环路控制与开关电源系统的反馈环路控制的对比，从中可以直观感受到一个反馈环路控制系统的本质。

表10.1　车道保持系统与开关电源系统的比较

功能	车道保持系统的反馈环路控制	开关电源系统的反馈环路控制
目标和输入条件	目标：无论车道如何变化，车速如何变化，要确保汽车保持在道路中心线上 输入条件：车辆当前的位置和方向	目标：无论输入电压和负载条件如何变化，要确保稳定的输出电压是目标值 输入条件：输入电压值和负载值
反馈	为了实现目标，车道保持系统使用传感器来连续监测车辆相对于道路中心线的偏移。这些传感器提供反馈信号，告知系统车辆是否偏离了道路中心线	为了实现目标，开关电源系统使用电阻分压得到一个电压值，用这个电压值与参考电压进行比较来监测输出电压，这个电路提供反馈信号，告知系统当前的输出电压是否符合期望
控制	控制器是车道保持系统的核心，它基于传感器提供的反馈信号来进行决策。控制器用于比较实际位置与期望位置的差异，并计算出需要施加的方向盘调整量	控制器是开关电源的核心部分，它基于反馈信号来进行决策。控制器用于比较实际输出电压与期望输出电压之间的差异，并计算出需要调整开关电源工作方式的控制动作
执行	执行器是控制器的执行部分，它将控制器计算出的调整量转化为实际的方向盘运动，以使车辆重新回到道路中心线上	在开关电源中，执行器是开关器件MOSFET，它们负责控制电源的开关状态，控制器控制MOSFET的打开时间，以调整输出电压
调整	在车道保持系统中，控制器需要精确调整，以确保系统的稳定性和性能。通过调整这些参数，可以实现对系统的精确控制，减小超调量或快速恢复到目标轨迹	开关电源的控制器中的参数需要精确调整，以确保输出电压的稳定性和性能。通过调整参数，可以实现对电源的精密控制，提高动态响应速度或适应不同的输入电压

车道保持系统不希望汽车偏离轨道撞到护栏，开关电源系统也不希望电压值超出电压要求的指标范围，不要过高也不要过低。车道保持系统希望汽车保持在车道中线，开关电源系统希望电压保持在期望值。控制系统的收敛性是指在一定时间内，系统的输出或状态能够收敛到期望的值，而不会无限振荡或不稳定。控制系统需要考虑收敛性是因为控制系统的主要目标之一是使被控对象(通常是一个物理系统)的输出或状态趋向于期望的目标值，即稳定在期望的状态或输出。

控制系统为什么需要考虑收敛性呢？以下是一些主要原因。

(1)系统稳定性:一个不收敛的控制系统可能会导致系统不稳定。如果系统的输出或状态无法收敛,它可能会无限制地增大或减小,这将导致系统不可控,不可预测,可能会损害设备或危及安全。

(2)目标实现:控制系统的主要任务是实现特定的目标或期望值。只有当系统的输出或状态能够在合理的时间内收敛到这些目标时,控制系统才能够成功完成其任务。

(3)能源效率:在许多控制应用中,特别是在工程和自动化领域,能源效率是一个重要的考虑因素。控制系统的收敛性可以确保系统在稳态时不浪费能量,并且能够在合理时间内响应变化。

(4)提高性能:通过考虑收敛性,控制系统可以更好地调整控制输入,以减小超调和振荡,从而提高系统的性能。这对于实时响应和减小误差至关重要。

(5)提高可预测性:收敛性可以提高系统的可预测性,可以更准确地预测系统的行为,从而更好地计划和管理系统的运行。

考虑控制系统的收敛性是确保系统正常运行、实现期望目标、提高性能和可预测性的重要因素之一。在设计和分析控制系统时,工程师通常会考虑如何调整控制策略和参数,以确保系统在合理的时间内收敛到期望的状态或输出。

环路控制系统的收敛问题是指,在控制系统中系统的输出是否能够在有限的时间内收敛到所期望的稳定状态或目标值。这个问题在控制系统设计和分析中非常重要,因为它直接关系到系统的性能、稳定性和可控性。

控制系统的稳定性是指系统在有限的时间内输出是否有界,而收敛性是指系统是否能够在有限的时间内到达某个目标或稳定状态。稳定性通常是收敛性的前提,因为一个不稳定的系统不太可能正确地收敛到目标。

对于车道保持系统来说,当车道偏离的时候,需要能够在不碰到路边护栏的前提下,尽快让汽车回到正确的车道位置和行进方向。如果在调整过程中,调整得不及时,或者调整的幅度过大,比如,汽车偏离的幅度过大则会撞击护栏,如图10.2(a)所示。如果收敛时间过长,则系统的收敛性不好,系统始终处于调整的状态,如图10.2(b)所示。这些情况我们都认为这个车道保持系统的稳定性不好。

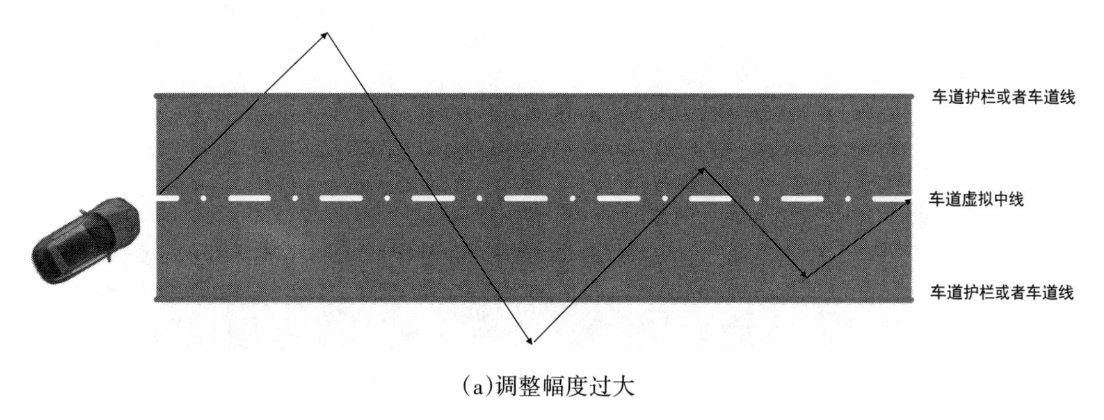

(a)调整幅度过大

图10.2　车道保持系统的收敛性和稳定性问题举例

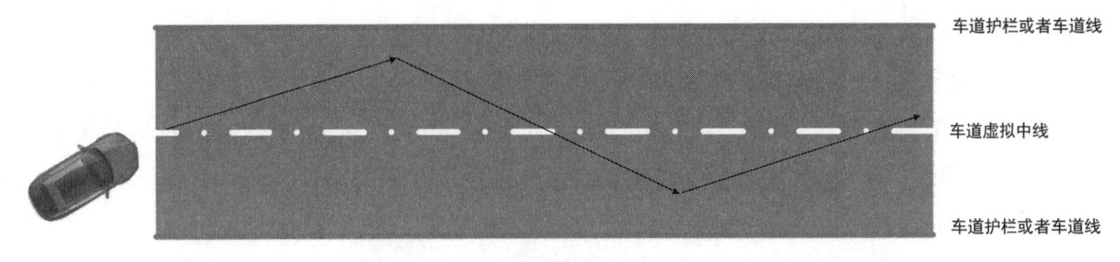

(b)收敛时间过长

图 10.2 车道保持系统的收敛性和稳定性问题举例(续)

对于电源控制系统也是一样的,如果调整得不及时,或者调整的幅度过大,则会出现电压偏离过大,超出用电器件的承受范围而导致器件损坏,这类似车道系统调整幅度过大而造成的撞车事故,示波器在时域上看到的情况如图 10.3(a)所示。如果收敛时间过长,则系统的收敛性不好,系统始终处于调整的状态,我们可以观察到电源的占空比会不停地调整,在电压输出端始终有振荡。在时域上,我们可以观测到开关节点不停地抖动,如图 10.3(b)所示。

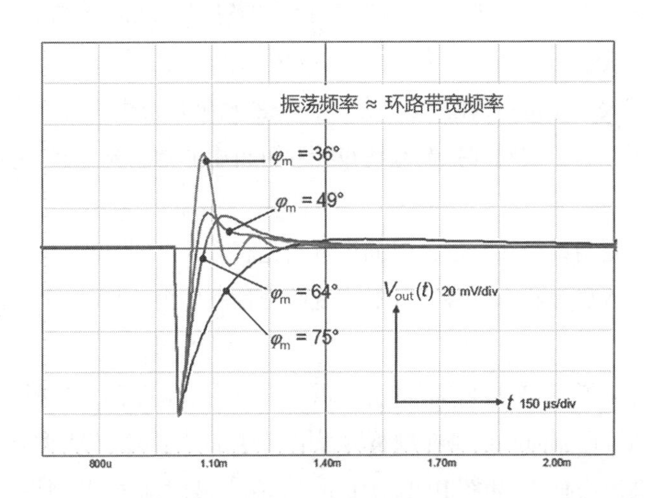

(a)电压变化幅值过大产生振荡

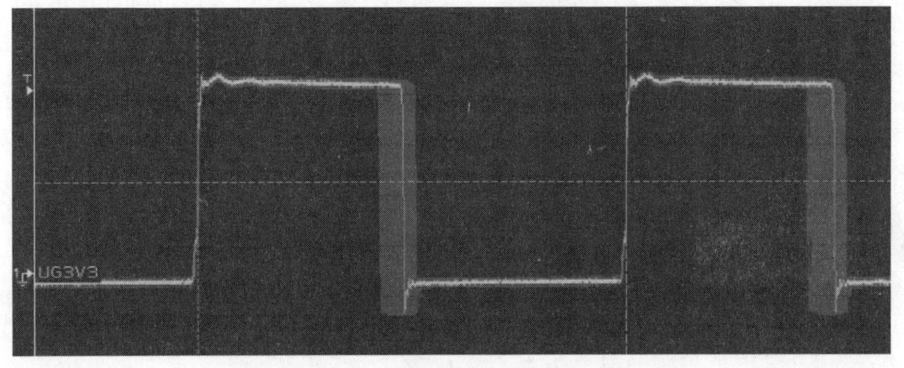

(b)占空比反复调整造成的开关节点抖动

图 10.3 开关电源系统的收敛性和稳定性问题

开关电源系统中，影响稳定的因素主要有以下几个。

1. 控制器设计

控制系统的控制器设计对于系统的收敛性具有重要影响。合适的控制器设计可以确保系统在给定的输入条件下收敛到期望状态。常见的控制器设计方法包括比例-积分-微分(PID)控制、状态反馈控制、模型预测控制等。

2. 控制策略选择

控制策略也会影响系统的收敛性。不同的控制策略适用于不同的应用和系统类型。例如，对于快速收敛，可以选择高增益的控制策略，但这可能会导致系统的稳定性问题。

3. 初始条件

控制系统的初始条件对于系统的收敛性也很重要。系统的初始状态可以影响系统是否能够在有限时间内收敛到期望状态。在某些情况下，需要采取特殊措施来确保系统从非常不稳定的初始条件下收敛。对于车道保持系统，汽车的起始位置和方向非常重要。对于开关电源系统，启动过程中电流需要从0达到最大，这是电源设计最严格的初始条件。对于有些电源来说，并不需要这么大的电流变化率，一般会单独约束启动的电流变化率，以便减小初始条件的难度。

4. 系统动态特性

系统的动态特性包括系统的阶数、传递函数和零极点分布等，也会影响系统的收敛性。高阶系统通常具有更复杂的动态特性，可能需要更复杂的控制策略来实现良好的收敛性。我们优化电源的环路系统的主要工作，就是调整零极点的分布，获得更好的系统收敛性，包括控制功率部分的零极点，以及通过增加环路补偿电路来调整整个反馈环路的特性。

5. 外部干扰和噪声

控制系统的收敛性通常也会受到外部干扰和噪声的影响，因此，控制系统的设计也需要考虑如何抵抗这些干扰，以确保系统在面对不确定性时仍能够收敛到期望状态。

总之，控制系统的收敛性是控制工程中一个关键的问题，涉及控制器设计、控制策略选择、初始条件、系统动态特性和外部干扰等多个方面。合适的控制器设计和策略选择可以确保系统在有限时间内有效地收敛到期望状态，从而满足特定应用的性能需求。

10.2 傅里叶级数概述

把信号波动分解成三角函数是一种将任意周期性函数分解成一系列三角函数的方法。这种方法在信号处理、音频处理、图像处理等领域中得到了广泛的应用。这种把信号波动分解成三角函数的方法,就叫傅里叶级数。

在把信号波动分解成三角函数的方法中,我们首先需要了解傅里叶级数的概念。傅里叶级数是一种将周期函数分解成一系列正弦和余弦函数的方法。具体来说,对于一个周期为T的函数$f(x)$,它的傅里叶级数可以表示为

$$f(x) = a_0 + \Sigma(a_n \cos(n\omega x) + b_n \sin(n\omega x))$$

式中:a_0、a_n、b_n是系数,$\omega=2\pi/T$是角频率,n是正整数。这个式子的意思是,任意一个周期为T的函数都可以表示成一个常数项a_0和一系列正弦函数和余弦函数的线性组合。

在实际应用中,我们通常只需要保留前几项的傅里叶级数,就可以近似地表示原函数。例如,我们认为五次谐波就可以近似地恢复出一个脉冲波。这个近似的程度取决于保留的项数,通常保留的项数越多,近似的程度就越高。

1. 方波

方波(矩形波)是一种周期为T、幅度在某个时间间隔内保持不变,而在其他时间内归零的波。假设我们有一个周期为2πs的矩形波,幅度为1。在0～1πs的时间段内,波的值为1;在1～2πs的时间段内,波的值为-1。使用傅里叶级数展开这个矩形波,我们会得到一系列奇次频率的正弦函数分量。这些分量合在一起,就形成了原始的矩形波形,如图10.4所示。

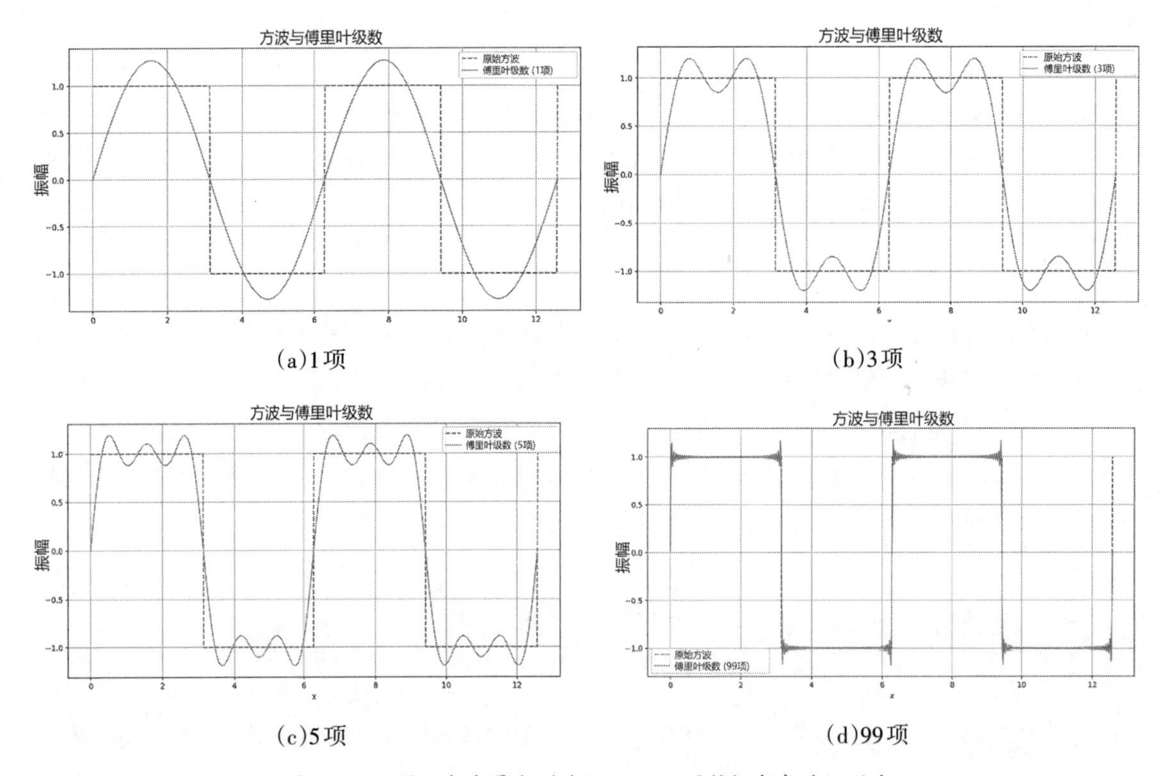

(a)1项　(b)3项

(c)5项　(d)99项

图10.4　正弦函数分量分别为1、3、5、99项所组合成的矩形波

2. 三角波

三角波是一种周期为 T、连续上升和下降的波形。它类似于音乐中的提琴声或合成器上的三角振荡波形。三角波有许多应用，例如，在电路中产生频率可控的信号、音乐合成和图像处理。

假设我们有一个周期为 2πs 的三角波，幅值在 $0\sim\pi$s 的时间内从 -1 线性上升到 1，然后在 $\pi\sim2\pi$s 的时间内从 1 线性下降到 -1。将这个三角波展开为傅里叶级数，我们会发现它包含了无限多的正弦和余弦分量。通过组合这些分量，我们可以逼近原始的三角波形，如图 10.5 所示。

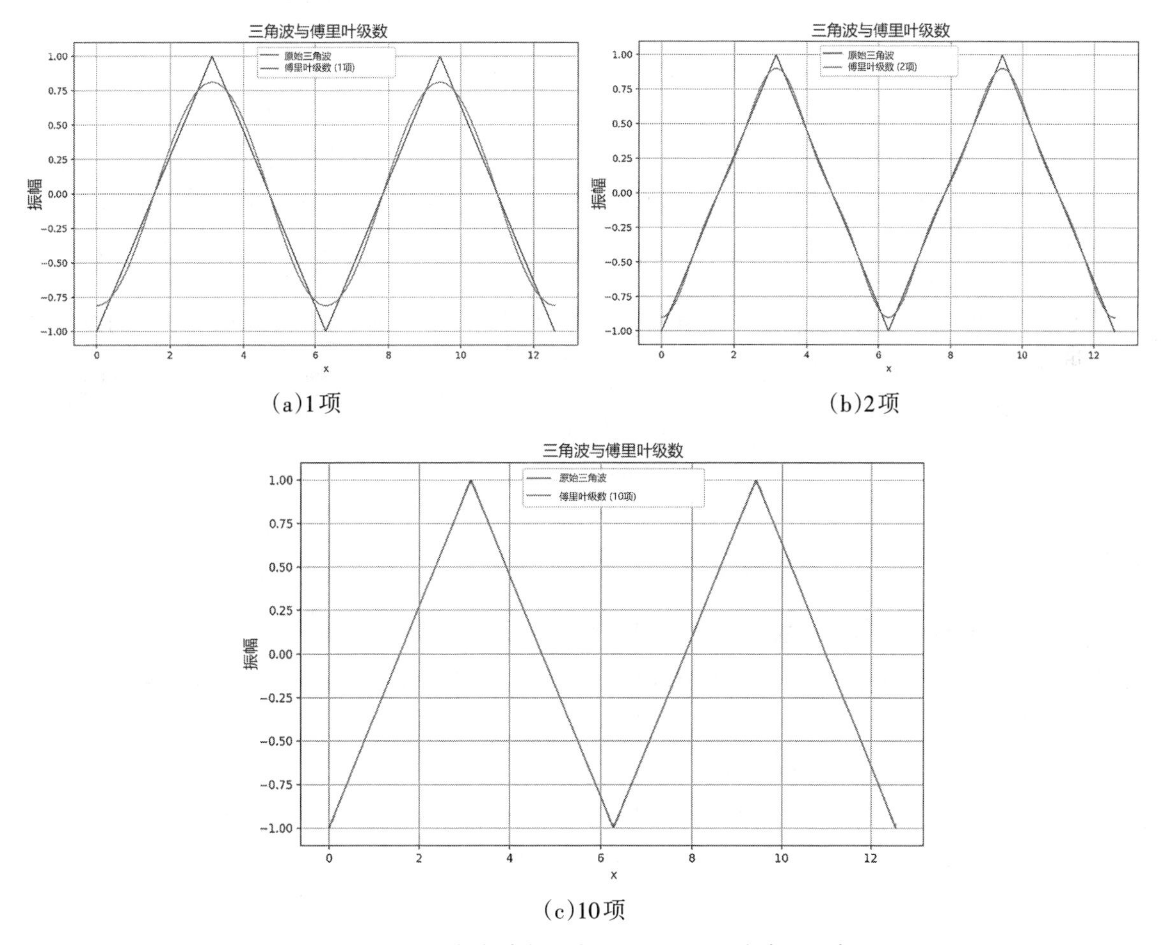

(a)1项

(b)2项

(c)10项

图 10.5　正弦函数分量分别为 1、2、10 项所组合成的三角波

3. 锯齿波

锯齿波（Sawtooth Wave）是常见的波形之一。标准锯齿波的波形先呈直线上升，随后陡落，再上升，再陡落，如此反复。它是一种非正弦波，由于它具有类似锯齿一样的波形，即具有一条直的斜线和一条垂直于横轴的直线的重复结构，它被命名为锯齿波，如图 10.6 所示。

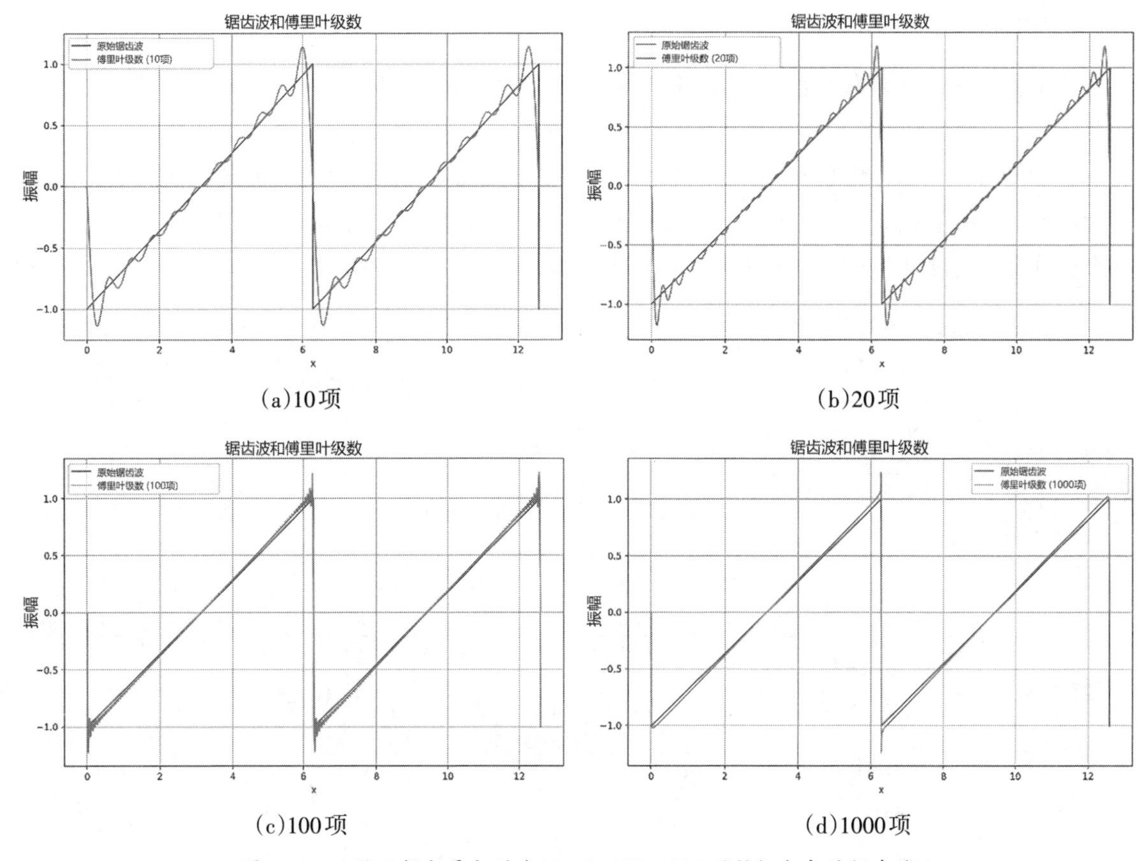

图 10.6　正弦函数分量分别为 10、20、100、1000 项所组合成的锯齿波

受限制于器件和PCB走线的带宽,类似方波的形状并不是理想的,而是有限频率的正弦波合成的图像。此类物理现象,在电子工程师的日常工作中经常能够看到,这种我们习以为然的规律其实需要大量的数学论证。

最早傅里叶级数并不是应用于电信号。傅里叶的科学成就主要在于他对热传导问题的研究,以及他为推进这一方面的研究所引入的数学方法。《热的解析理论》是傅里叶在数学和物理方面做出贡献的代表作,被认为是数学的经典文献之一,对数学和理论物理学的发展都产生了巨大的影响。在书中,一方面傅里叶按照18世纪的传统方式思考数学,另一方面他所留下的问题又对19世纪数学的发展产生了巨大的推动作用。这部经典著作将欧拉、伯努利等在一些特殊情况下应用的三角级数方法发展成内容丰富的一般理论,三角级数后来就以傅里叶的名字命名。

任何函数都可以写成正弦函数之和(后来证明需要满足狄利克雷条件)。

这个想法很简单,但却非常深刻。这里面包含以下三个问题。

(1)为什么对一个函数进行分解?

将一个函数做傅里叶变换或展开为傅里叶级数,可以更方便地帮助我们分析一个线性系统如何对外界做出响应。在我们日常工作中经常会遇到:我们把输入信号分解成正弦波,很容易根据滤波器的特性分析得出输出波形的形态。

(2)为什么是三角函数正弦余弦波,而不是其他的波?

因为三角函数的微积分计算非常方便,三角函数的求导或积分仍然是三角函数,对于数学计算来说非常方便。用正弦函数定义频率,首先是因为正弦函数是最简单的连续有周期性的函数;其次是因为它在求导算子作用下周期不会变。求导算子的特征函数是e^{ix}。

(3)如何能证明满足条件的任意周期函数都可以展开成傅里叶级数?

希尔伯特空间是数学中重要的概念,它是一个具有内积(内积空间)且完备的向量空间。由德国数学家戴维·希尔伯特(David Hilbert)命名。在物理学、工程学和纯数学中都有广泛的应用。

希尔伯特空间具有以下特征。

①向量空间结构:希尔伯特空间是一个实数或复数域上的向量空间,这意味着在该空间中可以进行加法和数量乘法操作。

②内积结构:这个空间内有一个内积,即一个对两个向量赋予实数或复数的操作。内积满足线性、对称和正定性质。它通常用$<x, y>$表示,其中x和y是空间中的向量。

③完备性:希尔伯特空间是一个完备的空间,即其中的柯西序列(Cauchy Sequence)收敛于空间中的一个元素。这种性质保证了在空间中找到极限。

所谓两个不同向量正交是指它们的内积为0,这也就意味着这两个向量之间没有任何相关性。事实上,正交在数学上是垂直的一种抽象化和一般化。一组n个互相正交的向量必然是线性无关的,所以必然可以组成一个n维空间。也就是说,空间中的任何一个向量可以用它们来线性表出。正是由于三角函数的正交性,所以我们可以用n个三角函数来不断修正逼近我们需要描述的向量。

10.3 从傅里叶级数到傅里叶变换

傅里叶变换实际上就是对一个周期无限大的函数进行处理,将一个时域非周期的连续信号转化为一个在频域非周期的连续信号。从这个方面来说,傅里叶级数只可以处理周期信号,傅里叶变换可以处理周期和非周期信号。

生活中所涉及的函数大多数都是非周期的,如抛物线函数、白噪声函数,因此处理非周期的信号就尤为重要。所以有傅里叶级数还不够,我们需要一个数学工具来处理非周期信号,这就是傅里叶变换。

如何通过傅里叶级数得到傅里叶变换呢?共分为以下三步。

(1)把傅里叶级数用复数形式表示(此处用到欧拉公式)。

(2)把傅里叶级数中的周期T变成∞(无穷大)。

(3)对数学公式进行简化。

实际上我们在讨论傅里叶级数的时候已经悄悄用到了周期函数的傅里叶展开。对于推导过程,受限于篇幅,此处不做展开介绍。如果感兴趣,可以翻看《高等数学》,数学中运用大量的计算去获得各个级数的系数,同时需要进行傅里叶级数展开,需要三角函数正交性的基础知识。

$$f(t)=\frac{a_0}{2}+\sum_{n=1}^{\infty}\left(a_n\cos(n\omega t)+b_n\sin(n\omega t)\right)$$

$$a_n=\frac{2}{T}\int_0^T f(t)\cos(n\omega t)\,\mathrm{d}t,\ n\geqslant 0$$

$$b_n=\frac{2}{T}\int_0^T f(t)\sin(n\omega t)\,\mathrm{d}t,\ n\geqslant 0$$

$$a_0=\frac{2}{T}\int_0^T f(t)\,\mathrm{d}t$$

为了让a_0满足a_n的公式表达，在$f(t)$中第一个数值为$a_0/2$。

欧拉公式是复数分析领域的公式，它将三角函数与复指数函数关联起来，因其提出者莱昂哈德·欧拉(Leonhard Euler)而得名。欧拉公式形式为$\mathrm{e}^{\mathrm{i}x}=\cos x+\mathrm{i}\sin x$($x$为任意实数)。

欧拉公式的意义是可以把三角函数和负指数函数关联起来。通过欧拉公式，我们把傅里叶级数中的三角函数更换为复数。

同样对于一个复数来说，这个公式也是成立的。我们把角度θ作为一个变量，代入欧拉公式：

$$\mathrm{e}^{\mathrm{i}\theta}=\cos\theta+\mathrm{i}\sin\theta$$

则可以得到$\cos\theta$和$\sin\theta$的复数形式：

$$\cos\theta=\frac{1}{2}(\mathrm{e}^{\mathrm{i}\theta}+\mathrm{e}^{-\mathrm{i}\theta})$$

$$\sin\theta=-\frac{1}{2}\mathrm{i}(\mathrm{e}^{\mathrm{i}\theta}-\mathrm{e}^{-\mathrm{i}\theta})$$

我们把$\cos\theta$和$\sin\theta$的复数形式代入傅里叶级数的展开，可得：

$$f(t)=\frac{a_0}{2}+\sum_{n=1}^{\infty}\left(a_n\cos(n\omega t)+b_n\sin(n\omega t)\right)$$

$$f(t)=\frac{a_0}{2}+\sum_{n=1}^{\infty}\left(a_n\frac{1}{2}(\mathrm{e}^{\mathrm{i}n\omega t}+\mathrm{e}^{-\mathrm{i}n\omega t})-b_n\frac{1}{2}\mathrm{i}(\mathrm{e}^{\mathrm{i}n\omega t}-\mathrm{e}^{-\mathrm{i}n\omega t})\right)$$

$$f(t)=\sum_{n=0}^{0}\frac{a_0}{2}+\sum_{n=1}^{\infty}\left((a_n-\mathrm{i}b_n)\frac{1}{2}\mathrm{e}^{\mathrm{i}n\omega t}\right)+\sum_{n=1}^{\infty}\left((a_n+\mathrm{i}b_n)\frac{1}{2}\mathrm{e}^{-\mathrm{i}n\omega t}\right)$$

$$f(t)=\sum_{n=0}^{0}\frac{a_0}{2}+\sum_{n=1}^{\infty}\left((a_n-\mathrm{i}b_n)\frac{1}{2}\mathrm{e}^{\mathrm{i}n\omega t}\right)+\sum_{n=-\infty}^{-1}\left((a_{-n}+\mathrm{i}b_{-n})\frac{1}{2}\mathrm{e}^{\mathrm{i}n\omega t}\right)$$

$$f(t)=\sum_{n=-\infty}^{\infty}C_n\mathrm{e}^{\mathrm{i}n\omega t}$$

$$C_n=\frac{a_0}{2}(n=0);\ C_n=(a_n-\mathrm{i}b_n)\frac{1}{2}(n>0);\ C_n=(a_n+\mathrm{i}b_n)\frac{1}{2}(n<0)$$

所以，利用欧拉公式，我们可以得到傅里叶级数的复数形式：

$$f(t)=\sum_{n=-\infty}^{\infty}C_n\mathrm{e}^{\mathrm{i}n\omega t}$$

$$C_n=\frac{1}{T}\int_0^T f(t)\mathrm{e}^{-\mathrm{i}n\omega t}\,\mathrm{d}t$$

$$f(t)=f(t+T)$$

掌握傅里叶级数的复数形式的目的是解决非周期函数的问题。非周期函数到底怎么能把傅里叶级数运用起来呢？在日常生活中，对于傅里叶级数的复数形式，可以看到积分的范围是一个周期，但有很大的场景是非周期信号，如数字脉冲信号，我们往往也希望能够分析其频谱。

我们把ω作为频率变量，如同t一样。假设分析信号周期为T_0的函数，其频率为ω_0，则两者之间的关系为：

$$\omega_0 = \frac{2\pi}{T_0}$$

将非周期函数由时域转换为频域的变换即为傅里叶变换。对于非周期信号，可以将其想象成周期无穷大的周期信号。对于周期信号而言，它的周期越大，那么它的基波频率就越小，同时分解出来的各个频率分量之间的"距离"也越近，这是因为频谱图频率轴上样本的间隔为ω_0。这样，在周期趋近于无穷大时，这些频率轴上的样本会越来越密，对于傅里叶级数的展开则由原来的许多项进行离散求和变为连续积分。

非周期函数可以看作周期无穷大，$T \to \infty$，即$T_0 = \infty$，$\omega_0 = 0$。

此时认为$f(t)$的周期无穷大，其频率为ω_0，则我们对$f(t)$进行傅里叶展开（用前面的傅里叶级数的复数形式的公式及系数C_n的计算方法代入）。为了方便计算，我们把积分的周期设为0～T，也是一个周期，积分区间取为[$-T/2$，$T/2$]，则傅里叶复数形式为：

$$f(t) = \sum_{n=-\infty}^{\infty} C_n \mathrm{e}^{\mathrm{i}n\omega_0 t} = \lim_{T_0 \to \infty} \sum_{n=-\infty}^{\infty} \left\{ \left[\frac{1}{T_0} \int_{-\frac{T_0}{2}}^{\frac{T_0}{2}} f(t) \mathrm{e}^{-\mathrm{i}n\omega_0 t} \mathrm{d}t \right] \mathrm{e}^{\mathrm{i}n\omega_0 t} \right\}$$

我们用ω_0来代替T_0，则有

$$f(t) = \lim_{\omega_0 \to 0} \sum_{n=-\infty}^{\infty} \left\{ \left[\frac{\omega_0}{2\pi} \int_{-\frac{T_0}{2}}^{\frac{T_0}{2}} f(t) \mathrm{e}^{-\mathrm{i}n\omega_0 t} \mathrm{d}t \right] \mathrm{e}^{\mathrm{i}n\omega_0 t} \right\}$$

因为T_0趋近于无穷大，所以ω_0趋近于0，那么$(n-1)\omega_0$、$n\omega_0$、$(n+1)\omega_0$和$(n+2)\omega_0$之间的差异会变得非常小，关于$n\omega_0$的求和就变成了关于变量ω的积分了。

$\omega_0 = \mathrm{d}\omega$，我们用$\mathrm{d}\omega$代替$\omega_0$，则离散的求和运算变成了一个积分的运算：

$$f(t) = \lim_{\omega_0 \to 0} \sum_{n=-\infty}^{\infty} \left\{ \left[\frac{\omega_0}{2\pi} \int_{-\infty}^{+\infty} f(t) \mathrm{e}^{-\mathrm{i}n\omega_0 t} \mathrm{d}t \right] \mathrm{e}^{\mathrm{i}n\omega_0 t} \right\}$$

即

$$f(t) = \frac{1}{2\pi} \int_{-\infty}^{\infty} \left\{ \left[\int_{-\infty}^{+\infty} f(t) \mathrm{e}^{-\mathrm{i}\omega t} \mathrm{d}t \right] \mathrm{e}^{\mathrm{i}\omega t} \right\} \mathrm{d}\omega$$

我们定义一个新的函数$F(\omega)$，这个函数就是傅里叶变换的结果，即上式中方括号的内容：

$$F(\omega) = \int_{-\infty}^{+\infty} f(t) \mathrm{e}^{-\mathrm{i}\omega t} \mathrm{d}t$$

我们把傅里叶变换看成是一个计算过程，用花体的F表示：

$$F(\omega) = \mathscr{F}\big(f(t)\big) = \int_{-\infty}^{+\infty} f(t) \mathrm{e}^{-\mathrm{i}\omega t} \mathrm{d}t$$

$f(t)$可以通过其傅里叶变换的结果经过逆变换得到：

$$f(t)=\mathscr{F}^{-1}\left(F(\omega)\right)=(t)=\frac{1}{2\pi}\int_{-\infty}^{\infty}\left\{F(\omega)\mathrm{e}^{\mathrm{i}\omega t}\right\}\mathrm{d}\omega$$

10.4 从傅里叶变换到拉普拉斯变换

如果将所有的周期函数都分解成三角函数，这就是傅里叶级数。如果把非周期信号看成周期趋于无穷大的周期信号，也就得到了傅里叶变换。傅里叶变换解决了傅里叶级数的局限性，但是傅里叶变换仍然具有局限性，对于有些函数，仍然不能采用傅里叶变换进行分解。

1. 傅里叶变换的局限性

傅里叶在《热的解析理论》这本书中并没有对任意函数可以展开成三角级数进行证明，只给出了一些严密的论证。

狄利克雷对傅里叶尤为尊敬，受其在数学和物理方面工作的影响颇深。狄利克雷完善了傅里叶级数的理论。这就是傅里叶变换成立的条件——狄利克雷条件。

狄利克雷条件是函数存在傅里叶变换的充分条件：

(1)在一个周期内，函数连续或只有有限个第一类间断点；

(2)在一个周期内，函数只有有限个极大值和极小值；

(3)在一个周期内，函数是绝对可积的，即

$$\int_{-\infty}^{+\infty}\left|f(t)\right|\mathrm{d}t<+\infty$$

狄利克雷条件是指在应用傅里叶变换时，信号$f(t)$必须满足一些条件，以确保傅里叶变换的合法性和可逆性。本质就是狄利克雷把傅里叶变换不成立的情况都排除了，并没有解决问题，只是规定了范围。

对傅里叶级数增加狄利克雷条件，就是把不能做傅里叶变换的函数排除掉。其实很多常用函数都不能满足这个条件，也就不能进行傅里叶变换。例如，指数函数、二次函数、常数函数都不能进行傅里叶变换。

按照狄利克雷条件，很多常见的周期波形都不能进行傅里叶变换，一个经典的例子是方波信号，虽然它很常见但是不符合狄利克雷条件。因为在方波中函数不连续，跳变的瞬间是突变点，会导致频域中的频率分量无限增加。

满足狄利克雷条件的目的是确保傅里叶变换的正确性和可逆性。如果信号不满足这些条件，傅里叶变换可能会出现问题，例如，产生无限大的幅度或相位不确定性，这使得傅里叶变换在处理一些信号时不够可靠。

傅里叶变换要求信号满足狄利克雷条件，以确保它在频域中的分解是可行的，这有助于我们理解信号的频率成分和在频域中对信号进行处理。如果信号不满足这些条件，可能需要采取额外的方法来处理信号或使用其他变换技术。

2. 拉普拉斯变换解决傅里叶变换的局限性

虽然傅里叶变换已经适用于很多函数,但是不满足狄利克雷条件的函数怎么办?特别是绝对可积的条件限制了很多函数。针对这个局限性,需要将函数转换成绝对可积的函数。

伟大的数学家拉普拉斯想到了一个绝佳的主意:把不满足绝对可积的函数乘以一个衰减的函数(e的负指数函数)。这样在趋于无穷时原函数也衰减到了0,从而满足绝对可积。其数学表达式是

$$f(t) \to f(t)e^{-\alpha t}$$

那么在t趋近于无穷大时,会有$f(t)e^{-\alpha t}$趋近于0,即

$$\lim_{t \to \infty} f(t)e^{-\alpha t} = 0,\ \alpha > 0$$

则这个函数满足收敛性,并且在正半轴肯定可积。

例如,一个函数$f(t) = t^2$,这个函数不是收敛的,从0到∞区间是不可积的。一般来说,在实际工程中,我们只需要考虑时间0到∞,所以我们变换积分的原函数$f(t)$,可转换成分段函数,在$t < 0$时,$f(t) = 0$,所以$f(t)$函数的积分只需要在0到∞区间进行计算。

新函数$f(t)e^{-\alpha t}$的傅里叶变换就会变成:

$$\mathscr{F}\left(f(t)e^{-\alpha t}\right) = \int_{-\infty}^{+\infty} f(t)e^{-\alpha t}e^{-j\omega t}dt = \int_{-\infty}^{+\infty} f(t)e^{-(\alpha + j\omega)t}dt$$

我们令$s = \alpha + j\omega$,则有

$$\mathscr{L}(s) = \mathscr{F}\left(f(t)e^{-\alpha t}\right) = \int_{0}^{+\infty} f(t)e^{-(\alpha + j\omega)t}dt = \int_{0}^{+\infty} f(t)e^{-st}dt$$

即拉普拉斯变换为

$$\mathscr{L}(s) = \int_{0}^{+\infty} f(t)e^{-st}dt$$

当然α也不是随便选的,必须满足一定条件$f(t)e^{-\alpha t}$才能收敛,这就是所谓的拉普拉斯变换的收敛域。但是可以做拉普拉斯变换的函数比傅里叶变换的函数多了很多。

3. 拉普拉斯变换符合更多自然规律

我们知道,弹簧的振动、钟摆的摆动、水波在时间上都符合简谐运动。这些正弦曲线都存在衰减,都是幅度衰减的简谐运动,如图10.7所示。

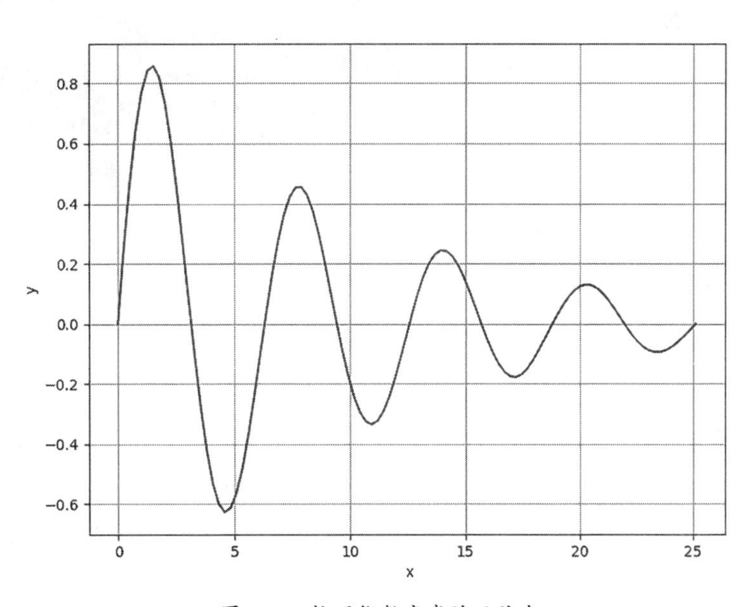

图10.7 按照指数衰减的正弦波

事实上这些运动的幅值会按照一种指数衰减模型逐渐变小，最终趋于0。傅里叶变换可以让我们通过变换知道函数中存在哪些正弦曲线，即哪些频率的分量，却不能很好地处理衰减因素。

这样看来拉普拉斯变换在这些场景下更符合自然场景——幅度衰减的正弦波。

我们定义一个复数s，$s = \alpha + j\omega$，ω代表频率，α代表衰减因子，我们把对函数的如下运算记作拉普拉斯变换，用花体的L表示：

$$\mathscr{L}(s) = \int_0^{+\infty} f(t)\mathrm{e}^{-st}\mathrm{d}t$$

4. 拉普拉斯变换是傅里叶变换泛化的形式（更普遍的形式）

我们来观察拉普拉斯变换，可以看出，输入是一个复数s，输出也是一个复数。

$$\mathscr{L}(s) = \int_0^{+\infty} f(t)\mathrm{e}^{-st}\mathrm{d}t$$

$$\mathscr{L}(s) = \int_0^{+\infty} f(t)\mathrm{e}^{-(\alpha + j\omega)t}\mathrm{d}t$$

傅里叶变换是拉普拉斯变换的一种特殊形式，即$\alpha = 0$的时候，拉普拉斯变换就是傅里叶变换。这时可用一个立体图来表示这个变换关系，如图10.8所示。

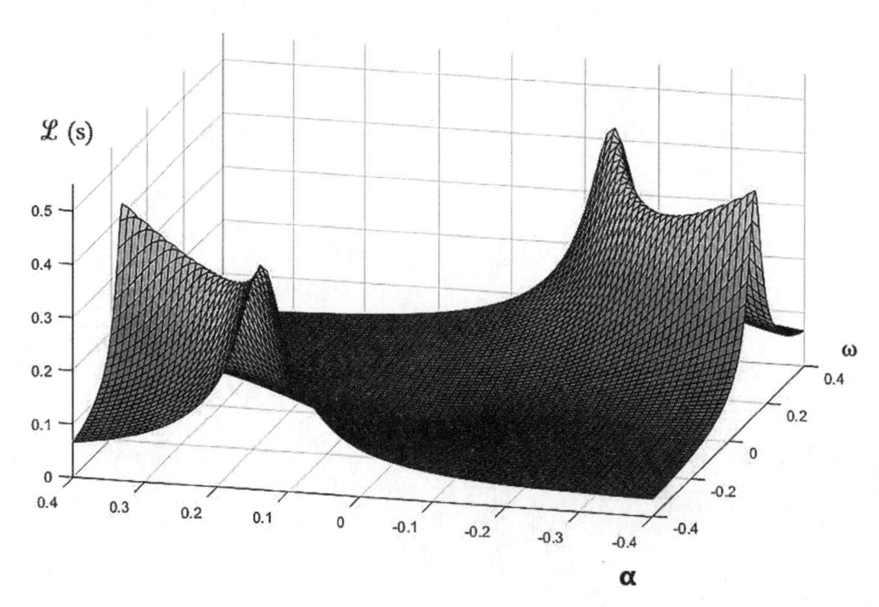

图10.8　表示拉普拉斯变换的立体图

对于图10.8，我们将其进行分解。对于三维空间中的任意一个点，可用s表示，$s = \alpha + j\omega$。每一个α对应一个平面，每个平面都是一个二维坐标系。

复数的模与辐角是复数三角形式表示的两个基本元素，复数所对应的向量长度称为复数的幅值，该向量与实轴正方向的夹角为复数的辐角。辐角的大小有无穷多，但是辐角主值唯一确定。利用复数的模和辐角，可以将复数表示成三角表达式和指数表达式，并可以和代数表达式之间互相转化，以方便讨论不同问题时的需要。

我们可以用实部加虚部来表示一个复数，也可以用“模+相位”的方式来表示一个复数。例如：复数$z = a + bi$，其模是指向量(a, b)的长度，记作$|z|$，即$|z| = r = \sqrt{a^2 + b^2}$；$\theta$是指向量$(a,b)$与实轴的夹角，$\theta = \arctan(b/a)$，其主值在$(0, 2\pi)$之间，对应到三角函数就是三角函数的相位。在复变函数中，自变量z可以写成：

$$z = r(\cos\theta + \mathrm{i}\sin\theta)$$

式中：$r = \sqrt{a^2 + b^2} = |z|$，是$z$的模；$\theta$是$z$的辐角，记作$\theta = \mathrm{Arg}(z)$(Arg的第一个字母大写)。

在$-\pi$到π之间的辐角称为辐角主值，记作$\arg(z)$（三个字母全部小写）。

根据欧拉公式，对任意实数x，有$\mathrm{e}^{\mathrm{i}x} = \cos x + \mathrm{i}\sin x$，$z$除了用三角函数表示，还可以用指数形式表示：

$$z = r(\cos\theta + \mathrm{i}\sin\theta) = r\mathrm{e}^{\mathrm{i}\theta}$$

因为α如果是一个固定值，则对应的拉普拉斯变换可以看成是对$f(t)e^{-\alpha t}$的傅里叶变换：

$$\mathscr{L}\left(f(t)\mathrm{e}^{-\alpha t}\right) = \int_{-\infty}^{+\infty} f(t)\mathrm{e}^{-\alpha t}\mathrm{e}^{-\mathrm{i}\omega t}\,\mathrm{d}t$$

当α确定，则$f(t)\mathrm{e}^{-\alpha t}$傅里叶变换对应的都是一个频域的曲线。

当α是从$-\infty$到$+\infty$变化的变量，则对应无数的频域曲线。其实，就是在α取不同值的时候的傅里叶变换的结果。

因为拉普拉斯变换的本质就是确定一个α，然后做傅里叶变换。当α取不同值时，拉普拉斯变换曲线不同，如图10.9所示。对$f(t)$直接做傅里叶变换是三维图像中α等于0时的切面，即图10.9中的黑色线是在绿色坐标线上的图形。

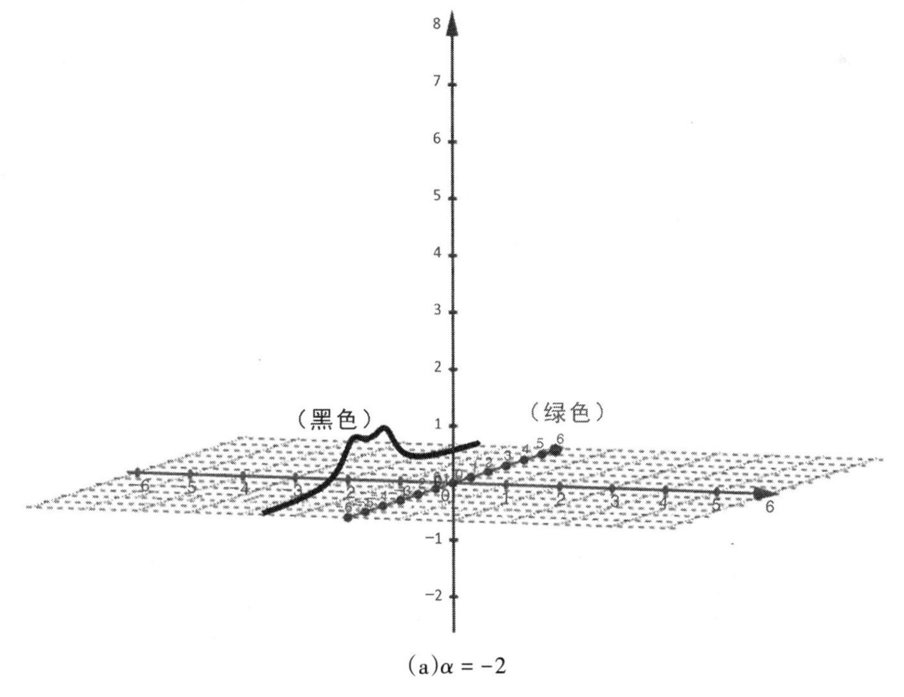

(a)$\alpha = -2$

图10.9　拉普拉斯变换对应α确定时的曲线

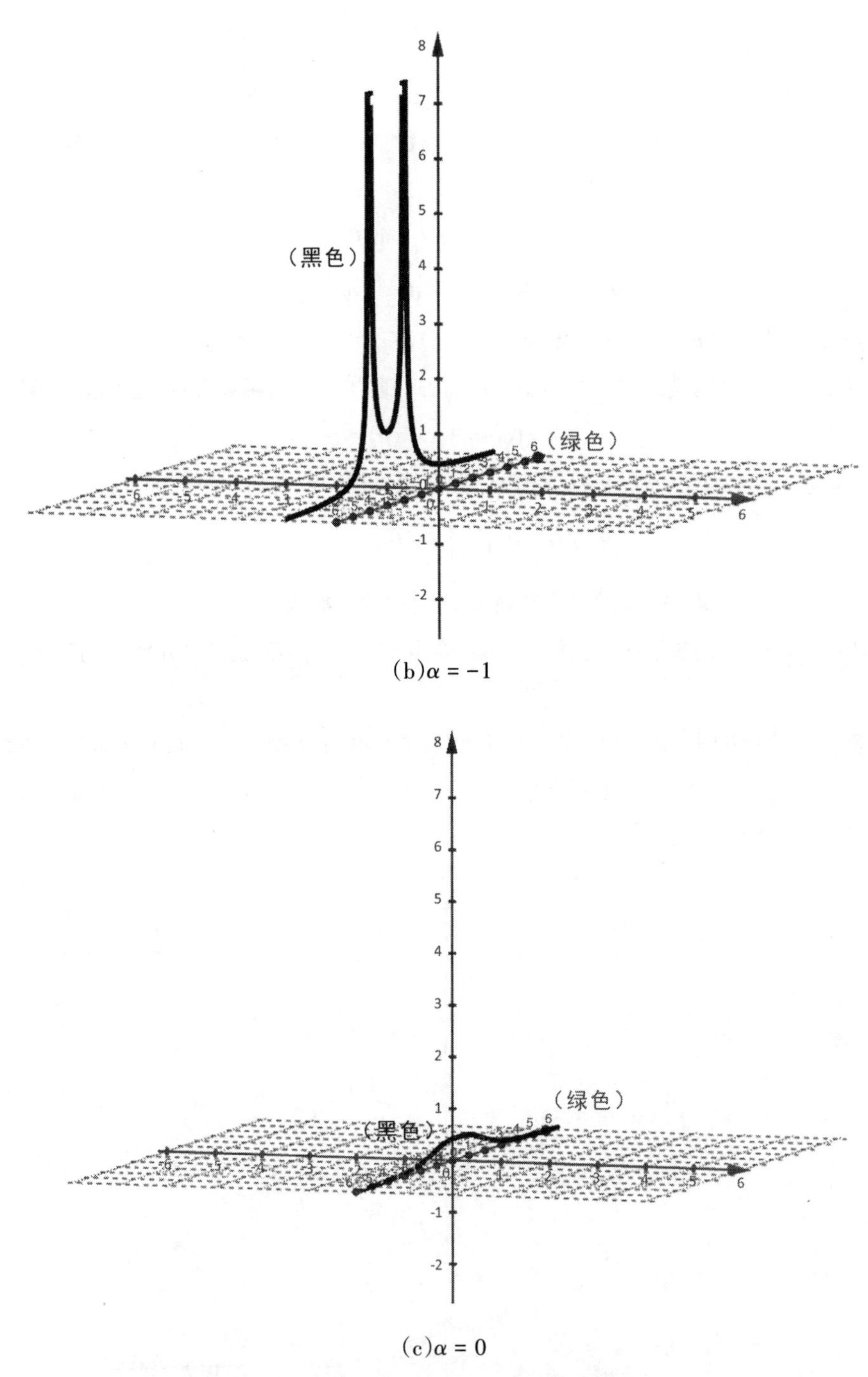

(b)$\alpha=-1$

(c)$\alpha=0$

图 10.9　拉普拉斯变换对应α确定时的曲线(续)

将图 10.9 的这些曲线合成在一张图上，涵盖各种α值的场景，就形成了一个三维图，如图 10.10 所示。一般还会使用颜色表示高度。

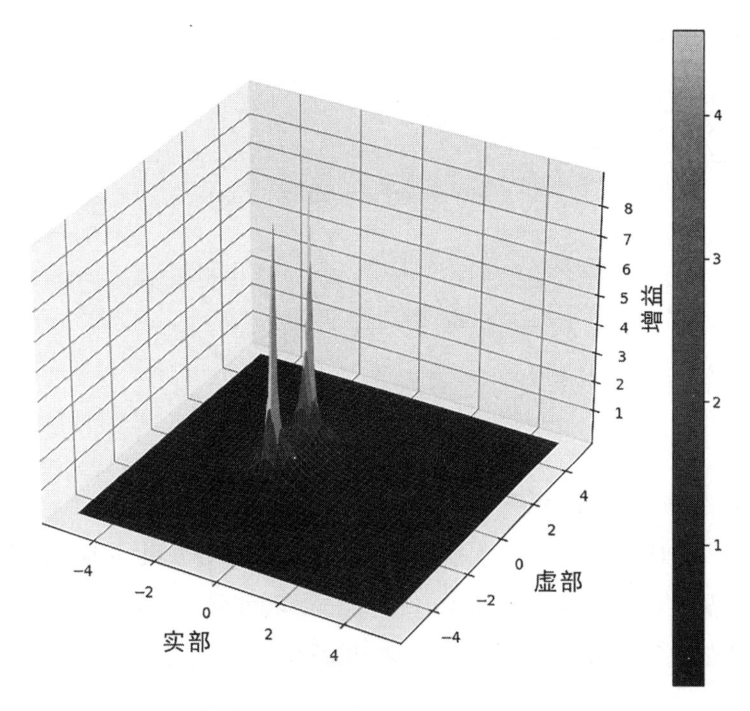

图 10.10　拉普拉斯变换三维示意图

拉普拉斯变换的三维图的变量是个复数s，我们也把s称为复频率(Complex Frequency)，其中实部表示衰减(或增益)，虚部表示振荡频率。复频率是指在复平面上表示的频率。通常将频率表示为实数，但在某些情况下，特别是在分析线性时不变系统(LTI Systems)时，使用复频率会更方便。

复频域(Complex Frequency Domain)是指在复平面上进行信号处理或系统分析的方法。与常规的频率域分析不同，复频域分析可以更全面地描述信号或系统的动态特性。复频域分析通常涉及拉普拉斯变换，其中频率变成了复频率，从而可以考虑系统对不同频率的响应和衰减。在复频域中，系统的频率响应和相位响应都可以用复数表示，从而更加灵活地描述系统的行为。复频域的分析对于稳定性、系统性能等方面的研究非常有用。

5. 拉普拉斯变换解微分方程很容易

任意一个函数$f(t)$的n阶导数的傅里叶变换等于其傅里叶变换乘以$\mathrm{i}\omega$的n次方，即

$$(\mathrm{i}\omega)^n \mathscr{F}(\omega) = \int_{-\infty}^{+\infty} f^{(n)}(t)\mathrm{e}^{-\mathrm{i}\omega}\mathrm{d}t$$

例如，我们想求解一个微分方程：

$$y''(t) + y(t) = -f(t)$$

已知$f(t)$，我们根据上式知道$y(t)$及其二阶导数与$f(t)$的关系，求解$y(t)$的表达式。

有傅里叶变换的这个特性，我们就可以运用傅里叶变换来获得$y(t)$与$f(t)$进行傅里叶变换之后的关系。而且这用乘法来代替导数运算很方便，因为把微分方程变成简单的代数方程了(大家在学习

数学过程中最困难的也许是各种解微分方程的计算）。

于是，我们用 $Y(\omega)$ 表示 $y(t)$ 的傅里叶变换后的函数，用 $F(\omega)$ 表示 $f(t)$ 变换后的函数。于是 $y''(t)+y(t)=-f(t)$经过傅里叶变换得到

$$(\mathrm{i}\omega)^2 Y(\omega)+Y(\omega)=-F(\omega)$$

于是我们可以得到

$$Y(\omega)=\frac{-F(\omega)}{1-\omega^2}$$

然后用傅里叶逆变换可以得到$y(t)$：

$$y(t)=\frac{1}{2\pi}\int_{-\infty}^{+\infty} Y(\omega)\,\mathrm{e}^{\mathrm{i}\omega}\,\mathrm{d}\omega$$

可以发现，这个解微分方程的过程很简单。

那么我们做拉普拉斯变换跟傅里叶变换一样，都可以求解微分方程，并且它没有傅里叶变换的那么多限制。所以拉普拉斯变换被大量应用于求解常微分方程和积分方程。

函数的拉普拉斯变换可以通过查表得到，如表10.2所示。

表10.2　时域函数的拉普拉斯变换

时域函数	拉普拉斯变换	时域函数	拉普拉斯变换
$\delta(t)$	1	$\sin(\omega_0 t)$	$\frac{\omega}{s^2+\omega^2}$
$\varepsilon(t)$	$\frac{1}{s}$	$\cos(\omega_0 t)$	$\frac{s}{s^2+\omega^2}$
$\delta^{(n)}(t)$	s^n	$\mathrm{e}^{-\alpha t}\sin(\omega_0 t)$	$\frac{\omega}{(s+\alpha)^2+\omega^2}$
t	$\frac{1}{s^2}$	$\mathrm{e}^{-\alpha t}\cos(\omega_0 t)$	$\frac{s+\alpha}{(s+\alpha)^2+\omega^2}$
t^n	$\frac{n!}{s^{n+1}}$	$t\sin(\omega_0 t)$	$\frac{2\omega s}{(s^2+\omega^2)^2}$
$\mathrm{e}^{-\alpha t}$	$\frac{1}{s+\alpha}$	$t\cos(\omega_0 t)$	$\frac{s^2-\omega^2}{(s^2+\omega^2)^2}$
$t\mathrm{e}^{-\alpha t}$	$\frac{1}{(s+\alpha)^2}$	$\sinh(\omega_0 t)$	$\frac{\omega}{s^2-\omega^2}$
$t^n\mathrm{e}^{-\alpha t}$	$\frac{n!}{(s+\alpha)^{n+1}}$	$\cosh(\omega_0 t)$	$\frac{s}{s^2-\omega^2}$
$\mathrm{e}^{-\mathrm{j}\omega t}$	$\frac{1}{s+\mathrm{j}\omega}$	$\sum_{n=0}^{\infty} f_0(t-nT)$	$\frac{F_0(s)}{1-\mathrm{e}^{-sT}}$

6. 拉普拉斯变换在电路中的应用

(1)利用拉普拉斯变换来分析电路的参数,过程如下。

第一步:将输入激励进行拉普拉斯变换。

第二步:直接将电路中的R、L、C元件的拉氏变换形式写出来,列写所求的变量与激励之间的关系。

第三步:反解s复频域形式的变量。

第四步:将复频域形式的变量做拉氏反变换。

(2)元件的时域与复频域形式的电压电流关系(电压电流均取关联参考方向)如表10.3所示。

表10.3 元件的时域与复频域形式的电压电流关系

电路元件		形式1	形式2
电阻元件	时域	$u(t)=Ri(t)$	
	复频域	$U(s)=RI(s)$	
电感元件	时域	$u(t)=L\frac{\mathrm{d}i(t)}{\mathrm{d}t}$	$i(t)=\frac{1}{L}\int u(t)\mathrm{d}t$
	复频域	$U(s)=sLI(s)-Li(0^-)$	$I(s)=\frac{1}{sL}U(s)+\frac{1}{s}i(0^-)$
电容元件	时域	$u(t)=\frac{1}{C}\int i(t)\mathrm{d}t$	$i(t)=C\frac{\mathrm{d}u(t)}{\mathrm{d}t}$
	复频域	$U(s)=\frac{1}{sC}I(s)+\frac{1}{s}u(0^-)$	$I(s)=sCU(s)-Cu(0^-)$
互感线圈	时域	$\begin{cases}u_1(t)=L_1\frac{\mathrm{d}i_1(t)}{\mathrm{d}t}+M\frac{\mathrm{d}i_2(t)}{\mathrm{d}t}\\u_1(t)=L_2\frac{\mathrm{d}i_2(t)}{\mathrm{d}t}+M\frac{\mathrm{d}i_1(t)}{\mathrm{d}t}\end{cases}$	
	复频域	$\begin{cases}U_1(s)=sL_1I_1(s)-L_1i_1(0^-)+sMI_2(s)-Mi_2(0^-)\\U_2(s)=sL_2I_2(s)-L_2i_2(0^-)+sMI_1(s)-Mi_1(0^-)\end{cases}$	

(3)下面通过例题对拉普拉斯变换进行分析。实例电路如图10.11所示,激励为$v_1(t)$,$i(0)\neq 0$,求电阻上的响应$v_2(t)$。

解题过程是直接对电路进行频率的描述,列出复数形式的公式,然后计算,再做拉普拉斯逆变换。

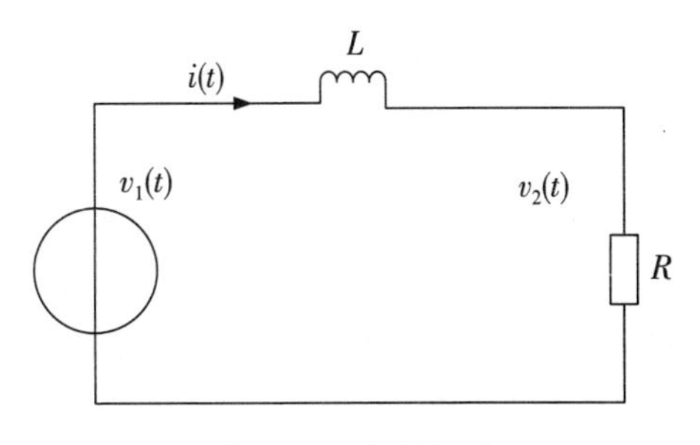

图10.11 实例电路

解:我们如果通过时域把电路关系列一下,可以列出时域的微分方程,根据电路中电阻电容电感的特性,可以把它们的时域特性分别列为:

$$v_R(t)=Ri(t)$$

$$v_L(t)=L\frac{\mathrm{d}i(t)}{\mathrm{d}t}$$

$$v_C(t) = \frac{1}{C}\int_{-\infty}^{t} i_c(\tau)\mathrm{d}\tau$$

但是解时域的微分方程计算难度比较大，先对上述三个无源器件的欧姆定律公式进行拉普拉斯变换，得到三个元器件的s域特性：

$$V_R(s) = RI_R(s)$$

$$V_L(s) = sLI_L(s) - Li(0^-)$$

$$V_c(s) = \frac{1}{sC}I_C(s) + \frac{u_c(0^-)}{s}$$

这些s域元件模型分别展示在图10.12中。其中R、sL、$\frac{1}{sC}$分别称为电阻、电感、电容的s域运算阻抗，$Li(0^-)$和$\frac{u_c(0^-)}{s}$分别为电感和电容的初始储能状态决定的等效电压和电流。

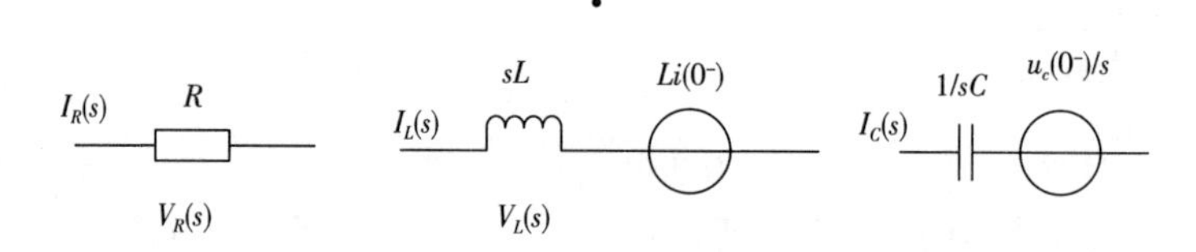

图10.12 电阻、电感、电容的s域模型

所以根据复频域形式下的分压公式，可写出输出输入的关系为：

$$V_2(s) = \frac{V_1(s) + Li(0^-)}{sL + R}R = \frac{R}{L}\frac{1 + Li(0^-)s}{s(s + R/L)}$$

我们对公式进行拉普拉斯逆变换后得到：

$$v_2(t) = [i(0)R - 1]\mathrm{e}^{-\frac{R}{L}t} + 1$$

10.5 传递函数与波特图

传递函数是控制工程和信号处理中的一个重要概念，它用于描述线性时不变系统的输入与输出之间的关系。下面围绕传递函数进行简单讲解。

（1）系统输入与输出：在控制工程和信号处理中，我们通常需要分析和设计各种系统，这些系统可以是电路、机械系统、数字滤波器等。这些系统都具有一个输入和一个输出。输入是系统接收的信号或激励，输出是系统产生的响应或结果。

（2）线性时不变系统：传递函数通常用于描述线性时不变系统，这是一类特殊的系统，其响应与输入之间的关系是线性的，而且不随时间而变化。这种系统的例子包括RC电路、机械弹簧阻尼系统及数字滤波器等。

（3）传递函数的定义：传递函数是一个复数函数，通常用符号$G(s)$表示，其中s是复数变量。传递函数的定义是系统输出与输入的拉普拉斯变换的比值。通常表示为：

$$G(s)=输出(s)/输入(s)$$

这里，$G(s)$是传递函数，s是复数变量，输出(s)是系统的输出的拉普拉斯变换，输入(s)是系统的输入的拉普拉斯变换。我们用拉普拉斯变换后的电路特性来直接描述电路，这样方程中没有导数和积分，方便我们用加减乘除就可以完成解算。

(4)传递函数的重要性：传递函数提供了一种有效的方法来描述系统的动态特性。通过分析传递函数，可以了解系统的频率响应、稳定性、阻尼特性、共振频率，以及如何对输入信号进行处理。这对于控制系统设计、滤波器设计及系统建模和仿真都非常有用。

(5)传递函数的分子和分母：传递函数通常可以表示为分子和分母的比值，其中分子包含系统的零点（系统的特征，通常影响系统的增益），而分母包含系统的极点（系统的特征，影响系统的稳定性和阻尼）。传递函数的分子和分母通常是多项式表达式，它们的阶数可以告诉我们系统的阶数，从而了解系统的复杂程度。

下面通过RC电路对传递函数进行实例分析。

RC充放电电路是电阻器应用的基础电路，在电子电路中会常常见到，因此了解RC充放电特性是非常有用的。

RC充放电是一个电路分析课程的基础内容，也是非常重要的内容，但学习者通常会陷入烦琐的微分方程计算中，而忽略物理本质。为便于展示，如图10.13所示为一个仿真电路。我们用信号发生器产生一个1Hz频率脉冲波，接入一个RC电路。①处为输入信号，②处为经过一个RC电路之后的波形。

我们可以将RC电路视作一个延时电路，也可以视作一个滤波电路。从时域的角度，我们认为波形被延迟了。如图10.14所示，输出信号晚于输入信号到达高电平，我们可以通过调整R、C的数值，实现不同的波形上升时间来满足我们的延时需求。

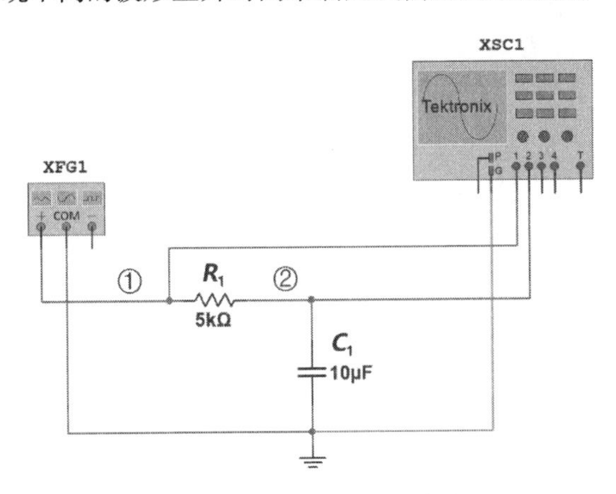

图10.13 RC电路的仿真图

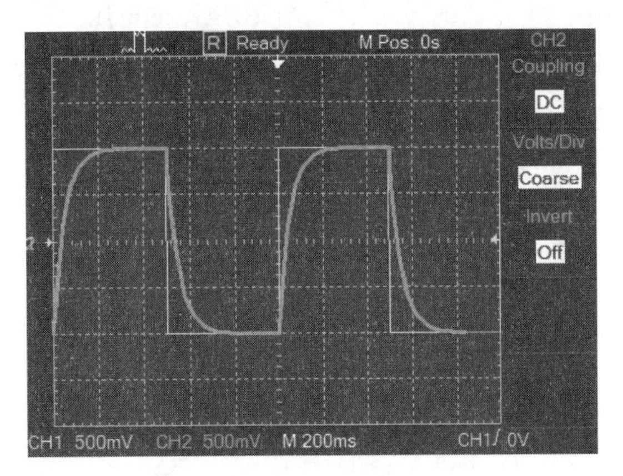

图10.14 RC电路时域波形

同时RC电路也可以被视为一个滤波电路。我们通过仪器也可以看到，RC电路的波特图如图10.15所示。RC电路是一个低通滤波器，相当于把脉冲信号上升沿和下降沿的高频分量进行了滤波，所以上升沿和下降沿变得平缓。

一个简单的RC电路，其中输入是电压信号 $V_{in}(t)$，输出是电容电压 $V_{out}(t)$。可以使用传递函数来描述这个系统的动态行为。通过传递函数可以知道，在不同频率下电压信号如何在电路中传输和衰减。

这个RC网络的输入电压，即激励电压，我们将其定义为 $u(t)$；输出电压，即电路的响应，我们定义为 $y(t)$，如图10.16所示。

图10.15　RC电路波特图

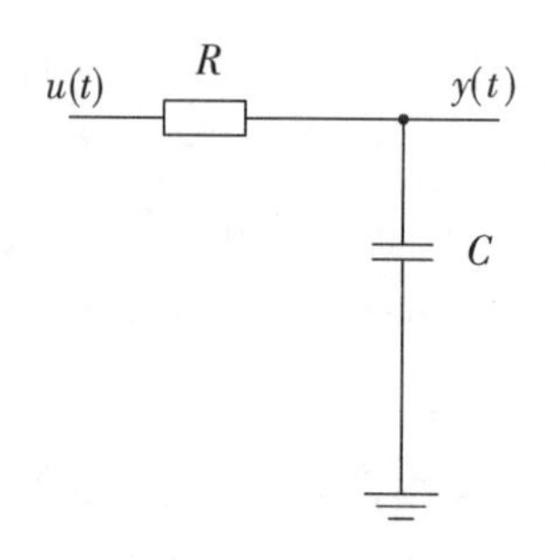

图10.16　RC电路

首先，我们可以得到：

$$y(t)=u(t)-Ri_c(t)$$

电容电流取决于电容两端电压的变化率，因此有

$$i_c(t)=C\frac{\mathrm{d}y(t)}{\mathrm{d}t}$$

则 $y(t)=u(t)-RC\frac{\mathrm{d}y(t)}{\mathrm{d}t}$，至此，我们建立了一个 $y(t)$ 与 $u(t)$ 相关的微分方程，其中我们把RC记为 τ，这是RC电路的时间常数，与RC电路的电压上升时间有关。

考虑到电容一开始没有电存储，即电容器在 $t=0$ 时，$y(0)=0$，我们可以对 $y(t)$ 与 $u(t)$ 的微分方程进行拉普拉斯变换，由

$$y(t)=u(t)-RC\frac{\mathrm{d}y(t)}{\mathrm{d}t}$$

得到

$$Y(s)=U(s)-sRCY(s)$$

我们通过合并同类项、移项、约分等操作，得到一个 $Y(s)$ 除以 $U(s)$ 的关系式，也就是响应除以激励的拉普拉斯变换的结论，记为 $H(s)$：

$$H(s)=\frac{Y(s)}{U(s)}=\frac{1}{1+sRC}$$

这个 $H(s)$ 就是传递函数，我们用图像表示 $H(s)$ 就是波特图。多个电路级联，就是传递函数级联，可以看成是各个模块提供了特定的频率响应，最终完整的传递函数就是每个模块传递函数的乘积，计算起来非常方便。

传递函数是控制工程和信号处理中的一个重要工具，它允许工程师分析和设计各种系统，并深入了解系统的动态特性。通过传递函数，我们可以预测系统的响应，优化控制策略，以及进行系统建模和仿真，从而在工程领域中应用广泛。

当输入信号频率发生变化时，频率变化正好使电路增益为1（增益为1，20lg1=0dB，即输入与输出信号幅值不变），此点频率就是穿越频率（也称为剪切频率或交越频率），穿越频率是波特图上的一个重要点。

穿越频率与开关电源的开关频率相关，开关电源是一种电源系统，其核心部分是开关器件（如MOSFET）以高频率进行开关操作。开关频率是指这些开关操作的频率。开关频率直接影响开关电源的性能和效率。在分析开关电源时，穿越频率与开关频率之间的关系并不是直接的关联。开关频率是由设计者选择的，而穿越频率取决于整个系统的动态响应。然而，当开关频率与系统动态响应的特征频率相近时，可能会发生共振现象，导致系统不稳定或产生意外的振荡。因此，在设计开关电源时，需要考虑系统的动态响应特性，以确保在整个工作频率范围内都能保持稳定性。

10.6 零点和极点

1. 零点和极点的定义

假设我们有一个传递函数，其中变量s出现在分子和分母中。在这种情况下，至少会有一个s值将使分子为零，并且至少会有一个s值将使分母为零。使分子为零的值是传递函数零点，并且使分母为零的值是传递函数极点。让我们考虑以下示例：

$$T(s)=\frac{Ks}{s+\omega_0}$$

在这个系统中，在$s=0$时为零点，在$s=-\omega_0$时为极点。极点和零点定义了滤波器的特征。如果知道极点和零点的位置，则可以获得有关系统如何响应不同输入频率的信号的信息。

2. 极点和零点的影响

在电路理论和控制系统工程中，零点和极点是描述系统动态特性的重要概念。它们对系统的波特图有着重要的影响。

1）极点对波特图的影响

极点是系统传递函数中使得分母为零的值。它们在波特图上表现为增益的下降。极点越靠近低频，对应的增益越高，而在高频时增益较低。在极点附近，相位角变化较大，可以引起系统的相位延迟。

如果我们把两个电阻串联在一起，如图10.17所示，那么通过电阻分压获取一个输入输出的关系，将是一个跟频率无关的比例。

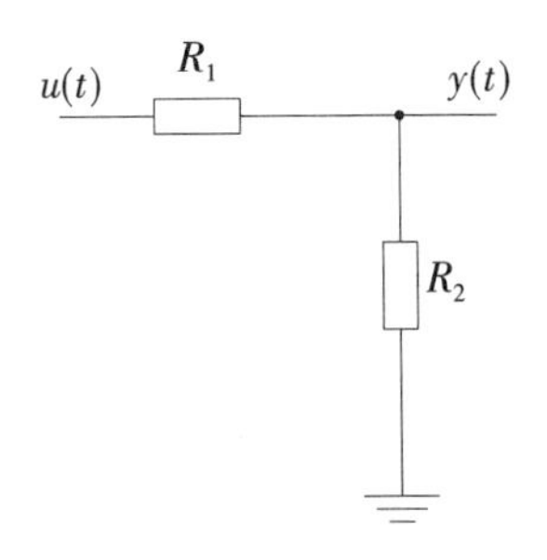

图10.17　电阻分压电路

这个电路的传递函数跟频率无关，即$H(s)$跟s无关：

$$H(s)=\frac{R_2}{R_2+R_1}$$

因为电阻不会随着频率变化而变化，所以 $H(s)$ 始终是个常数，体现在波特图上面，增益和相位都是一条直线，如图 10.18 所示。

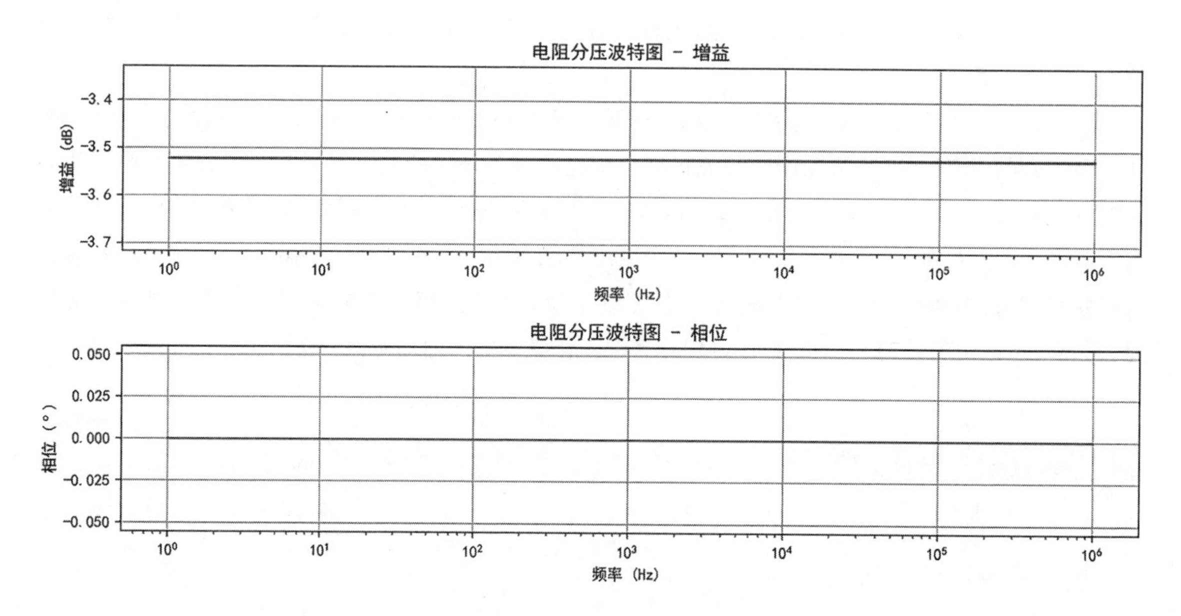

图 10.18　电阻分压电路的波特图

我们知道电容的阻抗是跟频率相关的，我们把电阻分压电路中的 R_2 更换为一个电容变成一个 RC 电路，如图 10.19 所示。更换为电容后，其传递函数是对电阻和电容的阻抗进行分压：

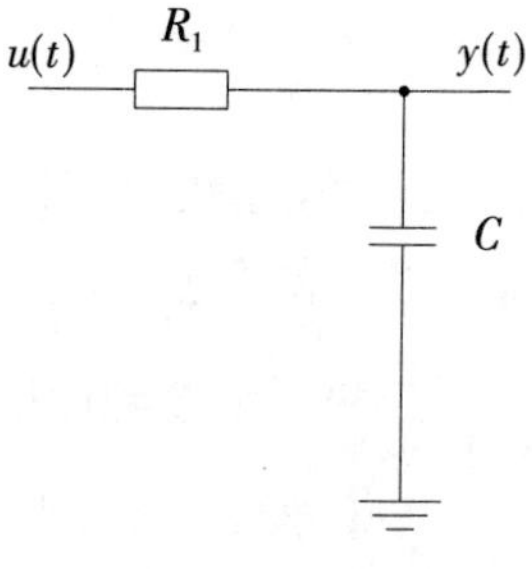

$$H(s)=\frac{\frac{1}{sC}}{\frac{1}{sC}+R_1}=\frac{1}{1+sCR_1}=\frac{\frac{1}{j\omega C}}{\frac{1}{j\omega C}+R_1}=\frac{1}{1+j\omega CR_1}$$

图 10.19　RC 电路

极点是传递函数的分母中使得传递函数为无穷大的点。为了找到极点，我们让分母等于零：$1+sCR_1=0$。

这表明极点是 $s=-\frac{1}{CR_1}$。

截止频率表示信号的频率分量被滤波器弱化的点。对于一阶 RC 低通滤波器，截止频率的绝对值是 $\omega_c=\frac{1}{CR_1}$。我们忽略了虚部的负号，因为在实际应用中，我们通常只关注频率的绝对值。

接下来，我们计算 RC 电流的幅频特性和相频特性：

$$\left|H(s)\right| = \frac{1}{\sqrt{1+(\omega CR_1)^2}} = \frac{1}{\sqrt{1+\left(\frac{\omega}{\omega_c}\right)^2}}$$

$$\theta(\omega) = -\arctan\frac{\omega}{\omega_c}$$

RC低通滤波器的幅频特性图和相频特性图，如图10.20所示。

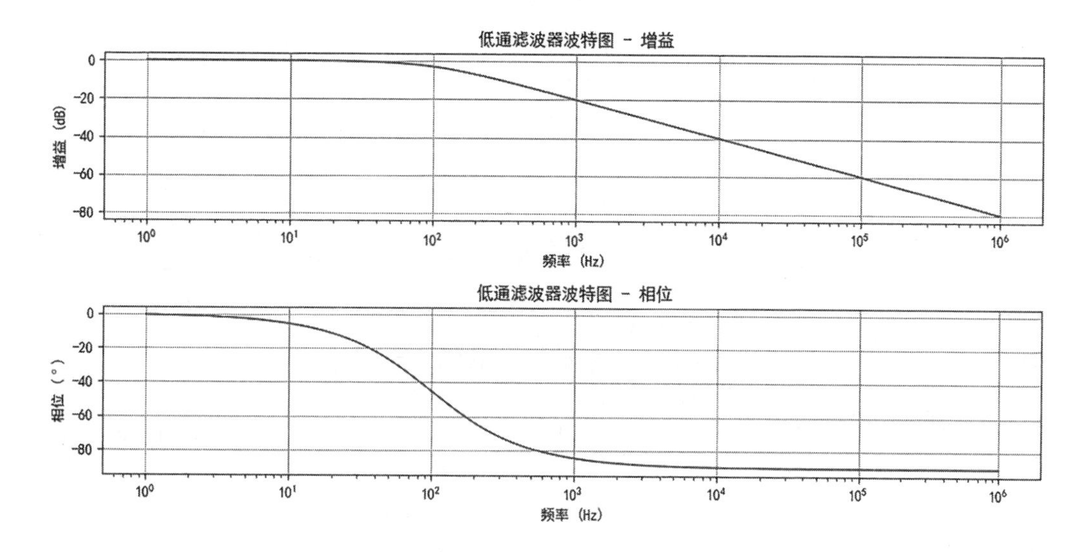

图10.20　一阶RC低通滤波器波特图

2)零点对波特图的影响

零点是系统传递函数中使得分子为零的值。它们在波特图上表现为增益的上升。零点越靠近高频，对应的增益越高，而在低频时增益较低。在零点附近，相位角变化较大，可以引起系统的相位提升。

我们把电阻分压电路中的R_1更换为C，形成一个一阶高通滤波器，如图10.21所示。其传递函数，是对电容和电阻的阻抗进行分压：

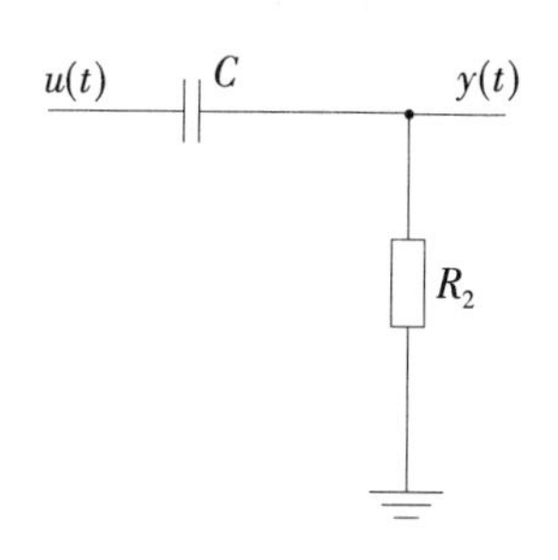

图10.21　一阶RC高通滤波器

$$H(s) = \frac{R_2}{\frac{1}{sC}+R_2} = \frac{sCR_2}{1+sCR_2} = \frac{R_2}{\frac{1}{j\omega C}+R_2} = \frac{j\omega CR_2}{1+j\omega CR_2}$$

对于这个传递函数，零点是使得分子等于零的复数s的值。分子有一个可以为0的s值就是$s=0$，所以零点为$s=0$。

极点是使得分母等于0的复数s的值。分母有一个可以为0的s值，$s=-\frac{1}{R_2C}$。因此，一阶RC高通滤波器的零点是原点$s=0$，而极点是$s=-\frac{1}{R_2C}$。

对于一阶RC低通滤波器，其幅频特性图和相频特性图如图10.22所示。

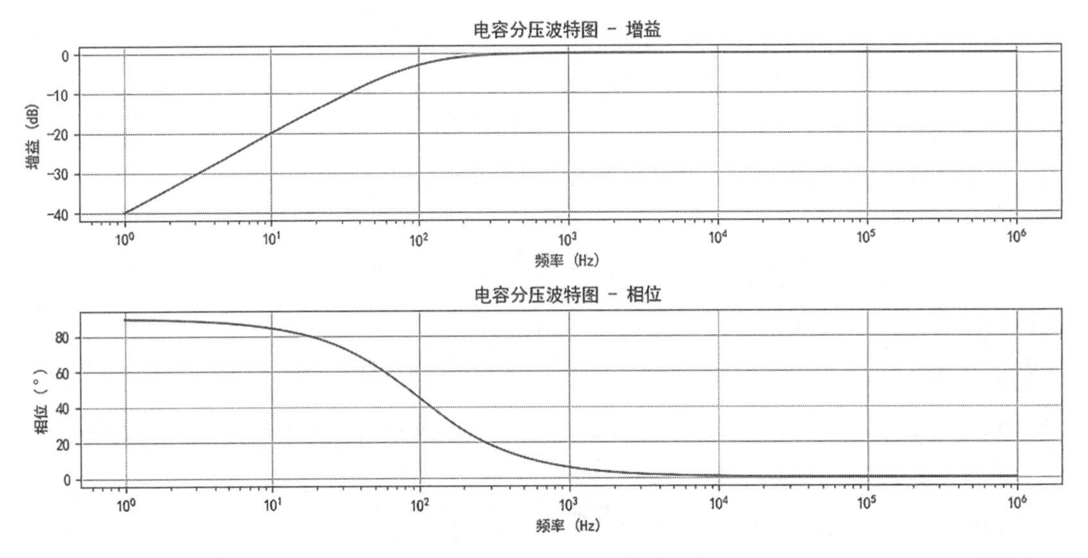

图10.22　一阶RC低通滤波器波特图

3)零极点影响波特图的斜率

我们常常使用复数形式表示频率。复数具有实部和虚部，而在实际应用中，我们更关注频率的绝对值。在电路分析中，当我们考虑阻尼比、共振频率等信息时，我们会使用复数频率。

在实际工程中，我们往往会忽略具体的传递函数的幅频特性曲线和相频特性曲线。只需要把每一个零点和极点找到，并标记出来，然后按照这个原则修改波特图的斜率就可以完成波特图的渐近线，如图10.23所示。

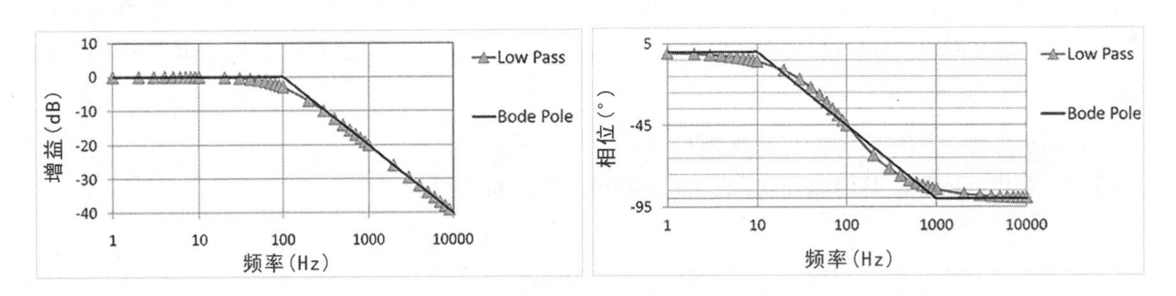

图10.23　波特图及其渐近线的关系图

对于一阶RC低通滤波器的极点，它是一个复数，具有零实部和负虚部。在频域分析中，这个负的虚部表达了一个衰减的振荡，但在实际应用中，我们通常关注的是频率的绝对值。所以我们说的传递函数值为0时，传递函数的绝对值函数的斜率发生了变化。

极点频率对应于角频率，在该角频率处，振幅曲线的斜率减小20dB/dec，并且一个零点对应于一个角斜率，在该频率下斜率增加20dB/dec。“dec”是“decade”的缩写，表示一个数量级的变化。在对数尺度中，一个decade意味着频率或幅度变化了一个数量级，即增加或减小了10倍。因此，+20dB/dec

表示每增加一个 decade 的频率，增益就会增加 20dB。这种标记方式通常在描述频率响应的变化时使用，特别是在滤波器和系统分析中。

在音频工程和信号处理中，通常使用对数尺度来表示频率。对数尺度的一个关键特性是，每个数量级（10的幂）的变化都对应一个固定的增益。在对数尺度上，以 dB（分贝）为单位的增益变化与频率的对数关系是线性的。

dB 是一个纯计数单位，本意是两个量的比值大小，没有单位。在工程应用中经常看到貌似不同的定义方式（仅仅是看上去不同）。对于功率，$dB = 10\lg(A/B)$。对于电压或电流，$dB = 20\lg(A/B)$。此处 A、B 代表参与比较的功率值或电流、电压值。dB 的意义其实就是把一个很大的（后面跟一长串0的）或很小的（前面有一长串0的）数比较简短地表示出来。

在对数尺度中，1Hz 到 10Hz 的变化是一个数量级，10Hz 到 100Hz 也是一个数量级，以此类推。对数尺度中的一个数量级变化对应于一个10倍的频率变化。由于对数的性质，这样的变化可以用一个线性的斜率来表示。

例如，当你在增益曲线上观察到+20dB/dec 的斜率时，这意味着每增加一个数量级的频率，增益就会增加 20dB。这是因为对数尺度中的每个数量级变化对应于10倍的频率变化。

因此，+20dB/dec 的斜率代表了在对数尺度上频率的线性变化。这种特性在许多电子滤波器和系统的频率响应中很常见，特别是在波特图中。

4）零极点影响波特图的斜率为什么正好是±20dB/dec

零极点对于波特图斜率的影响涉及频率响应的数学性质。波特图是一种常用于表示线性时不变系统频率响应的图表，通常以对数刻度绘制。

在一阶系统中，当存在一个零点或极点时，频率响应在那一点会发生−20dB/dec 的斜率变化。我们的横坐标是对数刻度（10^0、10^1、10^2……），dB 本身也是对数刻度，而一阶系统的频率响应可以用以下的一般形式表示：

$$H(\mathrm{j}\omega) = \frac{N(\mathrm{j}\omega)}{D(\mathrm{j}\omega)}$$

式中：$N(\mathrm{j}\omega)$ 和 $D(\mathrm{j}\omega)$——分子和分母的多项式，j 是虚数单位；

ω——频率。

在 $\mathrm{j}\omega$ 平面上，零点是使得分子为零的点，极点是使得分母为零的点。在对数刻度下，频率响应 $20\lg|H(\mathrm{j}\omega)|$ 可以表示为

$$20\lg|H(\mathrm{j}\omega)| = 20\lg\frac{|N(\mathrm{j}\omega)|}{|D(\mathrm{j}\omega)|} = 20\lg|N(\mathrm{j}\omega)| - 20\lg|D(\mathrm{j}\omega)|$$

在零点处，$\lg|N(\mathrm{j}\omega)|$ 为零，则只剩第二项，所以斜率为−20dB/dec。同样，在极点处 $D(\mathrm{j}\omega)$ 为零，只剩第一项，斜率为 20dB/dec，所以可以得出以下两点结论。

（1）在极点处，频率响应的振幅曲线的斜率减小。对于一阶系统，当角频率达到极点时，振幅曲线的斜率减小 20dB/dec。这表示系统对该频率的信号的衰减更慢。

（2）在零点处，频率响应的振幅曲线的斜率增加。对于一阶系统，当角频率达到零点时，振幅曲线

的斜率增加 20dB/dec。这表示系统对该频率的信号的衰减更快。

零极点体现在波特图中斜率的变化，如图 10.24 所示。

正因为曲线变化的频率点确定，并且变化的斜率也确定，则我们只需要找出零点和极点所在位置，更改斜率，就可以绘出波特图的渐近线，用于分析环路的关键特性了。

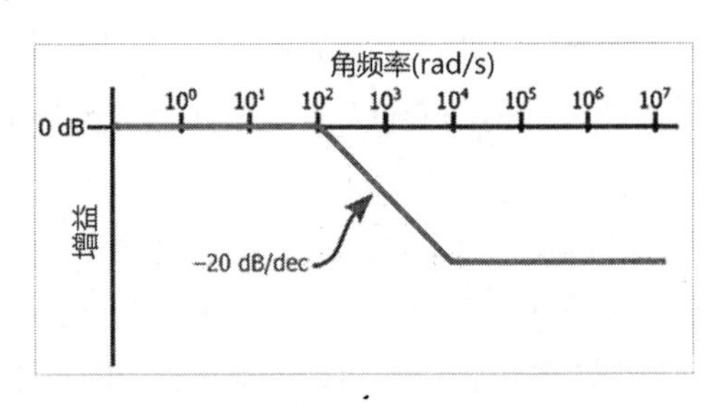

图 10.24　波特图渐近线变化斜率

5）零点和极点共同影响

零点和极点的数量和位置共同决定了系统的频率响应特性。它们对系统的稳定性、响应时间和频率选择性等方面都有影响。在频率响应图上，零点和极点的位置决定了幅频特性（增益）和相频特性（相位）。如果是双重极点或者双重零点，则斜率变化翻倍。

6）相位裕度和增益裕度

相位裕度和增益裕度是系统稳定性的指标，它们与零点和极点的分布有关。如果系统的相位裕度和增益裕度足够大，系统就更加稳定。零点和极点的位置对相位裕度和增益裕度有直接影响。总体来说，零点和极点的位置和数量对系统的频率响应有着重要的影响，直接影响系统的稳定性、性能和动态特性。最终我们在调试电源的环路稳定性的时候，就是通过增加零点和极点的数量和位置来实现我们期望的相位裕量和增益裕量。

3. 隐藏的零点

低通滤波器的传递函数可以写成

$$T(s) = \frac{a_0}{s + \omega_0}$$

那么，这个系统有零点吗？如果我们应用前面给出的定义，将可得出结论，因为变量 s 不出现在分子中，因此 s 的任何值都不会导致分子等于零。事实证明，它其实有一个零点，为了理解原因，我们需要考虑传递函数极点和零点更一般化的定义：零点（z）发生在 s 的值上，它导致传递函数减小到零；极点（p）发生在 s 的值上，它导致传递函数趋向于无穷大。

一阶低通滤波器的 s 值会导致 $T(s)$ 趋于 0，这个值就是 $s = \infty$。因此，一阶低通系统在 ω_0 处有极点，在 $\omega = \infty$ 处有零点。我们尝试在 $\omega = \infty$ 处提供零点的物理解释：它表示滤波器不能继续“永久”衰减（其中“永久”指的是频率，而不是时间）。如果设法创建一个输入信号，其频率继续增加直到达到无穷大，则 $s = \infty$ 时的零点会使滤波器停止衰减，即振幅响应的斜率从−20dB/dec 变为 0dB/dec。

4. 相移的特性

在探讨零点和极点对系统相移的影响时，我们需要了解它们在复平面上的位置。相位是极坐标表示中的角度，而零点和极点在复平面上是复数，可以通过极坐标 $re^{j\theta}$ 来表示，其中 r 是模长，θ 是相位角。

对于零点和极点，它们的相位角分别是90°和−90°（或270°）。这是因为它们通常位于虚轴上，即复数的实部为零。虚轴上的点的相位角是90°或−90°，具体取决于它们在上半平面还是下半平面。

零点：零点通常位于虚轴上，相位角为90°。这是因为零点对应于分子的根，而在分子中，当s等于零时，分子的实部为零，因此它们通常位于虚轴上。

极点：极点通常也位于虚轴上，相位角为−90°。这是因为极点对应于分母的根，而在分母中，当s等于零时，分母的实部为零。

这些相位角的差异导致了在零点和极点附近频率响应的相位变化。在频率响应曲线中，当通过零点时，相位增加90°；当通过极点时，相位减少90°。这是频率响应曲线上出现相移的原因。

由极点产生的相移的波特图，近似是表示相移的−90°的直线。该线以极点频率为中心，并且每十倍频率下具有−45°的斜率，这意味着向下倾斜的线在极点频率之前以十倍频率开始，并且在极点频率之后以十倍频率结束，如图10.25所示。除了线具有正斜率，零点影响是相同的，因此使得总相移是+90°。

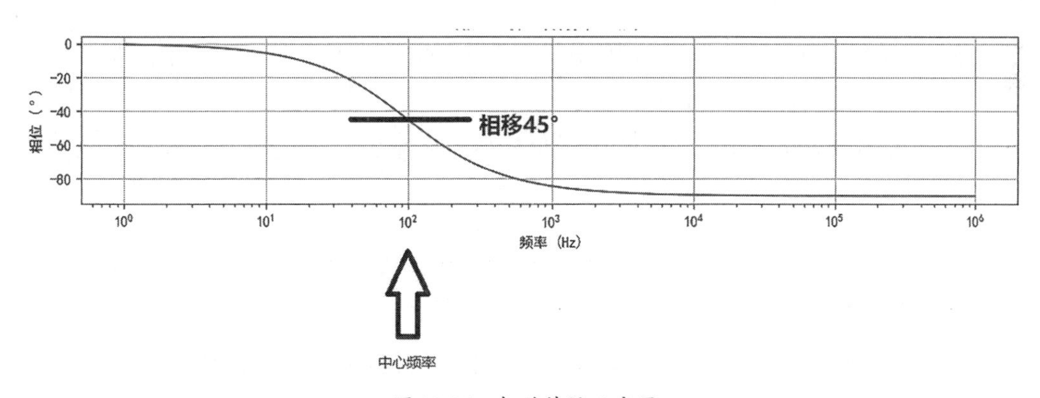

图10.25 相移特性示意图

10.7 拉普拉斯变换的收敛域

拉普拉斯变换是一种用于处理线性时不变系统的数学工具，它在工程、物理学和控制论等领域广泛应用。拉普拉斯变换的收敛域是一个关键概念，它决定了在哪些复平面上的函数可以被拉普拉斯变换。拉普拉斯变换的一般定义如下：给定一个函数$f(t)$，它的拉普拉斯变换定义为：

$$\mathcal{L}(s)=\int_0^{+\infty}f(t)\mathrm{e}^{-st}\mathrm{d}t$$

在这里，s是一个复数，t是实数。

拉普拉斯变换的收敛域是指在哪些复数s值上，上述积分收敛，也就是$F(s)$是有意义的。如前文所述，拉普拉斯变换就是为了解决傅里叶变换收敛域的问题，所以在傅里叶变换的基础上乘以一个指数函数。但是这个操作并非“万无一失”，有可能即使乘以了一个衰减的函数还是不能收敛。

通常，一个函数的拉普拉斯变换在复平面上的收敛域可以分为以下几种情况。

(1)全平面收敛:如果积分在整个复平面上都收敛,那么称为全平面收敛。这通常对应于函数$f(t)$具有足够快的衰减,以使积分收敛于任何复数s。

(2)右半平面收敛:如果积分在复平面的右半平面($Re(s) > a$,其中a是实数)上都收敛,那么称为右半平面收敛。这通常对应于因果系统或稳定系统。

(3)有限区域收敛:有时积分只在复平面的特定区域内收敛。这通常在特殊问题中出现。

(4)带状收敛:在某些情况下,积分可能在复平面上的带状区域内收敛。这也是一种特殊情况。

收敛域的具体形状和范围取决于函数$f(t)$的特性。通常,工程和科学应用中对于拉普拉斯变换的收敛域要求较为宽松,以确保能够处理各种实际问题。拉普拉斯变换表中通常提供了常见函数的收敛域信息,以帮助工程师和科学家进行分析和计算。

拉普拉斯变换的零点和极点与其收敛域之间存在密切的关系。零点和极点是复平面上的点,它们对于拉普拉斯变换的收敛性和稳定性具有重要的影响。下面解释一下它们之间的关系。

1. 零点和收敛域

零点是拉普拉斯变换中的函数$F(s)$中的分子等于0的点,此时整个函数也就为0。如果一个拉普拉斯变换具有零点,那么在零点处,$F(s) = 0$。

零点可以扩展或限制收敛域。具体来说,如果一个系统的拉普拉斯变换具有零点,那么收敛域通常不能包括这些零点,因为在这些点上函数$F(s)$等于0,导致积分不收敛。因此,零点限制了收敛域的形状和范围。

2. 极点和收敛域

极点是拉普拉斯变换中的函数$F(s)$发散的点。如果一个拉普拉斯变换具有极点,那么在极点处,$F(s)$的绝对值趋于无穷大。

极点也可以限制收敛域。一般来说,拉普拉斯变换的收敛域不包括任何极点,因为在极点处积分也不收敛。

综合来看,零点和极点都对拉普拉斯变换的收敛性和稳定性产生影响。一个合理的收敛域应该避免包括零点和极点,以确保积分收敛。这通常要求收敛域是一个开放的区域,不包括这些特殊点。

在控制系统工程中,零点和极点的位置对系统的性能和稳定性有重要影响。通过分析零点和极点的位置,工程师可以设计系统控制器,以实现所需的性能和稳定性。

第11章

环路控制的电路分析

本章对环路控制的电路进行分析，从基础电子元器件的特性入手，深入探讨电路中各个组成部分的时域和频域的特性，帮助读者深入理解环路控制系统的不同部件。从信号输入端开始，阐述了信号是如何通过放大器和其他电路元件进行处理。特别需要关注环路中的反馈机制，详细解释了反馈是如何调节系统性能、提高稳定性并减小误差。通过本章的学习，读者将获得对环路控制电路的全面认识，包括从基础的电子元器件到环路中的各个关键组成部分，为进一步深入学习和应用奠定坚实的基础。

11.1 电容基础特性探讨

电容是最普遍的三个无源电子元件(电阻、电容、电感)中的一种，在各种电子电路中都有广泛使用，其性能会影响到电子电路的特性，所以有必要对其主要特性及功能做一全面理解，方便在电路设计中扬长避短。

电容可以反复充电和放电，这一点类似于电池，但是与电池的区别是它存储的能量比较少，所以放电时持续的时间也相对较少。

电容的基本结构如图11.1所示，它由两个相对的金属电极板和中间的绝缘层组成，在电极之间施加直流电压，则会在电容上存储电荷，这就是电容储能的基本原理。

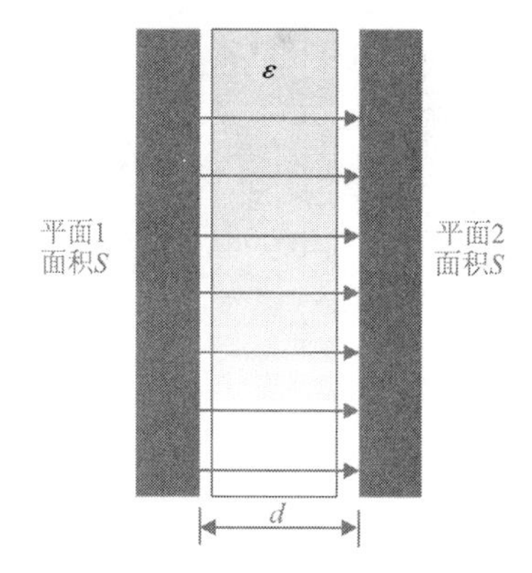

图11.1　电容的基本结构

这个电容的电容量取决于其结构因素，与金属极板面积S成正比，与金属极板之间的绝缘层厚度d成反比，与介电常数ε成正比。

通过一个恒流源I给电容充电，我们很容易分析出电压的变化率和电流成正比，这个比例系数也就是电容C，从图11.2中的充电曲线来看，根据电容电荷基本关系($Q = UC$)可知，随着时间的变化，电压线性上升，电荷存储量也线性上升。通过上述分析，我们可以得知，电容电压的变化率和电容电流成正比。

下面我们通过仿真电路来探讨一下电容的基本充放电特性。电容充电的仿真原理图如图11.3所示。

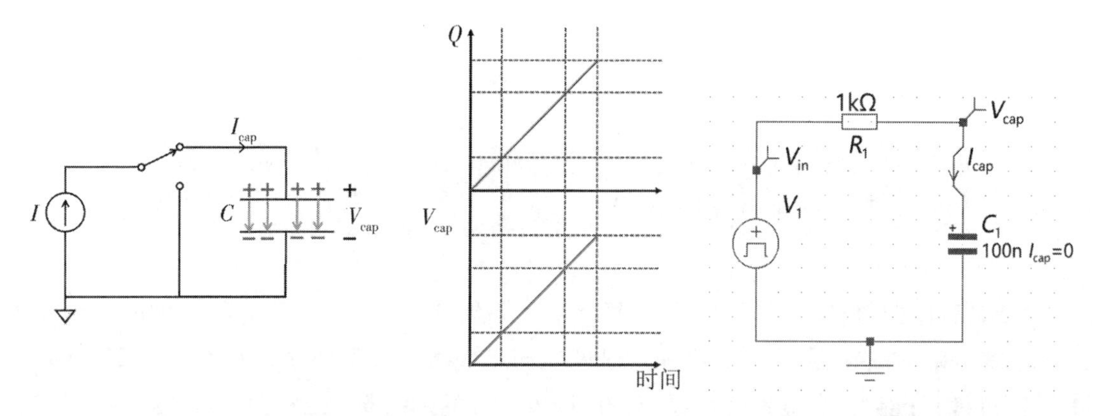

图 11.2 电容恒流充电过程　　图 11.3 电容充电的仿真原理图

在一个容值为 0.1μF 的电容上，串联一个 1kΩ 电阻用于限流，然后施加一个电压幅值为 5V 的阶跃电压信号（阶跃信号是一种理想的信号形式，其数学表示是在某一时刻突然发生变化的信号，阶跃函数以跃变的方式从零突然跃升到一个常数值，该过程在瞬间完成），以此模拟电容充电过程。

下面我们来观察阶跃电压 V_{in}、电容电压 V_{cap}、电容电流 I_{cap} 的波形。上述模拟电路的仿真结果如图 11.4 所示，从中我们可以看到，阶跃电压很快上升到 5V，通过电阻 1kΩ 给充电电流限流，因此在 10ns 处的电容电流最大接近 5mA，即 V_{in}/R_1 的值，绿色曲线为电压 V_{cap}，其上升速度开始较快，后面逐步变慢，最终到接近输入电压 5V。对应的电容电流开始最大，后面逐步下降，下降速度也逐渐变慢，最后到 0A 电流。从仿真曲线上可以看出电容充电时电流取决于电压变化率，电压变化越快，充电电流越大。

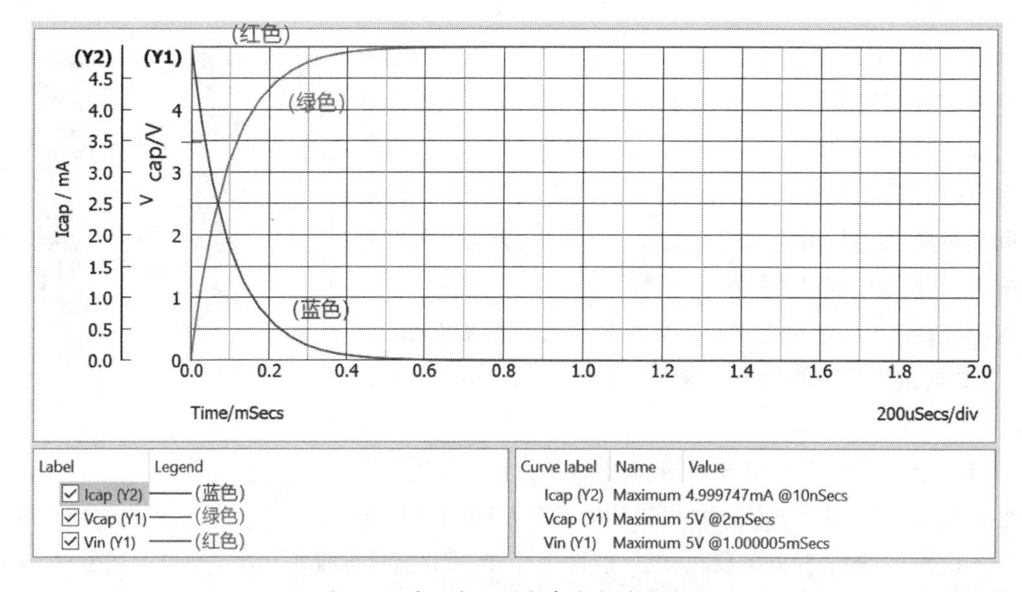

图 11.4 阶跃电压给电容充电过程波形

当我们增大电阻为 3kΩ 时，充电电流的最大值减小为 1.66mA，最终稳定到 0A，充电电压也变缓慢了很多，最终也是稳定到 5V，如图 11.5 中的实线所示（虚线为 1kΩ 时的曲线对比）。

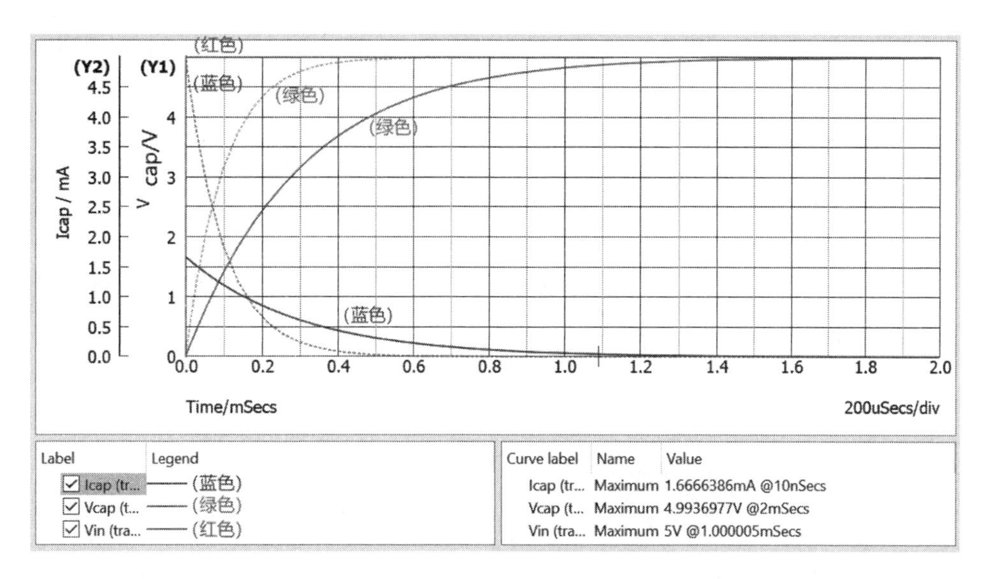

图11.5　增大电阻时的阶跃电压充电过程波形

实际的电容的内阻(由寄生电阻ESR、引线电阻、电抗等组成)非常小,因此充电和放电过程都比较快,不能像高内阻的电池那样可以长时间充电和放电。放电过程和充电过程类似,我们就不再详述。

前面我们讨论的是在电容上施加直流电压时的情况,接下来讨论一下在电容上施加交流电压时的情形,看看电容在交流电压信号下的电压和电流关系。

基于图11.6所示的电路,可以得到如图11.7所示的波形,我们可以看到,电压过零时,电流的值最大,根据电容基本关系,这说明正弦电压过零时的电压变化率最大,而在电压达到正或负的峰值时,电流是过零的,这说明电压在峰值时的电压变化率最小,因此电流也最低。

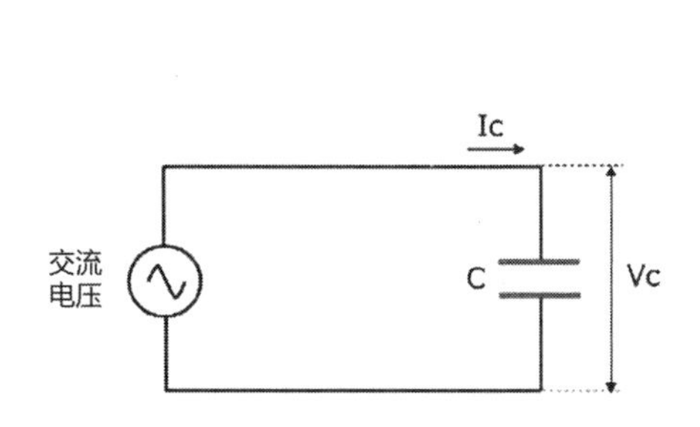

图11.6　电容上施加交流电压信号示意图

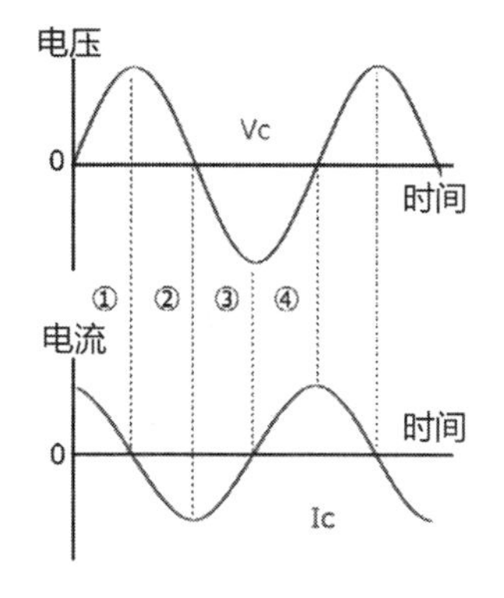

图11.7　交流输入电压信号下电容电压和电流关系

当我们在频域中分析电容的电压和电流关系时,由于在频域分析中$s = j\omega$,可知电流会超前电容电压的相位为90°。这在图11.7中的波形上也可以得到验证,电压波形在90°(四分之一正弦周期)之后,才和电流在0°时的波形一致。

接下来，我们通过仿真进一步验证其电压和电流关系。电容的电流和电压的关系式为：

$$I_C = 2\pi f C V_C$$

式中：I_C——电容电流（A）；

f——频率（Hz）；

V_C——电容两端电压（V）。

我们在图 11.8 和图 11.9 的仿真中，以幅值为±5V 的正弦波为输入信号，已知频率为 10kHz，电容为 10nF，我们观察其电流和电压的关系。

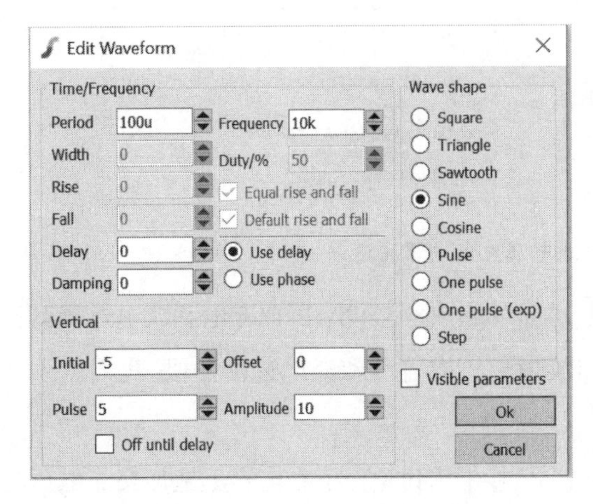

图 11.8　正弦输入电压源设置

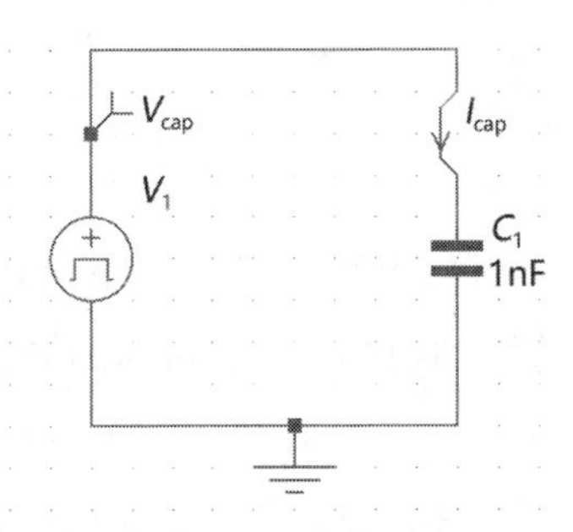

图 11.9　电容交流输入特性仿真

从图 11.10 中的仿真波形可以看到，红色曲线为交流输入信号正弦电压，绿色曲线为得到的同频率的正弦电流信号，我们通过光标可以看到，电压过零时对应电流的正或负的峰值，电压上升时对应正电流峰值，电压下降时对应负电流峰值。

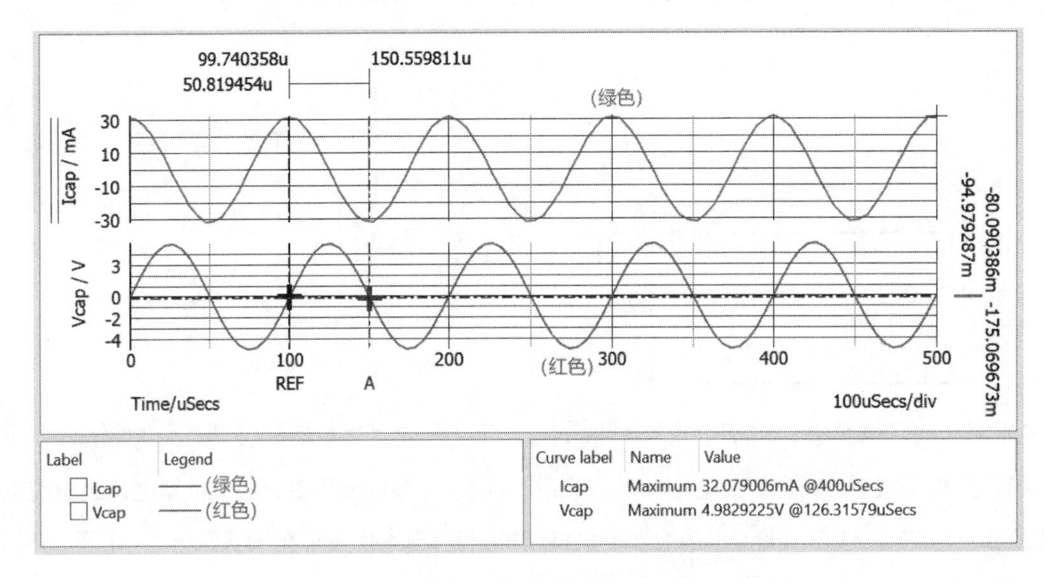

图 11.10　交流输入信号下电容电压和电流关系

当我们将电容量从100nF变到1μF时，即增大10倍，发现电流和电压的相位关系不变，还是电流超前电压90°，但是峰值电流变大很多（如图11.11中实线部分），即说明电容量越大，电容阻抗越小，则电流越大。

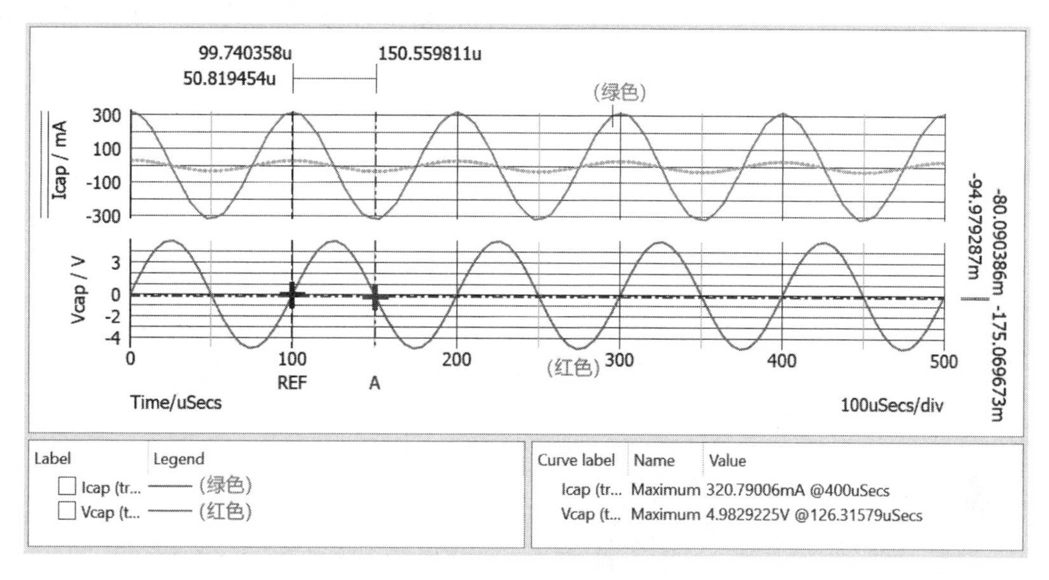

图11.11　电容变大时电压和电流关系

当我们将输入信号频率由10kHz改为100kHz后，仿真波形如图11.12所示。从图11.12上看绿色曲线即电流变大为3.19A，这说明随着频率的提高，电容的阻抗变小，而输入电压幅值不变，则峰值电流（如图11.12中实线部分）变大，虚线表示频率为10kHz时电压和电流的情况。

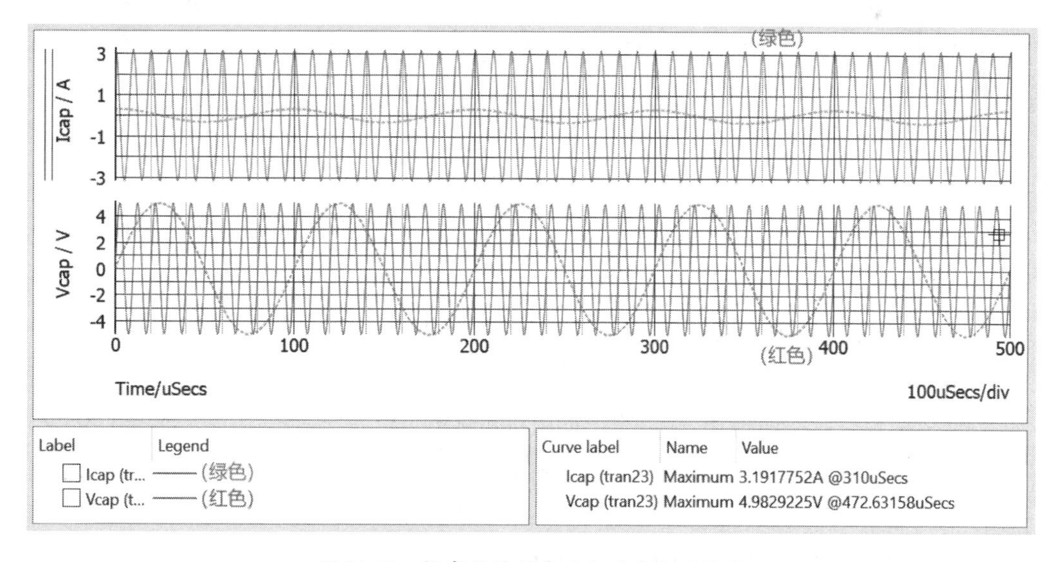

图11.12　提高信号频率时电流和电压关系

电容在电路中的作用主要是滤波、去耦、耦合等，接下来我们通过仿真进行说明。

假定输入电压是一个交流正弦电压，经过整流桥整流为半波正弦（D_1～D_4实现整流），通过电容就可以将其大部分交流成分滤除，留下直流成分。

图 11.13 所示为设置的仿真电路，输入信号为峰值为±5V 的正弦波电压，频率为 50Hz，经过整流桥整流后，被 100μF 的电容滤波。下面我们观察输入信号电压波形及输出电容电压波形，如图 11.14 所示。

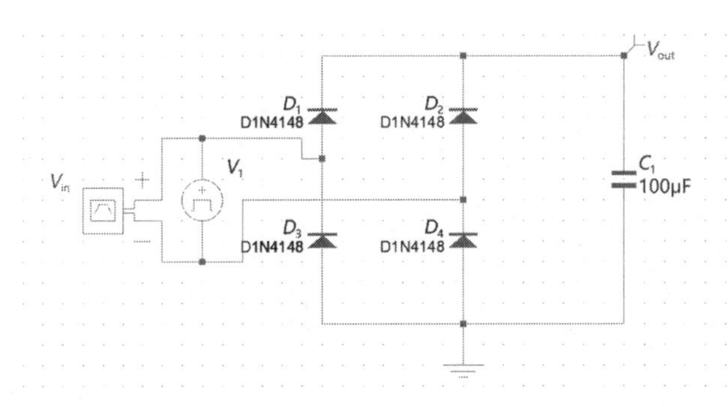

图 11.13　电容平滑滤波仿真电路图

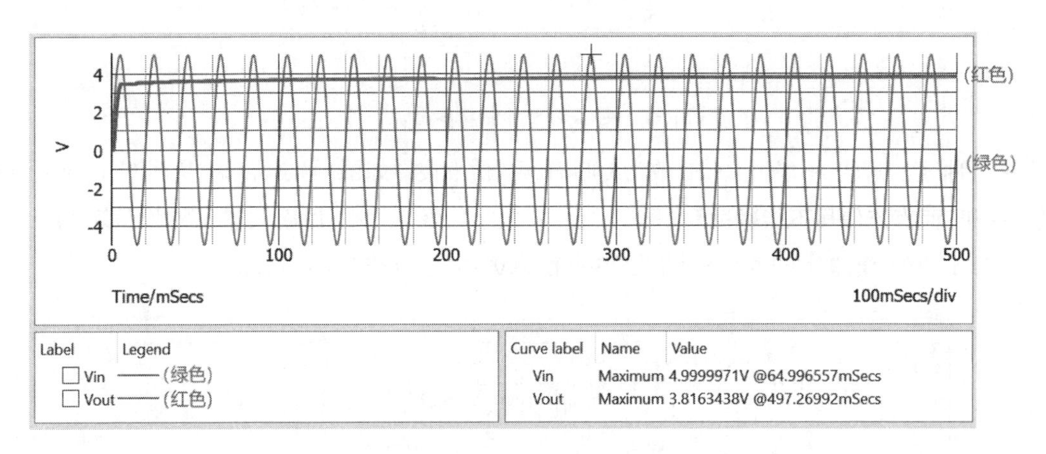

图 11.14　电容平滑滤波仿真结果

在图 11.14 所示的仿真结果中，我们可以看出，输出电容电压（红色曲线）被滤波为接近直流的电压，其幅值为 3.8V。

电容的另一个典型应用为高频噪声去耦，在直流电压中包含高频噪声的情况下，通过电容可以将高频噪声分离出去。实际上，随着噪声频率的增加，在电容上的阻抗也随着降低，则高频噪声就分流到电容上面了，这就起到了噪声去耦的作用。

下面我们给出了噪声去耦的仿真原理图，如图 11.15 所示，在一个 5V 的直流电压上叠加了一个 1MHz 的高频噪声，幅值为±200mV，电容噪声去耦仿真结果如图 11.16 所示。

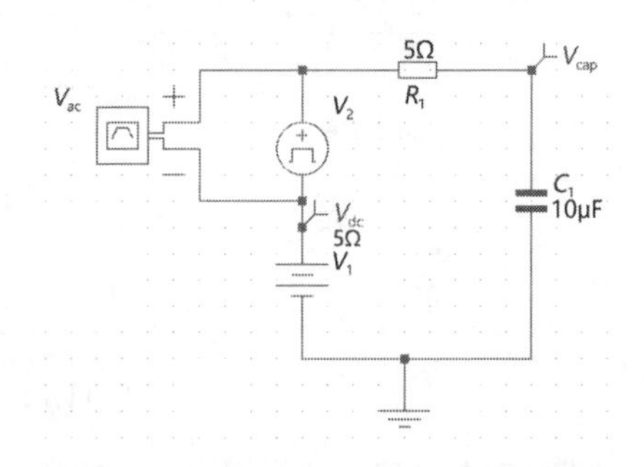

图 11.15　电容的噪声去耦仿真原理图

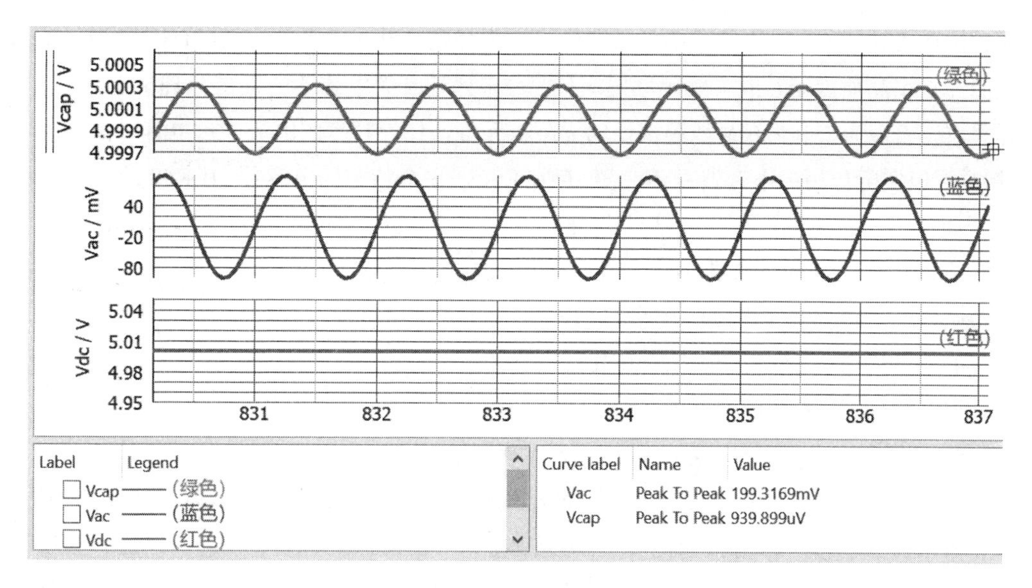

图 11.16　电容噪声去耦仿真结果

我们在电路中串联5Ω电阻，模拟实际使用的情形，将会发现输入的噪声幅值±200mV在滤波后接近1mV。

电容还有一个典型的应用就是通交流隔直流，当在电路中串联电容时可以将叠加在直流信号中的交流信号耦合到电路的下一级，而直流信号不能通过。

如图11.17所示的仿真原理图，输入信号为在5V直流信号上叠加了1kHz的交流信号，幅值为±1V，经过串联耦合电容后，我们观察耦合电路的输出电压波形。仿真结果如图11.18所示。

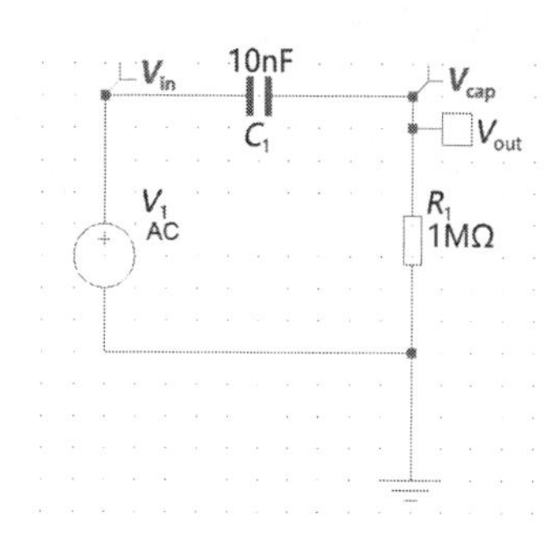

图 11.17　电容交流信号耦合仿真原理图

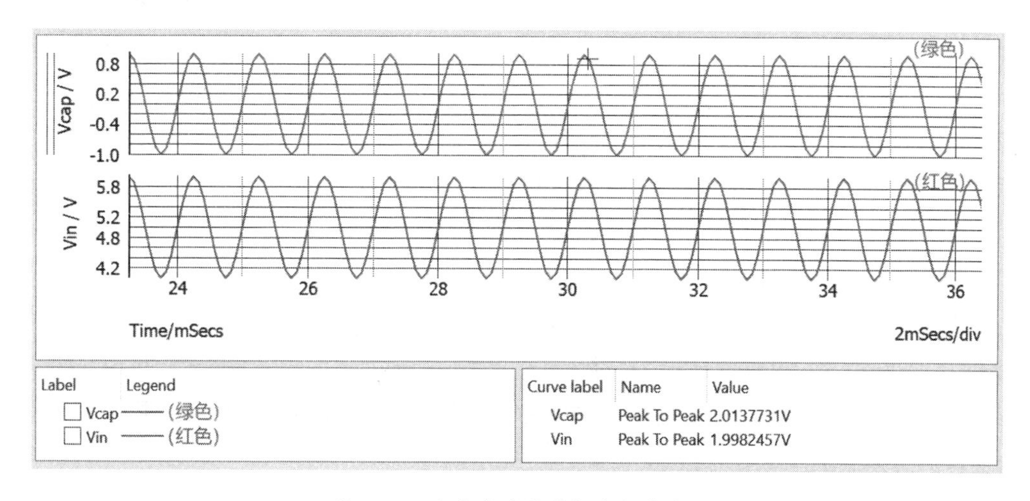

图 11.18　电容交流信号耦合仿真结果

通过仿真，我们可知，输入信号中的交流信号被耦合到了电路输出端，而直流信号部分被去除了。

我们经常用品质因子Q或等效串联电阻(ESR)来评估高频电容器的性能。理论上，一个"完美"的电容器应该表现为ESR为0Ω、纯容抗性的无阻抗元件。任何频率的电流通过电容时都会比电压早90°的相位。但实际应用的电容器并不完美、存在ESR。一个特定的电容器，其ESR的值是跟随频率变化而变化的。随着频率升高，电容的非理想模型会更复杂。下面先分析典型电容器件的非理想模型，其等效电路如图11.19所示。

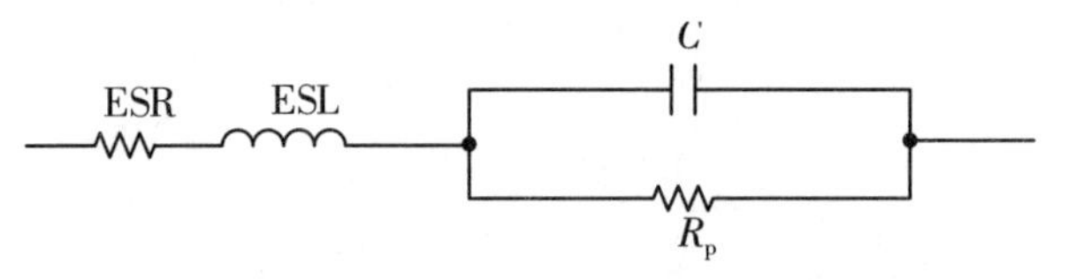

图11.19　典型电容器的非理想模型的等效电路

在图11.19中，C为电容；R_p为绝缘电阻和介质损耗(很多情况因为R_p阻值非常大，损耗影响不大而忽略)；ESR为等效串联电阻；ESL为等效串联电感。

电容的导电电极结构的特性和绝缘介质的结构特性决定了其ESR。为了便于分析，把ESR按单个串联寄生单元来建模。以前，所有的电容参数都是在1MHz的标准频率下进行测试。但随着应用频率越来越高，1MHz的条件远远无法满足实际应用的需求。为了指导应用，典型的高频电容参数应该标注各个典型频率下的ESR值：200MHz时，ESR=0.04Ω；900MHz时，ESR=0.10Ω；2000MHz时，ESR=0.13Ω。电容器的Q值是一个无量纲数，数值上等于电容器的电抗除以ESR。由于电容器的电抗和ESR都跟随频率变化，所以Q值也随频率变化。

Q值等于电容的储存功率与损耗功率的比，可以用以下公式来表示：

$$Q_C = \frac{1/\omega C}{\text{ESR}}$$

$$Q = \frac{X_C}{R_C} = \frac{1}{\omega C R_C}$$

为了便于解释Q值对高频电容的重要性，我们先讲述一个概念——自谐振频率(Self-Resonance Frequency，SRF)。

由于电容器存在ESL，ESL与C一起构成了一个谐振电路，其谐振频率便是电容器的自谐振频率。在自谐振频率前，电容的阻抗随着频率增加而变小，呈现出容性；在自谐振频率后，电容的阻抗随着频率增加而变大，就呈现感性。

寄生电阻ESR的值取决于电容器的阻性分量，太大的ESR会由于电流导致热失效，所以它允许的电流会被限制，同时大的ESR会影响噪声滤波性能。

漏电流主要取决于介电材质的类型，漏电阻比较小时的漏电流损耗会很大。寄生电感ESL一般取决于电容的结构，当ESL较大时，在高频时ESL占主导地位，这会严重妨碍电容的特性。

电容的阻抗是随着频率变化具有不同的表现的，低频阻抗主要取决于电容，高频阻抗取决于电感分量，谐振阻抗取决于ESR，我们接下来会通过计算得出结论。随着频率变化的电容阻抗曲线如图11.20所示，我们可以看到曲线的最小值就是电容的ESR，此时电容和电感阻抗相互抵消了，这个频率点对应电容的自谐振频率，即$f_n = 1/(2\pi\sqrt{LC})$。

从电容阻抗曲线来看，随着ESR变大，阻抗曲线的最小值提高，滤波衰减特性变差；随着电容值变大，低频阻抗变低，滤波特性更好。随着ESL寄生电感变大，则高频的阻抗整体变高，高频滤波特性变差，且自谐振频率变低。

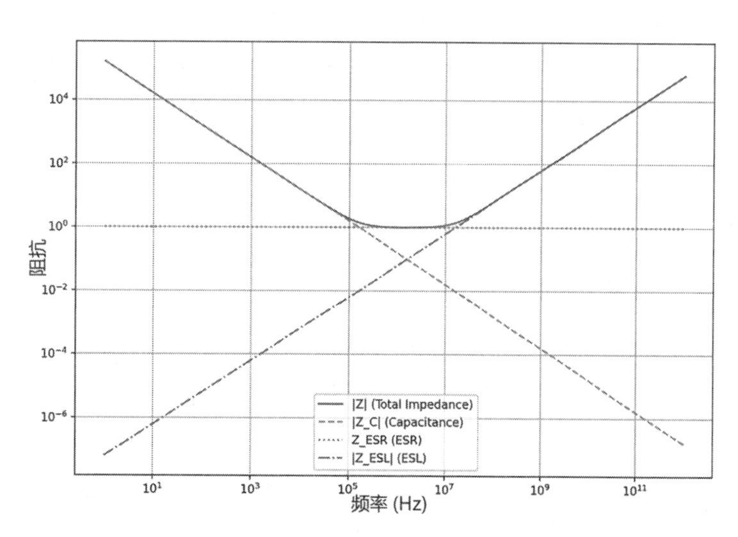

图11.20　电容阻抗的频率曲线

从电容相位曲线来看，低频段由于电容占主要作用，相位为-90°，随着频率增加相位变为0，到了高频段，由于寄生电感作用占主导，则相位变为90°，随着ESR及电容值变化，曲线形状发生一定变化，如图11.21所示。

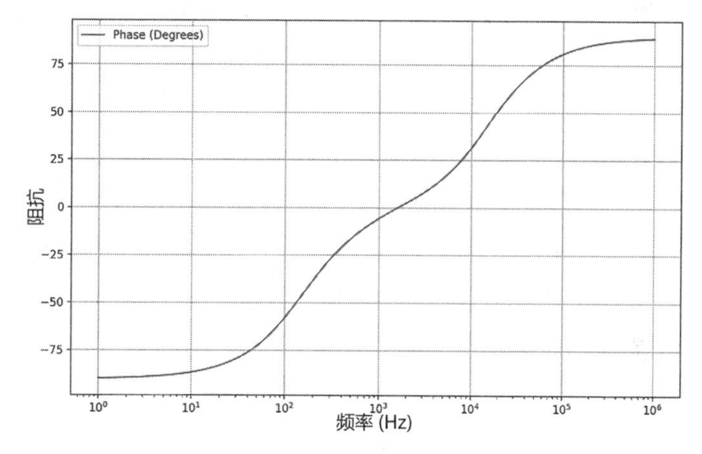

图11.21　电容相位曲线

由上述计算及分析可知，当使用电容做噪声滤波时，尽量让噪声频率和自谐振频率接近，同时尽可能地降低ESR及ESL，这样可以产生较好的滤波效果。

本小节在分析电容的基本结构及基本时域特性时，分析了电路中电容的典型作用，并通过频域关系推导电容的阻抗来得出电容噪声滤波时的参数选择方向，通过上述内容可以对电容的基本特性有一定了解，并有助于实际电路设计优化。

11.2 RC滤波电路的频域和时域特性探讨

RC滤波电路是开关电源中常见的滤波电路，本节将进行详细分析。

图11.22是典型的RC电路的具体形式，这里我们将C的寄生串联电阻也考虑进去，虽然一般情况下我们是忽略它的。其传递函数为：

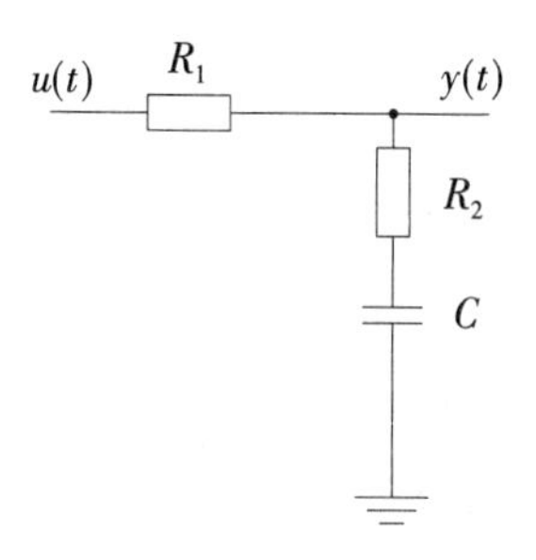

图11.22　典型的RC滤波电路

$$H(s)=\frac{R_2+\dfrac{1}{sC}}{\left(R_2+\dfrac{1}{sC}+R_1\right)}=\frac{sCR_2+1}{1+s(R_2+R_1)C}$$

从传递函数可以看出，它有一个零点和一个极点。

接下来，我们通过Mathcad计算其频域特性，求解其波特图，并计算典型转折频率。

我们定义V_{in} = 9V，R_1 = 1kΩ，R_2 = 40mΩ，C = 100nF。RC电路增益曲线如图11.23所示。

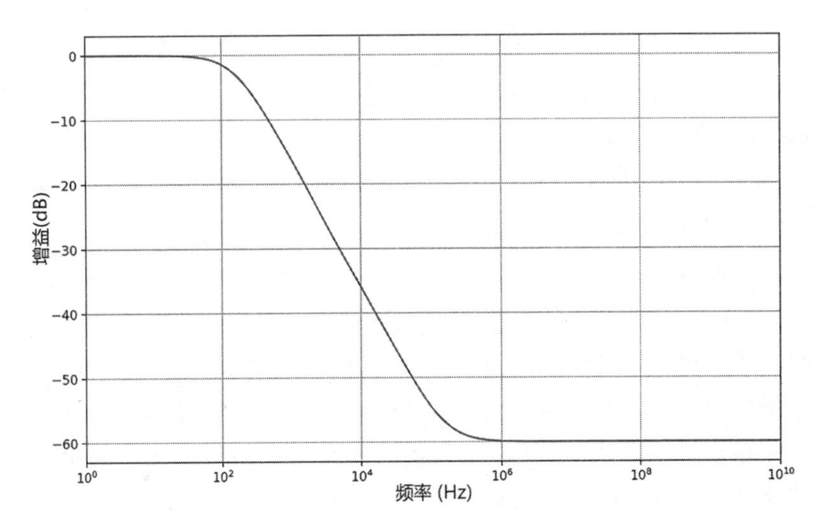

图11.23　RC电路增益曲线

我们计算了RC电路的零点和极点频率，零点频率由寄生电阻产生，零点频率为39MHz，极点频率为1.591kHz。

在RC增益曲线中，我们大致可以看到，在低频段增益为0dB。也就是说，低频段输入和输出信号之间的增益为1，到了1kHz附近的频率后，增益开始衰减，接着到了更高频处，30MHz左右时，增益又变为常数不变。

根据计算结果可知，在转折频率1.591kHz处，增益为−3dB，而在低频处，增益接近0dB，说明转折频率处增益是衰减的，这一点和LC滤波器有很大不同（它的增益会抬升，本书后面章节会有说明）。我们再看转折频率的10倍频15.91kHz、100倍频159.1kHz的增益分别为−20dB、−40dB，说明RC增益在转折频率后会以20dB/10dec的斜率下降，这说明它是一个一阶极点的特性。

当然，我们可以看到，在高频段（如40MHz后），增益保持恒定，大约为−87dB，这是由于寄生串联电阻形成的零点抵消作用，将衰减斜率由20dB/10dec变为0dB/10dec。虽然高频零点的作用导致衰减斜率变化，但是我们也可以看到，此系统同样具有很大的高频噪声衰减作用。

我们同样计算了典型的相位值，在极点转折频率1.591kHz处，相位为−45°，而在0.1591kHz处，相位还接近0°，这也是一阶极点的典型特性，即15.91kHz处变为接近90°。如图11.24所示，右侧纵坐标为相位坐标，虚线为相位曲线。

从相位曲线上看，由于高频串联寄生电阻的作用，在高频段相位又回到了0°，这就是一阶零点的作用的体现。

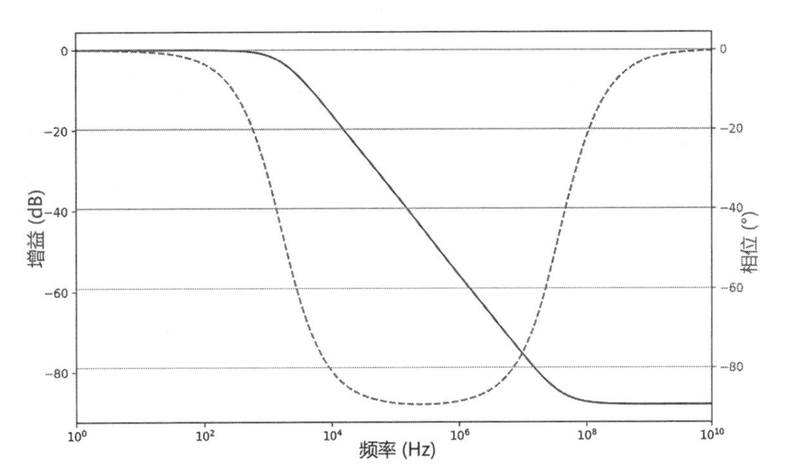

图 11.24　RC滤波电路的相位曲线

接下来我们进行时域仿真，如图11.25所示，将输入交流扰动源改为方波输入信号，频率为100kHz，峰值为5V，占空比为50%，所以平均值为2.5V。

接下来，我们看看经过滤波电路后的信号波形，如图11.26所示。观察仿真结果，100kHz的方波信号经过滤波后，直流分量为2.5V保持不变，高频分量被衰减。输入是方波，如图11.25所示VIN输出的是三角波，因为其高频分量被衰减了。总体的波幅值也被衰减了，三角波的峰峰值为124mV的信号，如图11.26所示。

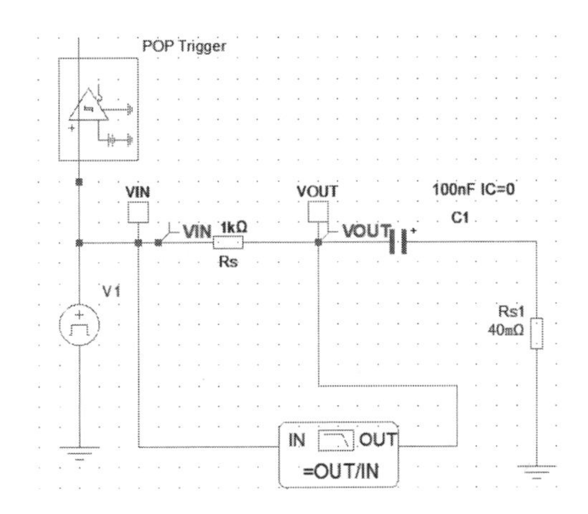

图 11.25　RC滤波电路时域仿真

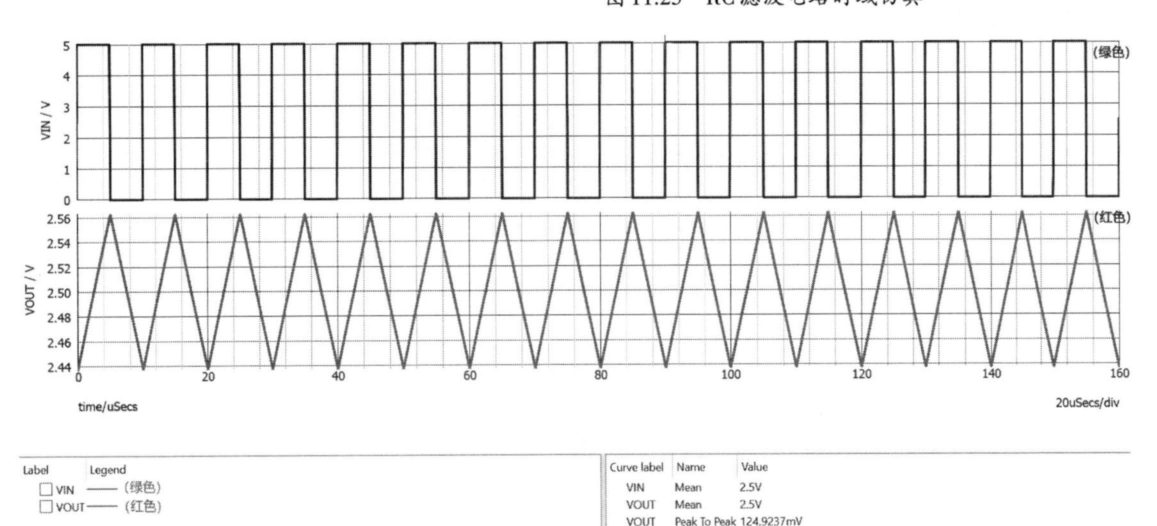

图 11.26　RC滤波电路对100kHz方波的滤波效果

如果将输入信号VIN改为频率为10kHz的方波，则发现输出信号为峰峰值1.23V的三角波。相比100kHz的信号，10kHz的输出电压的幅度大很多。但是输出电压的平均值即DC分量是不变的，还是2.5V，如图11.27所示。

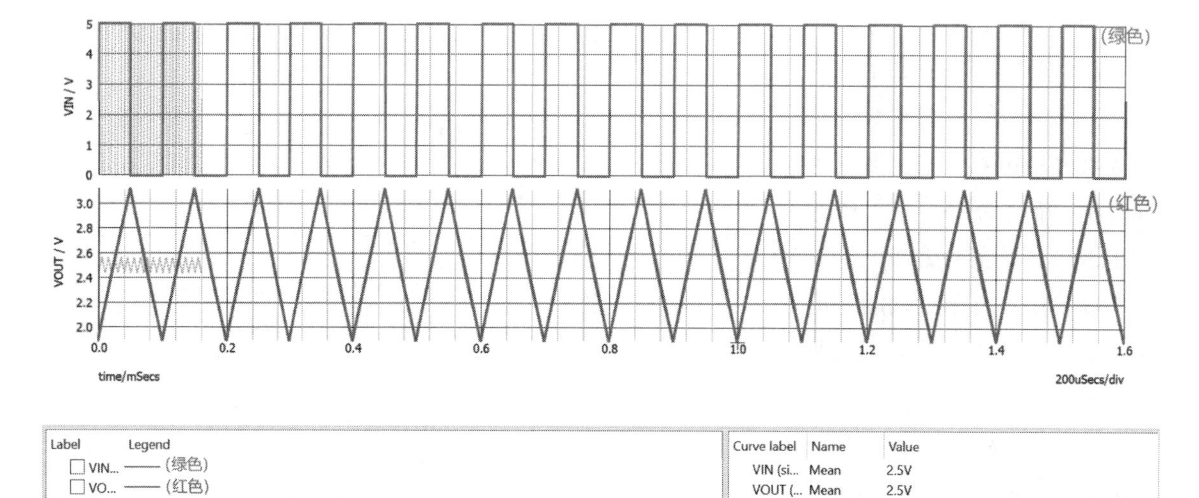

图11.27 RC滤波电路对10kHz方波的滤波效果

我们将输入方波信号的频率改为1.592kHz，即RC滤波器的转折频率，则信号输出平均值为2.5V不变，但是幅值衰减非常少，峰峰值达到4.58V，如图11.28所示。

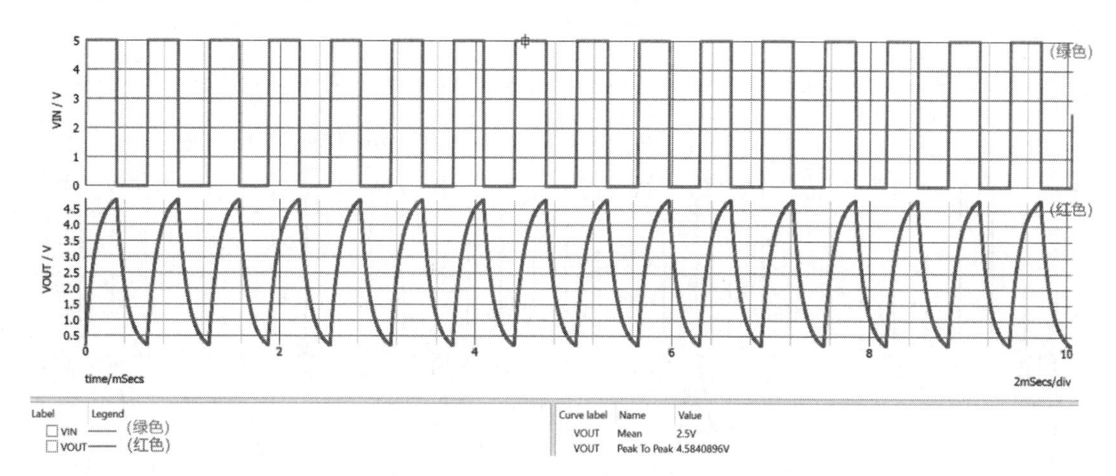

图11.28 RC滤波电路对1.592kHz方波的滤波效果

总结，以上通过分析RC滤波网络的基本频域特性，最后验证了时域信号的衰减特性，可有助于理解一些典型的RC滤波电路特性。

11.3 典型LC滤波器的频域分析

LC滤波器是Buck电源及类似电源拓扑的输出环节，本小节单独分析一下LC滤波器的性能，以更方便理解Buck电路的特性。

当考虑一个理想的LC低通滤波器时，我们可以使用基本的电路分析来推导其传递函数。LC低通滤波器由一个电感(L)和一个电容(C)组成，如图11.29所示。

传递函数表示输入和输出之间的关系。对于LC低通滤波器，我们可以使用基本的电路元件方程来得到传递函数。假设输入为电压V_{in}，输出为电压V_{out}。

电感元件(L)的电压-电流关系为：

$$V_L = L\frac{di}{dt}$$

电容元件(C)的电压-电流关系为：

$$i = C\frac{dV_C}{dt}$$

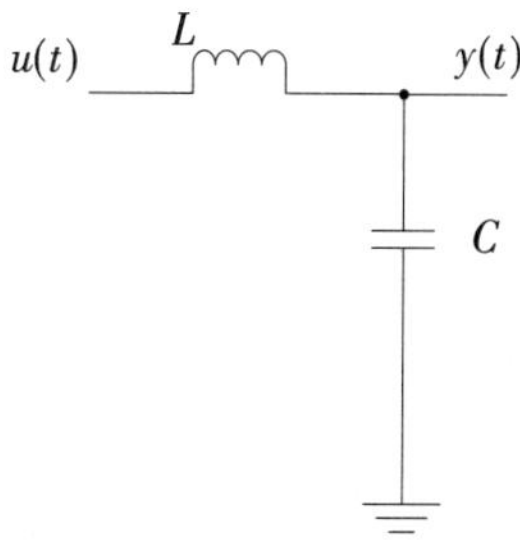

图11.29 理想的LC低通滤波器电路

电感元件和电容元件串联时的电压关系为：

$$V_{in} = V_L + V_C = L\frac{di}{dt} + \frac{1}{C}\int i dt$$

$$V_{out} = V_C$$

对上述方程进行拉普拉斯变换：

$$V_{in}(s) = sLI(s) + \frac{1}{sC}I(s)$$

$$V_{out}(s) = \frac{1}{sC}I(s)$$

再计算传递函数：

$$H(s) = \frac{V_{out}(s)}{V_{in}(s)} = \frac{\frac{1}{sC}I(s)}{sLI(s) + \frac{1}{sC}I(s)} = \frac{1}{s^2LC + 1}$$

理想状态下，传递函数有一个双极点，波特图如图11.30所示。

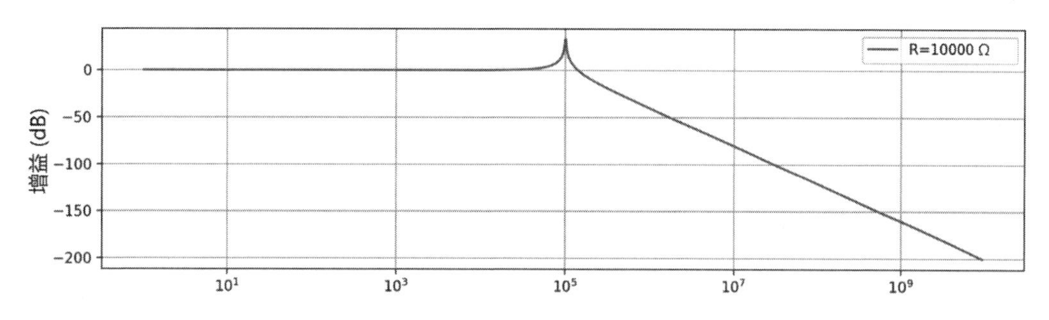

图11.30 理想的LC低通滤波器波特图

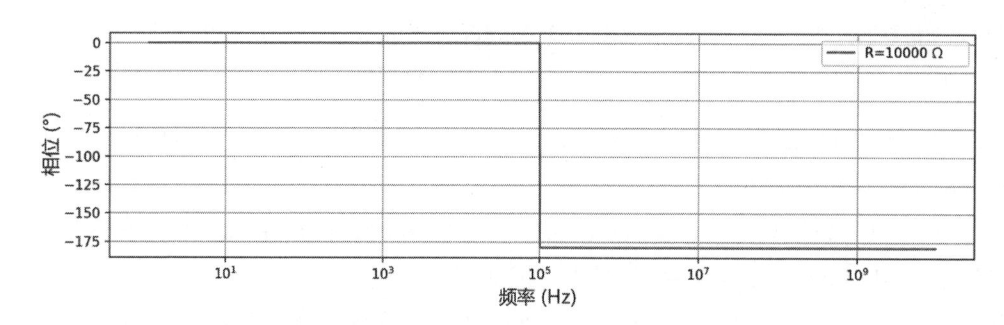

图 11.30　理想的LC低通滤波器波特图(续)

我们考虑电容并联一个电阻，跟开关电源的输出电容与负载并联一样，电路如图11.31所示。我们会发现，当考虑这个负载之后，会改变传递函数的零极点。

此时需要先将电容与负载电阻进行并联，然后再跟L进行分压。此时传递函数为：

$$H(s)=\frac{\dfrac{\dfrac{1}{sC}R_{\text{load}}}{\dfrac{1}{sC}+R_{\text{load}}}}{sL+\dfrac{\dfrac{1}{sC}R_{\text{load}}}{\dfrac{1}{sC}+R_{\text{load}}}}=\frac{\dfrac{R_{\text{load}}}{1+sCR_{\text{load}}}}{sL+\dfrac{R_{\text{load}}}{1+sCR_{\text{load}}}}$$

$$=\frac{R_{\text{load}}}{sL(1+sCR_{\text{load}})+R_{\text{load}}}=\frac{R_{\text{load}}}{s^2LCR_{\text{load}}+sL+R_{\text{load}}}$$

图 11.31　考虑负载的LC低通滤波器电路图

此时我们会发现两个极点不重合了。传递函数受到了负载阻抗的影响，从波特图上我们也可以看到三个不同的负载值形成了不同的波特图形态，如图11.32所示。

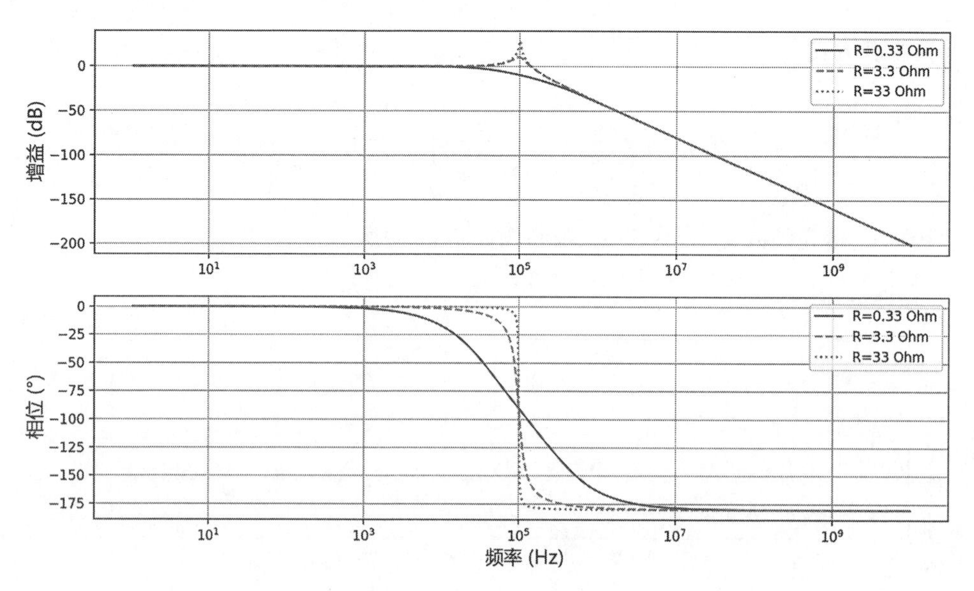

图 11.32　考虑负载的LC低通滤波器波特图

LC滤波器的典型原理图如图11.33所示，此处的R_{load}用来作为电路的输出负载电阻。R_{DCR}为电感的寄生串联电阻，R_{esr}为输出电容的寄生串联电阻（或称之为ESR），这些寄生参数对于电路的某些频域性能有很大的影响，所以不能忽略。

这个网络输入端电压为V_{in}，输出端电压为V_{out}，根据电路分压的基本原理，我们可以推导出电路的传递函数：

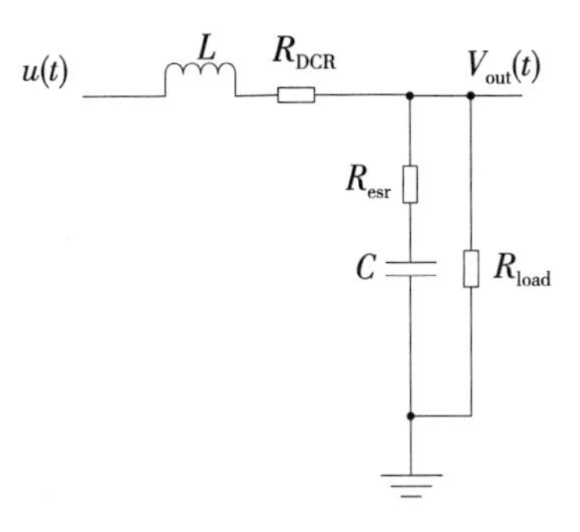

图11.33 典型LC滤波器的原理图

$$H(s)=\frac{\dfrac{\left(\dfrac{1}{sC}+R_{esr}\right)R_{load}}{\dfrac{1}{sC}+R_{esr}+R_{load}}}{sL+R_{DCR}+\dfrac{\left(\dfrac{1}{sC}+R_{esr}\right)R_{load}}{\dfrac{1}{sC}+R_{esr}+R_{load}}}$$

对其进一步化简：

$$H(s)=\frac{\left(\dfrac{1}{sC}+R_{esr}\right)R_{load}}{(sL+R_{DCR})(\dfrac{1}{sC}+R_{esr}+R_{load})+(\dfrac{1}{sC}+R_{esr})R_{load}}$$

$$H(s)=\frac{(1+sCR_{esr})R_{load}}{(sL+R_{DCR})(1+sCR_{esr}+sCR_{load})+(1+sCR_{esr})R_{load}}$$

$$H(s)=\frac{(1+sCR_{esr})R_{load}}{s^2LCR_{load}+s^2LCR_{esr}+sL+R_{DCR}+sCR_{esr}R_{DCR}+sCR_{load}R_{DCR}+R_{load}+sCR_{esr}R_{load}}$$

合并同类项：

$$H(s)=\frac{(1+sCR_{esr})R_{load}}{s^2(LCR_{load}+LCR_{esr})+(L+CR_{esr}R_{DCR}+CR_{load}R_{DCR}+CR_{esr}R_{load})s+R_{DCR}+R_{load}}$$

上面这个传递函数经过推导整理后得到更为标准的传递函数，可以看出分子上R_{esr}和C形成一个零点，分母上LC构成双极点：

$$H(s)=\frac{1+sCR_{esr}}{s^2LC(1+\dfrac{R_{esr}}{R_{load}})+\left(\dfrac{CR_{DCR}R_{esr}+CR_{DCR}R_{load}+CR_{esr}R_{load}+L}{R_{load}}\right)s+\dfrac{R_{DCR}+R_{load}}{R_{load}}}$$

对于LC滤波器，我们设定$R_{DCR}=29\text{m}\Omega$，$R_{esr}=40\text{m}\Omega$，$C=100\mu\text{F}$，$L=10\mu\text{H}$。我们除了定义L、C及其寄生电阻，还定义了负载电阻，并且定义了三种不同的负载电阻，方便我们分析负载电阻的不同影响，三个负载分别为$R_{load1}=0.33\Omega$，$R_{load2}=3.3\Omega$，$R_{load3}=33\Omega$。

这里负载电阻越大，则相应的负载电流越小。同时，大家可以这么理解，并联大电阻相当于串联小电阻，而串联的电阻小时，对LC系统的阻尼更小。负载电阻对二阶系统的转折频率没有影响，但是对波形的极点的幅值影响很大，如图11.34所示。

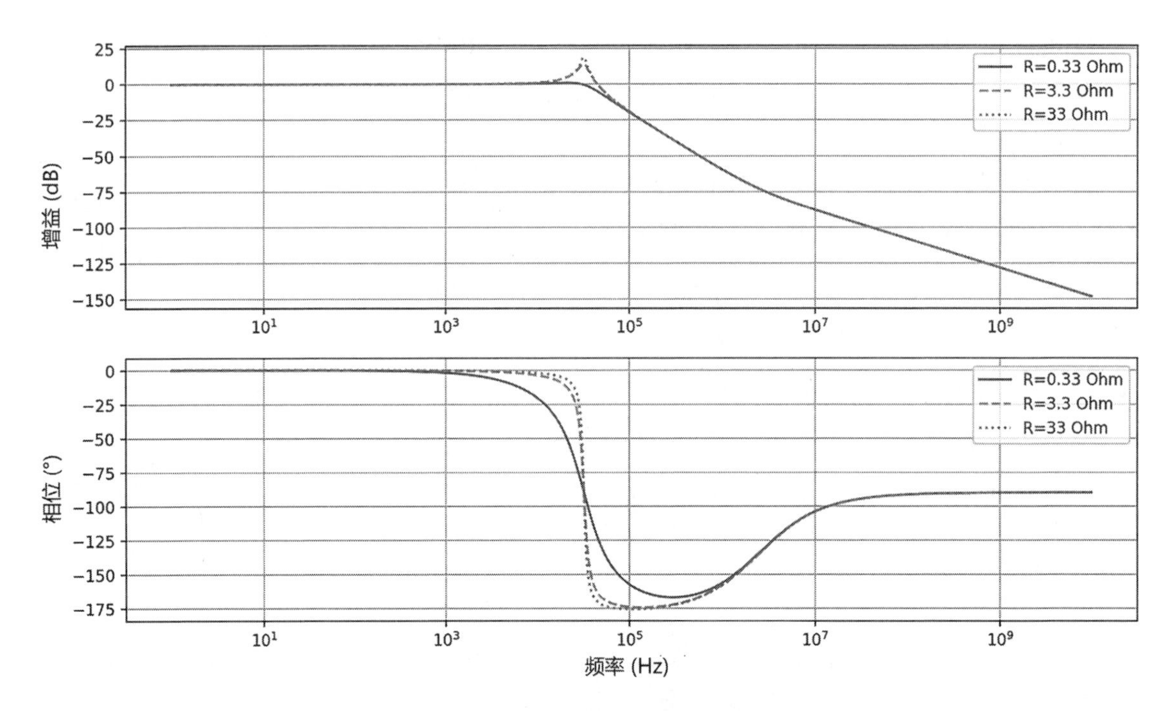

图 11.34　不同条件的LC滤波器波特图

11.4 单极点系统的频域分析

前面我们讨论了C电容特性、RC滤波器和LC滤波器这几个典型的电路单元，这里来讨论一下控制系统的基本单元——单极点系统。单极点系统可以帮助我们对电源控制系统进行解析。

在电子电路中，运放（运算放大器）是一种重要的电子器件，用于放大电压信号。虚断和虚短是与运放相关的两个重要概念，它们通常用于分析和设计电路。

虚断（虚拟断路）：类似地，在理想的运放模型中，假设运放的两个输入端之间存在一个虚拟断路，即它们之间的电流为零。这表示在理想情况下，运放的输入电流为零，因为没有电流流入运放的输入端。如图11.35所示，I_-和I_+两个电流的值为0，如同运放的+、-两个输入管脚与外部电路是断开的，所以叫虚断。

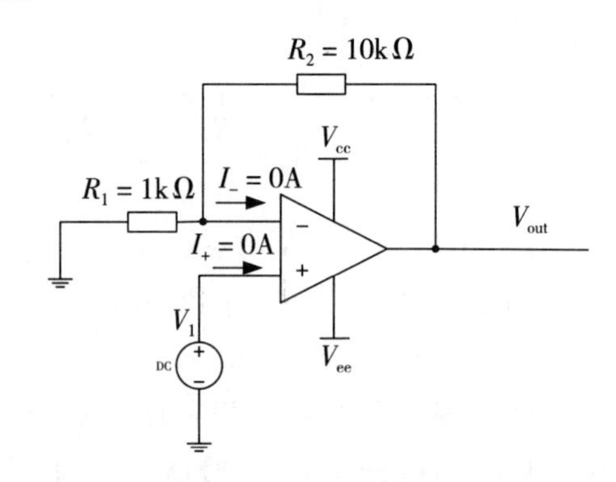

图 11.35　运放的虚断示意图

虚短（虚拟短路）：在理想的运放模型中，假设运放的两个输入端（正向输入和反向输入）之间存在一个虚拟短路，即它们的电势是相等的。如图11.36所示，U_-和U_+两个电压相等，如同这两个管脚是短路在一起的一样，所以叫虚短。此时我们要看两个输入管脚哪一个是被“控制住”的电压，另外一个管脚就会跟随那个被“控制住”的电压。如图11.36所示，U_+

是直接连接在一个直流源的正极，则它的电压就是被强制在1V的电压，此时U_-的电压就会跟随U_+的电压，也是1V。

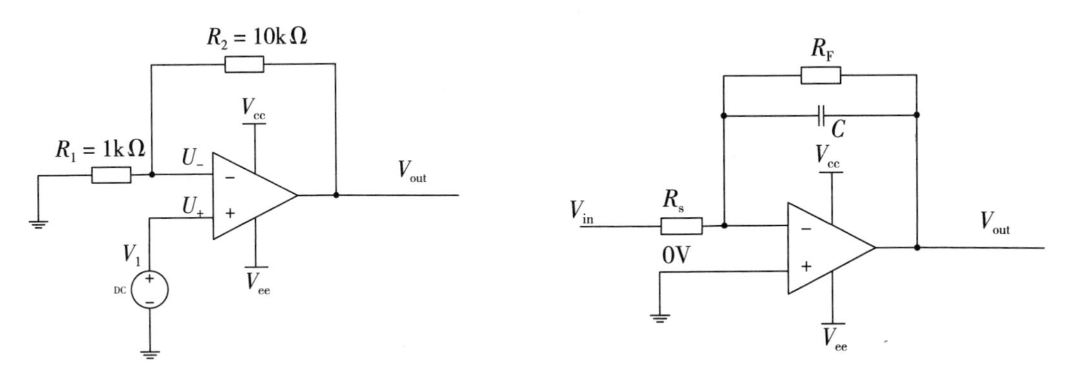

图11.36 运放的虚短示意图

图11.37 典型单极点系统电路

典型单极点系统的电路如图11.37所示。电压输入V_{in}通过电路R_s连接到运放的“-”输入端，运放的输出与“-”输入端通过一个电阻R_F和一个电容并联后连接在一起。

我们首先分析一下这个运放电路，根据虚短，运放的正负输入端的电压被固定在V_{REF}，考虑虚断，则流经R_s的电流与流经R_F和C并联的电流相同。

这里只考虑交流模型，我们设定$V_{REF}=0V$，可直接写出拉普拉斯变换的形式：

$$\frac{V_{in}}{R_s}=-\frac{V_{out}}{R_F//Z_C}$$

其中，//符号表示并联，我们把电容的阻抗Z_c代入公式，并且计算并联公式，可得到：

$$\frac{V_{in}}{R_s}=-\frac{V_{out}}{\dfrac{R_F\dfrac{1}{sC}}{R_F+\dfrac{1}{sC}}}$$

$$H_p(s)=\frac{V_{out}}{V_{in}}=-\frac{1}{R_s}\frac{R_F\dfrac{1}{sC}}{R_F+\dfrac{1}{sC}}=-\frac{R_F}{R_s}\frac{1}{1+sR_FC}$$

其频域传递函数

$$H_p(s)=-\frac{R_F}{R_s}\frac{1}{1+sR_FC}$$

我们设定$R_F=10k\Omega$，$R_s=1k\Omega$，$C=1nF$，仿真出传递函数对应的波特图，如图11.38所示。

通过增益曲线，我们可以看出来，低频段的直流增益为20dB，在转折频率后逐步以20dB/10dec下降，并且在158.4kHz穿越0dB线。

单极点系统的相位曲线如图11.39所示。

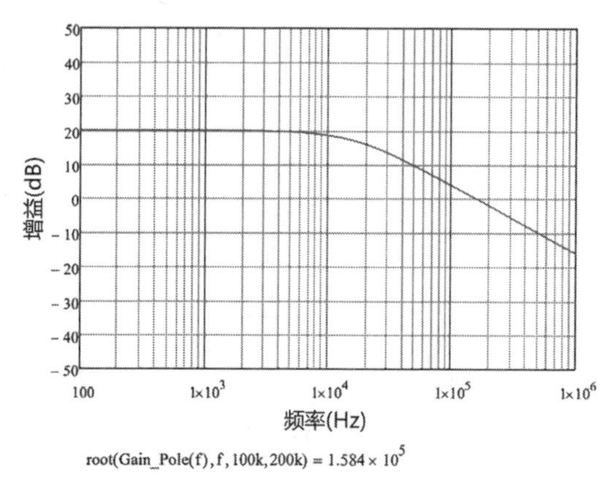

图 11.38　单极点系统的波特图之增益曲线

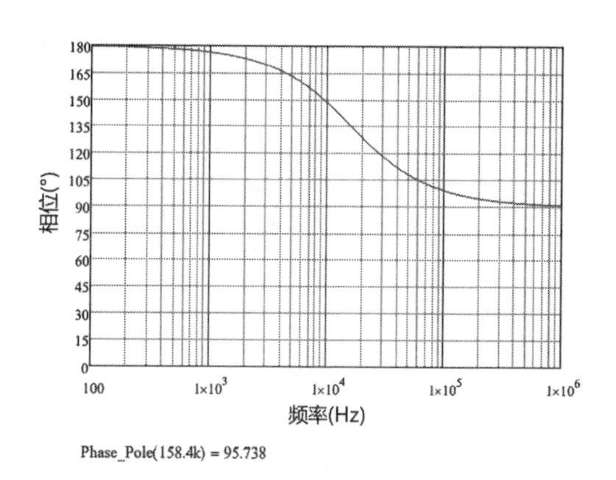

图 11.39　单极点系统的相位曲线

11.5 积分器的频域分析

积分电路作为开关电源环路补偿，可以产生一个极点，这个极点往往是环路调试的起点。我们通过本文来分析一下这个基本的环节的频域性能。

如图 11.40 所示，我们给出了通过运放搭建的积分电路，它的负反馈回路只有一个电容。在直流稳态下时，因为电容是开路的，所以直流增益很大，不过在实际的运放中直流增益会受到限制。

通过分析这个网络的频域传递函数：

$$H(s)=\frac{V_{\text{out}}(s)}{V_{\text{in}}(s)}=-\frac{\frac{1}{sC}}{R}=-\frac{1}{sRC}$$

我们设定电路中 $R_S = 10\text{k}\Omega$，$C_F = 1\text{nF}$。这里我们求得对应实际电阻电容的穿越频率为 15.92kHz，通过积分环节对应的传递函数获得波特图，如图 11.41 所示。

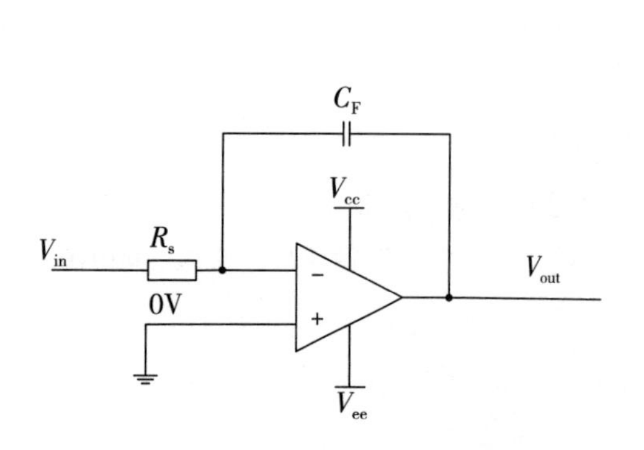

图 11.40　积分环节基本电路

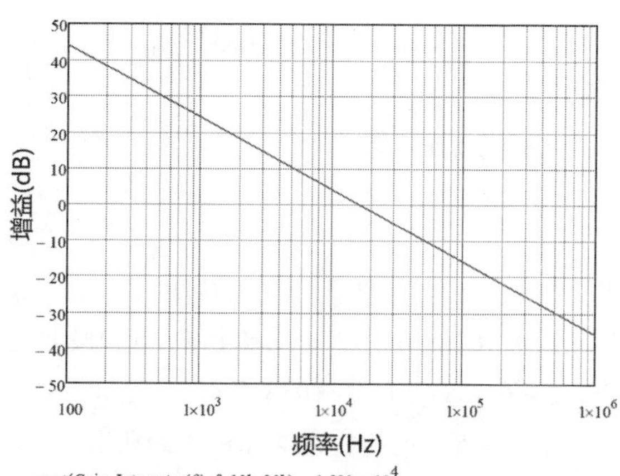

图 11.41　积分环节的增益曲线

从波特图的增益曲线可以看出，其增益曲线非常简单，整个频段都以负斜率向下，且穿越频率为15.92kHz，就是刚刚我们计算的特征频率。

积分环节的相位曲线也非常简单，如图11.42所示。

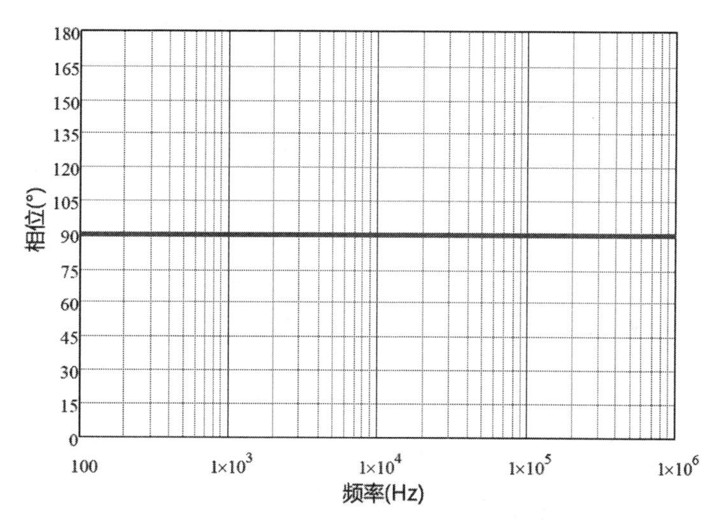

图11.42　积分环节的相位曲线

11.6 闭环稳定性的评判标准

所有电源环路的分析最终是为了能够很好地去对电源进行合理的控制来达到稳定，那么如何去判断电源的环路稳定性呢？下面系统讲述一下如何判断电源系统的环路稳定性及相关的一些背景知识。

1. 环路控制的必要性

这里还是以Buck电路为例进行讨论，当一个Buck电路未进行环路控制的时候，如图11.43所示。

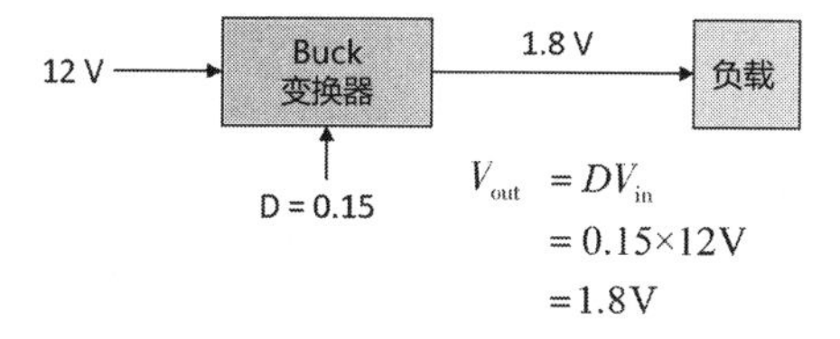

图11.43　未进行环路控制的Buck电路

图11.44中左边框内仅仅是一个Buck电路的功率级，我们通过一个固定的占空比0.15去驱动Buck电路的上管，根据其基本工作原理，输出电压为0.15×12V = 1.8V。在实际的电路中，我们把“反馈网络”和“PWM调制器”部分去掉，让开关处于一个恒定的占空比D，如图11.44所示。

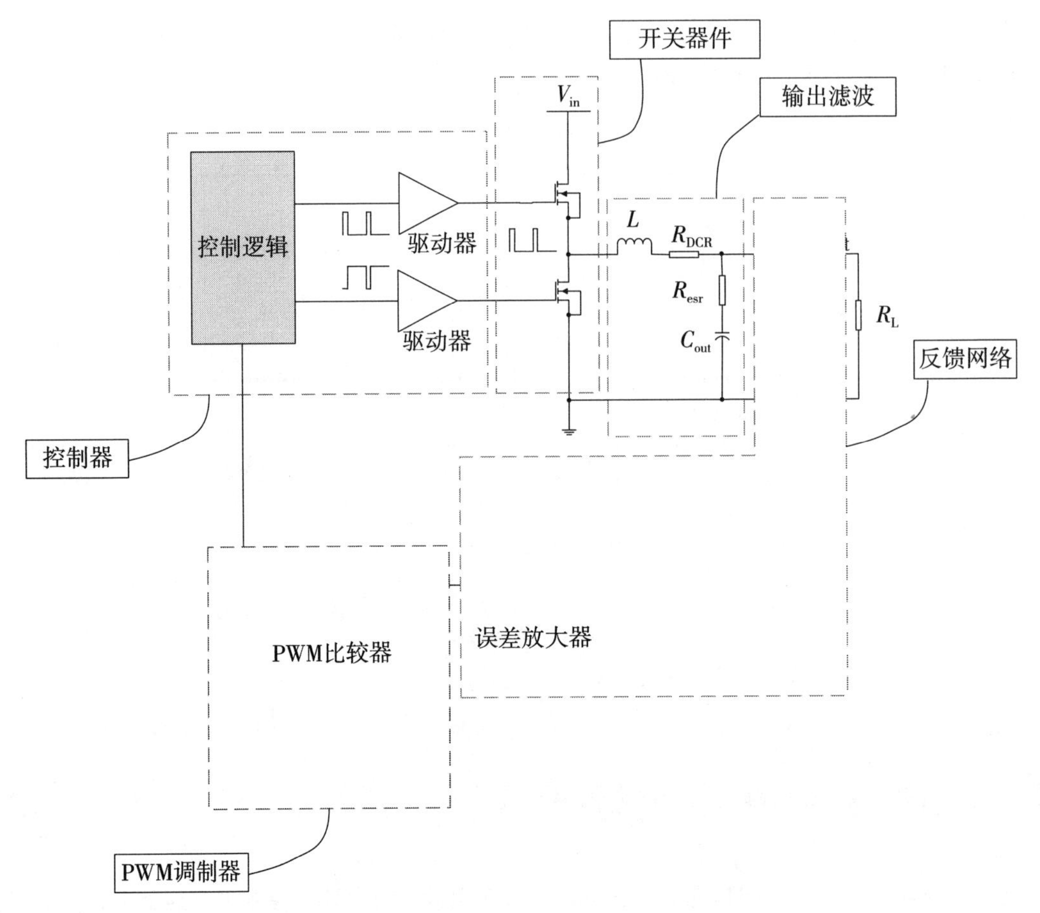

图 11.44　未进行环路控制的 Buck 实际电路

如果恒定设置占空比，在输入电压或输出电流改变时，那么由于未对输出进行控制，所以输出电压一定会变化，如输入电压变为9V时，则输出电压变为1.35V，这明显是不满足应用需求的。所以，一定需要一个闭环控制回路来保持输出电压不随着输入电压或负载电流变化而变化，即保持恒定。

我们把“反馈网络”加回来，即我们对输出电压进行分压并监测。电路通过对输出电压进行采样监控，采样结果和参考电压 V_{ref} 相比较，通过一个误差放大器获得 V_{sense} 和 V_{ref} 的差值，我们把这个差值进行放大得到误差放大器的输出，通过差值放大后的比较值去对PWM占空比控制，从而保持输出电压的恒定，它就具有了一般的闭环控制功能，如图11.45所示。

我们增加的反馈网络主要由误差放大器（同时又是补偿器）送到控制开关占空比的控制器中，来根据输出电压调整占空比。当输出电压由于某种原因增加时，则通过误差放大器和参考电压 V_{ref} 相减，误差会减小，所以输入给PWM调制器后，输出占空比会减小，从而让输出电压减小。值得注意的是，从输出电压变大到占空比得到调整，以及最终输出电容和电感上的能量重新调整从而保持输出电压回到原来的设定值需要一定的时间。输出电压减小时的情况和上述输出电压增加时类似。

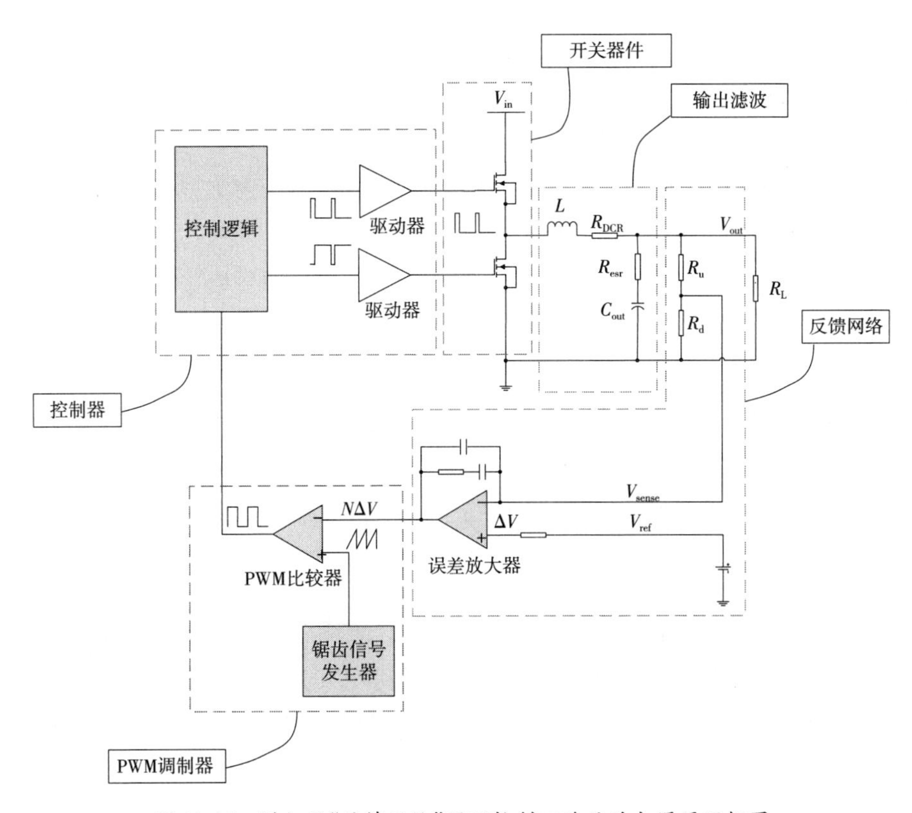

图 11.45　增加了“反馈网络”闭环控制回路后的电源原理框图

2. 通过开环传递函数评估闭环性能

回到复平面上后，我们将组成闭环系统的每一个环节都变换为s域的传递函数，那么整个系统的传递函数就是各个环节的乘积，如图11.46中所示的$T(s)$，包含反馈补偿器部分$H_{EA}(s)$、PWM调制器环节$G_{PWM}(s)$、功率级环节$G_{VD}(s)$等，这个$T(s)$包含了信号在整个环节运行一圈而产生响应的幅值和相位变化信息。

我们可以根据上述反馈系统的结构求得闭环传递函数，也就是V_{ref}到V_{out}的传递函数，如图11.47所示的表达式。

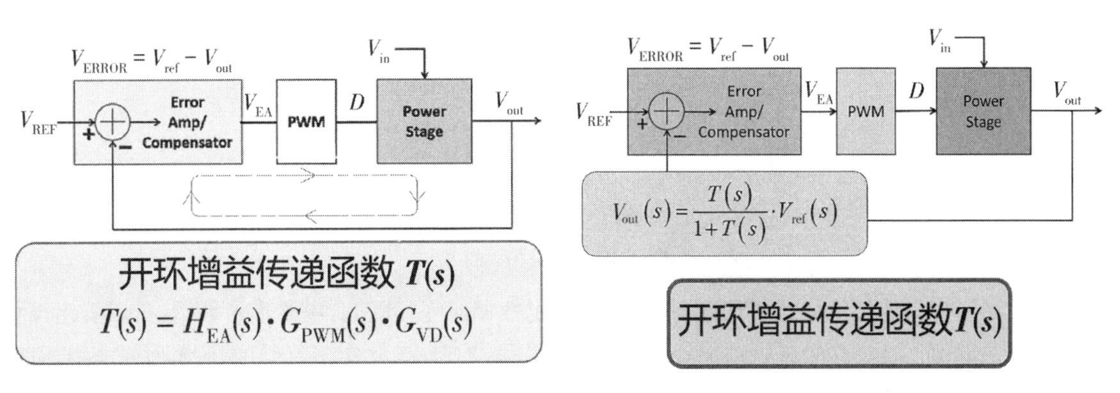

图 11.46　电源系统开环增益传递函数

图 11.47　开环增益传递函数$T(s)$和闭环传递函数的关系

我们来分析一下这个表达式，有以下两个关键信息。

其一，当$T(s)$为无穷大的值时，输出的响应$V_{out}(s)$必然等于输入信号$V_{ref}(s)$，所以提高开环传递函数的增益，对输出闭环调整性能的精确性非常有帮助。

其二，当分母为0时，也就是$T(s)+1=0$时，输出响应$V_{out}(s)$为无穷大，从输入给定一个输入信号后，输出变为一个不可控的值，这显然是不稳定的反馈系统。

根据以上分析，为了不让系统进入不稳定点，则需要让$T(s)$满足：增益为1时（对数纵坐标中是0dB），相位变化不能达到−180°或180°（一般为滞后相位−180°），而当相位达到−180°时，增益不是0dB，而是有一个衰减。

如果环路中存在一个扰动量，经过整个反馈环路的传递函数一周后回到注入点，发现相位不变，幅值也不变，就会跟原来的信号进行叠加，让这个扰动进一步放大，则说明这个系统不稳定。因为除考虑负反馈已有的180°相移外，系统又带来了180°的相移才保持相位不变，因此此时其没有相位裕量。

3. 相位裕量和穿越频率的变化分析

衡量开关电源稳定性的指标是相位裕量和增益裕量。同时，穿越频率也应作为一个参考指标。

（1）相位裕量，又叫相位容限、相位裕度，是指增益降到0dB时所对应的相位。

（2）增益裕量是指当系统的相位达到−180°时，此时的增益与0dB（幅值为1）之间的差值，以分贝（dB）表示。比如，当相位为−180°时，若增益为−10dB，那么增益裕量就是 0dB − (−10dB) = 10dB 。

（3）穿越频率是指增益为0dB时所对应的频率值。

上述我们通过开环增益传递函数性能分析了闭环不稳定条件，需要保持一个足够的相位裕量，图11.48给出了一个典型的相位裕量，即45°，其概念就是当增益为0dB时，也就是$T(s)$的模为1时，其相位变化与−180°的差值还有45°，所以认为它是相对稳定的，这样就能确保在电路参数一定的精度容差下，或者在温度变化导致器件参数变化的情况下，或者在随着时间推移而出现器件老化的情况下，系统都能离不稳定点有一定距离，我们称作系统具有45°相位裕量。

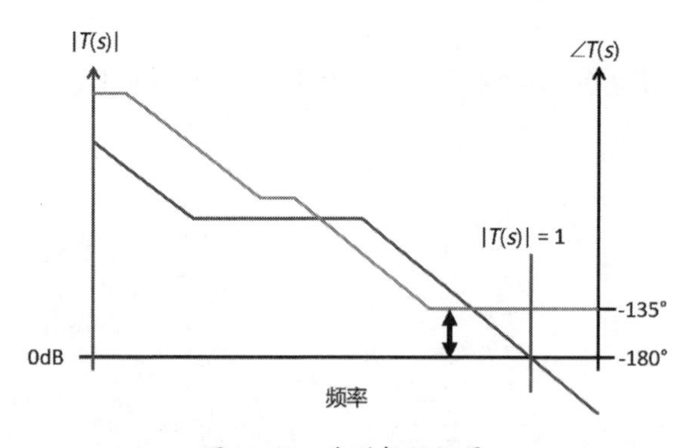

图11.48 典型相位裕量

除了45°，在其他相位裕量的情况下，系统的稳定性如何呢？图11.49给出了展示，可以看出当相位裕度小于45°时，系统在阶跃响应时会发生比较多的振荡，而在45°以上时系统是相当稳定的，可以看出在阶跃响应下系统的输出过冲非常小。

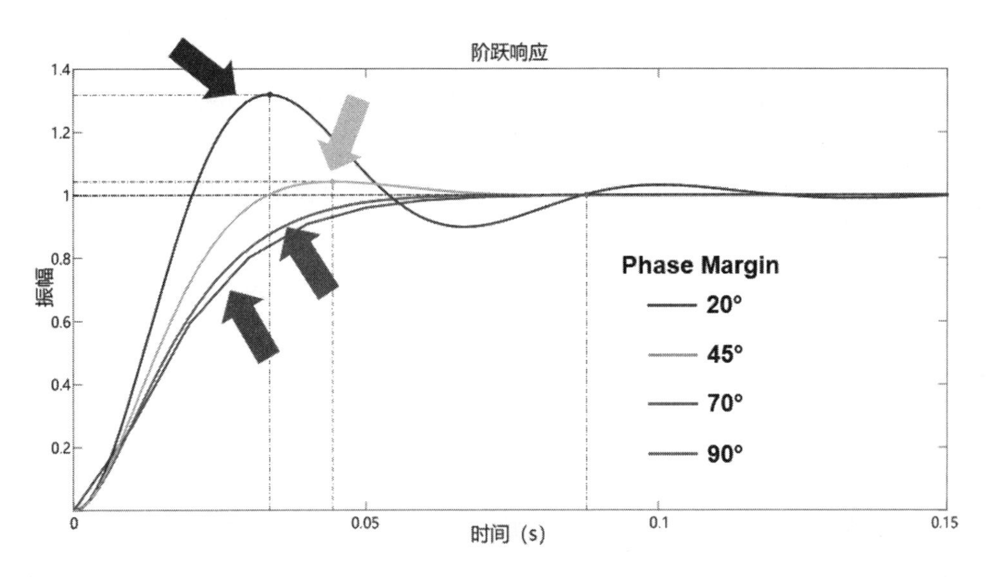

图 11.49 不同相位裕量和阶跃响应的关系

除了相位裕量这个指标，还有一个参数对于系统响应非常重要，就是$T(s)$达到0dB时的频率。当这个频率越大时，系统响应速度越快，因为在增益曲线上更高的频率的误差信号将得到放大，进而控制闭环响应。

如图11.50给出了不同穿越频率下的阶跃响应。当穿越频率高时，如为1kHz，系统输出很快就得到了调整，而穿越频率低时，如100Hz，需要等待较长时间才慢慢调整好。所以一般设计会保持较大的穿越频率，以便让系统得到快速响应，但是也要注意，穿越频率应该小于任何不稳定频率，如右半平面零点（Boost类的拓扑）或者峰值电流模式控制的次谐波振荡频率点（一半开关频率）等，以及在数字控制中需要小于奈奎斯特频率（开关频率的一半，如每周期采样的话）等。

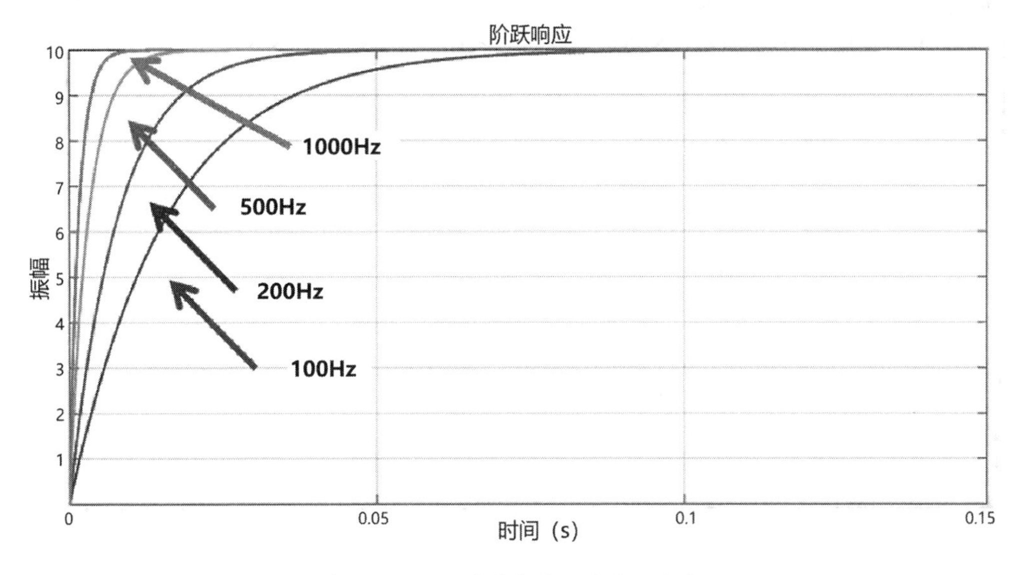

图 11.50 不同穿越频率下的阶跃响应

工程中一般认为，在室温和标准输入、正常负载条件下，环路的相位裕量要求大于45°，以确保系统在各种误差和参数变化情况下的稳定性。当负载特性、输入电压变化较大时，需考虑在所有负载状况下及输入电压范围内的环路相位裕量应大于45°。

穿越频率，又称为频带宽度，频带宽度的大小可以反映控制环路响应的快慢。一般认为带宽越大，其对负载动态响应的抑制能力就越好，过冲、欠冲越小，恢复时间也就越快，系统从而可以更稳定。但是由于受到右半平面零点的影响，以及原材料、运放的带宽不可能无穷大等综合因素的限制，电源的带宽也不能无限制提高。

综合以上，一般可从以下三个原则判定电源环路稳定性。

(1)在室温和标准输入、正常负载条件下，以及闭环回路增益为0dB(无增益)的情况下，相位裕度是应大于45°。

(2)同步检查在相位接近于0°时，闭环回路增益裕度应大于7dB，为了不接近不稳定点，一般认为增益裕度在12dB以上是必要的。

(3)同时依据测试的波特图对电源特性进行分析，穿越频率按20dB/dec闭合，频带宽度一般为开关频率的1/20～1/6。

4. 一些特殊的情况分析

在典型的二阶系统功率级电路中，由于电感和电容元件参数或负载数值的影响，很可能在转折频率处直接产生180°的相位快速跌落，而不是在转折频率处先产生90°相位突变，然后再逐步下降到-180°，这时候很可能产生这些频率附近的不稳定现象，如图11.51所示。

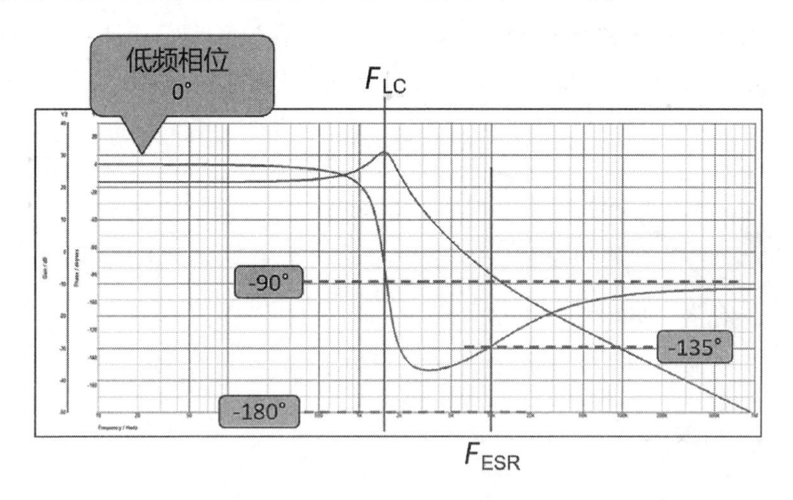

图11.51　二阶系统的双极点影响

一个典型的性能良好的反馈系统，除了要具有小信号稳定性，对于一些大范围的阶跃响应，或者在极限输入、极限输出条件下，也要保持大信号稳定性。例如，在大负载阶跃激励时，输出的响应过冲电压取决于输出电容的供电能力，此时输出电容需要确保将输出电压稳定在一定范围内，之后控制环路起作用，将输出调回到原始设定状态。

11.7 环路补偿电路

在整个电源环路中，可以发现当电源环路不能满足我们需求的时候，我们需要通过改变一些零点和极点去改变电源环路的特性，达到环路闭环稳定性的要求。在反馈网络中，有一个运放，我们可以利用这个运放改变电路来增加传递函数的零极点，以达到我们期望的波特图。如图11.52所示，虚线圈出部分就是环路补偿电路。

环路补偿电路也称作补偿器，一般有三种：单极点补偿、双极点单零点补偿和三极点双零点补偿。极点数总是多于零点数，这样可提高系统的阶数，保持稳定。

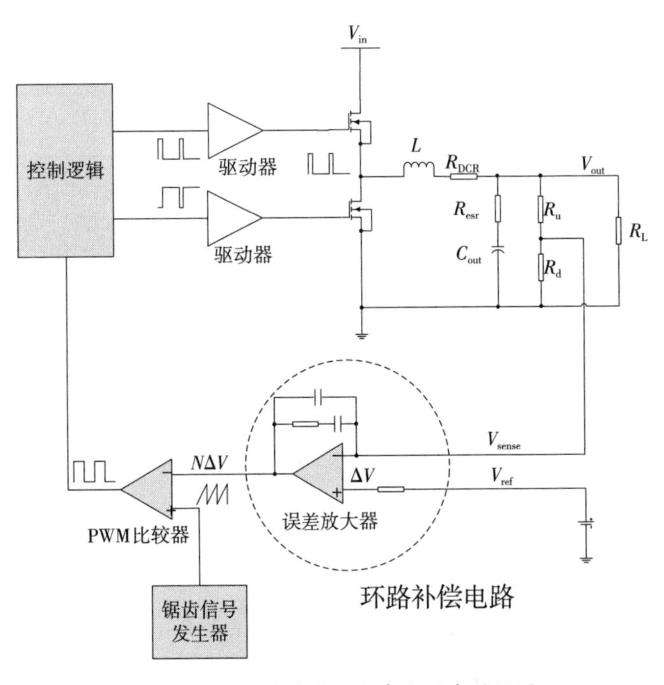

图11.52 环路补偿电路在电源中的位置

1. 单极点补偿(Type I)

单极点补偿器就是一个积分器，我们在前面章节已经做过分析，如图11.53所示。

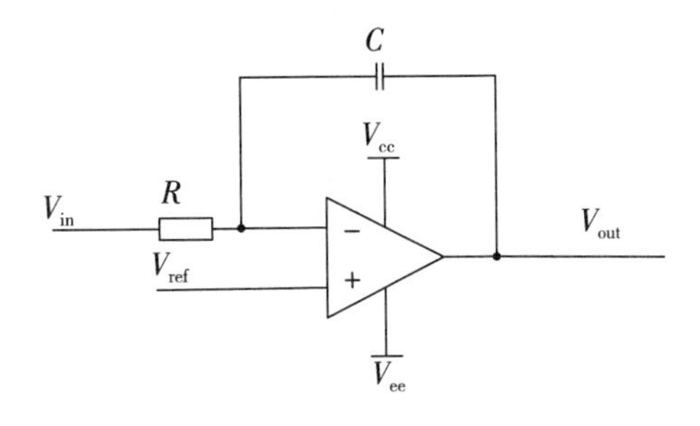

图11.53 单极点补偿器

通过分析这个电路，可得到其频域传递函数：

$$H(s)=\frac{V_{out}(s)}{V_{in}(s)}=-\frac{\frac{1}{sC}}{R}=-\frac{1}{sRC}$$

图11.54所示为单极点补偿器的波特图。

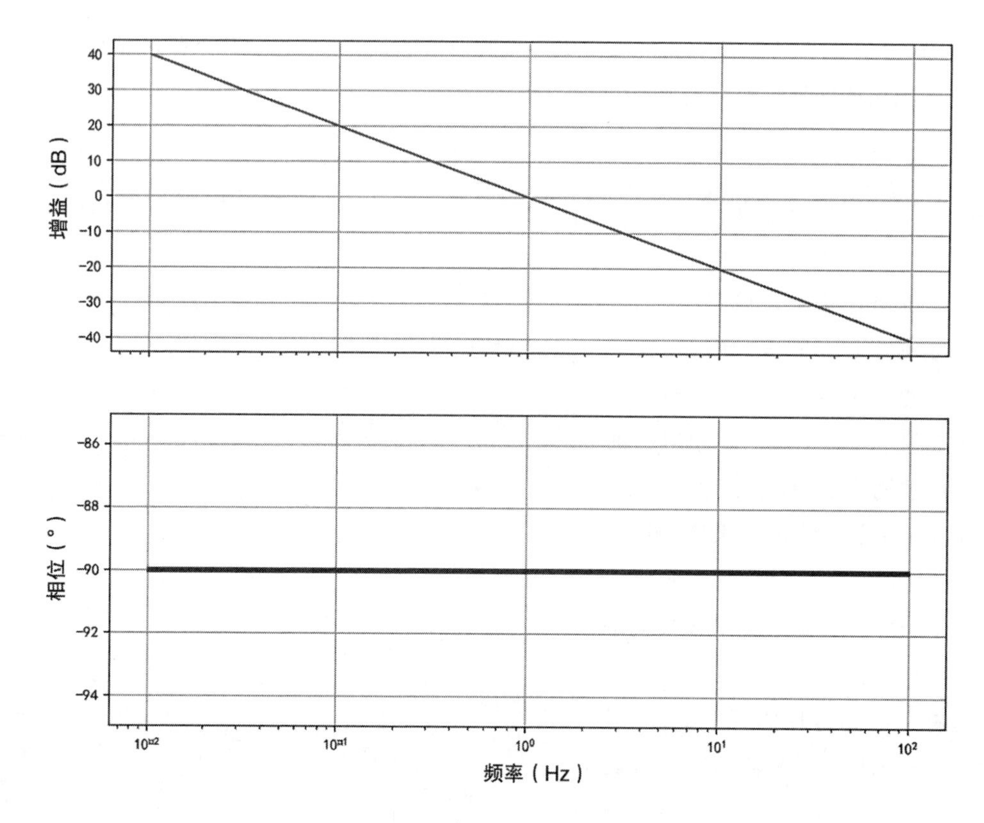

图 11.54　单极点补偿器波特图

2. 双极点单零点补偿(Type II)

双极点单零点补偿器适用于功率部分只有一个极点的补偿，如所有电流型控制和非连续方式电压型控制。双极点单零点的补偿电路如图 11.55 所示。

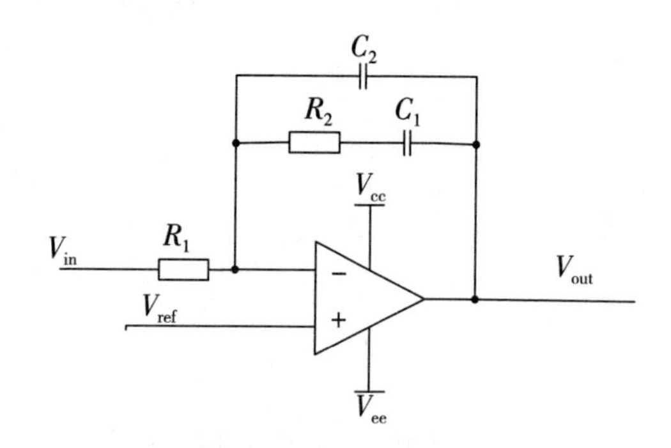

图 11.55　双极点单零点补偿器

通过分析这个电路，可得到其频域传递函数：

$$G(s) = \frac{1 + sR_2C_1}{sR_1C_1(1 + sR_2C_2)}$$

该双极点单零点补偿电路的波特图如图 11.56 所示。

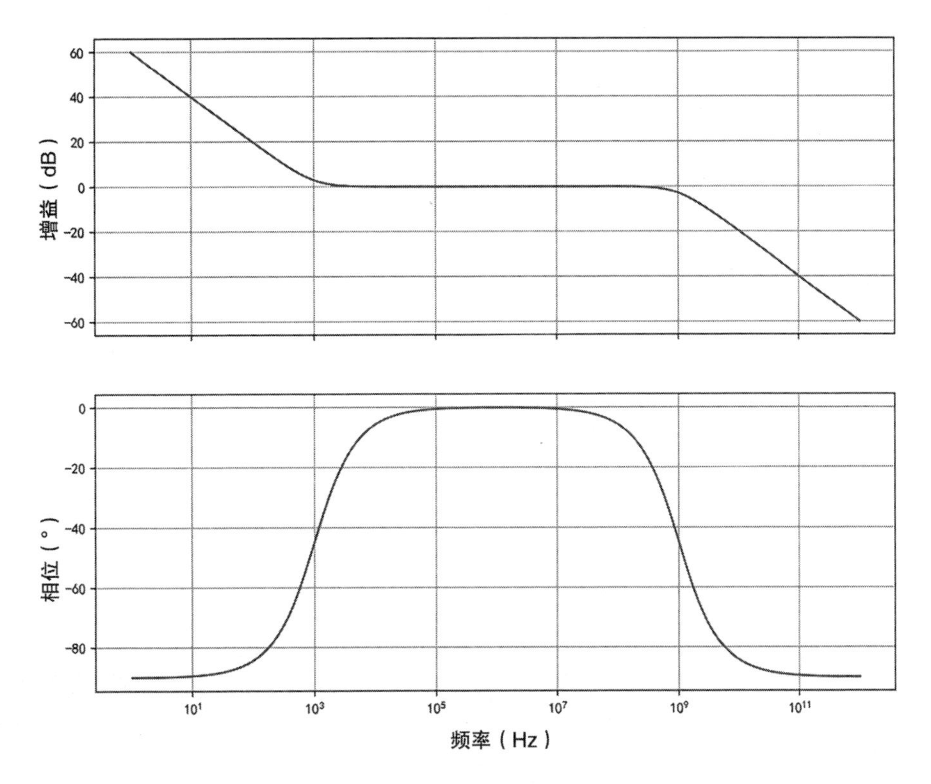

图 11.56 双极点单零点补偿器波特图

3. 三极点双零点补偿(Type III)

三极点双零点补偿器适用于输出带LC谐振的拓扑，如所有没有用电流型控制的电感电流连续方式拓扑。其电路图如图11.57所示。

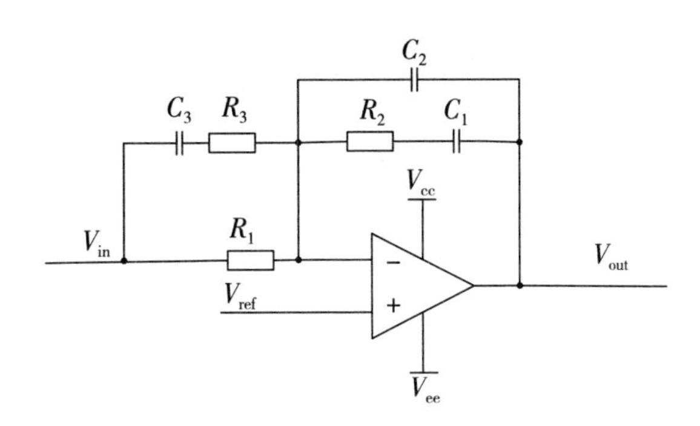

图 11.57 三极点双零点补偿器电路

通过分析这个电路，得到其频域传递函数：

$$G(s)=\frac{(1+sR_2C_1)(1+s(R_1+R_3)C_3)}{sR_1(C_1+C_2)\left(1+sR_2\dfrac{C_1C_2}{C_1+C_2}\right)(1+sR_3C_3)}$$

这个传递函数对应的波特图如图11.58所示。

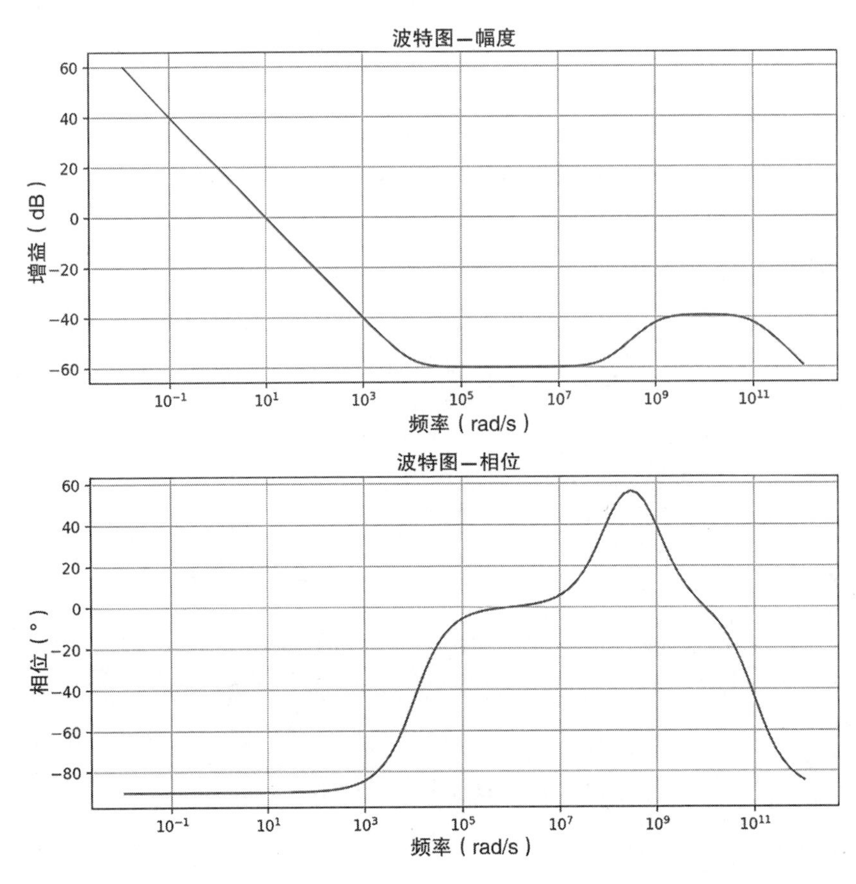

图 11.58 三极点双零点补偿器波特图

11.8 线性电源的环路分析

线性电源也有环路稳定性的问题，但是我们在实际开发过程中，容易忽视线性电源的环路问题。我们仍然需要重点分析LDO的环路稳定性的问题。我们先来看看几种线性电源的类型，了解其稳定性的差异。

1. 线性电源的主要类型和稳定性的特点

在分析LDO的环路稳定性之前，我们先了解一下线性电源的主要类型，图11.59是其中一个典型的类型，即NPN达林顿导通晶体管线性电源。

这种结构采用一个PNP晶体管去驱动一个NPN导通晶体管，由于其结构限制，这种线性电源输入端和输出端需要至少保持一个1.5～2.5V的电压才能维持输出调整，因此这种线性电源限制了电池供电应用中电池的使用寿命。

有一类特殊的线性电源，也叫作LDO，如图11.60所示，其导通晶体管为PNP晶体管，驱动比较容易。因此，这种LDO输入端和输出端可以保持比较小的压降，即V_{sat}就可以维持输出电压调整，并且这个压降和负载电流成正比，轻载时此电压可以达到10～20mV，所以这种线性电源称为低压差线性调整器，非常有利于提高电池的使用寿命。

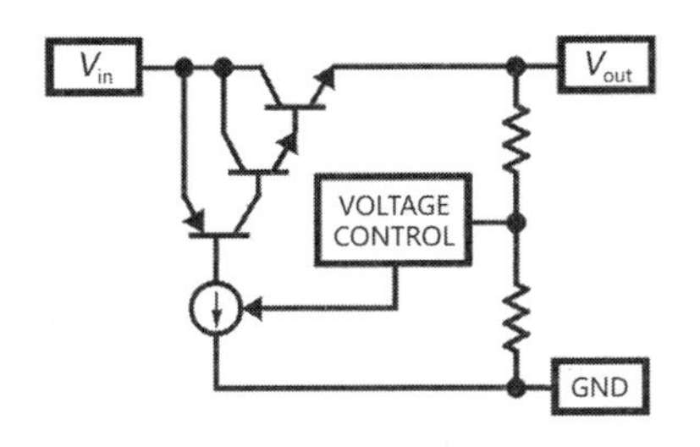

图11.59　NPN达林顿导通晶体管线性电源简易框图

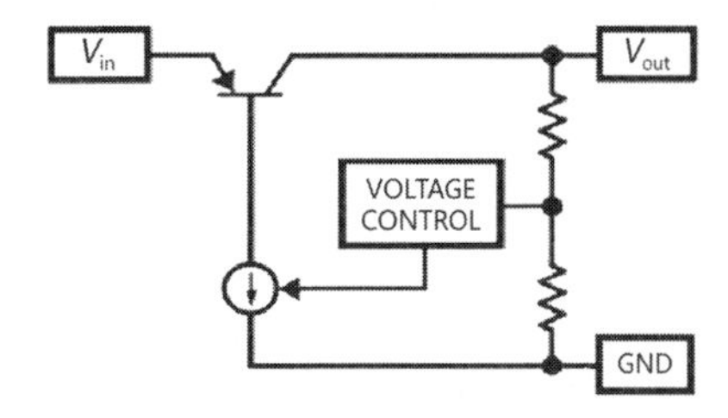

图11.60　LDO内部的简易原理框图

如图11.61所示，它由一个NPN导通晶体管和一个PNP驱动晶体管组成，这种结构的输入端和输出端的最小压降介于前面两种结构之间，所以称它为Quasi-LDO。

当内部导通器件为P沟道MOSFET时，如图11.62所示，由于驱动P沟道MOSFET的驱动电流很小，而驱动PNP晶体管的基极电流会比较大，因此P-MOSFET型的LDO的驱动损耗很小。另外，P-MOSFET的内部导通压降非常小，这可以让它的封装做得很小，同时可以支持大电流应用。

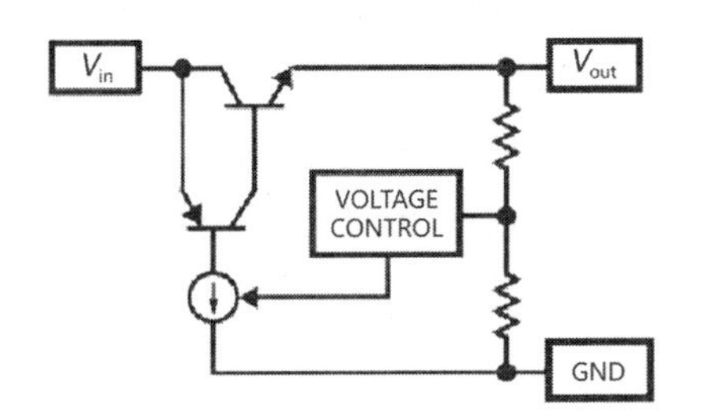

图11.61　Quasi-LDO的简易内部原理框图

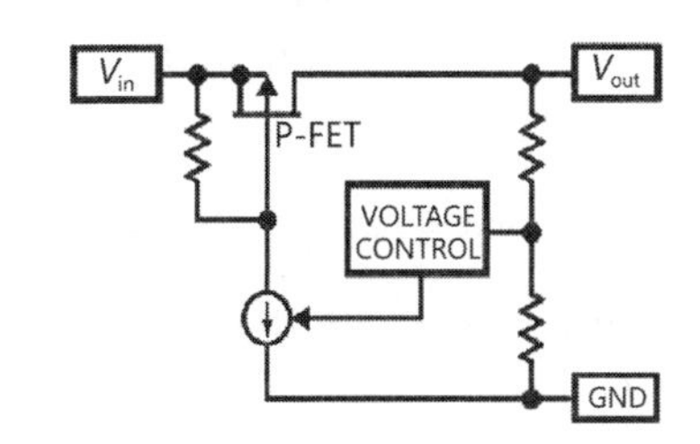

图11.62　导通器件为P-MOSFET的内部简易框图

以上几种线性电源的基本运行原理是类似的，都是通过内部运放调整导通晶体管或MOSFET的驱动电流，以此满足负载电流变化时保持输出电压恒定，如图11.63所示，内部运放正端接内部参考电压V_{REF}，运放负端接反馈电压。

以上几种线性电源，非常重要的区别是输出稳定性。NPN导通晶体管线性电源基本上不需要外部电容就可以保持无条件稳定运行，而LDO一般是必须有外部电容去降低其带宽，并产生相位提升的。Quasi-LDO需要一定电容就可以轻松地达到稳定。

我们接下来就重点分析一下应用最广泛的LDO的稳定性问题。

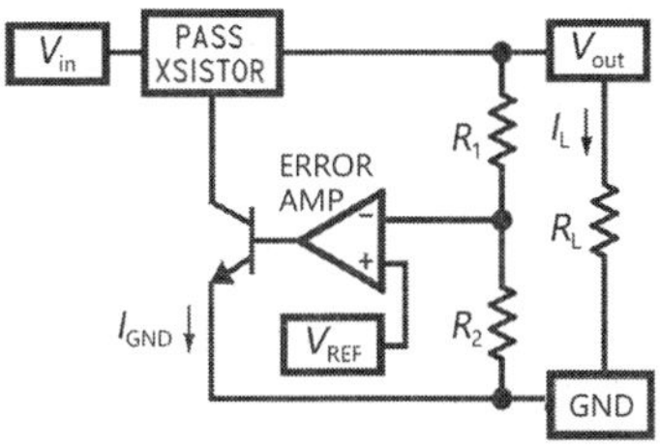

图11.63　线性电源的基本运行原理

2. LDO的环路稳定性分析

根据LDO的基本结构，知其是一个负反馈，所以其稳定性判断的标准和DC/DC电源类似，都需要整个环路的相位偏移在0dB穿越时小于180°，也就是说，其整个环路相位需要离-180°有一定裕量(假设初始相位为0)。

由于LDO的内部PNP晶体管接为共发射极，所以其输出阻抗非常高，那么就不得不考虑负载和输出电容形成的低频极点的影响。

典型LDO的内部原理框图如图11.64所示。接下来我们来分析一下LDO结构的零极点分布，此处我们假定输出电容的ESR为0。

对于一个未经外部补偿的LDO，其波特图如图11.65所示，并假设其DC增益为80dB。

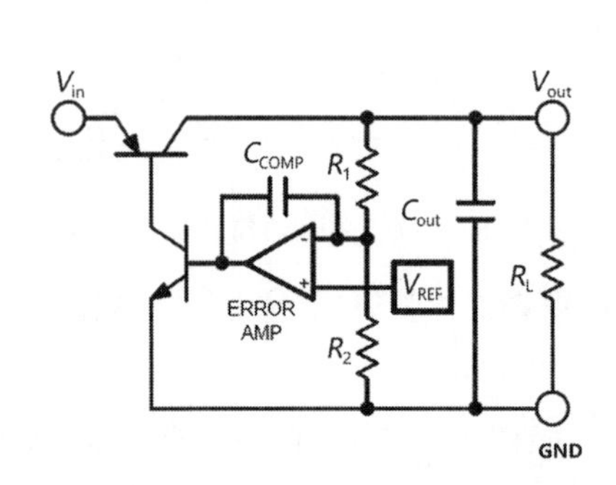

图11.64　典型LDO的内部含积分器的原理框图

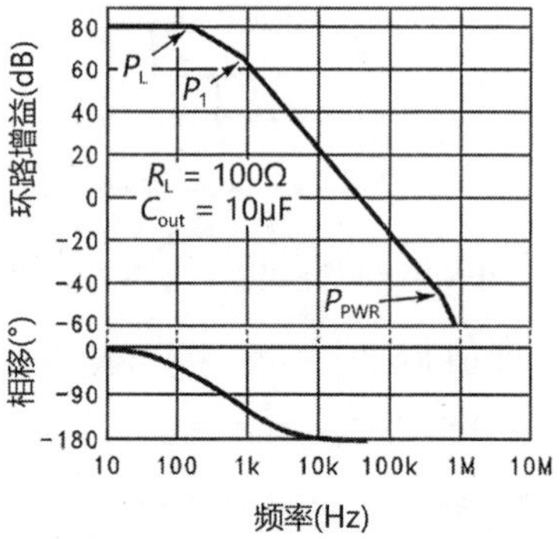

图11.65　未经外部补偿的LDO的波特图

LDO的基本条件定义如下：负载满载为50mA，输出为5V，在满载条件下，我们设定R_L=100Ω，C_{out}=10μF，负载和输出电容会形成第一个极点P_L，转折频率为159Hz。

另外，内部有一个积分补偿器P_1，极点频率在1kHz左右，LDO的功率级由于输出阻抗比较高，所以会形成一个相对高频的极点，大约在500kHz，称之为P_{PWR}。从上述波特图上看，由于两个低频极点使得在穿越频率处（大约40kHz附近）让相移达到了180°，所以，它是一个不稳定的LDO环路，需要一定的环路补偿来达到稳定。

3. LDO的环路补偿

大多数LDO都需要加输出电容，所以输出电容的ESR是一个天然可以用于补偿环路的器件，输出电容和其ESR会形成一个零点，如图11.66所示。

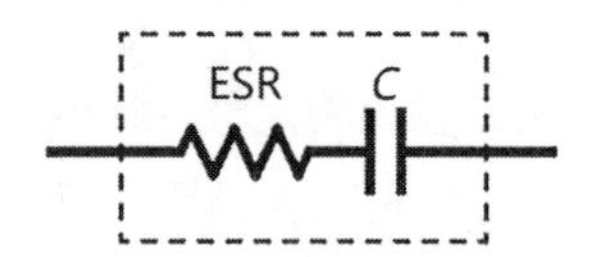

图11.66　输出电容电路模型

输出电容ESR的零点频率公式如下：

$$f_{zero} = 1/(2\pi C_{out}\mathrm{ESR})$$

增加补偿后的LDO的环路波特图如图11.67所示，可以看出，合适的ESR零点的增加使得带宽及相位进一步增加，图中显示带宽从40kHz增加到100kHz，对相位的衰减影响不大，所以在100kHz的穿越频率时相位裕量大致为70°。从以上示例可以看出，合适的ESR零点频率可以很好地补偿LDO的环路。

虽然ESR可以很好地补偿LDO环路，但是需要合适的零点频率来补偿，因此要注意ESR是否合适，规格书一般会给出ESR的选择范围(或给出推荐的ESR范围)，图11.68是一个示例，后面我们会通过仿真来验证ESR对环路稳定性的影响。

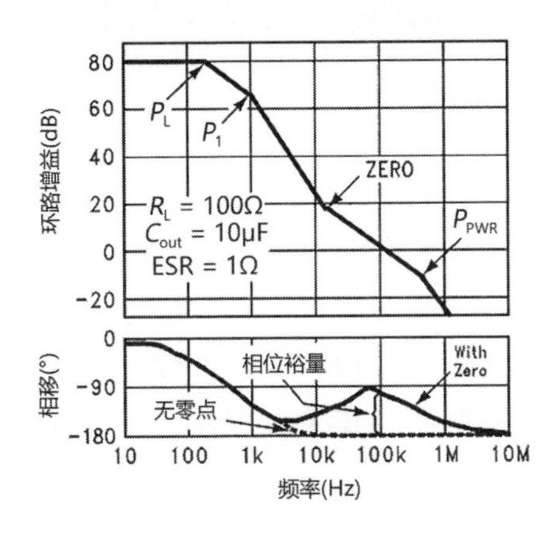

图11.67 增加ESR补偿后的波特图

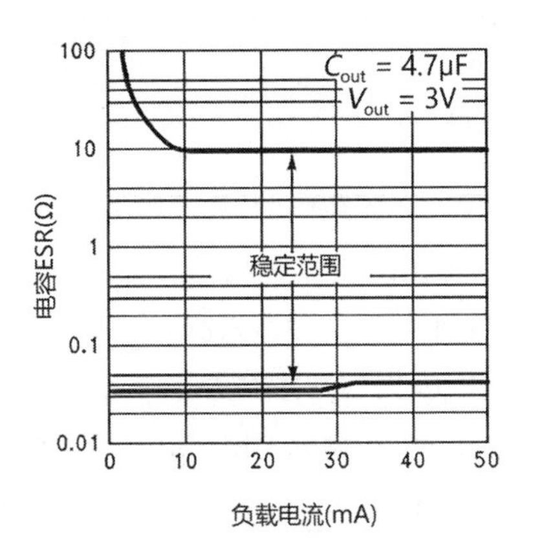

图11.68 典型LDO允许的输出电容ESR范围

一般来说，当使用较大的ESR之后，转折频率会降低，提前将相位及带宽提高，带宽超过功率级极点后，可能导致相位被衰减而振荡，这一点需要注意。从图11.69来看，用超过10Ω的ESR补偿，导致带宽升到1MHz以上，功率级极点的作用让相位有了接近80°的衰减，所以只剩下10多度的相位裕量，这会产生环路振荡。

如果通过一个很小的ESR(如50mΩ)去补偿，那么ESR零点频率会变得很高，可能会高于带宽频率40kHz，那么这时候ESR零点提升相位的效果就很小了，如图11.70所示。

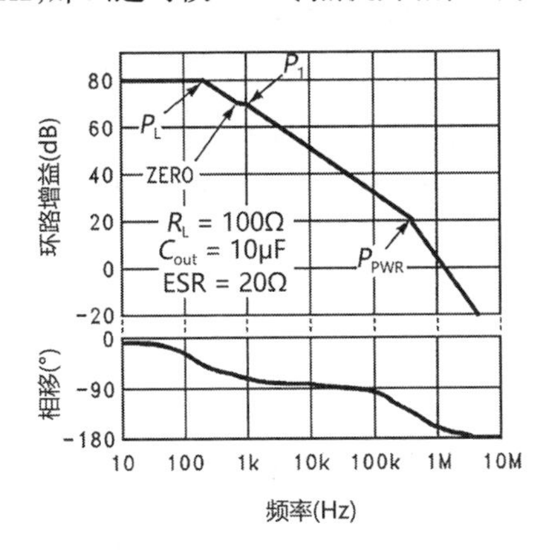

图11.69 ESR偏大导致的相位裕量不足

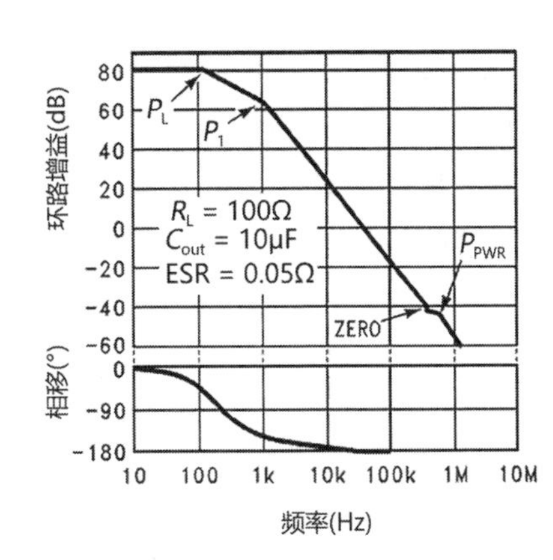

图11.70 较小ESR导致零点对于环路补偿无效

在图11.70中，ESR零点的频率大于100kHz，远高于带宽40kHz，所以零点提升相位的效果对于穿越频率处的相位提升没什么作用，环路依然是不稳定的。因为低频的两个极点导致相位偏移180°，相位裕量接近为0，所以建议在选择电容的ESR时，一定要让零点频率在带宽之前，以及增益穿越0dB之前提高相位。

第12章

电源控制器

在现代电源系统中，开关电源作为一种高效而灵活的电源转换解决方案，被广泛应用于各种电子设备和系统中。然而，要确保开关电源能够稳定、高效地工作，关键在于设计和实现一个有效的控制系统。本章将深入探讨开关电源控制系统的重要性及相关技术。我们将逐步剖析为何需要控制系统、为何开关电源控制比预期更为复杂、如何理解功率级，以及误差放大器对系统响应速度的潜在影响。此外，我们将研究定频控制和变频控制两种常见的控制策略，以及它们在不同应用场景中的优劣势。

12.1 开关电源为什么需要控制系统

使输出电压稳定地输出是大多数开关电源的必要功能。大多数开关电源为恒压输出，对于恒定负载系统，如LED驱动，输出恒压和恒流是类似的。

根据电感伏秒平衡原则（伏秒原则），处于稳定状态的电感，开关导通时（电流上升段）的伏秒数须与开关关断时（电流下降段）的伏秒数在数值上相等，但两者符号相反。输入电压不变，即便不使用任何闭环控制方法，开关电源依然能够稳定输出电压。但是此时开关电源系统的稳压性能是很差的，这是由于以下几个方面。

第一，在负载突变时，系统的输出电压一般会跳变，这是由功率级（Power Stage，即开关电源的功率部分，一些英文文献中也会称之为Plant）的零极点导致的。

第二，在负载增加时，输出电压会降低，这是由线路、电感、电容和开关器件的损耗导致的。

第三，对于异步整流的系统，在进入DCM时输出电压会被充高，这是由被动开关器件的非线性特性导致的。

对于上述问题，对电源的电压进行采样，反馈给控制器控制输出。控制器的反馈控制，是指让输出电压与参考电压作差或比较，不断调整功率管开关的时机来稳定输出电压，是最通用、最精确的方法。

12.2 开关电源控制为什么比想象中复杂

当初学者学习开关电源时，会发现设计出稳定且可以带负载的开关电源系统是比较容易的。在使用集成电路时，往往只需要按照数据手册的推荐配置进行设计即可。在设计分立电源模块时，压低开环穿越频率(开关电源的开环穿越频率是指在没有反馈控制的情况下的穿越频率)几乎可以解决所有的稳定性问题。穿越频率是用来描述系统频率特性的一个指标,也称相角交界频率,穿越频率对应的相频曲线上的相位反映了系统的相对稳定性。

开关电源发展了数十年,“压低开环穿越频率”这样的设计思路一度被认为是正确的。这也使得开关电源曾经是缓慢、低精度、高噪声的代名词。但是近年来大功率对电源要求的提高,高速、大功率的开关电源的需求日益增加。比如移动设备CPU的供电电源,其负载大小随着CPU占用率变化、动态超频、核心关闭等这些变化而变化,未经优化的开关电源系统无法胜任,而CPU功耗较高,线性稳压器无法承受。因此现在的开关电源不光要解决电压转换问题,还需要具有较好的动态性能,又快又准地稳定负载电压。

大多数开关电源系统采用负反馈控制,因此构建小信号模型是常用的分析方法。理想系统的闭环波特图增益是恒定的1,相位为0,输出电压和负载电流无关,这显然无法做到。既然如此,人们不断地研究什么样的控制方法能最大限度地满足要求。这些研究比我们想象中复杂,主要体现在以下几个方面。

1. 系统建模的难度

开关电源系统的精确建模一直是学界的研究方向,建模方法有状态空间平均法、描述函数法等。开关电源系统包含大量非线性特性,同时参数众多,其建模的难度主要体现在以下几个方面。

首先,开关过程是离散的,构建平均模型是一个比较通用的简化方法。平均模型无法准确预测开关电源在开关频率附近的频率特性,也无法还原如次谐波振荡等现象。

其次,即便可以使用平均模型简化,大多数开关电源系统依然是典型的非线性系统。这是因为PWM控制器本质是一个乘法器,其实是对多次调整的占空进行平均的一个乘法器,且占空比值是被限制在0和1之间的。这使得开关电源系统不能像线性电路一样简单地推导,无法直接根据电路元件列写s域函数。

再次,对于Boost的功率级,增加PWM的占空比不会立即使输出电压增高,而是先下降后升高。另外,电路中的寄生参数无法被忽略。考虑电容ESR、电感ESR等寄生参数后,系统的功率级传递函数就已经复杂到难以手算,往往需要借助支持符号运算的计算工具软件推导,或者直接进行数值求解。

最后,输入电压、输出负载等外部参数都是影响频率特性的因素,而这些因素都是可能变化的或未知的。比如,在设计通用电源模块时你不知道实际负载会是多大,会自带多少输入电容,它的ESR特性如何等。

2. 系统测试的难度

开关电源的小信号环路测试一般需要使用环路分析仪,其本质上是一个基带(不含RF变频器件)的矢量网络分析仪。对于没有相关设备的实验室,只能通过过冲、振铃等现象,来反推和估算系统的相位裕量、穿越频率等信息,而这样的反推和估算往往是不准确的。

针对大信号测试，高动态性能的电子负载必不可少。电子负载的电流跳变速率、测试线缆寄生电感等因素都会影响测试结果。高性能的测试平台一般价值不菲。

开关电源的被控量和被控对象是什么？

在开关电源中，被控量可以是电流或电压。一般来说，DC/DC变换器以恒压变换器为主，因此被控量一般是输出电压，这一点在依赖输出电容ESR的控制方式中尤为体现。

控制系统输出控制信号给功率级，也就是开关电源系统的被控对象，可以把它理解为前文所述的"拓扑"，如Buck、Boost、Flyback等。功率级一般包含输入电源、开关管（含MOSFET、BJT、IGBT和二极管）、电感（或变压器）、输出电容和负载。就控制过程（而非功率变换）而言，功率级的输入信号是开关管的开关信号，输出是被控量的反馈信号。开关变换器类型与被控量的关系如表12.1所示。

表12.1　开关变换器类型与被控量的关系

被控量	输入	输出
电压	恒压负载	恒压电源
电流	恒流负载	恒流电源
电阻	恒电阻负载	恒电阻负载
功率	恒功率负载	恒功率负载

3. 控制系统的边界是什么

控制系统不是万能的。很多时候功率级拓扑直接决定了瞬态性能最好能达到什么程度。例如，你希望CCM模式下的Boost变换器具有很好的瞬态特性，但由于右半平面零点存在，所以这是几乎做不到的。再如，你希望输入48V、输出为1V的Buck电源具有很好的抗过冲性能，在不加其他MOSFET管的情况下，这几乎也做不到。因为即便上管在过冲的瞬间就保持关闭，1V的输出电压很难让电感电流快速下降。从线性系统的角度说，这是因为占空比在0～1之间的限制使得此刻变换器无法被线性描述。

虽然我们研究环路和控制逻辑，但也只是在让变换器的性能往极限推进一点点，单纯的控制方法无法突破边界，然而却能在功率级拓扑的限制下，让变换器适应更严苛的输入和负载条件。

12.3 如何理解功率级

一般情况下，控制器和被控功率级的拓扑类型可以随意搭配，但也有一些控制方式只适用于少数功率级。此外即便控制器适配于功率级，由于不同功率级拓扑模型不同，也需要控制器使用不同的参数，因此在选择控制系统前，应当充分理解其控制对象（功率级）。

这里提供一个理解简单功率级的模型。对于Boost、Buck和反极性Buck-Boost变换器，连续导通时其受控元件可以简化为三端子模型，如图12.1所示。

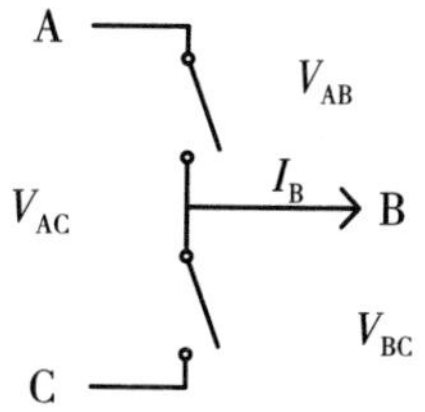

其中，AC所连接的两个开关处在周期性互补开启的状态。在一般应用中，AC之间接电容（反极性Buck-Boost是两个串联电容，可以等效为一个电容），B端支路串联电感，因此，该模型有以下特点。

图12.1 简单功率级模型

- AC端之间具有连续的电压V_{AC}，A或C节点都具有跳变的电流。
- B端支路具有连续的电流I_B，但是具有跳变的电压。

结合各种拓扑的实际应用图，我们从中可以得出以下结论。

- 没有输出电容时，恒压输入、恒流输出的Buck是一个一阶系统。
- 没有输入电感时，恒流输入、恒压输出的Boost是一个一阶系统。但是V_{out}对占空比D求导后的符号与Boost电压变换公式是相反的。
- 输入输出电压与控制信号经历两次积分后得到输出电压，第一次积分是输入输出电压经过PWM分配后，由电感积分得到电感电流。第二次积分是电感电流经过PWM分配后，由输出电容积分得到输出电容电压。

不同拓扑下功率级的输入输出关系在简单功率模型中如表12.2所示。

表12.2 不同拓扑下功率级的输入输出关系

恒压拓扑	输入	输出
Buck	V_{AC}	V_{BC}或V_{AB}
Boost	V_{BC}或V_{AB}	V_{AC}
反极性Buck-Boost	V_{AB}或V_{BC}	V_{BC}或V_{AB}

12.4 为什么误差放大器会影响系统的响应速度

对于开关电源系统，要达到较好的调整率就需要极大的反馈路径增益。然而受到增益带宽积的限制，线性工作的高增益放大器的带宽一般都做不大。因为对于一个运算放大器来说，增益和速度不可兼得。

实际上，一个普通的运算放大器IC也会进行内部补偿。这个补偿让运算放大器看起来像一个积分器，限制了输出的速度。在很大的频率区间内，输出带有90°相位滞后。这就是为什么一个高直流增益的误差放大器几乎一定会伴随延迟。

现在的开关电源IC内部往往使用跨导放大器（可以看作去除恒流增益级和推挽输出级的运放）作为误差放大器。这样的设计简化了IC电路，方便了补偿电路的实现，也把更多的权利交给了芯片的使用者。

在电源环路(电压稳压器)中,误差放大器的主要作用是检测输出电压与参考电压之间的差异,然后调整控制元件(如功率晶体管)以使输出电压保持在期望的水平。误差放大器的增益和带宽对系统的性能至关重要。

误差放大器会对系统的响应速度产生负面影响,原因包括以下几点。

(1)增益带宽积:误差放大器的带宽通常受限,这意味着当增加其增益时,带宽将减小,反之亦然。在电源环路中,需要较高的增益以实现快速的响应,但这可能会减小误差放大器的带宽,从而导致系统的响应速度下降。

(2)相位延迟:误差放大器引入了相位延迟,这会导致系统出现稳定性问题,特别是在高频率下,相位延迟可能导致系统产生振荡或不稳定的响应。

(3)带宽限制:误差放大器的带宽限制可能会导致系统无法快速跟踪快速变化的负载要求或输入电压波动。这可以减缓系统的响应速度。

为了克服这些问题,工程师通常需要权衡误差放大器的增益、带宽和稳定性。他们可能采取以下方法来提高系统的响应速度。

(1)使用高带宽的误差放大器:选择带宽较高的误差放大器,以确保系统可以更快地响应变化。

(2)增加增益带宽积:通过选择具有更高增益带宽积的误差放大器,可以提高系统的响应速度。

(3)采用高性能的控制元件:选择响应速度更快的功率晶体管或其他控制元件,以减小系统的响应时间。

(4)使用合适的补偿网络:通过添加合适的补偿网络,可以提高系统的稳定性和响应速度。

12.5 定频控制

严格地说,PWM指的是恒定频率,通过开关脉冲宽度调制信号。未使用定频控制方式的控制器不能称为PWM控制器。但是不少厂商依然把PWM这个名称用于其非定频控制的器件上。

最常见的定频控制方法是电压模式控制和电流模式控制。

1. 定频电压模式控制

定频电压模式控制一般直接被称为电压模式控制,是最直观的控制方式之一,使用极其广泛。该模式将输出电压反馈回误差放大器,使用误差放大器调节占空比(一般由误差信号与三角波/锯齿波比较输出)实现闭环控制,如图12.2所示。

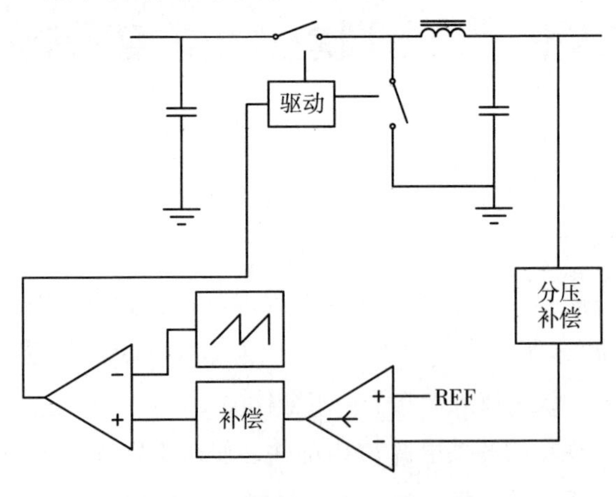

图12.2　定频电压模式控制器

(1)定频电压模式控制的优势有以下几点。

- 直观,易于建模,是电压模式控制。
- 参考设计众多。
- 不依赖比较器,抗噪声性能强。
- 便于数字化,由于使用ADC采集输入电压比较方便,大多数数控电源都是电压模式的。

(2)定频电压模式控制也存在一些劣势,有如下几点。

- 系统容易出现不稳定,补偿困难。要消除静态误差,误差放大器需要很大的增益,那么误差放大器就会引入新的低频极点。再加上LC构成的双极点(或共轭复极点),相移会达到270°,这使得此系统不一定是稳定的。如果要补偿,补偿电路较为复杂且补偿后速度较慢。因此电压模式控制一般需要Type III型补偿。
- 速度较慢。系统的穿越频率远小于开关频率。
- 输入电压对频率特性有显著影响。以Buck为例,开关管输出电压的平均值为输入电压和占空比的乘积。这使得 输入电压跳变时,输出电压会波动;输入电压越大,占空比到输出电压的增益就越大。

2. 定频电流模式控制

由于功率级存在LC双极点,电压模式下补偿变得困难。在全负载、电源电压范围内,难以以一套补偿参数实现高动态性能。如果电感电流可以被单独控制,那么电感在一定频率范围内可以被看成一个恒流源,这个恒流源与负载RC构成一个单极点系统。在这个频率范围内这个系统是稳定的,因为最大相移是90°,而增益则以-20dB/dec的斜率随频率增加而下降。这会大大简化设计,只需要用反馈的误差电压控制电感电流即可。电感电流被内环控制后,电压外环将与输入电压无关。

常用的电流控制方法有三种,分别是峰值电流控制、谷底电流控制和平均电流控制。

就稳态而言,三种控制方式是等价的。因为稳态下电感电流纹波幅值是确定的。峰值、谷底和平均电流值只是分别取了电感电流纹波的最大值、最小值和中间值。定频峰值电流模式控制器如图12.3所示,定频谷底电流模式控制器如图12.4所示。

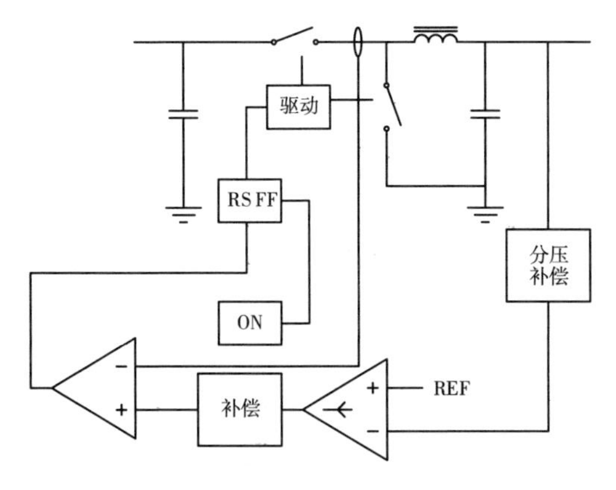

图12.3 定频峰值电流模式控制器

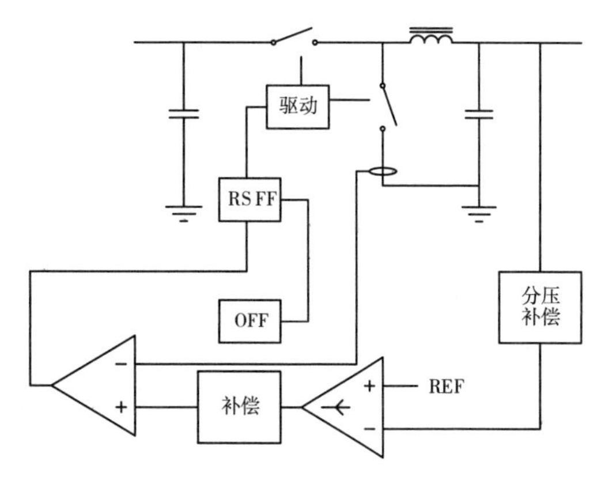

图12.4 定频谷底电流模式控制器

在工程实践中，电感的平均电流很难被探测，因为电感电流是在开关周期内不断变化的。为了简化设计，峰值电流模式控制被设计出来，因为峰值电流模式被广泛采用。在稳态下，峰值电流只是等于平均电流加上电感电流峰值的一半，所以可否使用峰值电流代替平均电流进行控制的关键在于能否进入稳态。

由于定频控制会在电感电流复位前强制开启下一个周期，对于恒定周期（定频）PWM系统，电感电流不一定能进入稳态。无法进入稳态的峰值电流控制系统表现为发散的次谐波振荡，而可以进入稳态的系统表现为收敛的次谐波振荡。一般情况下，对于输出电流（负载）突变，峰值电流模式控制通常无法避免次谐波振荡的产生，在不考虑斜坡补偿的条件下，当占空比小于50%时次谐波振荡会自动收敛，从而在一定程度上减少其潜在影响。

由于补偿的简化，电流模式控制系统往往具有比电压模式更快的响应速度。

1）最小导通时间

电流模式控制具有Blanking Time。Blanking Time常常被翻译为消隐时间、锁止时间等，指的是开关开通（关断）后的一段时间内（一般几十到几百纳秒内），开关不得关断（开通）。对于峰值电流模式控制的Buck变换器，上管具有较长的最小导通时间。对于谷底电流控制，下管具有较长的最小导通时间。

一般来说，最小导通时间的作用有以下几个。

第一，在互锁式的死区时间产生电路，需要上管关断一定时间后解锁下管导通。在惯性延迟模型下，过短的开通时间会导致另一个开关管的锁死电路从未工作过，形成对穿风险。

第二，过短的导通时间会使得开关管处于线性状态，增大损耗。

第三，最小导通时间用于包裹电流模式控制器的空白时间。

2）为什么电流控制模式需要Blanking Time

这里以峰值电流控制的Buck变换器为例来介绍为什么需要Blanking Time。这段时间里屏蔽掉电流信号，不触发状态翻转。在峰值电流模式里，Blanking Time指的是开通后有一定的时间不接受关断，是控制器内部逻辑。

首先，电源到上管之间的寄生电感会与下管DS电容产生谐振。振铃峰值电流会被上管采样电路检测到，产生错误的上管关断信号。

其次，下管承压瞬间，寄生二极管无法立即截止，瞬间的穿通电流流经上管时会被电流采样电路检测到，产生错误的上管关断信号。

最后，Buck变换器的控制系统一般由输入端供电。电源电感的存在会导致输入电压不稳，使得集成的Buck变换器控制电路的输入跳变。此时电源抑制比（PSRR）较低的比较器容易产生错误翻转，产生错误的上管关断信号。

Blanking Time的存在使得电流模式控制器存在最小开通时间（峰值电流检测）或最小关断时间（谷底电流检测）。这个时间直接限制了控制器的最大或最小占空比。因为开通瞬间有振铃，可能造成提早关断。控制器在2ns内不接收峰值电流信息，所以在2ns内会强制开通，即便峰值电流超过了限值，也不会关断。

3)电流模式控制的 Boost 有没有右半平面零点

有的。电流模式控制不能消除右半平面零点。这种方式只能保证电感电流被精确控制,而不是真正流向到输出电容的二极管(对于同步整流系统来说是上开关管)电流。因此,占空比增大依然会降低流向输出电容的电流比例。

4)电压模式控制和峰值电流模式控制的关系

定频开关的电压模式控制和电流模式控制有较大差异,因为电流模式多了一个电流内环。实际上电压模式控制可以看作带斜坡补偿(斜率补偿)的电流模式控制的特殊情况。

当斜坡补偿达到一定幅度,斜坡补偿电压相当于电压模式中生成PWM的斜坡电压。或者说,当斜坡补偿高到一定程度,电流信号即便一直为0,控制器依然能稳定运行。此时系统工作在电压模式。LC构成双极点,环路响应变差。

12.6 变频控制

定频控制依赖一个恒定的时钟源,周期性地进行开通/关断,时钟一般由内部电容充放电产生。而变频控制则不一样,其开关管的开关频率是受电感电流、输入输出电压影响的。

变频控制可以进行如下分类:双阈值迟滞(滞回)、脉冲频率调制(PFM)、迟滞(滞回)控制、恒定导通时间(COT)控制等。

1. 双阈值迟滞(滞回)

双阈值迟滞涉及设置两个不同的阈值,一个用于上升沿,另一个用于下降沿,并用来触发系统响应。这个概念通常用于滞回控制、开关电路和数字信号处理等应用中。

具体来说,双阈值迟滞的意思有两个。

(1)上升阈值:当输入信号由低到高跨越这个阈值时,系统会触发某种响应或操作。这通常用于检测输入信号从低到高的变化。

(2)下降阈值:当输入信号从高到低跨越这个阈值时,系统会再次触发另一种响应或操作。这通常用于检测输入信号从高到低的变化。

双阈值迟滞允许在输入信号的上升和下降过程中设置不同的阈值,从而引入迟滞或延迟。这意味着,当输入信号在上升或下降时,必须超过相应的阈值才能触发系统响应。具体双阈值迟滞的方式,可以选择电流作为阈值,也可以选择电压作为阈值,分为下面两种。

- 平均电流模式:双电流阈值。
- 迟滞控制:双电压阈值。

2. 脉冲频率调制(PFM)

脉冲频率调制(PFM)是一种用于控制开关电源的技术,以实现能效优化和稳定性。在脉冲频率调制中，信号的频率被调整以在不同负载条件下维持输出电压的稳定性。具体而言，脉冲频率调制通常有以下两种主要控制方式。

（1）LLC全桥：LLC全桥是一种电源拓扑，常用于直流至交流（DC-AC）或交流至交流（AC-AC）的能量转换。这种拓扑结构结合了LLC谐振器和全桥逆变器的特性，旨在提供高效、高密度、低损耗的电源解决方案。谐振控制在LLC全桥拓扑下，PFM可以采用谐振控制方式。这种方法利用LLC谐振电路的特性，以在输入电压和输出电流之间建立谐振条件，从而实现高效的功率转换。在PFM中，频率根据负载需求进行调整，以确保系统在不同负载下都能维持高效和稳定的性能。这种控制方式常见于高功率电源应用，如服务器和数据中心电源供应。

（2）恒定导通时间和恒定关断时间控制：这种控制方式是脉冲频率调制的另一种常见方法。在这种方式下，控制器会保持开关元件（如MOSFET）的导通时间和关断时间恒定，而频率则会根据负载需求进行调整。当负载增加时，恒定导通时间控制的开关频率升高，恒定关断时间控制的开关频率降低，以保持输出电压稳定。这种方法常见于低功率电源应用，如便携式电子设备。

脉冲频率调制的目标是，在不同负载条件下维持电源系统的高效率和稳定性。具体采用哪种控制方式，还要取决于电源拓扑、应用要求及性能和效率的权衡。这些方法允许开关电源系统在不同负载条件下自动调整以提供所需的电能转换。

3. 迟滞（滞回）控制

对于Buck稳压器，迟滞控制是一种比较直接的控制方式。其控制逻辑非常简单：设置高低两个阈值钳住输出电压，如果输出电压低了就打开开关管上管，如果输出电压高了就关闭开关管上管。电压反馈迟滞控制Buck的控制器如图12.5所示。

这样的控制是否可以输出稳定的直流量呢？我们知道，Buck输出电容纹波是三角波的积分波形。当开关管的上管关闭后，电感电流开始下降。但是只要电感电流依然大于输出电流，电容电压就会上升。电容电压波形相对于开关（SW）方波信号就有了滞后，可能引起振荡。这就要求输出电容有一个串联电阻，对于ESR较大的电容(如铝电解电容)，这个电阻就是电容本身的ESR。电感电流纹波流过这个串联电阻后，反馈端电压就被加入了可以代表电感电流纹波的信息。Buck拓扑下，输出电容的理想电容上承载的电压V_{C_OUT}、输出电容的ESR上的电压V_{C_ESR}及开关控制电压V_{SW}如图12.6所示。

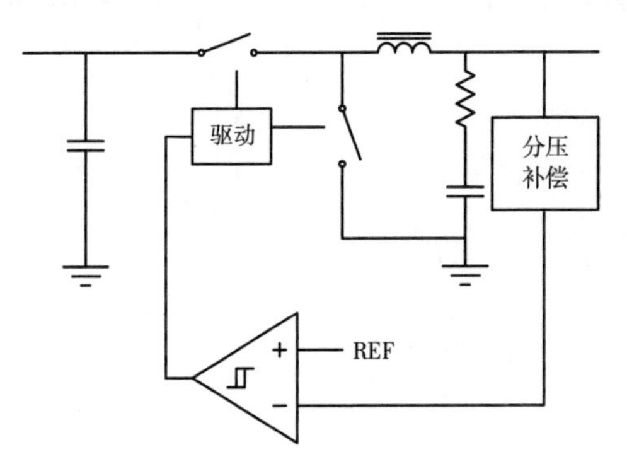

图12.5　电压反馈迟滞控制Buck

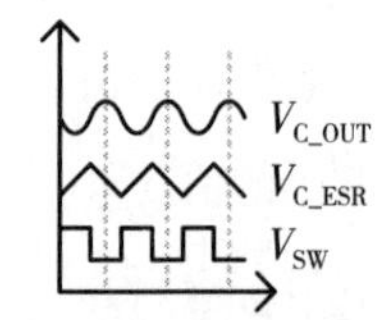

图12.6　Buck拓扑下输出电容ESR电压与理想电容电压的相位关系

稳定的迟滞控制可以看作电压(理想电容电压)和电流(ESR电压)控制的结合。电压提供直流量,电感电流提供PWM开关的定时。此时系统响应非常快,主要有以下两个原因。

第一,输出电压可以看作输出电容电压和电感电流纹波在ESR上产生的电压的结合。PWM到输出电容电压有两个积分环节,但是PWM到输出电感电流只有一个。这减小了功率级的相位滞后。

第二,反馈信号直接输入比较器,没有积分结构(如窄带放大器、含极点的补偿电路、跨导放大器等),反馈路径几乎没有延迟。

迟滞控制也有缺点,主要有以下几点。

- 输出纹波较大。由于纹波是系统控制的依据,太小的纹波会导致系统抖动增加和环路不稳,因此迟滞控制的纹波相对较大。
- 对输出电容的ESR的值的大小有要求。这个ESR可能会产生额外的功耗和纹波恶化。
- 适用面窄,只适合Buck及类似的拓扑。
- 几乎无法和外部时钟同步,因为开通和关断都不是由定时电路产生的。
- 需要额外的电流限制。由于反馈量不包含电感电流的直流量,在重载和短路时电感电流无法被限制住。

问题:Buck电路使用小ESR的输出电容一定会降低环路速度吗?

是的,这几乎是一定的。虽然在今天的认知中,ESR会带来纹波和效率的恶化,也使控制环容易受到负载端退耦电容大小的影响,但较大的输出电容ESR在响应速度上的优势也非常显著。输出电容ESR使得占空比的变化可以更快地作用在输出电压上。开关开通,输出电压立即上升,开关关断则输出电压立即下降。从频域上看,ESR引入了零点,提升相位展宽带宽。我们选择的ESR的值越大,由ESR产生的零点频率越低,提升效果越显著。这样的提升是非常直观和"暴力"的,这相当于一个直接在功率级中的补偿,而不仅仅是在反馈控制环路(控制器)中。其他如前馈、纹波注入等,则无法达到大ESR电容的响应速度提升。很多LDO在使用大ESR电容时能得到更好的噪声性能和动态响应,其原理是类似的。

但是也要注意,过大的输出电容ESR可能会造成瞬态跌落/过冲超标。这不是由反馈环路导致的,而是由ESR本身限制的电容的恒压能力决定的。

4. 恒定导通时间(COT)控制

把导通时间(正脉冲宽度)固定,根据反馈电压调节脉冲出现的时机(频率),就是恒定导通时间控制。反馈量只会影响关断时间,而其中控制细节多种多样,最直接的做法就是在输出电压过低时开启上管一次,一次只开启固定的时间。这就是传统的COT控制。

这种方式相当于半个迟滞控制,也就是说,开关管开启的事件由反馈产生,而关断的事件则由定时电路产生。

COT具有诸多优势,其中一个就是它继承了迟滞控制不需要高增益放大器的特性。因此它的响应速度快于电流/电压模式控制(虽然依然慢于迟滞控制)。在小占空比(大压差)的Buck应用中,优势比较明显。

当遇到负载突然加重，输出电压下跌的情况，COT上管立即打开，频率突然升高，低电平时间极短，占空比会立即增加到接近100%（由最小导通时间决定）。

对于负载突然卸除，输出电压冲高，此时如果在导通时间（On Time ）内，则控制器需要等到导通时间结束再动作，如果在关断时间（Off Time）时间内，关断时间快速结束，新的导通时间会开始。

由上可知，与迟滞控制相比，传统的COT依然是依赖输出电压谷底纹波的，只是不再依赖输出电压峰值，因此也需要输出电容具有一定的ESR来提升相位，如图12.7所示。

传统的COT控制与迟滞控制相比，优势并不明显，却继承了迟滞控制的部分劣势。但是，COT控制结合纹波注入、自适应开通时间等技术可以获得更好的性能，加上比定频控制更快的响应，其变种被大量应用于需要快速响应的“负载点”电源系统中，图12.8所示为V^2COT控制。

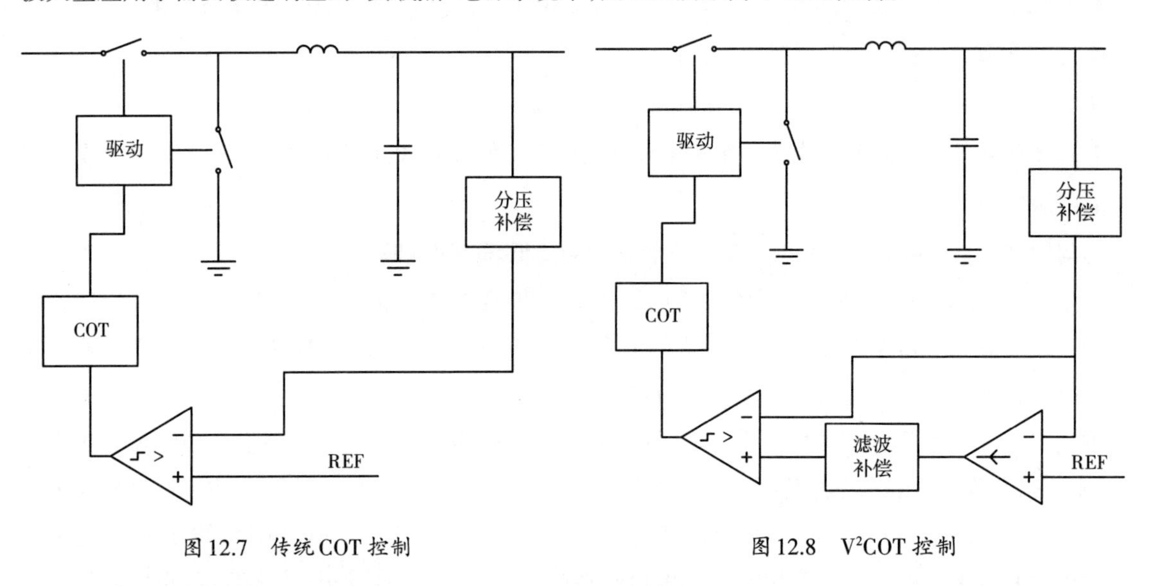

图12.7 传统COT控制

图12.8 V^2COT控制

1）COT电流纹波注入

如果把一个和电感电流纹波相似的交流量叠加到输出电压上以提升反馈信号的相位，我们就可以在输出电压几乎没有纹波的情况下实现稳定控制，这就是所谓的“纹波注入”，我们称之为COT电流纹波注入。这个技术使得我们可以使用小ESR的陶瓷电容，在减少用电负载承受的电压波动的同时能够提升效率，还能解决占空比抖动的问题，并且提高环路稳定性。

类似COT电流纹波注入，给DC电源故意增加一个AC分量的思路有很多。

第一种方式是直接检测电感电流，或者检测下管电流（Buck），在电流触碰比较门限时开通上管以开始下一个周期，如图12.9所示。

第二种方式是可以用一个电容充放电电路来模拟电感电流的变化过程（如TI的D-CAP系列），如图12.10所示。

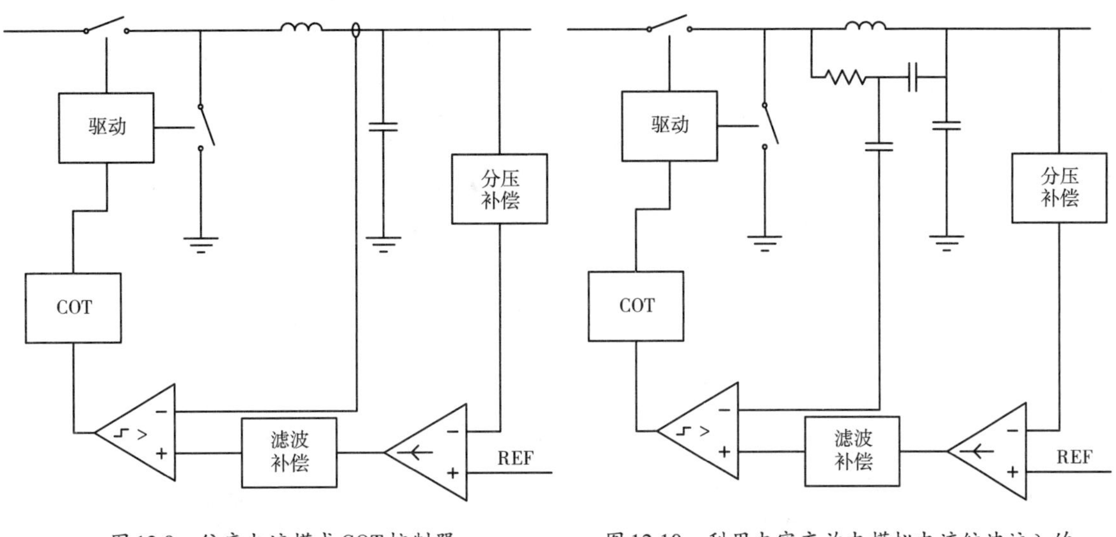

图12.9　谷底电流模式COT控制器

图12.10　利用电容充放电模拟电流纹波注入的COT控制器

但是使用模拟的AC纹波带来了一个新问题:在误差放大器增益有限的情况下,纹波越大,输出误差也越大。这是因为在COT控制中,我们是用纹波的谷底而不是平均值与输出误差比较(使用纹波输入比较器以产生开通事件,因此比较点为纹波谷底)。

减小这个误差的方法有很多,其中一种是使用宽带误差放大器。但是这不能彻底解决问题,因为宽带误差放大器的增益是有限的,而如果将宽带误差放大器替换为精密误差放大器,COT控制相比于电流模式控制将会失去大部分速度优势。这里之所以说大部分,是因为COT控制无须担心次谐波振荡问题,因此无须斜坡补偿,具有更快的反馈。使用谷底保持电路保持谷底后,隔直流可以彻底解决这个问题。这样注入波形的平均值就是谷底值的平均值,不会造成额外的直流偏差,从而免去低带宽的误差放大器。

在此对各种COT控制方法进行总结,如表12.3所示。

表12.3　COT各类变种比较

比较值或注入值类型	反馈误差放大器		
	无放大器	宽带放大器	高增益放大器
输出ESR电压纹波	①DC稳态误差大 ②对负载响应极快 ③需有ESR的输出电容 ④受负载阻抗影响大	①DC稳态误差中等 ②对负载响应极快 ③需有ESR的输出电容 ④受负载阻抗影响大	①DC稳态误差小 ②对负载响应极快 ③需有ESR的输出电容 ④受负载阻抗影响大
输出电压+斜坡补偿	①DC稳态误差大 ②对负载响应快 ③无须输出电容ESR ④受负载阻抗影响小	①DC稳态误差中等 ②对负载响应快 ③无须输出电容ESR ④受负载阻抗影响小	①DC稳态误差小 ②对负载响应快 ③无须输出电容ESR ④受负载阻抗影响小

续表

比较值或注入值类型	反馈误差放大器		
	无放大器	宽带放大器	高增益放大器
电流DC或等效纹波	①DC输出电阻大 ②对负载响应快 ③无须输出电容ESR ④受负载阻抗影响小	①DC输出电阻中等 ②对负载响应快 ③无须输出电容ESR ④受负载阻抗影响小	①DC输出电阻小 ②对负载响应慢 ③无须输出电容ESR ④受负载阻抗影响小
电流AC或等效纹波	①DC稳态误差大 ②对负载响应快 ③无须输出电容ESR ④受负载阻抗影响小	①DC稳态误差中等 ②对负载响应快 ③无须输出电容ESR ④受负载阻抗影响小	①DC稳态误差小 ②对负载响应中等 ③无须输出电容ESR ④受负载阻抗影响小
谷底值DC为0的电流或等效纹波	①DC稳态误差小 ②对负载响应快 ③无须输出电容ESR ④受负载阻抗影响小	①DC稳态误差小 ②对负载响应快 ③无须输出电容ESR ④受负载阻抗影响小	①DC稳态误差小 ②对负载响应中等 ③无须输出电容ESR ④受负载阻抗影响小

注：对于输出电容ESR电压纹波比较模式，ESR应当合理取值。ESR过大反而会造成瞬态跌落增大。

对于电流AC或等效纹波注入，隔直流电容越小，响应越快。

“宽带放大器”指的是带宽大于开关频率但是增益有限的放大器，没有补偿网络。

“高增益放大器”指的是带宽较低、增益极大的电压放大器，也可以是负载电阻极大的跨导放大器，可以含补偿网络。

对于DC电流注入，输出电阻需要靠放大器增益补偿，因此使用高增益放大器时，小信号下响应速度接近谷底电流模式控制，优势不明显，而大信号优势体现为“欠压升频”和“过压常关”。

此表就COT控制罗列了15个变种。对于CFT(恒定关断时间)控制，同样有对应的15个变种。

表中的“对负载响应慢”指的是速度与传统定频峰值/谷底电流模式控制相近，依然快于传统电压模式控制。COT响应普遍快于传统定频电压模式和峰值/谷底电流模式。

2)COT在DCM下的轻载高效优势

一旦进入DCM模式，COT控制还有显著的轻载高效优势。在传统的定频控制器中，一个周期内的等效关断时间缩短，等效占空比增加，输出电压被充高，控制器会维持一个很小的导通时间持续开关。如果需要轻载高效，则需要额外的电路以跳过脉冲周期，而COT和迟滞控制一样具有天生的轻载高效特性。当一个脉冲将输出充高时，电感电流即便低到0也尚未低过比较器阈值，这使得下一个高脉冲不会到来。因此，COT(不带高增益误差放大器)轻载时，脉冲是独立的，不会出现成团成簇的情况，这使得COT的轻载纹波较小。

3)CFT/COT-OFF(恒定关断时间)控制

恒定关断时间控制和谷底电流+COT控制相同，也是使用峰值电流+CFT架构的开关电源系统，不需要担心次谐波振荡问题。

值得注意的是，纯粹的CFT很少使用。这是因为CFT在输入电压升高后会升高频率。因此，自适应关断在短时间内往往被采用。

与COT相比，CFT有以下两个优势。

一是具有天生的峰值电流限制。由于关断事件和电感电流相关，因此只要限制比较器的最大值就可以实现峰值电流限制。

二是没有最大占空比限制。如果电感电流一直不触碰比较点，上管可以长时间开通。从这点上看，CFT更容易应用于低压差场合。但是在实际应用中这个优势并没有很好地体现出来，其中一个原因是当前主流架构的大功率MOSFET是N沟道的，上管使用自举电容供电因而无法长时间开通。

4)伪定频COT/CFT控制(ACOT/ACFT)

变频控制往往无法满足纹波(电感电流纹波和输出电压纹波)需求，还可能带来难以预测的EMI特性。因此我们在变频控制的基础上，让原本的不变量(如COT中的导通时间)随着V_{in}和V_{out}变化，从而使得CCM开关频率在不同负载条件下基本不变。COT和CFT分别对应以下两种控制方式。

- ACOT/AOT(Adaptive On Time)：自适应导通时间。
- ACFT/AFT (Adaptive Off Time)：自适应关断时间。

以Buck为例，要使得稳态开关周期不变，那么导通时间(对上管而言)应当与V_{in}成反比，与V_{out}成正比。而对于ACFT控制，关断时间应当与V_{out}成反比，与$V_{in}-V_{out}$成正比。在Buck应用中，与纯粹的COT相比，ACOT的电感电流峰峰值随V_{in}变化较小。在宽压输入的场合，这个特性可以使一个电感值适应宽的输入电压范围。

一般情况下，控制器并不带有V_{out}引脚，因此控制器无法获取精确的V_{out}值。以Buck为例，由于V_{out}值只是为了计算开通/关断时间以减小频率变化，无须特别精确，V_{out}一般由SW引脚经过RC滤波后获得。这个RC滤波器存在极点，时域上表现为输入电压突变后，频率需要一定时间来稳定。这个极点会对环路的传递函数产生一定的影响，但是由于变化缓慢，往往可被忽略。

现代开关电源控制往往追求极高的精度和极低的稳态输出电阻，但是很多应用中这并不是必要的。设想这样的场景：负载工作电压为10～11V，同时负载电流变化剧烈。如果设置稳压为10.5V，则过冲/下冲容易超限。此时电源的控制环路提供一定的输出电阻反而是好事：设定轻载电压为11V，满载电压为10V。轻载时可以为负载突增留出足够的跌落空间，满载反之。此时，就可以使用带有直流电流反馈、电压开环增益较低的控制方式来直接实现。

第四部分

电源的工程问题

第13章

电源完整性

信号完整性是为了保证信号从发送端完整地传递到接收端，使信号不发生失真和畸变。电源完整性（Power Integrity，PI）则是为电子产品提供一个稳定可靠的电源分配系统，具体到特定的电源网络就是使用电子芯片能持续稳定地获得供电电源，并在芯片用电时控制电压的波动及噪声以满足设计的要求。

电源完整性设计一直存在于每一个电子设计中。随着电路复杂度越来越高，集成度也越来越高，并且信号速率越来越高，电源供电电压越来越低，使得更多的工程师关注于电源完整性。"电源完整性"这个术语通常用于描述电源系统的稳定性和可靠性。其中，"完整性"一词强调系统在供电方面的完备性和健壮性，即系统能够保持其功能和性能在各种情况下都能正常运作。

13.1 电源完整性基础

电源完整性和信号完整性会相互影响和制约。在电子电路中，参考回路是一个用作参考点或基准的闭合电路。这个回路通常由电源和地（地平面）组成，它们在整个电路中提供一个共同的电压参考。参考回路对于正确运行电子系统及确保信号准确传输是至关重要的。电源、地平面在供电的同时也是信号网络的参考回路，从而直接关系到信号的传输性能。同样，信号在保持信号完整性传输或工作时，也会给电源系统带来一定的干扰，如果处理不好，也会直接影响电源的完整性设计。在一个电路中，信号是相对于参考点测量的。这个参考点通常是地，而电源是提供电压的另一个关键参考点。信号的参考回路是信号测量的基准，确保信号在相对于电源和地的参考点时稳定和可靠。

13.1.1 什么是电源完整性

通常，电源完整性是一个整体的概念，"完整性"这个词传达了以下几个方面的含义。

（1）全面性和全面考虑：即考虑到系统中的各个方面，包括电源的设计、电源线路、电源传递、电源管理等。它要求在整个系统中都要有足够的关注，确保电源在所有关键部分都能够正常工作。

（2）健壮性：指系统对于外部扰动和变化的适应能力。一个具有良好电源完整性的系统能够在电压波动、电流变化、电磁干扰等不利因素的影响下，仍能保持其功能的稳定性。

（3）系统的整体稳定性：强调了电源系统作为整体的稳定性。这包括在供电方面的可靠性，以及确保整个系统在正常和异常情况下都能够保持其性能水平。

（4）功能的保持：确保系统的各个功能在各种条件下都能够得以维持。这对于电子设备、计算机系统或其他依赖电源的设备而言，电源完整性直接关系到这些设备的可靠性和稳定性。

电源的完整性的目的是确认电源来源及目的端的电压和电流是否符合需求。电源完整性在现今的电子产品中相当重要，它涉及芯片层面、芯片封装层面、电路板层面及系统层面。

电源完整性的结果是否满足要求，是由三个部分综合决定的，即供电模块、传输路径和用电端。我们在设计电源电路的时候，对电源的要求是低噪声、低纹波，且输出电压准确、稳定，从而能够尽可能地减少干扰引入。

保证电源完整性，最终是保障用电芯片的噪声裕量。电源噪声裕量的计算过程如下。

（1）芯片的规格书会给一个规范值，通常是5%；要考虑到稳压芯片直流输出误差，一般是±2.5%，因此电源噪声峰值幅度不超过±2.5%。

（2）如芯片的工作电压范围是3.13～3.47V，稳压芯片的输出电压是3.3V，安装在电路板后的输出电压是3.36V。容许的电压的变化范围是3.47V－3.36V＝0.11V。稳压芯片输出精度是±1%，即3.36×(±1%)＝±0.0336V。电源的噪声裕量为0.11V－0.0336V＝0.0664V，即66.4mV。

在计算电源的噪声裕量时，有以下几点需要注意。

（1）稳压芯片的输出电压的精确值是多少。

（2）电源的工作环境是不是稳压芯片所推荐的环境。

（3）负载情况是怎么样的，这对稳压芯片的输出也有影响。

（4）电源噪声最终会影响到信号质量，而信号上的噪声来源不仅仅是电源噪声，反射、串扰等信号完整性问题也会在信号上叠加。因此不能把所有噪声裕量的要求都通过提高对电源输出的噪声的要求来实现。

（5）不同的电压等级对电源噪声要求也不同，电压越小，噪声裕量越小。模拟电路对电源要求更高。

最终我们要求在用电器件的接收端接收到良好质量的电源，我们需要全面审视整个电源平面上的所有的噪声。电源的噪声来源主要有以下几方面：稳压芯片输出的电压不是恒定的，会有一定的纹波；稳压电源无法实时响应负载对电流需求的快速变化，频率一般在200kHz以内能做正确的响应，超过了这个频率则在电源的输出短引脚处出现电压跌落；负载瞬态电流会在电源路径阻抗和地路径阻抗产生压降；此外还有外部的干扰。

此处提到“负载瞬态电流”，这个问题不是由电源输出端的电源模块或电源芯片所产生，而是由用电负载自身的负载变化所产生，这个负载变化又是由于大量数字信号因“跳变”所产生。集成电路是由无数的逻辑门电路组成，基本的输出单元我们可以看成是CMOS反相器，如图13.1所示。

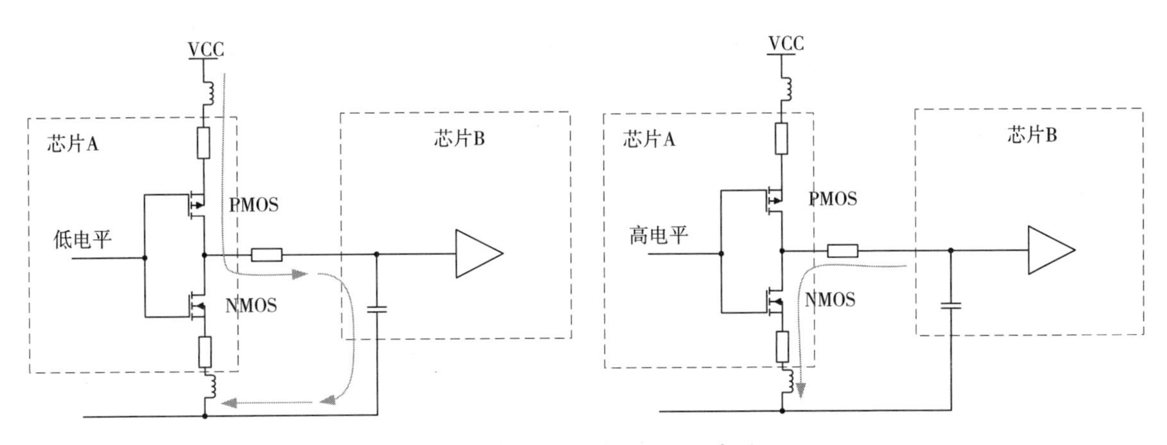

图 13.1　CMOS输出的电流示意图

当控制信号是一个低电平的时候，上面PMOS（P沟道MOSFET）打开，此时输出是高电平。打开的瞬间，V_{CC}通过L_{VCC}和R，对芯片B的输入管脚进行充电。当控制信号是一个高电平的时候，下面的NMOS打开，此时输出的是低电平。打开的瞬间，芯片B的输入管脚储存的电量经过NMOS（N沟道MOSFET）进行放电。在CMOS反相器输出状态发生变化的时候，流过的电流正是变化的电流。于是，在走线、过孔、平面层和封装（键合引线、引脚）等这些具有电感的连接部件上，便会感应出电压。例如，标准的GND地电位应该是0V，但是芯片与地之间的连接部件存在电感，就会感应出电压V_{GND}，那么芯片上的“地”电位就被抬高了，高于0V。如图13.2所示，当CMOS输出信号从低电平向高电平切换时，V_{CC}上会观测到一个负电压的噪声，同时也会影响到GND，并有可能引起一个振荡。当输出信号从高电平向低电平切换时，GND上会观测到一个正电压的噪声，同时也会影响到V_{CC}并有可能引起一个振荡。

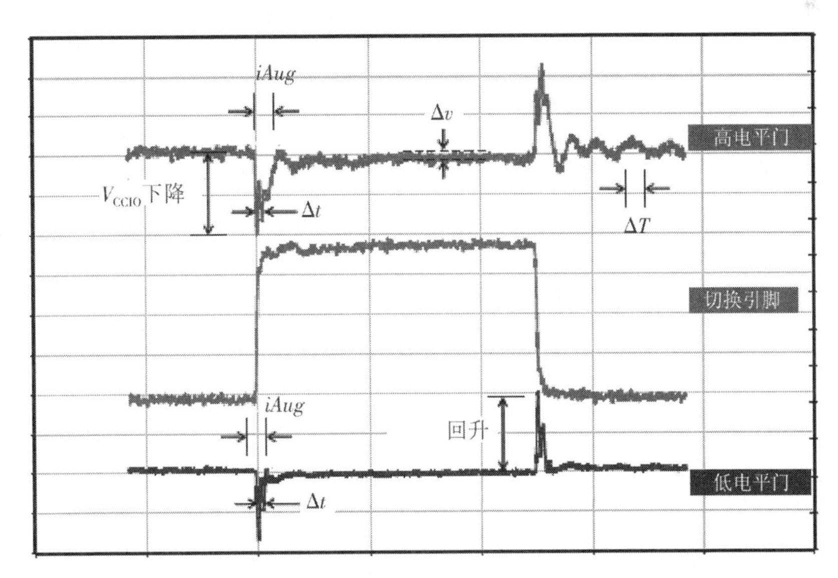

图 13.2　CMOS输出变换电压导致的电源和GND的电压变化

一个CMOS会造成这样的干扰，而如果有很多CMOS同时工作，用电器件对电源平面和GND地平面造成的干扰会很严重。随着芯片的管脚越来越多，电流越来越大，集成度越来越高，我们不得不非常重视电源完整性。

(1)芯片的集成度越来越大，芯片内部晶体管数量也越来越大。

(2)芯片外部电源引脚提供给内部晶体管一个公共的电源节点，当晶体管状态转换时必然引起电源噪声在芯片内部传递。

(3)内部晶体管工作需要内核时钟或外部时钟同步，但是由于内部延迟及各个晶体管不可能严格同步，造成部分晶体管完成状态转换，另一部分可能处于转换状态，这样一来处于高电平门电路的电源噪声会传到其他门电路的输入部分。

经过上面分析，将能够理解为什么要将去耦电容靠近用电器件的电源管脚放置了。

去耦电容通常被用于电源系统中，目的是提供对电源噪声的短时、高频响应，以维持稳定的电源电压供应给集成电路或其他用电器件。将去耦电容放置在靠近用电器件的位置，有以下几个关键的理由。

(1)降低电感效应：在电源供电线路中，电源线和地线都有一定的电感。当用电器件瞬时需要大电流时，由于电感的存在，线路中会产生电压降，导致用电器件供电电压下降。通过在用电器件附近放置去耦电容，可以在用电瞬间提供瞬时电流，抵消电感引起的电压降。

(2)降低电源回路的阻抗：去耦电容在高频上具有较低的阻抗。将去耦电容放置在用电器件附近，可以降低电源回路的总阻抗，使电源更容易提供瞬时高频电流需求。

(3)减小电压波动的传播：电源线路上的电压波动会沿着线路传播。通过将去耦电容靠近用电器件，可以减小电压波动的传播距离，确保用电器件获得更稳定的电源电压。

(4)最小化电源噪声对邻近电路的影响：去耦电容可以吸收电源线上的噪声，防止噪声通过电源线传播到邻近的电路。这对于保持邻近电路的稳定性和性能至关重要。

因此，为了最大限度地提高去耦电容的效果，它通常被放置在用电器件附近，以确保对瞬时电流需求的快速响应，并最小化电源系统中的电感和电阻的影响。

小封装和小容值的去耦电容更应该靠近电源管脚的，主要原因与这些电容的高频响应和电流传输的特性有关。

- 高频响应：小封装和小容值的电容通常在高频范围内具有更好的响应特性。由于高频信号的波长短，电容的物理尺寸和电感对其阻抗的影响较小，因此小型电容更能够提供对高频噪声的有效去耦。
- 电流传输速度：小封装的电容通常具有较低的等效电感，使其能够更快地传输电流。在高频情况下，电流需要迅速响应用电器件的需求。通过将小电容靠近电源管脚，可以降低电流路径的电感，提高对瞬时电流需求的快速响应能力。
- 电源噪声的局部处理：小容值的电容主要用于处理局部的、瞬时的高频噪声。通过将这些电容靠近电源管脚，可以在电源引入电路板或芯片的地方提供即时的去耦效果，而不是在较远的位置提供。这有助于保持用电器件的电源稳定性，减小对整个电路的影响。

采用小封装和小容值的去耦电容靠近电源管脚，有助于优化高频噪声去耦效果，并提供对瞬时电流需求的快速响应。这样的设计有助于维持用电器件的稳定性和性能。

下面举一个电容组合的例子。这个组合使用的电容为：2个680μF钽电容，7个2.2μF陶瓷电容（0805封装），13个0.22μF陶瓷电容（0603封装），26个0.022μF陶瓷电容（0402）。图13.3中上部平坦的曲线是680μF电容的阻抗曲线，其他三个容值的曲线为图13.3中三个V字曲线，从左到右分别为2.2μF、0.22μF、0.022μF。总的阻抗曲线为底部粗包络线。

这个组合实现了在500kHz到150MHz范围内保持阻抗在33mΩ以下，到500MHz处，阻抗上升到110mΩ，从图13.3中看出反谐振点控制得很低。

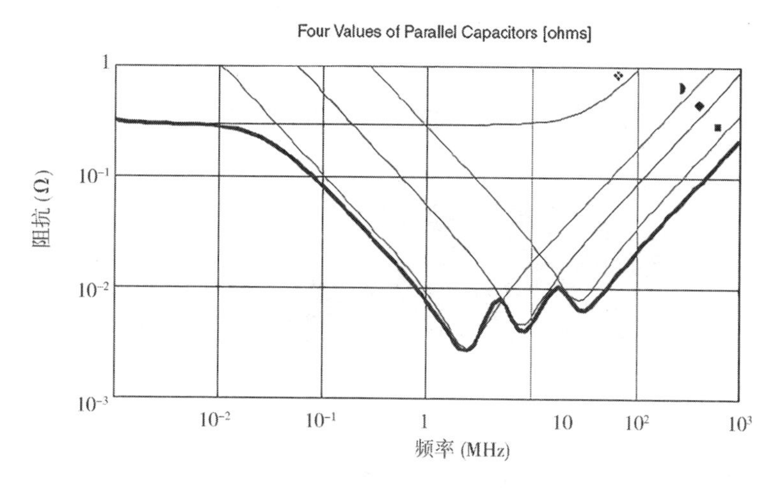

图13.3　电容组合的阻抗曲线

同时，电源完整性还需要考虑PCB走线对输出电源造成的压降。考虑电源完整性时，PCB的走线对输出电源造成的压降是一个重要的方面。在设计电路板时，需要特别关注电源走线的布局和设计，以最小化电源线路上的电压降。以下是一些需要考虑的关键因素。

（1）电源线宽度：电源线的宽度会影响其电阻和电流承载能力。选择适当宽度的电源线可以降低电阻，减少电压降。

（2）电源线长度：较长的电源线会导致较大的电阻和电压降。因此，在设计中应尽量缩短电源线的长度，特别是对于高电流负载。

（3）层间走线：使用多层PCB时，考虑在内层或地层中增加电源线，以降低电阻和电压降。

（4）环路面积：在电源线和返回路径之间形成的环路面积越小，电磁干扰越小，同时电阻也会降低。合理布局和连接地线是非常重要的。

（5）绕线方式：使用较粗的线并采用较宽的走线方式，可以降低电阻，减小电压降。此外，避免尖锐的转角，使用圆滑的弯曲来减小电流的集中。

（6）电源滤波：在电源输入处添加合适的滤波电容和电感，以减小电源中的高频噪声，提高电源的稳定性。

（7）负载规划：合理规划负载在电路板上的位置，以最小化电源线的长度，特别是对电源稳定性要求较高的部分。

(8)温度效应：需要考虑电源线的温度效应，因为温度变化可能会影响电源线的电阻。

综合考虑这些因素，可以优化电源线路的设计，提高电源的完整性，确保电路板在不同工作条件下都能提供稳定的电源。在高性能或高频应用中，电源完整性的设计变得尤为重要。

13.1.2 电源分配网络

在电源完整性仿真分析中，交流去耦仿真主要是为了帮助工程师评估电源分配网络的性能，使电源通道有一个低阻抗传输路径。一个典型的电源分配网络(Power Delivery Network，PDN)包括电源供电端(Voltage Regulator Module，VRM)、电源传输通道(PCB电源平面和参考地平面)、电源网络的去耦电容及寄生电容和用电芯片(Sink)。一个完整的PDN简化模块如图13.4所示。

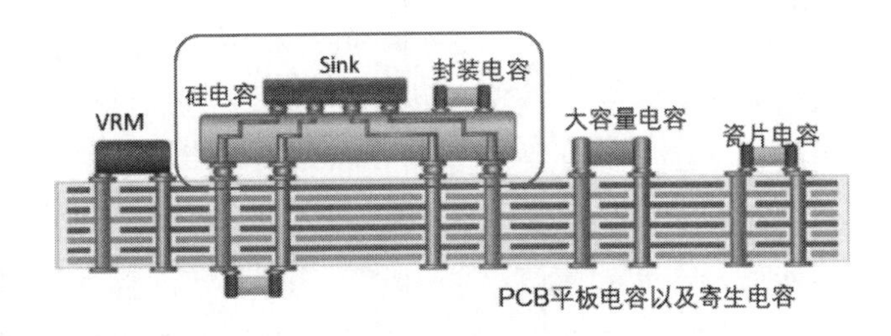

图13.4 PDN简化模块

PDN中每一个部分的作用各不相同，其在电源系统中去耦的频段也不一样，比如下面有一些经验数据，可以供工程师参考。

- VRM的去耦频率通常都在100kHz以内，不排除现在有的VRM可以达到几兆赫兹。
- 大容量去耦电容的去耦频率通常在1MHz左右。
- 高频瓷片去耦电容的去耦频率在100MHz左右。
- 电源平面构成的平板电容去耦频率在500MHz左右。但是这类平板电容的去耦频率与平面构成的结构及材料有关系。
- 芯片封装形成电容的去耦频率会达到几百兆赫兹。
- 芯片电容的去耦频率可以达到几吉赫兹。

以上只是一些经验数据，随着技术和工艺水平的发展，有一些电容的去耦频率范围会更大，且带宽会更宽。

13.1.3 目标阻抗

根据欧姆定律，电阻等于电压与电流的比值。同理，目标阻抗也是电源电压与电流的一个比值。目标阻抗是用电芯片对供电电源的一个最低要求，其单位为欧姆，表达式如下：

$$Z_{\text{target}} = \frac{\Delta V}{I_{\max}}$$

式中：Z_{target}——目标阻抗；

ΔV——电源网络上波动的电压；

$I_{\max}$——实际使用的电流。

由于电流是一个变化的参数，很多工程师在计算目标阻抗时会使用$I_{\max}$的一半。那么上式可以简化为：

$$Z = \frac{\Delta V}{I_{\max} \times 50\%}$$

比如DDR3（指内存芯片）的供电电压为1.5V，电源的电压变化范围为5%，单颗DDR3内存颗粒的最大电流约为400mA，那么计算出目标阻抗为375mΩ。

13.2 ADS 电源完整性仿真流程

电源完整性和信号完整性一样，分为前仿真和后仿真。前仿真在ADS软件的原理图中进行仿真，主要是通过对不同电容的组合、电容的数量等进行仿真分析，图13.5所示为单颗电容、多颗相同的电容并联及多颗不同的电容并联的仿真原理图及仿真结果。

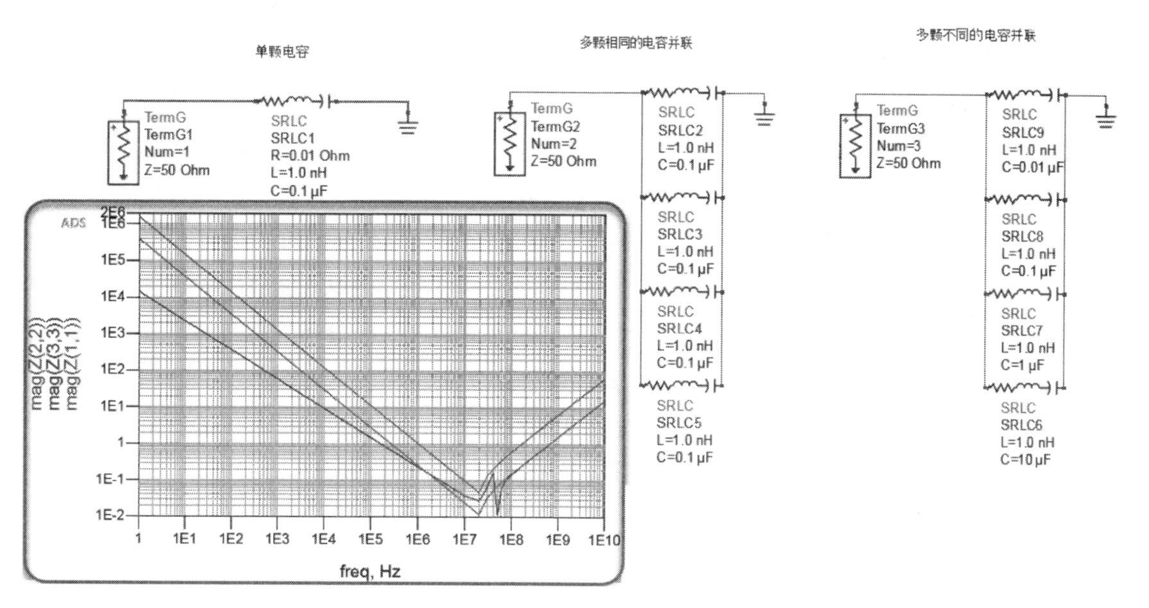

图13.5 电源完整性前仿真

电源完整性后仿真和信号完整性的后仿真基本类似，同样包含了导入PCB相关的文件、编辑层叠结构及其中的材料参数、启动SIPro/PIPro、选择网络、设置VRM、设置Sink、给元件赋模型、设置端口、设置仿真频率，以及其他条件设置、仿真、分析仿真结果、优化仿真分析及保存结果，如果有需要可以把仿真提取的模型导出到ADS的原理图中进一步进行仿真。仿真用流程图表示，结果如图13.6所示。

对于电源完整性的分析，从不同的角度可以分为不同的种类，通常大家按频率把电源完整性分析分为直流分析和交流分析。直流分析主要是分析直流压降、电流密度、过孔的电流密度等；交流分析主要是分析PDN的阻抗。

接下来，结合PIPro分别介绍直流仿真分析、电热联合仿真分析及交流仿真分析。

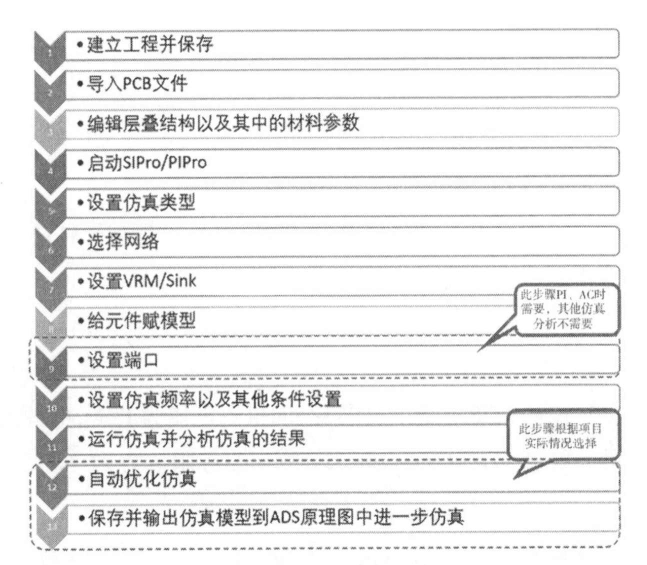

图13.6　PIPro仿真流程

13.3 电源完整性直流仿真分析

在对电源直流进行仿真分析之前，需要收集仿真相关的资料信息，包括选择需要仿真的电源网络、仿真网络的电源供电端(VRM)的数据手册、用电端(Sink)的数据手册、确定电源电压和电流、层叠资料等。另外，还需要明白PCB设计中电源设计的大致情况，包括电源通道在PCB的哪些层、电源的用电端有哪些、分布在PCB哪个位置等。了解这些内容对后面仿真设置和分析非常有用，这也是所谓“磨刀不误砍柴工”。

电源直流仿真分析(PI-DC)主要设置包括：层叠中介质、铜箔厚度等参数的设置，电源和地网络的选择和赋值，供电端的选择和设置，用电端的选择和设置，供电网络互联设置，还需根据项目的实际情况设置一些特殊条件。设置完成之后即运行仿真，分析结果，主要是分析仿真获得的结果，得出结论，如果有问题再给出改善的建议，反馈给相关的工程师修改或进入下一个设计或制造环节。

在ADS软件的Layout界面的工具栏上右击，在弹出的快捷菜单中选择HSD。在打开的界面中单击SIPro/PIPro按钮，启动SIPro/PIPro软件，在该软件中建立完整性直流分析。

13.3.1 建立直流仿真

把软件默认建立的所有仿真分析都删除。选择Analyses，然后右击，在弹出的快捷菜单中选择New PI-DC Analysis，如图13.7所示。

单击New PI-DC Analysis之后会生成一个Analysis 1。选择新产生的Analysis 1，单击将其修改为1V5_DC，如图13.8所示。

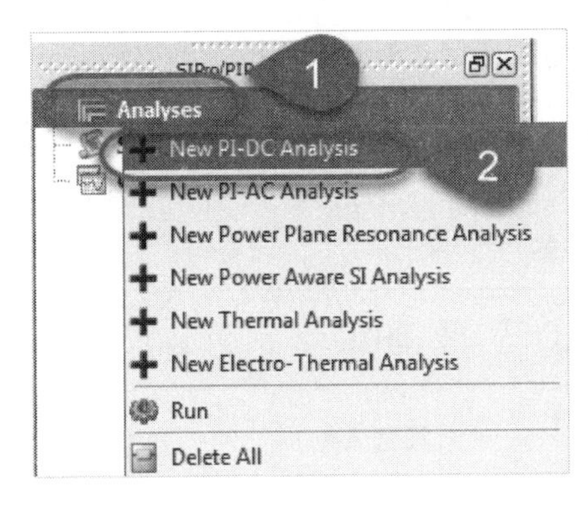

图 13.7 新建PI-DC仿真类型

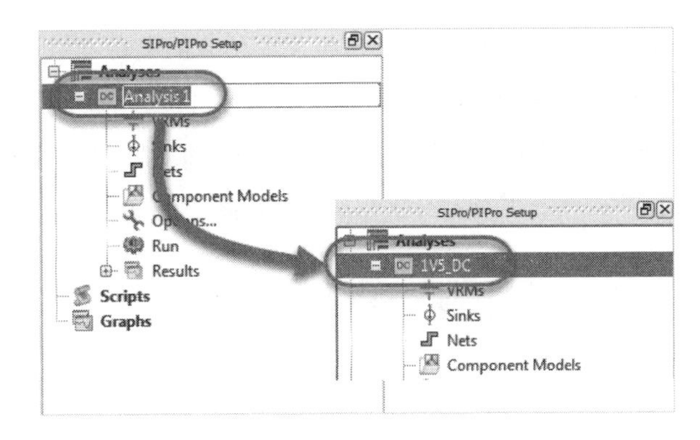

图 13.8 修改仿真分析名称

通常，一个项目中需要仿真的电源网络比较多，所以在命名时，尽量按网络名称命名，这样方便辨识。

13.3.2 选择电源网络并确定参数

在仿真之前首先需要确定仿真的电源网络和参考地网络。本案例中需要仿真的电源网络是DDR3的电源供电网络，即1V5这个电源网络(1.5V电源网络，软件中把1.5V表述为1V5)。

选择好仿真网络后，需要明确这个网络供电端(VRM)、用电端(Sink)和电源网络通道上是否存在无源的互连器件(一般是电感和/或电阻)，并明确这个电源网络的电压值和电流分别为多少。

在设计电子产品时，一般都会设计一个电源树或电源流程图，用以标识电源的整体状况及电源的转换。图13.9是一个简化的电源树，详细的电源树还会标识每一路电源的用电端及转换的类型等。

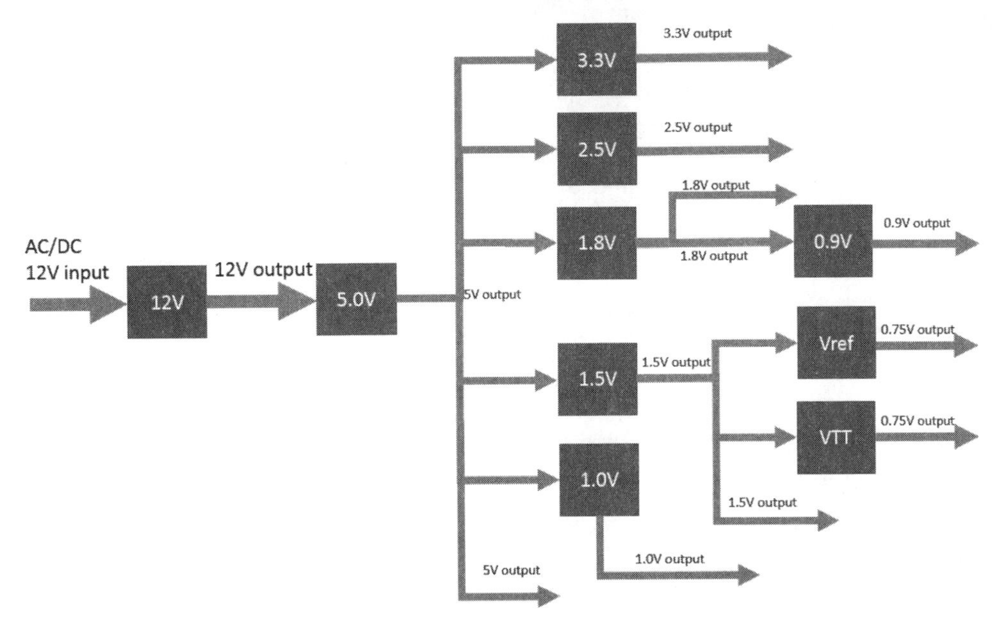

图 13.9 电源树

同时，在开始仿真之前，应把需要仿真的电源网络进行分类，并记录好每一路电源的源端、用电端及电源电压与电流分配表。分类越详细，仿真设置时就越不容易出错，并且会大大提高设置的效率。以1V5的电源网络为例，电源电压和电流的分配如表13.1所示。

表13.1　电源电压和电流分配表

<table>
<tr><th>电源网络名</th><th>供电端（VRM）</th><th>电压/V</th><th>总电流/A（Sink）</th><th>用电芯片</th><th>备注</th><th>互连元件</th></tr>
<tr><td rowspan="2">1V5</td><td rowspan="2">U25</td><td rowspan="2">1.5</td><td rowspan="2">3</td><td>U2</td><td>最大耗电流为1A</td><td rowspan="2">L6,R196,R898,R899</td></tr>
<tr><td>U15、U16、U17、U18、U19</td><td>U15、U16、U17、U18、U19都是相同的DDR3颗粒，所以每一颗的耗电电流均约为0.4A</td></tr>
</table>

电源电压和电流分配表中的数据需要结合系统要求、芯片工作情况及芯片的数据手册获取。特别是电流数据的获取，很多工程师都感觉比较困难，因为电流是由用电端芯片的工作情况决定的，所以芯片的电流值是动态的，但是一般为了产品的可靠性及设计的简单性，通常都是按芯片的最大用电量计算。这也就是为什么很多时候电源会过度设计，从而造成成本的增加。

在PIPro中选择网络与SIPro选择的网络的方式是一样的，按住键盘Shift键，同时选择1V5和GND，如图13.10所示。

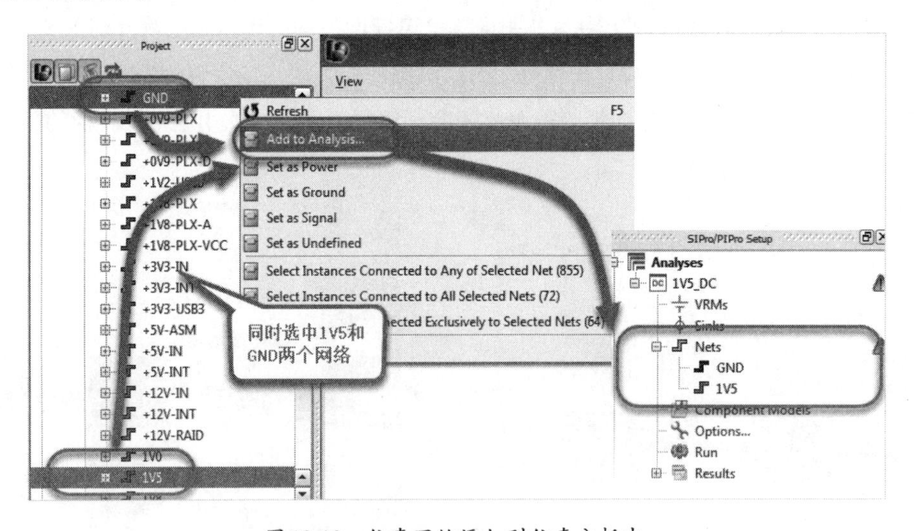

图13.10　仿真网络添加到仿真分析中

由于设置栏中只有1V5_DC这一个直流仿真分析，所以前面在选择网络添加到分析中时直接就添加到了1V5_DC这个分析项目中。

13.3.3 分离元件参数设置

当1V5这个网络中间有无源器件连接时，软件会把网络分成两个网络，一个网络名称为1V5，另一个网络一般会是设计软件自动赋值的一个流水号网络名(一个自动生成的网络名)。如果电源网络中有无源器件的情况,通常是先把无源器件选择到元件模型(如图13.8中的Component Models)中,在元件一栏中选择L6,然后右击,在弹出的快捷菜单中选择Create Component Models for Analysis命令,元件会自动添加到1V5_DC的Component Models一栏中,如图13.11所示。

用同样的方式,把电阻R196也添加到Component Models一栏中。再以同样的方式选择电阻R898和R899,将其添加到Component Models中时,由于前面已经添加了R196,所以会弹出一个对话框,选择是否把选择的器件添加到已存在的元器件组中,由于R196、R898和R899是相同类型的器件,所以单击Add to existing Group按钮,如图13.12所示。

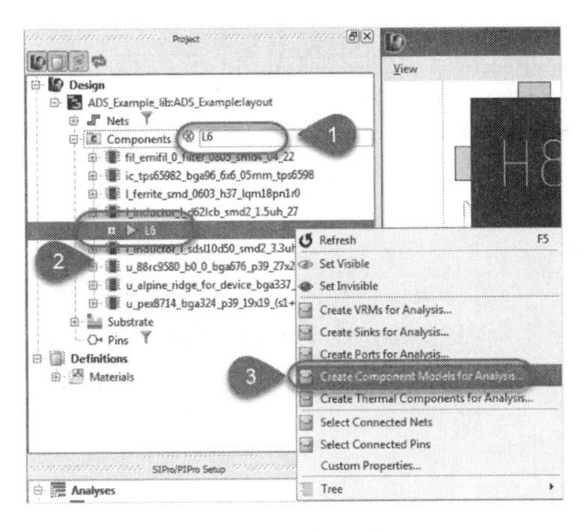

图13.11　选择电感L6

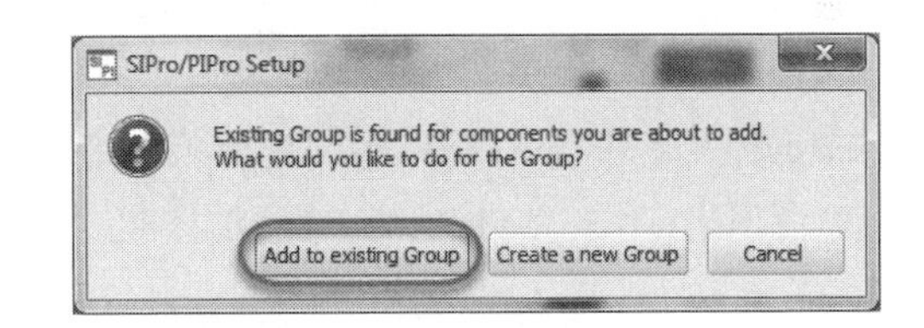

图13.12　选择是否归纳为同一组

如果是相同的器件,在工程中想给器件赋不相同的值,就需要单击Create a new Group按钮。选中所有器件选择之后右击,在弹出的对话框中给所有的器件分配参数类型为Lumped,所有的数值都为0,然后单击Done按钮,如图13.13所示。

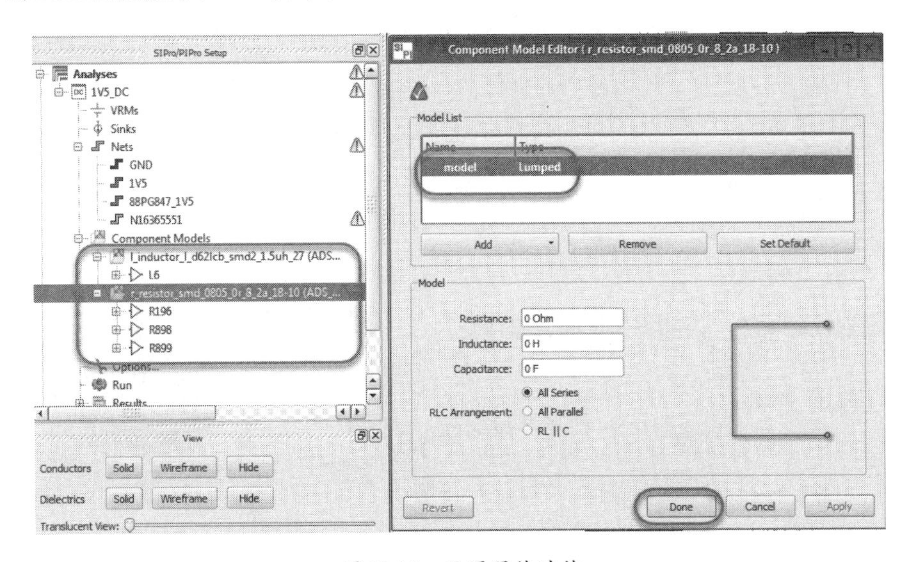

图13.13　无源器件赋值

在选择器件时，器件连接两端的信号网络都会被自动添加到Nets一栏中。在图13.14中，由于N16365551网络没有被定义。选择N16365551，然后右击，在弹出的快捷菜单中选择Set as Power命令，将其设置为电源网络，这时N16365551的图标会变成红色，如图13.14所示。此时这个网络就被设置为电源网络。

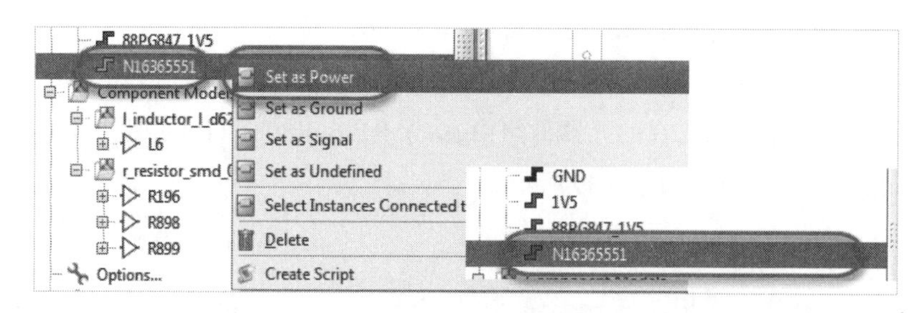

图13.14　把未定义的网络定义为电源网络

13.3.4 供电端VRM设置

我们需要先设置电源供电端（VRM），这样仿真软件才知道电路中哪里是供电端。在Components一栏中选择U25并右击，在弹出的快捷菜单中选择Create VRMs for Analysis命令，在弹出的对话框中选择电源网络N16365551，然后单击OK按钮，如图13.15所示。

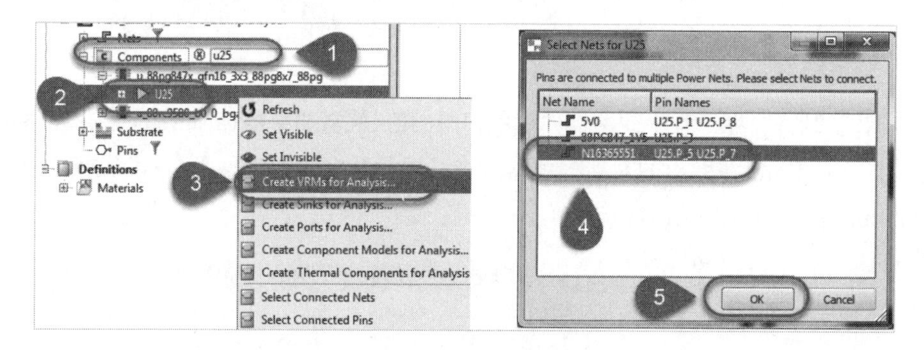

图13.15　选择VRM元件

单击OK按钮之后，就会自动产生VRM端口，如图13.16所示。

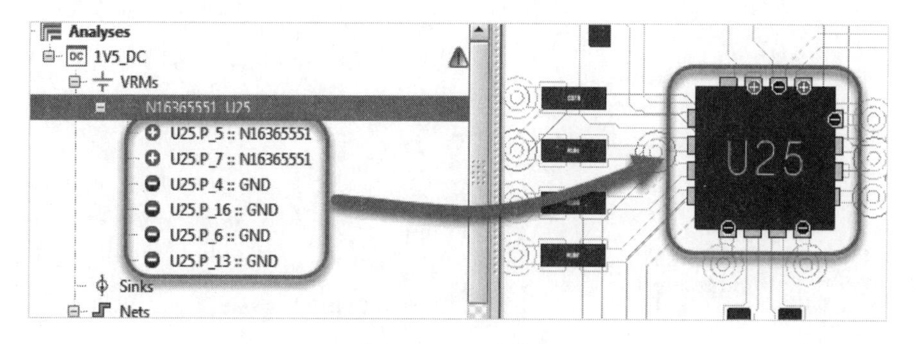

图13.16　VRM端口

在VRMS下选择N16365551_U25，右击后在弹出的快捷菜单中选择Properties（属性），弹出VRM编辑对话框，编辑完参数之后，单击Done按钮，如图13.17所示。

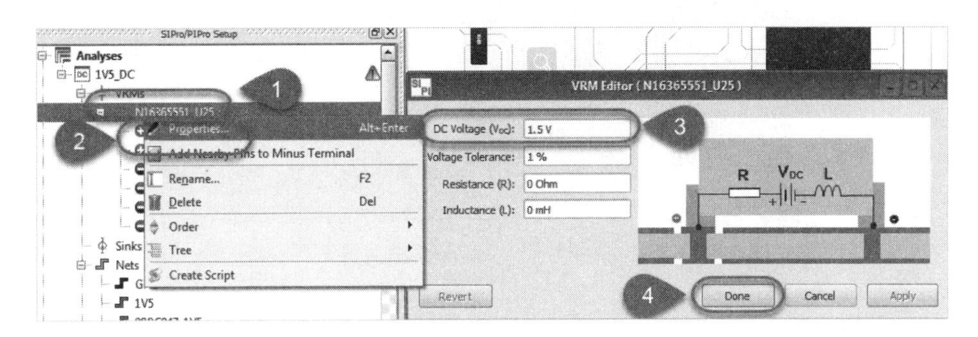

图13.17　设置VRM属性

在VRM编辑对话框中可以编辑VRM的Voltage（VDC）（电压）、Voltage Tolerance（电压的容差）、Resistance（R）（内阻）和Inductance（L）（寄生电感）。VRM的电压默认值为1.5V，与1V5的电压一致，其他值保持默认，单击Done按钮即完成VRM参数的设置。

如果VRM有多个元件，除了可以像上面一样进行设置，也可以为了提高设置效率对所有的器件同时编辑参数，选中VRMs并右击，在弹出的快捷菜单中选择All Properties命令，在弹出的对话框中会通过表格列出所有参数，可以对所有参数进行一次性设置，然后单击Done按钮，如图13.18所示。

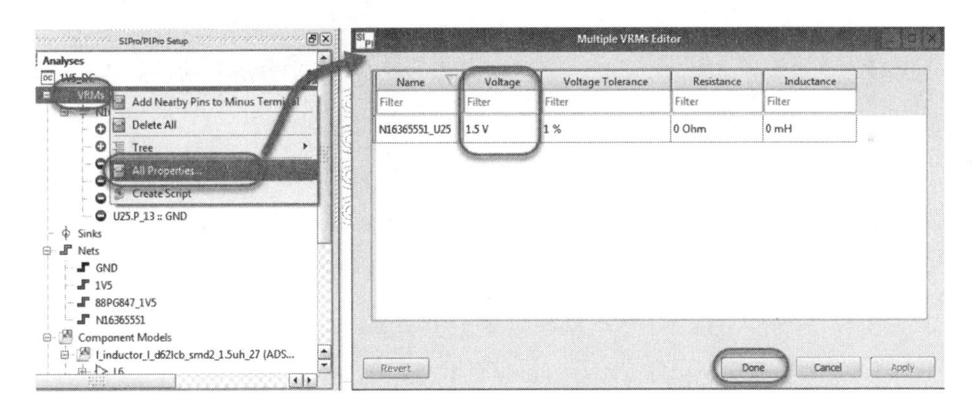

图13.18　编辑多个VRM属性

VRM包含的参数都是一样的，设置完之后单击Done按钮关闭窗口即可。

13.3.5 用电端Sink设置

用电端Sink的设置与供电端VRM的设置类似，只是设置的参数不相同。Sink的元件包含了U2、U15、U16、U17、U18和U19。在选择器件时，如果器件在Layout显示区域能明显地看到，那么可以直接选中器件，例如显示U2，即可直接选中U2，然后右击，在弹出的快捷菜单中选择Create Sinks for Analysis命令，在弹出的对话框中选择1V5的电源网络，然后单击OK按钮，如图13.19所示。

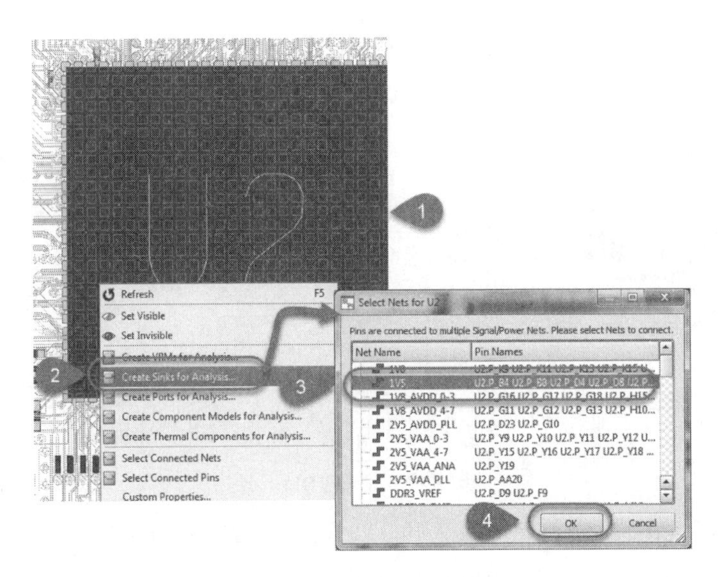

图 13.19　选择Sink元件

由于U2中包含了很多电源网络，所以一定要选择对应的网络，选择之后单击OK按钮，即可自动产生用电芯片Sink U2的端口，选中1V5_U2，端口的分布如图13.20所示。

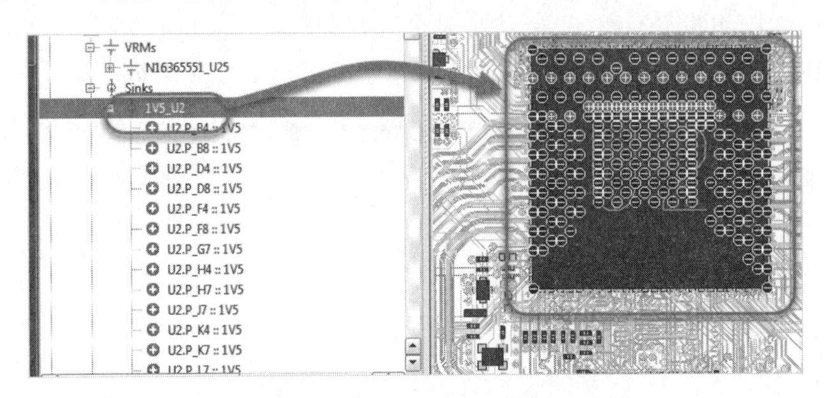

图 13.20　U2的端口分布

选择1V5_U2并右击，在弹出的快捷菜单中选择Properties命令，将弹出Sink Editor对话框，在其中可以设置Sink的DC Current(I_{DC})（直流电流）、Sink的Resistance(R)（内阻）、Voltage Tolerance（输入电压的容差），以及选择Pin Current Model（引脚处电流的模型），如图13.21所示。

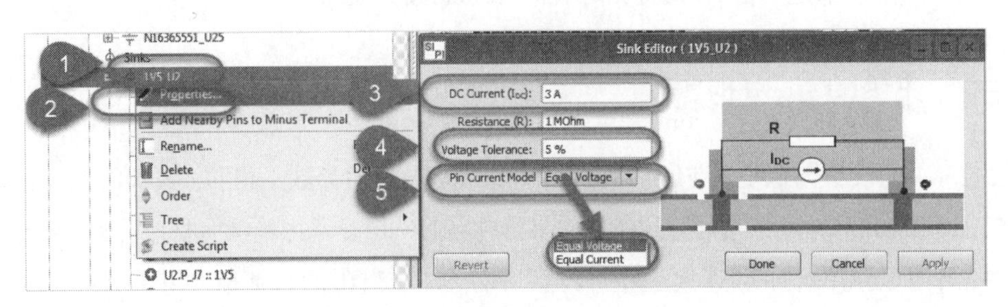

图 13.21　打开Sink Editor对话框

直流电流就是用电芯片工作时需要使用的电流，针对的是所选择的网络，而不是整颗芯片，根据前面的表格所列举的参数，电流设置为1A。内阻为1MΩ，一般保持默认值。

输入电压的容差一般与芯片的要求有关系，就是芯片的供电电压范围；有的公司也会针对特定的一些电源网络有一些特殊的要求，比如，1V的电压要求的容差是2%，1.5V的电压要求3%，大于1.5V的要求5%等。本案例设置为3%。

引脚处的电流模型分为Equal Voltage（等电压）和Equal Current（等电流）两种类型，就是设置在芯片的引脚处电源的形式，等电压表示的是电压相同，此时所有的引脚的正端短接在一起，所有的负端也短接在一起，由于不同引脚的内阻不同，所以流经的电流也不一样；等电流表示的是电流相同，即所有的正端都短接在一起，强制其电流相同，负端通过一个小电阻连接在一起，这样就保证了电压几乎也是相等的。根据实际的情况设定，本案例按软件默认设置为等电压模式。设置好之后，单击Done按钮，如图13.22所示，即完成Sink U2的参数设置。

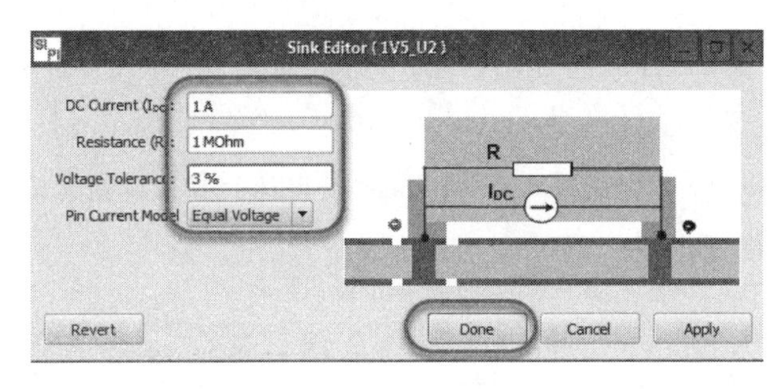

图13.22　设置Sink的参数

按前面相同的操作方式，一起选中U15、U16、U17、U18和U19这几个元件，然后右击并在弹出的快捷菜单中选择Create Sinks for Analysis命令，在弹出的对话框中选择1V5的电源网络，并且选择Use same selection for all others选项，单击OK按钮，如图13.23所示。

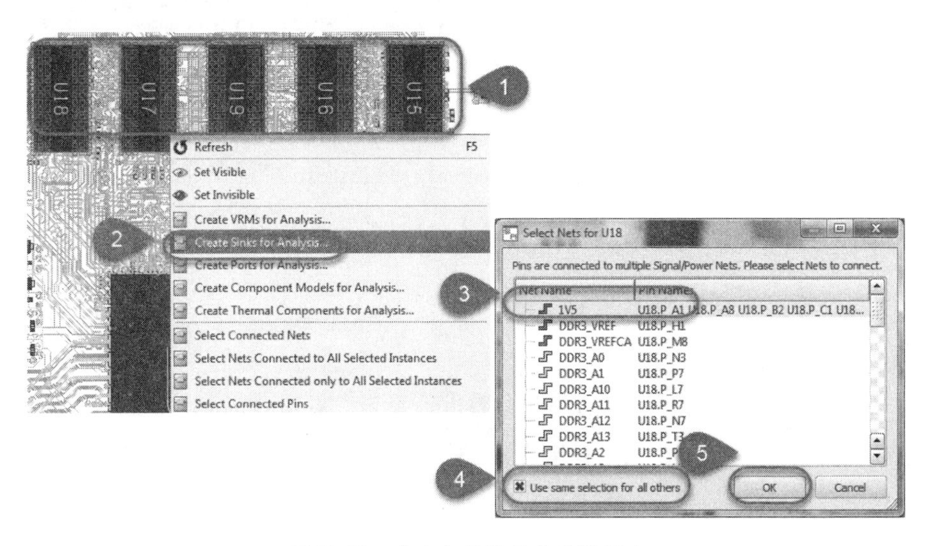

图13.23　多个相同的元件设置Sink

选择Use same selection for all others选项的目的是对其他的元件都选择相同的网络，如果同时选择多个元件，而网络不相同时，就不能选择此选项。单击OK按钮后，各个DRAM元件的端口分布如图13.24所示。

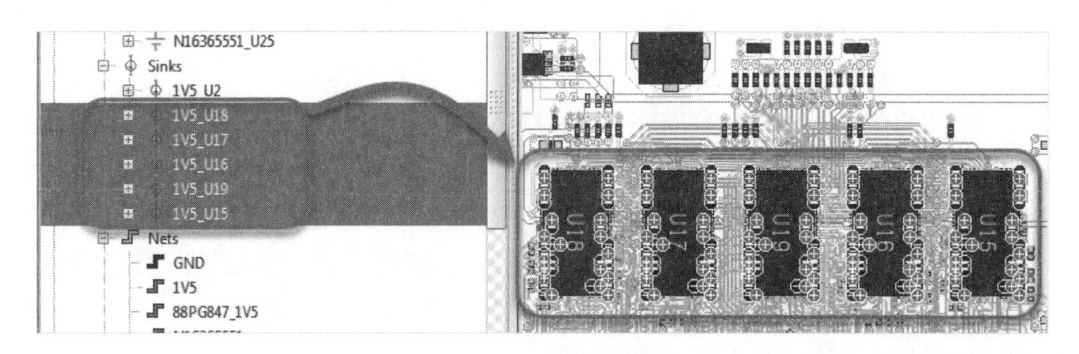

图13.24　各DRAM元件的端口分布

选中Sink右击，并在弹出的快捷菜单中选择All Properties(所有属性)命令，在弹出的多个Sink属性编辑对话框中分别设置U15、U16、U17、U18和U19等元件的属性，Current(电流)为0.4A，Voltage Tolerance(输入电压的容差)为3%，选择Equal Voltage(等电压)模式，设置完成后单击Done按钮，即完成Sink端属性的参数设置，如图13.25所示。

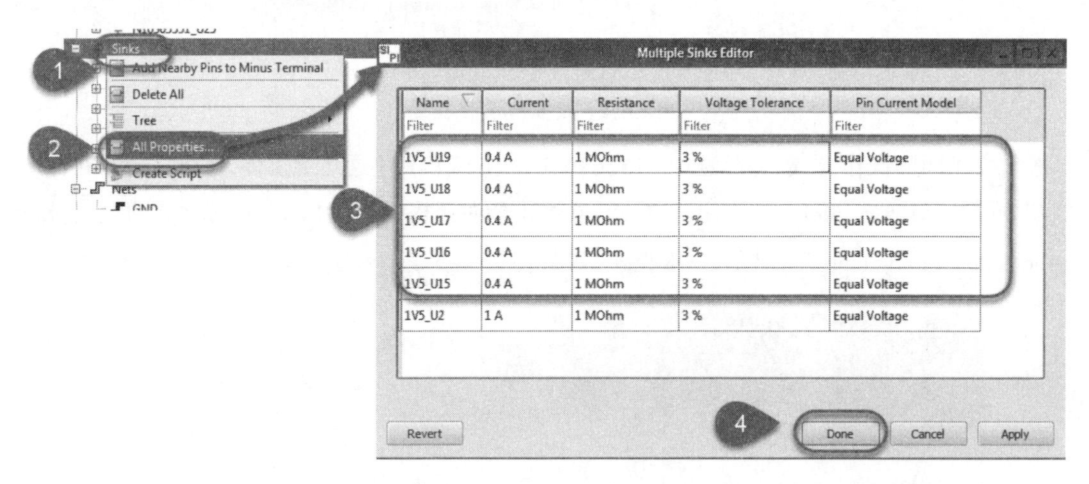

Name	Current	Resistance	Voltage Tolerance	Pin Current Model
Filter	Filter	Filter	Filter	Filter
1V5_U19	0.4 A	1 MOhm	3 %	Equal Voltage
1V5_U18	0.4 A	1 MOhm	3 %	Equal Voltage
1V5_U17	0.4 A	1 MOhm	3 %	Equal Voltage
1V5_U16	0.4 A	1 MOhm	3 %	Equal Voltage
1V5_U15	0.4 A	1 MOhm	3 %	Equal Voltage
1V5_U2	1 A	1 MOhm	3 %	Equal Voltage

图13.25　设置多个Sink的属性

13.3.6 设置Options

设置Options这个选项，是对仿真的一些参数进行设置。双击Options，在弹出的对话框中设置Background Temperature(环境温度)，一般保持默认值25℃。在Options标签栏中可以设置网格剖分的分辨率、网格的大小及是否使用理想参考地网络，在没有特殊要求的情况下都保持默认值，如图13.26所示。

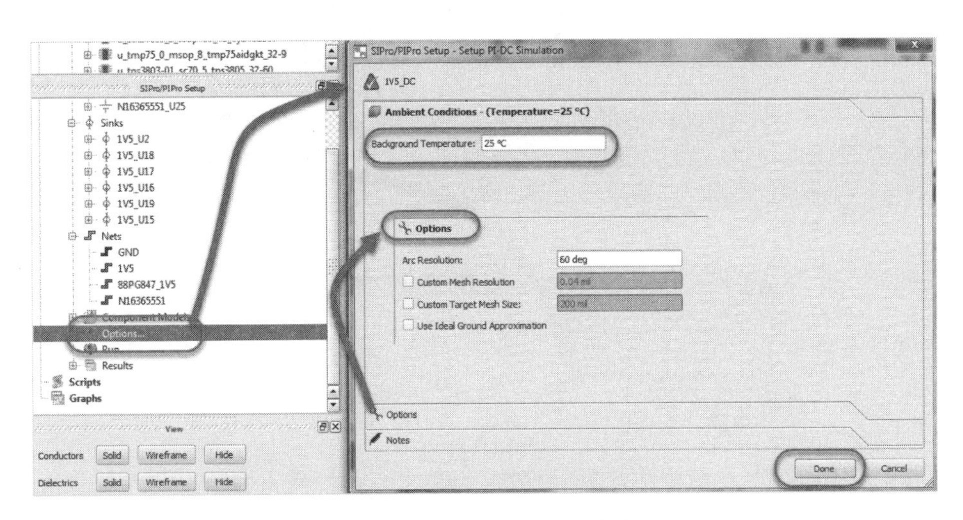

图 13.26　PI-DC Options 设置

13.3.7 运行仿真及查看仿真结果

在菜单栏上选择 File→Save 命令，保存之前的仿真工程。然后在软件左侧的 SIPro/PIPro 设置栏内双击 Run，将会弹出提示是否保存修改工程的对话框，在其中单击 Yes 按钮，将弹出仿真窗口，如图 13.27 所示。

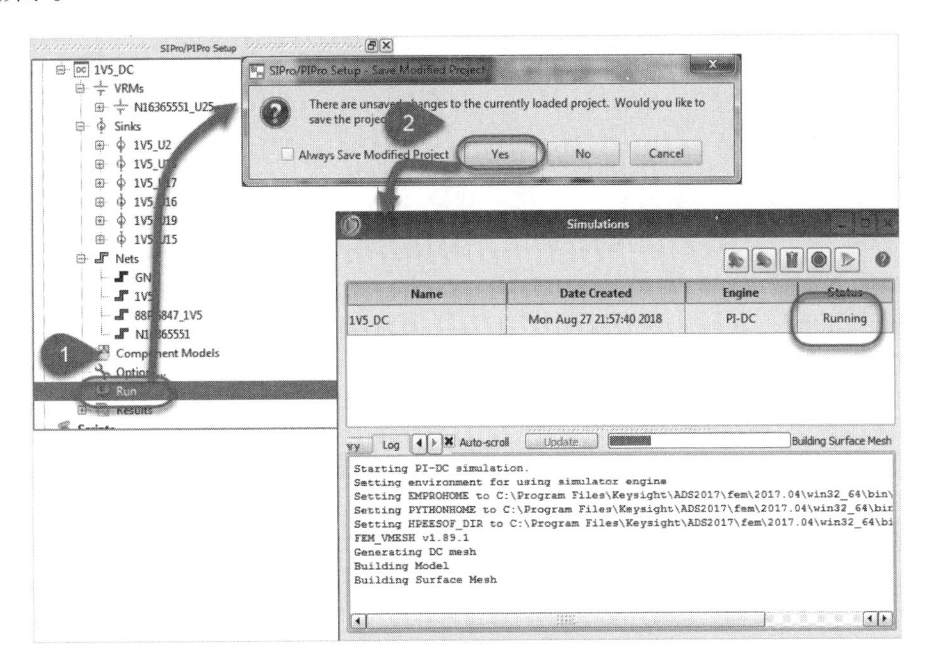

图 13.27　运行仿真

PI-DC 的仿真通常比较快，仿真完成后在仿真的窗口中可以看到状态及完成仿真的时间，如图 13.28 所示。

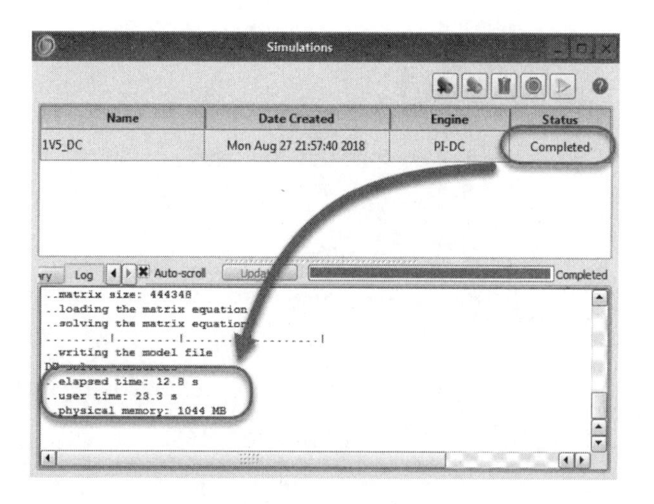

图 13.28　仿真完成

在软件左侧的SIPro/PIPro设置栏内单击Results前的加号按钮展开选项，然后双击Overview，弹出DC Results Overview（直流仿真结果总览）窗口，如图13.29所示。

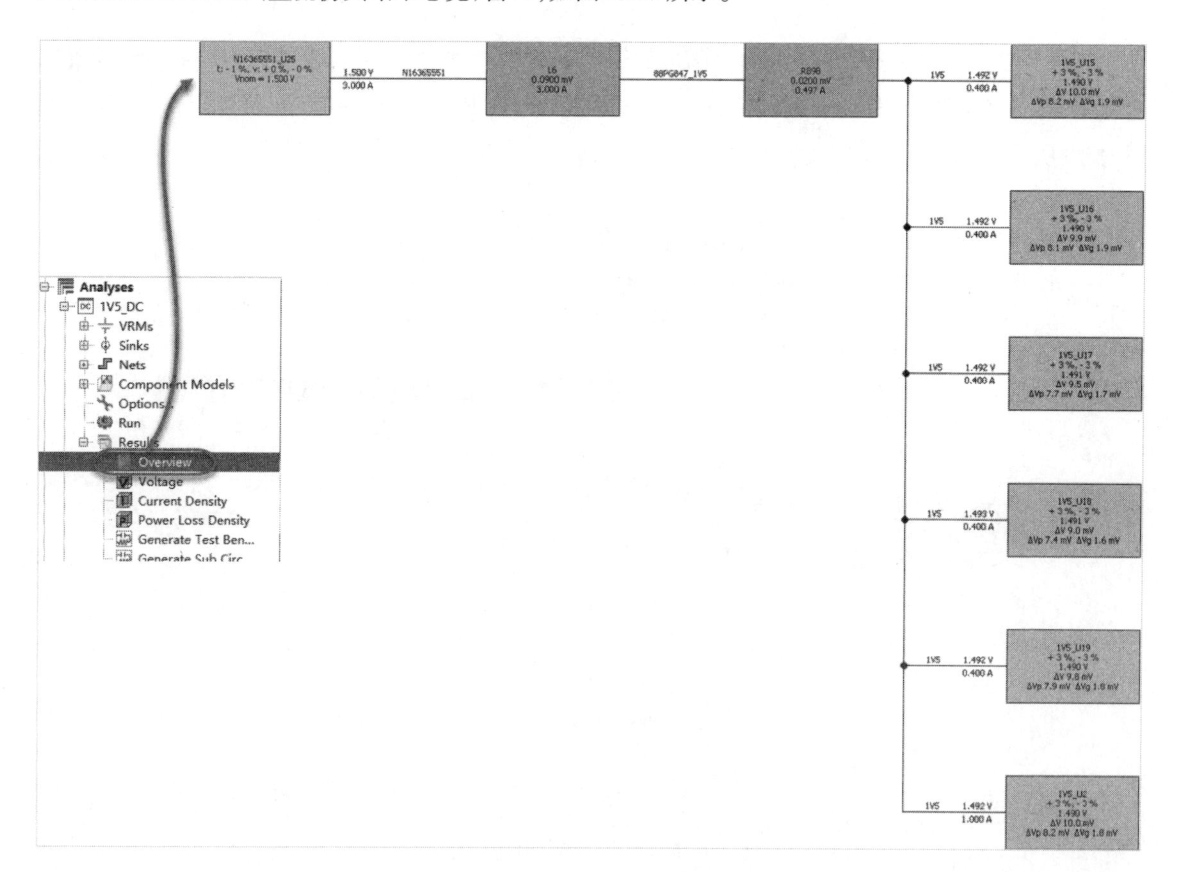

图 13.29　直流仿真结果总览

在总览窗口中包含了Power Graph（电源图/树）、Sink、VRMs、Thermal Components、Layers（层）、Pins

(引脚)及Vias(过孔)的结果。在Power Graph中可以看到电源树的结构,对于电源的流向也非常清晰,在各个节点都能查看到相关的参数,特别是在Sink端,从Sink端的颜色就能判断结果是否满足要求,绿色的表示满足,本案例中所有的Sink都满足电压要求;如果是红色的,则表示不满足。

选择Sinks选项卡,其中包含了各Sink的输入的电压、输入的电流、电压跌落的大小、电源和参考地上跌落的电压、设置的容差值、与设定的目标值的裕量,以及电源传递路径的直流电阻。如果仿真的结果符合设定的容差值,那么在Name(名称)一栏中会有一个绿色的对号显示;如果不符合,则显示为黄色的感叹号,并且对应的Sink一行都是红色的,如图13.30所示。

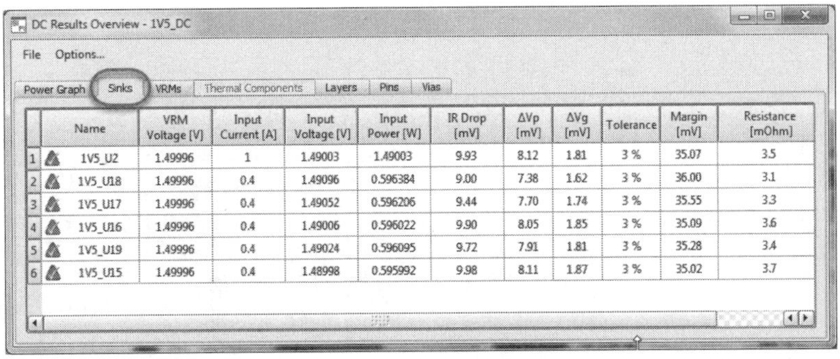

DC Results Overview - 1V5_DC

File Options...

Power Graph | Sinks | VRMs | Thermal Components | Layers | Pins | Vias

	Name	VRM Voltage [V]	Input Current [A]	Input Voltage [V]	Input Power [W]	IR Drop [mV]	ΔVp [mV]	ΔVg [mV]	Tolerance	Margin [mV]	Resistance [mOhm]
1	1V5_U2	1.49996	1	1.49003	1.49003	9.93	8.12	1.81	3 %	35.07	3.5
2	1V5_U18	1.49996	0.4	1.49096	0.596384	9.00	7.38	1.62	3 %	36.00	3.1
3	1V5_U17	1.49996	0.4	1.49052	0.596206	9.44	7.70	1.74	3 %	35.55	3.3
4	1V5_U16	1.49996	0.4	1.49006	0.596022	9.90	8.05	1.85	3 %	35.09	3.6
5	1V5_U19	1.49996	0.4	1.49024	0.596095	9.72	7.91	1.81	3 %	35.28	3.4
6	1V5_U15	1.49996	0.4	1.48998	0.595992	9.98	8.11	1.87	3 %	35.02	3.7

图13.30 直流仿真结果的Sink

VRMs选项卡的内容是VRM的相关结果,可以查看设置的参数及结果是否正确,如图13.31所示。

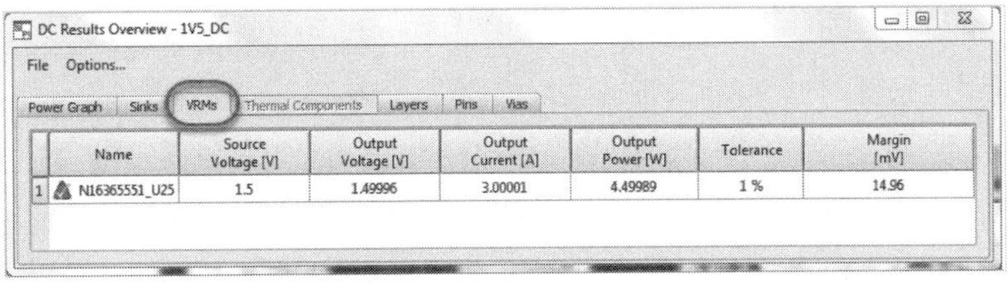

DC Results Overview - 1V5_DC

File Options...

Power Graph | Sinks | VRMs | Thermal Components | Layers | Pins | Vias

	Name	Source Voltage [V]	Output Voltage [V]	Output Current [A]	Output Power [W]	Tolerance	Margin [mV]
1	N16365551_U25	1.5	1.49996	3.00001	4.49989	1 %	14.96

图13.31 直流仿真结果的VRM

Layers(层)选项卡中的结果主要是各导体层及过孔的温度、电流及电压的分布结果,如图13.32所示。

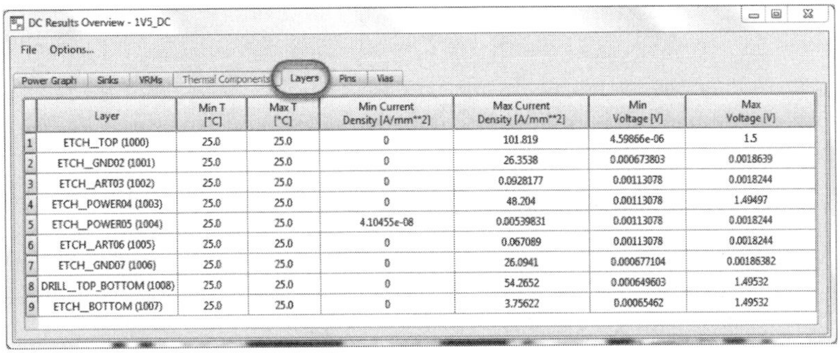

DC Results Overview - 1V5_DC

File Options...

Power Graph | Sinks | VRMs | Thermal Components | Layers | Pins | Vias

	Layer	Min T [°C]	Max T [°C]	Min Current Density [A/mm**2]	Max Current Density [A/mm**2]	Min Voltage [V]	Max Voltage [V]
1	ETCH__TOP (1000)	25.0	25.0	0	101.819	4.59866e-06	1.5
2	ETCH__GND02 (1001)	25.0	25.0	0	26.3538	0.000673803	0.0018639
3	ETCH__ART03 (1002)	25.0	25.0	0	0.0928177	0.00113078	0.0018244
4	ETCH__POWER04 (1003)	25.0	25.0	0	48.204	0.00113078	1.49497
5	ETCH__POWER05 (1004)	25.0	25.0	4.10455e-08	0.00539831	0.00113078	0.0018244
6	ETCH__ART06 (1005)	25.0	25.0	0	0.067089	0.00113078	0.0018244
7	ETCH__GND07 (1006)	25.0	25.0	0	26.0941	0.000677104	0.00186382
8	DRILL__TOP_BOTTOM (1008)	25.0	25.0	0	54.2652	0.000649603	1.49532
9	ETCH__BOTTOM (1007)	25.0	25.0	0	3.75622	0.00065462	1.49532

图13.32 直流仿真结果的Layers

Pins(引脚)选项卡的结果显示的是每一个与仿真电源网络相连的引脚的电压、电流和温度,如图13.33所示。

默认值显示所有的引脚(All)的结果,如果要选择具体的元件的引脚,则可以在Select Pin的下拉列表中选择具体的引脚,如图13.34所示。

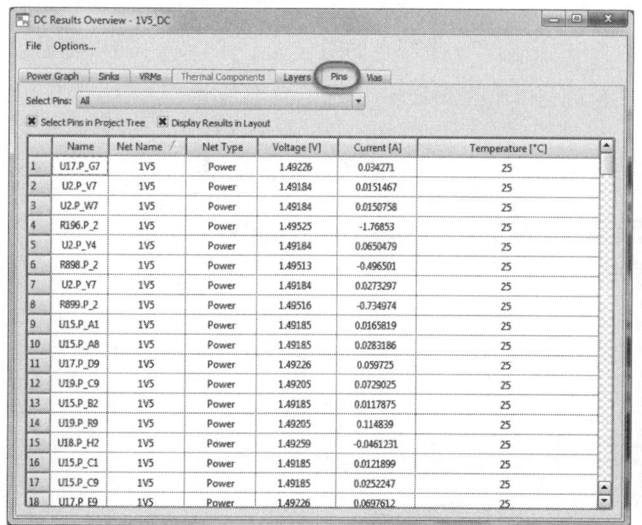

	Name	Net Name	Net Type	Voltage [V]	Current [A]	Temperature [°C]
1	U17.P_G7	1V5	Power	1.49226	0.034271	25
2	U2.P_V7	1V5	Power	1.49184	0.0151467	25
3	U2.P_W7	1V5	Power	1.49184	0.0150758	25
4	R196.P_2	1V5	Power	1.49525	-1.76853	25
5	U2.P_Y4	1V5	Power	1.49184	0.0650479	25
6	R898.P_2	1V5	Power	1.49513	-0.496501	25
7	U2.P_Y7	1V5	Power	1.49184	0.0273297	25
8	R899.P_2	1V5	Power	1.49516	-0.734974	25
9	U15.P_A1	1V5	Power	1.49185	0.0165819	25
10	U15.P_A8	1V5	Power	1.49185	0.0283186	25
11	U17.P_D9	1V5	Power	1.49226	0.059725	25
12	U19.P_C9	1V5	Power	1.49205	0.0729025	25
13	U15.P_B2	1V5	Power	1.49185	0.0117875	25
14	U19.P_R9	1V5	Power	1.49205	0.114839	25
15	U18.P_H2	1V5	Power	1.49259	-0.0461231	25
16	U15.P_C1	1V5	Power	1.49185	0.0121899	25
17	U15.P_C9	1V5	Power	1.49185	0.0252247	25
18	U17.P_E9	1V5	Power	1.49226	0.0697612	25

图13.33 直流仿真结果的Pins

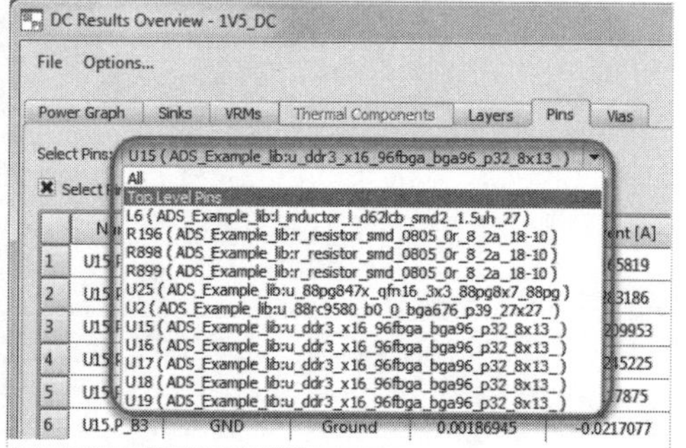

图13.34 选择显示的引脚

Vias选项卡中显示的是过孔的最大电流密度和温度。在Maximum Current(最大电流密度)下拉列表中可以设定最大密度的规范,如果符合设定的要求,则在Current[A](电流)一列显示为绿色的对号;如果不符合要求,则显示为一个黄色的感叹号。在Maximum Temperature(最高温度)下拉列表中可以设定最高温度的规范,与最大电流判断的规则是一样的,如果符合设定的要求,则在T[°C](温度)一列显示为绿色的对号;如果不符合要求,则显示为一个黄色的感叹号,如图13.35所示。

DC Results Overview - 1V5_DC
File Options...
Power Graph Sinks VRMs Thermal Components Layers Pins Vias
Maximum Current: 1 + 0*Area A (0 Violations)
Maximum Temperature 100 degC (0 Violations)
Re-Evaluate Display Results in Layout Only Show Violating Vias (Current) Only Show Violating Vias (T)

	Id	Current [A]	T [°C]	Radius [um]	Plating [um]	Area [um**2]
1	0	0.000964058	25.0	1803.4	0	1.02172e+07
2	1	5.99865e-07	25.0	138.98	0	60681.2
3	2	4.14351e-07	25.0	138.98	0	60681.2
4	3	7.63606e-07	25.0	138.98	0	60681.2
5	4	1.43574e-06	25.0	138.98	0	60681.2
6	5	9.35757e-07	25.0	138.98	0	60681.2
7	6	4.47659e-07	25.0	138.98	0	60681.2
8	7	1.45981e-05	25.0	127	0	50670.7
9	8	1.58374e-05	25.0	127	0	50670.7
10	9	1.43361e-05	25.0	127	0	50670.7
11	10	2.75839e-05	25.0	127	0	50670.7
12	11	6.74163e-05	25.0	127	0	50670.7

图13.35 直流仿真结果的过孔标签栏

在Vias选项卡中选择任意Id都会在SIPro/PIPro的Layout图中高亮过孔，如果有过孔的电流密度或温度过高，就可以对应地进行编辑修改，如图13.36所示。

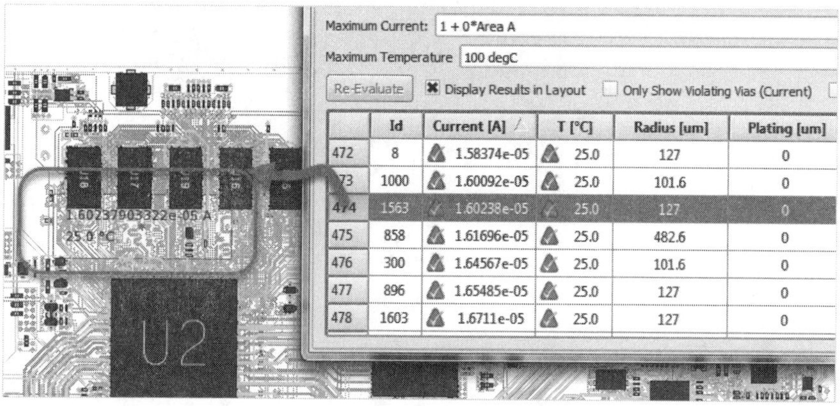

Maximum Current: 1 + 0*Area A

Maximum Temperature 100 degC

Re-Evaluate　Display Results in Layout　Only Show Violating Vias (Current)

	Id	Current [A]	T [°C]	Radius [um]	Plating [um]
472	8	1.58374e-05	25.0	127	0
473	1000	1.60092e-05	25.0	101.6	0
474	1563	1.60238e-05	25.0	127	0
475	858	1.61696e-05	25.0	482.6	0
476	300	1.64567e-05	25.0	101.6	0
477	896	1.65485e-05	25.0	127	0
478	1603	1.6711e-05	25.0	127	0

1.60237903322e-05 A
25.0 °C

图13.36　选择过孔

在仿真结果总览的窗口中选择File→Export命令可以导出仿真电源完整性直流仿真报告，报告的格式有两种，一种是不可编辑的HTML的网页格式，另一种是可编辑的DocX格式，如图13.37所示。

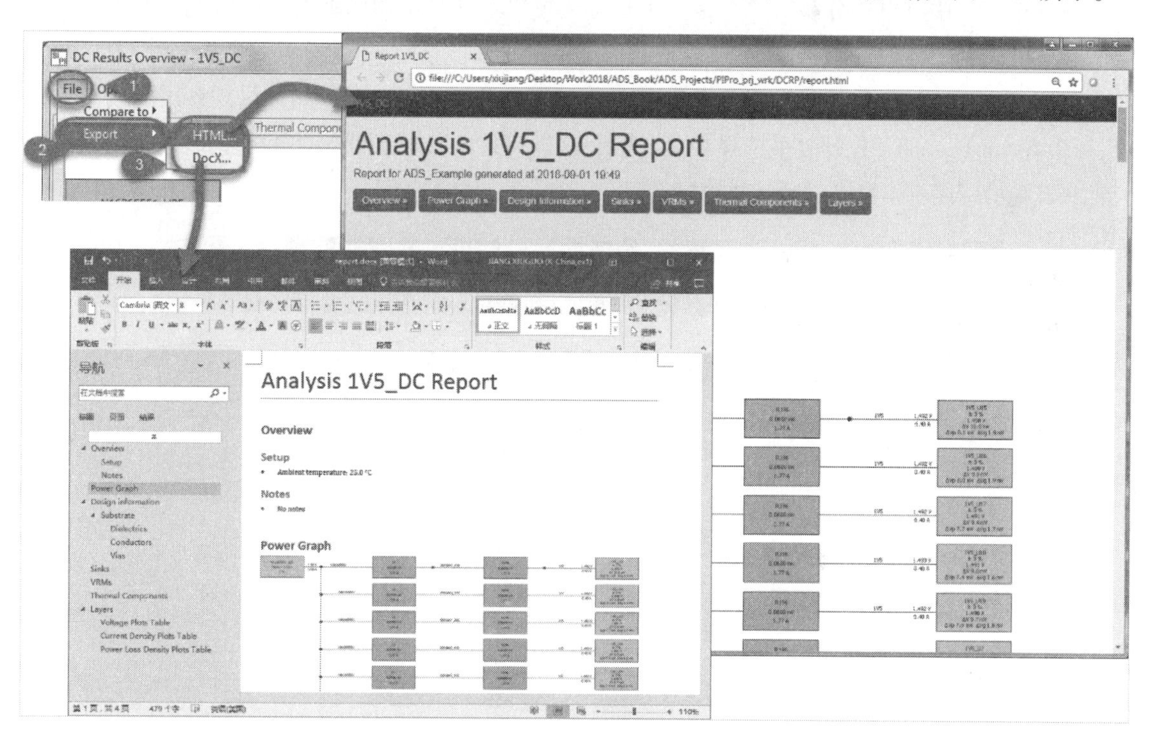

图13.37　导出直流仿真报告

导出的报告可以发送给相关的工程师查看分析，但是如果有一些不满足规范的情况，就需要工程师再补充。

展开Results选项，选择Voltage并双击，就会弹出电压分布图显示结果的窗口，如图13.38所示。

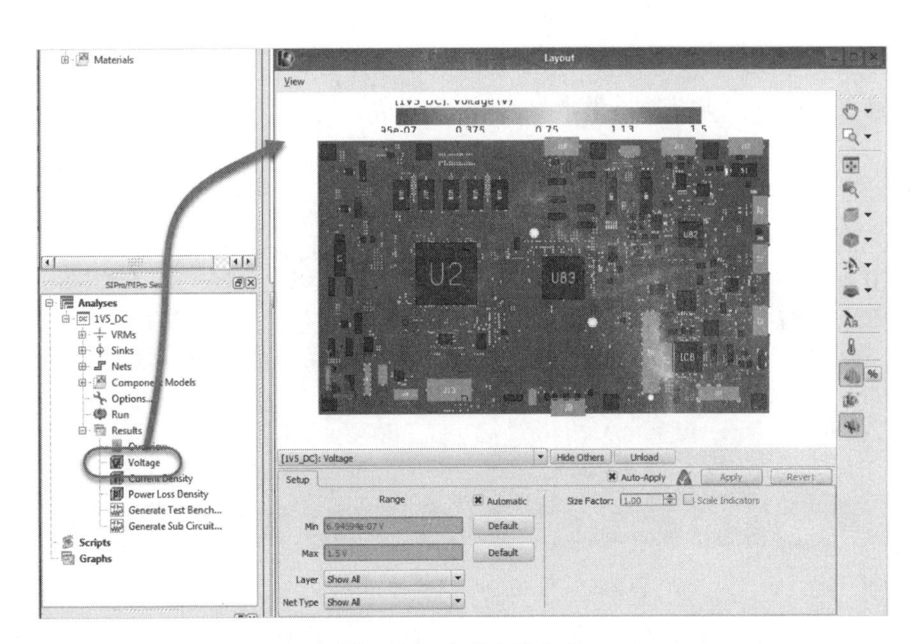

图 13.38　查看电源分布

在这个窗口中有电压分布的比色卡。工程师还可以选择显示的网络类型(Net Type),查看每一层的结果(Layer),以及选择是否显示或隐藏其他结果。

如图 13.38 所示,默认设置是把电源和参考地网络结果都显示出来。如果只观察电源网络的结果,可以在 Net Type 的下拉列表中选择 Power 选项,这样就只显示电源网络的电压分布图,同时所有的元件和其他的网络都不可见,如图 13.39 所示。

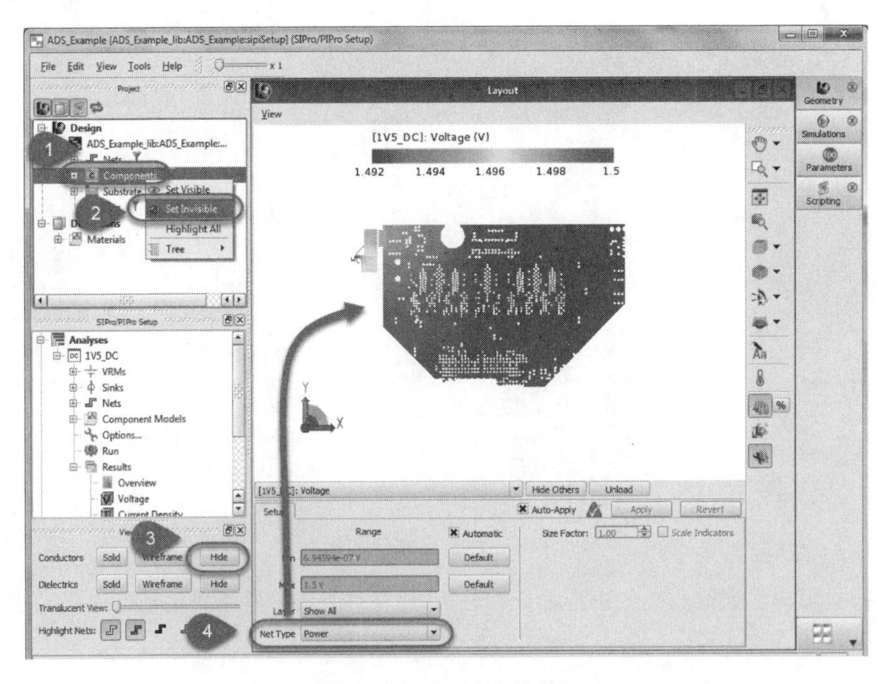

图 13.39　电压跌落分布图

在分布图的比色卡中，红色一端代表的是高电压值，显示的区域为VRM区域；蓝色一端代表的是低电压，说明电压经过传递之后，已经被电源传递路径的直流电阻分压了，显示的区域一般就是Sink区域。如果蓝色一端显示的电压值低于要求的电压，就说明电源平面的设计不符合要求，需要修改设计。

在工具栏上单击Field Reader按钮，然后移动鼠标放在图中任意位置，都可以显示该位置的具体值，并显示在比色卡中，如图13.40所示。

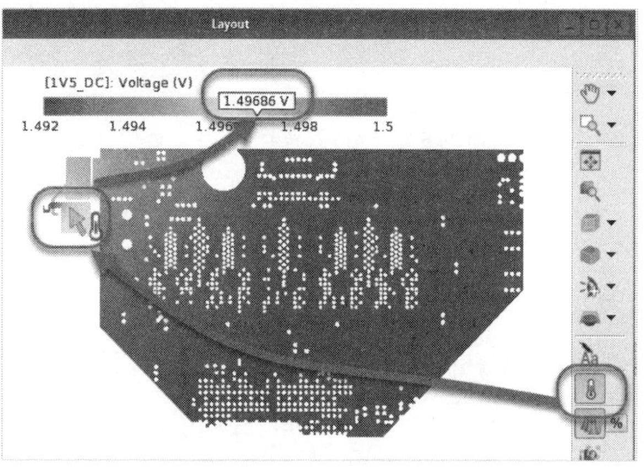

图13.40 读电压值

在图13.38中双击Current Density，将弹出电流密度分布窗口。在窗口的下方Net Type一栏中选择Power，然后再选择Show Others选项卡，会有Hide Others选项可以选择，选择Hide Others，如图13.41所示。这个选项的目的就是隐藏其他的结果，只显示当前的结果。如果在查看电流密度之前没有查看过电压跌落的结果，那么就不需要选择Hide Others选项。

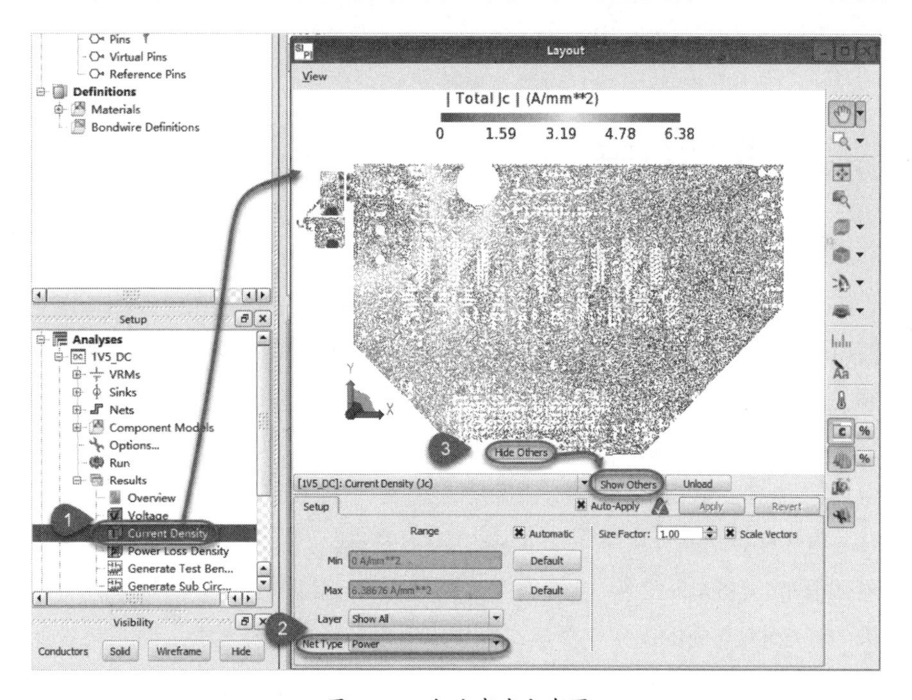

图13.41 电流密度分布图

电流密度的比色卡对应的是电流密度的大小，红色一端表示电流密度最大区域，蓝色一端表示电流密度最小区域。一般在电源通道比较窄的点、换层区域及过孔连接点，其电流密度比较大。

如图13.42所示，与查看电流密度的方式一样，展开Results选项，在其中双击Power Loss Density可以查看功率损失的结果分布图。

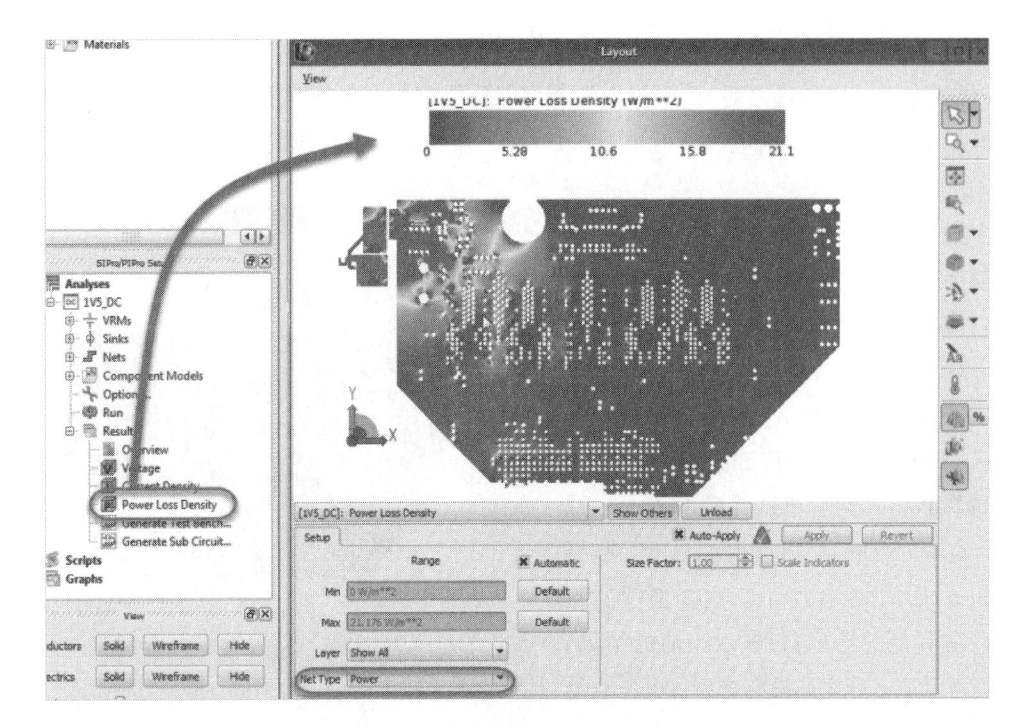

图 13.42　查看功率损失的结果

13.4 电源完整性电热仿真

随着产品的集成度越来越高，产品逐渐朝着小型化发展，其中产品的散热就是产品设计必须面对的一个问题。如果产品散热不好，或者产品的温度变化比较大，就会影响到电源的工作效率。

现实中使用的导体都是非理想导体，那么随着温度的变化，导体的电阻率也会变化。PCB板的导体一般都是铜，铜在常温下的电阻率为 $1.7\times10^{-8}\Omega m$。随着温度升高，铜的电阻率也会增加，所以当温度升高时，直流电阻也会增加，这就会导致直流电压跌落得更多。所以，在很多产生热量比较大的电子产品设计中，需要考虑到电热联合仿真。电热联合仿真（PI-ET）可以综合考虑电与热的相互影响。

在PIPro中，电热联合仿真分析考虑了金属的焦耳热损耗和芯片等元件工作时产生的热量，计算了PCB中的电压分布、直流电压跌落、电流密度、功率损失和温度的分布。热量通过导体材料从热源传递到了周围的环境中，与周围的空气对流或直接辐射出热量。这样就会导致系统中的元件和PCB温度升高，进而导致金属的电阻率进一步增加。这样反复地进行，直到达到一个稳定的状态。

13.4.1 建立电热仿真分析

对于前面已经完成的直流仿真，可以将其复制到一个电热联合仿真分析类型下进行分析。在SIPro/PIPro软件的设置栏中，选择1V5_DC仿真工程并右击，在弹出的快捷菜单中选择Copy→To

Electro-Thermal Analysis 命令，将会弹出一个对话框，如图 13.43 所示。

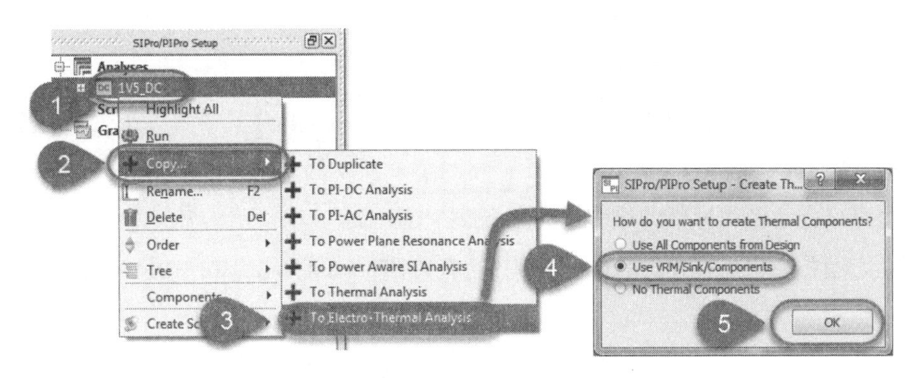

图 13.43　建立电热仿真分析工程

在弹出的对话框中选择需要产生热模型的元件，有 3 种选择，分别是 Use All Components from Design（考虑设计中所有元件的热量）、Use VRM/Sink/Components（只考虑 VRM/Sink 及电源网络连接的器件的热量）和 No Thermal Components（不考虑元件的热量）。热模型要根据实际的情况进行选择。本案例为了方便介绍，选择 Use VRM/Sink/Components。在图 13.43 中选中 Use VRM/Sink/Components 单选按钮，然后单击 OK 按钮，即产生一个电热联合仿真的分析工程，如图 13.44 所示。

单击 1V5_DC（copy），将其改名为 1V5_ET。

如果不是复制已有的工程，在 SIPro/PIPro 的设置栏中可以选择 Analyses 并右击，然后在弹出的快捷菜单中选择 New Electro-Thermal Analysis 命令，即可建立一个新的电热联合仿真分析工程，如图 13.45 所示。

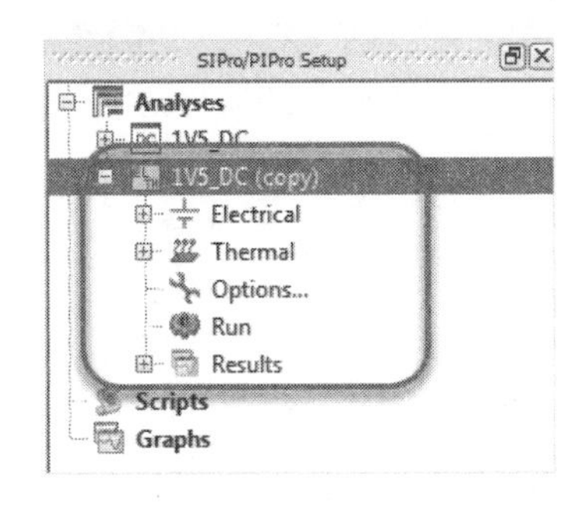

图 13.44　建立的电热联合仿真分析工程

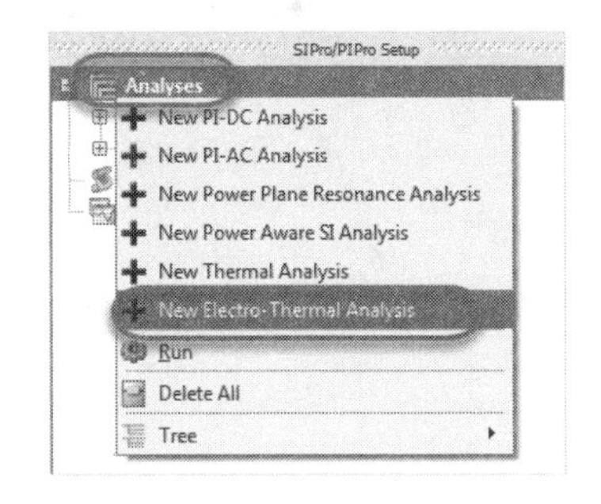

图 13.45　新建电热联合仿真分析工程

根据直流仿真分析的设置思路，再分别建立 VRM、Sink、Components Model 等。在此就不再赘述。

13.4.2 热模型设置

1V5_ET 工程中分为两个部分，分别是 Electrical（电气部分）和 Thermal（热部分），由于是复制的 1V5_DC 工程，所以电气部分不需要再设置任何参数，只需要设置热部分。

展开 Thermal 项目，可以发现在 Thermal Components（热元件）中包含了电感、电阻及 VRM 和 Sink

的芯片，如图 13.46 所示。

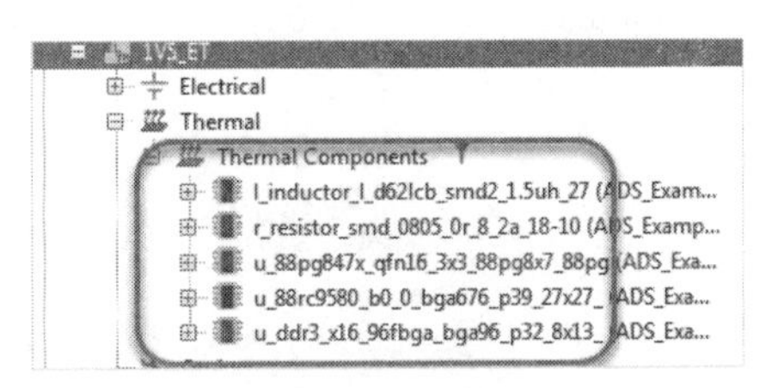

图 13.46　热元件

由于在前面的仿真分析中，电感和电阻的参数都设置为零，只起连接的作用，所以可以将它们都删除。选中电感(l)和电阻(r)两类元件，右击，在弹出的快捷菜单中选择 Delete 命令，如图 13.47 所示。

此外，也可以把这两类元件的热作用关闭，选中电感(l)和电阻(r)两类元件，右击后在弹出的快捷菜单中选择 Set Thermal Source To→Disabled 命令，如图 13.48 所示。

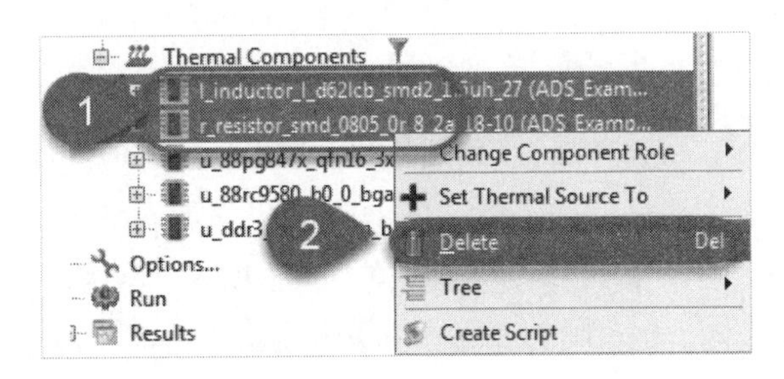

图 13.47　删除电感和电阻两类元件

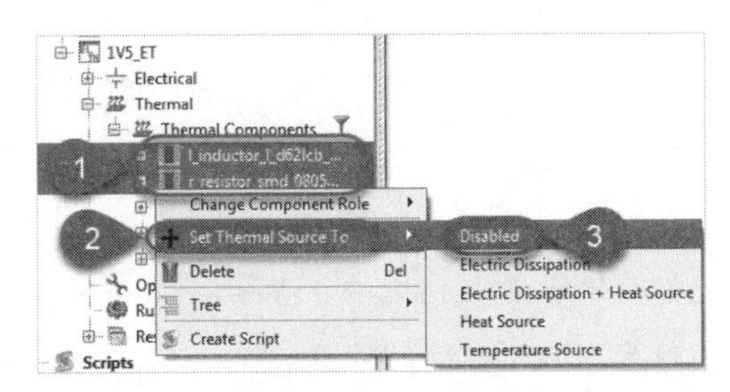

图 13.48　Disable 热源

双击 u_88pg847x_qfn16_3x3_88pg8x7_88pg，将会弹出 Thermal Resistance Editor（热阻模型编辑器）对话框，如图 13.49 所示。

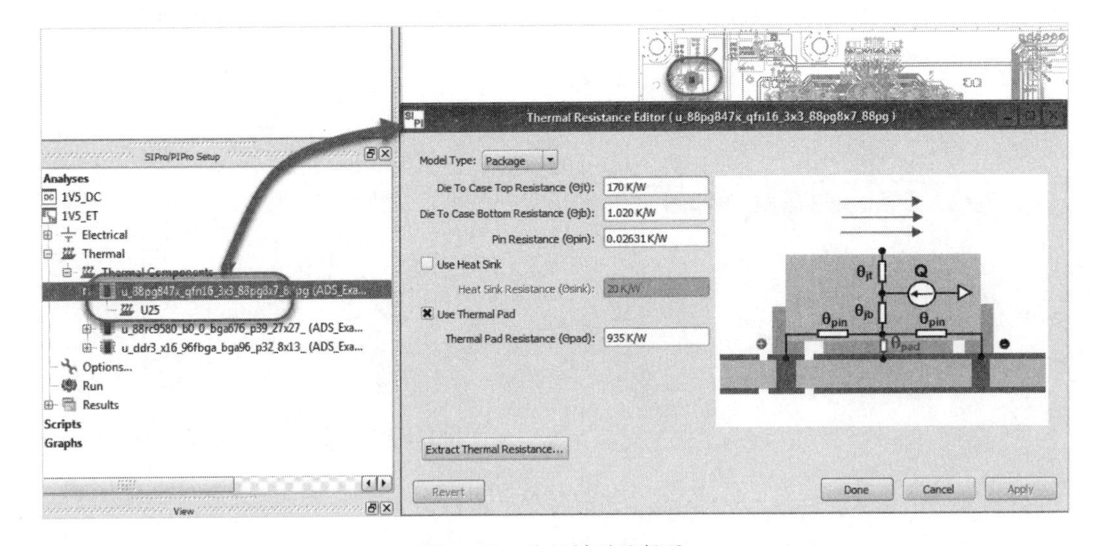

图 13.49　热阻模型编辑器

对话框中的热阻参数包括了 Die To Case Top Resistance(θjt)［Die 到封装的顶层的结电阻值(θjt)］、Die To Case Bottom Resistance(θjb)［Die 到封装的底层的结电阻值(θjb)］、Pin Resistance(θpin)［封装的基板与引脚焊盘之间的电阻值(θpin)］、Heat Sink Resistance(θsink)［散热片热阻值(θsink)］、Thermal Pad Resistance(θpad)［封装热焊盘的热阻值(θpad)］或 To Ambient Resistance(θ)［连接器与环

境之间的热阻值(θ)]。有的参数是必需的,有的参数是可选的。

Model Type热阻模型分为两个类型,即Package(封装)和Connector(连接器),如图13.50所示。

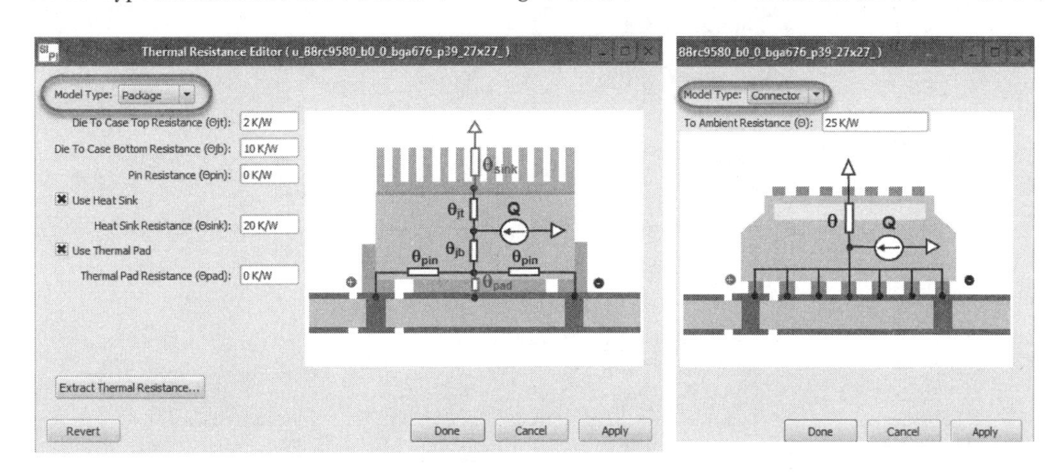

图13.50　热阻模型的Model Type

两类热阻模型的参数并不相同,这些参数默认值是根据热阻类型和元器件的尺寸决定的,建议从相关元器件的数据手册、供应商处获取。如果确实没有,也可以在热阻模型编辑器对话框中获取,单击Extract Thermal Resistance(提取热阻模型)按钮,弹出热阻模型提取工具对话框,如图13.51所示。

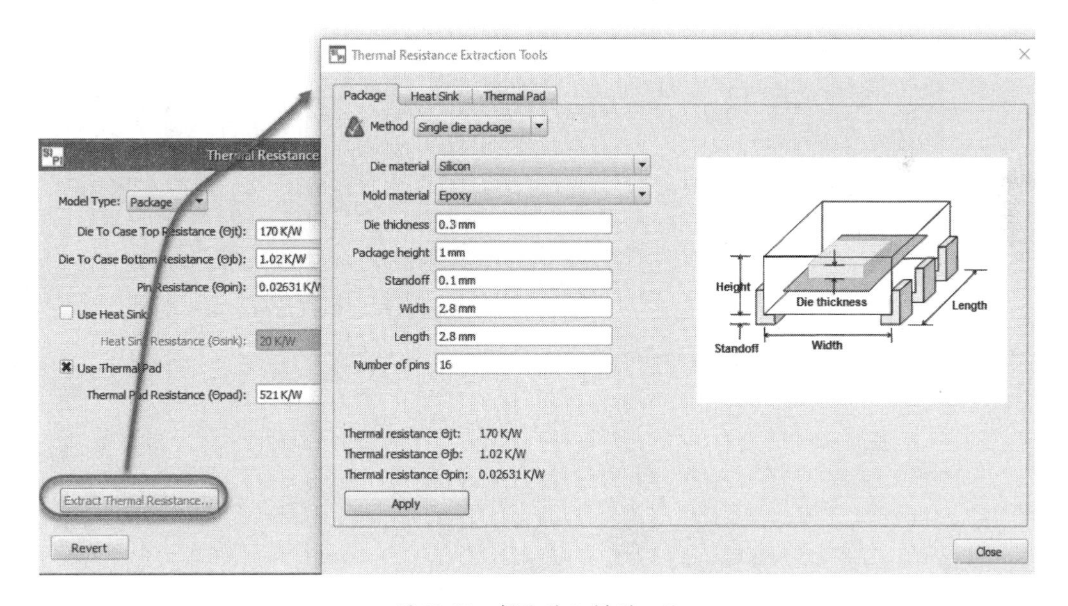

图13.51　提取热阻模型工具

在该对话框中可以提取Package(封装)、Heat Sink(散热片)及Thermal Pad(热焊盘的热阻模型参数)。通过Method可以选择提取封装热阻模型的提取方法,可以选择Single die package或JEDEC Measurement两种方式,然后设定Die material、Mold material及封装的尺寸等参数,热阻模型会随着参数及设置的改变而改变。然后单击Apply按钮生成热阻模型,如图13.52所示。

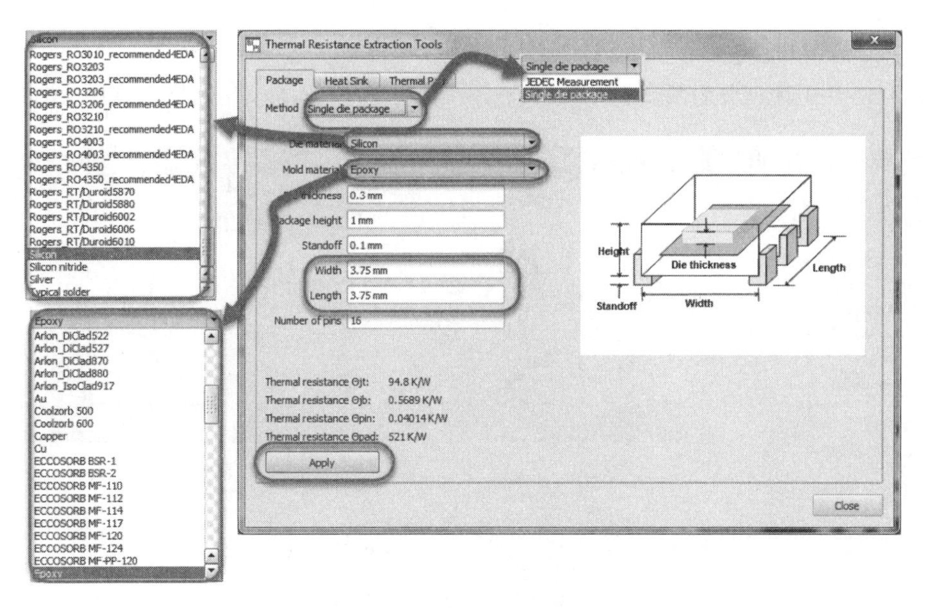

图 13.52　提取热阻模型

参数设置完之后单击Close按钮，热阻模型将会被修改为新的参数值，如图13.53所示。

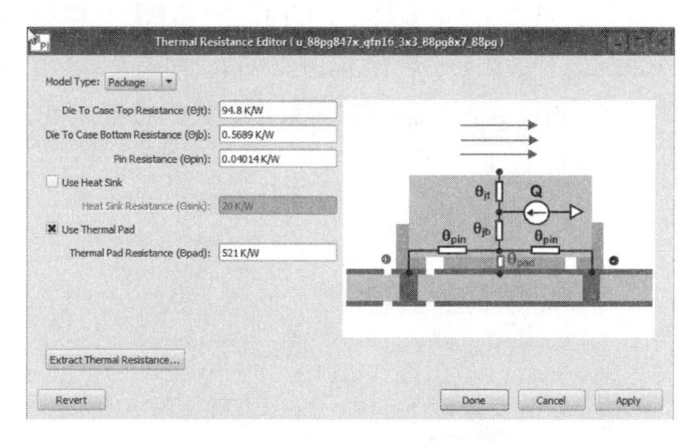

图 13.53　修改后的热阻模型值

如果要提取散热片的模型，则选择Heat Sink选项卡。然后选择散热片的类型，分为Parallel Plate Fin（片状）和Cylindrical Pin Fin（鳍状），把热阻模型添加到热阻模型设置中，如图13.54所示。

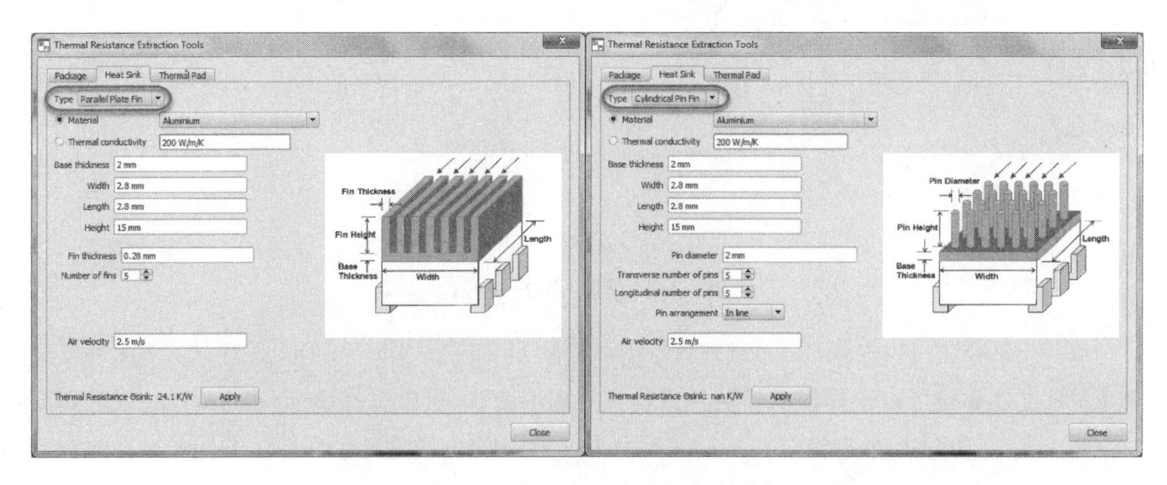

图 13.54　提取散热片的热阻模型

使用与前面相同的方式,也可以提取热焊盘的热阻。选择Thermal Pad选项卡,选择设定热焊盘的Material(材料)或Thermal conductivity(热导率),然后根据热焊盘的尺寸设置相关参数,最后单击Apply按钮,如图13.55所示。

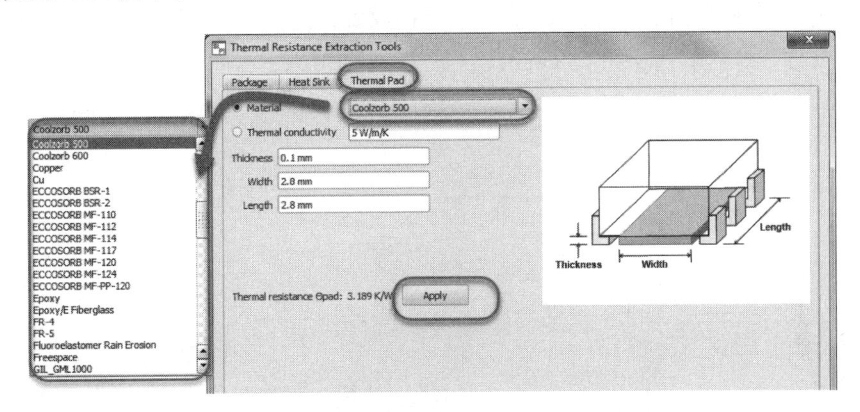

图13.55 提取热焊盘热阻模型

在本案例中只修改了封装的热阻,其他参数保持默认设置。

同样,CPU(U2)也有使用散热片,要选择Use Heat Sink选项,同时根据散热器件的规格书会表述其散热参数,其模型参数设置如图13.56所示。

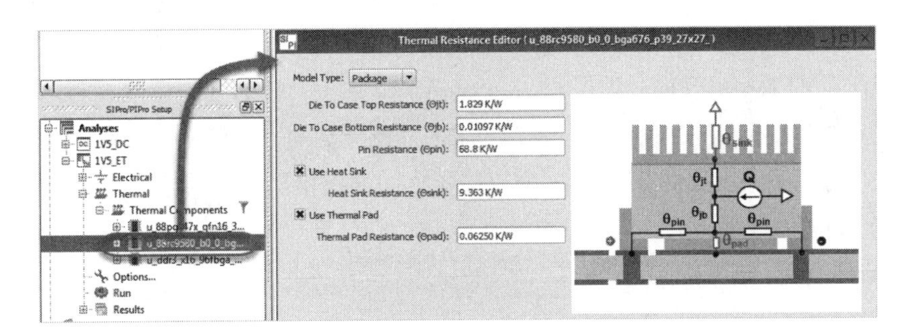

图13.56 CPU(U2)的热模型参数

根据内存颗粒DRAM的数据手册,DRAM(U15/U16/U17/U18/19)的模型参数设置如图13.57所示。

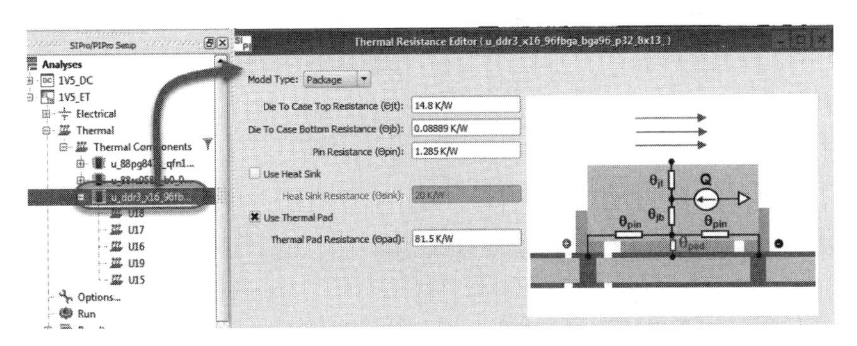

图13.57 DRAM(U15/U16/U17/U18/19)的模型参数

13.4.3 设置Options

完成热模型的设置后，一些仿真的其他条件也需要设置，包括环境的问题、是否有空气流、气流的大小和方向及仿真网格剖分设置。在SIPro/PIPro软件设置栏中，双击1V5_ET组下的Options选项，弹出电热联合仿真设置对话框，如图13.58所示。

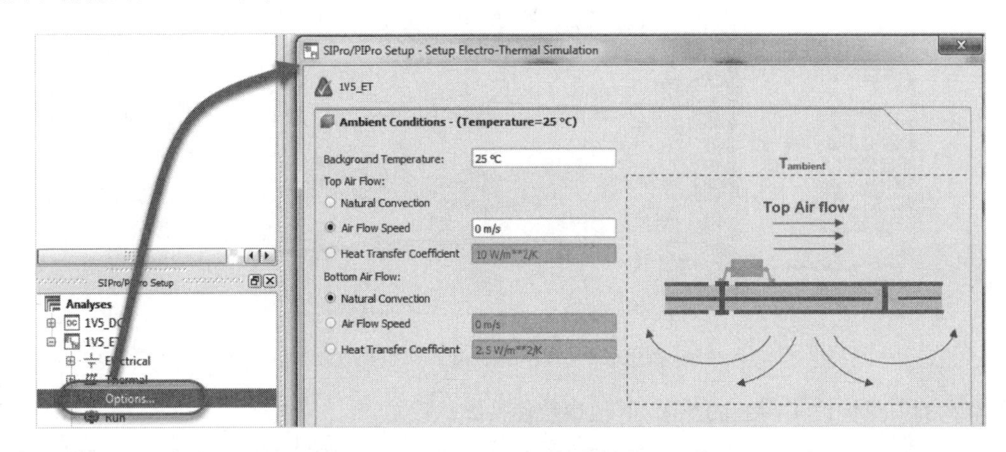

图13.58　电热联合仿真设置

在对话框中可以编辑Background Temperature（环境温度），默认值为25℃，也可以根据实际的情况进行设定。本案例使用默认值。

继续设置产品的Top Air Flow（顶层）和Bottom Air Flow（底层）的气流情况，默认设置为Natural Convection（自然传递），本案例在顶层是有风扇产生的气流流动的，Air Flow Speed（气流速度）为5m/s，底层为自然传递，设置如图13.59所示。Options标签栏中的网格剖分和其他设置保持默认值。然后单击Done按钮，即完成设置。

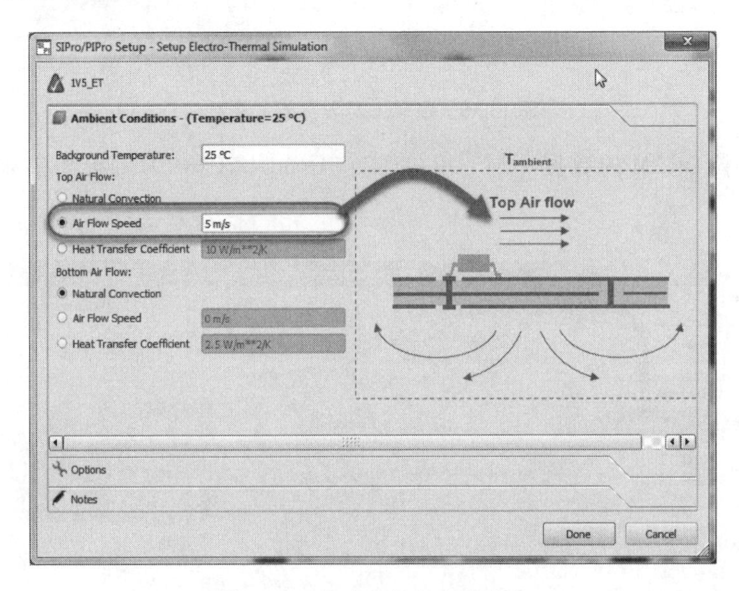

图13.59　气流及气流速度设置

13.4.4 运行仿真及查看仿真结果

在软件的菜单栏上选择File→Save命令，即可保存仿真工程。如图13.60所示，在窗口的左侧栏中双击Run，将弹出提示是否保存修改工程的对话框，在其中单击Yes按钮，将会弹出Simulations（仿真）窗口。

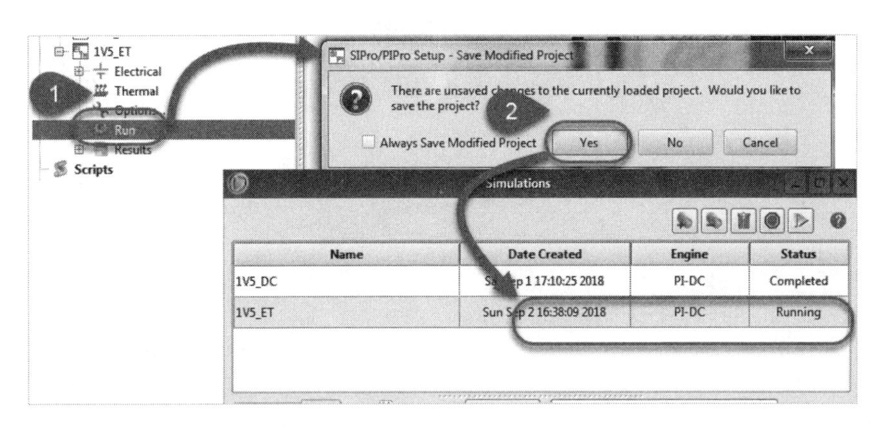

图13.60 运行仿真

仿真结束后，会直接弹出仿真结果，如图13.61所示。

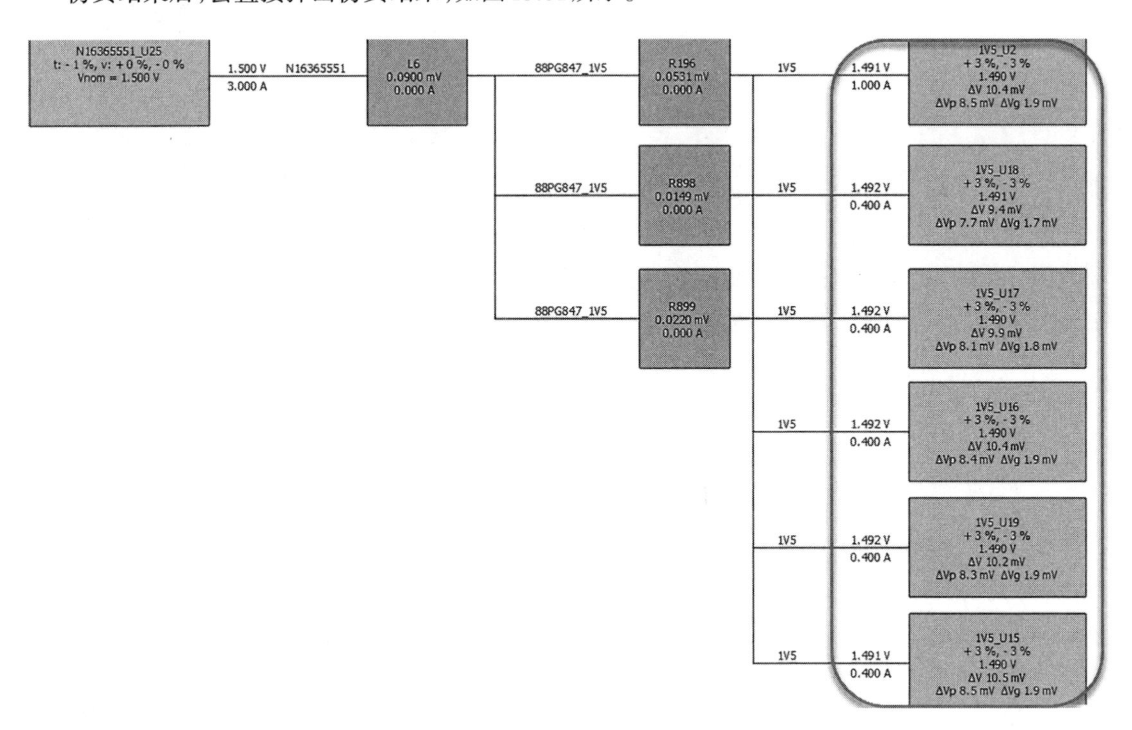

图13.61 结果总览

如果需要对比电热联合仿真与单纯的电仿真的结果（直流），在结果总览窗口的菜单栏上选择File→Compare→1V5_DC命令，结果如图13.62所示。

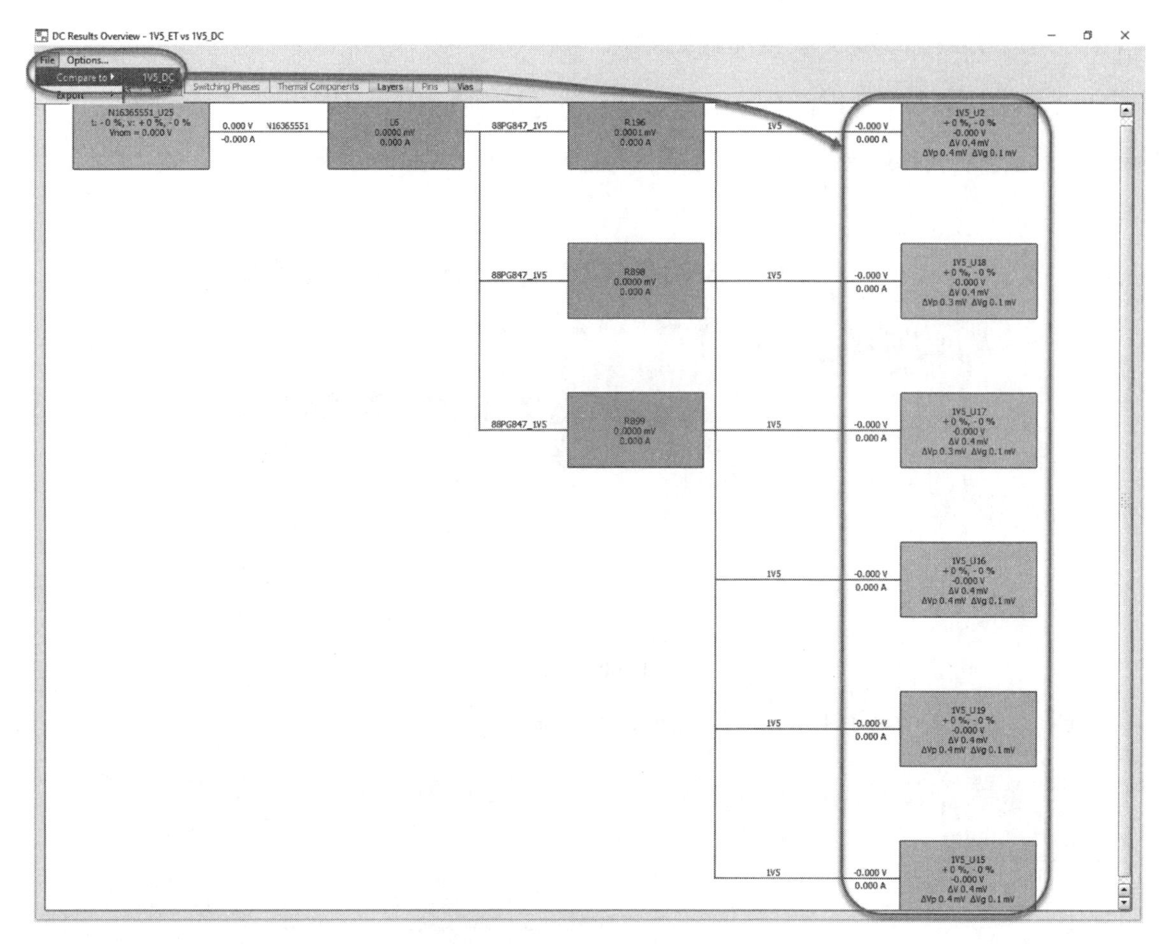

图 13.62　结果对比

从图 13.62 中的结果对比上可以看到，考虑热效应的影响后，仿真的结果变差了一些，但是由于系统添加了气流，所以散热效果比较好，结果的影响并不是特别大，只有 0.4mV 左右。

在结果总览中选择 Thermal Components（热器件）选项卡，可以查看每一个热器件及各个节点的功率、温度，如图 13.63 所示。

DC Results Overview - 1V5_ET

File Options...

Power Graph | Sinks | VRMs | Thermal Components | Layers | Pins | Vias

	Name	Source [W]	Heat To Board [W]	Heat To Case [W]	T [°C]	Case Bottom T[°C]	Die T [°C]	Case Top T[°C]	Thermal Resistance Bare Board [K/W]
1	U25	0.000111658	-0.00198246	0.00209412	---	35.3	35.3	35.1	---
2	U2	1.4896	0.565086	0.924515	---	35.2	35.2	33.5	---
3	U18	0.596238	0.565359	0.0308787	---	40.1	40.1	39.7	---
4	U17	0.596047	0.563078	0.0329687	---	41.1	41.2	40.7	---
5	U16	0.595852	0.563566	0.0322861	---	40.8	40.8	40.4	---
6	U19	0.595926	0.562612	0.0333141	---	41.3	41.3	40.8	---
7	U15	0.595819	0.566275	0.029544	---	39.4	39.5	39.0	---

图 13.63　热器件

在 Results 展开项中双击 Temperature，将会弹出温度分布图结果，如图 13.64 所示。

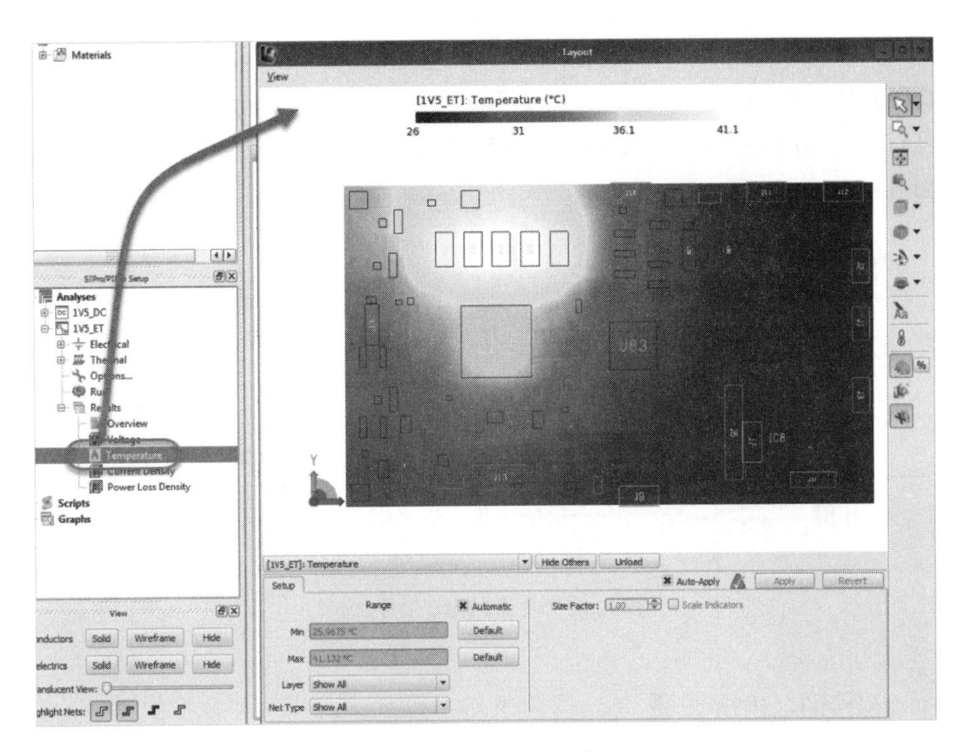

图 13.64　温度显示分布图

电压跌落、电流密度及功率损失密度的结果查看方式与直流仿真分析的方式一样，在此就不再赘述。

通常温度变化并不会是局部的，如果PCB板上有很多热源存在，在仿真时都需要计算热源的贡献，这些贡献相互叠加，使实际效果更加复杂。PIPro的电热联合仿真及单纯的热仿真都能使工程师快速地进行板级热分析，对产品的热稳定性设计提供一些有价值的参考。

13.5 电源完整性交流分析

电源需要保证完整性，不仅需要电源系统满足直流压降、电流密度、过孔的通流等这些设计要求，还需要保证电源系统不受各频率段噪声的影响，同时不产生影响系统正常运行的噪声。这些与噪声相关的分析就归纳到了电源完整性的交流分析中。

电源完整性的交流分析（PI-AC）主要是分析电源分配系统的设计是否满足设计要求，前面介绍了电源分配系统包括电源供电端、电源传输通道（PCB电源平面和参考地平面）、电源网络的去耦电容及寄生电容，以及用电芯片。实际上，在大多数的产品设计中，很多时候能设计的就是电源传输通道和电源网络的去耦电容，以及设计中产生的寄生参数。VRM和Sink都是芯片端的设计，使用芯片做产品的工程师无法修改这些芯片的参数。这也是板级仿真（电路板级别仿真）时无须仿真到较低频率段和较高频率段的原因。

在PIPro中使用PI-AC进行电源完整性的交流仿真分析时，可以把前面建好的仿真分析复制到PI-AC仿真分析中。选择1V5_DC并右击，在弹出的快捷菜单中选择Copy命令，在下一级选项中选择To PI-AC Analysis，即产生一个新的仿真分析1V5_DC(copy)，然后单击1V5_DC(copy)，修改名称为1V5_AC，如图13.65所示。

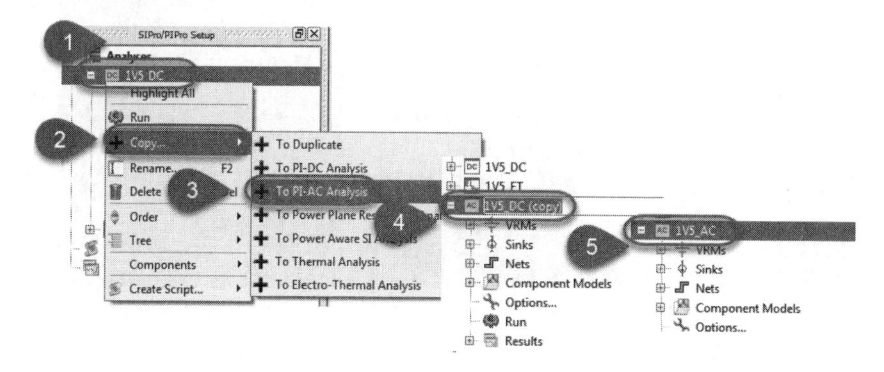

图13.65　建立PI-AC仿真分析

13.5.1 VRM、Sink设置

VRM和Sink的设置与PI-DC和PI-ET的设置过程和方式都一样。本案例中选择的是复制前面设定好的仿真分析，所以不需要再设置VRM和Sink。VRM和Sink的设置过程如图13.66所示。

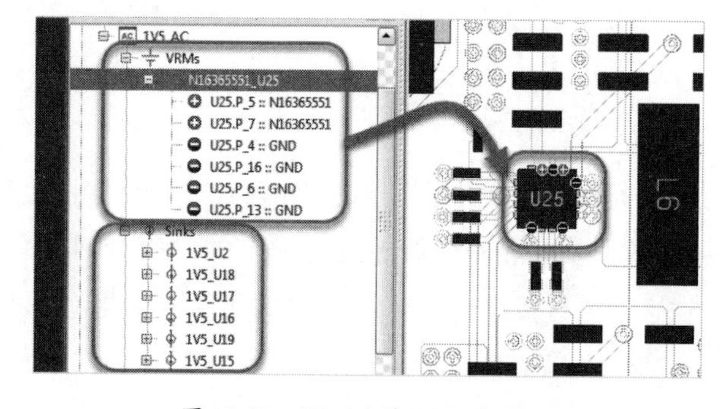

图13.66　PI-AC的VRM和Sink

在PI-AC分析中，每一个Sink端都会自动被设置为PDN阻抗观察端口。所以在通常情况下，在查看结果时，有几个Sink端就会产生几条阻抗曲线。如果有特殊的要求，也可以把Sink端的用电引脚分别设置为PDN阻抗观察端口。下面的案例都是按默认的情况进行设置，每一个Sink作为一个端口，一共有6个端口，分别是U2、U15、U16、U17、U18和U19。

13.5.2 电容模型设置

分立电容是电源分配网络的重要组成部分，电容模型的获取和设置是电源完整性交流仿真的一个关键环节。电容的模型分为两类，一类是S参数模型，另一类是集总参数模型(RLC)。由于电容的阻抗会随着频率的变化而变化，所以S参数的模型会比集总参数模型更加准确，但是并不是所有的电容供应商都会提供电容的S参数模型。一般大型的电容供应商都会提供电容模型参数，有的厂商也会针对ADS提供专门的电容库。

如果供应商不提供电容模型参数，那么可以在数据手册中去查找电容的等效电路模型及寄生参数。另一种方式就是设计一个测试板，把需要使用到的电容模型都测量出来，然后把电容模型做成一个ADS电容库，这也是一些产品公司正在使用的方式。

在建好的仿真分析中，同时选中GND和1V5两个网络，右击后在弹出的快捷菜单中选择Select Instances Connected Exclusively to Selected Nets(64)命令，这样可以选中所有连接在GND和1V5两个网络上的去耦电容，如图13.67所示。

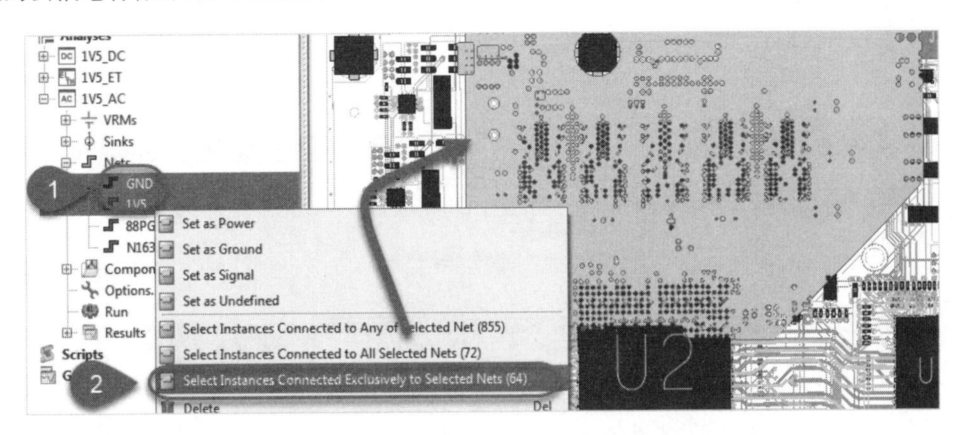

图13.67　选择连接在GND和电源网络上的电容

使用这种方法可以避免多选或漏选去耦电容，能够大大提高设置的效率。在元件栏中选中电容，在PCB显示区域将会被高亮显示，如图13.68所示。

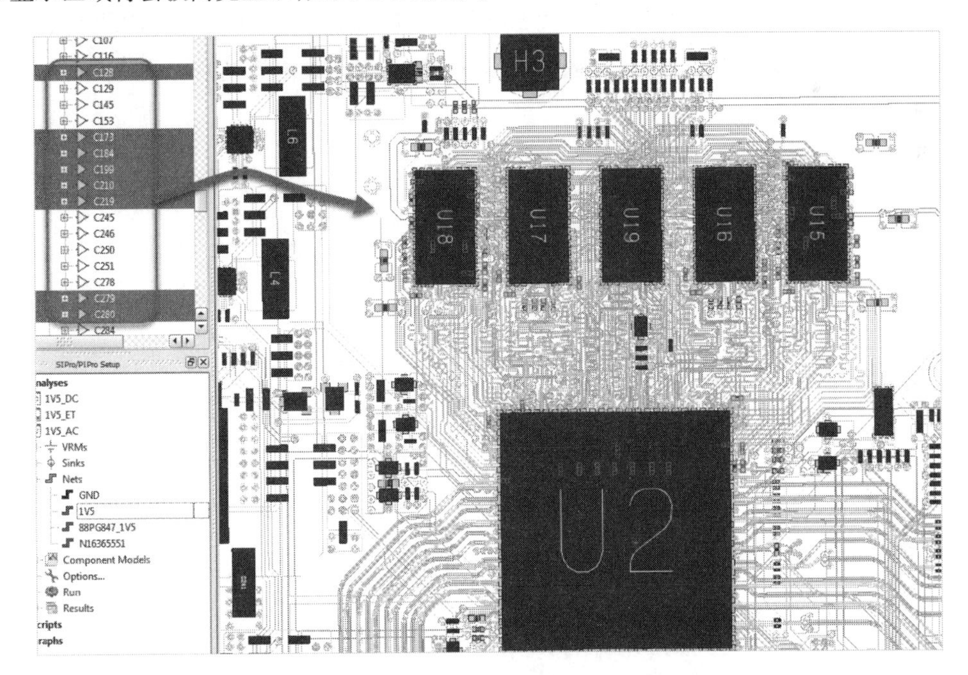

图13.68　高亮显示被选中的去耦电容

对于选中的器件，在按住鼠标左键的同时将其拖曳到1V5_AC的Component Models中，或者选中所有的器件后并右击，在弹出的快捷菜单中选择Create Component Models for Analysis命令，在弹出的对话框中选择[PI-AC]1V5_AC，然后单击OK按钮，即把所有选中的电容器件按不同的类型分配到了Component Models组中，如图13.69所示。

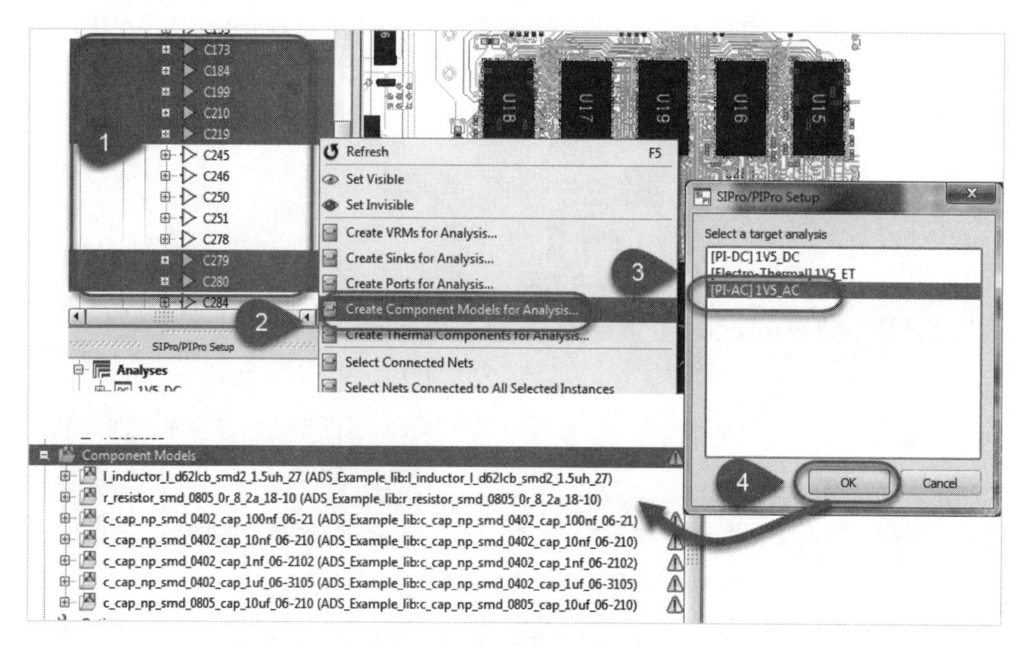

图13.69　选择电容到元件模型中

由于本案例中VRM到Sink端经过了两次无源器件，其中88PG847_1V5与GND之间也有去耦电容，用相同的方式把去耦电容选择到Component Models中，与1V5的电源网络有关的去耦电容都选择好之后，结果如图13.70所示。

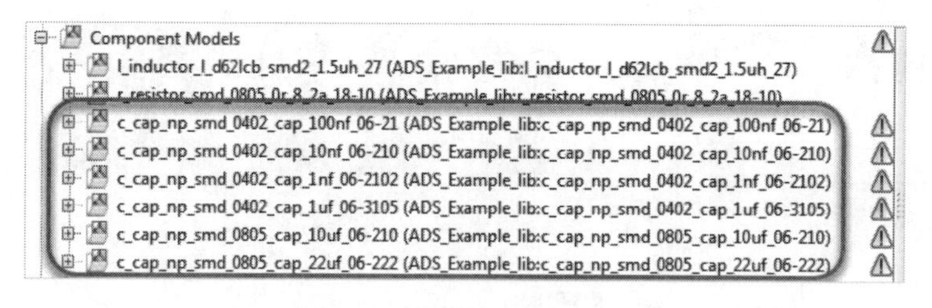

图13.70　1V5的去耦电容

与1V5的电源网络有关的去耦电容一共有6种类型，包括1nF、10nF、100nF、1μF、10μF和22μF。由于都没有赋模型，所以在右侧都有警告的黄色感叹号。相同类型的电容都会自动归纳到一起。如果工程师在设计原理图时没有按电容的容值、封装类型、封装大小等做好区分，这时可能会比较容易造成混乱。比如本案例中的电容就能非常好地被区分出来，以1nF的电容举例，从类型名称上可以看出电容是SMD类型的电容，其封装大小为0402，电容的容值为1nF。

选择图13.70中的c_cap_np_smd_0402_cap_100nf_06-21，右击后在弹出的快捷菜单中选择Properties命令，或者双击c_cap_np_smd_0402_cap_100nf_06-21，将会弹出Component Model Editor（元

件模型编辑)对话框,如图13.71所示。

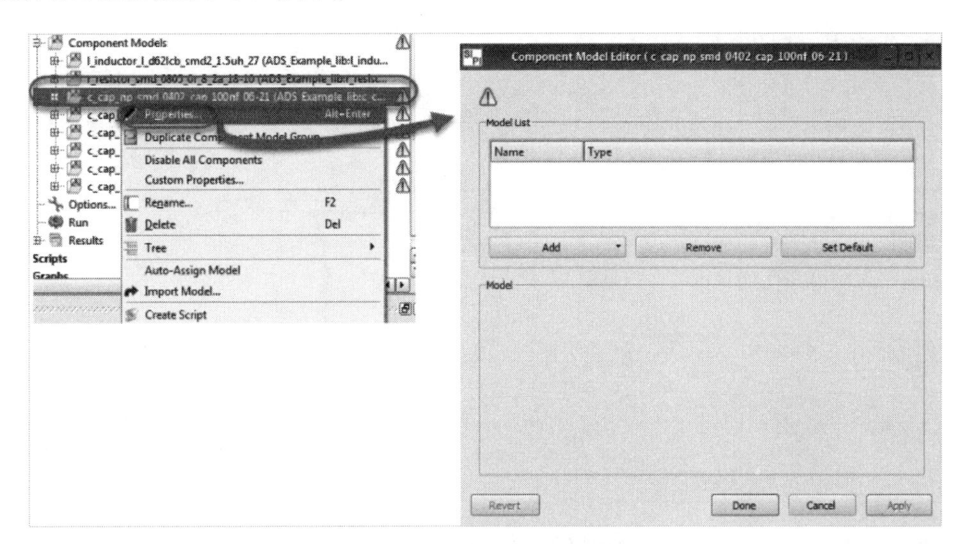

图13.71　打开元件模型编辑对话框

在弹出的对话框中单击Add按钮,在下拉列表中选择Lumped类型,如图13.72所示。

分别给Inductance(等效电感)、Resistance(等效电阻)和Capacitance(电容值)赋值为378.025pH、20.4596mOhm和94.6497nF。

本案例使用到Lumped时,RLC Arrangement都选择All Series,如图13.73所示。

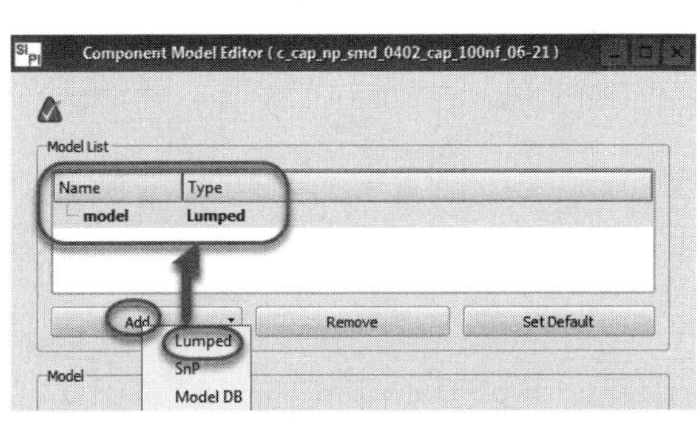

图13.72　选择Lumped类型

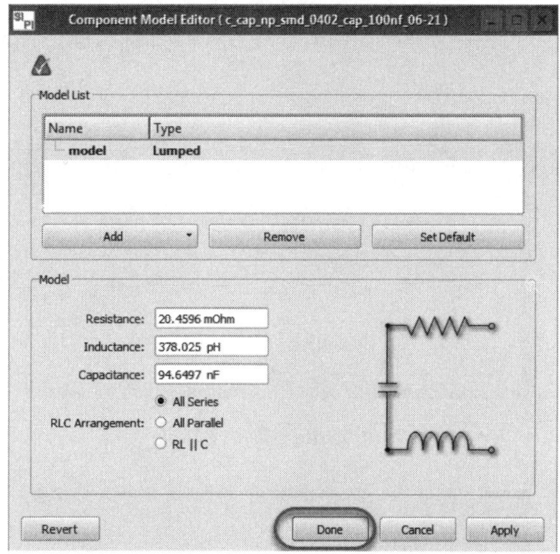

图13.73　添加Lumped模型

进行上述设置后单击Done按钮,即完成电容模型的设置。

再双击c_cap_np_smd_0402_cap_100nf_06-21,将会弹出一个对话框,如果要删除原来的模型,选择模型后,单击Remove按钮后,即可删除。一颗器件也可以同时设置多个模型。同样,单击Add按钮，选择SnP的文件<100n0402.s2p>，就可以添加S参数模型，如图13.74所示。

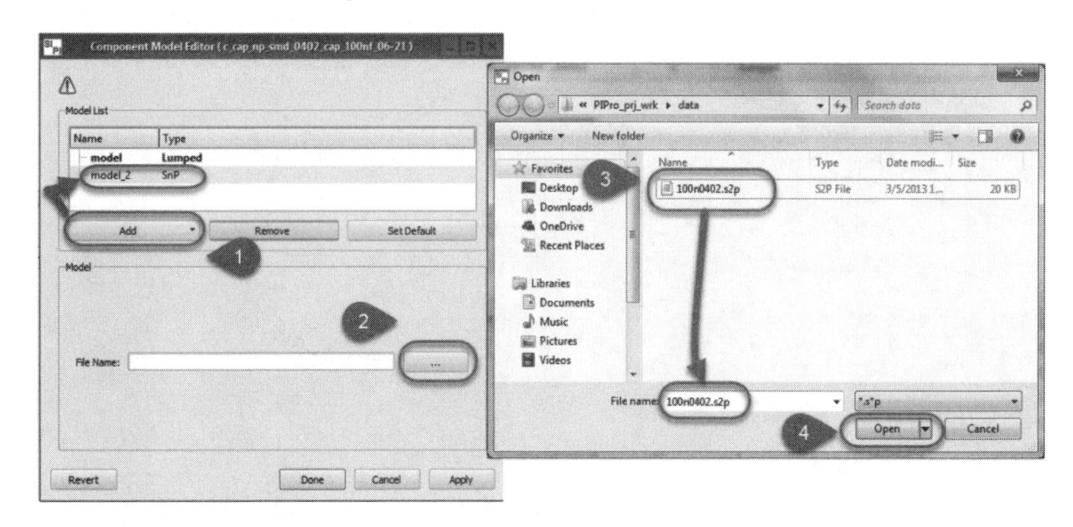

图13.74　选择S参数模型

单击Open按钮后，将弹出一个关于减少S参数端口的提示框，如图13.75所示。提示内容为SnP模型的端口数无效，该模型有2个端口，但期望有1个端口。

单击OK按钮，这样强制改为1个端口的S参数更加合适，也避免了错误的连接。

在图13.75中单击OK按钮后，弹出一个保存S1P文件的对话框，文件名称保存软件默认的设置，然后单击Save按钮，如图13.76所示。

之后会弹出如图13.77所示的对话框，单击Apply按钮即可完成S参数模型的设置。

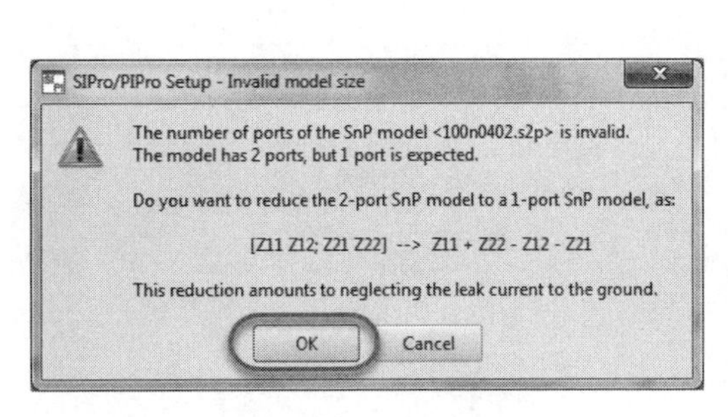

图13.75　改变模型

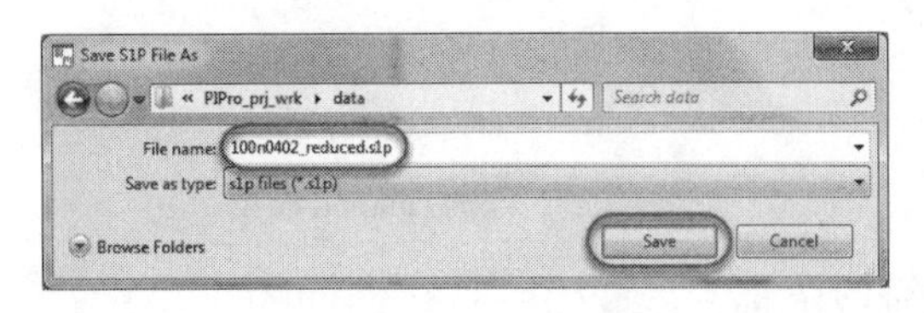

图13.76　保存S1P文件

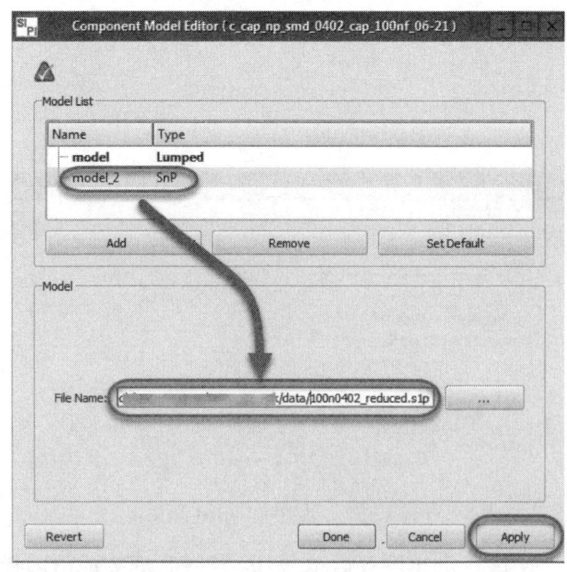

图13.77　添加电容S参数模型

再单击Add按钮，在下拉列表中选择Model DB，将会弹出一个ADS自带电容库的对话框，如

图13.78所示。

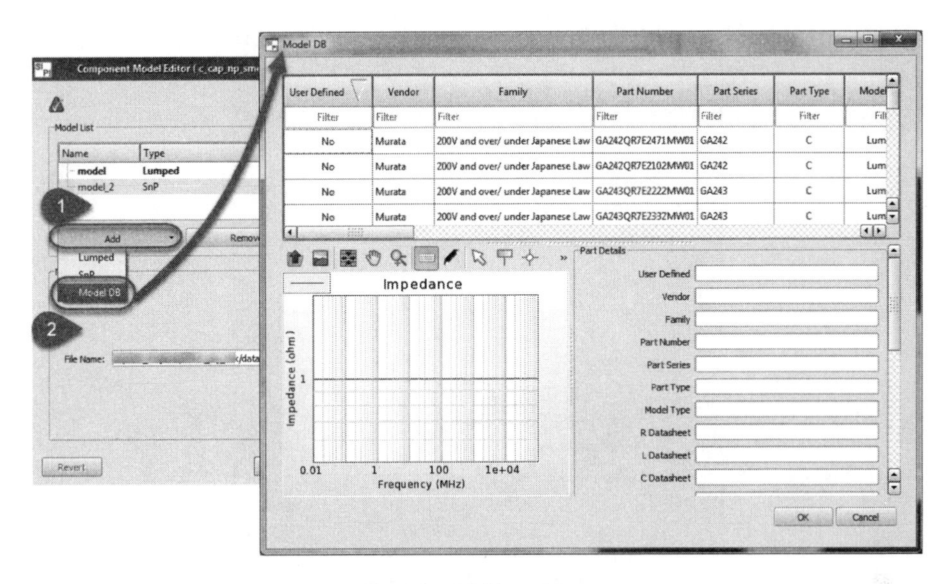

图13.78　选择Model DB

从ADS自带的模型库中可以根据Vendor(厂商)、Part Number(物料的料号)、C Datasheet(电容的容值)等参数选择电容,比如在Part Number一栏对应的Filter中输入GRM155R61C104KA88。因为Part Number是唯一识别码,在库中只有一个选项,选中之后会在下方显示此电容的阻抗曲线。通过阻抗曲线可以查看到谐振点所在的频率。单击OK按钮即可完成模型的选取,如图13.79所示。

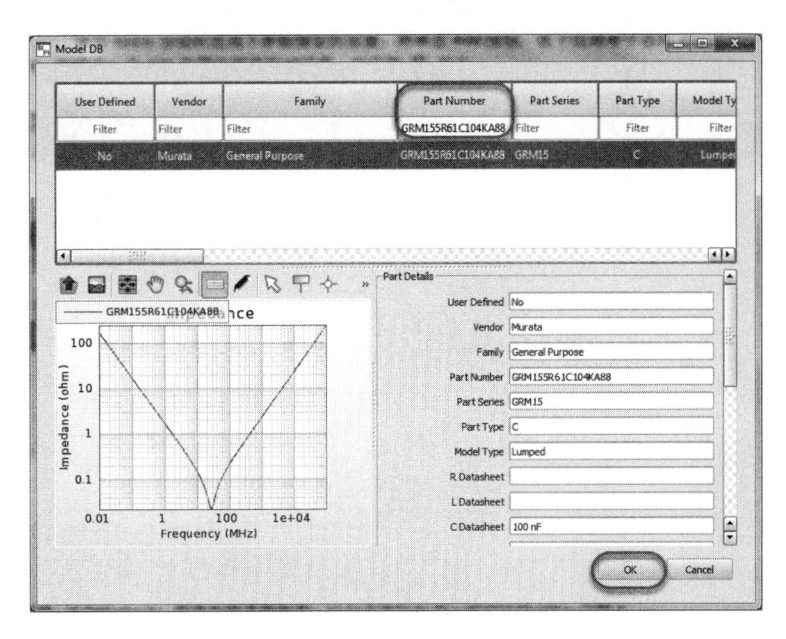

图13.79　选择电容模型

之后,会弹出如图13.80所示的对话框,单击Apply按钮即可完成Model DB模型的添加。如果不继续添加模型，则单击Done按钮关闭窗口，如图13.80所示。

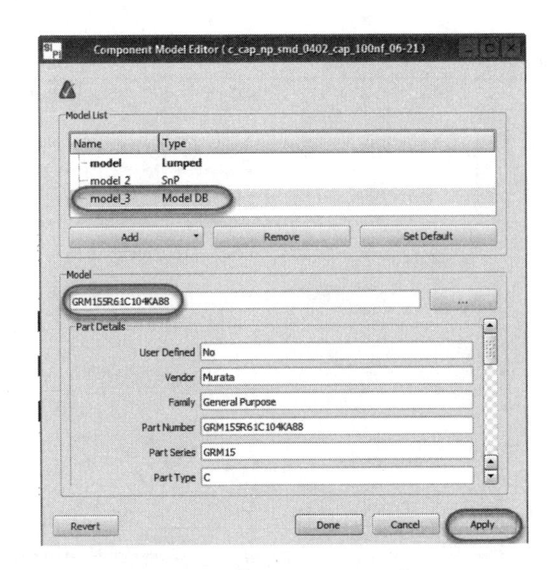

图13.80　添加Model DB模型

在模型库中也可以同时选中多个器件，对比其模型的阻抗曲线，这样就可以非常方便地了解到每个电容的特性及滤波的情况，如图13.81所示。

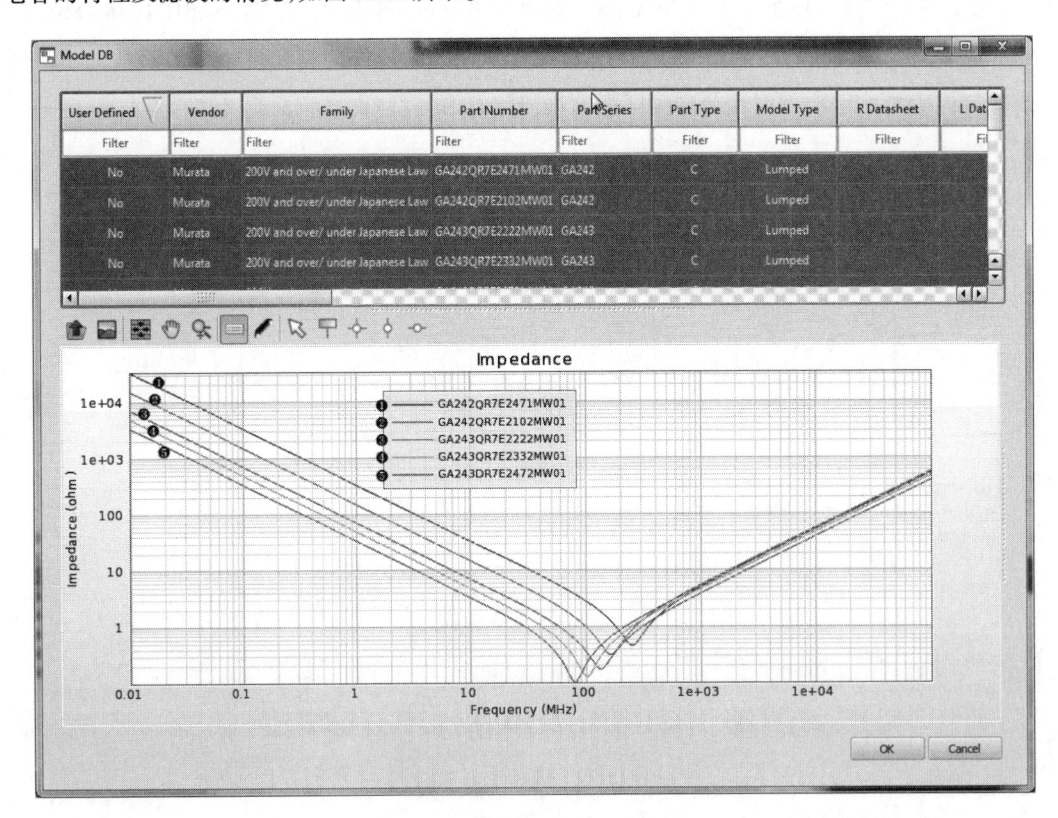

图13.81　对比电容的阻抗曲线

对于本案例中的c_cap_np_smd_0402_cap_100nf_06-21类型的器件，选择Lumped模型进行仿真。

c_cap_np_smd_0402_cap_10nf_06-210的Lumped模型如图13.82所示。

c_cap_np_smd_0402_cap_1nf_06-2102的模型如图13.83所示。

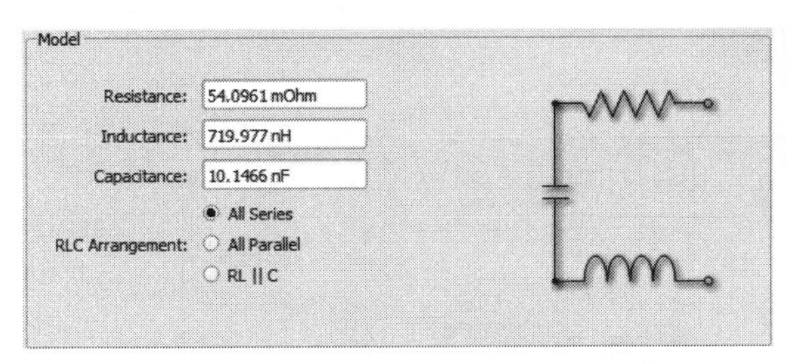

图13.82　10nF电容的等效模型

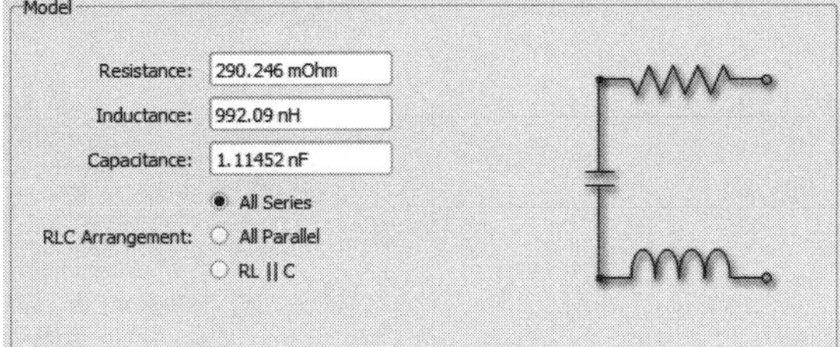

图13.83　1nF电容的等效模型

c_cap_np_smd_0402_cap_1uf_06-3105的模型如图13.84所示。

c_cap_np_smd_0805_cap_10uf_06-210的模型如图13.85所示。

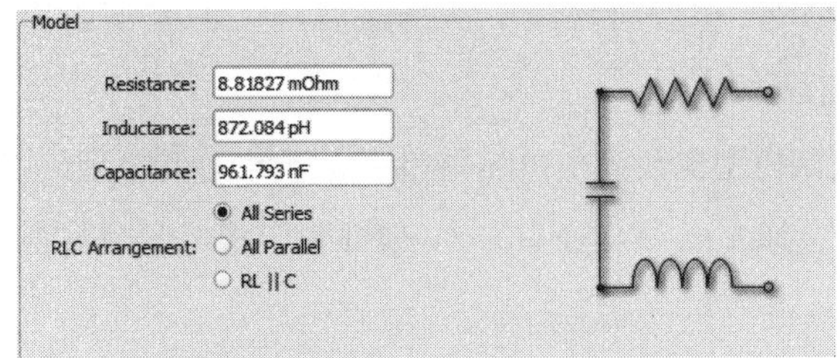

图13.84　1μF电容的等效模型

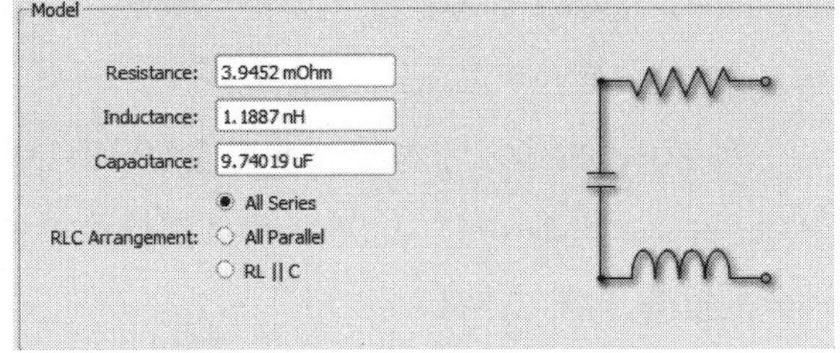

图13.85　10μF电容的等效模型

c_cap_np_smd_0805_cap_22uf_06-222的模型如图13.86所示。

当所有电容类型都赋模型后，这些类型的电容后面所有的警告的黄色感叹号都会消失，如图13.87所示。

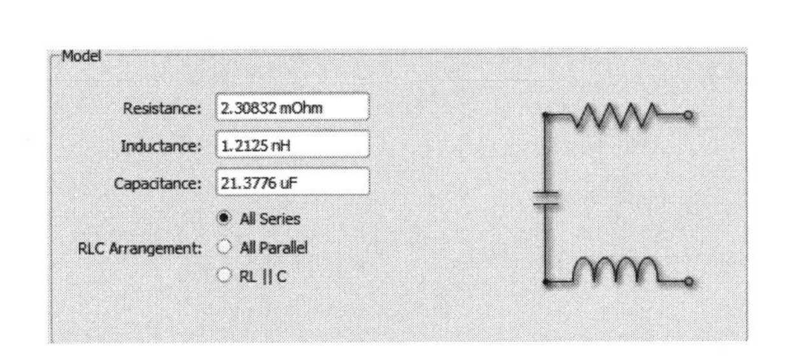

图13.86　22μF电容的等效模型

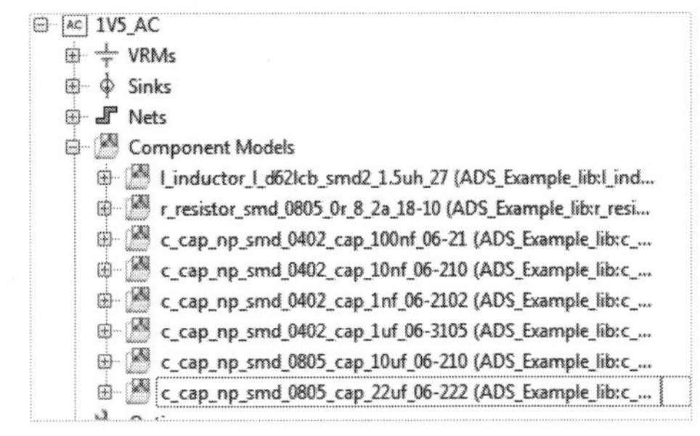

图13.87　赋模型后的元件

对于设定好的元件模型，可以导出为一个模型组库，这样在后续用到相同的器件或进行重复仿真时，就可以直接导入这些模型，大大提升设置的效率。选中Component Models，右击后在弹出的快捷菜单中选择Export Groups and Models命令，在弹出的保存对话框中可以设定保存的名称，如1V5_AC_Model，后缀名为json，然后单击Save按钮即可完成保存，具体设置如图13.88所示。

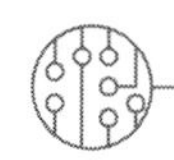

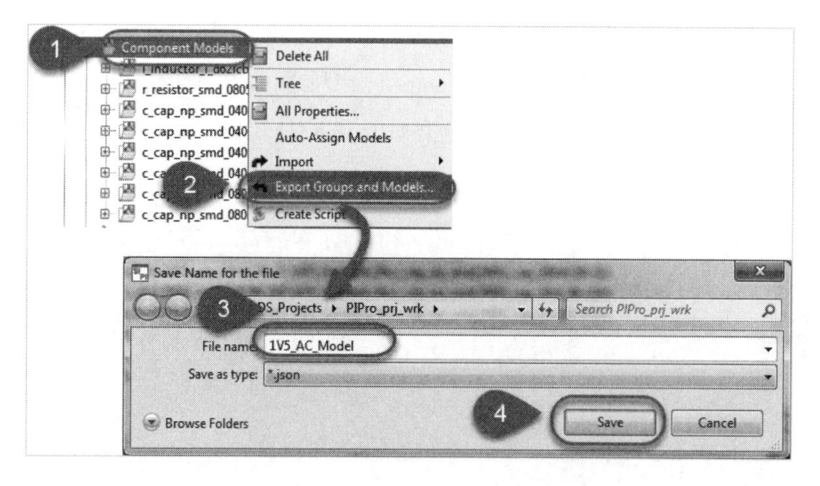

图 13.88　输出设定好的器件模型组库

如果需要使用设置好的模型组库，同样选中 Component Models，右击后在弹出的快捷菜单中选择 Import→Group and Models 命令，将会弹出一个对话框，在当前目录下选择需要导入的模型组库 1V5_AC_Model，并单击 Open 按钮。

单击 Open 按钮之后，即会按照对应的模型导入赋模型参数。在 PIPro 中也可以自动分配模型，选中 Component Models 并右击，在弹出的快捷菜单中选择 Auto-Assign Models，软件就会按电容模型自动分配模型，如图 13.89 所示。

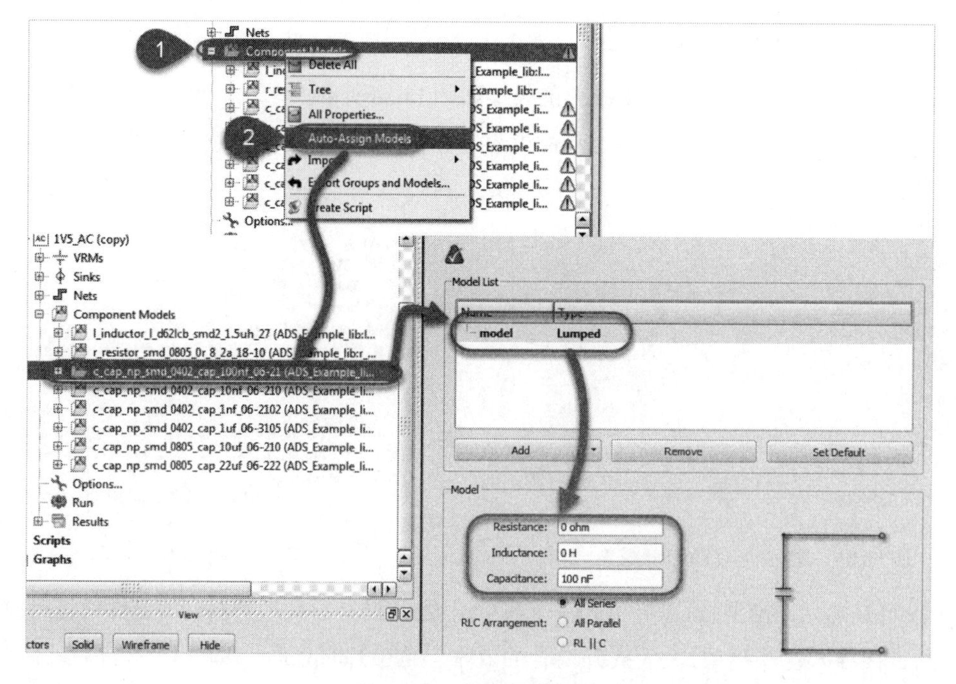

图 13.89　自动分配模型

这种自动分配模型的方式一般都是根据器件的类型及数值直接赋参数，这类参数都会比较简单，比如电容的模型分配的是一个Lumped的模型,并且只赋一个电容值,所以很多时候都需要再一次调整器件的模型参数。

工程师在进行电源完整性的交流仿真分析时,电容模型的精度会直接影响到仿真的精度,所以在获取和验证电容模型时一定要非常谨慎。建议用户都制定一个常用的电容库,随着项目和工程的累积,不仅可以丰富电容模型库,还可以通过仿真和测试校正电容模型的准确性。

13.5.3 仿真频率和Options设置

电源完整性的交流仿真分析需要设置仿真的频率,设置类型和方式与SIPro一样。本案例使用的频率扫描类型为Automatic,起始频率为10kHz,截止频率为300MHz,最大仿真频率点为100个,设置参数如图13.90所示。

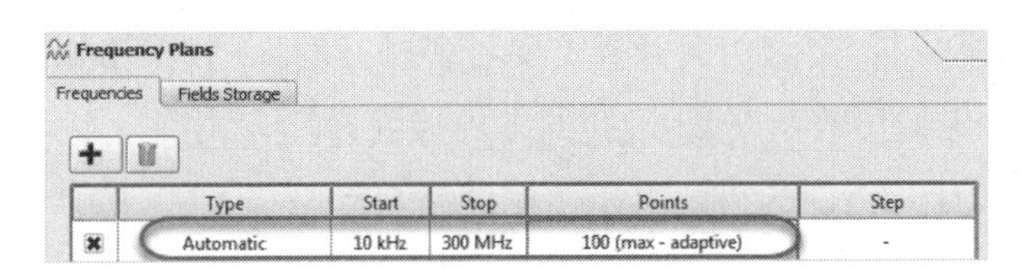

图13.90　仿真频率设置

当电容模型为S参数时,一定要注意电容模型所包含的频率范围,仿真频率与模型频率尽量设置为一致。

在Frequency Plans(频率计划)栏中选择Fields Storage选项卡,在其中设置是否保存场的数据,默认设置是不保存任何场的数据,如果需要查看场的数据可以选中All Frequencies from the Frequency Plan and the Mesh Frequency或User Defined Frequencies单选按钮。场的数据会占用比较大的存储容量,如果存储容量不足够会导致仿真无法进行。通常,如果不查看场的数据,都会保持默认设置。本案例保持默认设置,不保存任何场的数据,如图13.91所示。

在设置对话框的Options栏中设置与网格剖分设置相关的选项,设置的原理与SIPro一样。Options栏的设置如图13.92所示。单击Done按钮即可完成频率计划等的设置。

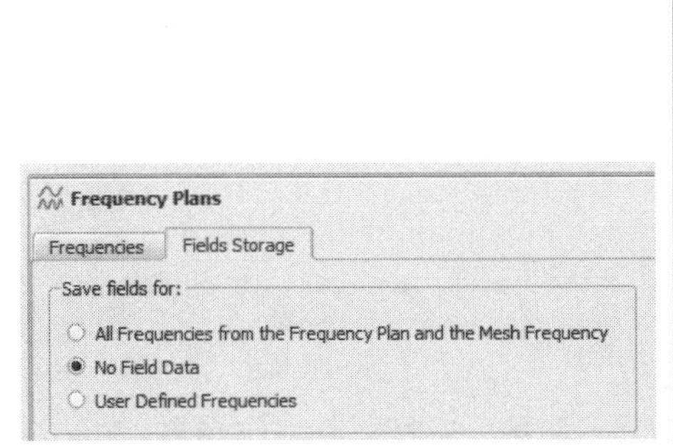

图13.91　场数据保存设置

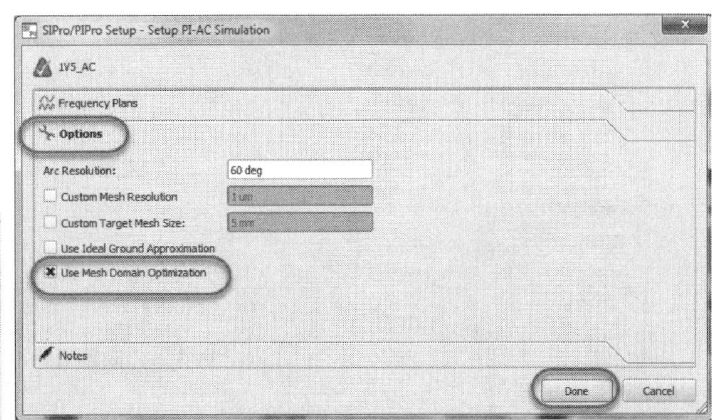

图13.92　设置PI-AC的网格剖分相关选项

13.5.4 运行仿真并查看仿真结果

双击左侧栏中的Run，运行1V5_AC仿真。在弹出提示是否保存当前工程的对话框中单击Yes按钮，如图13.93所示。

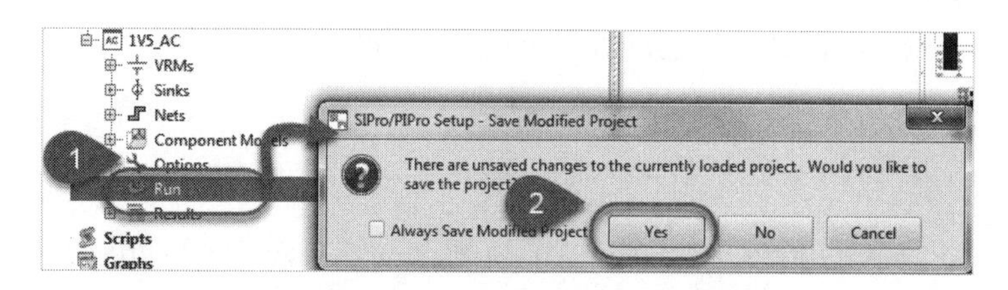

图13.93 运行1V5_AC仿真并保存工程

电源完整性交流仿真分析在频域中要计算分析电源分配网络的特性，相对于电源完整性的直流仿真分析及电热联合仿真分析，交流仿真分析需要更多的时间，一般在几分钟到几小时之间，这与仿真工程面积的大小、电路板的层数及厚度、过孔的多少等因素都有关系。

本案例仿真所需的时间为10分3秒，由于使用的是自动扫描方式，仿真的频率点有15个。仿真完成后的状态及日志如图13.94所示。

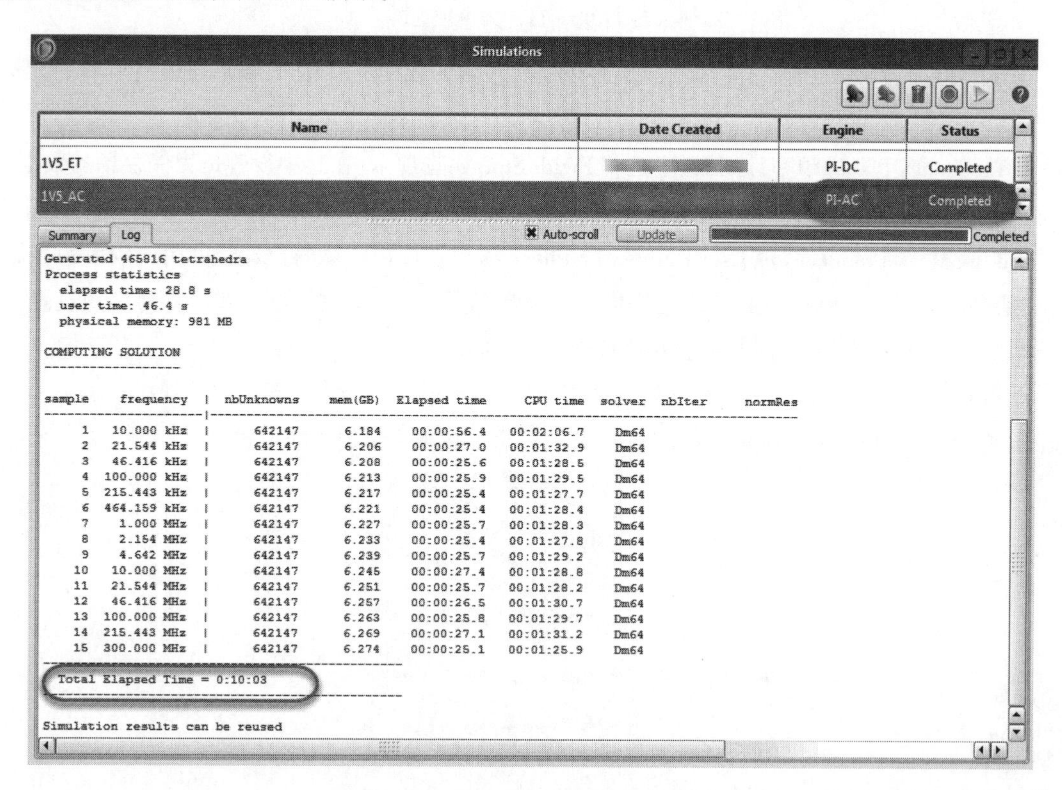

图13.94 1V5_AC仿真后的状态及日志

仿真完成之后展开Results选项，可以查看PDN Impedance（PDN阻抗）、S-Parameters（S参数）、Electric Field、Magnetic Field等。通常，在电源完整性交流分析时，主要查看的是PDN Impedance曲线。双击PDN

Impedance选项，即可弹出查看PDN Impedance曲线的窗口，如图13.95所示。

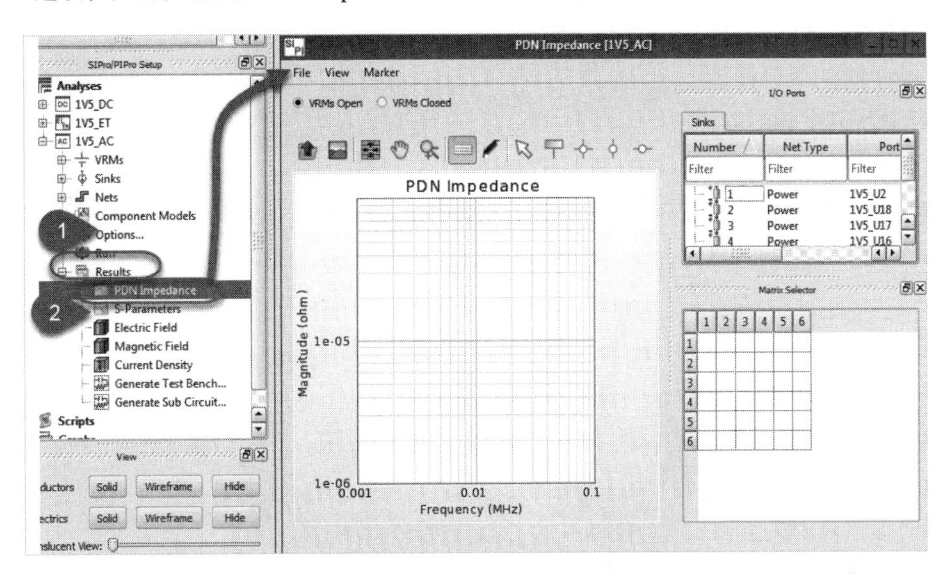

图13.95　打开查看阻抗曲线的窗口

在PDN Impedance窗口的Sinks选项卡中选中所有的6个端口，这6个端口分别是1V5_U2、1V5_U15、1V5_U16、1V5_U17、1V5_U18和1V5_U19，PDN Impedance曲线就显示在了窗口中，如图13.96所示。

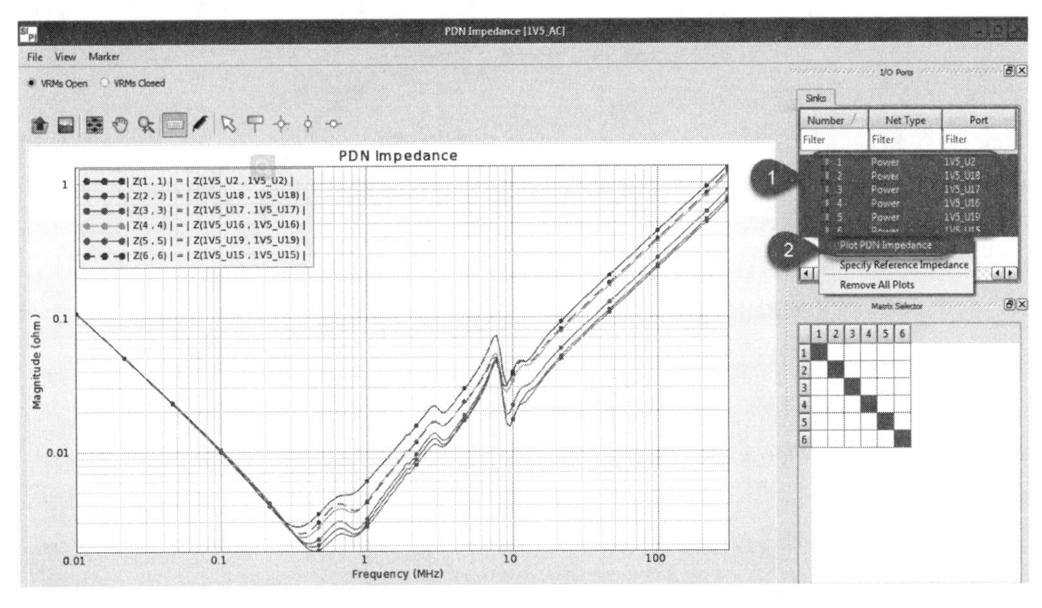

图13.96　查看PDN阻抗曲线

在进行板级的电源完整性交流仿真分析时，通常由于没有VRM的模型，软件默认VRM是开路的，所以在PDN阻抗窗口中默认查看的是VRMs Open（VRM开路）时的阻抗，显然，如果是开路，在低频时，显示的阻抗就比较高。为了使低频阻抗值降低，可以选中VRMs Closed单选按钮，相当于是给了一个0Ω的电阻，如图13.97所示。

通过阻抗显示窗口工具栏上的Marker可以查看各条曲线在各个频率点上的阻抗，添加一个十字测量工具，放置在U2阻抗曲线（蓝色曲线Z(1,1)）的一个峰值上，如图13.98所示。

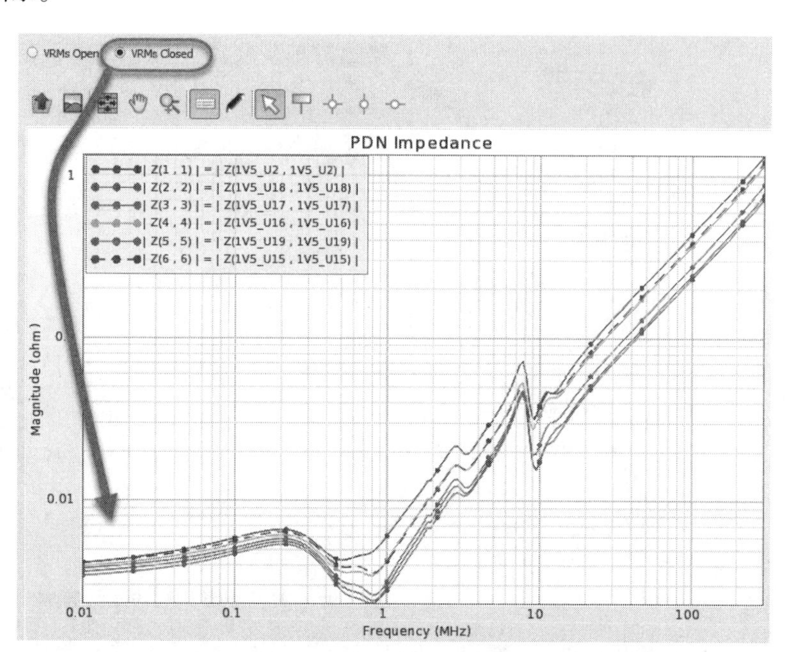

图13.97　VRMs Closed

U2在7.7426MHz时，其阻抗为0.072537Ω。这样添加Marker只能读取一个频率点的阻抗值，并不能判断在需要观察的频率范围内其阻抗是否满足设计的要求。由于PDN阻抗是随着频率变化而变化的，目标阻抗也会随着频率的变化而有所不同，所以使用目标阻抗曲线可以更加方便判断PDN的设计是否满足设计的要求。

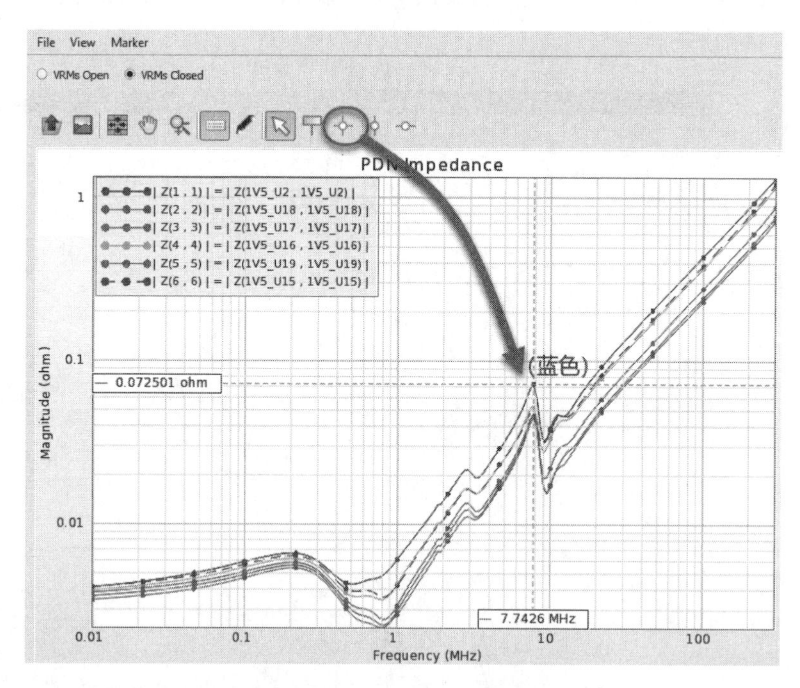

图13.98　添加十字测量工具

在使用目标阻抗曲线之前，需要编辑一个目标阻抗曲线文件，文件为CSV格式，目标阻抗内容包括了两列参数，第一列是频率，将其编辑为Frequency[Hz]，单位为Hz；第二列为阻抗，将其编辑为Impedance[Ohm]，单位为Ohm，如图13.99所示。

这个格式是阶梯状的目标阻抗，如果目标阻抗是一个函数，也可以在CSV文件中编辑函数，所得的数据也可以导入查看PDN阻抗曲线的窗口中。在窗口中选择File→Import Impedance Mask命令，在弹出的对话框中选择目标阻抗的文件。本案例中导入的是Target_impedance.CSV文件，单击Open按钮，如图13.100所示。

Frequency[Hz]	Impedance[Ohm]
10000	0.01
100000	0.01
100000	0.08
10000000	0.08
10000000	0.3
50000000	0.3
50000000	1.5
1.00E+08	1.5
1.00E+08	2
3.00E+08	2

图 13.99 目标阻抗文件内容格式

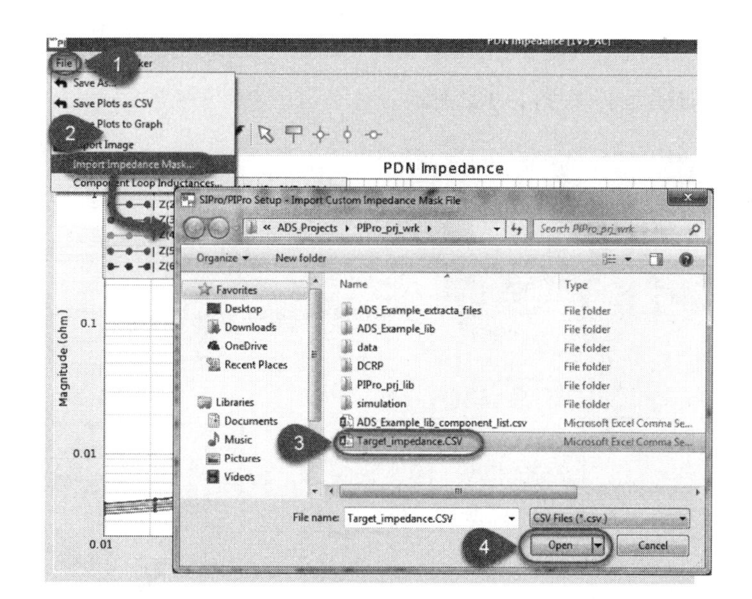

图 13.100 导入目标阻抗文件

单击Open按钮之后，目标阻抗曲线将会显示在PDN阻抗曲线窗口中，如图13.101所示。

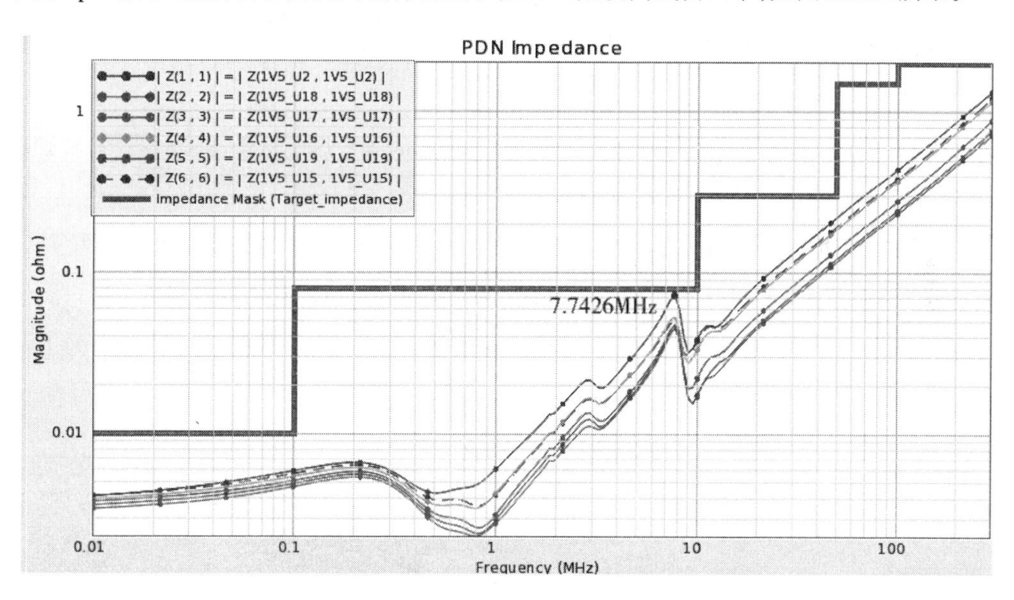

图 13.101 加入了目标阻抗曲线的PDN阻抗图

楼梯状的实线为目标阻抗曲线，这样就直接可以判断所有Sink的阻抗在目标阻抗以下(0～300MHz频率范围内)，设计结果满足设计要求。从结果上分析，U2在7.7426MHz时，其噪声裕量比较小。

对于不同类型的用电端，其目标阻抗一般是不一样的，但是在一些工程设计中为了简化设计和计算，通常把同一个电源网络的不同用电端的目标阻抗设计为一个。

为了了解每一颗电容的影响，同时选中100nF这一类电容中的C175、C185、C186、C200、C201、C211、C212、C220和C221，然后右击，在弹出的快捷菜单中选择Disable命令，使这些电容不起作用，可以观察到阻抗曲线在变化，最后发现U2的阻抗曲线在9MHz时已经超过了目标阻抗曲线，这样就不符合设计的要求，如图13.102所示。

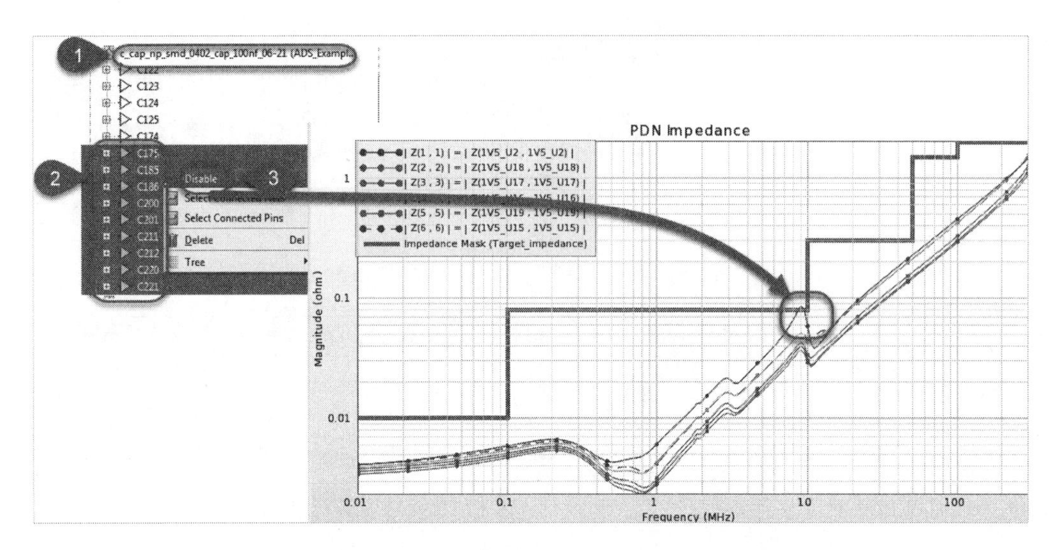

图13.102　使电容不起作用(Disable)后的阻抗曲线

按此方法也可以使其他的电容不能进一步降低高频阻抗的值，这样能够使工程师非常直观地了解到每一颗电容的作用，以及作用的频率范围。

按同样的方式，也可以使不起作用的电容再起作用(Enable)，选中这些电容后右击，在弹出的快捷菜单中选择Enable命令，设置如图13.103所示。

在PDN阻抗窗口上，选择File→Save As命令，在弹出的对话框中选择保存数据的格式为SnP。然后单击Export按钮，在新弹出的对话框中输入文件的名称，同时还可以看到文件有多少个端口。*.s7p表示有7个端口，其中1个是VRM，6个是Sink。单击Save按钮即可导出S参数模型文件，如图13.104所示。

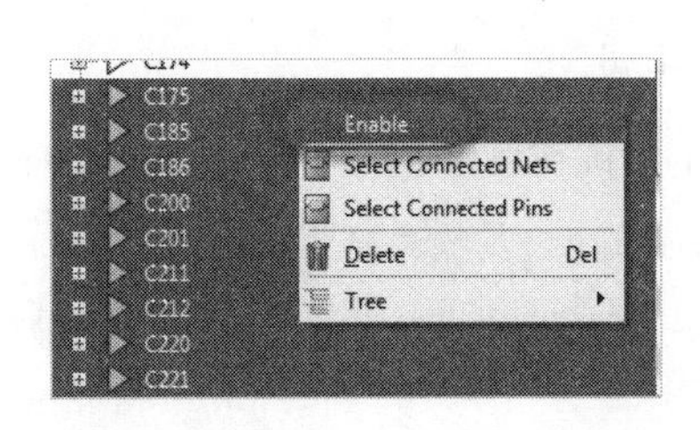

图13.103　使电容起作用(Enable)

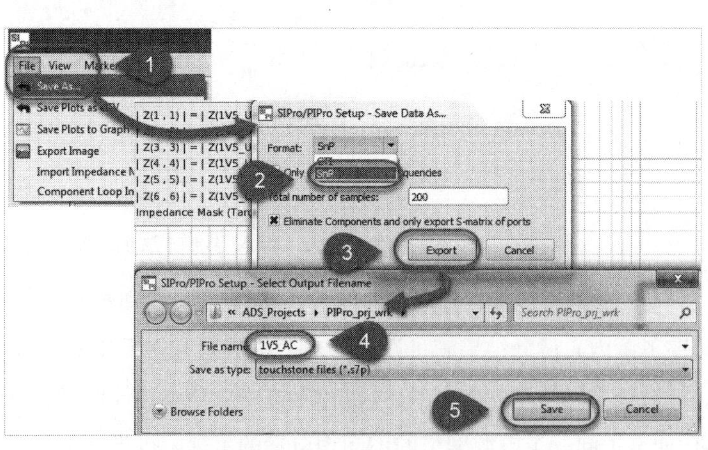

图13.104　导出S参数模型

与SIPro的操作一样，双击S-Parameters可以查看S参数曲线，如图13.105所示。

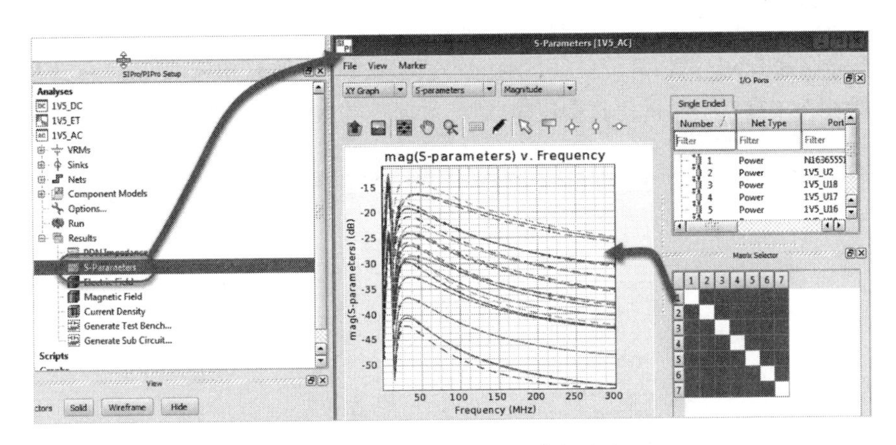

图 13.105　查看PDN的S参数曲线

13.5.5 产生原理图和子电路

仿真完成之后，双击Generate Test Bench可以产生一个测试原理图，如图13.106所示。

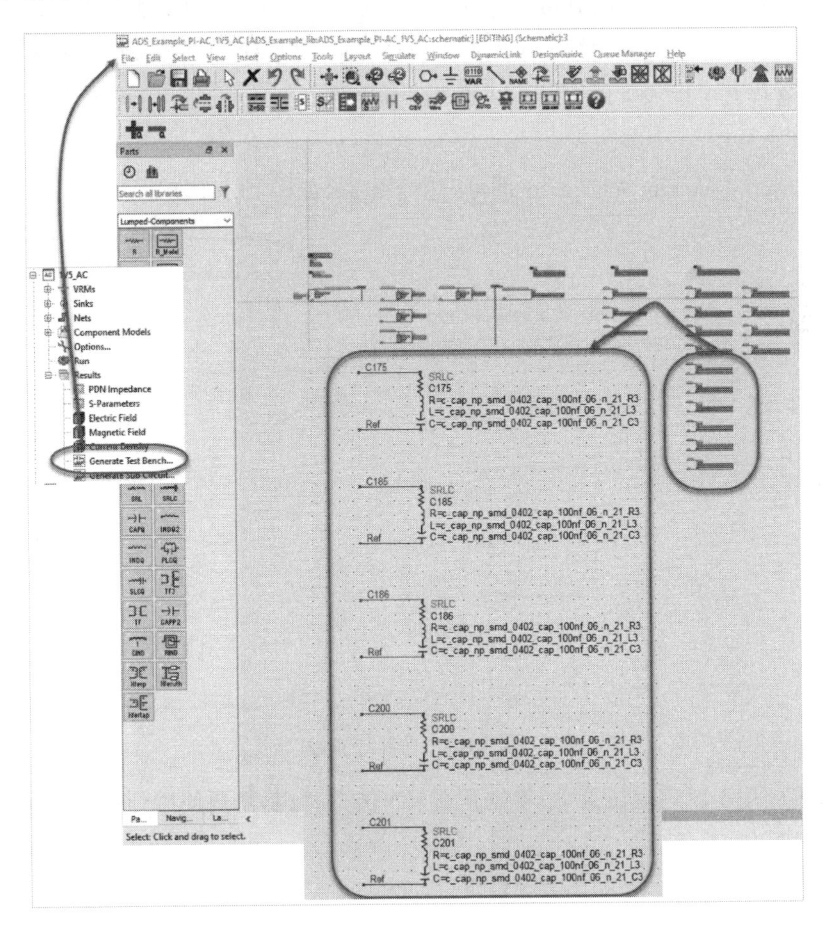

图 13.106　1V5_AC的原理图

在原理图中包含了S参数仿真控件(S_Param)、VRMs、Sinks、所有相关的电容，以及PDN的S参数模型。按F7键或在工具栏上单击仿真按钮，即可仿真获得PDN阻抗曲线，如图13.107所示。

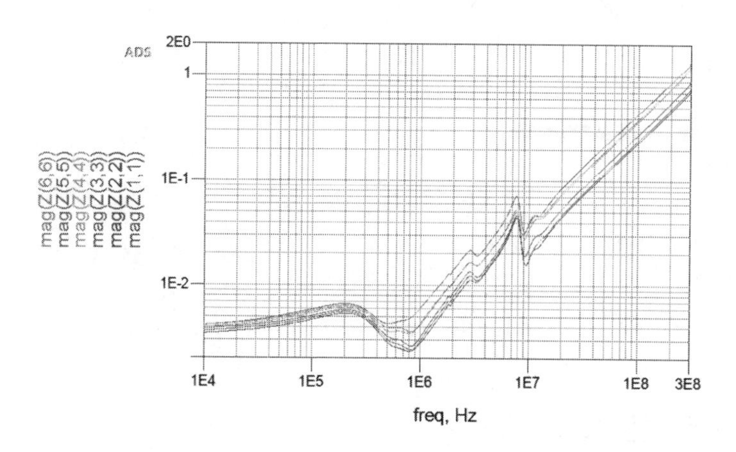

图13.107 原理图仿真的阻抗曲线

在原理图中仿真的结果与在PIPro中仿真的结果是一模一样的，但是所需要的时间特别短，只需要几秒钟。如果在PIPro中仿真的结果不能满足设计要求，需要添加电容或换电容的类型，则可以在原理图中进行，这样就可以大大地缩短调试的时间。也可以灵活地运行调谐、优化、批量扫描等ADS的高级功能。

在左侧栏中双击Generate Sub Circuit即可产生子电路，如图13.108所示。

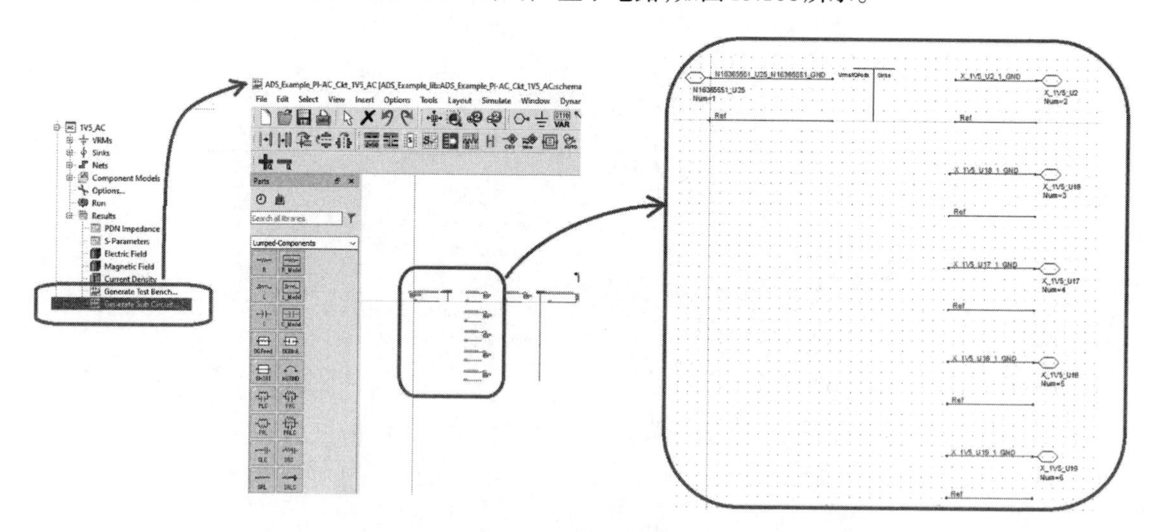

图13.108 产生子电路

子电路可以应用于原理图仿真中，特别是在SSN仿真时，都需要使用到PDN的子电路，1V5_AC的子电路符号如图13.109所示。

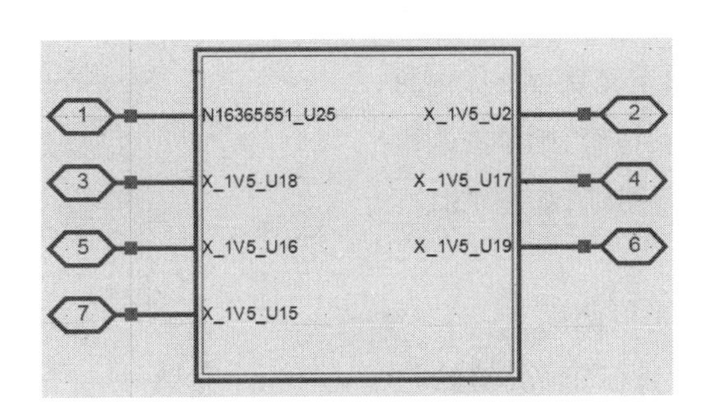

图 13.109 PDN子电路符号

13.5.6 优化仿真结果

从前面仿真的结果中可以看到,除了U2,其他几个用电端的裕量都比较大。从性能要求上来看,这样的设计可以认为是满足设计要求的,但是如果裕量过大就变成了过度设计。从产品成本的角度来看,这样的设计并不是最合适的,这时可以通过仿真优化设计以减少冗余设计,进而达到减少产品成本的目的。

当电源完整性交流仿真分析完成后,选中1V5_AC并右击,在弹出的快捷菜单中选择Decap Optimization命令,将会弹出去耦电容优化窗口,如图13.110所示。

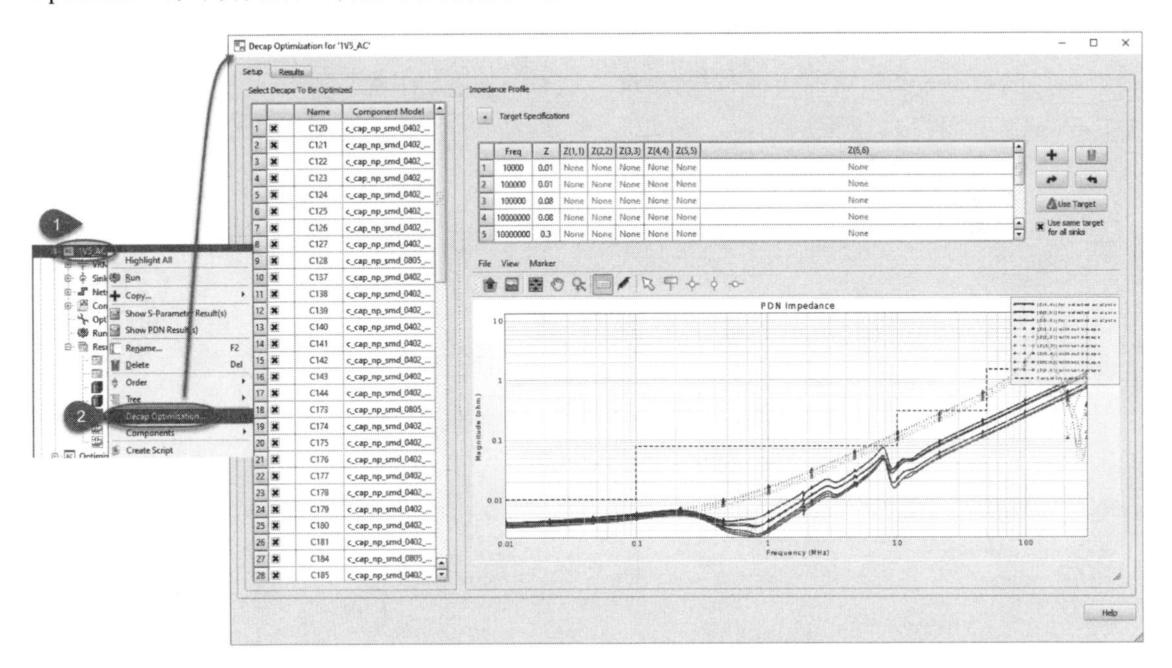

图 13.110 打开去耦电容优化窗口

去耦电容优化窗口中包含了Setup(设置)和Results(结果)两个选项卡,在Setup选项卡中包含了去耦电容栏、阻抗曲线及目标阻抗设置栏。

在去耦电容栏中，可以自定义是否要优化的电容。如果不需要优化并保留电容，则单击电容对应位号前复选框，去掉“×”图标，如图13.111所示。

Select Decaps To Be Optimized

		Name	Component Model
1	☐	C274	c_cap_np_smd_08...
2	☐	C123	c_cap_np_smd_04...
3	☐	C122	c_cap_np_smd_04...
4	✖	C121	c_cap_np_smd_04...
5	✖	C280	c_cap_np_smd_08...
6	✖	C279	c_cap_np_smd_08...
7	✖	C276	c_cap_np_smd_08...

图13.111　保留不优化的电容设置

本案例中所有的电容都可以优化。

在Target Specifications（目标阻抗）编辑栏中，可以自定义Freq（频率范围）值和Z（阻抗）值，也可以把前面的目标阻抗曲线导入。如果是自定义频率范围和阻抗值，则单击添加目标阻抗中的 + 按钮，添加一个新的阻抗值，然后编辑频率和阻抗值。默认所有Sink的目标阻抗是一致的，如果Sink的目标阻抗不一致，则要取消选中Use same target for all sinks复选框，使前面的图标变为“×”。然后单击Use Target按钮，所有的设置如图13.112所示。

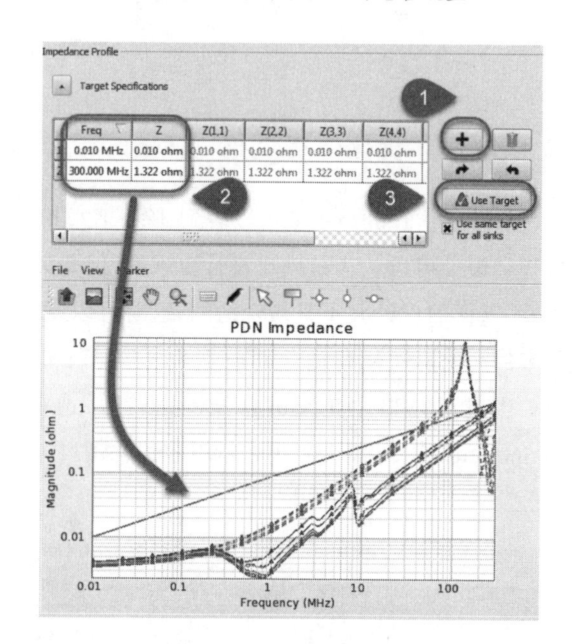

图13.112　设置目标阻抗

也可以把定义好的目标阻抗曲线导入。单击从CSV文件中导入目标阻抗的按钮 ↷ ，选择Target_impedance.CSV，单击Open按钮，再选中Use Target，如图13.113所示。

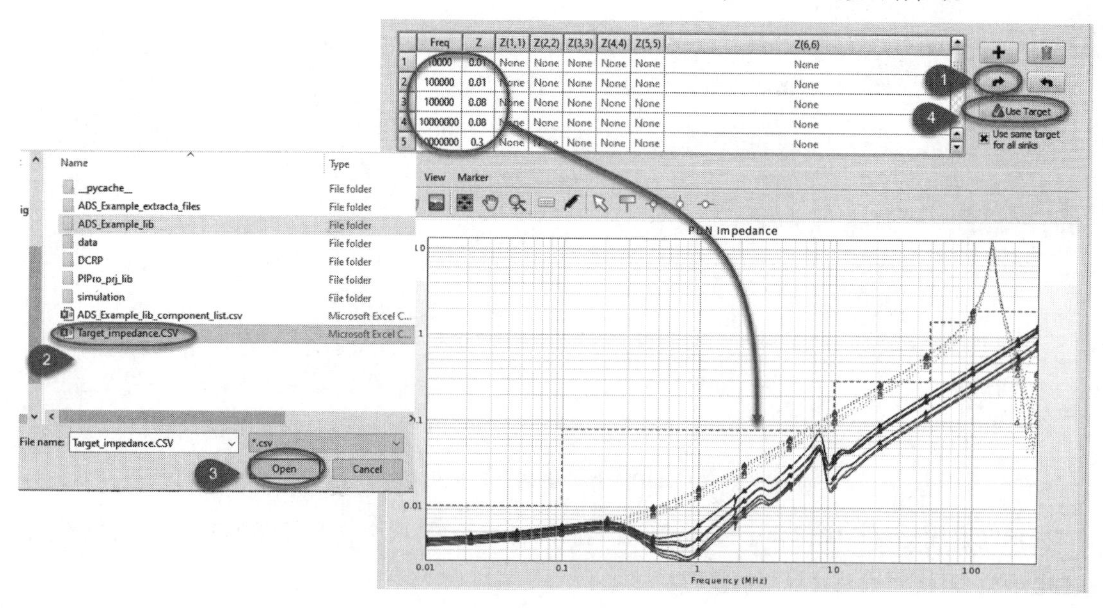

图13.113　导入目标阻抗文件

导入目标阻抗之后，在阻抗曲线显示栏中包含了3类曲线，分别是没有加入任何去耦电容时的阻抗曲线、加入了去耦电容时的阻抗曲线及目标阻抗曲线。

选择Results选项卡，在Constraints（约束）栏中选择要约束的条件，这里包括了去耦电容的最大数量（Maximum）和权重（Importance）、电容供应商的最大数量和权重、模型的最大数量和权重，以及价格的最大值和权重。本案例中只考虑去耦电容的数量，所以只选择Decaps，1V5_AC原始使用的电容数量为67颗，优化目标的最大数量为40颗，那么在优化后只要数量少于40颗，则符合约束条件。由于只有一个约束条件，所以权重值为100。其他保持默认设置，设置完后单击Optimize（优化）按钮，如图13.114所示。

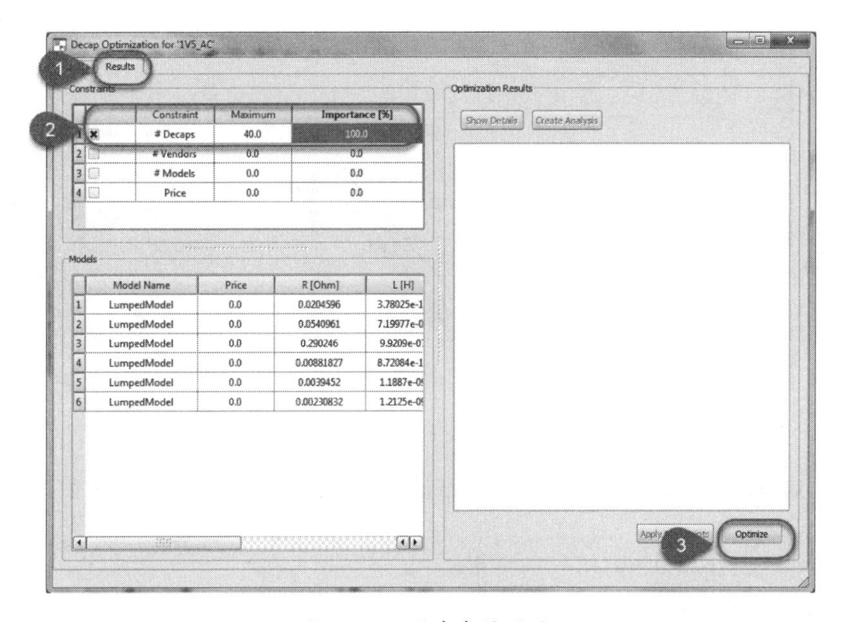

图13.114　约束条件设置

单击Optimize按钮即可开始优化。优化仿真需要对各个组合进行仿真，所以一般需要几秒钟到几分钟的时间，优化后的结果如图13.115所示。

Optimization Results

Show Details　Create Analysis

	# Decaps	# Vendors	# Models	Price	Rank
1	27	1	4	0	1
2	31	1	5	0	2

图13.115　优化后的结果

优化后有两个符合条件的组合，分别只使用了27个去耦电容和31个去耦电容，并且使用27个去耦电容的优化效果排名第一。双击27个电容这一行或选中这一行，单击Show Details按钮，将弹出阻抗曲线显示窗口，如图13.116所示。

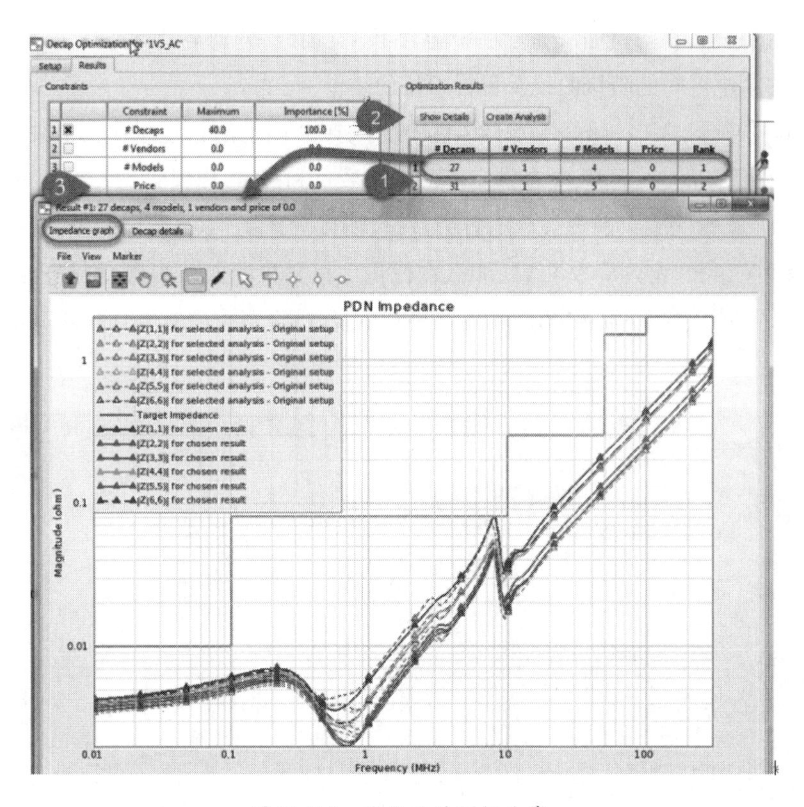

图 13.116　优化后的阻抗曲线

选择Decap details选项卡，可以查看更加详细的去耦电容信息，如图13.117所示。

Result #1: 27 decaps, 4 models, 1 vendors and price of 0.0

Impedance graph | Decap details

	Enabled	Name	Model Id	Price	Model Name	Component Model
1	Yes	C122	Lumped	0	model	c_cap_np_smd_0402_cap_100nf_06-21
2	Yes	C123	Lumped	0	model	c_cap_np_smd_0402_cap_100nf_06-21
3	Yes	C124	Lumped	0	model	c_cap_np_smd_0402_cap_100nf_06-21
4	Yes	C125	Lumped	0	model	c_cap_np_smd_0402_cap_100nf_06-21
5	Yes	C127	Lumped	0	model	c_cap_np_smd_0402_cap_1uf_06-3105
6	Yes	C128	Lumped	0	model	c_cap_np_smd_0805_cap_10uf_06-210
7	Yes	C173	Lumped	0	model	c_cap_np_smd_0805_cap_10uf_06-210
8	Yes	C174	Lumped	0	model	c_cap_np_smd_0402_cap_100nf_06-21
9	Yes	C175	Lumped	0	model	c_cap_np_smd_0402_cap_100nf_06-21
10	Yes	C184	Lumped	0	model	c_cap_np_smd_0805_cap_10uf_06-210
11	Yes	C185	Lumped	0	model	c_cap_np_smd_0402_cap_100nf_06-21
12	Yes	C186	Lumped	0	model	c_cap_np_smd_0402_cap_100nf_06-21
13	Yes	C199	Lumped	0	model	c_cap_np_smd_0805_cap_10uf_06-210
14	Yes	C200	Lumped	0	model	c_cap_np_smd_0402_cap_100nf_06-21
15	Yes	C201	Lumped	0	model	c_cap_np_smd_0402_cap_100nf_06-21
16	Yes	C210	Lumped	0	model	c_cap_np_smd_0805_cap_10uf_06-210
17	Yes	C211	Lumped	0	model	c_cap_np_smd_0402_cap_100nf_06-21
18	Yes	C212	Lumped	0	model	c_cap_np_smd_0402_cap_100nf_06-21
19	Yes	C219	Lumped	0	model	c_cap_np_smd_0805_cap_10uf_06-210
20	Yes	C220	Lumped	0	model	c_cap_np_smd_0402_cap_100nf_06-21
21	Yes	C221	Lumped	0	model	c_cap_np_smd_0402_cap_100nf_06-21
22	Yes	C279	Lumped	0	model	c_cap_np_smd_0805_cap_10uf_06-210
23	Yes	C280	Lumped	0	model	c_cap_np_smd_0805_cap_10uf_06-210
24	Yes	L6	Lumped	0	model	l_inductor_l_d62lcb_smd2_1.5uh_27
25	Yes	R196	Lumped	0	model	r_resistor_smd_0805_0r_8_2a_18-10
26	Yes	R898	Lumped	0	model	r_resistor_smd_0805_0r_8_2a_18-10
27	Yes	R899	Lumped	0	model	r_resistor_smd_0805_0r_8_2a_18-10
28	No	C120				c_cap_np_smd_0402_cap_10nf_06-210
29	No	C121				c_cap_np_smd_0402_cap_10nf_06-210

图 13.117　优化后具体的去耦电容信息

同样的，也可以查看使用31个去耦电容的阻抗曲线和具体的去耦电容信息。如果单纯按去耦电容数量的约束条件进行选择，就选择使用27个去耦电容这个组合。实际上这27个器件中还有4个其他的器件，最终优化后，节约了40个去耦电容，这样不仅降低了物料的成本，还节约了设计的空间。

优化是一个非常重要的工作，尤其是当设计的裕量非常大的时候，使用优化的功能就可以大大地减少冗余设计带来的成本和PCB布线空间上的压力。

还有一些与电源设计相关的仿真，如板级热仿真、电源平面的谐振分析，仿真的步骤和流程基本类似，因此本书不再赘述，有需要的工程师可以自行参照帮助文档进一步学习。

第14章

DC/DC的EMI优化

当设计DC/DC转换器时，电磁干扰(EMI)的控制是至关重要的一环。EMI问题不仅会影响设备本身的性能，还可能干扰周围的电子设备，甚至违反法规标准。因此，本章中，我们将深入研究DC/DC的EMI优化，探讨各种方法和技术，以确保设备在电磁兼容性(EMC)方面达到最佳水平。

EMI问题的出现通常与电源电子设备的快速开关和高频操作有关，这些特性可能导致电磁波的辐射和传导。本章我们将重点关注如何通过设计和调整DC/DC转换器，有效地控制和减少EMI的影响。通过深入分析电磁干扰的成因和传播途径，我们将介绍一系列实用的策略，帮助工程师在设计中更好地管理和解决EMI问题。

14.1 电磁兼容的概念

对于电源设计人员来说，迟早会面临两大难题——热问题和电磁干扰问题，其中电磁干扰问题是最难处理的。电磁干扰是电磁兼容的一个部分(见图14.1)，是指器件或系统发出的噪声，使其他器件或系统功能变差。而电磁兼容是指两个或更多系统同时工作在相互产生噪声的环境中，而不发生故障或不会出现功能变差。

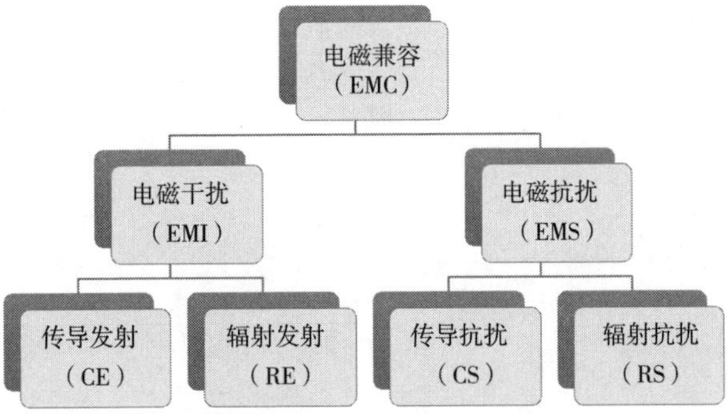

电磁兼容（EMC）
电磁干扰（EMI）
电磁抗扰（EMS）
传导发射（CE）
辐射发射（RE）
传导抗扰（CS）
辐射抗扰（RS）

图14.1　电磁兼容和电磁干扰

对于电源来说，主要的问题在于电源在开关的过程中产生了大量的噪声，这些对外的电磁发射对其他部件或系统的正常工作产生了干扰。而作为系统的一员，电源也需要考虑外部的电磁干扰对它的影响，而这部分影响通常不大，所以更多的时候我们把电源视为主要干扰源，而不是敏感设备。

在讨论电磁兼容的时候，必然会谈到电磁兼容的三要素。

(1)干扰源：电磁干扰的发生源。

(2)耦合路径：设备之间的能量传递的路径。

(3)敏感设备：在系统中，可能受到干扰而降低性能的设备。

电磁兼容三要素在电磁兼容的分析中缺一不可,缺少其中任一要素,电磁干扰的过程都不会发生。因此,电磁兼容的三要素对于我们理清复杂系统的电磁干扰问题非常有帮助。电源在系统中承担着干扰源的角色,我们通常会从前两个要素出发来改善系统中电源对外部器件或系统的干扰。

要控制或削弱干扰源的产生,首先要了解噪声来自何处。对于DC/DC电源来说,噪声主要来自开关,以Buck电路为例,在开关的过程中产生了快速的电压变化(dv/dt)和电流变化(di/dt),这些快速的电压变化和电流变化,包含了丰富的谐波分量,可以通过导线传导到系统的其他部件上,同时这些时变的电压变化和电流变化会产生电场和磁场,通过空间耦合和辐射的方式向外发射。如图14.2所示,Buck电路一共有两个电流环路和一个电压变化点。

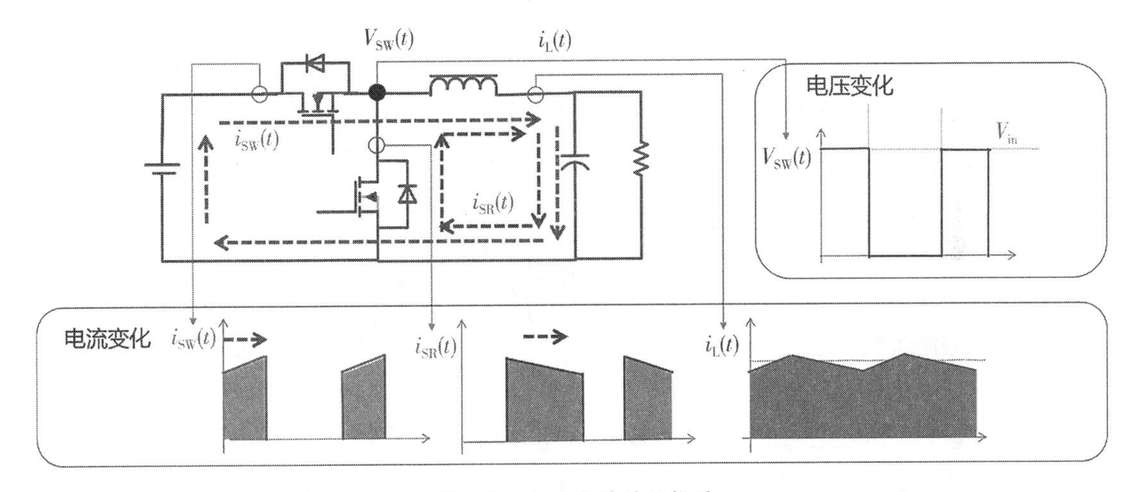

图14.2 Buck电路的干扰源

DC/DC电源在其运行过程中可能会引起多种电磁干扰问题,以下是一些常见的DC/DC电源产生的电磁干扰问题。

(1)开关过程中的快速变化:在开关型DC/DC转换器中,开关操作导致电压和电流的快速变化。这些变化包含高频谐波,可能会通过导线传播到其他系统组件,并产生辐射。

(2)电感和电容的谐振:DC/DC电源中的电感和电容元件可能在高频下发生谐振,产生额外的谐波,并加剧电磁干扰。

(3)电流环路和电压变化点:DC/DC电源中存在电流环路和电压变化点,它们是电磁干扰的关键区域。电流环路导致磁场的形成,而电压变化点则是电场辐射的源头。

(4)导线和布局:导线的长度、布局和走线方式都可能影响电磁干扰的产生和传播,不合理的线路设计可能导致辐射和传导噪声。

(5)开关频率和谐波:DC/DC转换器的开关频率及其谐波对于电磁干扰问题至关重要,高开关频率和谐波可能导致更广泛的频谱辐射。

(6)功率器件的非理想性:电源中使用的功率器件(如开关管)的非理想性也可能引起电磁干扰,开关器件的截止时间和共模抑制能力等参数会影响系统的电磁兼容性能。

(7)辐射和传导:电磁干扰问题可以通过辐射(通过空间传播电磁波)和传导(通过导线传播噪

声）两种方式传播。因此，有效控制这两种传播途径至关重要。

为了解决这些问题，工程师通常采取一系列的EMI优化措施，包括合理的电路设计、滤波器的使用、地线设计、屏蔽技术等。通过深入了解这些潜在问题，工程师能够更好地优化DC/DC电源的性能，确保其在电磁兼容性方面达到要求。

14.2 dB、dBm、dBμV

1. dB

很多朋友最早接触“分贝”概念，是用它评估声音的大小。声音的大小用分贝（dB）表示，是一种对数单位，用来描述声音的强度或功率比例。如果P是我们需要测试的声压级或声功率级，P_0是参考值，通常取为标准听觉阈限的声压级，即$P_0 = 20 \times 10^{-6}$ Pa。X dB表达的就是当前声压功率相对于标准听觉阈限声压级的关系：

$$X\ \mathrm{dB} = 10\lg\left(\frac{P}{P_0}\right)$$

分贝是无量纲的单位，用于描述相对大小而不是绝对大小。一般来说，人耳能够听到的声音范围为0～120dB。其中，0dB对应于听觉阈限，而120dB则是疼痛阈限。

分贝不只是应用于声压，它也是一种对数单位，用于表示两个物理量之间的比率。在电子、通信、音频等领域经常使用。分贝的值可以是正值，表示增益；也可以是负值，表示损失。通常，分贝用于描述信号的相对强度或功率。分贝中的基数（对数的底数）通常取决于所测量的物理量的性质。在一些情况下，功率之间的比率关系使用10倍对数关系，而在另一些情况下使用20倍对数关系。

1）功率比的情况，使用10倍对数关系

当测量的是功率的比率时，典型的表达式为：

$$X\ \mathrm{dB} = 10\lg\left(\frac{P}{P_0}\right)$$

其中，P为所测量的物理量的功率；P_0为参考功率的值。

使用这个公式是因为功率的比率与其对数之间存在因子关系。

2）振幅比的情况，使用20倍对数关系

当测量的是振幅（比如声音的振幅）的比率时，通常使用倍数为20，表达式为：

$$X\ \mathrm{dB} = 20\lg\left(\frac{A}{A_0}\right)$$

其中，A是所测量的物理量的幅度；A_0是参考幅度的值。

使用这个公式是因为振幅的平方与功率成正比，所以在这种情况下需要额外的因子2。这样可以确保分贝的定义在不同情况下的一致性，并与物理量之间的关系相对应。

2. dBm

在实际工程中，功率的大小通常用dBm（毫瓦分贝）值来表示，这是一个对数度量，被定义为相对于1mW参考功率电平的分贝。因此，它是一个无量纲单位，实际上指定了功率比而不是功率。它的计算公式如下：

$$X\ \mathrm{dBm} = 10\lg\left(\frac{P}{1\mathrm{mW}}\right)$$

其中，P代表以瓦特为单位的功率。

如果功率每增加10倍，则有：1mW对应0dBm，10mW对应10dBm，100mW对应20dBm。也就是说，功率每增加10倍，dBm值就会增加10（比如说通过光放大器增加10dB增益）。

如果功率每增加2倍，则有：1mW对应0dBm，2mW对应3dBm，4mW对应6dBm，8mW对应9dBm。也就是说，功率每增加2倍，dBm值就会增加3。

3. dBμV

dBμV是电压的单位，可以和μV、mV进行换算。“dBμV”在EMC测试中经常用于电磁场强度的测量单位，读作分贝微伏特。它用来衡量电磁场信号的强度或功率，通常用于射频（特别是无线通信、无线电广播等）和电磁兼容性（EMC）的领域。dB是没有量纲的，表示增益和衰减，dBμV是表示电压的单位，表达式如下：

$$X\ \mathrm{dB\mu V} = 20\lg\left(\frac{V}{1\mu\mathrm{V}}\right)$$

其中，X是最终用dBμV作为单位的电压值；V是用μV作为单位的电压值。

如果有一个电压值20μV，可以将其代入上述公式进行计算：

$$X\ \mathrm{dB\mu V} = 20\lg\left(\frac{20\mu\mathrm{V}}{1\mu\mathrm{V}}\right)$$

计算结果会是：

$$X\ \mathrm{dB\mu V} = 20\lg\left(\frac{20\mu\mathrm{V}}{1\mu\mathrm{V}}\right) = 20\lg(20) \approx 26.02\mathrm{dB\mu V}$$

所以，20μV对应的dBμV值大约等于26.02。用相同的计算方法，5mV的电压值对应的dBμV值大约等于73.98。

14.3 EMI的要求和规范

市场上销售的电子产品存在两类基本的EMC要求：

（1）政府机构或区域的强制要求；

（2）产品生产商自己提出的要求。

由政府提出的要求通常是强制要求，必须执行，为了在某个区域或国家上市，产品必须符合这些要求。而生产商为自身产品指定EMC要求是为了提高客户满意度，保证产品的可靠性和质量。尤其是系统集成商，他们为了提高最终产品的可靠性，会对零部件的EMC提出自己的要求。最典型的便是汽车行业，每个车厂会有自己零部件的EMC标准，所有的供应商在提供产品时必须满足，这样才能控制好系统中各个零部件的电磁污染的量，最终保证在集成后整车的可靠性能够满足国家的标准，达到客户的满意。

不同的行业对于电磁兼容大都制定了自己的规范，目前采用较多的标准是国际无线电干扰特别委员会（Comité International Spécial des Perturbations Radioelectriques，CISPR）设立的标准，以广泛采用的CISPR22为例，电磁干扰的限制主要分为两个基本的应用范畴：

（1）A类，适用于商业或工业装置及环境；

（2）B类，适用于家用或住宅装置。

大致来说，B类要求更加严格，通常限值会比A类低10dB，也就是要求的电磁发射量要更低。

对于汽车行业，参考较多的是CISPR25，相较于CISPR22，其在测试频段、测试设置及限值都有较大不同。如图14.3所示，CISPR22和CISPR25传导干扰的限值，可以看到CISPR25 Class5的限值要低于CISPR22，另外不同的是，CISPR25还对FM频段（76MHz～108MHz）有限值的要求，因为车上有收音机的部件，考虑乘客的体验，需要限制这个频段的噪声。电磁电容标准CISPR25与CISPR22的要求对比如图14.3所示。

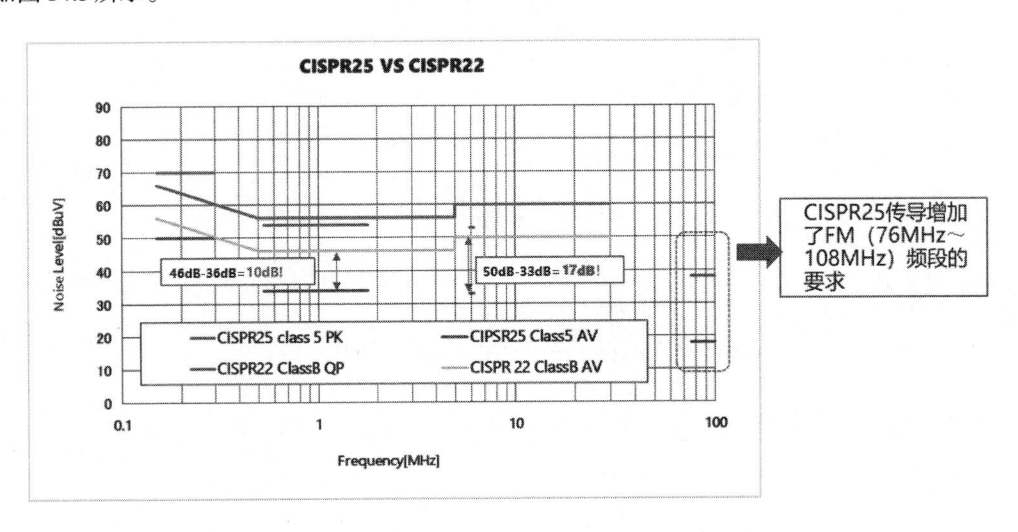

图14.3 电磁电容标准CISPR25与CISPR22的要求对比

14.4 噪声的频谱

方波的四种形式如图14.4所示，我们经常遇见的是左上角和右下角的两种形式。

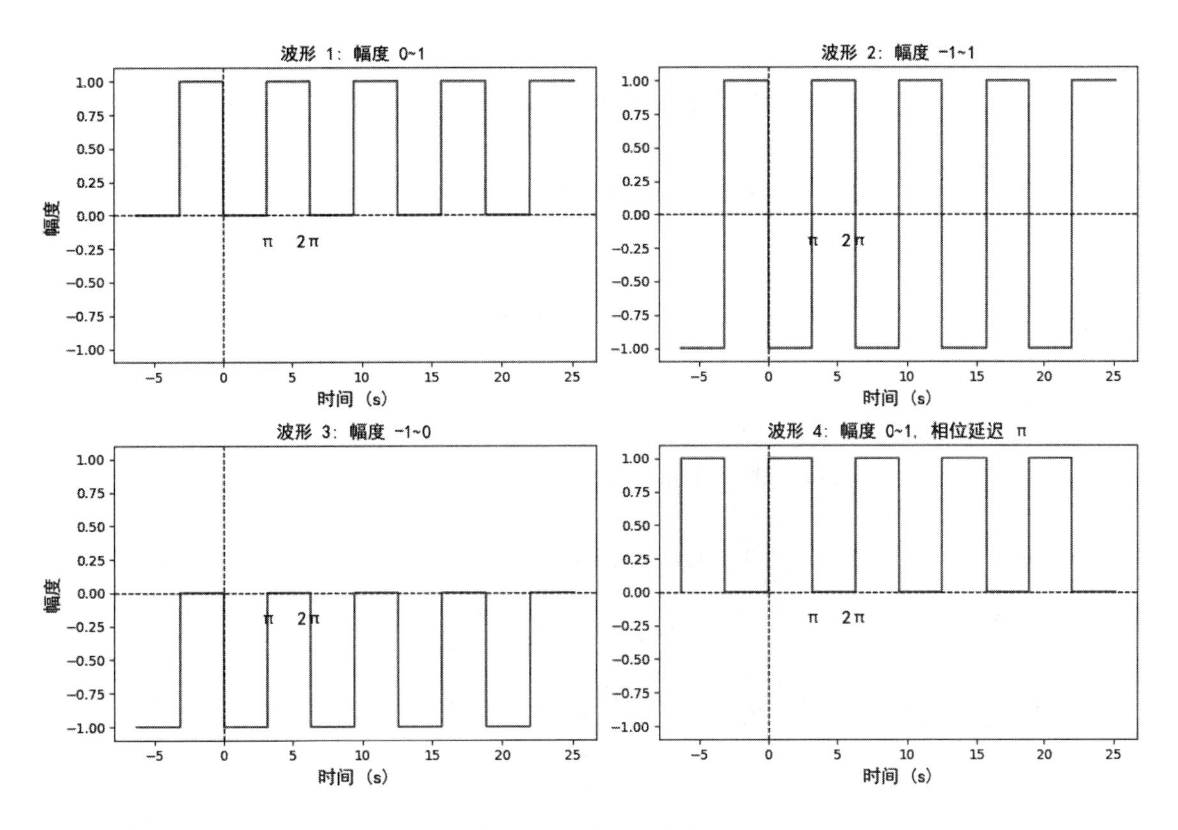

图 14.4　四种方波波形

我们就以右下角为例来分析方波函数，该函数在$-\pi < x < 0$时等于0，在$0 < x < \pi$时等于A。

$$f(x)=\begin{cases}0, -\pi < x < 0\\ A, 0 < x < \pi\end{cases}$$

我们可以把积分周期0～T，移动到$-T/2$～$T/2$，因为函数是周期信号，所以两个区间积分的结果一致。

根据傅里叶级数系数公式：

$$f(t)=\frac{a_0}{2}+\sum_{n=1}^{\infty}[a_n\cos(n\omega t)+b_n\sin(n\omega t)]$$

$$a_n=\frac{2}{T}\int_{-\frac{T}{2}}^{\frac{T}{2}}f(t)\cos(n\omega t)\,\mathrm{d}t, n\geqslant 0$$

$$b_n=\frac{2}{T}\int_{-\frac{T}{2}}^{\frac{T}{2}}f(t)\sin(n\omega t)\,\mathrm{d}t, n\geqslant 0$$

$$a_0=\frac{2}{T}\int_{-\frac{T}{2}}^{\frac{T}{2}}f(t)\,\mathrm{d}t$$

我们在这个方波函数中计算a_0，可以得到：

$$
\begin{aligned}
a_0 &= \frac{2}{2\pi}\int_{-\pi}^{\pi} f(t)\,\mathrm{d}t \\
&= \frac{1}{\pi}\int_{-\pi}^{0} f(t)\,\mathrm{d}t + \frac{1}{\pi}\int_{0}^{\pi} f(t)\,\mathrm{d}t \\
&= \frac{1}{\pi}\int_{-\pi}^{0} 0\,\mathrm{d}t + \frac{1}{\pi}\int_{0}^{\pi} A\,\mathrm{d}t \\
&= 0 + \frac{A}{\pi}[t]_0^{\pi} \\
&= A
\end{aligned}
$$

所以$a_0 = A$。

我们再计算a_n,在我们的波形中,$T = 2\pi$,$\omega = 1$。

$$
\begin{aligned}
a_n &= \frac{2}{T}\int_{-\frac{T}{2}}^{\frac{T}{2}} f(t)\cos(n\omega t)\,\mathrm{d}t \\
&= \frac{2}{2\pi}\int_{-\pi}^{\pi} f(t)\cos(n\omega t)\,\mathrm{d}t \\
&= \frac{1}{\pi}\int_{-\pi}^{0} f(t)\cos(n\omega t)\,\mathrm{d}t + \frac{1}{\pi}\int_{0}^{\pi} f(t)\cos(n\omega t)\,\mathrm{d}t \\
&= \frac{1}{\pi}\int_{-\pi}^{0} 0\cos(n\omega t)\,\mathrm{d}t + \frac{1}{\pi}\int_{0}^{\pi} A\cos(n\omega t)\,\mathrm{d}t \\
&= 0 + \frac{A}{\pi}\left[\frac{\sin(nt)}{n}\right]_0^{\pi} \\
&= \frac{A}{\pi}\left[\frac{\sin(n\pi) - \sin 0}{n}\right] \\
&= 0
\end{aligned}
$$

我们可以得到$a_n = 0$。

根据傅里叶级数公式,我们再计算b_n。

$$
\begin{aligned}
b_n &= \frac{2}{T}\int_{-\frac{T}{2}}^{\frac{T}{2}} f(t)\sin(n\omega t)\,\mathrm{d}t \\
&= \frac{2}{2\pi}\int_{-\pi}^{\pi} f(t)\sin(n\omega t)\,\mathrm{d}t \\
&= \frac{1}{\pi}\int_{-\pi}^{0} f(t)\sin(n\omega t)\,\mathrm{d}t + \frac{1}{\pi}\int_{0}^{\pi} f(t)\sin(n\omega t)\,\mathrm{d}t \\
&= \frac{1}{\pi}\int_{-\pi}^{0} 0\sin(n\omega t)\,\mathrm{d}t + \frac{1}{\pi}\int_{0}^{\pi} A\sin(n\omega t)\,\mathrm{d}t \\
&= 0 + \frac{A}{\pi}\left[\frac{-\cos(nt)}{n}\right]_0^{\pi} \\
&= \frac{A}{\pi}\left[\frac{-\cos(n\pi) + \cos 0}{n}\right] \\
&= \frac{A}{n\pi}[1 - \cos n\pi]
\end{aligned}
$$

当n为偶函数时，$\cos(n\pi)=1$，则$b_n=0$，当n为奇函数时，$\cos n\pi=0$，$b_n=A/(n\pi)$。

任何周期性的信号都可以用无数个正弦函数之和来表示，每个正弦函数分量的频率是基频$f_0=1/T$的倍数。通常，噪声也是随着电路的运转而周期性地存在，因此需要对噪声的特性进行频域上的分析。我们假设有一个周期为T的方波信号，波形如图14.5所示。

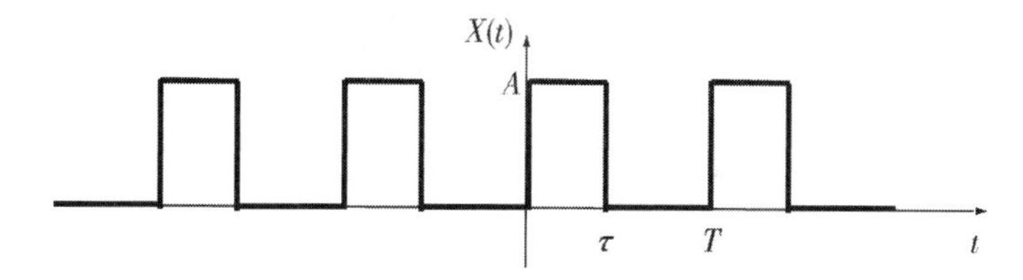

图14.5　周期为T的方波信号

周期为T的方波的三角函数的傅里叶级数可以表示为

$$C_n=\frac{1}{T}\int_{t1}^{t1+T}e^{-jn\omega_0 t}x(t)dt=\frac{1}{T}\int_0^{\tau}e^{-jn\omega_0 t}Adt+\frac{1}{T}\int_{\tau}^{T}e^{-jn\omega_0 t}\times 0dt=\frac{A}{jn\omega_0 T}(1-e^{-jn\omega_0\tau})$$

其中$\omega_0=2\pi/T$，利用欧拉公式[$e^{ix}=\cos x+i\sin x$（x为任意实数）]，得到

$$C_n=\frac{A}{jn\omega_0 T}e^{-jn\omega_0\frac{\tau}{2}}\left(e^{jn\omega_0\frac{\tau}{2}}-e^{-jn\omega_0\frac{\tau}{2}}\right)=\frac{A}{jn\omega_0 T}e^{-jn\omega_0\frac{\tau}{2}}\times 2j\sin\left(\frac{1}{2}n\omega_0\tau\right)=\frac{A\tau}{T}e^{-jn\omega_0\frac{\tau}{2}}\frac{\sin\left(\frac{1}{2}n\omega_0\tau\right)}{\frac{1}{2}n\omega_0\tau}$$

可以得到，C_n的模为

$$\left|C_n\right|=\frac{A\tau}{T}\left|\frac{\sin\left(\frac{1}{2}n\omega_0\tau\right)}{\frac{1}{2}n\omega_0\tau}\right|=\frac{A\tau}{T}\left|\frac{\sin(n\pi\tau/T)}{n\pi\tau/T}\right|$$

所以可以看到转换到频域，频谱分量只存在于基频$f_0=1/T$的奇数倍(谐波)上。负数频域在实际中不需要考虑，则C_n的频谱特性如图14.6所示。在图中，标注了频谱的包络线。

包络线是一个信号在时域或频域中振荡的峰值点形成的曲线，表示了信号振荡的上下界。包络线通常用于描述一个信号的整体趋势，而忽略了信号内部的高频振荡。包络线提供了一个有效的手段来捕捉信号振荡的整体特征，而不受高频细节的影响。

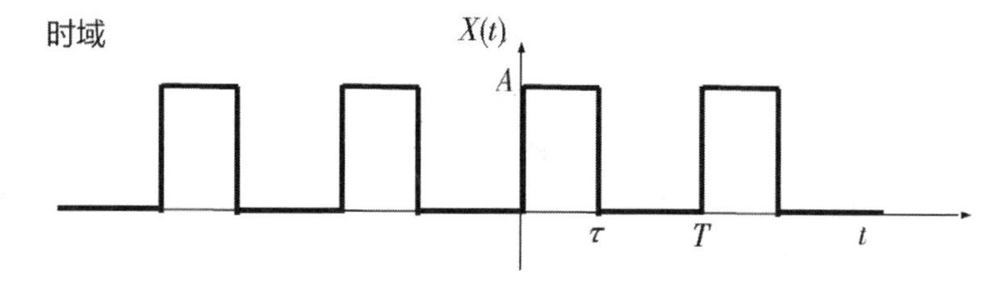

图14.6　方波的正频率的单边幅度频谱

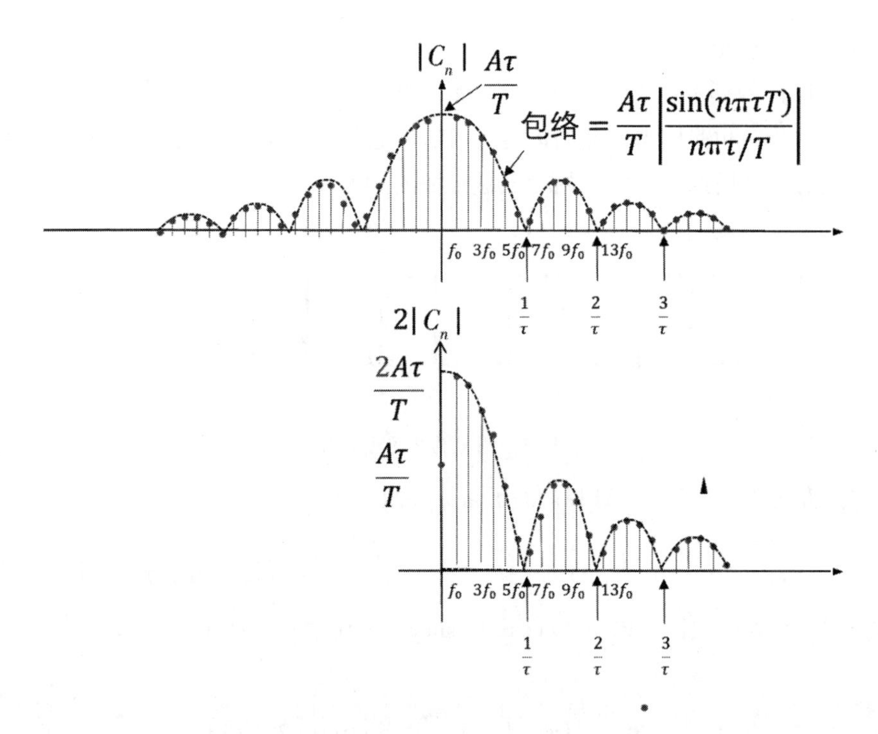

图 14.6　方波的正频率的单边幅度频谱（续）

对于50%占空比的方波来说，只包含奇次谐波的分量，偶次谐波的分量为零。对于这个特点，在实际中可以加以应用。

以上分析的理想方波，上升时间和下降时间为零，但在实际应用中没有这么理想的方波，甚至我们希望通过减缓上升和下降时间来降低高频的谐波分量。梯形周期脉冲波形如图 14.7 所示。

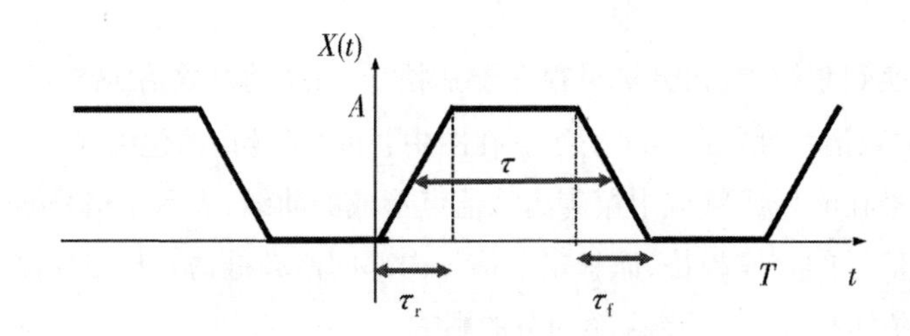

图 14.7　梯形周期脉冲波形

如图 14.7 所示的梯形波周期脉冲，原始的展开系数是：

$$C_n = -\mathrm{j}\frac{A}{2n\pi}\mathrm{e}^{-\mathrm{j}n\omega_0\frac{\tau+\tau_r}{2}}\left(\frac{\sin\left(\frac{1}{2}n\omega_0\tau_r\right)}{\frac{1}{2}n\omega_0\tau_r}\mathrm{e}^{\mathrm{j}n\omega_0\frac{\tau}{2}} - \frac{\sin\left(\frac{1}{2}n\omega_0\tau_f\right)}{\frac{1}{2}n\omega_0\tau_f}\mathrm{e}^{-\mathrm{j}n\omega_0\frac{\tau}{2}}\right)$$

简化分析，我们考虑$\tau_r = \tau_f$的特殊情况，可以进一步合并，得到展开式的系数为（用τ_r来代替τ_f）

$$C_n = A\frac{\tau}{T}\frac{\sin\left(\frac{1}{2}n\omega_0\tau\right)}{\frac{1}{2}n\omega_0\tau}\frac{\sin\left(\frac{1}{2}n\omega_0\tau_r\right)}{\frac{1}{2}n\omega_0\tau_r}e^{-jn\omega_0\frac{\tau+\tau_r}{2}}$$

这个对比方波的展开式，是包含两项$\sin(x)/x$的乘积。在方波的分析中，虽然谱分量只存在于$f = nf_0(n = 0, 1, 2\cdots)$上，但是包络具有$\sin(x)/x$的形式，它的边界是确定的。

$$\left|\frac{\sin(x)}{x}\right| \leqslant \begin{cases} 1 & (x\text{很小}) \\ \frac{1}{|x|} & (x\text{很大}) \end{cases}$$

我们对方波和梯形波的展开系数做对数运算，则两种波形在频谱上体现出梯形波的高频分量明显比方波更小，其高频对外辐射也会更小。

方波的包络如图14.8(a)所示，梯形波的包络如图14.8(b)所示。

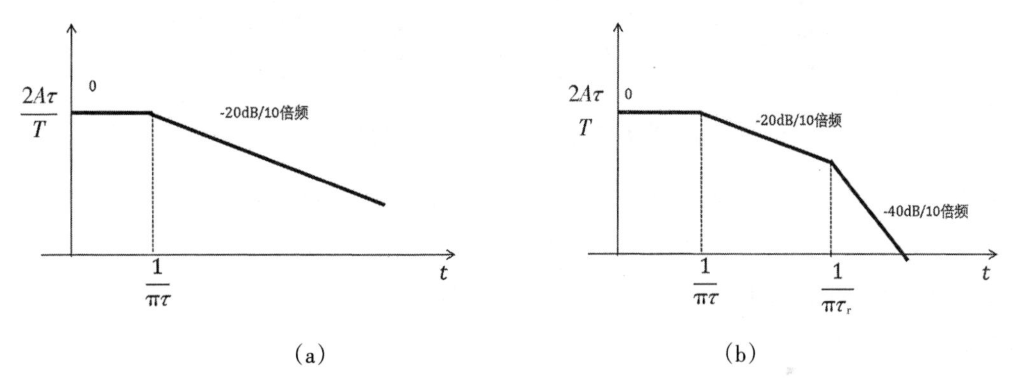

图14.8 方波脉冲和梯形波的单边谱边界

14.5 传导和辐射发射噪声及其测量

传导和辐射两种噪声源，通常被认为是两种不同特性的噪声，传播机制和测试方法也不同，通常会和频率相关。在工业测试中，通常认为较低频率的噪声主要由传导噪声来主导，而辐射噪声主要存在于较高的频率段。判断噪声源时，绝大多数的规范以30MHz作为分界频率，传导噪声通常测试低于30MHz的部分，辐射噪声的测试范围通常高于30MHz。事实上，在某些应用中，低于30MHz的辐射部分在特定情况下也比较敏感，需要受到限制。例如，在汽车CISPR25的单杆天线测试中，辐射测试范围为150kHz～30MHz，这部分较低频率的辐射噪声主要来自系统内的近场噪声。同样在CISPR25的传导测试中，频率范围扩展到了108MHz，这部分高于30MHz的传导噪声不仅说明传导噪声在30MHz上存在，而且对系统影响较大，需要限制噪声的能量。

从传播机制来说，传导噪声是研究电子设备产生的沿电源线耦合的噪声，不论是交流的还是直流的系统，传导噪声都有可能沿着电源线，影响到电源线上的其他设备，形成干扰。通常传导发射噪声是比较容易处理的，因为这个发射路径必然会通过电源线。

辐射噪声是研究电子设备中产生的通过电磁场传播的噪声，通常是指空间中不依赖电源线传播的部分，包含近场的辐射噪声和远场的辐射噪声。辐射噪声的测试通常在暗室中进行，用天线来接收。

传导发射是沿电源线传导出来的噪声，FCC（Federal Communications Commission，美国联邦通信委员会）发布的EMC标准和CISPR[制定用于电磁兼容性（EMC）和无线电干扰的标准]的传导发射限值是以电压单位给出的，这是因为传导发射的测量是通过在电源线上串联LISN（Line Impedance Stabilization Network，线路阻抗稳定网络）来测量，如图14.9所示。

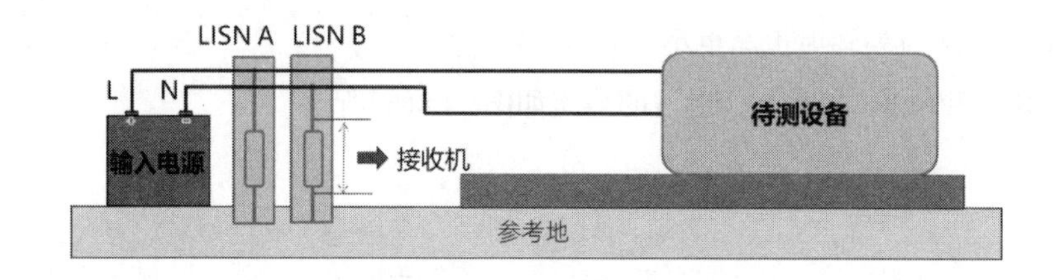

图14.9 CISPR25传导测试设置图

如图14.9所示，需要在电源线L和返回线N之间分别串入线路阻抗稳定网络，它们的测量电位是参考地。测量时，要分别对L和N线进行两次测量，分别满足传导发射限值。

线路阻抗稳定网络，也称为人工网络。图14.10所示为CISPR25规定的线路阻抗稳定网络，分别在电源线L和N上串入LISN。

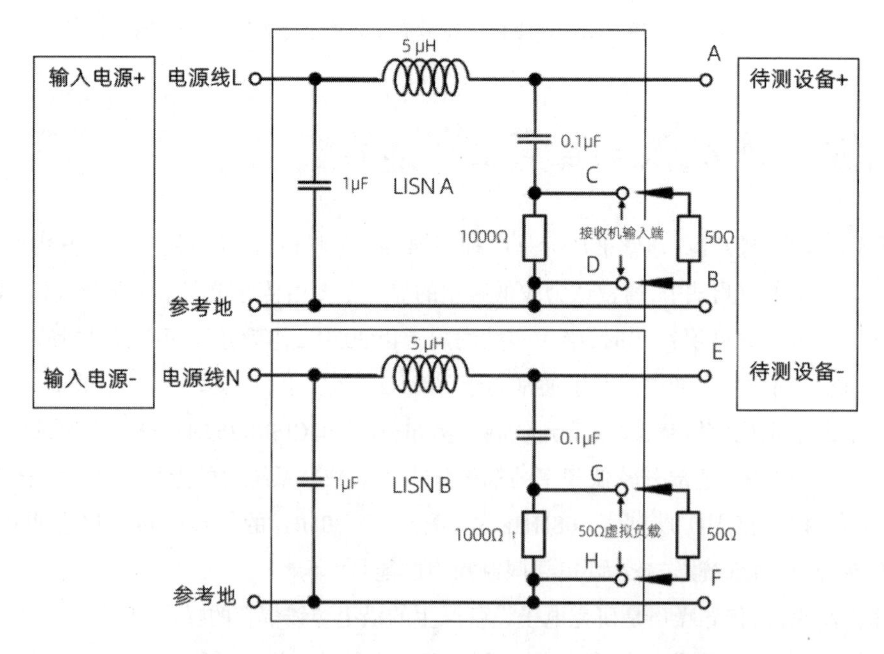

图14.10 CISPR25规定的LISN参数值及传导发射测试设置

1. 电路中各个组件的分析与描述

1)1μF电容和5μH电感的作用

1μF电容和5μH电感用于过滤电网侧干扰,为用电器在最大程度上提供未经干扰的电源。例如,一个地区的电网上连接着很多用电器,这些用电器在工作的同时会向电网上注入干扰。此外,CE(Conducted Emission,传导发射)是可以顺着导体传播的。所以电网侧电源并不是“干净”的,这些干扰如果不经过过滤,直接连接到接收机里,测试结果会有偏差,而且使得结果没有可重复性。

2)0.1μF电容串联50Ω和1kΩ并联支路

0.1μF电容的作用很简单,因为直流分量会损坏接收机,所以用0.1μF电容来隔直流通交流。在测试过程中,被测电压瞬态有存在尖峰的可能性,因而可能会损坏频谱分析仪,但电容能吸收尖峰,避免造成仪器损坏。为什么选择0.1μF这个数值?对于150kHz到30MHz之间的CE干扰成分,0.1μF可以视作短路,不影响测试结果,同时对50Hz工作频率表现为大阻抗,不损耗功率传输。

3)50Ω_Receiver

50Ω_Receiver位于接收机内部,其作用是将噪声电流转换为噪声电压,就这么简单,没有其他的作用,至于为什么是50Ω而不是其他整数值,涉及一些历史原因,这里不做详解,简言之就是历史原因导致同轴电缆的阻抗是50Ω,为了阻抗匹配(高频电路由于波长和线长相近,要用传输线理论来考虑),防止反射、散射发生,接收机也必须使用50Ω电阻。

4)1kΩ电阻

1kΩ用于给0.1μF电容放电。在一次测试结束后,我们将50Ω电阻移除,需要将电容接地来提供电荷释放路径,否则在高压EMC测试中,0.1μF电容会一直都有高压残留,放电时间保守估计要10min,设计者考虑到这个问题,便增加了1kΩ的电阻。

5)50Ω虚拟负载

相线(Phase Line)和零线(Neutral Line)是电力系统中两根主要的导线,它们在供电系统中扮演不同的角色。

图14.10中电源线L表示相线:相线是电力系统中的一个导线,也称为“热线”或“火线”(Hot Line)。在单相电源系统中,有一根相线;在三相电源系统中,有三根相线,分别被标记为L1、L2和L3。相线携带电力系统中的实际电流,它是由电源提供的带有频率的交流电流。在交流电系统中,电流的方向和大小随时间变化,而相线就是承载这种变化的导线。

电源线N表示零线:零线是电力系统中的另一根导线,通常被标记为N。在单相电源系统中,有一条零线;在三相电源系统中,也有一条零线,通常用于连接星形连接的负载。零线的作用是提供一个回路,允许电流流回电源。在正常运行时,零线携带的电流应该很小。零线通常用于连接电源的中性点,使得电流能够回流。

50Ω虚拟负载则是为了保持相线和零线两根线的对称性。EMC测试过程中,电力系统中的相线和零线两根线应该是对称的，即它们的阻抗应该相等。50Ω虚拟负载提供了一个标准的阻抗，确保在测试过程中这两根线保持对称。虚拟负载用于模拟电力系统中的负载，以提供一致性和稳定性。通过使用50Ω虚拟负载，可以确保测试环境中的阻抗匹配，有助于准确测量电磁辐射或传导干扰。

2. LISN的作用

LISN的作用主要有以下两点。

（1）隔离外部电源噪声和待测设备的噪声，5μH的电感和1μF的电容可以阻挡输入电源的外部噪声进入，同时也阻止待测设备的噪声进入输入电源，1μF的电容可以旁路测试频率段的输入电源噪声，5μH的电感对于测试段的外部噪声具有较大的阻抗，使给待测设备供电的电源输入比较纯净。

（2）在规定的范围内提供一个规定的稳定的线路阻抗，使测试方法可重复，不受场地的影响。主要通过0.1μF的电容和50Ω的电阻来实现，0.1μF的电容在传导测试频段（150kHz～108MHz，CISPR25）阻抗很小，可视为短路，可以让高频信号加在LISN A的CD端，即加在测试机输入阻抗为50Ω的电阻上，同时为了保持平衡，在另一个LISN B的GH端也要接上50Ω虚拟负载，如图14.10所示。

从待测设备端看，在测试频率范围内，LISN A的AB两端之间的阻抗 Z_{AB} 和LISN B的EF两端的阻抗 Z_{EF} 都是稳定的50Ω，其中LISN A的CD端50Ω代表着接收机的输入阻抗，另一个GH端外接的50Ω终端作为虚拟阻抗。图14.11所示为线性阻抗稳定网络的阻抗特性（源自CISPR/D/419/CD）。

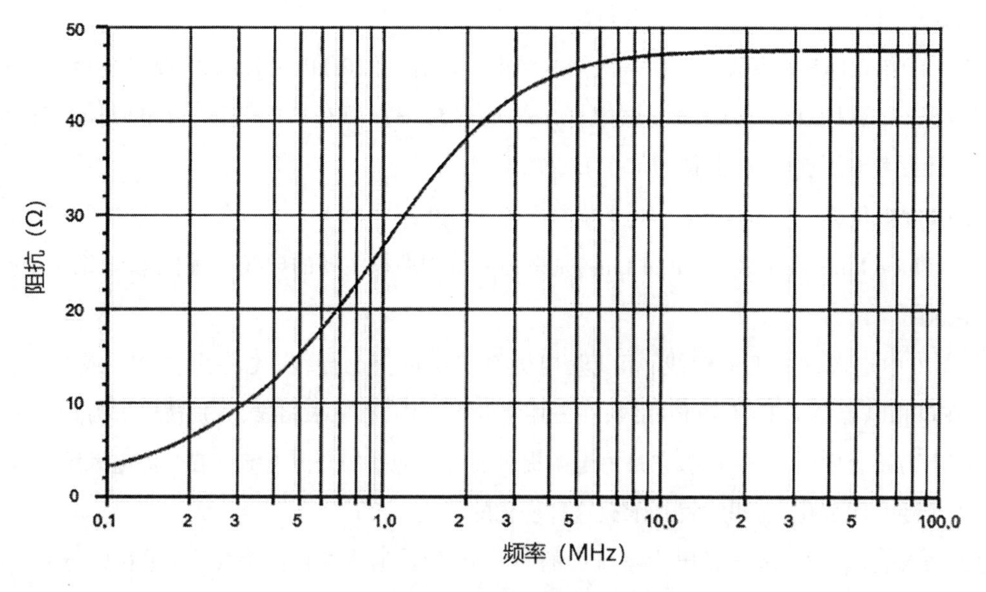

图14.11　线路阻抗稳定网络的阻抗特性

CISPR25规定了线路阻抗稳定网络的特性，规定了测试中使用的LISN实际的阻抗要求，测试方法为将L线（N线）和参考地短接，测AB和EF端的阻抗特性。现实中LISN的阻抗必须满足表14.1，我们也可以自己制作简易的LISN，只要阻抗特性符合表14.1的要求，就可以用于CISPR25的简易测量。

表14.1 LISN的阻抗要求

频率(MHz)	典型值(Ω)	最小值(Ω)	最大值(Ω)
0.10	3.16	2.56	3.84
0.15	4.62	3.83	5.75
0.20	6.24	5.09	7.64
0.30	9.18	7.56	11.34
0.40	12.08	9.93	14.89
0.50	14.78	12.18	18.27
0.70	19.69	16.27	24.41
1.00	25.88	21.31	31.97
1.50	33.15	27.10	40.65
2.00	37.58	30.61	45.92
2.50	40.53	32.77	49.16
3.00	42.33	34.16	51.24
4.00	44.52	35.72	53.59
5.00	45.52	36.53	54.79
7.00	46.47	37.27	55.90
10.00	46.82	37.68	56.53
15.00	46.72	37.91	56.87
20.00	46.63	37.99	56.99
30.00	46.63	38.05	57.07
50.00	48.72	38.08	57.12
100.00	54.25	38.09	57.14

14.6 传导共模和差模噪声

传导噪声可分为两种:一种是差模(Differential Mode,DM)噪声,也称为常模噪声;一种是共模(Common Mode,CM)噪声。

差模噪声产生在电源线之间,是噪声源对于电源线进行串联干扰形成的,这种噪声电流的方向与电源电流的方向相同。由于其在往返路径上存在相位差,而被称为“差模”。

共模噪声是杂散电容等元器件泄漏的噪声电流经由大地返回电源线的噪声。因电源的(+)端和(-)端流过的噪声电流方向相同而被称为“共模”。在电源线间不产生噪声电压。如前所述，这些噪声即为传导噪声。不过，由于电源线中流动着噪声电流，因此会发出噪声。

差模噪声与共模噪声如图14.12所示。

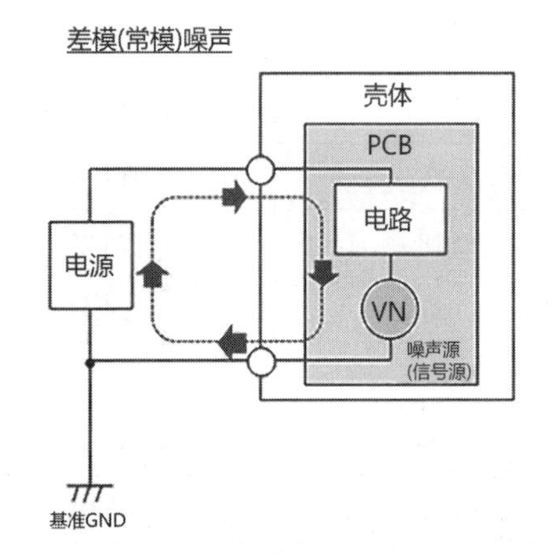

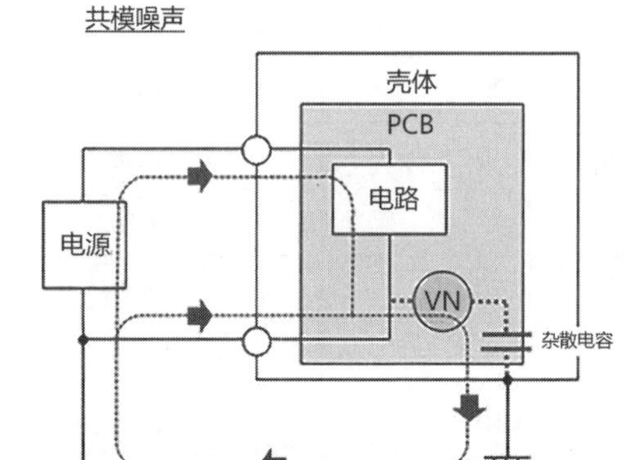

图14.12 差模噪声与共模噪声

由差模噪声引起的辐射的电场强度E_d可通过图14.13(a)中的公式来表示。I_d为差模中的噪声电流，r为到观测点的距离，f为噪声频率。差模噪声会产生噪声电流环，因此环路面积S是非常重要的因素。如图和公式所示，假设其他因素固定，环路面积越大则电场强度越高。

由共模噪声引起的辐射的电场强度E_c，可通过图14.13(b)的公式来表示。如图14.13所示，线缆长度L是非常重要的因素。

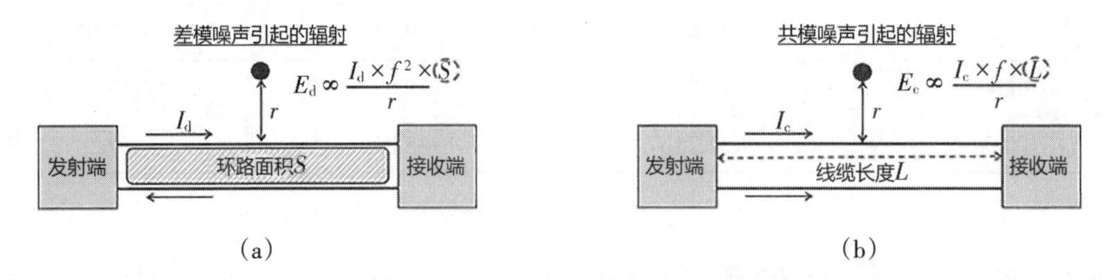

图14.13 差模噪声与共模噪声引起的辐射

在传导发射测试分析中，通常会区分差模噪声和共模噪声。差模噪声为电源线L和返回线N之间的噪声信号，共模噪声为L线和N线与参考地之间的噪声信号。

待测设备输入端的差模(DM)噪声和共模(CM)噪声，分别有不同的差模电流I_{DM}和共模电流I_{CM}路径，如图14.14所示。V_L和V_N为接收机分别在L端和N端测得的噪声幅度，LISN A和LISN B的阻抗分别简化为50Ω，则$V_L = V_{CM} + V_{DM} = I_{CM}50/2 + I_{DM}50$，$V_N = V_{CM} - V_{DM} = I_{CM}50/2 - I_{DM}50$。

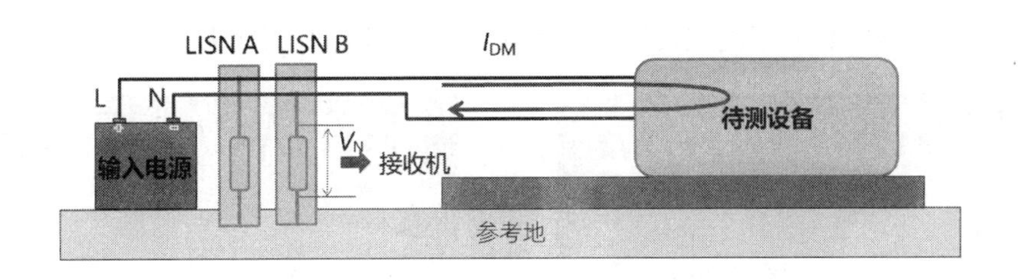

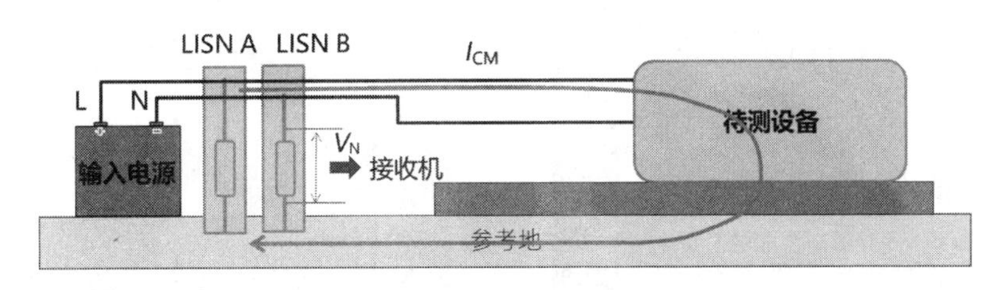

图 14.14 差模噪声和共模噪声路径

在电源EMI测试中，差模噪声通常较多地存在于低频端，由差模电流引起，通过差模滤波器可以抑制。共模噪声通常会将输出电缆作为天线，在高频段产生强烈的辐射，从而超过辐射限值。在低频段的传导测试中，当待测设备和参考地的阻抗非常小或短接时，使共模路径上的阻抗降低，共模电流比差模电流占据的分量还要大很多，超过传导限值。如图 14.15 所示，在PoE反激测试中，将副边接地后，待测设备的GND和参考地之间的阻抗降低，低频段的共模分量增加了8dB左右。

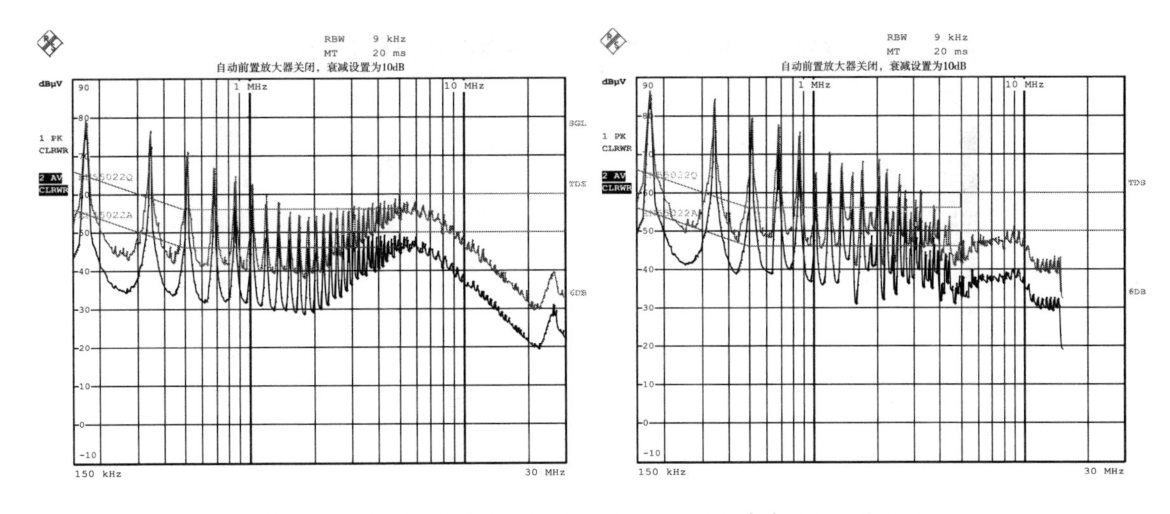

图 14.15 副边不接参考地的传导测试和副边接参考地的传导测试

14.7 辐射发射测试

对于辐射发射的测试通常要求比较复杂，需要在暗室里完成。通常的辐射发射测试频率范围为30MHz以上，在汽车应用中，CISPR25的辐射范围低至150kHz，需要用特定的单杆天线来测试，如图14.16所示，CISPR25的辐射测试设置需要在1m的距离，用3种天线来测试，又称1米法。

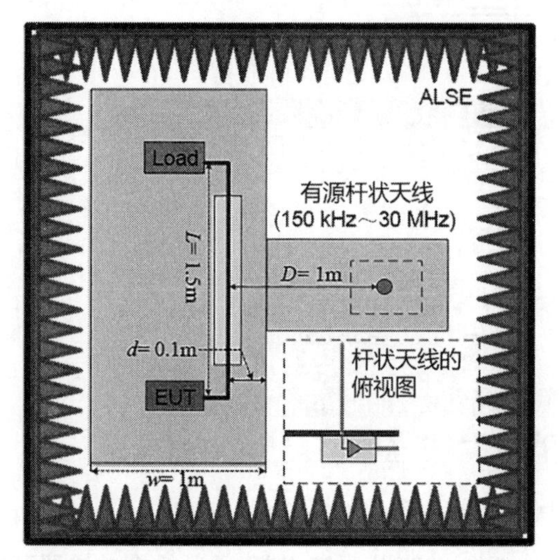

（a）CISPR25辐射发射单杆测试（150kHz～30MHz）

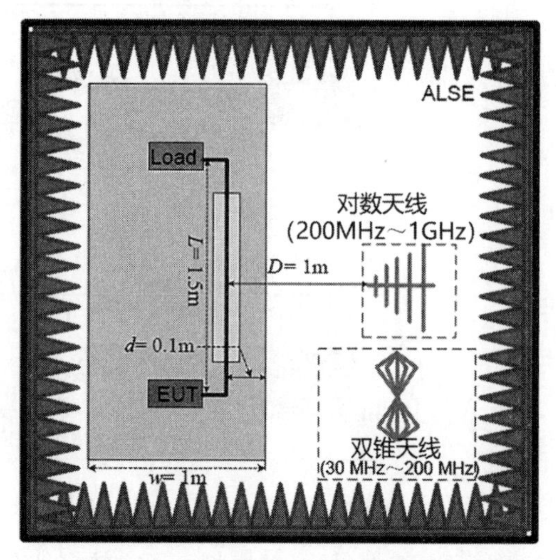

（b）CISPR25辐射发射双锥（30～200MHz）和对数天线（200MHz～1GHz）测试

图14.16　CISPR25的辐射测试

CISPR22天线的距离为3m，通常又称3米法，采用对数天线完成，天线的高度还需要自动调整，获取不同高度的噪声测量值，如图14.17所示。

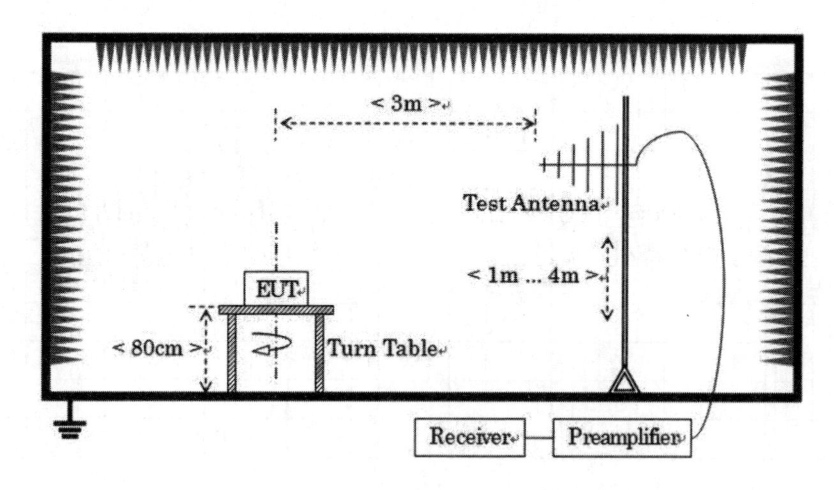

图14.17　CISPR22测试距离示意图

我们对比一下CISPR22和CISPR25的测试结果，同样的EUT（在测试和测量领域，EUT通常指代正在接受测试的设备。这是一个通用术语，可以用来描述各种设备，如电子设备、通信设备、电力设备等。在测试过程中，EUT是被评估和检测的对象），得到的测试结果如图14.18所示。同样的EUT，CISPR25的辐射测试结果超过了限值，而CISPR22的测试结果还有18dB的裕量。

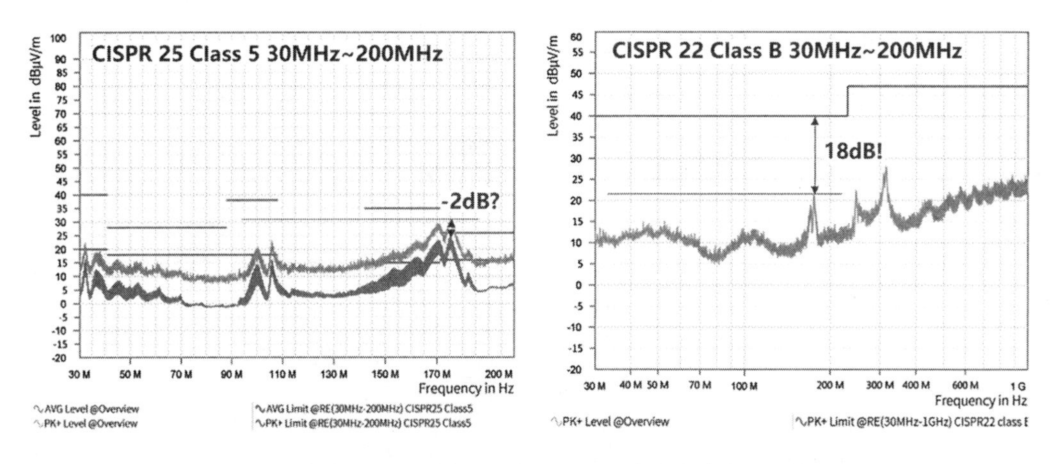

图14.18　CISPR22和CISPR25的测试结果

14.8 近场和远场

在电源的噪声源分析中，不仅有电场，也有磁场，比如跳变的电压dv/dt会产生交变的电场，电场分量比较大。这里需要了解一下波阻抗的概念，电场E和磁场H的比值称为波阻抗。如图14.18所示，开关节点dv/dt的阻抗通常是千欧姆级。同样开关环路的di/dt是近场磁场的特性，波阻抗为毫欧姆至欧姆级。这些场源在1个波长以内，也就是近场的范围内，主要是以近场电场和近场磁场的特性出现。近场电场和磁场是电磁场的两个基本成分，它们的行为受麦克斯韦方程组的影响。在靠近电荷或电流源的地方，我们称之为近场区域。在这个区域内，电场和磁场的行为有一些不同之处。

我们的电路板尺寸一般都远小于$\lambda/2\pi$，所以我们一般只需要分析近场。近场电场也会产生磁场，但是在近场范围内，波阻抗较大，且电场分量会随着距离按照$1/r^2$和$1/r$急速衰减，而产生的磁场强度按$1/r^3$、$1/r^2$和$1/r$衰减。随着距离增加，$1/r^2$、$1/r^3$分量忽略不计，按照最终电场E和磁场H仅考虑$1/r$的分量，所以E/H为常数。所以，近场电场最终会在远距离形成电磁波，波阻抗为常数，如果传播介质是真空或空气，那么$E/H=\sqrt{\mu_0\varepsilon_0}=120\pi=377\Omega$，称为自由空间的波阻抗。自由空间的电磁阻抗如图14.19所示。

我们以CISPR25的单杆天线测试为例，单杆天线测试范围为150kHz~30MHz，最短波长为10/2πm，即大约1.6m，单杆天线测试的电场场强主要还在近场电场的范围内，如图14.20所示。我们需要重点关注电源中dv/dt的开关节点，通常我们将开关节点SW和电感加以屏蔽，测试结果会有极大的改善。

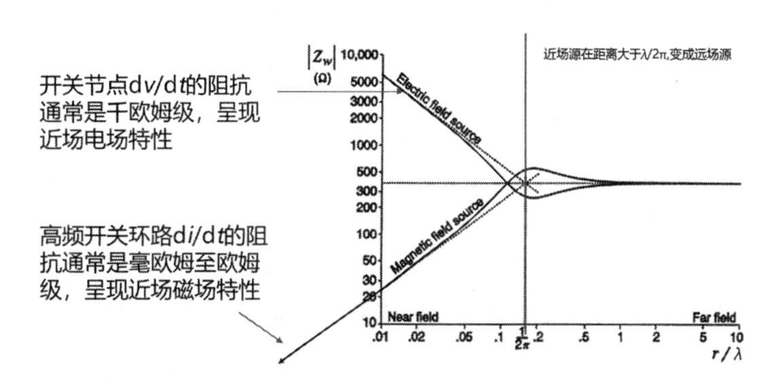

图14.19　自由空间的电磁阻抗

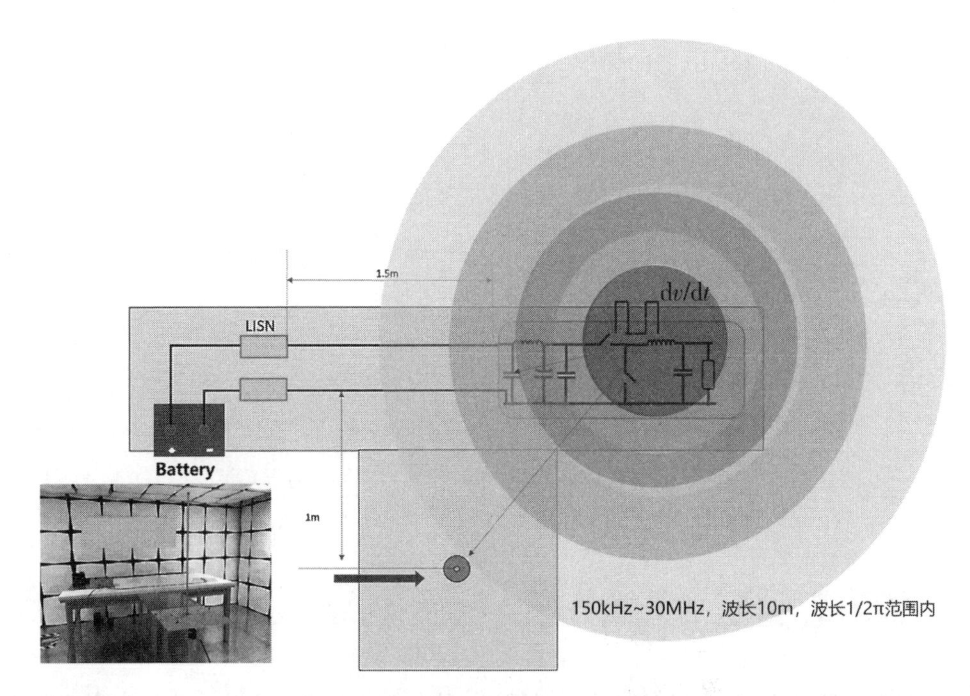

图 14.20　单杆天线测试的电场场强

同样，电源的 di/dt 环路，通常我们称之为高频电流环路，会产生时变的磁场，在开关频率段，以 300kHz 为例，波长为 1000m，开关速度为 10ns 左右，对应的频率为 100MHz，波长为 3m，板上的器件、滤波器和接插件都在 di/dt 产生的近场磁场范围内。近场磁场的噪声很容易被滤波器和接插件耦合，所以测试结果超过标准的限值。我们经常碰到的典型案例是在做传导测试时，π 型滤波器通常用来抑制差模噪声，当我们增加 π 型滤波器的衰减倍数或增大电感时，测试结果并没有预想的改善，有可能我们需要审视 π 型滤波器的位置是否太靠近 dv/dt 电流环路。由近场磁场的特性来看，只要将 π 型滤波器的位置稍微移出一些，近场磁场的场强会有较大的衰减，反而可能会带来更好的噪声抑制效果。

磁场源：磁场强，电场弱，靠近处波阻抗很小，更容易产生感性耦合，并在回路与回路之间耦合。

电场源：电场强，磁场弱，靠近处波阻抗很大，更容易产生容性耦合，并在平面与平面之间耦合。

我们以另一个实验为例，利用同轴电缆和电容形成回路（也可以直接用近场磁场探头或同轴电缆制作的简易近场磁场探头），实物如图 14.21 所示，模拟板上的电容在接收近场磁场。

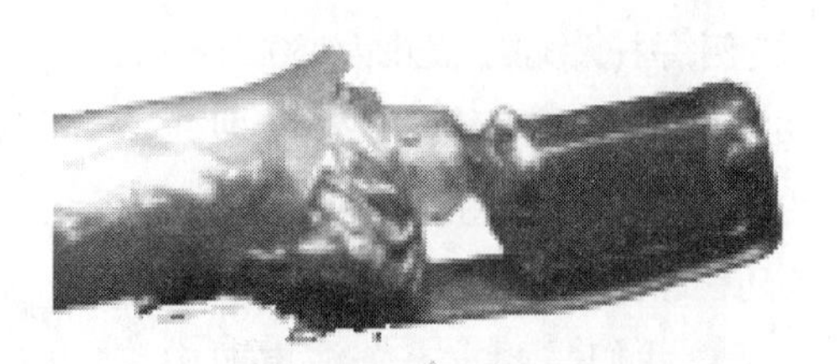

图 14.21　利用同轴电缆和电容形成回路

当我们移动探头的位置，远离 Buck 电路的输入电容（di/dt 环路附近），测得磁场场强随着距离增大而急剧下降，如图 14.22 所示。因此，需要特别留意近场磁场和电场的耦合问题，对我们优化 PCB 布局具有很大的指导意义。

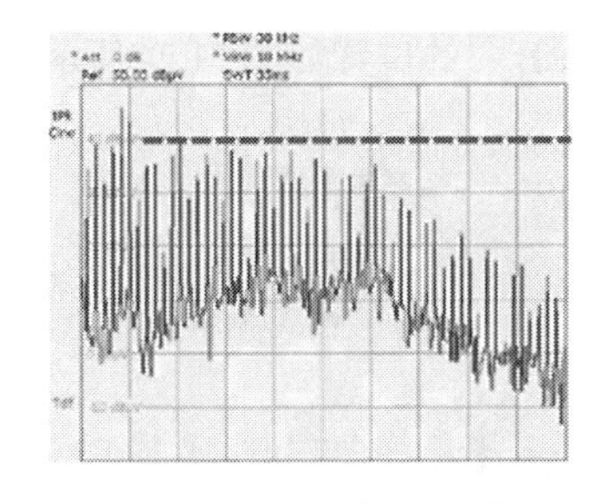

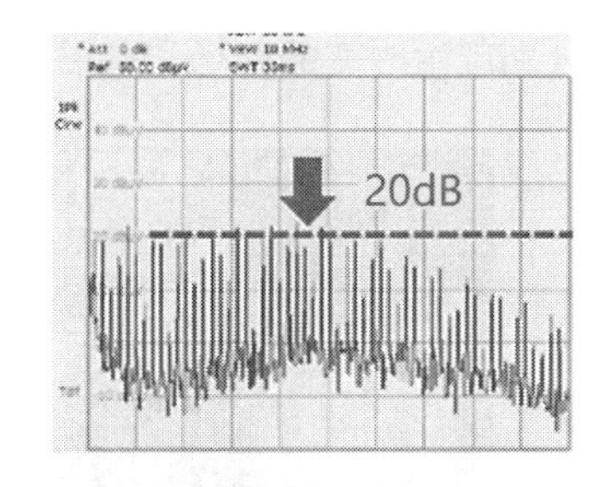

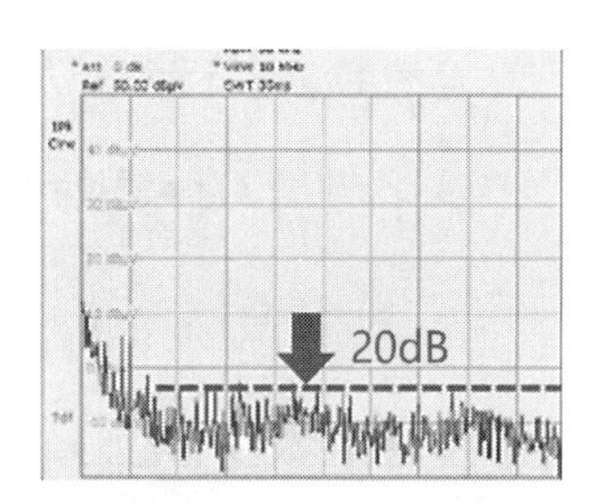

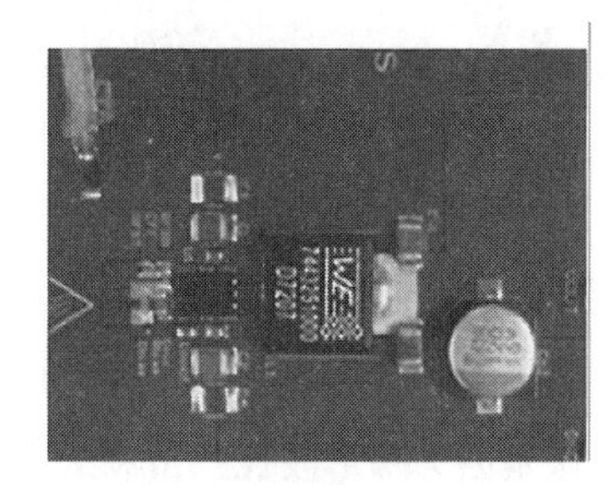

图 14.22　输入电容距离与磁场强度关系

14.9 噪声源的抑制

在DC/DC芯片的应用中，我们需要提前来规划EMC的设计，避免在后期把太多的时间和精力花在整改和优化上。

说到EMC优化设计，我们要从EMC的三要素来分析和考虑：干扰源→耦合路径→敏感设备。我们通过抑制干扰源、切断耦合路径、保护敏感设备三个措施来优化EMC设计。在DC/DC芯片应用中，DC/DC芯片通常是系统中常见的干扰源，我们主要从DC/DC这个干扰源的抑制来优化EMC设计。

在DC/DC电源中，Buck是最常见的电路拓扑，我们以Buck为例分析噪声源。Buck电路的主要噪声源来自高频电流环路和高频开关节点，包含了比较宽频段的谐波分量，如图14.23所示。

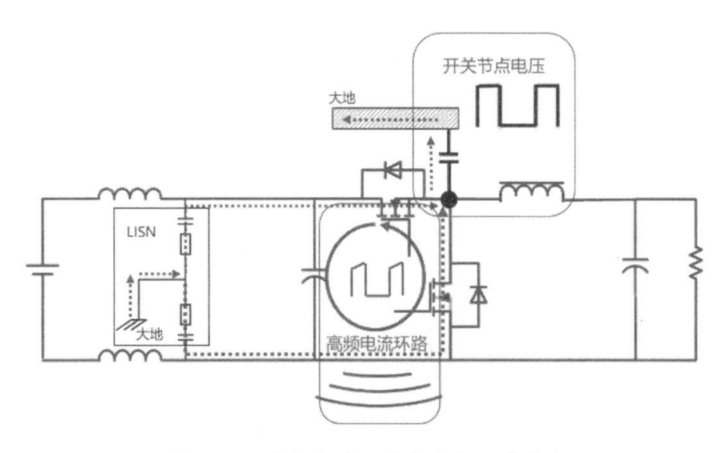

图 14.23　高频电流环路和高频开关节点

高频电流环路和高频开关节点分别产生时变的磁场和电场，其在PCB中的位置如图14.24所示。

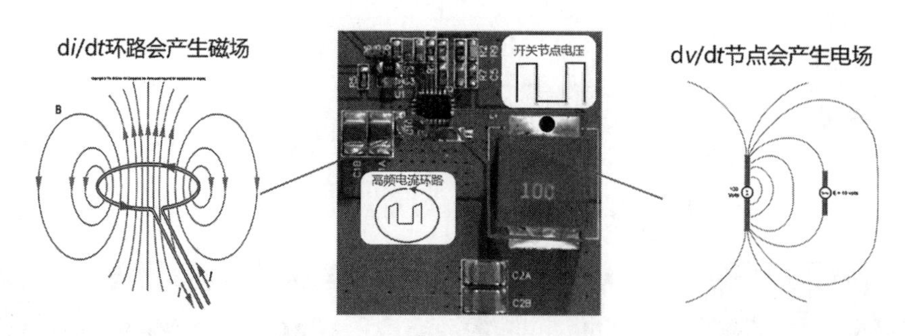

图14.24 高频电流环路和高频开关节点在PCB中的位置

以Buck电路为例，输入电流环路有梯形波的di/dt，而电感上存在三角波的di/dt，我们以近场磁场探头去看，输入电流环路的上下两个MOSFET附近的磁场强度远大于电感附近的，特别是高频部分。这是因为梯形波比三角波的高频分量更多，电流变化的斜率更快。所以通常对环路中di/dt的分析，我们更多地集中在输入电流环路，通常也称高频电流环路。

同样，Buck电路中，在SW节点上，会存在方波的dv/dt波形，该节点会产生电场。通常会容易忽略掉电感的dv/dt，事实上，在近场电场的影响中，电感本身并不是稳定的电位，具有较大的dv/dt分量，在单杆测试中尤其明显。

14.9.1 抑制高频电流环路引起的噪声源

我们应如何分析抑制高频电流环路引起的噪声源？我们可以将高频电流环路看成是磁偶极子，磁矩$\mu = IA$，磁场强度随着电流和环路面积而增大，那么可以通过降低电流和减小面积来实现。

首先，我们需要找出不同拓扑的高频电流环路。如图14.25所示，虚线的环路便是di/dt变化比较大的电流高频环路，可以看到，Buck电路中，电流高频环路存在于输入电容和两个开关管(或一个开关管和一个二极管)形成的闭合环路；而Boost电路作为对偶拓扑，电流高频环路存在于输出电容和两个开关管形成的环路中；而SEPIC电路的电流高频环路存在于两个开关管和两个电容形成的环路中，如图14.25所示。

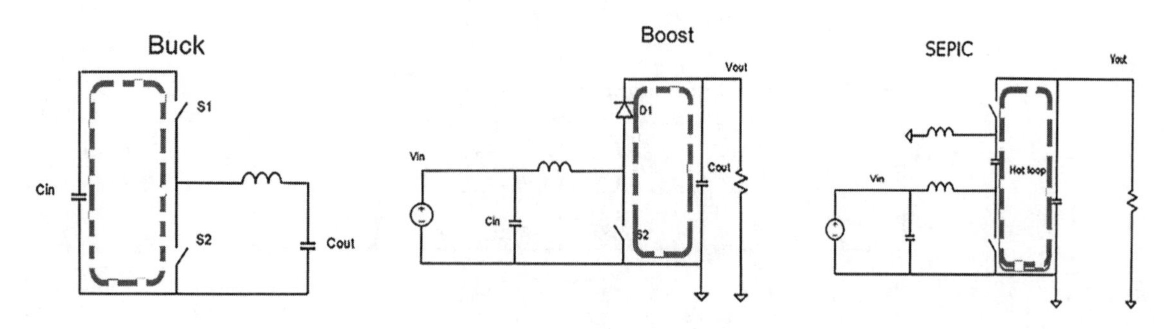

图14.25 几种拓扑的高频电流环路

可以看到，高频电流环路存在于开关管和连接开关管的电容形成的回路，因为电流变化最剧烈的通常在开关管之间，电流是在两个开关管之间切换，而通常电感由于电流不能突然变化，di/dt受到限制，而不是我们重点考察高频电路环路的部分。

找到高频电流环路后，我们需要抑制该噪声源引起的近场磁场。最有效的方式就是减少该环路的面积，通常电流大小需要满足功率输出的要求，不能随意减小。

对于高频电流环路来说，减小环路面积还要特别注意输入电容的放置，如图14.26所示，将电容放置在芯片背面（减小了和开关管的距离），所测得的噪声大小要远小于其他两种方式（电容放在侧面和用较长的引线连接电容）。

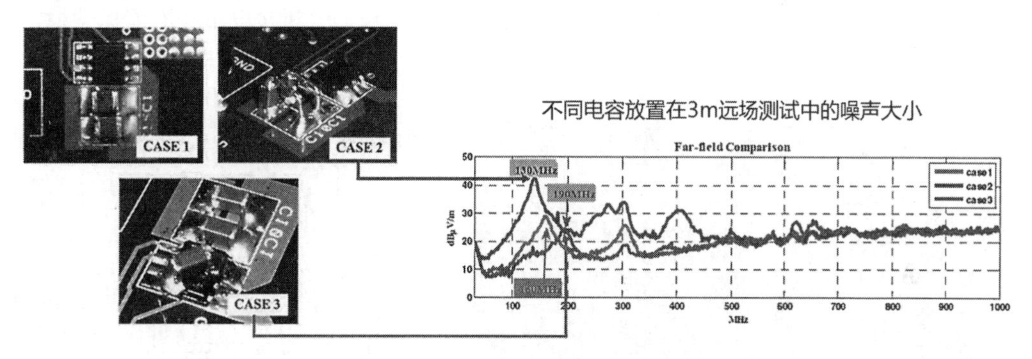

图14.26　不同电容情况的辐射对比

随着先进封装技术的发展，更多的芯片将输入电容集成到芯片中，可以进一步减小高频环路的面积，以获得更好的EMC特性，如图14.27所示。

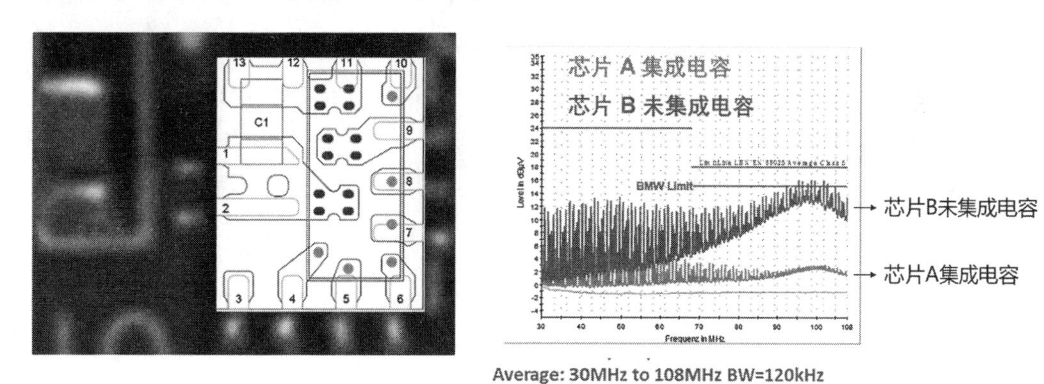

图14.27　芯片集成电容的辐射情况

分别测试集成电容和未集成电容的两颗芯片A和B，对于同样的芯片和PCB布局，可以看到，CISPR25传导高频部分，集成电容的芯片具有更低的高频噪声，具有较大的优势通过传导测试。

通过优化PCB布局，也可以抑制高频电流环路的噪声，其中一个方法就是在底部铺铜。由楞次定律可知，感应电流具有这样的方向，即感应电流的磁场总要阻碍引起感应电流的磁通量的变化。如果PCB的TOP层为高频电流环路，会形成磁场，同样在下方的PCB铺铜中，也能感应相反的磁场，从而抵消上面的高频电流环路引起的磁场。完整的铺铜距离高频环路越近，对磁场的削弱作用越强。那么我们要确保的是这个下方的PCB铺铜有足够低的阻抗连接到GND，否则在一定范围会帮助辐射。

14.9.2 抑制高频开关节点引起的噪声源

在前面的分析中，Buck电路中还存在高频开关节点，这里的dv/dt会产生电场，也会产生辐射，同时引起的共模电流也会在传导测试中占据重要分量，尤其是在CISPR25的测试中。高频开关节点常常和辐射相关，尤其是在单杆天线测试和双锥天线测试中。在单杆天线测试中，高频开关节点产生的近场电场直接可以通过单杆天线接收。

抑制高频开关节点的dv/dt，首先可以通过减小面积来减小近场电场的电场强度。如图14.28所示，通过减小开关的铺铜面积，电场强度有了明显减小。以同样的方法，在单杆测试中可以通过减小开关铺铜或电感的体积来实现减小近场电场的电场强度。前面我们分析过电感并不能保持稳定的电位，也是高频开关节点。

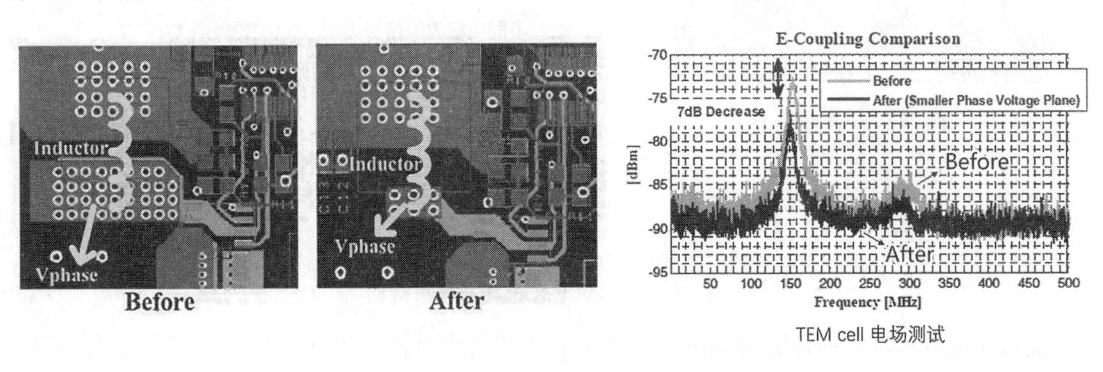

图14.28　减小SW的铺铜面积，电场强度明显减小

当功率受到限制的时候，电感体积不能明显减小，但可以选用屏蔽电感。这里的屏蔽电感是指外部有金属层作为屏蔽层并接地的电感，并不是指普通的一体成型磁屏蔽的电感。集成式电场屏蔽电感器一般具有金属外壳，使用时需要外壳接地，提供一个稳定的零点位，可以达到电场屏蔽的效果。

实测屏蔽电感的单杆天线（150kHz～30MHz），可以看到使用屏蔽电感后有将近20dB的抑制效果，如图14.29所示。当然，在实际中我们也可以用金属罩对开关节点和电感进行屏蔽。

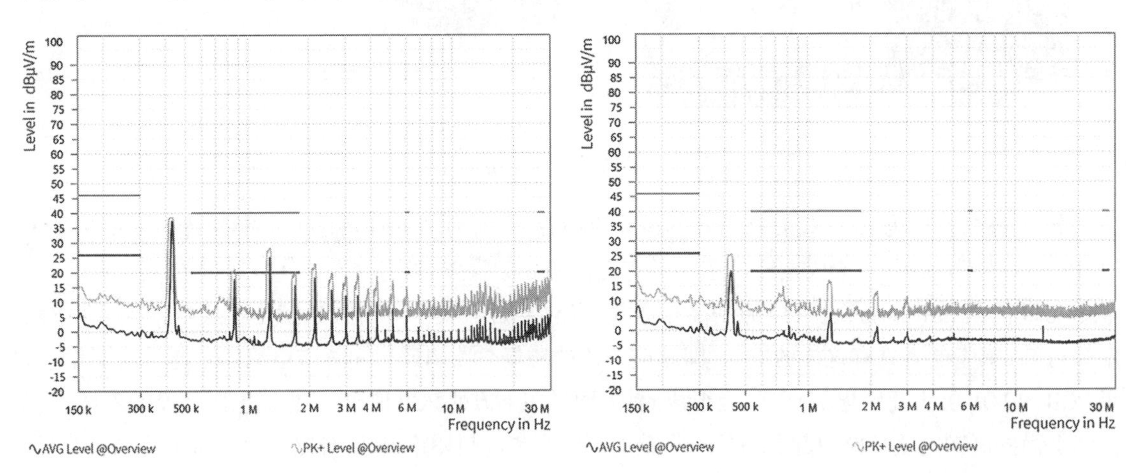

图14.29　使用屏蔽电感抑制效果

我们知道共模电流在传导和辐射测试中会存在，尤其在辐射测试中占据重要分量，需要对共模电流进行抑制。分析共模电流的路径，我们可以通过3种方式抑制共模电流。

(1)减小dv/dt的开关面积和电感尺寸，减弱电场场强。

(2)屏蔽开关节点和电感，为dv/dt噪声源提供零电平，减小耦合电容。

(3)在输入端加共模电感，增加共模环路的阻抗。

14.9.3 通过扩频抑制噪声源

前面我们对噪声的频谱进行了分析，通过傅里叶分析，将时域的噪声转换到频域的能量包络。通过接收机或频谱分析仪，我们可以得到每次谐波的能量大小，可以看到能量都集中到开关频率和它的倍频上，能量非常集中。

扩频技术就是通过将开关频率分布到周边的频段来降低该频率点的能量峰值，比较方便地降低噪声源的能量集中度。如图14.30所示，就是最典型的三角波调制扩频，通常在原开关频率f_c的基础上扩频，即开关频率在($f_c-\Delta f_c$，$f_c+\Delta f_c$)范围内按照f_m的调制频率变化。其中，Δf_c通常又称调制深度。

我们以450kHz的开关频率为例，用10%的调制深度，将开关频率分布到405kHz到495kHz之间，这样在总的噪声总功率不变的情况下，基波分量被分摊了，降低了开关频率处噪声的能量。如图14.31所示，从左到右依次为无扩频、调制深度2.5%和调制深度10%的效果，经传导测试对比，可以看到无扩频能量非常集中，2.5%的调制深度已经可以满足限值要求，10%的调制深度有了更大的裕量。可以看到通常调制深度越大，调制效果越好，说明能量谱分布得更加宽，在实际应用中，还要考虑开关频率范围太宽可能会带来环路稳定性的挑战。同样不同的调制频率也会影响实际的扩频效果，需要综合来考虑。

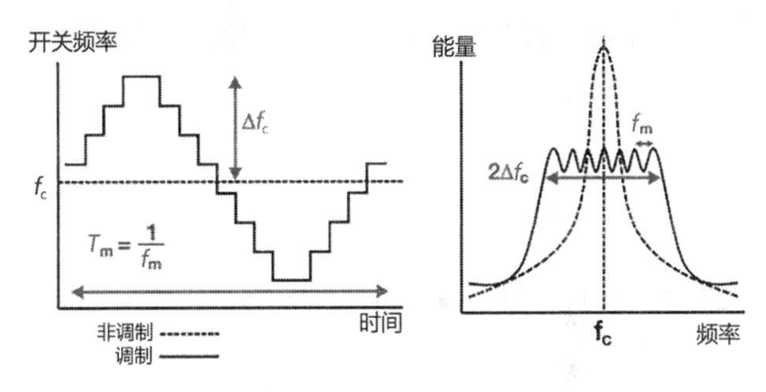

图14.30 三角波调制扩频

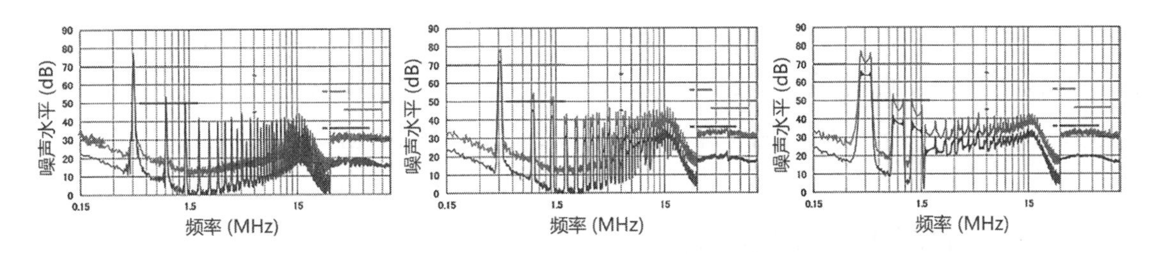

图14.31 无扩频和两种扩频深度的传导测试对比

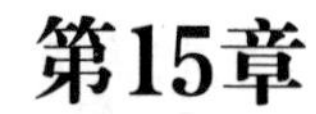

第15章

电源的测试

根据行业不同，针对电源的测试也会有所不同，没有统一的标准，本章我们按照比较通用的测试方法进行介绍。

15.1 DC/DC电源测试技巧

现代电子产品的应用通常包含嵌入式运算处理和无线连接功能，这些电路经常具有高的脉动和重型负载性能，同时需要低的输入电压波纹。因此要求新一代DC/DC转换器具有更快的瞬态响应，并在快速波动负载条件下保持稳定的输出电压，输出电压的纹波应该和低压差线性稳压器（Low Dropout Regulator，LDO）一样，甚至更好。为了评估这些转换器输出的电压纹波，重要的是要了解更好的测量方法，以至于不把大量的噪声耦合到测量波形中，以免影响测量结果。

1. 最小化测量回路

在DC/DC转换器的输出电压纹波测量中，测试环路越大，越容易受到干扰。我们需要把测试回路面积最小化。

2. 选择合适的测量点

在进行电源测试时，还要确保测量的回路区域足够小。一般情况下，要选择离输出电容近的测量点，而且连接阻抗越低越好。因为测量点离电容器越近，在测量过程中产生的噪声越小。

3. 设置合适的采样带宽

对于不同的应用，临界载荷对电源转换系统输出纹波噪声的敏感程度可能会有所不同。对于噪声敏感的应用，如高分辨率模数转换器（Analog-to-Digital Converter，ADC）或音频应用，建议在全带宽下测量输出纹波，而对于噪声不敏感的应用，可以选择20MHz的采样带宽。

15.2 电源测试主要项目

电源测试通常包含以下几个项目，这些项目旨在验证电源设备的性能、可靠性和合规性。

（1）输出电压稳定性测试：测试电源输出电压在各种负载条件下的稳定性，确保在不同负载下电源能够提供稳定的电压。

(2)输出电流能力测试:确定电源能够提供足够的电流以满足所需的负载要求,以确保电源不会在高负载下失效。

(3)效率测试:评估电源的能源转换效率,通常以百分比表示,以确定电源在将输入电能转换为输出电能时的效率。

(4)波形和噪声测试:检测电源输出波形的纹波和噪声水平,以确保它们在规定的标准内能够防止对其他电子设备产生不利影响。

(5)过压保护和欠压保护测试:验证电源是否能够在输出电压超出或低于规定范围时及时切断电源以保护负载设备。

(6)温度和热稳定性测试:测试电源在不同温度条件下的性能,以确保它能够在广泛的温度范围内工作正常。

(7)短路保护测试:验证电源是否具备短路保护功能,以防止在短路情况下损坏电源或负载设备。

(8)EMC(电磁兼容性)测试:检测电源是否满足电磁兼容性要求,以确保它不会产生干扰或受到外部干扰。

(9)安全测试:包括对电源的安全性能进行测试,例如绝缘测试、接地测试、耐压测试等,以确保电源不会对用户或环境构成危险。

(10)波动和闪烁测试:评估电源输出电压的瞬时波动和频率闪烁,以确保其在供电负载敏感性应用中表现良好。

这些测试项目可能因应用和电源类型而有所变化,但它们通常构成了电源测试的基本要素,以确保电源设备的性能和安全性。如果电源测试所要求的标准和规范不同,那么在测试时就可能会要求测试不同的项目。

15.3 电源效率测试

电源效率测试是评估电源设备在将输入电能转换为输出电能时的效率的关键测试之一。以下是一般情况下进行电源效率测试的步骤。

1. 准备测试设备和环境

准备一台标准的直流电源(如恒流电源),以提供电源设备的输入电能。需要一台电子负载来模拟负载条件,通常这个负载应能够调整电流和电压。电源的效率测试,还需要考虑散热措施。

2. 连接电源设备

将被测电源的输入端连接到一台直流电源的供电设备,确保供电设备的输出电压正确设置在被测电源的可允许范围。将被测电源的输出端连接到电子负载。

3. 测试电源设备

在电源效率测试电路中，逐渐增加电子负载的负载电流值，以模拟电源在不同负载下的工作情况。在每个负载点上，测量输入电流和输出电流，同时测量输入电压和输出电压。记录每个负载点的电流和电压值，并在电路中设置两个电流表和两个电压表。如图15.1所示，A表示电流表，V1、V2表示电压表。电压表并联在输入电压和输出电压间，电流表串联在输入电流和输出电流的通路上。

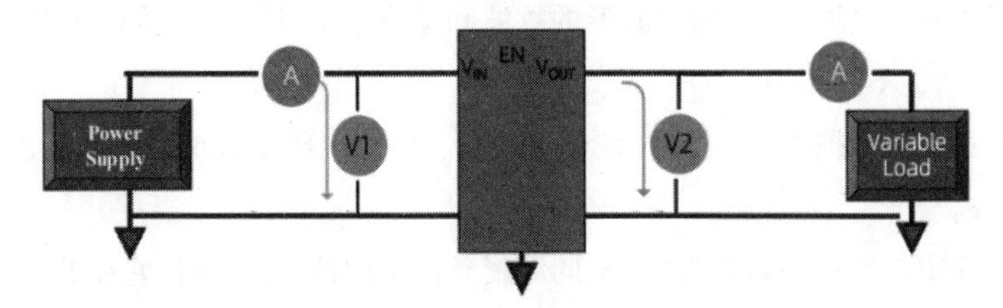

图15.1　电源效率测试电路示意图

4. 计算效率

使用以下公式来计算电源的效率：

电源效率(Efficiency) = (输出功率 / 输入功率) ×100%

其中，输出功率 = 输出电压 × 输出电流，输入功率 = 输入电压 × 输入电流。

5. 绘制效率曲线

使用测得的电源的效率值和不同负载点的数据来绘制效率曲线。这可以将电源在不同负载条件下的效率表现进行可视化。

6. 分析测试结果

分析效率曲线以确定电源在不同负载条件下的性能。通常，电源的效率在满负载时最高，但也可以评估它在部分负载下的效率。通过分析损耗，找到关键损耗点，更换性能指标更好的MOSFET和电感等功率器件，或者调整影响发热效率的电路参数，来提高效率。

7. 测试结果分析

我们需要对测试结果是否满足要求进行分析。比较测试结果与适用的标准或规范要求，确保电源设备的效率满足规定的性能标准。当结果不满足要求时，需要优化电源设计来满足效率要求，具体措施可以参考前面章节中关于效率与损耗的内容。

15.4 纹波和噪声测试

芯片的供电环路从稳压模块VRM开始，到PCB的电源网络、芯片的ball引脚及芯片封装的电源网络，最后到达die。当芯片工作在不同的负载时，VRM无法实时响应负载对电流快速变化的需求，在芯片电源电压上产生跌落，从而产生了电源噪声。电源会产生和开关频率一致的电源纹波，并始终叠加在电源上输出。

15.4.1 电源纹波和电源噪声的定义

1. 电源纹波

电源纹波是指电源输出中的交流波动或波纹。它是由电源本身的设计、负载变化或其他外部因素引起的。

（1）特征：通常以毫伏（mV）为单位进行测量。纹波是在直流电平上的小幅波动，其频率可以因电源设计、交流干扰等原因而异。

（2）来源：电源纹波是根据开关电源本身的开关特性形成的。开关电源的纹波是指，叠加在开关电源输出电压上，频率与开关频率一致的交流量，其产生原因是开关电源的电流纹波作用在电容的ESR上。

（3）影响：电源纹波若超出规定范围可能会影响电子设备的正常运行，尤其对于需要稳定电源的精密设备，如计算机、通信设备和实验室设备，这可能是一个关键问题。

（4）纹波测量：用同轴电缆从电源模块上引出输出，接到隔直板（一块只有电容做交流耦合，进行隔直流的电路板）上，然后再通过同轴电缆接入示波器。示波器阻抗选择50Ω，选择交流耦合，带宽限制在20MHz，然后进行测量与读数。测出的波形一般近似于三角波。此外，也可以使用无源探头进行纹波测量。

2. 电源噪声

电源噪声是电源输出中存在的随机、不期望的电压或电流波动，与电源纹波不同，它不一定是规律的周期性波动。

（1）特征：电源噪声可以包含各种频率范围内的干扰和杂波，从几赫兹到几十千赫兹不等。其振幅和频率可能不稳定或变化较大。

（2）来源：电源噪声可以来自许多方面，包括电源电磁干扰、开关电源的开关频率、电源线路中的干扰、设备内部的互相干扰等。噪声一般是指全带宽下输出电压上叠加的交流量，包含纹波。

（3）影响：电源噪声可能导致设备性能下降，对灵敏的电子元件和信号传输有干扰，可能会产生杂音、图像不清晰、通信干扰等问题。

（4）噪声测量：将示波器的带宽限制取消，其余配置相同，然后进行测量与读数。

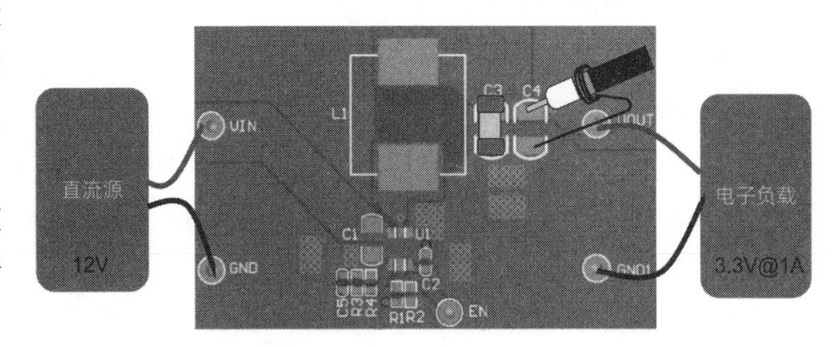

图15.2　电源纹波和噪声测试电路示意图

图15.2所示为电源纹波和噪声

测试电路示意图，图15.3所示为输出电压的波形，包含开关的纹波，负载跳变引起的输出电压的跳变，还有耦合进来的噪声。测量输出的纹波时，应将探头放置于输出电容处，避免噪声的耦合。在没有负载跳变时，可以限制带宽，得到比较干净的纹波波形。

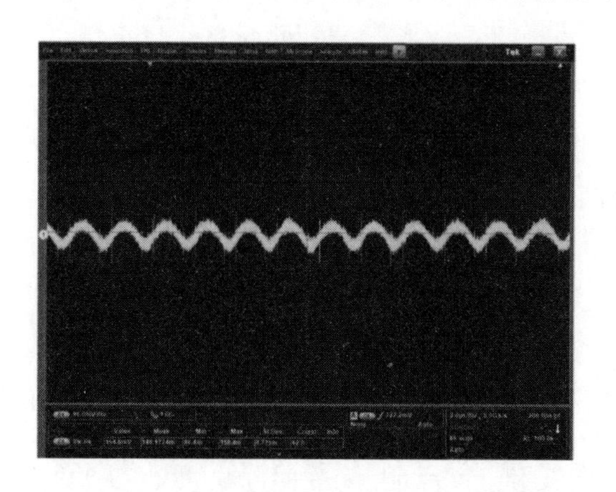

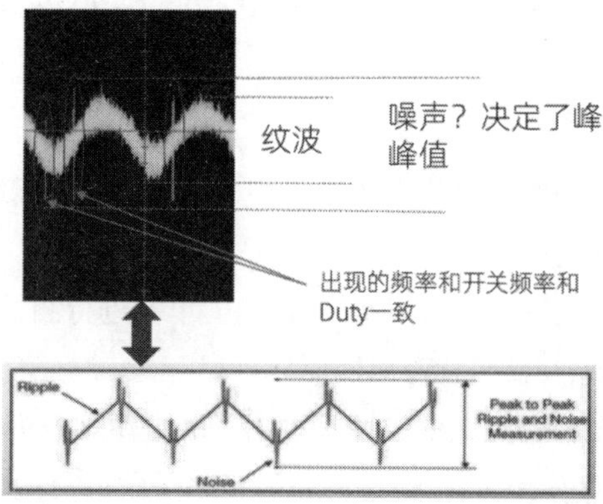

图15.3　电源纹波和噪声的波形图

总的来说，电源纹波是在电源输出中周期性的波动，而电源噪声是更为随机的、不规律的干扰。虽然两者都是电源质量问题，但其性质和影响略有不同，需要采取不同的方法来检测、衡量和解决。

15.4.2　如何提高芯片噪声测量的准确性

目前在电源的设计中，芯片的工作频率越来越高，工作电压越来越低，工作电流越来越大，对噪声的测量要求也更加苛刻。对于要求低噪声的电源测试非常具有挑战，影响其测量准确性的因素主要有如下几点：

(1)示波器通道的底噪；

(2)示波器的分辨率(示波器的ADC位数)；

(3)示波器垂直刻度的最小值(量化误差)；

(4)探头带宽；

(5)探头GND和信号两个测试点的距离；

(6)示波器通道的设置。

在测试电源噪声时，要求满足如下条件：

(1)需要在重负载情况下测试电源纹波；

(2)测试电源纹波时应该将CPU、GPU、DDR频率锁定在最高频；

(3)测试点应该在Sink端(电源网络的去耦电容、寄生电容和用电芯片——Sink)距离电源管理单元(Power Management Unit，PMU)最远的位置；

(4)测试点应该靠近芯片的电源管脚焊盘；

(5)带宽设置为全频段；

(6)示波器带宽大于500MHz;

(7)噪声波形占整个屏幕的2/3以上或垂直刻度已经为最小值;

(8)探头地和信号之间的回路最短,电感最小;

(9)测试时间大于1min,采样时间1ms以上,采样率500Ms/s以上;

(10)纹波噪声看峰峰值,关注最大值、最小值。

15.4.3 电源噪声和纹波的测试工具

在测量电源噪声和纹波时,通常使用示波器探头进行测试。示波器探头有无源探头、有源探头和同轴电缆,每种工具有各自的用途和优势,取决于具体的测量需求。

1. 无源探头

无源探头是一种简单的探头,不需要外部电源供应。它通常用于测量较小幅度的信号,并且对被测电路的影响较小。

无源探头适用于一般的信号测量,但在一些需要更高增益或精确度要求较高的情况下,可能不够准确。

在带宽方面,一般而言,无源探头的带宽较窄,一般在几十兆赫兹至几吉赫兹的范围内。这意味着它们可以适用于一般的信号测量,但对于高频率的电源纹波或噪声,可能带宽不足以有效捕获所有频率成分。

2. 有源探头

有源探头包含一个内置的放大器,可以提供更高的增益,并且对信号的捕捉更为敏感。它们通常用于测量微弱信号或高频信号。这些探头需要外部电源供应。它们对被测电路的影响也相对较小。

在带宽方面,有源探头通常具有更宽的带宽范围,可以覆盖从几百兆赫兹到几吉赫兹的范围。这使得有源探头能够更有效地捕获高频率的电源纹波和噪声。

有源探头的缺点是昂贵且容易损坏。

3. 同轴电缆

同轴电缆可用于连接示波器和被测电路,提供较好的屏蔽和抗干扰能力。

在一些需要减小干扰或长距离测量的情况下,同轴电缆可能是一个不错的选择。

在带宽方面,同轴电缆可以提供较好的抗干扰能力,其带宽范围广泛,可以覆盖从几十兆赫兹到几吉赫兹的范围。这使得同轴电缆适用于传输和连接高频信号。

测试噪声的时候,我们需要全带宽;测试纹波的时候,我们要限制带宽。

在测量电源纹波时,通常使用的无源探头、有源探头或同轴电缆都可以进行测量。选择探头取决于需要测量的纹波幅度大小、频率范围,以及对电路干扰的容忍度。通常情况下,无源探头可以胜任大多数电源纹波的常规测量,但若需要更高灵敏度或更小幅度的波动测量,则有源探头可能更合适。

在测试噪声的时候，我们要选择更大带宽的测试工具，一般选择同轴电缆。因为有源探头昂贵且容易损坏，我们选择使用同轴电缆替代有源探头获得全频带的测量。使用同轴电缆可以在长距离传输信号或需要较强抗干扰能力时提供更可靠的连接。

相较于无源探头，同轴电缆测试噪声的结果较为准确，高频分量没有损失，且受到人为因素的影响较小(焊接在单板上结果较稳定)；缺点为测试需要焊接，若测试点较多，则耗费时间较长，另外，如果操作不甚，还有可能会损坏单板。

同轴电缆测试工作原理图如图15.4所示。

同轴电缆及隔直板实物如图15.5所示。

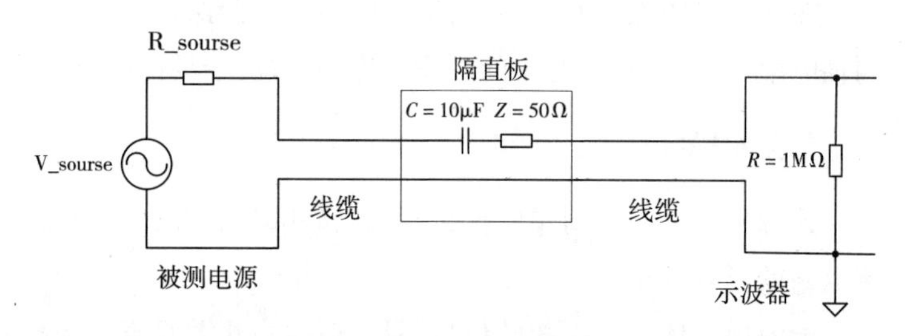

图15.4　同轴电缆测试原理图

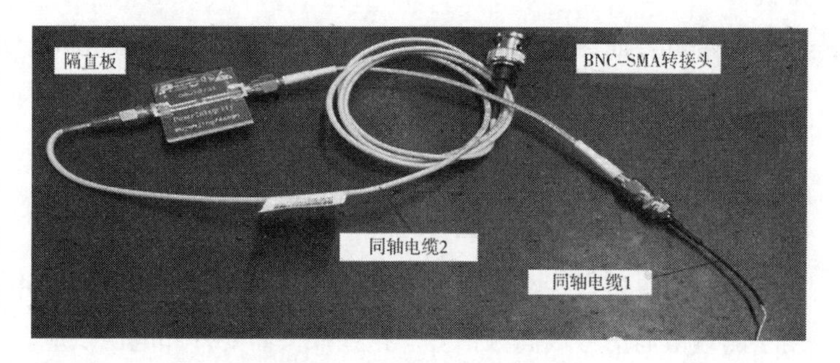

图15.5　同轴电缆测试实物图

在选取焊接位置时，应优先考虑靠近被测对象的滤波电容处(离芯片管脚最近，在条件允许的情况下，优先选取背面的电容进行测试，靠近芯片管脚是为了更真实地测到负载的情况)。此外，如有空焊盘，也可作为备选测试点。

在测试时，测试点尽量选取小电容作为测试点；现在所用的电容，特别是球阵列封装(Ball Grid Array，BGA)的去耦电容，封装都比较小，一般为0201。为方便测试，可在电缆上焊接不大于0.5cm的漆包线，地线可以选择最近的地。

若被测对象在同一网络中的电源管脚较分散，一般尽量选取靠近负载且离电源源端较远的点，如果在同一网络中分散在芯片周围，应至少选取两个离电源源端较远的点进行测试。

15.4.4 地线的处理

我们在测试的时候，希望能够测试准确，不希望其他频段的干扰导致测试数据异常。所以在用同轴电缆或探头测试纹波的时候，地线的处理都尤为关键，否则会通过地线引入不必要的噪声。探头的GND和信号两个探测点的距离也非常重要，当两点相距较远，会有很多EMI噪声辐射到探头的信号回路中，示波器观察的波形包括了其他信号分量，导致错误的测试结果。所以要尽量减小探头的信号与地的探测点间距，减小环路面积。

为避免过多的噪声耦合到纹波测试，应用尽可能小的环路，避免耦合的噪声过大。一般的示波器探头不能直接使用，需用专用示波器探头或使用同轴电缆小环，如图15.6所示。测量点应在电源输出端上，若测量点在负载上则会造成极大的测量误差。

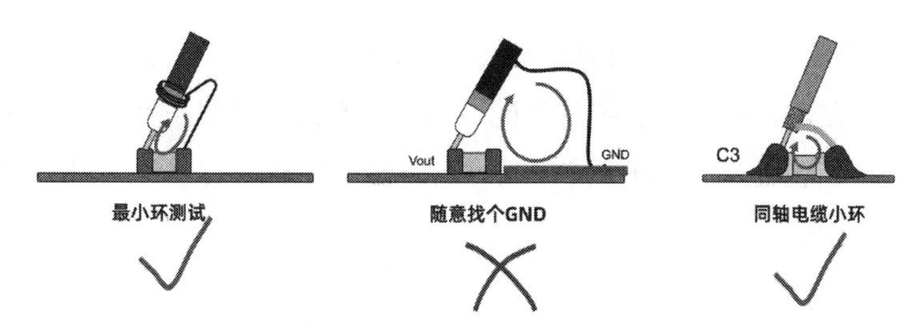

图 15.6　电源纹波和噪声测试地线处理示意图

使用无源探头进行DC耦合测试，示波器内部设置为DC耦合，耦合阻抗为1MΩ，此时无源探头的地线接主板地，信号线接待测电源信号。这种测量方法可以测到除DC以外的电源噪声纹波。

如图15.6所示，当采用普通探头时，由于地和待测信号之间的环路太大，而探头探测点靠近高速运行的IC芯片，近场辐射较大，会有很多EMI噪声辐射到探头回路中，使测试的数据不准确。为了改善这种情况，推荐用无源探头测试纹波时，将地信号用线缆引出，地线缠绕在探头的金属地上。相当于在地和信号之间存在一个环路电感，对于高频信号相当于高阻，能有效抑制由于辐射产生的高频噪声。同时无源探头要求尽量采用1:1的探头，杜绝使用1:10的探头。

15.5 开机和保护测试

开机测试是在系统启动时对电路进行的一项关键性测试，旨在确保各个电子元件在设定的工作条件下正常运行。在这个阶段，我们进行输入电压(V_{in})、输出电压(V_{out})及输出电流(I_{out})的测试，以确保系统在标准条件下获得预期的性能。具体而言，我们设置了V_{in}为5V，V_{out}为1.8V，I_{out}为3A，通过监测电路的响应，确保其在这些参数下稳定工作。

从电源使能信号EN(连接到V_{in}或其他电源)被激活，直至输出电压V_{out}进入稳定状态，波形图如图15.7所示。

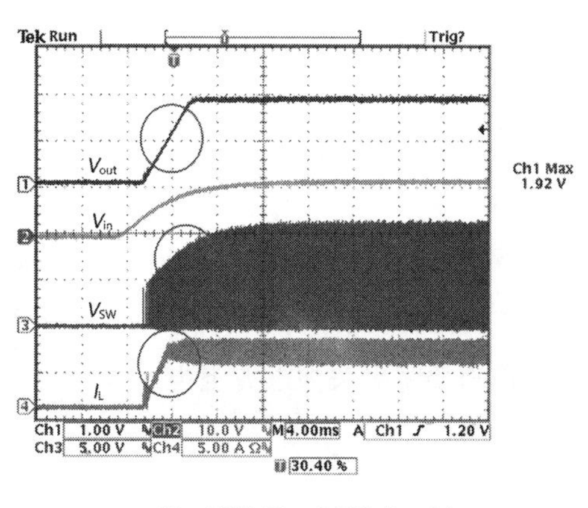

V_{in}=12V，V_{out}=1.8V，I_{out}=3A

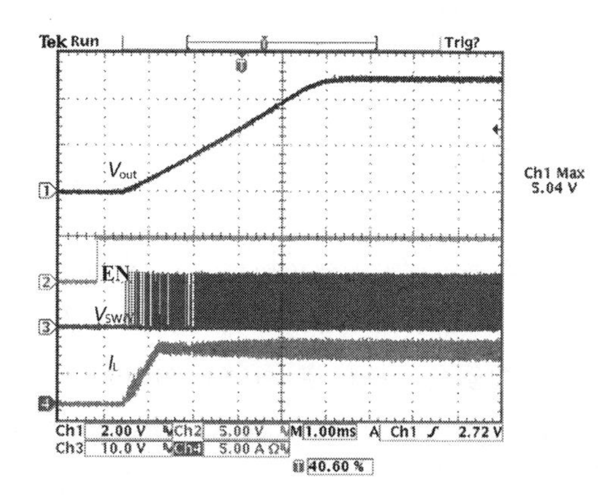

V_{in}=12V，V_{out}=5V，I_{out}=3A

图 15.7　电源开机测试波形图

1. 短路恢复测试

短路恢复测试是为了验证系统在面对异常情况时，能够有效保护自身及相关元件不受损害。其中，短路恢复测试涉及在短路发生后系统是否能够迅速而有效地恢复正常操作。我们通过模拟短路情况，观察系统的响应和恢复过程，确保其在短时间内能够自动修复，从而保护电路中的关键元件。测试波形图如图 15.8 所示。

2. 短路稳态测试

短路稳态测试更侧重于系统在持续短路情况下的稳定性测试。通过在设定条件下模拟持续短路，观察系统在这种异常负载下的表现，确保即使在极端情况下，系统也能够维持稳定的工作状态，防止因异常情况而导致的损坏或不良影响。测试波形图如图 15.9 所示。

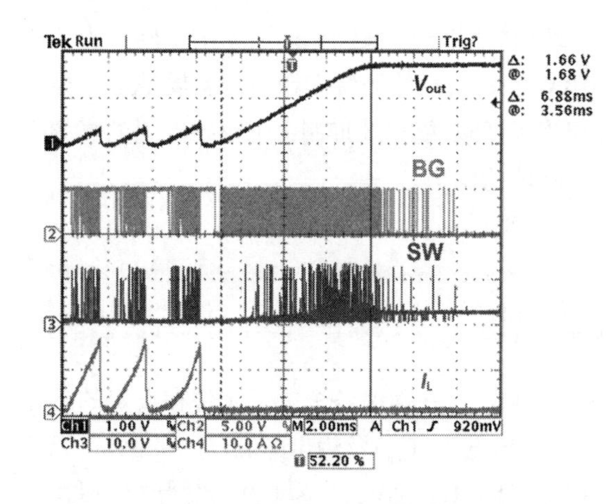

图 15.8　电源短路恢复测试波形图

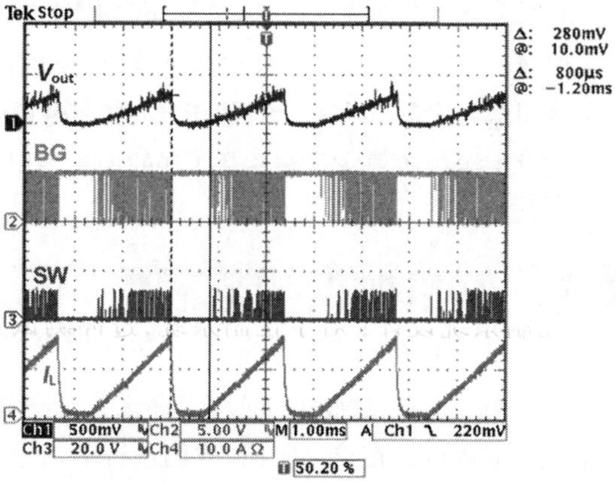

图 15.9　电源短路稳态测试波形图

这两个测试阶段的完善和精确执行，对于确保系统在各种工作环境和负载条件下都能够稳定可靠地运行至关重要。通过测试和验证，我们能够确保电路在实际应用中能够如期地完成其设计功能，保障电路的健壮性。

15.6 电源稳定性测试

在电源系统设计的关键阶段，对于电源输出进行全面而深入的测试，是确保系统稳定性和可靠性至关重要的一步。这一系列的测试旨在评估电源输出在快速变化负载条件下的表现，以确保在实际应用中电源系统能够稳定、可靠地响应各种动态需求。我们需要重点关注电源上电过程中的过冲(Overshoot)测试和下冲(Undershoot)测试。

1. 测试项目

我们将深入探讨电源工作过程中异常输出的测试方法、测试条件及测试结果的解读。通过全面的测试和分析，我们旨在为电源系统的设计和优化提供可靠的数据支持，确保系统在各种负载变化下都能够保持稳定和可控的输出状态。这些测试通常是电源集成电路或电源系统设计和评估的一部分。以下是这些测试的主要内容。

1)电压上升通道和下降通道测试

目标：评估电源在电压上升和下降时的响应特性。

测试内容：测试电源在电压上升通道和下降通道中是否存在脉冲尖刺(Glitch)及负斜率，这些现象可能会对系统产生不良影响。

2)过冲测试和下冲测试

评估系统在电压变化时是否产生超过或低于目标值的瞬时过冲和欠冲。测量实际输出相对于稳态值的过冲和欠冲幅度，并评估恢复到稳态值所需的时间。

(1)过冲测试(Overshoot Testing)。

目标：评估系统在输入信号发生快速变化时是否产生超过目标值的瞬时过冲。

性能评估：测试系统在输入信号变化时，是否在达到新稳态值之前产生瞬时过冲。

控制系统设计：对于控制系统，过冲测试关注系统响应是否受到适当的控制，以避免超过目标值。

信号处理：在信号处理系统中，过冲测试评估系统对于瞬时信号变化的处理能力。

(2)下冲测试(Undershoot Testing)。

目标：评估系统在输入信号发生快速变化时是否产生低于目标值的瞬时欠冲。

性能评估：测试系统在输入信号变化时，是否在达到新稳态值之前产生瞬时欠冲。

控制系统设计：对于控制系统，下冲测试关注系统响应是否受到适当的控制，以避免低于目标值。

信号处理：在信号处理系统中，下冲测试评估系统对于瞬时信号变化的处理能力。

这两个测试都涉及系统对于瞬时信号变化的动态响应。在电子系统设计中，通过合理的控制系统设计、控制器算法和稳定性分析，可以最小化过冲和欠冲的影响，确保系统在面对快速变化的输入信号时表现出稳定、可靠的性能。

3)波动跌落(Dip)、下电跌落(Sag)和过电压(Surge)测试

目标：评估电源在稳态后是否存在波动、跌落或过冲。

测试内容：测量电源在稳态时的波动、跌落和过冲，以及这些现象的幅度和持续时间。

这些测试旨在确保电源在不同工作条件和负载变化时能够提供稳定、可靠的电压输出。在实际应用中，电源的性能对于连接到其输出的电子设备的正常运行至关重要。通过进行这些测试，设计者

能够优化电源系统，确保其在各种工作条件下都能够稳定可靠地工作。

测试目的是验证待测电源在开/关机时，输出电压及信号是否符合规格要求（考察反馈设计是否欠阻尼或过阻尼）：是否有电压过冲，是否有电压回落，是否有振荡、振铃。

输入：规格中定义的最小及最大输入交/直流电压，最小及最大交流频率。

输出：规格中定义的最小及最大输出负载。

温度：最低工作温度，常温及最高工作温度。

Sag和Dip是在电力系统领域中用于描述电压降低的两个术语，它们通常用来表示瞬时的电压下降。尽管它们在某些上下文中可能被用作同义词，但在一些情况下，它们可能具有一些微妙的区别。

Sag指的是电压短暂降低的现象，通常在数周期内可见。Sag可能是由于电源故障、瞬时过载、设备故障或其他突发事件引起的。它是一种瞬时的电压不稳定性。一般Sag指电压跌落低于输出电压的5%。

Dip也是指电压的短暂降低，与Sag类似。然而，有时Dip可能更广泛地用于表示瞬时的电压不稳定，包括电压的短时降低和波动。

Overshoot和Surge的中文分别是“过冲”和“过电压”。

过冲主要用于描述控制系统、信号处理等领域中的现象，指的是响应在达到稳态或目标值之前，短暂地超过了目标值的情况。在电路、机械系统等方面，也可能用于描述类似的现象。过冲与控制系统中的稳定性和响应特性有关。指的是响应在达到稳态或目标值之前，短暂地超过了目标值的情况。在控制系统中，过度冲过目标值可能会导致系统不稳定或振荡。

过电压与电力系统中设备保护和稳定性有关，通常用于描述电力系统中电源电压瞬时上升的现象，这可能是由于电源突然断开、突然的负载变化或其他原因引起的瞬时电压波动。在电力系统中，过电压可能会对电子设备造成损害，因此在设计电力系统时通常需要采取措施来抑制过冲。

2. 测试步骤

对于以上三种测试，测试步骤如下。

（1）依规格要求设定最低环境工作温度、最小输入电压/频率及最大负载。

（2）以待测电源提供的各种开/关机方式进行开/关机(如AC on/off，Remote on/off)，观察各路输出及信号线状况并记录测试波形，如图15.10所示。

①观察电压进入上升通道之前及电压下降到10%之后，是否有Glitch（脉冲尖刺），以及电压上升沿和下降沿有无负斜率出现。如果有过冲、下冲，则以实际输出稳态值为基准，测量$V_{overshoot}$、$V_{undershoot}$及恢复时间T_r（从第一个过冲最大值开始到输出进入稳态值所需的时间），观察进入稳态后是否有波动跌落、下电跌落和过电压，如图15.10所示。

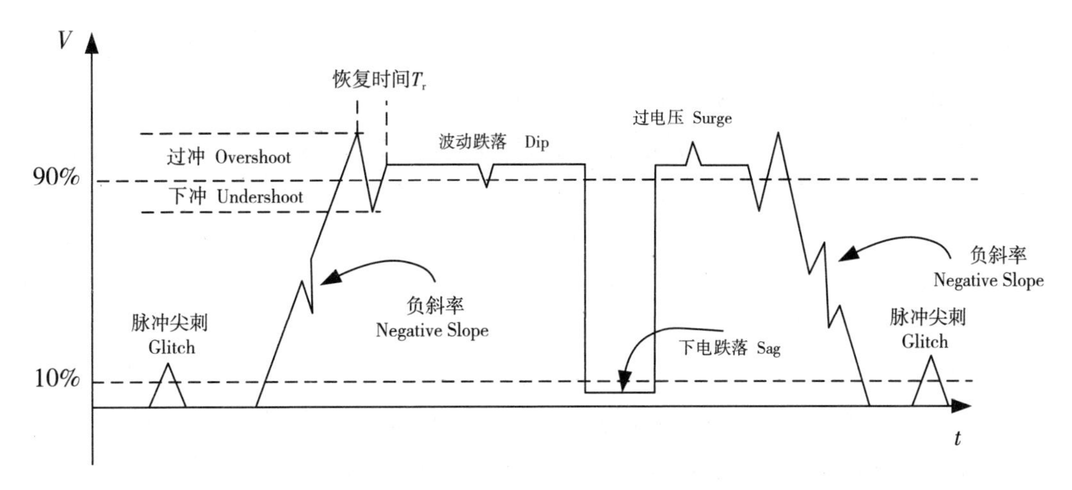

图 15.10　电源稳定性测试波形图

②Glitch是指脉冲尖刺，它指的是瞬时的、短暂的电子或数字系统中的故障或干扰，可能导致系统的错误操作或不寻常的行为。Glitch通常描述一个短暂的、非预期的信号波动或系统行为，这种现象可能是由电磁干扰、电源噪声、信号间干扰等因素引起的。

(3)依次改变测试条件(输出负载、输入电压/频率及环境温度)，重复步骤(2)。

3. 电源稳定输出的判定条件

经过以上测试之后，电源需要满足以下几个条件，则我们认为电源是稳定输出的。

(1)待测电源能正常开/关机且不会损坏。

(2)各路输出及信号线上不可以有Glitch出现。

(3)各路输出的Overshoot、Undershoot及调整时间(包括振荡/振铃)符合规格设计要求。

(4)各路输出及信号线上的Dip/Sag/Surge仍然符合设计规范(如稳压要求及逻辑信号高低电平规范)。

4. 改善措施

如果不满足电源稳定输出的判断条件，我们需要针对电源进行以下改善措施。

(1)对于Glitch的出现，需要检查电源内部控制芯片的启动时序。有时，这一问题也可能是芯片设计不良造成的。

(2)对于负斜率的出现，检查电源内部不同电流回路的启动时序(如风扇启动)；观察PWM脉冲变化状况，以确定是否需要调整反馈电路。

(3)对于Overshoot及Undershoot情况，调整反馈电路的阻尼系数。

测试结果的读取：调节好电压转换速率(Slew Rate)后，按测试工作表中的测试项打开负载后，测试电压输出是否过冲，并将测试结果(过冲电压$V_{overshoot}$、过冲时间t_{os})填到表格中。

此处可以看到，我们关注Overshoot时需要关注电压和时间，相当于需要关注超过额定电压的持续时间所造成的能量累计的结果。

5. 改善措施实例

如何利用输出电感和输出电容来调整Overshoot和Undershoot？改善的方法和实例如下。

（1）选择电感值：电感值是影响纹波电流及电源动态调整的性能。输出电感的选择是纹波电流和效率的折中考虑。电感的感值可以用如下公式计算：

$$L = \frac{V_{in} - V_{out}}{\Delta I_{out} F_{SW}} D$$

其中，F_{SW}为开关频率，ΔI_{out}为输出纹波电流。

（2）设置纹波电流：由上面公式可知，电感的感值越大，输出纹波电流就越小，但带来的问题是动态响应变慢。如果电感的感值较小，想输出电压的纹波也小，就需要提高开关频率，这样MOSFET管上的开关损耗就增加，电路效率下降。比较合理的选择是设置纹波电流ΔI_{out}=0.3I_{out}。

注：如果需要较好的动态响应，例如X86处理器的Core电源等。L值可往偏小选取，一般在150～250nH之间。如果对动态响应无特殊要求，L值可往大处选取，一般可选600nH以上，以得到较小的纹波电流。

（3）设置输出电容：输出电容是为了控制输出电压的纹波和提供负载瞬时电流的。静态情况下，主要考虑电压纹波ΔV。影响比较大的是输出电容的ESR，ESR的最大值跟输出电压纹波和纹波电流有关系：

$$\text{ESR}_{max} = \frac{\Delta V_{out}}{\Delta I_{out}}$$

当电感选定以后，ΔI_{out}可以计算。可知如果需要较小的电压纹波，输出电容的ESR也要比较小。

输出电容应该由大容量的铝电容或钽电容和小容量的陶瓷电容搭配使用。电容的容量要考虑能提供短暂的续流能力，保证在负载动态变化较大时能正常工作：

$$C_{out(min)} = \frac{I_{tran(max)}^2 L}{V_{out} V_{over}}$$

选用0.47μH电感时，电感纹波电流为2.6A，若为1μH，纹波电流则为1.2A，输出电压纹波会降低。

另外，动态性能会降低，负载动态跳变时（这里应用满载跳空载，同样的输出电压过冲为V_{over}），使用更大电感，需要更多的输出电容来抑制过冲。

如V_{over} = 30mV，$I_{tran(max)}$ = 6A，V_{out} = 1V，则L = 0.47μH时，需要的电容量为$C_{out(min)}$ = 564μF。

若L = 1μH时，需要的电容量为$C_{out(min)}$ = 1200μF（实际DSP的负载跳变没有这么大，选用2个470μF）。

15.7 电源动态响应测试

在电源系统设计的关键阶段，对于电源的动态响应进行全面的测试至关重要。本小节将深入探讨电源动态响应测试，旨在评估电源在面对快速变化负载和电压条件时的性能表现。这一系列的测试不仅关注电源在瞬时状态下的稳定性,还关注其对于快速变化的负载所产生的过冲、欠冲及其他动态特性的影响。

电源动态响应测试的目标在于,确保电源系统能够在系统负载发生瞬时变化时快速、有效地调整输出电压,以维持整个系统的稳定性和可靠性。本节将涵盖电源上升通道和下降通道测试,以及评估电源在电压上升和下降时是否出现脉冲尖刺和负斜率。同时,我们将深入研究输出电流变化时引起的Overshoot和Undershoot的测试,测量电源输出在变化时的瞬时过冲和欠冲,并评估系统恢复到稳态所需的时间。

通过详细的动态响应测试,我们旨在为电源系统的设计和优化提供充分的数据支持,以确保其在面对各种负载和电压条件的快速变化时,仍能够提供稳定、可靠的电源输出。接下来我们将深入了解电源系统的动态性能,为电子设备的可靠运行提供坚实的基础。

1. 测试目的

动态响应一般是指控制系统在典型输入信号的作用下,其输出量从初始状态到最终状态的响应。对某一环节(系统)加入单位阶跃输入$x(t)$时,其响应$y(t)$开始逐渐上升,直到稳定在某一定值上为止。响应$y(t)$在达到一定值之前的变化状态称为过渡状态(动态),此称为动态响应。

我们测试电源动态响应的目的是:验证待测电源在输出负载动态变化时,输出电压及信号是否符合规格要求。

2. 测试条件

输入:规格中定义的最小及最大输入交/直流电压,最小及最大交流频率。

输出:规格中定义的动态负载电流条件及规格所允许的最小电容负载。

温度:最低工作温度、常温及最高工作温度。

示波器采样方式:一般设为Sample或Hi-res模式。

依规格要求设定负载电流的起点、止点,负载电流的上升速率、下降速率,以及负载电流的变化周期;一般负载电流的上升和下降速率设置为2.5A/μs,变化周期一般为20ms。

如图15.11所示,测试条件为:V_{out}=5V,V_{in}=12V,I_{out} = 0~6A@2.5A/μs。

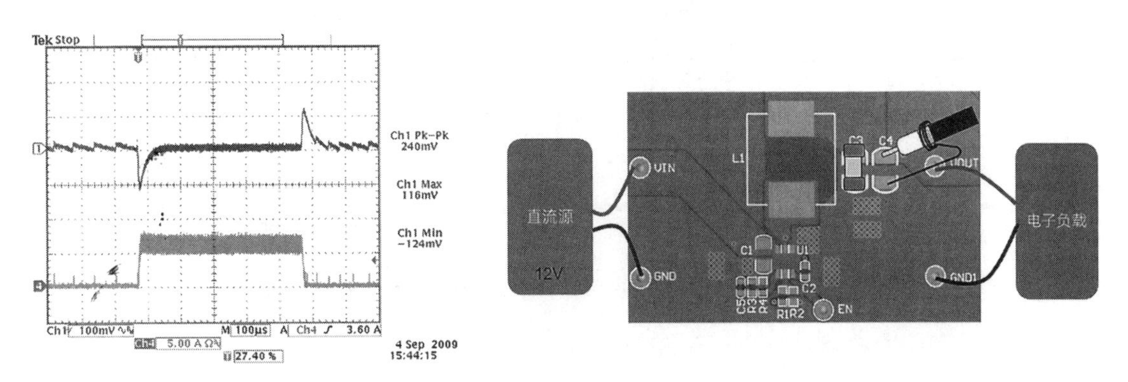

图15.11　电源动态响应测试波形图

3. 测试步骤

(1)设定工作环境最低温度及最小输入电压/频率；对需要做动态响应测试的输出，依规格要求设定其负载电流的起点、止点，负载电流的上升速率、下降速率及负载电流的变化周期；其他输出负载按照Regulation Table要求设定。

(2)开机后按规格要求，调整负载电流的变化周期(t_1,t_2)，观察输出波形的变化。

(3)记录Vo-max、Vovershoot、Vundershoot及Vo-stable1最大，Vo-min及Vo-stable2最小的测试条件，测量输出电压的各对应值及输出响应时间，并保存波形。

(4)在步骤(3)的动态电流的变化周期下，改变其他输出负载条件，测量Vo-max、Vovershoot、Vundershoot及Vo-stable1最大，Vo-min及Vo-stable2最小，并记录相应数据。

(5)以步骤(3)及(4)找到的最差负载的值，以待测电源所提供的各种开机方式开机(如AC on，PS_ON on)。

(6)依次改变测试条件(动态负载起始点，输入电压/频率及环境温度)，重复步骤(2)～(5)。

(7)使用同样的方法测试其他输出动态响应。

4. 判定条件

动态响应是否满足要求，我们需要观察多个输出测量值是否符合规格要求。满足动态响应的测试要求如下。

(1)不能有振铃(Ringing，反馈回路欠阻尼)现象。

(2)待测电源不可以损坏(Damaged/Broken Down)。

(3)待测电源不可以工作不稳定，甚至关机(Shut Down)。

(4)响应时间符合要求。

如果满足以上条件，则我们认定动态测试结果满足要求。电源动态响应测试波形关键指标如图15.12所示。

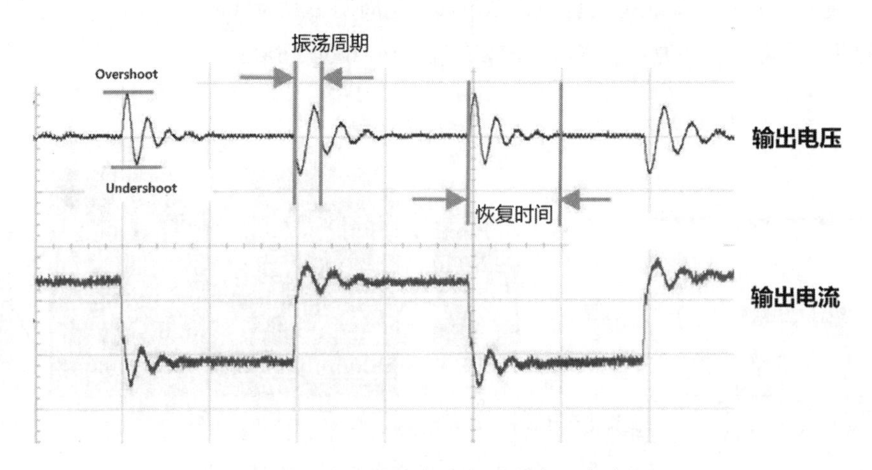

图15.12 电源动态响应测试波形关键指标

5. 改善动态响应的对策

如果要改善动态响应，有以下几种对策。

(1)适当改善反馈响应速率，但需要注意噪声、重载开机问题。另外，这一方案也受制于实际设计方案的选择。

(2)PWM方式受最大占空比的限制(Flyback约为0.8，单端正激为0.5，其他如Push-pull、Half-bridge、Full-bridge等为0.8，Boost为0.9等)，因此设计初期最大占空比的选择应当保留一定的余量。

(3)PFM方式也受工作频率限制，以免产生噪声或EMI的问题。

(4)在容许的情况(较低的电容电压)下，尽可能让占空比或开关频率在动态情形下逐步增大，以避免如电流应力加大等问题。

(5)增加输出电容容量或并联数量，适当降低输出储能电感的感量。

(6)电感中的电流不能突变，这是影响输出动态响应的关键，尤其在CCM模式的时候，因此，适当降低感量可以改善动态响应，但需要考虑轻载时的反馈稳定性问题(CCM转变成DCM会造成系统不稳定)。

(7)电容的电流可以突变，因此，可以考虑适当增加电容容量或数量来改善(如果Layout空间允许的话)。

(8)采用多个变换器并联方案，但成本会较高，这在电流变化速率要求较高的场合(如CPU供电的3～6相V-core电路)。

(9)增加开关频率，以更快的速度传递能量，但需考虑元器件的频率特性、EMC及效率等问题。

对于以上方案，在实际应用中需要综合考虑。

6. 特殊的动态响应测试

Intel的VID电源有一个曲线——“负载线”(Loadline)，这是一种在不同负载值情况下符合电压可允许范围要求的曲线，如图15.13所示。这个设计很奇特：当处理器负载增大的时候，反而让输出电压降低。

对于Loadline测试，我们既需要测试静态，也需要测试动态。这个动态的测试，是一种特殊的动态响应测试。

动态的Loadline测试是测试当负载电流I_{cc}发生快速、大幅度变化时，产生的瞬变电压值是否超过过冲指标。

测试注意事项如下：

(1)需要正确设置PDT控制软件界面上的触发信号的Slew Rate(具体参数可查找IMVP 6.5协议中对应的处理器平台)，不同的Slew Rate值对测试结果影响比较大；

(2)I_{ccmax}和I_{ccmin}的设置请参考不同处理器平台的要求(具体参数可查找IMVP 6.5协议中对应的处理器平台)。

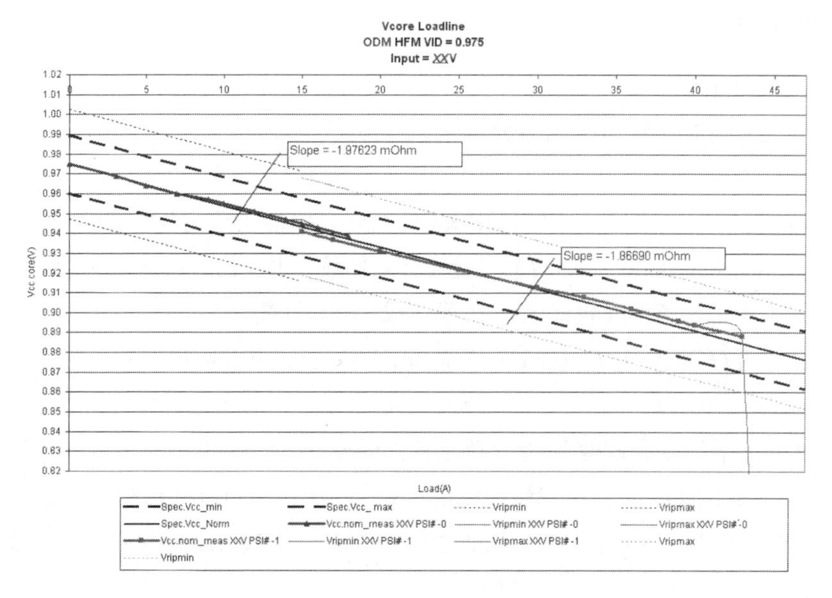

图 15.13 Loadline 示意图

此外，LoadLine的测试步骤如下。

(1)确认测试点：测试分为VCC_CORE(处理器Core电源)和VCC_AXG电源(显卡电源，如果单板没有显卡电源的，可以忽略VCC_AXG)两部分。

(2)在测试瞬态电压时，需要一个触发信号。将有源探头的信号端固定在LB_Drive1管脚(如图15.14所示的TP30的PIN1)上，地端固定在TP30的PIN2。

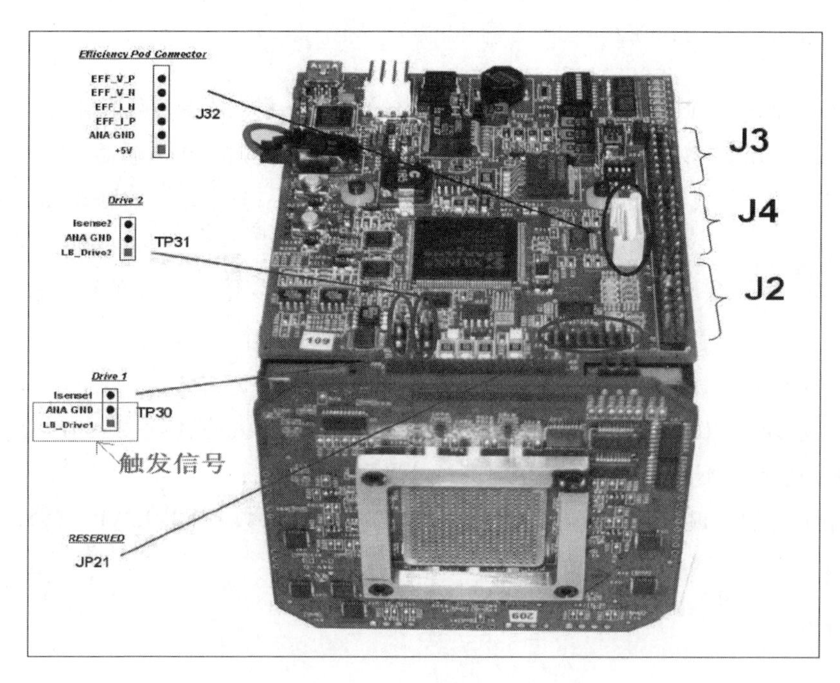

图 15.14 Loadline 测试工具实物图

(3)调节Slew Rate:PDT控制软件参数设置好后,单击Enable Load按钮,通过调节触发信号的电平,捕获到稳定的触发信号。拖动PDT软件界面的Slew Rate滑钮,使触发电平的上升时间满足测试要求。

(4)测试结果的读取:调节好Slew Rate后,按测试工作表中的测试项,在I_{cc}变化频率(PDT软件界面上可以设置,默认为305kHz)下,单击Enable Load按钮,测试电压输出是否过冲。将测试结果(过冲电压、过冲时间)填到表格中,如图15.15所示。

		IMVP Operating State		Spec. Vcc Values(V)					Measured Values (V)		
									DMM	Ripple from Scope	
Legend (A)	Load I (A)	DPRSTP# or DPRSLPVR	PSI#	Spec.Vcc_Norm	Spec.Vcc_min	Spec.Vcc_max	Vripmin	Vripmax	Vcc.nom_meas XXV PSI# -0	Vripmin XXV PSI# -0	Vripmax XXV PSI# -0
HFM 0A-18A	0	1/0	0	0.975	0.960	0.990	0.947	1.003	0.975		
	3	1/0	0	0.969	0.954	0.983	0.941	0.996	0.969		
	5	1/0	0	0.965	0.950	0.979	0.937	0.992	0.964		
	7	1/0	0	0.960	0.946	0.975	0.933	0.988	0.96		
	9	1/0	0	0.956	0.941	0.971	0.928	0.984	0.957		
	10	1/0	0	0.954	0.939	0.969	0.926	0.982	0.955		
	12	1/0	0	0.950	0.935	0.964	0.922	0.977	0.951		
	14	1/0	0	0.946	0.931	0.960	0.918	0.973	0.947		
	15	1/0	0	0.944	0.929	0.958	0.916	0.971	0.946		
	16	1/0	0	0.941	0.927	0.956	0.917	0.966	0.943		
	18	1/0	0	0.937	0.923	0.952	0.913	0.962	0.939		
slope =	-0.00197623	Slope = -1.97623 mOhm									

测试项

实测数据

Test Condition:
Vin =XXV
HFM 15A-47A
XXV PSI# -1

		IMVP Operating State		Spec. Vcc Values(V)					Measured Values (V)		
									DMM	Ripple from Scope	
Legend (A)	Load I (A)	DPRSTP# or DPRSLPVR	PSI#	Spec.Vcc_Norm	Spec.Vcc_min	Spec.Vcc_max	Vripmin	Vripmax	Vcc.nom_meas XXV PSI# -1	Vripmin XXV PSI# -1	Vripmax XXV PSI# -1
HFM 15A-44A	15	1/0	1	0.944	0.929	0.958	0.919	0.968	0.941		
	17	1/0	1	0.939	0.925	0.954	0.915	0.964	0.937		
	20	1/0	1	0.933	0.918	0.948	0.908	0.958	0.931		
	25	1/0	1	0.923	0.908	0.937	0.898	0.947	0.922		
	30	1/0	1	0.912	0.897	0.927	0.887	0.937	0.913		
	33	1/0	1	0.906	0.891	0.920	0.881	0.930	0.903		
	36	1/0	1	0.899	0.885	0.914	0.875	0.924	0.902		
	39	1/0	1	0.893	0.878	0.908	0.868	0.918	0.396		
	40	1/0	1	0.891	0.876	0.906	0.866	0.916	0.394		
	43	1/0	1	0.885	0.870	0.899	0.860	0.909	0.838		
	47	1/0	1	0.876	0.862	0.891	0.852	0.901			
Slope =	-0.0018669	Slope = -1.86690 mOhm									

图15.15 Loadline测试记录表

15.8 电源环路稳定性测试

在电源系统的设计和工程中,电源环路稳定性是确保系统稳定运行的关键因素之一。深入研究电源环路稳定性测试,旨在评估电源系统在不同负载和工作条件下的稳定性、抑制噪声,并迅速调整以应对动态变化的能力。这一系列的测试将使我们能够深刻理解电源系统的反馈环路,确保其能够有效地响应各种电压和负载变化,同时维持系统的性能和稳定性。

电源环路稳定性测试不仅关注电源系统的静态性能,更强调系统对于动态负载变化的响应。在本节中,我们将详细研究电源环路的开环增益、相位裕度及系统的带宽等关键参数。通过对这些参数的全面测试和分析,我们可以识别潜在的稳定性问题,并采取相应的措施来优化电源系统的设计。

1. 反馈系统分析

对于反馈系统来说，我们需要考虑增益和反馈两个环节的传递函数 $G(s)$ 和 $H(s)$，如图15.16所示。

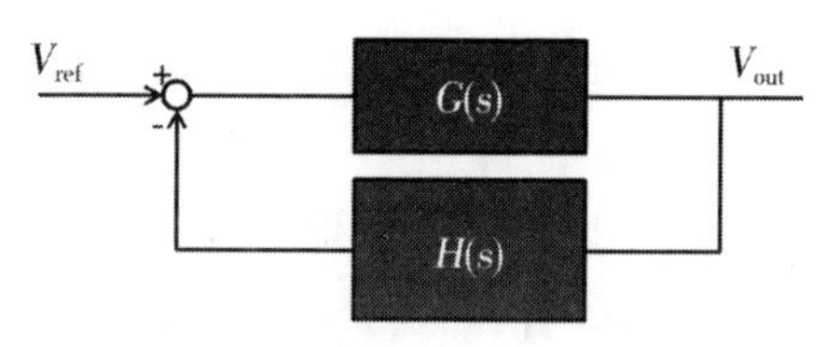

图15.16　反馈系统示意图

输出电压 V_{out} 和参考电压 V_{ref} 之间的关系如下式所示：

$$\frac{V_{out}}{V_{ref}} = \frac{G(s)}{1 + G(s)H(s)}$$

在实际的系统中，因为前向增益 $G(s)$ 和反馈系数 $H(s)$ 都是复数，所以闭环传递函数 $\frac{G(s)}{1 + G(s)H(s)}$ 和环路增益 $G(s)H(s)$ 也是复数，也就是说既有模值也有相角。

当环路增益 $|G(s)H(s)|$ 为 1，且相角为-180°的时候，闭环传递函数的分母为0，其结果变为无穷大。这意味着一个系统在没有输入的情况下会维持一个输出，系统是一个振荡器，这与稳定系统有界的输入产生有界的响应相矛盾，也就是说此时系统是不稳定的。

这里可以总结环路不稳定的两个条件：

(1) $G(s)H(s)$ 的相位为180°；

(2)增益幅值 $|G(s)H(s)| = 1$。

当两个条件同时满足时，环路不稳定。

如图15.17所示，我们可以画出系统环路增益的波特图来评估系统的稳定性，表达系统稳定性常用的增益裕度和相位裕度指标一般就是从这里得出的。相位裕度指的是在增益降为1或0的时候，相位距离-180°还有多少；增益裕度则是在相位到达-180°的时候，增益比1或0少了多少。

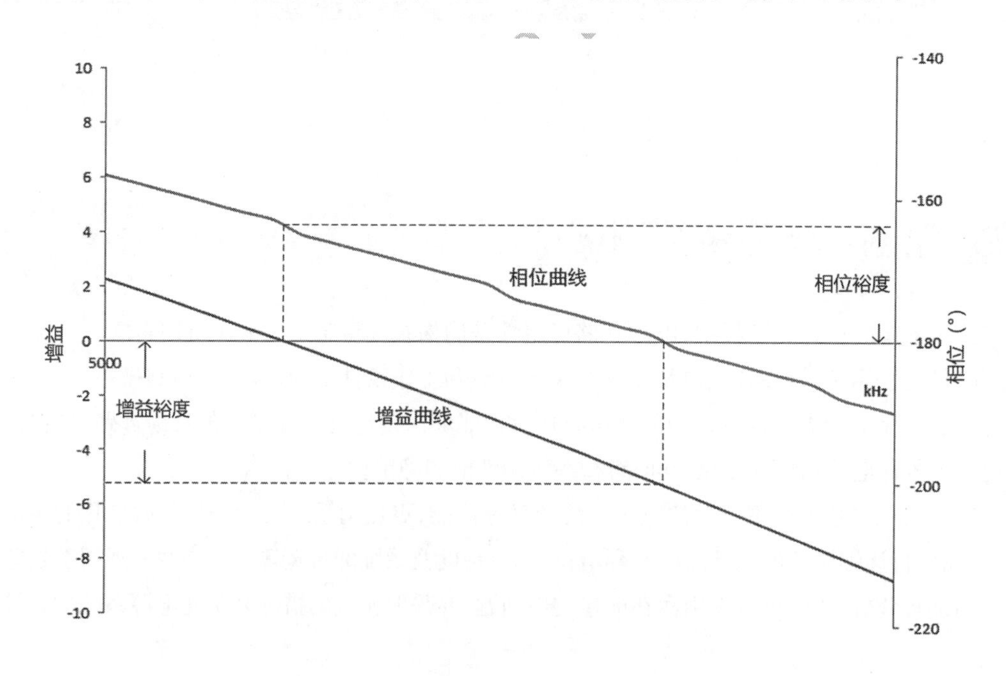

图15.17　波特图中增益裕度和相位裕度

系统环路不稳定的条件如下:在相位为180°时,增益小于1;或在增益为1时,相位小于180°。

2. 断开环路

我们只需要简单地把环路断开就可以得到环路增益,图15.18展示了如何在反馈系统中把环路断开。理论计算时可以从任何地方把环路断开,不过我们通常选择在输出和反馈之间把环路断开。断开环路后,我们在断点处注入一个测试信号 i,i 经过环路一周后到达输出得到信号 V_{out},V_{out}和 i 的数学关系式就是我们要求的环路增益。

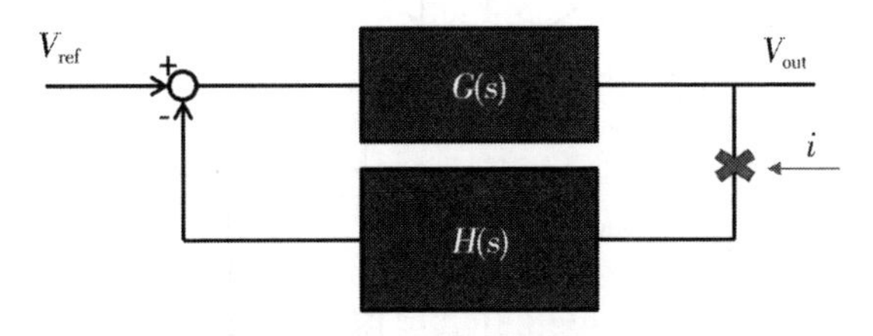

图15.18 反馈系统中把环路断开的示意图

3. 环路注入

现实中反馈环路往往起到了稳定电路静态工作点的作用,所以我们不能简单地把环路断开去测试环路增益。反馈环路断开后,电路因为输入失调等原因,输出会直接饱和,这种情况下无法进行任何有意义的测量。

为了克服这个问题,我们必须在闭环的情况下进行测量,一种可行的手段是环路注入。图15.19展示了典型的环路注入方法。为了尽可能降低误差,我们对注入点的选取有特殊的要求,一般要让从注入点一端看进去的阻抗远远大于从另一端看进去的阻抗,一个比较理想的注入点是在输出和反馈网络之间,也可以在误差放大器和功率晶体管之间。

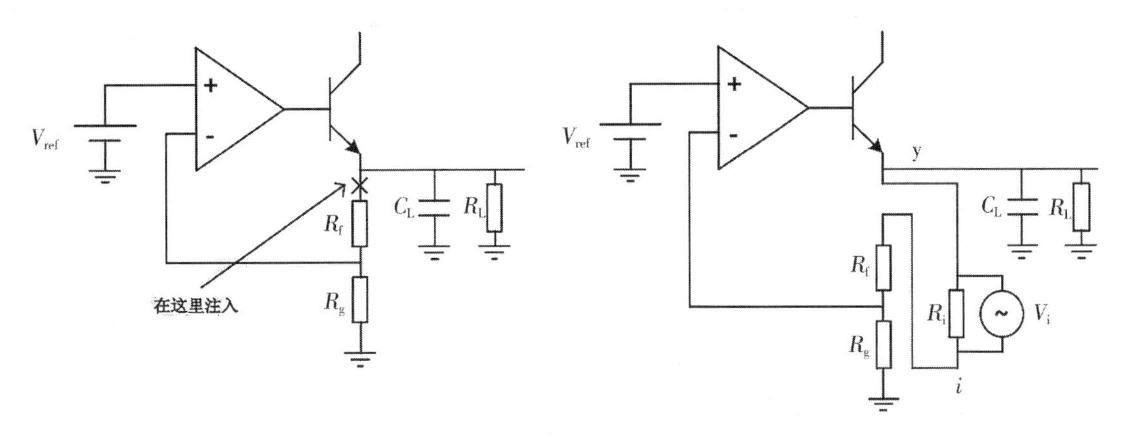

图15.19 环路注入示意图

为了维持闭环,我们在注入点的位置插入一个很小的电阻而不是把环路在注入点断开,注入信号将通过这个注入电阻注入环路中去。这个注入电阻的取值要足够小,通常要远远小于反馈网络的等效阻抗,这样才能保证注入电阻对反馈环路的影响可以忽略不计。Picotest建议当使用 J2100A 型变压器或直接使用 Siglent SAG1021I 时，可使用 4.99Ω 的，当然适当大一点的注入电阻也是可以的。另外，因为注入电阻和注入变压器并联，小一点的注入电阻能降低变压器工作的下限频率，这在需要测量极低频率的时候非常有用。

原则上信号的注入不能影响环路的静态工作点，为了解决现实的电路中信号源和被测件共地的问题，往往需要使用注入变压器(见图 15.20)，或直接使用带隔离的信号源。

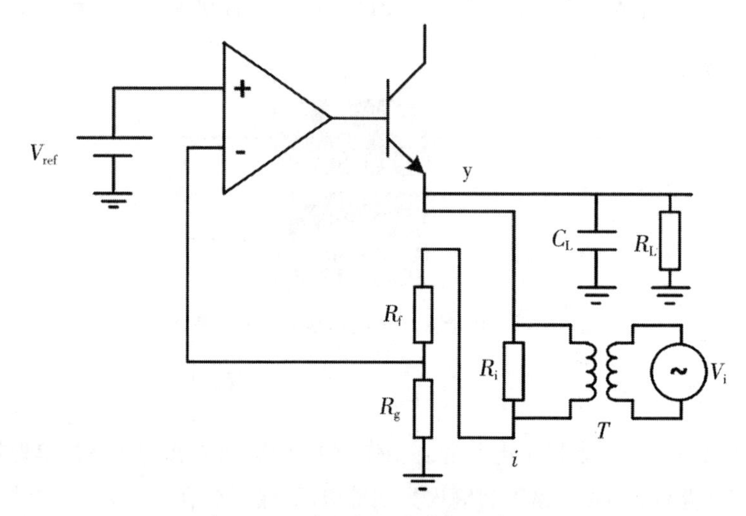

图 15.20　利用变压器进行环路注入

注入信号从注入电阻的一端注入环路中，经过反馈网络、误差放大器和功率晶体管到达输出，也就是注入电阻的另一端。这样输出信号 V_{out} 和注入信号 i 的数学关系就是我们要求的环路增益。

需要注意的是，我们在闭环的情况下测量开环参数，测试结果的相位会从 180°开始逐步降到 0°，这与理论上直接断开环路求环路增益得到的结果(相位从 0°开始降到-180°)不同，所以这种情况下我们计算相位裕度的时候应该是参考 0°而不是-180°。

4. 环境搭建与测试结果

在搭建环境时，需要准备的测试设备如下。

(1)示波器: Siglent SDS1204X-E。

(2)信号源: Siglent SAG1021I 。

(3)电源: ZHAOXIN RXN-305D。

(4)探头: Siglent PP215 1X 。

(5)被测件: JWH6346 DEMO 板(Buck)。

(6)电子负载：Dingchen DCL6104。

JWH6346 DEMO 板是一款稳压电源测试板，上面的电路是用 JWH6346 同步降压调节器控制器和 N-MOSFET、电感组成的开关电源电路。电路原理图如图 15.21 所示 。

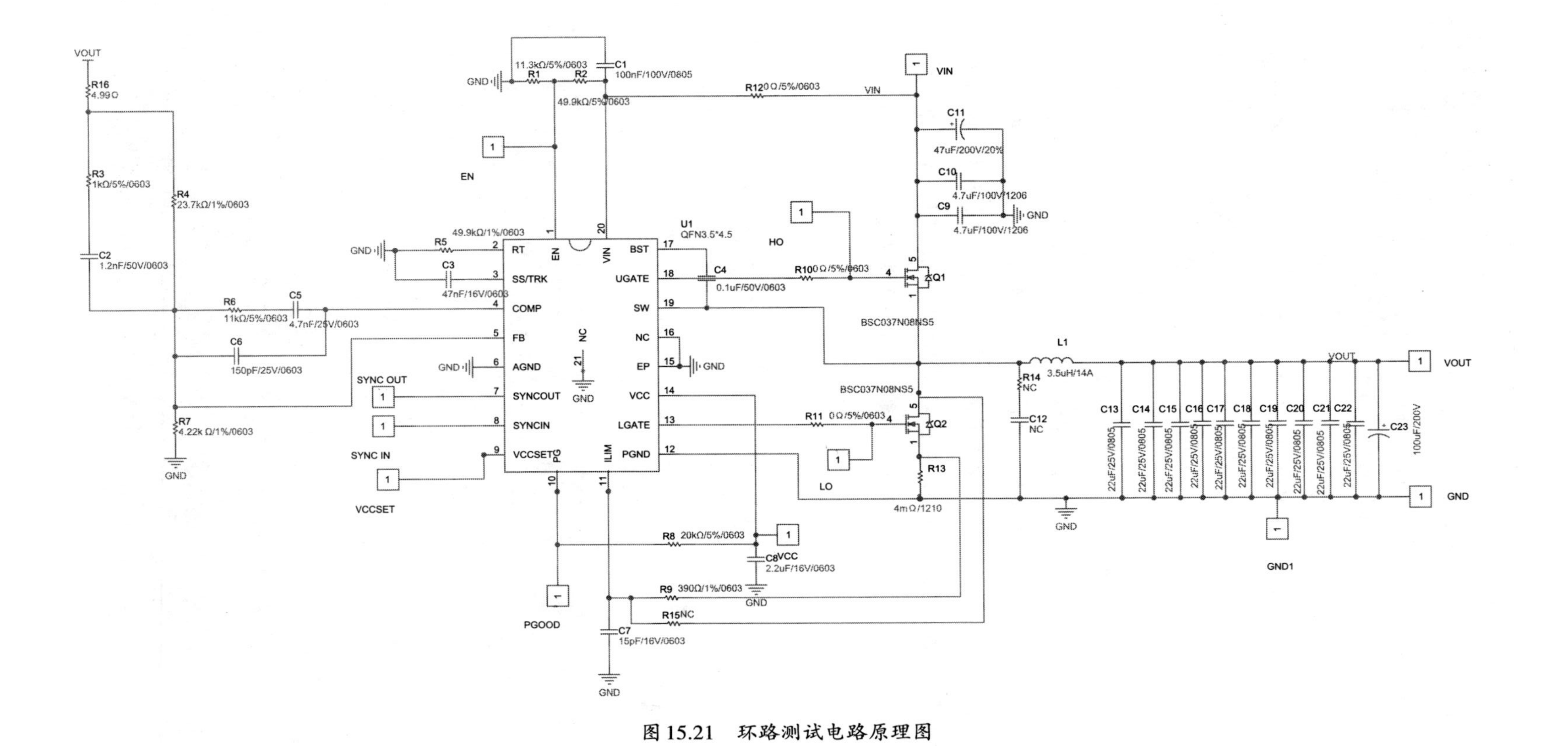

图 15.21 环路测试电路原理图

测试JWH6346 DEMO板上的电源环路响应时，R16两端是注入点。接线的方法如图15.22所示。信号源SAG1021I通过USB接到示波器上，输出端夹子与注入电阻并联，这样信号注入环路的同时，环路的直流工作点也不会被信号源和被测件的接地问题所影响。注入电阻两端同时也要接到示波器上，其中R16连接VOUT的一端接在Bode Plot Ⅱ中定义为DUT Output，R16的另外一端定义为DUT Input。

图15.22　环路测试实物图

Bode Plot是该款示波器配套的用于测试电源环路的软件。在进入Bode Plot软件之前，建议先把要用到的通道设置为20MHz带宽限制。本次测量的频率范围是10Hz到100kHz，这对于一个预期穿越频率在10kHz左右的电路来说足够了。在Bode Plot的主菜单按配置信息进入配置菜单，编辑配置信息。进行通道设置，将DUT输入和DUT输出设置到相应的通道上，设置好DUT输入为C1，DUT输出为C2。测试与SAG1021I的连接是否成功。将扫描类型设置为可变幅度，设置扫描参数。将频率模式设置为对数，在配置文件的编辑部分建立5个节点，分别是10Hz、100Hz、1kHz、10kHz、100kHz，对应的幅度分别为1.9V、1.9V、80mV、80mV、1V，如图15.23所示，将点数/十倍频设置为40。

当增益曲线或相频曲线不光滑的时候，有可能是注入电压过大或不足导致C1/C2的波形失真，或者C1/C2电压过小导致示波器检测不出来，此时可以退出波特图看该异常频点的C1和C2的表现，通过是否可以很好地在屏幕中看到清晰的迹线来判断。如果C1和C2的迹线不能很好地显示在屏幕上，可以根据自己的需求来修改不同频段中SAG1021I的输出幅度，如图15.23所示。

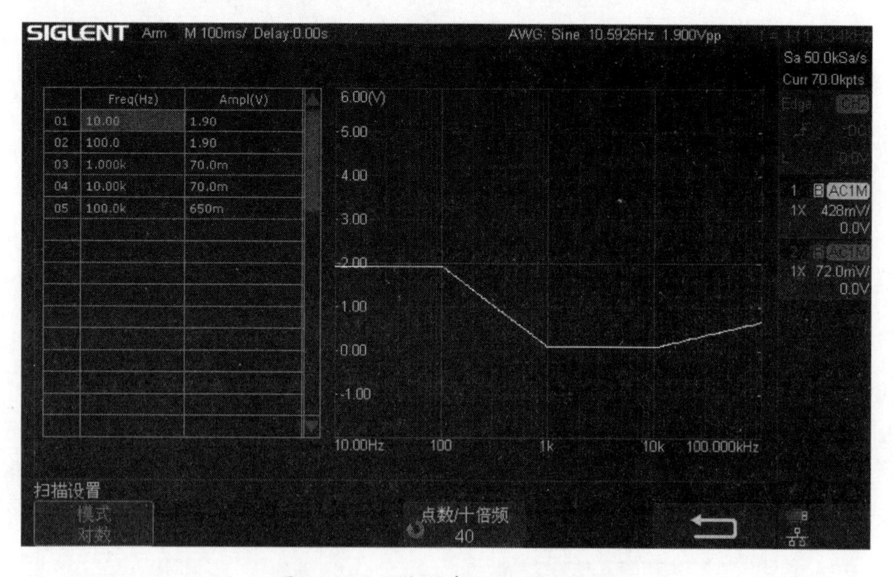

图15.23　示波器中Bode Plot设置

测试结果分析如下。

(1)1A负载:0增益,穿越频率在1.4kHz左右,相位裕度为99°,电源系统稳定,其波特图如图15.24所示。

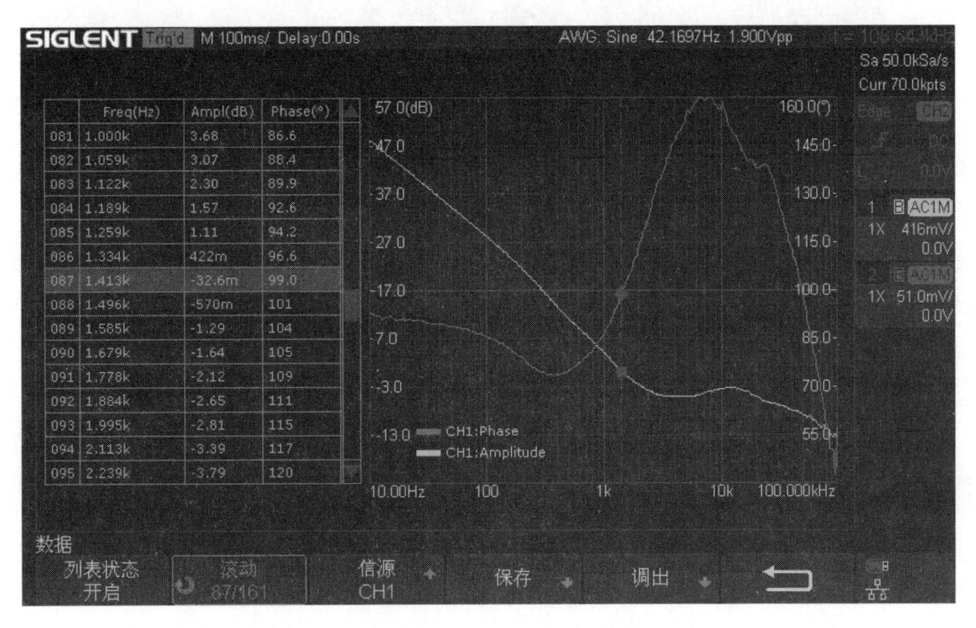

图15.24　1A负载的波特图

(2)5A负载:0增益,穿越频率在12.6kHz左右,相位裕度为113°,电源系统稳定,其波特图如图15.25所示。

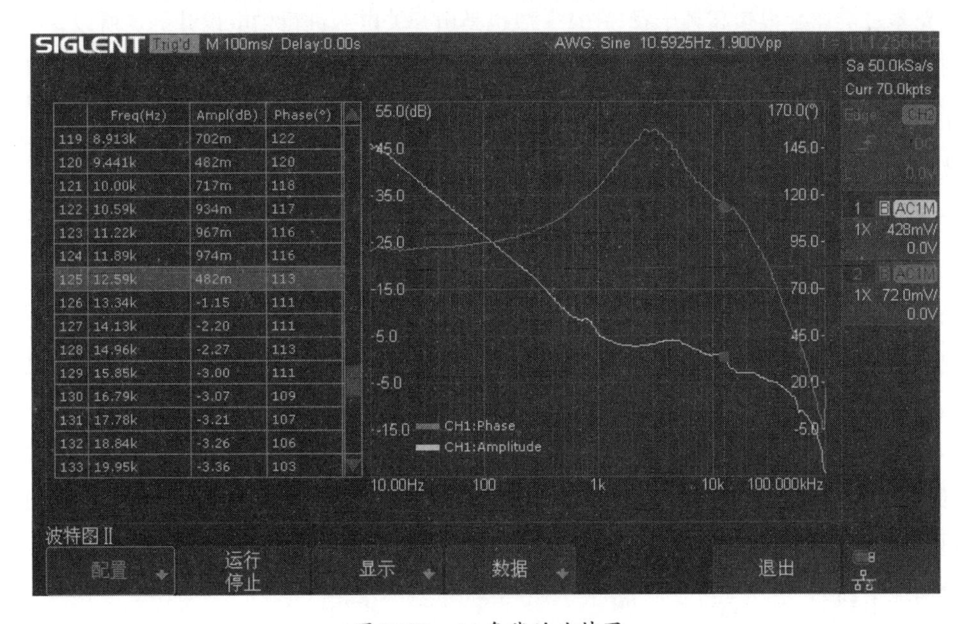

图15.25　5A负载的波特图

第16章

电源的工程实践

在电源的工程实践领域，理论与实际的紧密结合是确保电路稳定、高效运行的关键。从“干净”电源的选择到模数混合电路中的干扰抑制，每一步都需要精心策划。下面将深入探索电源设计的奥秘，了解如何通过分离电源和地平面、采取多种措施降低开关电源输出纹波、理清“功率流”和“信息流”，以及掌握DC/DC电源PCB设计的关键点，来实现高效、稳定的电源供应，更是将理论知识全方位地融入实际操作中。

16.1 “干净”的电源也会“变脏”

在模数混合电路的设计中，模拟电路部分中的幅度是很重要的信息。幅度在每时每刻都会影响着信息的传递，并且在很多时刻是微弱的信号。在模数混合电路中，模拟电路部分的电源供电一般会优先考虑采用模拟电源供电，是因为模拟电源提供的电源相对来说比较“干净”。这样模拟信号器件的地(GND)和电源相对都比较“干净”(这里的“干净”是指，电源平面没有很大的跳变、高频噪声等)。但数字电路本身会产生很多高频干扰，并且一般也是由开关电源进行供电设计的。所以，模数混合电路也面临着一个挑战：模拟电路部分的电源本身已经很干净了，但数字电路部分不干净，所以依然需要将数字电路产生的干扰抑制在数字区，不让数字电路及开关电源干扰模拟信号。

1. 电源和地的分离

1)独立的电源轨

在模数混合电路中，模拟电路和数字电路分别需要不同的电源供电。模拟电路通常对电源的噪声和纹波较为敏感，因此需要提供一个相对“干净”的电源。而数字电路则可能产生高频噪声和电流跳变，这些噪声可能会通过电源线耦合到模拟电路中，对其性能产生负面影响。为了避免这种情况，设计师通常会为模拟电路和数字电路分别提供独立的电源轨。这意味着两者不会共用同一个电源，从而减少了电源噪声在两者之间的传递。信号条理部分通常对电源的稳定性有很高的要求，为了确保这些部分能够正常工作并输出高质量的信号，设计师通常会为其单独产生一个电源，并使用线性电源进行供电。

2)分离地平面

在模数混合电路中，模拟电路和数字电路对地的要求是不同的。模拟电路通常对地的噪声和干扰更为敏感，因为任何微小的噪声都可能影响到模拟信号的精度和稳定性。而数字电路则可能产生大量的高频噪声和电流跳变，这些噪声可能会通过地线耦合到模拟电路中，对其性能产生负面影响。为了避免这种情况，设计师通常会在电路板上将模拟地和数字地进行分离。即在电路板上，只在单一点上进行连接，从而减少噪声在两者之间的传递。

2. 去耦电容

在数字电路部分的电源上放置去耦电容，尤其是靠近每个芯片的引脚，可以滤除电源上的高频噪声。在数模混合电路中更要注意，虽然我们使用了线性电源（电源本身没有纹波对模拟信号进行干扰），但是数字信号的跳变会产生电源完整性的问题。

最终我们要求在用电器件的接收端能接收到良好质量的电源，以减少整个电源平面的噪声。对于电源，噪声来源主要有以下几种。

（1）稳压芯片输出的电压不是恒定的，会有一定的纹波。稳压电源无法实时响应负载对于电流需求的快速变化。

（2）稳压电源响应的频率一般在200kHz以内，能做正确的响应，超过了这个频率则在电源的输出短引脚处出现电压跌落。

（3）负载瞬态电流在电源路径阻抗和地路径阻抗产生压降。

（4）外部的干扰。

这里提到的“负载瞬态电流”并不是由电源输出端的电源模块或电源芯片所产生，而是由用电负载自身的负载变化所产生，这个负载变化又是由于大量数字信号的跳变产生，如图16.1所示。

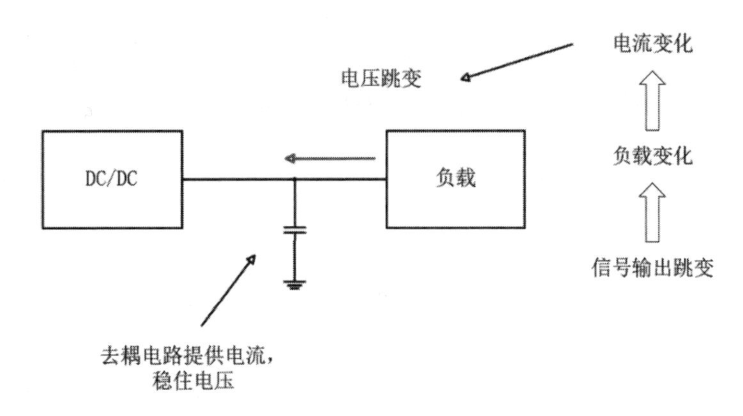

图16.1 负载变化导致电源平面跳变

综上所述，虽然可以选择足够“干净”的电源，但是由于数字电路部分在工作时，众多的“跳变”会产生新的波动在电源网络和GND网络上，从而导致原本“干净”的数字电源和数字GND变“脏”。

3. 单点接地

单点接地（Single-Point Grounding）是将模拟电路和数字电路中的所有的接地线都连接到一个共同的接地点，从而减少地回路干扰的一种方法。这种技术能够有效抑制数字电路对模拟电路的干扰，主要原因有以下几个方面。

1)减少地回路噪声

当模拟地和数字地在多个点连接时,会形成地回路,这些回路可能会引入噪声。由于数字电路的高频开关活动,地回路中可能会产生高频噪声,这些噪声会耦合到模拟电路中,影响其性能。单点接地通过限制地回路的数量,减少了这些高频噪声的路径,从而降低了干扰。

2)隔离高频干扰

数字电路通常会产生高频噪声,单点接地可以将数字地和模拟地分开,只有在一个共同点连接。这使得高频噪声主要存在于数字地平面上,不会轻易传递到模拟地平面,从而有效隔离了高频干扰。

3)控制电流路径

通过单点接地,可以更好地控制电流路径,确保数字电流和模拟电流在不同的地平面上流动,减少了数字电流在模拟地平面上产生的电压降和噪声。

4)简化地平面设计

单点接地简化了电路板的地平面设计,使得模拟电路和数字电路的地平面可以独立优化,从而进一步减少干扰。例如,可以在数字电路的地平面上设置更多的去耦电容,而在模拟电路的地平面上设置更多的滤波电容。

5)减少交叉耦合

单点接地有助于减少模拟信号和数字信号之间的交叉耦合。通过在物理上分离模拟电路和数字电路的地平面,并在适当的位置进行连接,可以减少高频开关信号对模拟信号的影响。

通过这些措施,单点接地可以显著减少数字信号对模拟信号的干扰,提高模数混合电路的整体性能和稳定性。

对于电源和GND,可以通过分开接的方式来解决,但是模拟信号最终是需要传递给模数转换器(ADC)的,我们还需要设计一些电路隔离模拟信号和数字信号。

16.2 能不能把开关电源滤“干净”

线性电源是通过调整管的线性放大作用来实现电压调整的。它的输出电压纹波小,通常在毫伏级别,这是因为其工作原理相对简单直接。线性电源的调整管工作在线性区,相当于一个可变电阻,通过改变自身的等效电阻来分压,从而稳定输出电压。例如,一个简单的串联型线性稳压电源,输入电压变化时,调整管会根据反馈信号自动调整其电阻,使输出电压保持稳定,输出的直流电很“干净”。

开关电源则是通过将输入的交流电整流成直流电后,再将直流电转换为高频交流电,然后经过高频变压器变压,再整流滤波输出直流电。其工作过程中由于开关动作会产生较高频率的纹波,并且还可能会有电磁干扰等问题。开关电源的纹波电压一般在几十毫伏到几百毫伏之间,与线性电源相比要高很多。

1. 采取措施降低开关电源输出纹波

1)增加滤波电容

在开关电源的输出端可以并联大容量的电解电容,例如在输出端并联一个 1000μF 以上的电解电容。电解电容的作用是滤除低频纹波,因为它的容量大,对于频率较低的纹波有很好的滤波效果。同时,还可以并联一个小容量的陶瓷电容(如 0.1μF),陶瓷电容的高频特性好,能够滤除高频纹波,它们组成的电容组合可以对不同频率的纹波进行有效过滤。

2)采用 LC 滤波电路

在输出端串联一个电感,再并联一个电容,可组成 LC 滤波电路。电感对于变化的电流有阻碍作用,当纹波电流通过电感时,电感会阻止纹波电流的变化。电容则将纹波电压进行分流,使得输出电压更加平滑。例如,选择一个合适的电感(如 10μH)和电容(如 100μF)组成 LC 滤波电路,可以显著降低纹波。

3)小电流场景下用RC滤波电路

在一些运放电路中,给运算放大器供电会使用RC低通滤波器给电源进行滤波,滤波的抑制高频能力更强,但是在大电流的场景下电阻上会有压降。

(1)由于电容有寄生的ESR,所以当频率达到一定程度之后,对高频分量的抑制能力几乎不再下降。

(2)当存在负载的时候,就是在电容并联一个电阻的时候,能够分配到用电端的能量是有限的。串联的电阻会分压,影响负载的电压,也会浪费能量。

(3)如果负载的电流变化,则串阻的电压也会变化,即会影响用电器件上的电压值,也会在电源管脚端引入新的噪声。

4)多级滤波

采用多级滤波的方式,如先经过一级 LC 滤波,再经过一级 π 型滤波(由两个电容和一个电感组成,电容 - 电感 - 电容的连接方式)。多级滤波可以逐步降低纹波,使输出的直流电更加接近线性电源的输出特性。

5)优化开关电源的控制环路

通过改善开关电源的反馈控制电路,可以提高电源的稳定性,减少输出电压的波动。例如,采用更先进的控制芯片,提高控制环路的带宽和增益,使电源能够更快更准确地对输出电压的变化进行调整,从而间接降低纹波。

2. 抑制电磁干扰(EMI)以提高输出质量

1)安装 EMI 滤波器

在开关电源的输入和输出端安装 EMI 滤波器。EMI 滤波器可以有效抑制电源内部产生的高频干扰信号,防止这些干扰信号通过电源线传播到外部电路或影响电源自身的输出。它主要由电感和电容组成,通过对不同频率的干扰信号进行滤波,使电源符合相关的电磁兼容标准,输出的电源质量也会更加“干净”。

2)合理的 PCB 布局和布线

在设计开关电源的印刷电路板(PCB)时,要注意将功率电路和控制电路分开布局,减少它们之间的电磁耦合。同时,对于高频信号线要尽量短而直,避免产生天线效应而向外辐射干扰信号。合理的接地方式也很重要,例如采用单点接地或多点接地相结合的方式,降低地环路干扰,提高电源的稳定性和输出质量。优化电源输入电容的布局布线位置,可以有效改善PCB布局和布线。

通过以上多种措施的综合运用,可以使开关电源的输出更加“干净”,接近线性电源的输出质量。

16.3 理清“功率流”和“信息流”

当我们开始动手设计开关电源的原理图和PCB的时候,会觉得复杂,是因为没有理清楚“功率流”和“信息流”。因此,在开发的过程中,我们需要明确区分功率路径和信息路径。

功率路径是指电能在系统中的传输路径,包括电源、开关管、功率电感、负载、导线和其他电气元件。它负责提供足够的电能,以保证设备的正常运行。功率路径的设计如图16.2所示。

信息路径则是指用于传输控制信号、反馈信号或其他信息的路径,如控制电路中的电压反馈、电流反馈等。

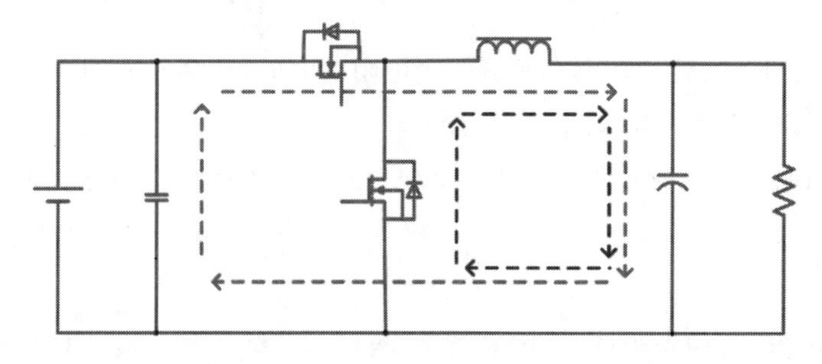

图16.2　功率电路部分设计

1. “功率流”的设计要点

1)减小“串阻”

开关电源通过开关管的快速通断,结合电感的储能与释能特性,以及电容的滤波作用,在开关过程中实现了能量的重新分配和稳定输出,从而提供了稳定的电压和持续的电流。

对于开关管、电感和电容这些功率器件,我们希望它们在参与电压转换的过程中,减少不必要的能量损失。此时,我们就需要减小MOSFET的$R_{DS(on)}$、电感的DCR、电容的ESR,PCB走线的ESR,因为这些都是不必要的串阻。这些串阻在工作过程中,都会产生“无用功”。

2)优化功率器件的布局和散热

布局设计:功率器件如MOSFET、电感和电容的布局非常关键。它们之间的距离应尽量缩短,以减小寄生电感和寄生电容,从而减少开关过程中产生的电磁干扰和功率损耗。此外,功率路径上的走线应尽可能宽,以降低电流通过时的压降和发热。

散热设计:开关电源中功率器件的损耗会以热量形式散发,过高的温度会影响电路的可靠性和寿命。在进行散热设计时,应考虑散热片、铜箔面积、热导材料,并合理布置散热通道,以保证器件在安全温度范围内工作。

优化功率器件的布局和散热如图16.3所示。

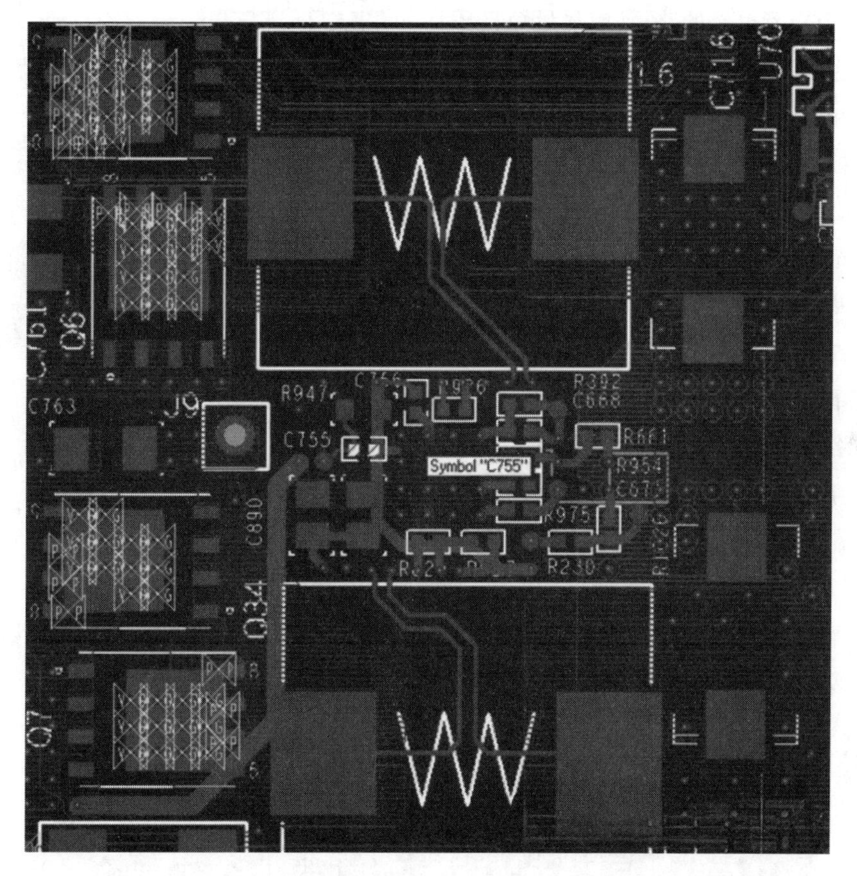

图16.3 优化功率器件的布局和散热

3)控制开关频率与效率的平衡

开关频率选择:开关频率越高,转换器体积可以做得越小,但也会增加开关损耗和EMI。降低开关频率可以减少开关损耗,但会导致电感和电容的体积增大。选择合适的开关频率,以平衡效率、体积和EMI,是设计中的一个重要权衡点。

开关损耗控制:在开关过程中,MOSFET在开启和关断瞬间的损耗(如电压和电流重叠时产生的损耗)会显著影响整体效率。通过优化驱动电路的设计,如调整门极电阻值或使用合适的驱动电路,可以减少开关损耗。

4)管理电磁干扰

滤波电路:在功率流设计中,EMI是不可避免的问题。通过合理设计输入输出滤波器、增加屏蔽层、优化走线布局,可以有效降低EMI。高频开关过程中产生的噪声可以通过滤波电路和屏蔽措施进行抑制。

减少电磁辐射：设计中应尽量减少高速开关节点的面积，因为它们容易成为电磁辐射的源头。对于高速电流路径，采用微带线或共面波导等设计来控制阻抗也有助于减小辐射。

5)电流环路的优化

最小化电流环路面积：开关电源中的高频电流环路，如开关节点到电感的路径，应尽量短且环路面积最小。这不仅有助于减少EMI，还能降低环路的寄生电感和电阻，减少功率损耗。例如，输入电容靠近电源控制器的V_{in}和GND的输入端，使得整个大电流跳变的电流环路足够小，能够减少电磁干扰和提高系统的稳定性。

回路设计：确保功率地和信号地的分离，并在单点接地，以避免地环路干扰和电流回路引起的压降。这些压降会影响控制电路的精确度和稳定性。

电流环路设计的优化如图16.4所示。

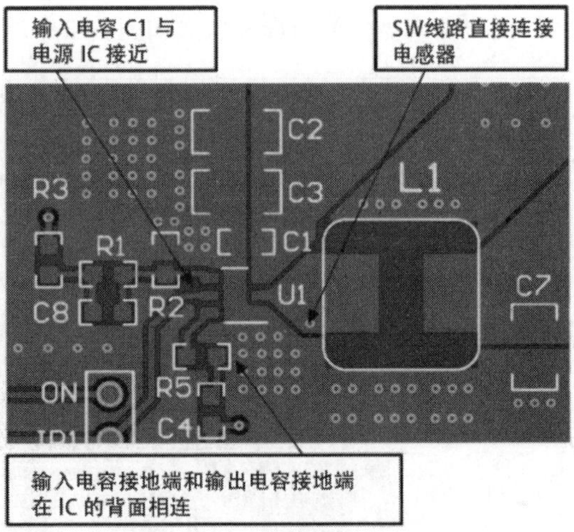

图16.4　电流环路的优化

6)保证通流能力

保证通流能力是最容易做到，往往也是最容易被忽略的。正常走线，大家都会计算线宽跟通流的关系，但是有时铜皮会被过孔打碎。

换层的时候，注意过孔的数量要满足通流且留有余量，如图16.5所示。通过合理规划和设计这些要点，能够有效提高开关电源的效率、可靠性和稳定性，减少损耗并改善整体性能。

图16.5　设计走线注意过孔数量

功率流的本质是传输能量，在某些特定条件下可能会表现出大电流传输、大电流跳变、大电压跳变等特点，本身能量较强，但是具备破坏力；而信息流的特点一般是小电流传输，容易被干扰。我们的设计要“抑制强者，保护弱者”。所以，对于信息流的设计，我们需要避开干扰源，环路要小，通过走差分线抑制干扰。

2. 信息流的设计要点

1）避开干扰源

远离功率路径：信息路径应尽量远离高功率电流路径，以防止电磁干扰和电场、磁场的耦合干扰。例如，信号线应与高频、高电流的功率线保持足够的距离或使用屏蔽层进行隔离。

使用低噪声地：在电路设计的布局中，信号路径应连接到一个低噪声的地平面，而不是直接与功率地相连。这样可以减少信号路径中的噪声干扰。

2）最小化环路面积

闭环设计：信号回路的面积应尽量小，以减少寄生电感和电磁辐射。特别是在高速信号传输中，环路面积越小，抗干扰能力越强。例如，控制电路中的反馈信号和驱动信号应通过尽可能短的路径返回到控制器。

紧密布局：对于敏感信号，布线应尽量靠近参考地，或者在布线的上下层设置完整的地平面，以减少回流路径的电感。

要最小化环路面积，应设计尽可能小的信号回路，如图16.6所示。

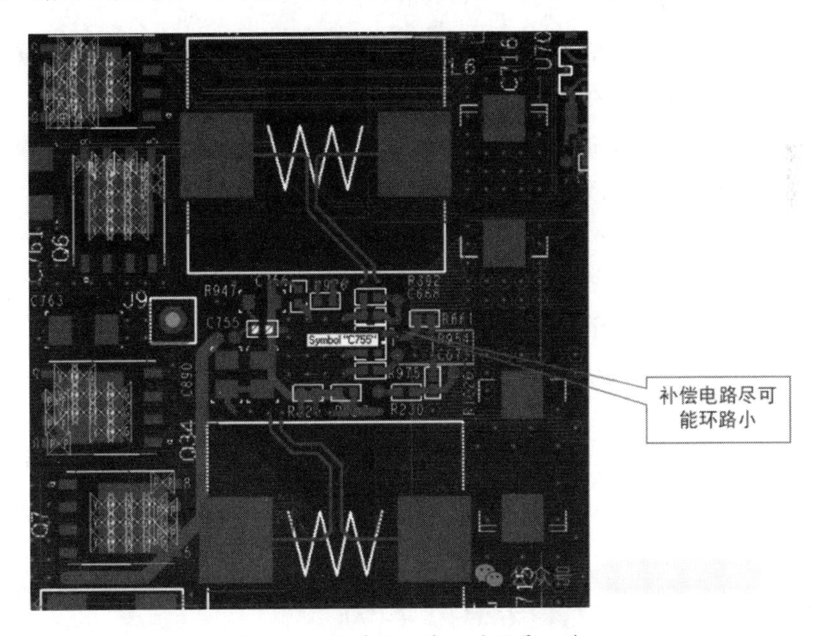

图16.6 设计尽可能小的信号回路

3）使用差分信号

差分线设计：对于关键的高速或噪声敏感信号，使用差分信号对进行布线能够有效地抑制电磁干扰和噪声，从而提升信号的完整性和传输质量。差分信号对的两个线迹应尽量保持等长、等间距，并且在同一层布线，以确保信号的完整性和抗干扰能力。

抑制共模噪声：差分信号的设计还可以减少共模噪声的影响，通过差分信号的自抵消特性来抑制外界的干扰。

使用差分信号的差分线设计如图16.7所示。

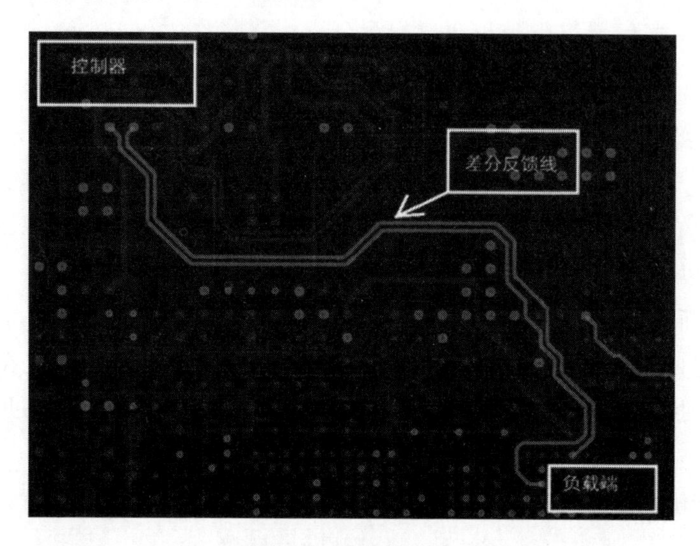

图16.7　差分线设计

4）信号线的屏蔽和滤波

屏蔽措施：对于极其重要的信号，如控制信号或反馈信号，可以使用屏蔽线缆或屏蔽层来防止外部干扰进入信号路径。这种设计在电磁环境较为复杂的情况下尤为重要。

滤波电路：在信号路径中添加滤波器，如RC滤波器或铁氧体磁珠，以抑制高频噪声。这对于降低EMI和改善信号完整性非常有效。

5）适当的接地设计

单点接地：信号地和功率地应在系统中的单一点进行连接，以避免地环路引起的干扰和信号偏移。单点接地可以减少地电流在信号路径中的不良影响。

分离敏感信号地和功率地：敏感信号（如反馈信号）的地平面应与功率地隔离，避免功率器件开关时的大电流引入干扰。

通过合理地设计信息流路径，可以最大限度地保护信号免受干扰，提高整个系统的抗干扰能力和信号传输的可靠性，从而确保开关电源的稳定运行。

16.4 DC/DC电源PCB设计关键点

开关电源中除了有难以滤除的“纹波”，还会产生一些干扰。这个干扰是因为“开关”产生了一些大幅度跳变的电压和一些大幅度跳变的电流。

当开关动作导致电压大幅度跳变时，是通过一个导体或平面耦合到另一个导体或平面，形成电容效应；当开关动作导致电流大幅度跳变时，会在电流环路中产生磁场变化，形成感应线圈，进而可能产生电磁感应。

所以，我们最关注的一个点一定是电压跳变最严重的那个点。这个点就是“开关节点”，有的资料称之为SW点、Phase点。这个点从原理图上看，关联的走线比较多，如果PCB设计时的思路不清楚，就会比较乱，如图16.8所示。

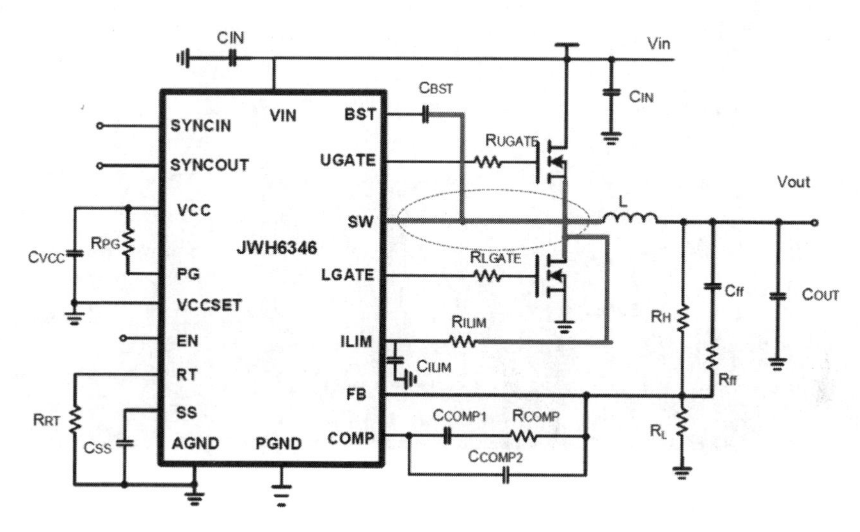

图16.8 原理图中的开关节点

开关节点是虚线圈中的部分，这部分连接了7个器件，一共有7条下走线连接到这部分。由于开关节点是功率路径，所以在对PCB进行设计的时候，很容易被设计者弄成一个很大的平面。

1. 减小功率路径的走线面积

由于这个平面的面积越小，对外耦合的干扰肯定会越小，所以，我们在满足通流的前提下，应尽可能减小功率路径的走线面积。图16.9所示的问题是在平面设计时没有注意走线面积，干扰到EN管脚导致电源会下电。

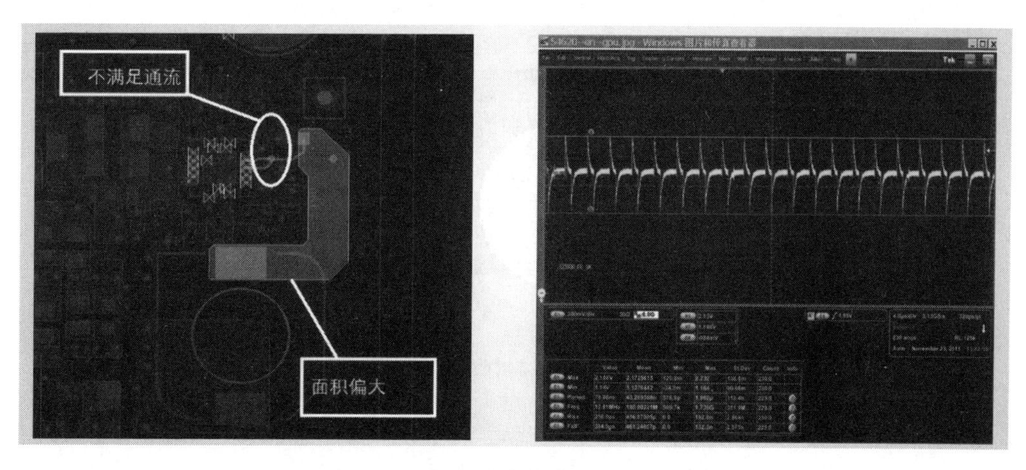

图16.9 PCB设计中走线面积要尽量小

对开关节点噪声源的抑制，主要是减小大幅跳变电压的导体部分面积，如图16.10所示。

因此，我们需要先把功率路径找到：上管、下管、输出电感。将这三者的相关管脚靠近放置，用最小的接近于三角形的形状，把三个管脚连接在一起，这个布局和走线要优先考虑。如图16.10中左侧线条圈出来的部分。

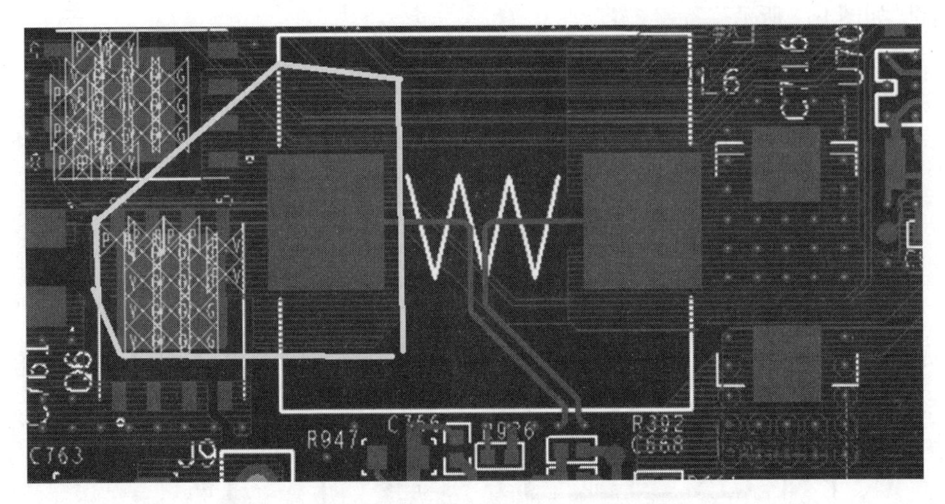

图16.10 减小大幅跳变电压的导体部分面积

在前面的分析中，Buck电路中还存在高频开关节点，这里的d*v*/d*t*会产生电场，也会产生辐射，同时引起的共模电流也会在传导测试中占据重要分量，尤其是在CISPR25的测试中。高频开关节点常常和辐射相关，尤其是在单杆天线测试和双锥天线测试中，在单杆天线测试中，高频开关节点产生的近场电场可以直接通过单杆天线接收。

抑制高频开关节点的d*v*/d*t*，首先可以通过减小面积来减小近场电场的电场强度。如图16.11所示，通过减小开关节点的铺铜面积，电场强度有了明显地减小。同样的方法可以用在单杆测试中，即可以通过减小开关节点铺铜或电感的体积来实现。前面我们分析过，电感并不能保持稳定的电位，也是高频开关节点。

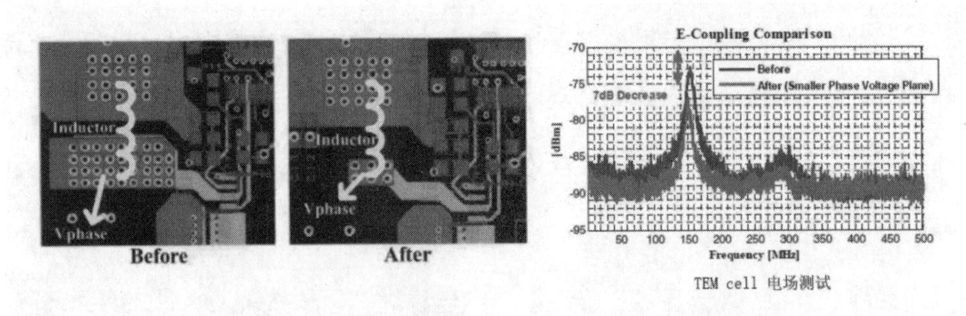

图16.11 减小开关节点的铺铜面积，电场强度明显地减小

2. 电流检测是微弱模拟信号需要保护

图16.12(a)为没有走差分信号的走线，电流检测不准确，会导致电源误关断。图16.12(b)为改进

后的走线，是从电感内侧先汇聚，再走差分信号，然后到电源芯片附近。

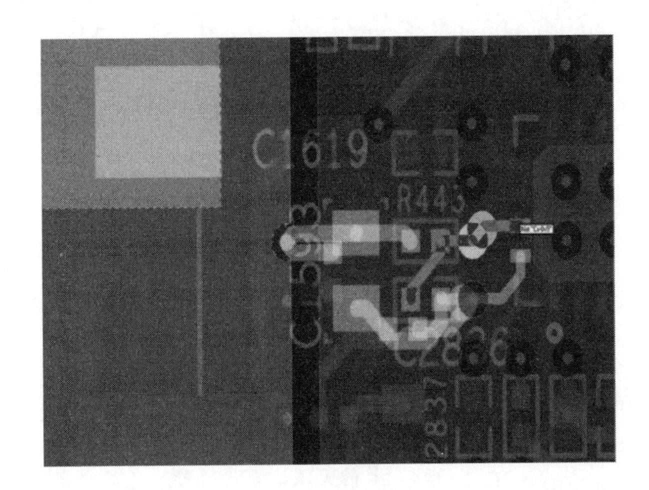

(a)没有走差分

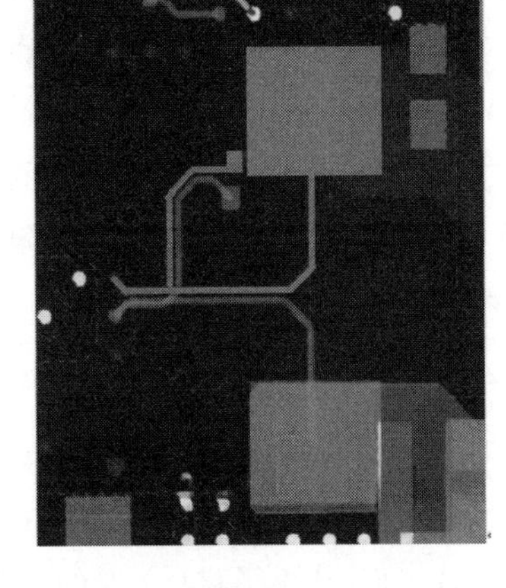

(b)走差分

图 16.12　是否走差分信号的区别

利用电感的DCR来检测输出电流的电路，电感两端要走成差分线，如图16.13中圆角矩形框中的部分走线。

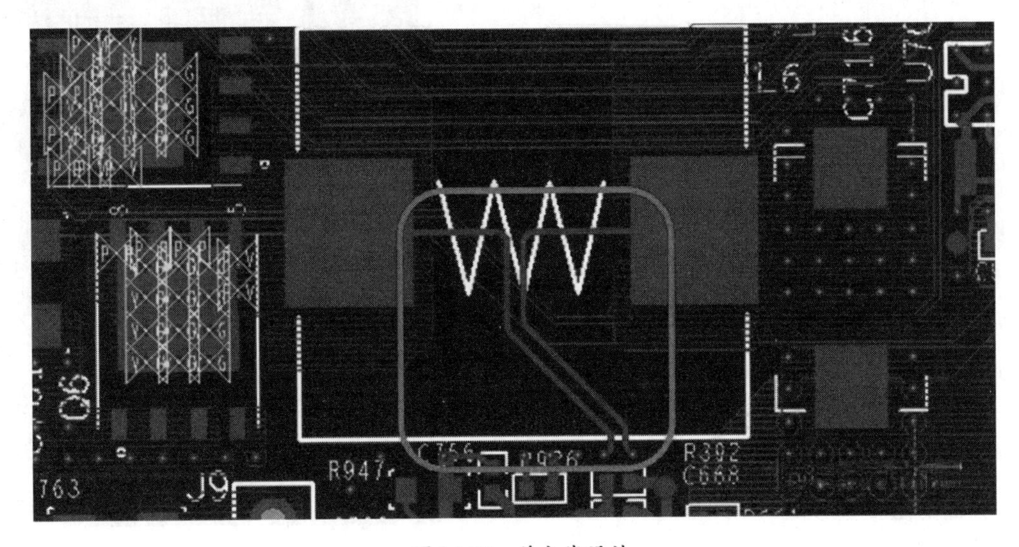

图 16.13　差分线设计

我们在做电源设计的时候，需要清楚功率流要满足通流，而信号流的本质很多是模拟微弱信号的检测。强干扰的功率信号，容易受到干扰的微弱检测信号，两者如何在有限的空间共生，就是设计师应该做好的事情，也是电源设计的乐趣。

3. 自举电容要当作小电池来设计

自举电容有一个脚也是连接“开关节点”的。我们需要对其单独拉线，进行单独处理，同时这个脚也接入了芯片内部，也是连接上管驱动器的“浮地”。所以这里的处理虽然没有功率路径电流那么大，但是我们要当作一个“电流比较小”的电源线来处理，而不是“信号线”，如图16.14所示。

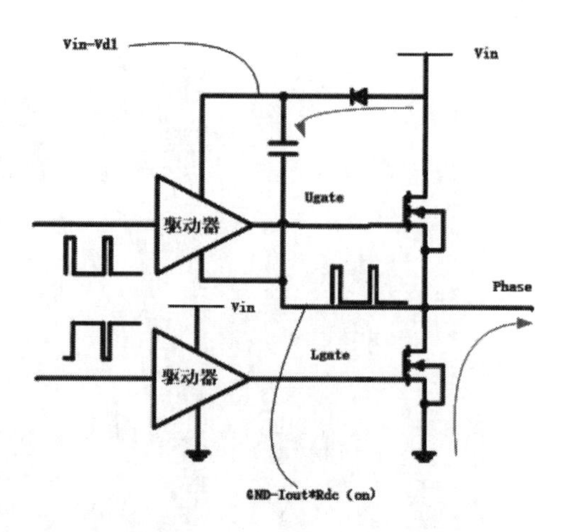

图16.14 自举电容当作小电池设计

可以看到，高频电流环路存在于开关管和连接开关管的电容形成的回路，因为电流变化最剧烈的通常在开关管之间，电流是在两个开关管之间切换，而通常电感由于电流不能突然变化，di/dt受到限制，所以不是我们重点考察高频电路环路的部分。

4. 减小干扰源的高频环路的面积

对于高频电流环路来说，如果要减小环路面积，还要特别注意输入电容的放置，如图16.15所示，将电容放置在芯片背面（减小了和开关管的距离），所测得噪声大小要远小于其他两种方式（电容放在侧面和用较长的引线连接电容）。

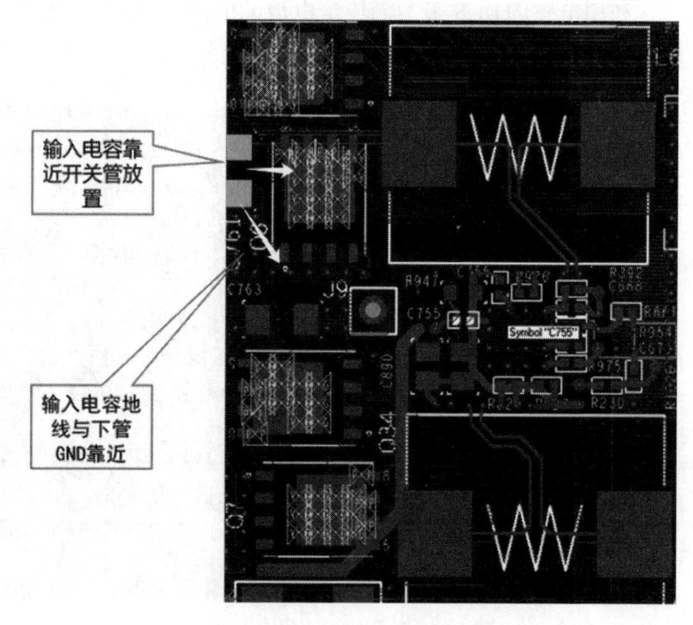

图16.15 减小干扰源的高频环路的面积

通过优化PCB布局，也可以抑制高频电流环路的噪声，其中的一个方法就是通过底部铺铜。由楞次定律可知，感应电流具有这样的方向，即感应电流的磁场总要阻碍引起感应电流的磁通量的变化。如果PCB的TOP层为高频电流环路，会形成磁场，同样在下方的PCB铺铜中，也能感应出相反的磁场，从而抵消上面的高频电流环路引起的磁场。完整的铺铜距离高频环路越近，对磁场的削弱作用越强。那么我们要确保的是这个下方的PCB铺铜有足够低的阻抗连接到GND，否则会形成一个不必要的天线，会帮助电磁辐射传播。

16.5 PCB布局与电源设计要点

1. 电源树——对电源需求进行整理

电源设计需要分析对电源的需求，包括每种电源的电压范围、电流需求、动态响应、上电时序。此外还要分析时钟，针对每个时钟的输入，需要分析电平标准、频率、抖动等参数，时钟时序要按照各种时钟解决方案进行优化。至于每个管脚怎么用，怎么连接，以及对接的管脚的电平是否满足要求，都需要分析清楚并进行文档化。例如电源，芯片厂家给出的是一些针对自己器件的要求，图16.16所示是Intel对其电源上电时序之间的耦合关系的要求和一些先后顺序的描述。

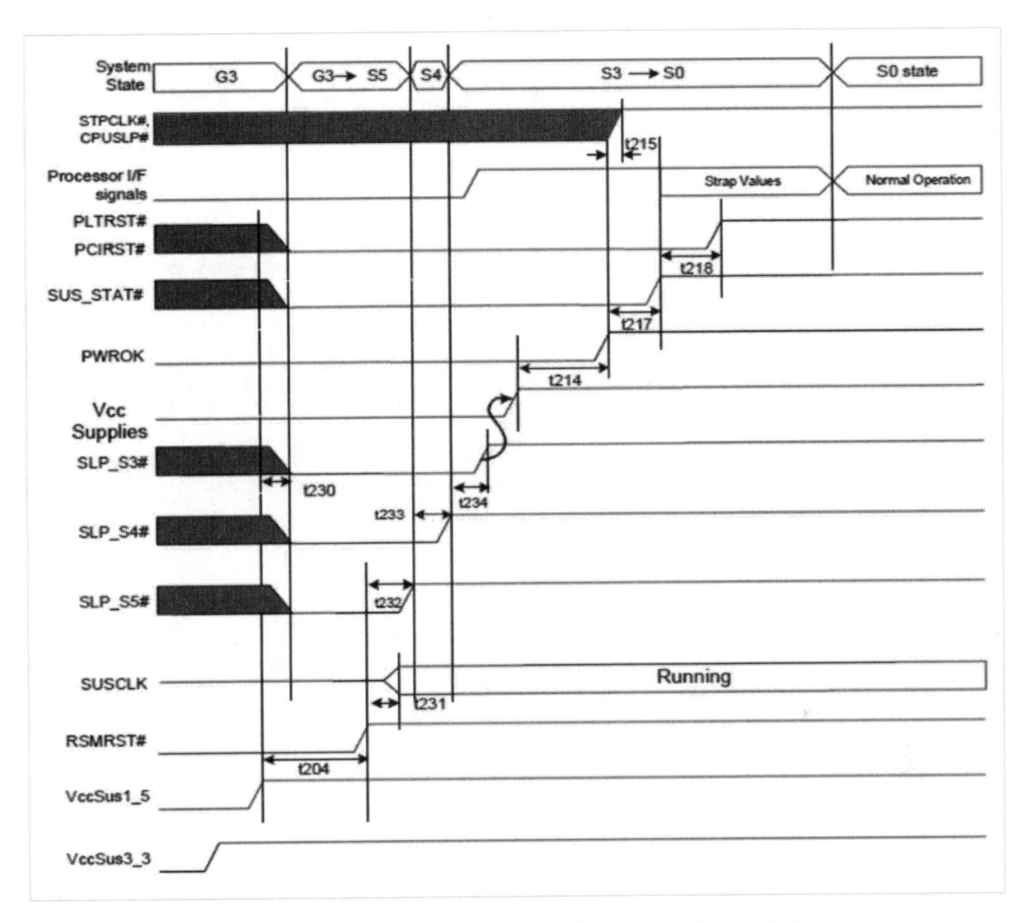

图16.16　Intel对电源上电时序之间的耦合关系及先后顺序的描述

但是我们怎么实现呢？在电路板上面还有其他器件，比如网卡、FPGA等。这些也是复杂的器件，也有一定的上下电时序要求，并且这些器件之间有些电源是相同的电压，为了简化设计，绝大多数情况下，使用一个电源给所有相同电压的器件进行供电。例如，3.3V电压很可能只有一个电源输出，但是要给所有使用了3.3V电压的器件都供电。这样就耦合在一起，并且需要考虑所有用电器件的需求，以及它自身的上电时序要求。

我们会先梳理出所有器件的用电需求，然后再合并共性需求。整理出整个单板的供电需求，以及供电时序的要求，如图16.17所示。

然后再根据这个需求，设计整板的电源，选择最合理、可靠性高、性价比高的电源设计方案，如图16.18所示。在选择电源设计方案时，先形成功能框图，再进行评审。

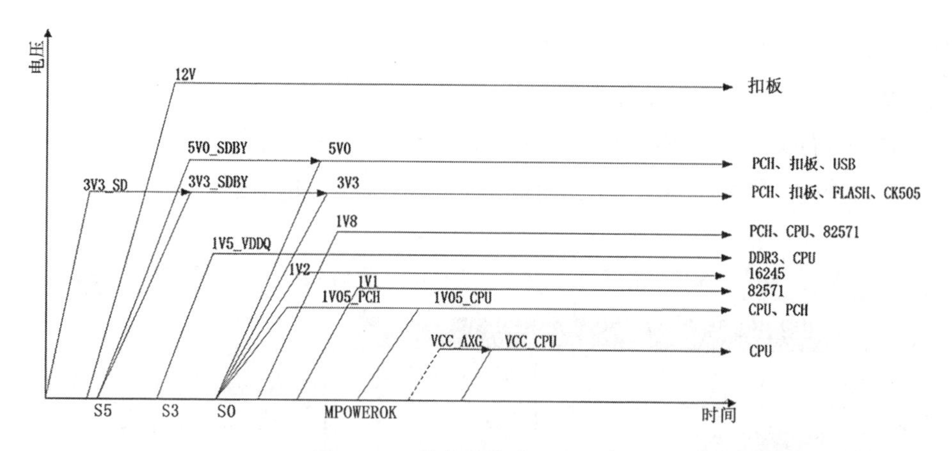

图 16.17 所有器件的用电需求

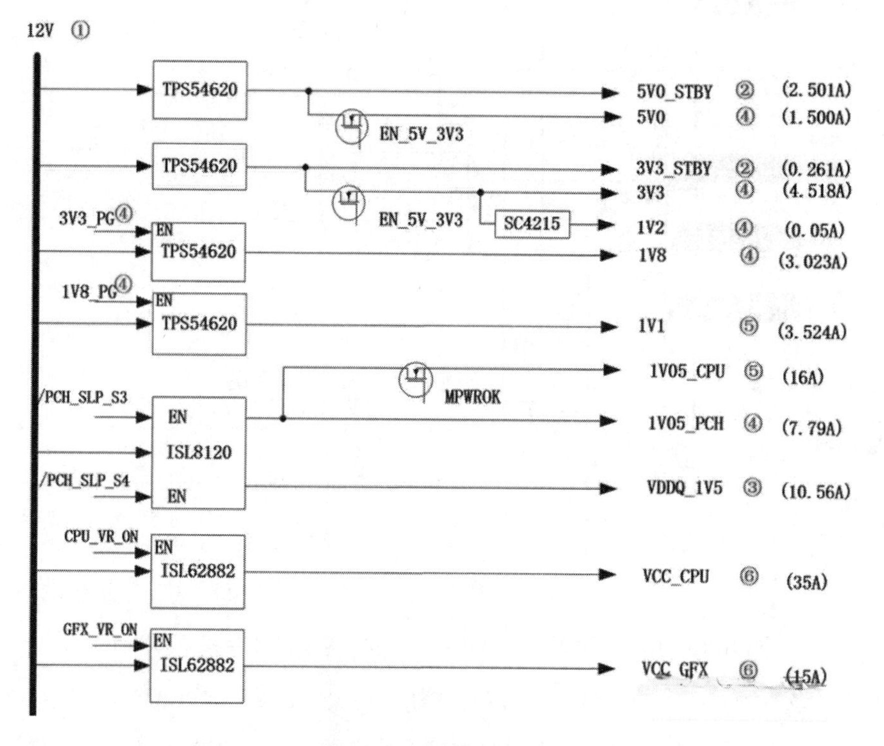

图 16.18 选择电源方案

关键图表和文档的整理需求如下。

(1)电源需求分析表:列出所有器件的电源需求,包含电压范围、电流需求、动态响应和上电时序等信息。

(2)共性需求合并图:展示对不同电压的器件进行合并后的供电需求。

(3)整板电源方案框图:展示整板的电源架构设计图,包括各个电源模块和它们之间的连接关系。

(4)上电时序图:详细说明各个电源模块的上电顺序和时序要求,确保满足所有器件的需求。

至此,整理清楚电源设计的需求。

2. 根据电源输入和输出情况，思考电源“模块”的布局

电源的输入一般是某种形式的能量，这些能量可以通过背板、适配器、PoE、USB等形式转换为直流电进行输入。一般来说，电源的输入可以是单一的，也可以是多路的(此时可能需要采用合路设计来合并多个输入)。

电源的输出，就是对电源用电器件的整理合并。然后我们根据器件的位置关系，整理出大致的一个器件布局，如图16.19所示。

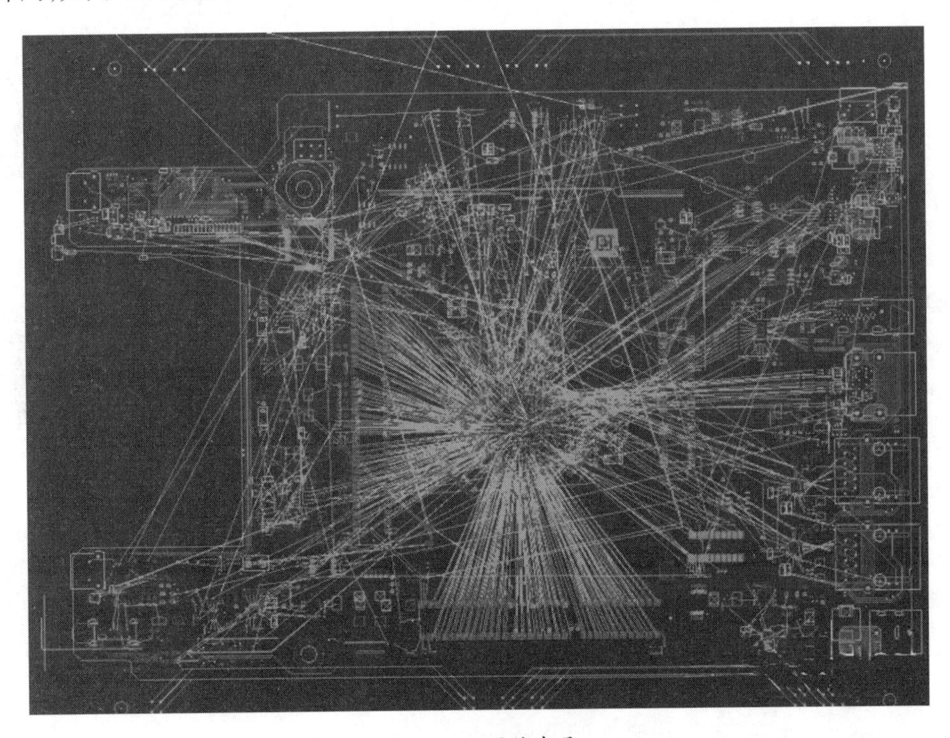

图16.19 器件布局

当然，器件布局的分布跟很多因素有关，此处我们不做展开介绍。但是我们在对走线、散热、结构、干扰等因素进行优化之后，可以重点看一下主芯片的“大电流”电源的位置。

我们应该优先考虑主芯片及配套大功率芯片(如DDR)的电源管脚分布。特别是我们需要根据主芯片的电源分布情况，考虑“关键电源平面”的分配。我们还需要考虑各种电源从哪个平面流入CPU，如图16.20所示。在完成“流入”这个任务的时候，需要尽可能地做到以下几点。

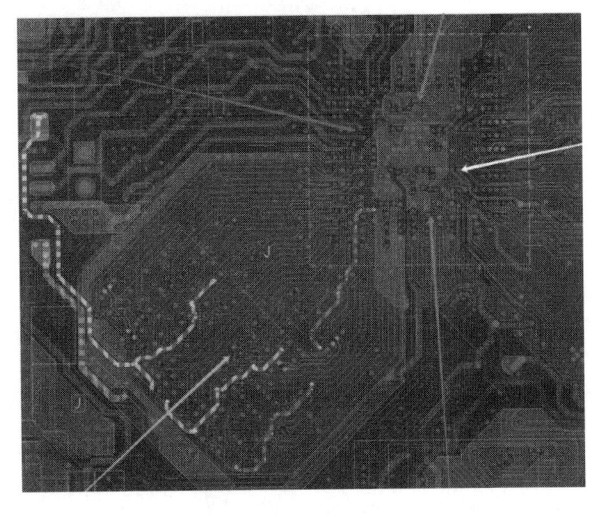

图16.20 各个电源流入CPU

（1）各个电源平面减小“耦合”，避免各种电源平面交织在一起。

（2）用最小的路径完成任务，避免“绕远路”。

（3）减小“换层”。

（4）关键的电源尽可能“完整的电源平面”。

所以我们在动手布置DC/DC电源的时候，要先考虑电源流向，做好规划。电源的拓扑图如图16.21所示。硬件工程师需要构想出整个供电的拓扑，真实的拓扑比图16.21复杂得多。

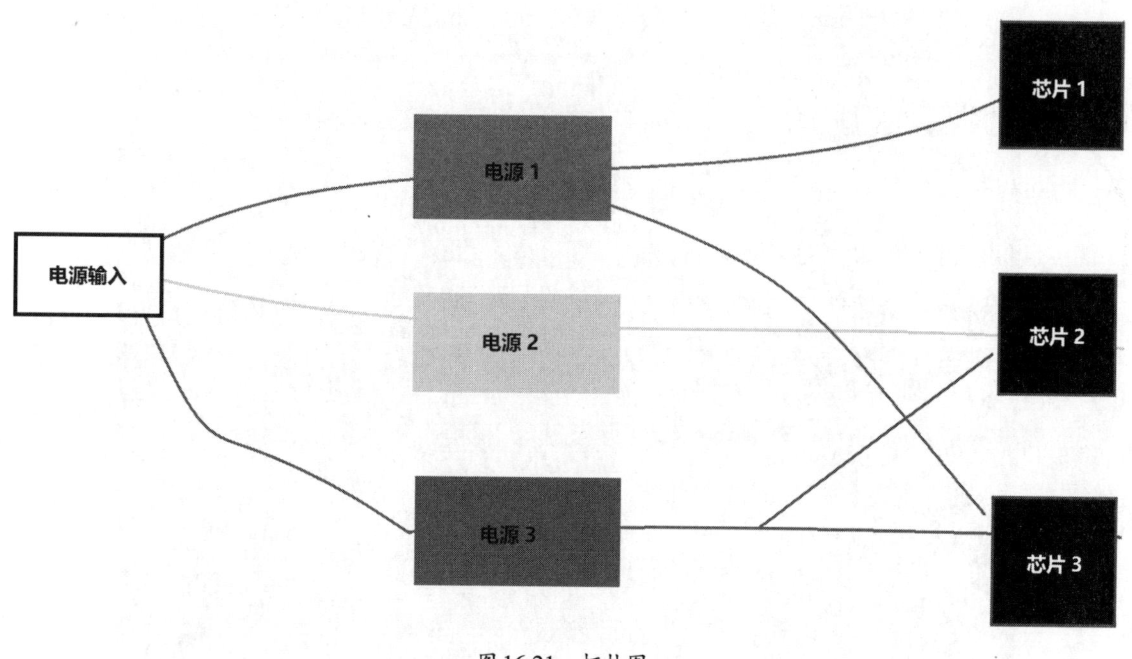

图16.21　拓扑图

3. 输入电源不要满板跑

输入电源不要满板跑，这是一条很简单的原则，但是容易被大家忽略。

（1）输入电源是外部供电，其引入的干扰不可控。

（2）输入电源给每个DC/DC供电，每个DC/DC的输入电容往往都会有大功率的电流跳变，需要控制这个电流环路的大小。

（3）即使通过控制电流环路的大小，输入电源与DC/DC之间仍然会形成跳变的电流环，形成一个感性干扰源。

4. Buck电路的输入电容尽可能靠近上管和下管

输入电容应尽可能靠近上管和下管，即高频电流环路要尽可能的小，如图16.22所示。

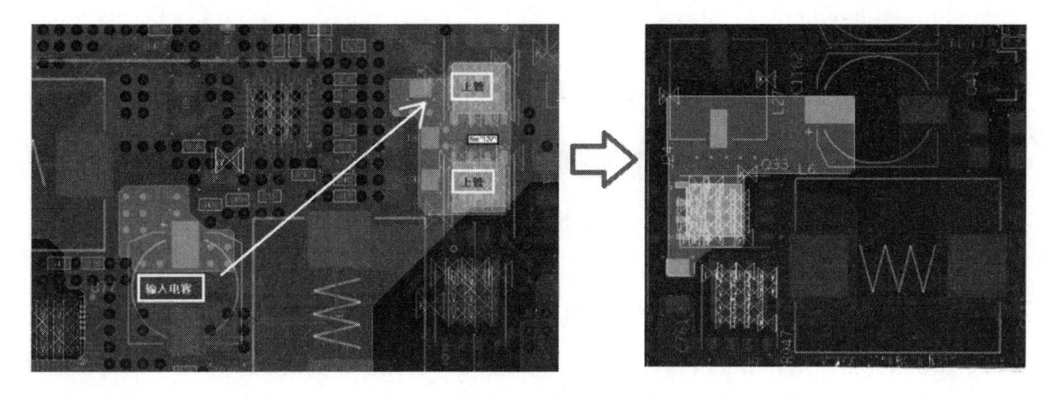

图 16.22　Buck 电路的输入电容尽可能靠近上管和下管

5. 去耦电容尽可能靠近“用电器件”

去耦电容通常被用于电源系统中，目的是提供对电源噪声的短时、高频响应，以维持稳定的电源电压供应给集成电路或其他用电器件。将去耦电容放置在靠近用电器件的位置有几个关键的理由。

（1）降低电感效应：在电源供电线路中，电源线和地线都有一定的电感。当用电器件瞬时需要大电流时，由于电感的存在，线路中会产生电压降，导致用电器件供电电压下降。通过在用电器件附近放置去耦电容，可以在用电瞬间提供瞬时电流，抵消电感引起的电压降。

（2）降低电源回路的阻抗：去耦电容在高频上具有较低的阻抗。将去耦电容放置在用电器件附近，可以降低电源回路的总阻抗，使电源更容易提供瞬时高频电流需求。

（3）减小电压波动的传播：电源线路上的电压波动会沿着线路传播。通过将去耦电容靠近用电器件，可以减小电压波动的传播距离，确保用电器件获得更稳定的电源电压。

（4）最小化电源噪声对邻近电路的影响：去耦电容可以吸收电源线上的噪声，防止噪声通过电源线传播到邻近的电路。这对于保持邻近电路的稳定性和性能至关重要。

因此，为了最大限度地提高去耦电容的效果，它通常被放置在用电器件附近，以确保对瞬时电流需求的快速响应，并最小化电源系统中的电感和电阻的影响。

小封装和小容值的去耦电容更应该靠近电源管脚，主要原因与这些电容的高频响应和电流传输的特性有关。

（1）高频响应：小封装和小容值的电容通常在高频范围内具有更好的响应特性。由于高频信号的波长短，电容的物理尺寸和电感对其阻抗的影响较小，因此小型电容更能提供对高频噪声的有效去耦。

（2）电流传输速度：小封装的电容通常具有较低的等效电感，使其能够更快地传输电流。在高频情况下，电流需要迅速响应用电器件的需求。通过将小电容靠近电源管脚，可以降低电流路径的电感，提高对瞬时电流需求的快速响应能力。

（3）电源噪声的局部处理：小容值的电容主要用于处理局部的、瞬时的高频噪声。通过将这些电容靠近电源管脚，可以在电源引入电路板或芯片的地方提供即时的去耦效果，而不是在较远的位置。这有助于保持用电器件的电源稳定性，减小对整个电路的影响。

第17章

电源新技术

在现代电子设备和通信系统的设计中，电源供应技术一直是至关重要的关键元素。本章将探讨四个关键的电源新技术：PoE技术、USB供电技术、PMIC技术、数字电源技术。这些技术在不同领域都发挥着关键作用。

其中，PoE技术允许数据网络中的设备通过以太网电缆获得电源，为网络设备提供了更大的灵活性和便捷性。USB供电技术已经成为各种设备之间数据传输和充电的标准接口，为用户提供了无缝的连接和互操作性。PMIC技术是一种使用综合电源管理集成电路的技术，有助于优化电源系统的性能和效率。数字电源技术允许电源系统通过数字信号处理或微控制器来管理和监控电源的性能，以实现更高的效率和可调性。数字电源技术通过数字信号处理来实现高级电源管理和监控，以进一步提高电源系统的性能。

本章将深入研究这些电源新技术的工作原理、应用领域、优势和挑战，以及它们在不同领域的影响。通过了解这些关键技术，读者将能更好地理解电源领域的创新和发展，以满足不断变化的电子设备需求。

17.1 PoE技术

标准的五类网线有四对双绞线。IEEE 802.3af和IEEE 802.3at允许两种用法：通过空闲线对供电或通过数据线对供电。IEEE 802.3bt允许通过空闲线对供电，也允许通过数据线对供电，也允许空闲线对和数据线对一起供电，如图17.1所示。

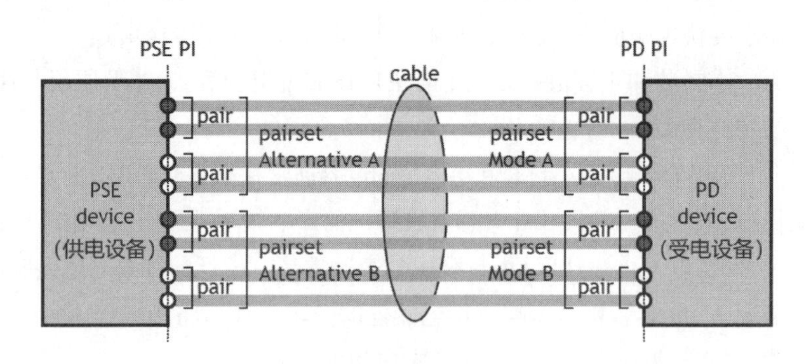

图17.1　PoE供电线对

当在一个网络中布置PoE设备时，PoE供电的工作过程如图17.2所示。

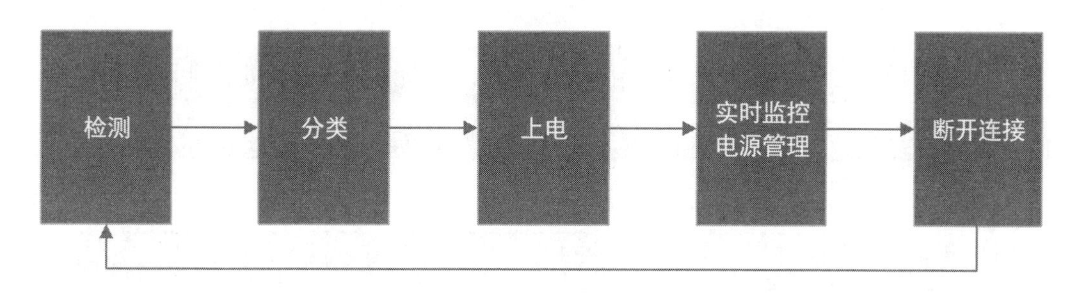

图 17.2　PoE供电过程

PoE供电一共分为5步,下面主要对这几个过程进行描述。

步骤1:检测,PSE供电端设备检测PD受电端设备是否存在。

(1)该步骤主要的操作是,PSE通过检测电源输出线对之间的阻容值来判断PD是否存在。

(2)检测阶段的输出电压为2.8～10V,电压极性与-48V输出一致。只有检测到PD,PSE才会进行下一步的操作。

(3)PD存在的特征:直流阻抗在19kΩ到26.5kΩ之间;容值不超过150nF。

首先供电端设备会发送一个测试电压给在网设备,以探测受电设备中的一个24.9kΩ(协议中设定值)共模电阻。测试信号开始为2.5V,然后提升到10V,这将有助于补偿Cat-5电缆自身阻抗带来的损失。线缆越长,电阻越大,因为PoE供电需要支持100m的Cat-5电缆,我们需要提供电压获得更好的功率输出效率。如果PSE检测到来自PD的适当阻抗特征(24.9kΩ),它便会继续提升电压。如果检测不到特征阻抗,PSE将不会为电缆加电。PD电路中的齐纳二极管会保证系统其余部分不受测试信号的干扰。

步骤2:分类,PSE确定PD功耗。

(1)该步骤主要的操作是,PSE通过检测电源输出电流来确定PD功率等级。

(2)分类阶段端口输出电压大小为15.5～20.5V。电压极性与-48V输出一致。

当检测到受电端设备PD之后,在PSE给PD供电之前,PSE和PD之间要先协商供电功率,PSE必须知道PD需要消耗多大的功率,PD也需要知道PSE的供电能力。协商完成之后,PSE和PD之间按照协商的功率供电,避免过载。这个协商过程就是分类。分类有两种方式,一种是物理层分类,一种是数据链路层分类。

①物理层分类:PSE向PD施加15～20V的电压,并通过测量电流大小来确定PD的特定级别。PD通过测量PSE发送的分类脉冲的数量来确定PSE的供电能力。在PSE发送分类脉冲的期间,PD会通过消耗电流的方式告诉PSE自己的类签名(Class X);PSE会根据类签名来决定发送单次分类脉冲还是多次分类脉冲。不同的类签名对应了不同的功率等级。IEEE 802.3at定义了4个类签名(Calss 1～Class 4),IEEE 802.3bt新增了4个类签名(Class 5～Class 8)。

②数据链路层分类:该分类是采用二层协议LDP协议报文进行功率的问询和协商。协议中定义了不同Class对应不同的功率等级,PSE最小输出功率和PD最大消耗功率如图17.3所示。

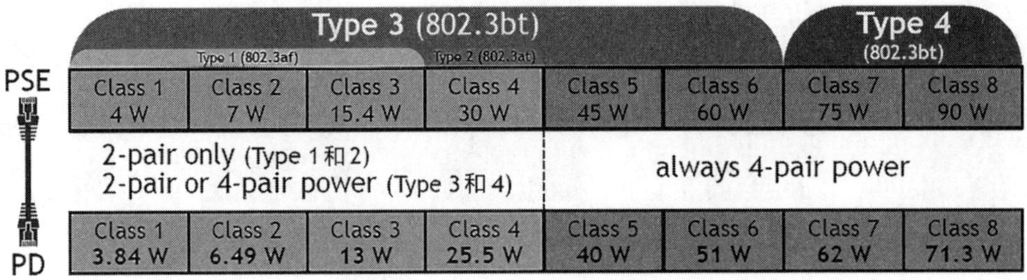

Type 3 (802.3bt)
Type 4 (802.3bt)
Type 1 (802.3af)
Type 2 (802.3at)
PSE
Class 1 4 W
Class 2 7 W
Class 3 15.4 W
Class 4 30 W
Class 5 45 W
Class 6 60 W
Class 7 75 W
Class 8 90 W
2-pair only (Type 1和2)
2-pair or 4-pair power (Type 3和4)
always 4-pair power
PD
Class 1 3.84 W
Class 2 6.49 W
Class 3 13 W
Class 4 25.5 W
Class 5 40 W
Class 6 51 W
Class 7 62 W
Class 8 71.3 W

图 17.3　PSE最小输出功率和PD最大消耗功率

PSE最小输出功率和PD最大消耗功率之间有一个差值，是考虑了链路及其他地方的功率损耗，留了一定的余量，这个余量是按100m的类网线来设置的。

IEEE 802.3af定义了1类PSE和PD，物理层分类时发送单次分类脉冲。IEEE 802.3at新增了2类PSE和PD，2类PSE对接2类PD时，会发送2次分类脉冲；2类PSE对接1类PD时，会发送单次分类脉冲。2类PSE和PD对接时PSE端的分类脉冲和PD端的特征电流的关系如图17.4所示。

V_{PSE} [V]
PSE端的电压设置
class event 1
class event 2
power up
20.5
15.5
10.0
7.0
allocate Class 3
allocate Class 4
classification event voltage: V_Class
mark event voltage: V_Mark
mark event 1
mark event 2
time
T_CLE1
T_ME1
T_CLE2
T_ME2
I_Port [mA]
PD端消耗的电流
36–44
26–30
17–20
9–12
1–4
request Class 4
class signature 4
class signature 3
class signature 2
class signature 1
class signature 0
MARK
time
在标记事件期间，PD端消耗0.25mA～4mA的标记电流

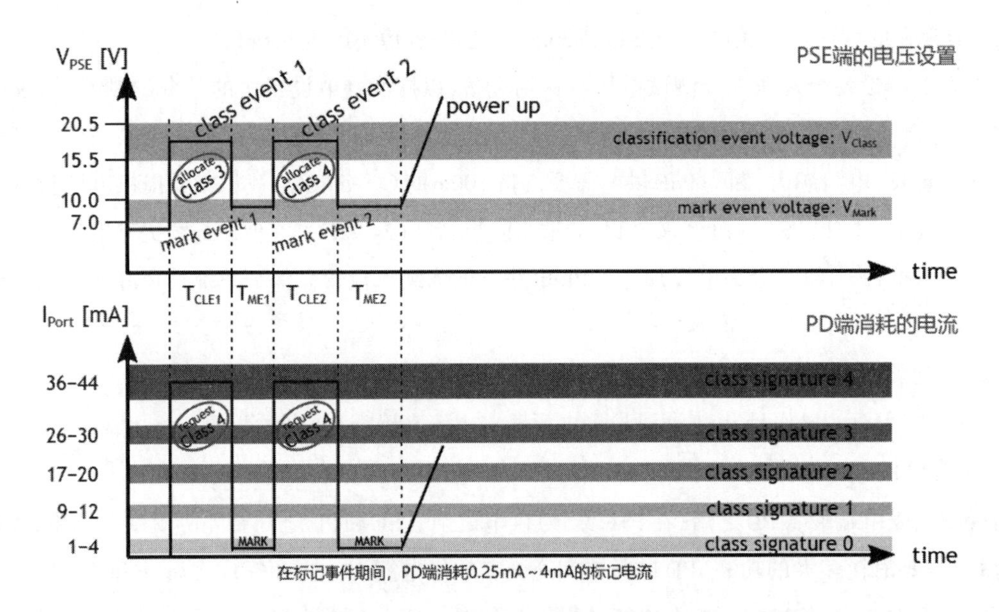

图 17.4　2类PSE和PD对接时PSE端的分类脉冲和PD端的特征电流的关系

IEEE 802.3bt新增了3类、4类PSE和PD，3类PSE对接3类或4类PD时，会发送4次分类脉冲，对接2类PD时，会发送2次分类脉冲；3类PSE对接1类PD时，会发送单次分类脉冲。4类PSE对接4类PD时，会发送5次分类脉冲；4类PSE对接3类PD时，会发送4次分类脉冲；4类PSE对接2类PD时，会发送2次分类脉冲；4类PSE对接1类PD时，会发送单次分类脉冲。4类PSE和PD对接时PSE端的分类脉冲和PD端的特征电流的关系如图17.5所示。

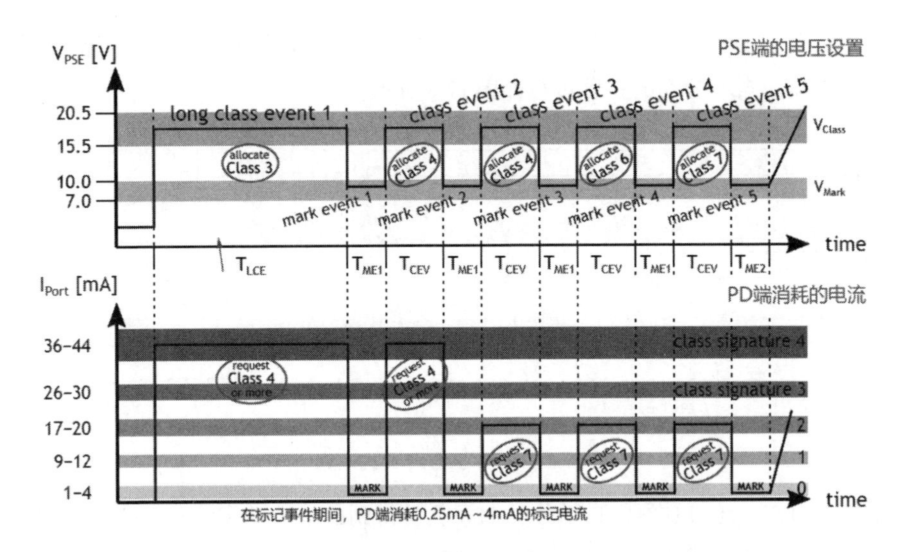

图 17.5　4类PSE和PD对接时PSE端的分类脉冲和PD端的特征电流的关系

PSE分配功率值 PD最大功率值	类签名
1 - 39	Class 1
40 - 65	Class 2
66 - 130	Class 3
131 - 255	Class 4
256 - 400	Class 5
401 - 510	Class 6
511 - 620	Class 7
621 - 999	Class 8

图 17.6　LLDP功率等级和类签名的关系

物理层分类完成后，PSE给PD供电，待PD上电，PSE和PD之间建立网络通信后，PSE和PD还可以通过LLDP重新协商供电功率。LLDP协商字段中，包含PSE分配的输出功率和PD最大消耗功率。LLDP功率等级和类签名的关系如图17.6所示。

除了上述分类，IEEE 802.3bt还新增了一个可选的物理层分类，叫作自动分类(Autoclass)。在物理层分类期间，PD可以申请自动分类，这是通过在第一分类事件期间的大约81ms之后将其给定(非零)类签名转换为零的类签名来实现的。自动分类期间，PSE和PD的协商过程如图17.7所示。

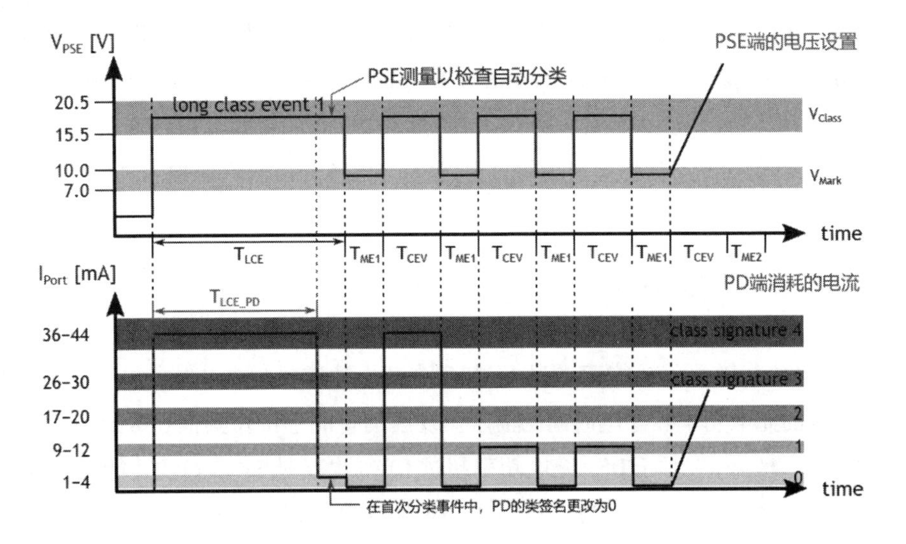

图 17.7　自动分类波形

对于支持自动分类的PSE和PD，在上电完成后，PD会将负载电流拉到最大并持续一段时间，PSE会测量这个负载电流。自动分类的拉载过程如图17.8所示。

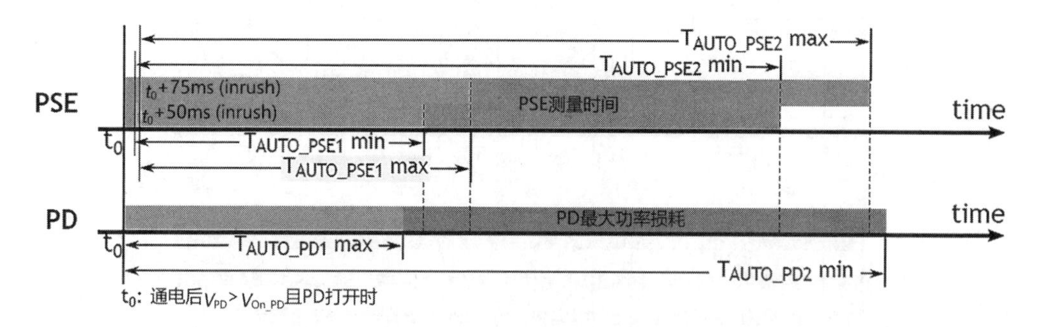

图17.8　自动分类的拉载过程

正常供电期间，PSE会给PD预留自动分类期间测量得到的最大功率。这种方法的好处是PSE和PD按照实际消耗功率和链路损耗来分配功率，不需要按100m网线的链路损耗来预留余量。

步骤3：上电，PSE给PD供电。

该步骤主要的操作是，当检测到端口下挂设备属于合法的PD设备时，并且PSE完成对此PD的分类（可选），PSE开始对该设备进行供电，输出−48V的电压。

步骤4：实时监控电源管理。

步骤5：断开连接，PSE检测PD是否断开。

该步骤主要的操作是，PSE会通过特定的检测方法来判断PD是否已经断开，如果PD断开，PSE将关闭端口输出电压。端口状态返回到步骤1。

在把任何网络设备连接到PSE时，PSE必须先检测设备是不是PD，以保证不给不符合PoE标准的以太网设备提供电流，因为这可能会造成损坏。这种检查是通过给电缆提供一个电流受限的小电压，从而判断远端是否具有符合要求的特性电阻来实现的。只有检测到该电阻时才会提供全部的48V电压，但是电流仍然受限，以免终端设备处在错误的状态。作为发现过程的一个扩展，PD还可以要求PSE对供电方式进行分类，有助于PSE以高效的方式提供电源。一旦PSE开始提供电源，它会连续监测PD电流输入，当PD电流消耗下降到最低值以下，如在断开设备连接时或遇到PD设备功率消耗、过载、短路、超过PSE的供电负荷等，PSE会断开电源并再次启动检测过程。

17.2 USB供电技术

智能手机逐渐兴起，随着其功能逐步强大，其配备的电池容量也逐步增大。原来USB的充电能力已不能满足现有的充电功率和充电时间的需求。现在的智能手机及其他USB设备，基本上都配备了快速充电技术。一般来说，对于USB充电功率超过10W（也就是5V、2A）的才能称之为快速充电。一开始手机电池都不大，这个时候USB接口默认的5V、0.5A就可以满足充电的需要；但是当智能机出现之后，由于对手机性能的大幅度渴求导致电源功耗上升，0.5A已经满足不了需要了，于是定义了一个增强的USB充电识别标准——BC 1.2规范。它将充电电流扩展到最大为5V、1.5A。但是到了2013年左右，出现了3000mA以上的智能手机，这个时候的供电接口就算是5V、1.5A也不能满足需求了，于是又扩展到了5V、2A。到2019年之后，基本上除了苹果，智能手机统一都是Type-C接口，充电协议也逐步统一。主流的USB接口实物图如图17.9所示。

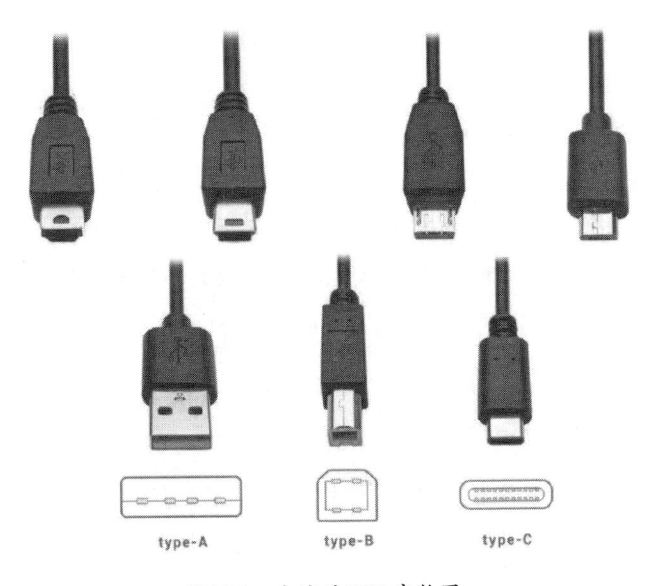

图17.9　主流的USB实物图

1. 什么决定电流大小

对于电流大小的决定因素，以手机为例进行讲解。手机充电电流是手机来控制的，而不是充电器。也就是说手机就是大坝，充电器只是水库，手机会智能检测充电器的负载能力，充电器功率大、质量好，手机就会允许充电器加载更高的电流；充电器设计输出电流过小，那么手机也会限制给自己充电的电流。

这就是为什么我们要选购大功率充电器的原因，例如一台手机支持5V、1.5A的最大输入，如果用5V、1A的充电器，就会导致手机只能以5V、1A来充电，不仅充电速度慢，而且充电器会因为一直全负荷工作而发热严重；而如果用5V、2A的充电器，则手机会控制只输入1.5A的电流，充电器负载较低，有充足的余量。

要想提高充电速度，关键在于提高充电的功率。功率 = 电流 × 电压，充电器先把市电220V降压到5V输出到手机Micro USB接口，然后手机内部电路再降压到4.3V左右给电池充电。这里面一共有两个降压的过程。

之前USB充电器输出电压都是5V，大家想着怎么提高电流；但是当达到输出电压为5V、输出电流为2A之后，就遇到了瓶颈：再增加电流，势必造成大批Micro USB接口和数据线无法承受。对于目前通用的Micro USB接口和我们的USB数据线，一般来说只有在2A的电流下才能保证安全高效的传输，如果电流超过2A，硬件就无法承受。

原来的Type-A接口就是我们平常用得最多的标准USB接口。Type-A接口的英文名称就是“Standard Type-A USB”，这说明它是标准的USB接口，而其他形状的USB接口都是它的衍生物。常见的USB接口的外形图如图17.10所示。

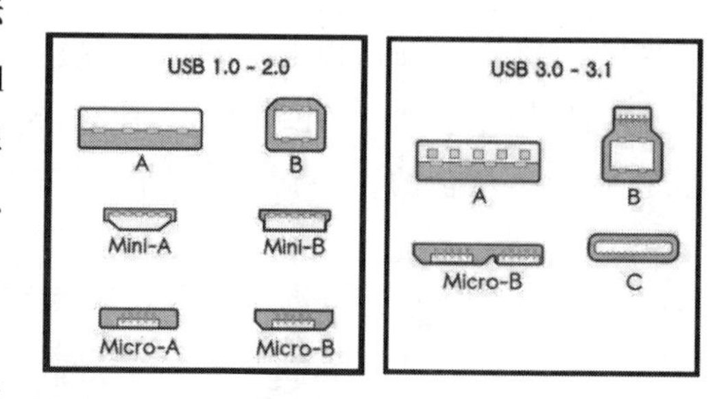

图17.10　常见USB外形图

Type-B接口尽管远没有标准的Type-A接口普及，但想必大家对它也不会陌生，因为诸如打印机、移动硬盘、USB HUB等诸多外部USB设备都采用了Type-B接口。一般来说，PC上的USB接口多为标准Type-A，而外部设备则多采用Type-B。

Type-C接口拥有比Type-A及Type-B小得多的体积，其大小甚至能与Mini-USB及Micro-USB相媲美，是最新的USB接口外形标准。另外，Type-C是一种既可以应用在PC（主设备）又可以应用在外部设备（从设备）的接口类型。

2. USB 3.0带来的问题

USB 2.0版本的Micro-B的供电能力和带宽能力都不能满足USB 3.0的需求。随着USB版本的带宽提升，新的USB 3.0无法兼容曾经的Micro-USB形式，经过改进后变成了更宽的一个接口，实物如图17.11所示。

虽然Micro-USB在厚度上和Micro-B USB 2.0是一样的，但它变长了不少。对于这种为了“便携”的接口来说，长度的增加无疑会影响使用，非常不美观，也容易损坏。

到了USB 3.0时代，由于传输速度的提升带来了针脚位的提升，因此仅有Type-A USB 3.0接口保持与以往形状一样，Type-B和Micro-USB都改变了外形（体积增大）。

市面上应用最多的Micro-USB 3.0接口设备就要数高速移动硬盘了，其接口绝大多数均为Type-B类型。如图17.12所示，同样是Type-B接口，USB 3.0（右）比USB 2.0（左）增加了接口高度。

图17.11　Micro-USB外形图

图17.12　Type-B外形图

USB 3.0接口被做成蓝色以便和USB 2.0接口的黑色相区分。目前，华硕已经推出了配备标准Type-A USB 3.1接口的主板，其接口颜色为蓝绿色，与USB 3.0相区分。尽管USB协会并未对USB 3.1的颜色做出规定，但是以颜色来区分也将是必然。

3. USB接口以颜色来区分

USB接口的颜色通常用于区分不同类型的USB端口，以便用户更容易识别其功能。以下是常见的USB接口颜色。

（1）USB 1.x/2.0。

①USB 2.0 Type-A：通常为黑色。

②USB 2.0 Mini-B：通常为黑色。

③USB 2.0 Micro-B：通常为黑色。

（2）USB 3.0/3.1 Gen 1/3.2 Gen 1。

①USB 3.0 Type-A：通常为蓝色，但也可能是白色或黑色。

②USB 3.0 Micro-B：通常为蓝色，但也可能是白色或黑色。

③USB 3.0 Standard-B：通常为蓝色，但也可能是白色或黑色。

④USB 3.0 Type-C：通常为蓝色，但也可能是白色或黑色。

（3）USB 3.1 Gen 2/3.2 Gen 2。

①USB 3.1 Type-A：通常为红色，但也可能是黑色。

②USB 3.1 Micro-B：通常为红色，但也可能是黑色。

③USB 3.1 Standard-B：通常为红色，但也可能是黑色。

④USB 3.1 Type-C：通常为红色，但也可能是黑色。

（4）USB 3.2 Gen 2x2。

①USB 3.2 Type-C：通常为绿色。

②USB PD（Power Delivery）：有黑色、白色、蓝色，其中苹果设备一致为白色。

③USB Type-C（支持PD）：通常为白色或其他颜色。

请注意，这些颜色只是一种通用的标准，实际上可能存在例外。此外，USB接口颜色并不总是与其性能直接相关，因此在选择USB接口时，最好查看设备的技术规格以确保兼容性，如图17.13所示。

图 17.13　USB的颜色实物图

4. Type-C接口不等于USB 3.1标准

Type-C接口与USB 3.1标准几乎同时推出，Type-C的规范也是按照USB 3.1所制定，因此USB 3.1当然可以制作为Type-C类型，但Type-C不等于USB 3.1。Type-C和USB 3.1是两个不同但经常混淆的概念。USB Type-C是一种物理连接标准，而USB 3.1则是一种数据传输和速度标准。

Type-C和USB 3.1是两个独立的USB技术标准。Type-C是一种全新的连接器类型，具有可逆插拔设计，即无论插头的哪一侧都可以插入设备。这使得连接更加方便，同时也是一种通用的连接标准，可用于传输数据、视频和电源。

与Type-C不同，USB 3.1是一种数据传输标准，定义了数据传输的速度和性能。USB 3.1提供更高的数据传输速率，支持最高达10GB/s的理论传输速度。USB 3.1可以使用各种连接器，包括Type-C、Type-A和Micro-B等。

因此，尽管Type-C和USB 3.1可以搭配使用，但它们并非相互依赖。Type-C接口可以用于支持USB 3.1数据传输标准，也可以用于其他速度较低的USB标准。同样地，USB 3.1数据传输标准也可以使用其他类型的连接器，而不仅仅局限于Type-C。在选择设备时，用户需要注意设备所使用的USB标准和连接器类型，以确保其符合特定的性能和兼容性需求。

5. Type-C接口

USB Type-C（简称Type-C）是一种全新的连接器标准，由USB推动，旨在实现连接器的统一和通用性。与传统的USB连接器相比，Type-C具有许多独特的性质，使其在现代设备中应用广泛而受欢迎。

（1）支持正反插。首先，Type-C具有可逆插拔设计，无论插头的哪一侧都可以插入设备，消除了插反的烦恼，大大提高了连接的便利性。这一特性让用户无须担心插入方向，使连接变得更加简单，对用户使用更加友好。Type-C接口定义如图17.14所示，Type-C有24个引脚，每一边12个。没有连接时，两边的引脚定义是中心对称的，所以Type-C在正反插时都是一个情况。当然这个定义并不一直都是这样的，连接后会根据识别情况发生变化。

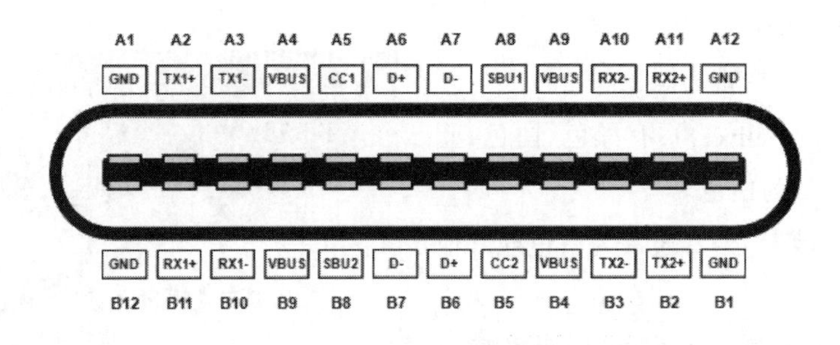

图17.14　Type-C接口定义

（2）支持视频传输。Type-C不仅支持数据传输，还能传输高质量的音频和视频信号。这使得Type-C成为一种多功能的连接标准，适用于各种设备，包括智能手机、平板电脑、笔记本电脑、显示器和其他外设。通过支持不同的视频传输协议，Type-C接口可以直接连接到外部显示器。Type-C接口支持多种视频传输协议。Type-C的视频传输功能使其成为一种极为灵活和全面的连接解决方案，为用户提供了更丰富的连接选项和更出色的多媒体体验。

（3）支持快速充电。Type-C还支持快速充电和高功率传输，使其成为现代移动设备的理想选择。通过USB Power Delivery（USB PD）标准，Type-C可以提供更高的电源功率，支持快速充电和设备间更灵活的电源传输。

由于这些优势，Type-C接口迅速成为新一代设备的主流连接标准，逐渐替代了传统的Type-A和

Type-B 连接器。于是,越来越多的制造商采用 Type-C。

6. Type-C与快充的关系

Type-C接口的触点数量数倍于Micro USB接口,这就使得它能承受的电流强度大大增加;同时Type-C加入了互相识别的步骤,可以把自己定义成充电器或受电设备。换句话说,Type-C支持快充,同样的电流下Type-C损失也会更小,而且可以支持双向充电。

Type-C 接口支持快速充电的能力,主要是通过快充协议来实现的。例如,USB Power Delivery (USB PD)是一种开放标准的充电协议,它允许设备之间通过 Type-C 连接进行更高功率的电源传输。以下是关于 Type-C 支持快充的工作原理的详细描述。

(1)协商电源需求:在连接建立之初,Type-C 设备会通过 Type-C 连接器上的电线进行通信。设备会发送一个电源需求的请求,表明其需要多少电力来进行充电。这个请求中包括设备所需的电压和电流信息。

(2)协商功率能力:充电设备(如充电器或电源供应设备)也具有 USB PD 协议的支持。它们会响应设备的电源需求请求,并告知它们可以提供的最大功率能力。通过这个协商过程,设备和充电器之间确定了一个符合两者都能接受的最大功率水平。

(3)动态调整电压和电流:USB PD 允许在数据传输过程中动态调整电压和电流水平,以满足设备的需求。这意味着 Type-C 设备可以根据其充电状态和充电器的能力动态地调整充电速度。

(4)适配器识别和握手:USB PD 还支持适配器识别,即设备和充电器之间的握手过程,确保它们是兼容的。通过这个握手,设备可以确认充电器是否符合其要求,并确保充电过程的安全性和有效性。

(5)双向电力传输:USB Type-C 还具有双向电力传输的能力,意味着不仅可以将电力从充电器传输到设备,还可以在需要时将电力从设备返回到充电器(反向充电)。这种双向传输使得 Type-C 成为更加灵活和多功能的连接标准。

总体而言,USB Type-C 的快充工作原理通过 USB PD 协议的灵活性和双向传输的特性,使设备之间能够更智能地协商和提供适当的电源,从而实现更快速的充电过程。

7. Type-C支持哪些快充协议

USB Type-C 接口支持多种快充协议,其中一些主要的协议如下。

(1)USB Power Delivery (USB PD):USB PD 是一种开放标准的快充协议,支持更高功率的电源传输。它允许设备和充电器之间通过 Type-C 连接动态地协商电压和电流水平,以实现更快速的充电。USB PD 可以支持最高达 100W 的功率传输,适用于各种设备,包括笔记本电脑、平板电脑和智能手机等。

(2)Qualcomm Quick Charge:Quick Charge 是由 Qualcomm 公司推出的一种充电技术。它通过提供更高的电压和电流来加快充电速度。Quick Charge 技术通常与 Qualcomm 的处理器和充电芯片配合使用,提供了不同版本的协议,如 Quick Charge 2.0、Quick Charge 3.0、Quick Charge 4.0 等,每个版本都支持不同的功率规格。

(3)USB Battery Charging (BC)：USB BC是一种较早期的快充协议，旨在提高USB 2.0标准下的充电速度。它允许设备在不进行数据通信的情况下更快地充电。虽然USB PD已经成为更强大和灵活的快充协议，但一些设备仍然支持USB BC。

(4)SAMSUNG Adaptive Fast Charging：三星公司推出的快充技术，与一些三星手机兼容。这种技术通常使用较高的电压和电流，以提高充电速度。

(5)HUAWEI SuperCharge：华为的SuperCharge技术采用了独特的电压和电流配置，以实现更高的功率传输，从而加快充电速度。它还通过硬件和软件的结合来提高充电效率，确保在充电时手机发热较少。不同型号的华为手机支持不同功率规格，从较低的22.5W到更高的40W和以上。

(6)OPPO-VOOC：OPPO的VOOC快充技术以其高效的充电方式而闻名，通过在电池充电周期中保持稳定的电压和电流来实现。这有助于减少发热和提高充电效率。OPPO的VOOC技术包括不同版本，如VOOC Flash Charge、SuperVOOC Flash Charge等，支持不同功率水平，从30W到65W。

(7)Xiaomi Fast Charging：小米的快充技术包括不同版本，从较低的18W(Quick Charge 3.0兼容)到更高的120W(根据手机型号和市场)。

17.3 PMIC技术

PMIC(Power Management Integrated Circuit，电源管理集成电路)是当今电子设备中不可或缺的关键元件，它以其卓越的性能和多功能性为各种设备提供电源，从移动电话和智能手表到汽车和工业设备。PMIC不仅为电子设备提供电源，还在电源管理领域引领着新的趋势，以适应不断增长的电子市场需求。

1. 什么是PMIC

PMIC的主要特点是高集成度，将传统的多路输出电源封装在一颗芯片内，使得多电源应用场景效率更高，体积更小。

在CPU系统中，我们经常用到PMIC，如机顶盒设计、智能语音音箱设计、大型工控设备设计等。

现代电子设备通常需要多种电压和电流水平，以满足各种电子元件的需求。这些电子元件可能在同一设备内以不同的电压工作，因此需要一个有效的电源管理系统来协调和分发电能。此外，电子设备通常需要在不同的操作模式(如待机、活动、休眠等)下动态调整电源电压和电流，以提高效率和延长电池寿命。

PMIC的一些基本功能如下。

(1)电源管理：PMIC负责分发电能到设备的不同部分，以满足各个模块的电源需求。

(2)电压调整：PMIC可以调整输出电压，以适应不同负载和操作模式。

(3)电流调整：PMIC还可以调整输出电流，以满足不同负载需求。

(4)电池管理:对于依赖电池供电的设备,PMIC负责电池充电、保护和状态监控。

(5)时钟生成器:PMIC还可以提供设备所需的时钟信号,以同步各个模块的操作。

PMIC的集成度非常高,如图17.15所示,TG28支持15个通道电源输出,包含4路开关电源,以及11路的LDO的输出,支持开关充电、电量计、路径管理、开关机逻辑。

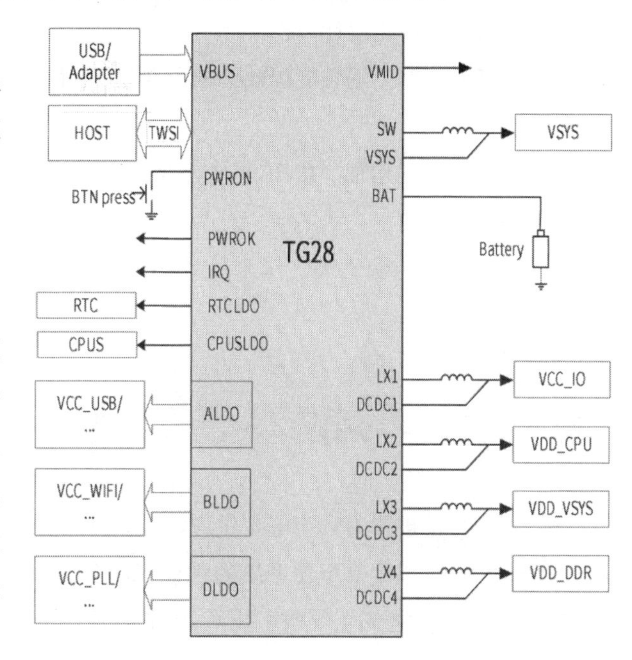

图17.15 TG28示意图

2. PMIC芯片实例

我们选择一个国产PMIC为例:芯智汇,主要从事高性能模拟芯片设计和系统技术支持服务,是国内领先的电源芯片和模拟器件供应商,目前主要产品包括电源管理单元、电池管理单元、音频编解码器、接口单芯片方案等。芯智汇的PMIC芯片被广泛应用在平板电脑、电视盒子、行车记录仪、运动DV、无线存储设备、智能硬件、手持支付终端、电子书、微型投影仪等产品中。

(1)高度集成:TG28集成了多种功能模块,包括电池充电管理、电源管理、电池保护、系统监控等,实现了在紧凑空间内高度集成的设计,有助于简化电路板布局和减小系统体积。

(2)高效电池充电:支持多种电池充电模式,包括恒流充电和恒压充电,可根据电池类型和需求选择合适的充电模式,提高充电效率并延长电池寿命。集成了电量计,可以精准显示电量。

(3)多种电源输出:TG28提供多个独立的电源输出通道,包括固定电压输出和可编程电压输出,满足不同设备的电源需求,提供灵活的电源供应解决方案。

(4)电池保护功能:集成了多种电池保护功能,如过电流保护、过温保护、过放电保护等,有效保护电池安全并延长电池寿命。

(5)系统监控:内置系统监控功能,可实时监测电池状态、输入电压、输出电压等关键参数,提供实时反馈和保障系统稳定性。

(6)低功耗设计:TG28采用先进的低功耗设计,有助于降低整体系统功耗,提高电池续航时间,适用于对功耗要求较高的便携式设备。

TG28作为一款高度集成、功能丰富的PMIC,为便携式电子设备提供了可靠的电源管理解决方案,具有高效充电、多种电源输出、电池保护和系统监控等特点,适用于各种移动设备的设计和应用。

3. PMIC的未来趋势

PMIC技术一直在不断发展和创新,以满足不断增长的电子市场需求。以下是PMIC领域的一些未来趋势。

(1)更高的集成度。未来的PMIC将进一步提高集成度,将更多功能集成到单个芯片上,以减小尺寸、提高效率和简化设计。

(2)更高的效率。随着能源效率的重要性不断增加,PMIC将继续提供更高效率的电源管理,减少能源浪费。

(3)电源密度的增加。PMIC将在不增加尺寸的情况下提供更高的电源密度,以满足高性能设备的需求。

(4)更智能的电源管理。未来的PMIC将借助先进的数字信号处理和算法,实现更智能的电源管理。

17.4 数字电源技术

数字电源,也被称为数字电源供应(Digital Power Supply),是一种电源技术,通过数字控制和监控来管理电源输出,以提高电源系统的性能、效率和可调性。相较于传统的模拟电源,数字电源引入了数字信号处理和微控制器等数字技术,为电源管理带来了新的可能性。

1. 数字电源的优势

数字电源的基本原理在于数字控制和监控电源输出。它使用数字控制器来管理开关稳压器、DC/DC转换器和其他电源模块,以实现以下关键功能。

(1)精确的电压和电流调整:数字电源允许精确地调整输出电压和电流,以满足不同负载需求。这种精确性对于许多应用,尤其是高性能和灵活性要求高的应用非常重要。

(2)更好的动态响应:数字电源可以根据系统负载的变化实时调整输出电压和电流,以保持系统稳定性。这种能力对于从移动设备到通信基站等多种应用至关重要。

(3)效率优化:数字电源可以通过智能控制来提高电源系统的效率。它可以实时调整电源输出,以减少能量浪费,尤其在轻负载时效果显著。

(4)远程监控和诊断:数字电源通常具有远程监控和诊断功能,允许远程管理和进行故障排除,以提高系统的可靠性和维护性。

2. 数字电源的工作原理

前述章节讨论的电源控制器都是模拟电路实现的,那么数字电源是如何工作的呢?

对于开关电源来说,我们控制的目标是输出电压(或输出电流)Vo(t)。那么,类似于在模拟电源中,首先对输出电压进行信号调理分压,以便将这个电压处理为一个接近基准电压的值,这部分模块我们用H(s)来表示,得到Vs(t)信号。下面先介绍一下数字控制的系统框图,从信号流的角度去概括性地描述每一个模块的主要作用,如图17.16所示。

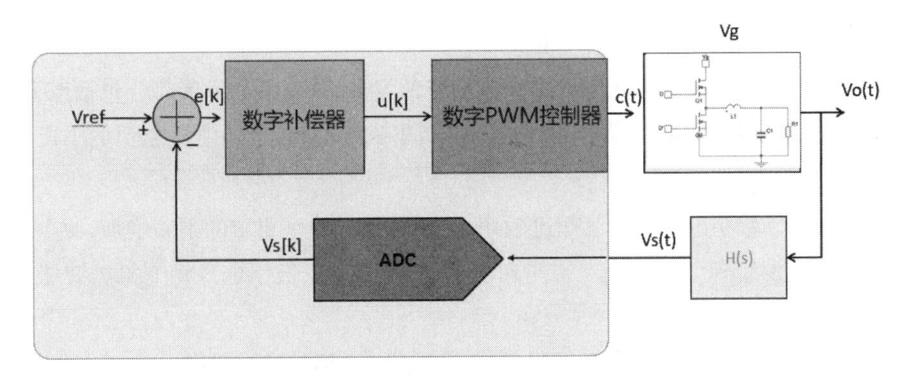

图 17.16 数字电源工作框图

原来先进行电阻分压，在经过运放比较器的环节，变成了一个ADC进行模数转换，再进入数字电源控制器内部进行数字信号处理，然后通过数字的PWM控制器去控制功率级。

Vs(t)电压进入芯片之后会进行模数转换，即采用芯片内部的ADC模块将模拟电压Vs(t)转化为一系列离散的数字序列，这里的ADC具有一定的采样周期T及相应的分辨率，信号采样后的形式为Vs[k]。

一般而言，tk代表每一个采样时刻，那么，采样时刻对应的模拟采样电压值为Vs(tk),数字化的采样电压为Vs[k]，Vs(tk)通过ADC转化后得到Vs[k]。ADC的采样周期一般会设为多少呢？通常，我们会把ADC的采样周期T设为PWM开关的开关周期Ts。这样把ADC采样过程和开关过程就同步起来了。由于采样周期和开关周期相同，那么采样频率也就等于开关频率，所以，在每一个开关周期内，采样总是发生在同一个固定的位置。采样后的值Vs[k]会和内部的数字控制参考Vref来比较产生控制误差e[k]，这个控制误差就会被芯片内的数字补偿器所计算，每一个开关周期产生一个数字控制命令u[k]。

最后，计算出来的数字命令u[k]，会传输给芯片内部的数字PWM模块，即DPWM，通过它调制出一个正比于数字命令u[k]的脉冲信号c(t)。一般地，这个信号会在开关周期之初被锁存(Latch)住，以避免在周期内功率开关的占空比会多次变化。根据所产生的脉冲信号c(t)及功率电路要求的PWM输出模式，芯片会产生相应的驱动脉冲信号组合，这里图示为同步Buck电路，所以会产生一组互补驱动脉冲，主开关的占空比就是c(t)。

在数字电源设计中，功率电路是和模拟电源一样的设计方式，主要的区别是环路控制变到了数字域中，那么，数字控制首先需要把模拟世界的物理量(如输出电压、电流等)通过ADC转化到数字域反馈给控制芯片，这些反馈信号就会被芯片的数字补偿器所处理，最简单的情况如电压模式控制，通过数字补偿器的计算结果去调整PWM模块的占空比，进而控制得到期望的输出电压。

PWM首要的一个功能，就是需要能够产生高频PWM信号，具有较高的分辨率，并且能够动态地调整占空比。

以上就是一个典型的数字控制Buck电路，即在电压模式VMC下的基本系统控制框图概况，对初步理解数字控制电路会有一定的帮助。数字电源展开的内容非常多，本节仅做了解。

3. 数字电源的未来趋势

数字电源技术在不断演化，存在着许多令人期待的发展，其未来的发展趋势包括以下几种。

(1)更高的集成度。未来的数字电源将继续提高集成度，将多个功能集成到更小尺寸的芯片上，以满足紧凑设计的需求。

(2)更高的效率。数字电源将持续改进效率，以满足能源效率要求的不断增加，减少电能浪费。

(3)更智能的电源管理。随着人工智能和机器学习的发展，数字电源将变得更智能，能够根据环境和负载需求自动调整电源输出。

(4)更广泛的应用领域。数字电源技术将扩展到更多应用领域，包括新兴的物联网设备、智能城市和可再生能源系统。它将在未来的电子领域发挥更广泛的作用。

数字电源技术代表着电源供应领域的一个重要创新，它不仅提供更高的效率和性能，还带来了更多的灵活性和可管理性。随着技术的不断演进，数字电源将继续推动电子设备的发展，满足不断增长的电源需求。